정오표

2016년 3회 5번 문제 : 남녀공용
2016년 3회 8번 해설

[해설] 신뢰도(R)=인간의 신뢰도()×기계의 신뢰도()=0.7× 0.9=0.63=63%

신뢰도(R_1) x 기계의 신뢰도 (R_2)

2016년 3회 58번 해설 요원을 중복하여 2인 1조
2018년 1회 21번 자율신경계의 교감
2019년 3회 70번 문제

왼손작업	동작	TMU	동작	오른손 작업
볼펜잡기	G3	5.6	RL1	볼펜놓기
주머니로 운반	M12C	15.2		
다시잡기	G2	5.6		
볼펜회전	T60S	4.1		
주머니에 넣기	P1SE	5.6		

2019년 3회 71번 해설

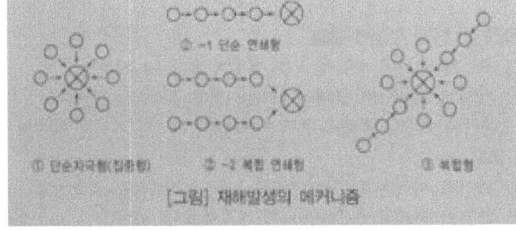

2020년 1.2회 41번 해설 그림

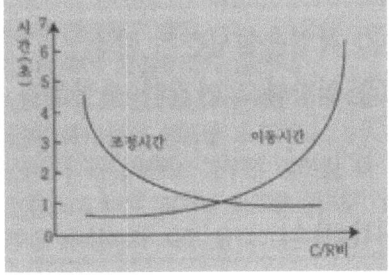

2020년 3회 7번 그림

2020년 3회 13번 그림

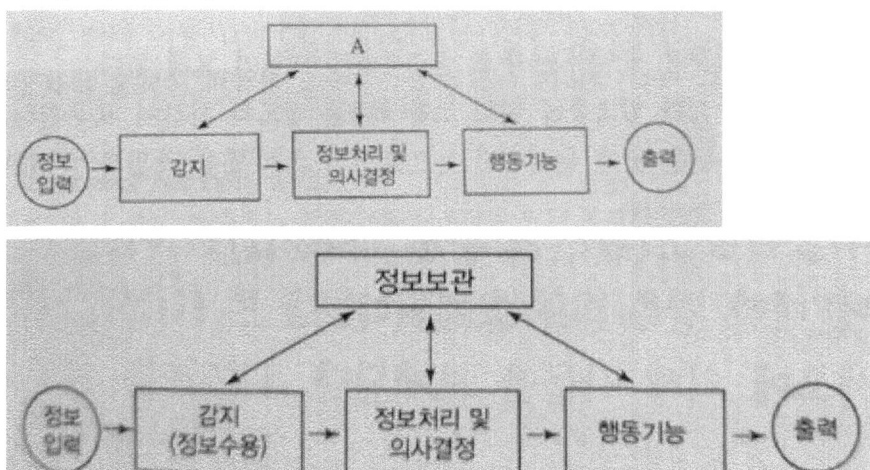

2021년 1회 39번 해설 그림

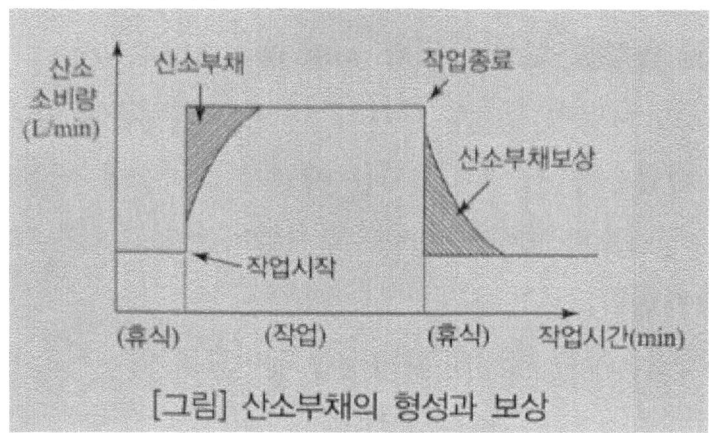

[그림] 산소부채의 형성과 보상

2021년 1회 58번 해설

여기서, 실제상호 선호관계의 수 : 실제상호작용의 수
가능한 선호관계의 총수 : C.LSUBn, (n: 집단구성원 수)

여기서, 실제상호 선호관계의 수 : 실제상호작용의 수
가능한 선호관계의 총수 : C.LSUBn, (n: 집단구성원 수)

선호관계의 총수 : nC_2

2024
인간공학기사 필기
4주완성

- 한국산업인력공단의 출제기준 완벽하게 분석하였음
- 핵심이론 요약하여 수록하였음
- 계산문제는 풀이과정과 공식을 상세하게 정리
- 상세한 해설을 수록하여 이해가 쉽도록 하였음
- 최신 과년도 기출문제 수록 하였음

경국현 저

명인북스
Myungin Books

Preface

본서는 오랜 기간 산업현장에서의 실무경험과 대학에서의 강의 경험을 통해 터득한 교육노하우를 접목하여 인간공학기사를 준비하는 수험생들에게 단기간에 가장 효율적인 학습이 되도록 구성하였고 수험생들이 최단 시간에 자격증을 취득할 수 있도록 집필하였으며 본 교재로 공부하고 인간공학기사 시험에 합격할 수 있도록 핵심이론을 요약정리 하였고 과년도 기출문제 해설에 최선을 다하였다.

본 교재의 특징

* 수험자가 단기간에 완성할 수 있도록 한국산업인력공단의 출제 기준안에 맞도록 체계적으로 정리하였다.
* 핵심 이론을 요약 정리하여 시간을 절약할 수 있도록 하였다.
* 연도별 과년도 기출문제를 체계적으로 학습하기 쉽도록 정리하였다
* 계산문제는 공식과 풀이과정을 상세하게 정리하였다.
* 수험생 스스로 문제를 해결할 수 있도록 상세하게 해설을 수록하였다.

본 교재를 충분히 활용하여 인간공학기사 자격시험에 합격되시기를 기원하며 차후 변경되는 출제경향 및 과년도 문제 등을 추가로 수록하여 계속 보완하도록 하겠다.
끝으로 본서를 출간함에 있어 도움을 주시고 지도하여 주신 모든 선·후배님들께 감사를 드리며 본 수험서의 발행에 힘써주신 명인북스 박한용대표님, 그리고 임직원 여러분께 진심으로 감사를 드리며 무궁한 발전을 기원합니다.

저자 경 국 현

인간공학기사 출제기준

인간공학기사 출제기준(필기)

| 직무 분야 | 안전관리 | 중직무 분야 | 안전관리 | 자격 종목 | 인간공학기사 | 적용 기간 | 2020.1.1.~2024.12.31 |

○직무내용
인간공학적 기술이론 지식을 바탕으로 작업방법, 작업도구, 작업환경, 작업장 등에 대하여 작업자의 신체적 인지적 특성을 고려한 적합성 여부 분석, 개선요인 파악, 기존의 시스템 개선, 사업장 유해요인 조사분석, 근골격계 질환 예방을 위한 작업장개선, 인적오류 예방 등에 관한 산업재해예방업무 및 제품/시스템/서비스의 사용성 설계 평가 관련 업무수행

| 필기검정방법 | 객관식 | 문제수 | 80문제 | 시험시간 | 2시간 |

필 기 과목명	출제 문제수	주요항목	세부항목	세세항목
인간공학개론	20	1. 인간공학적 접근	1. 인간공학의 정의	1. 정의 2. 목적 및 필요성 3. 역사적 배경
			2. 연구절차 및 방법론	1. 연구변수 유형 및 선정 기준 2. 연구 개요 및 절차
		2. 인간의 감각 기능	1. 시각기능	1. 시각과정 2. 빛과 조명 3. 시식별 요소
			2. 청각기능	1. 청각과정 2. 음량의 측정
			3. 촉각 및 후각 기능	1. 피부 감각 2. 후각
		3. 인간의 정보 처리	1. 정보처리과정	1. 정보처리과정 2. 기억체계 3. 지각능력 4. 정보처리능력
			2. 정보이론	1. 정보전달경로 2. 정보량

인간공학기사 출제기준

필 기 과목명	출제 문제수	주요항목	세부항목	세세항목
인간공학개론			3. 신호검출이론	1. 신호검출모형 2. 판단기준
		4. 인간기계 시스템	1. 인간기계 시스템의 개요	1. 시스템 정의와 분류 2. 인간기계시스템 3. 인터페이스 개요 4. 인터페이스 설계 및 개선 원리
			2. 표시장치 (Display)	1. 표시장치 유형 2. 시각적 표시장치 3. 청각적 표시장치
			3. 조종장치 (Control)	1. 조종장치 요소 및 유형 2. 조종-반응비율(C/R 비)
		5. 인체측정 및 응용	1. 인체측정 개요	1. 인체 치수 분류 및 측정 원리
			2. 인체측정 자료의 응용원칙	1. 조절식 설계 2. 극단치 설계 3. 평균치 설계

필 기 과목명	출제 문제수	주요항목	세부항목	세세항목
작업생리학	20	1. 인체구성 요소	1. 인체의 구성	1. 인체 구성요소의 특징
			2. 근골격계 구조와 기능	1. 골격 2. 근육 3. 관절 4. 신경 등
			3. 순환계 및 호흡계의 구조와 기능	1. 순환계 2. 호흡계
		2. 작업생리	1. 작업 생리학 개요	1. 작업생리학의 정의 및 요소

인간공학기사 출제기준

필 기 과목명	출제 문제수	주요항목	세부항목	세세항목
작업생리학			2. 대사 작용	1. 근육의 구조 및 활동 2. 대사 3. 에너지 소비량
			3. 작업부하 및 휴식시간	1. 작업 부하 측정 2. 휴식시간의 산정
		3. 생체역학	1. 인체동작의 유 형과 범위	1. 척추 2. 관절의 운동 3. 신체부위의 동작유형
			2. 힘과 모멘트	1. 힘 2. 모멘트 3. 힘과 모멘트의 평형 4. 생체 역학적 모형
			3. 근력과 지구력	1 근력 2. 지구력
		4. 생체반응 측정	1. 측정의 원리	1. 인체활동의 측정 원리 2. 생체 신호와 측정장비
			2. 생리적 부담 척도	1. 심장활동 측정 2. 산소소비량 3. 근육활동
			3. 심리적 부담 척도	1. 정신활동 측정 2. 부정맥지수 3. 점멸융합 주파수
		5. 작업환경 평가 및 관리	1. 조명	1. 빛과 조명 2. 작업장 조명 관리
			2. 소음	1. 소음수준 2. 노출기준 3. 소음관리

인간공학기사 출제기준

필 기 과목명	출제 문제수	주요항목	세부항목	세세항목
작업생리학			3. 진동	1. 진동 2. 노출기준 3. 관리방법 및 대책
			4. 고온, 저온 및 기후 환경	1. 열 스트레스 및 평가 2. 고열 및 한랭작업
			5. 교대작업	1. 교대작업 2. 작업주기 및 작업순환

필 기 과목명	출제 문제수	주요항목	세부항목	세세항목
산업심리학 및 관계 법규	20	1. 인간의 심리 특성	1. 행동이론	1. 인간관계와 집단 2. 집단행동 3. 인간의 행동특성
			2. 주의/부주의	1. 인간의 특성과 안전심리 2. 부주의 원인과 대책
			3. 의식단계	1. 의식의 특성 2. 피로
			4. 반응시간	1. 반응시간
			5. 작업동기	1. 동기부여 이론 2. 직무만족과 사기
		2. 휴먼 에러	1. 휴먼에러 유형	1. 인간의 착오와 실수 2. 오류모형
			2. 휴먼에러 분석기법	1. 인간신뢰도 2. THERP 3. ETA 4. FTA 등
			3. 휴먼에러 예방대책	1. 휴먼에러 원인 및 예방 대책

인간공학기사 출제기준

필 기 과목명	출제 문제수	주요항목	세부항목	세세항목
산업심리학 및 관계 법규		3. 집단, 조직 및 리더십	1. 조직이론	1. 집단 및 조직의 특성
			2. 집단역학 및 갈등	1. 집단 응집력 2. 규범 3. 동조 4. 복종 5. 집단갈등 6. 인간관계 관리 7. 집단 역학
			3. 리더십 관련 이론	1. 리더십과 플로워십 2. 리더십 이론
			4. 리더십의 유형 및 기능	1. 리더십 유형 2. 권한과 기능
		4. 직무 스트레스	1. 직무 스트레스 개요	1. 스트레스 이론 2. 직무 스트레스 정의 및 작업능률
			2. 직무 스트레스 요인 및 관리	1. 직무 스트레스 요인 및 관리
		5. 관계 법규	1. 산업안전보건법의 이해	1. 법에 관한 사항 2. 시행령에 관한 사항 3. 시행규칙에 관한 사항 4. 산업보건기준에 관한 사항
			2. 제조물 책임법의 이해	1. 제조물 책임법
		6. 안전보건관리	1. 안전보건 관리의 원리	1. 안전보건관리 개요 2. 재해발생 및 예방원리 3. 사업장 안전보건교육
			2. 재해조사 및 원인분석	1. 재해조사 2. 원인분석 3. 분석도구 4. 재해통계

인간공학기사 출제기준

필 기 과목명	출제 문제수	주요항목	세부항목	세세항목
산업심리학 및 관계 법규			3. 위험성 평가 및 관리	1. 위험성평가 체계 구축 2. 유해위험요인 파악 3. 위험성평가 방법 결정 4. 위험감소 대책수립
			4. 안전보건실무	1. 안전보건관리체제 확립 2. 보건관리계획수립 및 평가 3. 건강관리 4. 개인보호구 5. MSDS 6. 안전보건표지

필 기 과목명	출제 문제수	주요항목	세부항목	세세항목
근골격계질환 예방을 위한 작업 관리	20	1. 근골격계 질환 개요	1. 근골격계 질환의 종류	1. 근골격계질환 정의 및 유형
			2. 근골격계 질환의 원인	1. 근골격계질환의 발생 원인 2. 부담작업
			3. 근골격계 질환의 관리 방안	1. 근골격계질환의 예방원리
		2. 작업관리 개요	1. 작업관리의 정의	1. 방법연구 및 작업측정
			2. 작업관리절차	1. 작업관리의 목적 2. 문제해결절차 3. 디자인 프로세스
			3. 작업개선원리	1. 개선안의 도출방법 및 개선원리
		3. 작업분석	1. 문제분석도구	1. 문제의 분석도구(파레토차트, 특성요인도 등)

인간공학기사 출제기준

필기 과목명	출제 문제수	주요항목	세부항목	세세항목
근골격계질환 예방을 위한 작업 관리			2. 공정분석	1. 공정효율 2. 공정도 3. 다중활동분석표
			3. 동작분석	1. 동작분석과 Therblig 2. 비디오분석 3. 동작 경제원칙
		4. 작업측정	1. 작업측정의 개요	1. 표준시간 2. 시간연구 3. 수행도평가 4. 여유시간
			2. Work sampling	1. Work sampling 원리 2. 절차 3. 응용
			3. 표준자료	1. 표준자료 2. MTM 3. Work factor 등
		5. 유해요인 평가	1. 유해요인 평가 원리	1. 유해요인 평가 2. 샘플링과 작업평가원리
			2. 중량물취급 작업	1. 중량물 취급 방법 2. NIOSH Lifting Equation
			3. 유해요인 평가방법	1. OWAS 2. RULA 3. REBA 등
			4. 사무/VDT 작업	1. 사무/VDT 작업 설계 지침
		6. 작업설계 및 개선	1. 작업방법	1. 작업방법 및 효율성

인간공학기사 출제기준

필기 과목명	출제 문제수	주요항목	세부항목	세세항목
근골격계질환 예방을 위한 작업 관리			2. 작업대 및 작업공간	1. 작업대 및 작업공간의 개선원리
			3. 작업설비/도구	1. 수공구 및 설비의 개선원리
			4. 관리적 개선	1. 관리적 개선 원리 및 방법
			5. 작업공간 설계	1. 작업공간 2. 공간 이용 및 배치
		7. 예방관리 프로그램	1. 예방관리 프로그램 구성요소	1. 예방관리 프로그램의 목표 2. 구성요소 및 절차

[1 2]

CONTENTS

인간공학기사 필기 목차

 **인간공학기사 필기**

PART 01 인간공학개론

- 1-1 인간공학 정의 등 일반사항 ··· 19
- 1-2 인간·기계 체계 ··· 21
- 1-3 표시장치의 유형 및 선택·사용상 지침 등 ······················ 24
- 1-4 정량적 표시장치 ·· 25
- 1-5 조종반응비율(C/R ; control response ratio) ················· 25
- 1-6 청각적 표시장치 ·· 26
- 1-7 소음의 물리적 특성 ·· 27
- 1-8 귀의 구조 및 청각과정, 차폐효과 등 ···························· 30
- 1-9 눈의 구조 및 시력의 척도·시각적 표시장치 ·················· 31
- 1-10 시식별에 영향을 주는 요소 및 순음·눈금의 수열 등 ········ 32
- 1-11 촉각적 표시장치 ·· 36
- 1-12 후각 ··· 36
- 1-13 인간의 정보처리과정 및 인간의 식별능력 ····················· 37
- 1-14 작업공간 설계 ·· 38
- 1-15 인체측정 및 인체측정자료 응용원칙 ···························· 39
- 1-16 사용성 평가방법, 양립성, 시스템의 성능평가 척도 ·········· 42
- 1-17 반응시간(RT: Reaction Time) ··································· 43
- 1-18 정보이론 ·· 44
- 1-19 신호검출이론(SDT ; Signal detection theory) ··············· 50
- 1-20 인간의 기억체계 ··· 51
- 1-21 기출 관련 중요 이론 ·· 53

PART 02 작업생리학

- 2-1 인체 구성 요소 ··· 57
- 2-2 신체의 구조 ·· 58
- 2-3 근골격계 ·· 58
- 2-4 신경계 ··· 60
- 2-5 순환계 및 호흡계 ·· 62
- 2-6 근육 ··· 63
- 2-7 힘과 모멘트 ·· 66
- 2-8 근력과 지구력 ·· 72
- 2-9 생체반응 측정 ·· 73
- 2-10 산소소비량 및 최대산소 소비능력 ······························ 76

2-11	에너지대사율 및 산소부채 현상	79
2-12	대사작용	80
2-13	휴식시간 및 교대근무제	81
2-14	조명	83
2-15	조명방식	86
2-16	소음	87
2-17	진동	90
2-18	고온, 저온 및 기후환경	92
2-19	전체환기 및 국소환기	95
2-20	사무실 공기관리지침(고용노동부고시)	96

PART 03 산업심리학 및 관계법규

3-1	인간의 심리특성	101
3-2	주의·부주의 등	101
3-3	반응시간(reaction time)	103
3-4	동기부여	105
3-5	휴먼에러	107
3-6	페일세이프 및 풀 프루프	109
3-7	고장률 및 시스템의 수명	110
3-8	신뢰도	112
3-9	안전관리 조직의 형태	116
3-10	집단	116
3-11	리더십(Leadership)	120
3-12	스트레스 및 피로	123
3-13	산업재해	126
3-14	재해손실비	135
3-15	시스템안전 및 위험분석	136
3-16	결함수분석법(FTA)	138
3-17	제조물책임법	141

PART 04 근골격계 질환 예방을 위한 작업관리

4-1	근골격계 질환 개요	145
4-2	근골격계 질환의 관리방안	148
4-3	근골격계 부담작업	150
4-4	근골격계질환 예방관리 프로그램	151

4-5	유해요인 조사	153
4-6	작업측정	155
4-7	Work sampling(워크 샘플링)	157
4-8	표준시간과 여유율 및 표준자료법	160
4-9	PTS 와 MTM 및 WF	166
4-10	문제분석도구	168
4-11	공정분석	169
4-12	공정분석기법	172
4-13	동작분석	174
4-14	작업관리	177
4-15	작업개선기법	177
4-16	작업설계 및 개선	179
4-17	작업부하 평가	180
4-18	영상표시단말기(VDT)작업관리지침	183

PART 05 인간공학기사 기출문제

2016년 제1회 기출문제	189
2016년 제3회 기출문제	207
2017년 제1회 기출문제	227
2017년 제3회 기출문제	245
2018년 제1회 기출문제	265
2018년 제3회 기출문제	289
2019년 제1회 기출문제	311
2019년 제3회 기출문제	329
2020년 제1·2회 기출문제	349
2020년 제3회 기출문제	371
2021년 제1회 기출문제	395
2021년 제3회 기출문제	417
2022년 제1회 기출문제	441
2022년 제3회 CBT복원 기출문제	457
2023년 제1회 CBT복원 기출문제	481
2023년 제3회 CBT복원 기출문제	503

PART 01

인간공학개론

PART 01 인간공학개론

1-1 인간공학 정의 등 일반사항

(1) 인간공학의 정의 [10/1회, 13/1회, 14/1회, 17/1회]

시스템의 목적을 수행하는데 있어서 인간의 편리성, 안전성, 효율성을 제고할 수 있도록 시스템을 설계하는 과정을 연구하는 학문이다 (인간공학은 편리성, 안정성, 효율성을 제고하는 학문)

(2) 인간공학의 의미(ISO) [12/3회]

1) 인간이 포함된 환경에서 그 주변의 환경조건이 인간에게 맞도록 설계·재설계 되는 것이다
2) 인간의 작업과 작업환경을 인간의 정신적, 신체적 능력에 적응시키는 것을 목적으로 하는 과학이다

(3) 인간공학의 목적 등 [16/1회, 18/3회]

1) 첫째목적 : 일과 활동을 수행하는 효율의 향상
2) 둘째목적 : 바람직한 인간가치의 향상

> 【길잡이】
> 인간공학이 추구하는 목표
> 기능적 효율과 인간가치(human value)향상 [14/3]

(4) 인간공학의 기여도(체계분석시 인간공학으로부터 얻는 보상 및 가치) [11/1회, 15/1회]

1) 인력이용율 향상
2) 사고 및 오용으로부터의 손실감소(작업손실시간 감소)
3) 생산 및 정비유지의 경제성 증대(생산성 증가)
4) 훈련비용 절감
5) 노사간의 신뢰성 증가
6) 건강하고 안전한 작업조건 마련

(5) 인간공학 연구의 체계기준 및 인간 기준

1) 체계기준
① **체계기준** : 체계의 성능이나 산출물에 관련된 기준을 말한다
② **체계기준의 예** : 체계의 예상수명, 사용성, 보전성, 신뢰도, 내마모성, 운용비용, 인력소모, 최대회전수, 출력 등이 있다

2) 인간기준의 유형 [12/3회, 15/3회]
① **인간성능척도** : 여러 가지 감각활동, 정신활동, 근육활동 등에 의해서 판단된다.
② **생리학적 지표** : 혈압, 맥박수, 분당 호흡수, 뇌파, 혈당량, 혈액의 성분, 피부온도, 전기피부반응(galvanic skin response) 등의 척도가 있다 .
③ **주관적인 반응** : 개인성능의 평점(rating), 체계 설계면에 대한 대안들의 평점, 체계에 사용되는 여러 가지 다른 유형에 정보의 판단된 중요도 평점, 의자의 안락도 평점 등이 있다 .
④ **사고 빈도** : 어떤 목적을 위해서는 사고나 상해 발생빈도가 적절한 기준이 될 수가 있다.

3) 인간공학 연구조사에 사용되는 기준의 조건 [11/3회]
① **적절성(relevance)** : 기준이 의도된 목적에 적당하다고 판단되는 정도를 말한다
② **무오염성** : 기준 척도는 측정하고자 하는 변수 외의 다른 변수들의 영향을 받아서는 안된다는 것을 무오염성이라고 한다
③ **기준척도의 신뢰성** : 척도의 신뢰성은 반복성(repeatability)을 의미한다
④ 연구자가 조작하거나 통제하고자 하는 변수로서, 연구자가 선택하고 어떤 특정수준을 설정하여 그것이 다른 변수에 미치는 효과를 즉정한다

(6) 인간공학의 실험연구와 현장연구의 특징 [13/1회]

1) 실험실연구의 장점 : 실험실에서 연구 수행시 유리한 경우
① 비용절감
② 자료의 정확성 및 반복적 실험 가능
③ 실험조건 조절용이(실험 변수 제어의 용이)
④ 피실험자의 안전성

2) 현장연구의 장점 : 현장에서 연구수행시 유리한 경우
① 현실적인 작업변수 설정가능(변수의 관리)
② 사실성

1-2 인간 · 기계 체계

(1) 인간 · 기계체계의 기능 [11/1회, 12/3회, 13/1회, 17/1회, 18/1회]

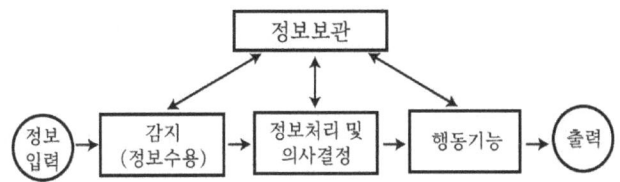

1) 감지(정보수용)
   ① 인간의 감지기능 : 청각, 촉각, 시각, 미각, 후각 등 감각기관
   ② 기계적 감지장치 : 전자, 사진, 기계적인 감지장치
2) 정보저장(보관)
   ① 인간 : 기억된 학습내용
   ② 기계적 정보저장 : 펀치카드(punch card), 자기테이프, 형판(template), 기록, 자료표 등 물리적 기구에 의해 보관
3) 정보처리 및 의사결정
   ① 정보처리 : 감지한 정보를 가지고 수행하는 여러종류의 조작을 말한다
   ② 의사결정 : 인간이 정보처리를 할 때는 어떻게 행동을 한다는 결심이 뒤따른다
4) 행동기능 : 내려진 의사결정의 결과로 인해 발생하는 조작행위로 2가지로 구분한다
   ① 물리적 조정행위나 과정 : 조종 장치의 작동, 물체나 물건이 취급 · 이동 · 변경 개조하는 것
   ② 통신행위 : 인간의 음성, 신호나 기록 등의 방법 사용

【길잡이】

인간 · 기계체계의 4가지 기본기능 [14/1회]
　1) 정보감지(정보수용)
　2) 정보저장(정보보관)
　3) 정보처리 및 의사결정
　4) 행동기능

(2) 인간과 기계의 상대적 재능 [10/3회, 13/3회, 15/1회, 18/3회]

인간이 우수한 기능	기계가 우수한 기능
① 저 에너지 자극(시각, 청각, 후각 등)감지	① 인간 감지범위 밖의 자극(X선, 초음파 등)감지
② 복잡 다양한 자극 형태식별	② 인간 및 기계에 대한 모니터 가능
③ 예기치 못한 사건 감지(예감, 느낌)	③ 드물게 발생하는 사상 감지
④ 다량정보를 오래 보관	④ 암호화된 정보를 신속하게 대량보관
⑤ 귀납적 추리	⑤ 연역적 추리
⑥ 과부하 상황에서는 중요한 일에만 전념	⑥ 과부하시나 주의가 소란하여도 효율적으로 작동
⑦ 임기응변, 융통성, 원칙적용, 주관적 추산, 독창력 발휘 등의 기능	⑦ 정량적 정보처리, 장시간 중량작업, 반복작업, 동시에 여러 가지 작업수행
⑧ 완전히 새로운 해결책을 찾아 냄	⑧ 입력신호에 대해 신속하고 일관성 있게 반응

(3) 인간 · 기계 인터페이스(계면) [10/3회, 13/3회, 14/1회]

1) **인간 · 기계 인터페이스**(man machine interface) : 인간 · 기계 시스템에서 정보전달과 조정이 실질적으로 행하여 지는 인간과 기계의 접합면을 말한다

2) **인간 · 기계 인터페이스 설계시 고려할 설계요소**
   ① 사용자 특성(가장 우선적 고려할 특성항목)
   ② 기계적 특성
   ③ 사용 환경 특성

3) **인간 · 기계 인터페이스 설계시 3가지 관점**
   ① 인터페이스 : 제품의 외관 및 형상을 설계할 때 사용자의 신체적 특성을 고려한다
   ② 지적 인터페이스 : 사용방법에 관한 설계에서 사용자의 행동에 관한 특성 정보를 이용하는 것으로 사용자 인터페이스라고도 한다
   ③ 감성적 인터페이스 : 즐거움, 기쁨 등 감성 특성에 관한 정보를 고려하는 것이다

(4) 인간 · 기계 통합 체계의 유형 [15/3회, 16/1회]

1) **수동체계** : 인간의 신체적인 힘을 동원력으로 사용

2) **기계화체계(반자동체계)** : 인간이 기계의 표시장치를 보고 조정장치를 통하여 통제하는 체계

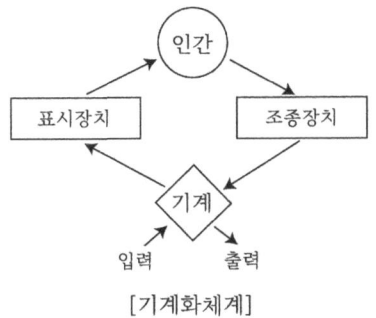

[기계화체계]

3) **자동체계**
   ① 기계자체가 감지, 정보처리 및 의사결정, 행동을 포함한 모든 임무를 수행하는 체계
   ② 인간의 역할 : 감시(Monitor), 프로그램, 정비유지 등의 기능을 수행함

(5) 인간 · 기계 체계의 개방루프 및 폐회로 방식
   1) **개방루프 및 폐회로 제어방식**
      ① 개방루프 제어방식(open loop control) : 항공기가 소정의 비행로를 따라 비행하기 위해 방향조정을 할 경우 사전에 기체의 역학적 특성, 진로상의 공기의 밀도, 바람등을 고려하여 조정방향을 시간적으로 프로그램화 하는 제어방식이다
      ② 피드백 제어방식(feedback control) : 제어결과를 측정하여 목표로 하는 동작이나 상태와 비교하여 잘못된 사항을 수정해 나가는 제어방식으로 폐쇄루프 제어(closed loop control)라고도 한다
   2) **개방루프** · 폐회로 체계의 예(보기) [17/1회]
      ① 개방루프 제어방식 : 소총(영점사격)
      ② 폐쇄루프(폐회로) 제어방식 : 자동차의 방향조절장치, 에어컨의 온도조절기, 크루즈 미사일 등

1-3 표시장치의 유형 및 선택 · 사용상 지침 등

(1) 표시장치 유형 및 선택
1) **표시장치의 유형**
   ① 정적표시장치 : 그래프, 간판, 도표, 인쇄물 등 시간에 따라 변하지 않는 것
   ② 동적표시장치 : 기압계, 온도계, 속도계, 고도계, 레이더, TV, 온도조절기 등 시간에 따라 끊임없이 변하는 것
2) **표시장치의 선택**(청각장치와 시각장치의 선택) [10/3회, 13/1회, 17/1회]

청각장치 사용	시각장치 사용
① 전언이 간단하고 짧다	① 전언이 복잡하고 길다
② 전언이 후에 재참조되지 않는다	② 전언이 후에 재참조된다
③ 전언이 즉각적인 사상(event)을 이룬다	③ 전언이 공간적인 위치를 다룬다
④ 전언이 즉각적인 행동을 요구한다	④ 전언이 즉각적인 행동을 요구하지 않는다
⑤ 수신자가 시각계통이 과부하 상태일 때	⑤ 수신자의 청각계통이 과부하 상태일 때
⑥ 수신장소가 너무 밝거나 암조응 유지가 필요할 때	⑥ 수신장소가 너무 시끄러울 때
⑦ 직무상 수신자가 자주 움직이는 경우	⑦ 직무상 수신자가 한 곳에 머무르는 경우

(2) 표시장치의 암호체계 (coding system) 사용상의 일반지침 [10/1회, 12/1회, 13/1회, 15/3회, 17/1회, 3회]
1) **암호의 검출성** : 검출이 가능해야 한다
2) **암호의 변별성** : 다른 암호표시와 구별되어야 한다
3) **부호의 양립성** : 양립성이란 자극들 간의, 반응들 간의, 자극-반응 조합의 관계가 인간의 기대와 모순되지 않는다(종류: 공간적, 운동, 개념적)
4) **부호의 의미** : 사용자가 그 뜻을 분명히 알아야 한다
5) **암호의 표준화** : 암호를 표준화 하여야 한다(암호를 표준화하여 사람들이 쉽게 이용할 수 있어야 한다)
6) **다차원 암호의 사용** : 2가지 이상의 암호차원을 조합해서 사용하면 정보전달이 촉진된다

1-4 정량적 표시장치

(1) 정량적 동적표시장치의 기본형 [14/3회, 15/1회]
1) **정목동침형**(moving pointer) : 눈금이 고정되고 지침이 움직이는 형이다
2) **정침동목형**(moving scale) : 지침이 고정되고 눈금이 움직이는 형이다
3) **계수형**(digital) [16/1회] : 기계, 전자적으로 숫자가 표시되며 전력계나 택시요금기 등에 적합하다

(2) 계수형(digital) 표시장치의 적용 조건
1) 정확한 수치(정량적 읽음)가 필요한 경우
2) 충분히 읽을 수 있도록 표시값(계속 변하지 않음)을 오래 나타내야 하는 경우

1-5 조종반응비율(C/R ; control response ratio)

(1) 조종반응비율(C/R)
1) **C/R비** : 조정장치(C)의 움직인 거리(또는 회전수)를 반응장치(또는 표시장치)의 움직인 거리로 나눈 값이다 [17/3회]

$$C/R비 = \frac{조종장치\ 이동거리}{반응장치\ 이동거리}$$

2) **조종구**(ball control)**에서의 C/R비** [10/1회, 15/1회, 16/1회, 18/3회]

$$C/R비 = \frac{(a/360) \times 2\pi L}{표시장치\ 이동거리}$$

여기서, $\begin{cases} a : 레버가\ 움직인\ 각도 \\ b : 레버의\ 길이 \end{cases}$

3) **회전 꼭지**(Knob)**의 경우 C/R비** : 손잡이 1회전에 상당하는 표시장치 이동거리의 역수이다 [15/3회]

$$C/R비 = \frac{1}{꼭지\ 1회전당\ 표시장치\ 이동거리}$$

(2) 최적 C/R비 [10/3회, 17/1회, 18/1회]
1) **C/R비가 작은 경우** : 조종장치의 움직임에 따라 반응거리가 커지게 되어 이동시간은 짧아지지만 민감하게 반응하므로 조종시간은 길어진다
2) **C/R비가 큰 경우** : 조종장치의 움직임에 따라 반응거리가 작게되어 조종시간은 짧아지나 이동시간은 길어진다

(3) 최적의 조정·반응비율(C/R)설계시 고려사항 [12/1회, 14/1회]
1) **계기의 크기** : 계기의 조절시간이 가장 짧아지는 크기를 선택하되 크기가 너무 작아지는 단점도 고려해야 한다
2) **공차** : 짧은 주행시간 내에서 공차의 인정범위를 초과하지 않는 계기를 선정해야 한다
3) **목시거리** : 목시거리가 길면 길수록 조절의 정확도는 낮아진다
4) **조작시간** : 작업자의 조절동작과 계기의 반응사이에 지연이 발생한다면 C/R비를 감소시켜야 한다
5) **방향성** : 조종장치의 조작방향과 표시장치의 운동방향을 일치시켜야 한다

(4) 이력현상 및 사공간
1) **이력현상**(또는 반발) : 제어동작이 멈추면 체계반응의 거꾸로 돌아오는 것을 말한다. C/D 비가 낮은(민감) 경우에 반발의 악 영향이 커진다
2) **제어장치의 사공간**(死空間, deadspace) [14/3회, 16/3회]
   ① 조정장치를 움직여도 피 제어요소에 변화가 없는 공간을 말한다
   ② 제어 시스템에서 제어장치에 의해 피제어 요소가 동작하지 않는 0점(null point) 주위에서의 제어동작 공간을 말한다

1-6 청각적 표시장치

(1) 청각신호의 검출도 증가방법 [11/3회, 16/3회]
1) **청각신호의 차원** : 세기, 빈도, 지속기간으로 구성된다
2) **청각신호의 지속시간** : 최소한 0.5~1초 동안 지속시킨다
3) **신호의 세기** : 세기를 증가시킨다
4) **신호의 수파수** : 소음세기가 낮은 영역의 주파수로 신호의 주파수를 바꾼다
5) **주파수 영역의 소음세기** : 신호의 주파수에 해당하는 주파수영역(임계대역폭)의 소음세기를 줄인다
6) **소음과 신호** : 소음은 양쪽귀에, 신호는 한쪽귀에만 들리게 한다
7) **신호의 이상**(移相; phase shifting) : 신호를 이상시켜서 한쪽 귀에는 이상시키지 않은 신호를 들리게하고 다른쪽 귀에는 이상시킨 신호가 들리게 한다

(2) 청각적 경계 및 경보신호의 선택 및 설계시 지침 [12/3회, 15/3회]
1) 귀는 중음역에 가장 민감하므로 500~3000Hz(또는 200~5000Hz)진동수를 사용한다
2) 고음은 멀리 가지 못하므로(300m 이상)장거리용은 1000Hz 이하의 진동수를 사용한다

3) 신호가 장애물 및 칸막이 통과시는 500Hz 이하의 진동수를 사용한다
4) 주의를 끌기 위해서는 변조된 신호(초당 1~8번 나는 소리, 초당 1~3번 오르내리는 소리 등)을 사용한다
5) 배경소음의 진동수와 구별되는 신호를 사용한다
6) 경보효과를 높이기 위해서 개시시간이 짧은 고강도 신호를 사용한다

(3) 통화이해도 [12/3회]
  1) **통화이해도 시험** : 통화이해도 측정법은 단어나 문장을 전송하고 들은 것을 답하도록 하여 평가한다
  2) **통화이해도 평가척도**
      ① 이해도 점수 : 음성 메시지를 정확하게 알아들을 수 있는 비율이다
      ② 명료도 지수
          ㉠ 송화음의 통화이해도를 추정할 수 있는 지수이다
          ㉡ 각 옥타브대의 음성과 잡음의 dB값에 가중치를 곱하여 합계를 구한다
      ③ 통화 간섭 수준 : 통화이해도에 영향을 주는 잡음의 영향을 추정하는 지수이다

1-7 소음의 물리적 특성

(1) 소음의 단위 [13/1회, 14/3회, 16/3회]
  1) **dB**(decibel; 데시벨) : 음압수준을 표시하는 단위로 사용한다(dB은 소리의 세기에 대한 물리적 측정단위)
  2) **sone**(음량) [15/3회] : 1000Hz 순음의 음의 세기레벨 40dB의 음의 크기(40phon)를 1sone이라 한다
  3) **phon**(음량수준): 1000Hz 순음의 음압수준(dB)을 phon이라 한다 [16/3회]
  4) **sone과 phon의 관계** : 음량수준이 10phon이 증가하면 sone치는 2배로 증가한다 [10/1,3회, 17/3회]

① $S = 2^{(P-40)/10}$
여기서, S : 음량(sone, 음의크기)
P : 음량수준(phon, 음의크기레벨)
② $P = 33.3 \log S + 40$ [15/1회]

(2) 음압수준 및 음력수준

1) 음압수준(SPL) [15/1회]

$$SPL = 20\log\left(\frac{P}{P_o}\right)(dB)$$

여기서, P : 대상음의 음압(음압 실효치, N/m2)
  P_o : 기준음압($2 \times 10^{-5} N/m^2$, $2 \times 10^{-4} dyne/cm^2$, $20\mu Pa$)

2) 음의 세기수준(음력수준, SIL)

① 음의 세기(강도) : 음의 진행 방향에 수직하는 단위면적에 대한 단위시간에 통과하는 음에너지를 말한다(단위 ; $Watt/m^2$)

② 음의 세기수준(SIL)관계식 [11/1회, 14/1회]

$$SIL = 10\log\left(\frac{I}{I_o}\right)(dB)$$

여기서, I : 대상음의 세기(W/m2)
  Io : 최소가청음 세기(10-12 W/m2)

3) 음향 출력 수준(음력수준 ; PWL)

① 음향 출력(음향파워, 음력) : 음원에서 단위시간당 방출되는 총 출력(음에너지)을 말한다(단위 ; w)

② 음력수준(PWL)관계식

$$PWL = 10\log\left(\frac{W}{W_o}\right)(dB)$$

여기서, W : 대상음원의 음향출력(파워) (W)
  Wo : 기준음향출력(10-12W)

(3) 음압수준과 거리의 관계식

1) **음의 강도(I) 및 음압(P)과 거리(d)** : 음의 강도(I)는 거리(d)의 자승에 반비례하고, 음압(P)은 거리에 반비례한다

$$\frac{I_2}{I_1} = \left(\frac{P_2}{P_1}\right)^2 = \left(\frac{d_1}{d_2}\right)^2$$

2) **음압수준(dB)과 거리(d)**

$$dB_2 = dB_1 + 20\log\left(\frac{d_1}{d_2}\right) = dB_1 - 20\log\left(\frac{d_2}{d_1}\right)$$

3) **합성소음도 관계식**

$$L = 10\log(10^{\frac{L_1}{10}} + 10^{\frac{L_2}{10}} + \cdots 10^{\frac{L_n}{10}})(dB)$$

여기서, L : 합성소음도(dB),
L1~Ln : 각각 소음원의 소음(dB)

[기본문제]

각각 87dB(A)의 음압수준을 발생하는 소음원이 2개 있다. 2개의 소음원이 동시에 가동될 때 발생하는 음압수준은?

해설 합성소음도(L)

$L = 10\log(10^{\frac{L_1}{10}} + 10^{\frac{L_2}{10}}) = 10\log(10^{8.7} + 10^{8.7}) = 90dB(A)$

[기출분석 1] [12/1회]

음압수준이 120dB인 1000Hz 순음의 sone값은 얼마인가?

해설

1) 1000Hz, 120dB : 120phon
2) sone값 $= 2^{(phon-40)/10}$
 $= 2^{(120-40)/10} = 2^8 = 256$sone

[기출분석 2] [16/1회]

1000Hz, 80dB 인 음을 phon과 sone으로 환산한 값은 얼마인가?

해설

1) 1000Hz, 80dB : 80phon
2) sone값 $= 2^{(phon-40)/10}$
   $= 2^{(80-40)/10} = 2^4 = 16$sone

[기출분석 3] [17/1회]

비행기에서 20m 떨어진 거리에서 측정한 엔진의 소음이 130dB(A)이었다면, 100m 떨어진 위치에서의 소음수준은 약 얼마인가?

해설

$$dB_2 = dB_1 - 20\log\left(\frac{d_2}{d_1}\right)$$
$$= 130 - 20\log\left(\frac{100}{20}\right) = 116.02 dB(A)$$

1-8 귀의 구조 및 청각과정, 차폐효과 등

(1) 귀의 구조 : 외이, 중이, 내이
  1) **외이** : 소리를 모으는 역할을 수행하여 외부로 보이는 부분으로 귓바퀴, 외이도, 고막까지이다
  2) **중이** : 중이는 고막에 의해 외이와 분리된다
  3) **내이** : 달팽이를 닮은 나선형으로 액이 차있다

(2) 차폐효과(은폐효과 ; masking) [10/1회, 10/3회, 13/3회, 14/1회, 16/3회, 17/3회, 18/3회]
  1) 하나의 소리가 다른 소리의 판별에 방해를 주는 현상
  2) 어떤 소리가 동시에 들리는 경우 다른 소리를 들을 수 있는 능력을 감소시키는 현상(음의 한 성분이 다른 성분에 대한 귀의 감수성을 감소시키는 상황)

3) **차폐 또는 은폐의 원리** [12/1회, 15/3회]
   ① 소리가 들리는 최소한의 음강도는 차폐음보다 15dB 이상이어야 한다
   ② 차폐효과가 가장 큰 것은 차폐음과 배음(harmomic overtone)의 주파수가 가까울 때이다
   ③ 차폐되는 소리의 임계주파수대 주변에 있는 소리들에 의해 가장 많이 차폐된다

1-9 눈의 구조 및 시력의 척도 · 시각적 표시장치

(1) 눈의 구조(시감각 체계) [10/3회, 11/1회, 12/1,3회, 13/3회, 15/1회]
   1) **각막** : 빛이 들어오는 안구표면의 투명한 막으로 구성되어 있다.
   2) **동공** : 수정체의 중앙의 빈공간으로 빛이 안구에 들어오는 부위이다때는 많을
   3) **수정체** : 망막의 광수용체에 빛을 모으는 역할을 하는 투명한 볼록렌즈 형태의 조직을 말한다 [16/3회, 17/1회]
      ① 카메라의 렌즈와 같이 빛을 굴절시켜 초점을 정확히 맞출 수 있도록 한다
      ② 멀리 있는 물체에 초점을 맞추기 위해서는 수정체가 얇아지고, 가까이 있는 물체에 초점을 맞출 때는 수정체가 두꺼워진다
   4) **홍채** : 동공을 둘러싸고 있는 근육조직이다.
   5) **망막** : 광수용 세포(간상체와 원추체)로 이루어진 얇고 민감한 내부막으로 되어 있으며 카메라의 필름처럼 상이 맺혀지는 곳이다 [17/1회]

(2) 근시와 원시 [10/1회, 18/3회] : 수정체 및 그 모양을 조절하는 근육의 변화 때문에 생긴다
   1) **근시** : 수정체가 두꺼워져 먼 물체의 상이 망막 앞에 맺히는 현상을 말한다
   2) **원시** : 수정체가 얇아져서 가까운 물체의 상이 망막 뒤에 맺히는 현상을 말한다

(3) 시각능력의 척도 [12/3회]
   1) **조절능** : 눈의 수정체가 망막에 빛의 초점을 맞추는 능력을 말한다
   2) **시력** : 세부내용을 판별할 수 있는 능력으로서 눈의 조절능에 따라 달라진다
   3) **대비감도** : 대비를 천천히 증가시켜서(흑백) 막대를 겨우 볼 수 있을 때의 대비수준을 대비 문턱값이라고 하고 이 역수를 대비감도라 한다

$$대비감도 = \frac{1}{대비문턱값}$$

1-10 시식별에 영향을 주는 요소 및 순음·눈금의 수열 등

(1) 시식별에 영향을 주는 요소 [10/3회, 14/1회, 14/3회, 17/3회]
1) **조도** : 물체의 표면에 도달하는 빛의 밀도(단위 : 후트캔들 fc, 럭스 lux)
2) **광도** : 빛의 세기(단위 : 칸델라 cd)
3) **대비** : 표적의 광도와 배경의 광도의 차를 나타내는 척도
4) **광속발산도** : 단위 면적당 표면에서 반사 또는 방출되는 빛의 양(단위: 램버트 L, 후트 램버트 fL)
5) **휘도** : 빛이 어떤 물체에서 반사되어 나오는 양
6) **노출시간** : 노출시간이 클수록 식별력이 증대
7) **과녁의 이동** : 과녁이나 관측자가 움직이면 시력 감소
8) **연령** : 나이가 들수록 시력감소

(2) 조도의 단위 등
1) **조도**
   ① lux(럭스) : 1루멘(lumen)의 빛이 1m2의 평면상에 수직으로 비칠 때의 밝기
   ② fc(foot candle) : 1루멘의 빛이 1ft2의 평면상에 수직으로 비칠 때의 밝기
      1fc=10.8lux
   ③ 조도 관계식

   $$조도 = \frac{광량}{(거리)^2}$$ [13/1회]

2) **휘도(광속발산도)** : 단위면적당 표면에서 반사 또는 방출되는 빛의 양을 휘도(brightness)또는 광속발산도(luminance)라고 한다 (단위 : lambert) [18/1회]
3) **반사율** : 표면에서 반사되는 빛의 양(광속: lumen)인 휘도와 표면에 비치는 빛의 양인 조도의 비를 말한다

   $$반사율(\%) = \frac{휘도(fL)}{조도(fc)} \times 100$$

4) **광도**(candela) : 광원으로부터 나오는 빛의 세기(단위 : cd, 칸델라) [18/3회]
5) **광속**(lumen) : 광원으로부터 나오는 빛의 양(단위: lumen, 루멘)
   1촉광=4π(12.57)루멘

> [기출분석 1] [13/1회]
> 반사경 없이 모든 방향으로 빛을 발하는 점광원에서 2m 떨어진 곳의 조도가 100 lux라면 5m 떨어진 곳에서의 조도는 약 얼마인가?
>
> **해설**
> 조도 = $100\text{lux} \times \dfrac{2^2}{5^2}$ = 16lux

(3) 순응 : 새로운 광도수준에 대한 눈의 적응을 말하며 동공의 축소·확대기능에 의해 이루어진다
주 조응 : 빛에 대한 감도 변화를 말한다

1) **암순응** [13/3회, 14/1,3회, 16/1회]
   ① 암순응(암조응): 밝은 곳에서 어두운 곳으로 이동할 때의 순응을 말한다
   ② 암순응 단계
      ㉠ 원추세포의 순응단계 : 약 5분 정도 소요
      ㉡ 간상세포의 순응단계 : 약 30~40분 정도 소요(완전 암순응 소요시간)
   ③ 원추세포 : 암순응 때에 원추세포는 색에 대한 감수성을 잃게된다
   ④ 간상세포 : 어두운 곳에서는 주로 간상세포에 의해 사물을 보게된다
2) **명순응**
   ① 명순응 : 밝은 곳에서의 눈의 순응을 말한다
   ② 명순응 소요시간 : 수초내지 1~2분

(4) 눈금단위 및 눈금간격 관계식
1) **눈금단위** : 표시장치에서 눈금을 기준으로 판독해야 할 최소측정단위 수치를 말한다
2) **권장 눈금단위** : 정상가시거리인 71cm(710mm)을 기준으로 정상조명에서는 1.3mm, 낮은 조명에서는 1.8mm 이상이 권장된다

3) 눈금간격 관계식

① 정상조명하에서 눈금간격(X_1) [17/3회]

$$X_1 = 1.3 \times \left(\frac{D}{710}\right) (mm)$$

여기서, D : 가시거리(mm)
710 : 정상 가시거리(mm)
1.3 : 정상조명에서 권장눈금단위(mm)

② 낮은 조명하에서 눈금간격(X_2) [12/1회]

$$X_2 = 1.8 \times \left(\frac{D}{710}\right) (mm)$$

여기서, D : 가시거리(mm)
710 : 정상 가시거리(mm)
1.8 : 낮은 조명에서 권장눈금단위(mm)

[기출분석 1] [17/3회]

정상조명 하에서 5m 거리에서 볼 수 있는 원형 바늘시계를 설계하고자 한다. 시계의 눈금 단위를 1분 간격으로 표시하고자 할 때, 권장되는 눈금간의 간격은 최소 몇mm 정도인가?

해설

정상조명하에서 눈금간격(X_1)

$$X_1 = 1.3 \times \left(\frac{D}{710}\right)$$
$$= 1.3 \times \frac{5000}{710} = 9.15mm$$

여기서, D : 가시거리(5m × 1000mm/m) = 5000mm

[기출분석 2]   [12/3회]

정상 조명하에서 10m 거리에서 볼 수 있는 시계를 설계하고자 한다. 시계의 눈금 단위가 1분일 때 문자판의 직경은 얼마 정도 해야 하는가? (단, 일반적으로 눈금 단위의 길이는 1.3cm로 한다)

해설

1) 71cm 거리에서 문자판의 원주길이(L)
    L=1.3mm吸=78mm
2) L=πD
    $D(지름) = \frac{L}{\pi} = \frac{78mm}{3.14} = 25mm = 2.5cm$
3) 10m 거리에서 문자판의 직경(D_1)
    0.71m : 2.5cm
    10m : D_1
    $D_1 = \frac{10 \times 2.5}{0.71} = 35cm$

[기출분석 3]   [13/3회] [18/3회]

정상조명 하에서 100m 거리에서 볼 수 있는 원형시계탑을 설계하고자 한다. 시계의 눈금 단위를 1분 간격으로 표시하고자 할 때 원형 문자판의 직경은 어느 정도가 가장 적합한가?

해설

1) 71cm 거리에서 문자판의 원주길이(L)
    L=1.3mm×60=78mm
2) L=πD
    $D(지름) = \frac{L}{\pi} = \frac{78mm}{3.14} = 25mm = 2.5cm$
3) 100m 거리에서 문자판의 직경(D_1)
    0.71m : 2.5cm
    100m : D_1
    $D_1 = \frac{100 \times 2.5}{0.71} = 352cm$

1-11 촉각적 표시장치

(1) 피부의 감각수용기관(감각계통) [10/1회, 12/3회, 16/1회]
  1) **압각** : 압력수용 감각
  2) **통각** : 고통감각(감수성이 가장 높음)
  3) **온각**(열각, 냉각) : 온도변화 감각

(2) 촉각적 표시장치 [18/3회]
  1) 시각 및 청각의 대체 장치로 사용할 수 있다
  2) **촉감의 일반적 척도** : 2점 문턱값(두점을 눌렀을 때 따로 따로 지각할 수 있는 두점 사이의 최소거리)을 사용한다
  3) 손바닥에서 손가락 끝으로 갈수록 강도가 증가(2점 문턱값 감소)하므로 세밀한 식별이 필요한 경우 손바닥보다 손가락 사용을 유도해야 한다
  4) 촉감은 피부온도가 낮아지면 나빠지므로 저온환경에서 촉감표시장치를 사용할 때는 주의하여야 한다

1-12 후각

(1) 인간의 후각 특성 [11/1회, 12/1회, 14/1회, 17/3회]
  1) 후각은 특정물질이나 개인에 따라 민감도의 차이가 있다
  2) 인간의 후각은 훈련을 통해서 식별능력을 향상시킬 수 있다
  3) 후각은 특정자극을 식별하는데 사용되기보다는 냄새의 존재여부를 탐지 검출 하는데 효과적이다

(2) 인간의 후각 [13/1회, 15/3회]
  1) 훈련되지 않은 사람이 식별할 수 있는 냄새의 수 : 15~32종류
  2) 훈련을 통해서 식별이 가능한 냄새의 수 : 60종류

1-13 인간의 정보처리과정 및 인간의 식별능력

(1) 인간의 정보처리 과정 : 도식화하면 다음 그림과 같이 나타낼 수 있다 [11/3회, 15/3회]

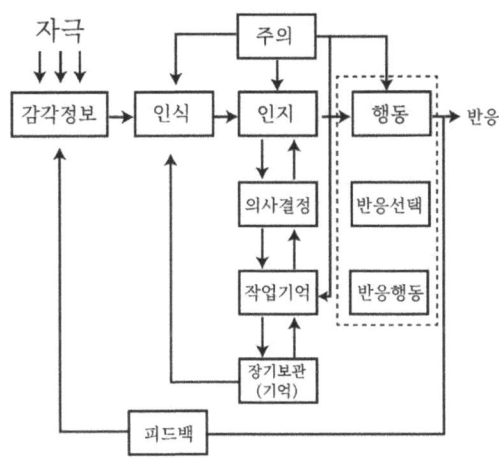

[그림] 인간의 정보처리 과정

(2) 인간의 절대식별 및 상대식별 능력
 1) **절대식별** : 어떤 부류에 속하는 신호가 단독으로 제시되었을 때 이를 얼마나 잘 식별하는가를 나타내는 것이다
 2) **상대식별** : 2가지 이상의 신호가 공간적 혹은 시간적으로 근접하게 제시되었을 때 이를 비교, 판단하는 경우를 말한다 [11/1회]
 3) **인간의 식별능력을 높일 수 있는 방법**
  ① 자극제시를 절대식별보다 상대식별 방식으로 제시할 것
  ② 자극의 차원을 증가시킬 것(단일차원보다 다차원을 사용하여 자극 제시)
  ③ chunking(인간의 정보 기억 용량의 한계를 극복하기 위하여 입력 항목을 묶어서 새로운 단위항목으로 암호화 하는 것)을 사용하도록 할 것

(3) 변화감지역과 웨버의 법칙 [11/3회, 12/1회, 13/1회, 14/1회]
 1) **변화감지역(JND)** : 두 자극 사이의 변화감지역을 확실히 감지할 수 있는 최소의 자극의 범위를 말한다
 2) **Weber(웨버)의 법칙** : 물리적 자극을 상대적으로 판단하는데 있어 특정 감각(기관)의 변화감지역은 사용되는 표준자극의 크기에 비례한다 [16/3회]

$$\text{Weber비} = \frac{JND}{I(\text{기준자극크기})}$$

3) Weber비가 작을수록 분별력 뛰어나며 (분별력 민감) Weber비가 클수록 분별력은 떨어진다
4) Weber의 법칙을 따를 때 자극 감지능력이 가장 뛰어난 것은 무게이다 [15/1회]

> **[기출분석 1]** [16/3회]
> 기준(표준)자극 100에 대한 최소변화감지역(JND)이 5라면 Weber비는 얼마인가?
>
> **해설**
> Weber비 = $\dfrac{변화감지역(JND)}{기준자극의 크기} = \dfrac{5}{100} = 0.05$

1-14 작업공간 설계

(1) 작업공간 포락면(work space envelope) [13/1회, 15/1회] : 한 장소에 앉아서 수행하는 작업활동에서 사람이 작업하는데 사용하는 공간을 말한다

(2) 작업영역 [13/1회, 13/3회]
 1) **정상작업역** : 상완(윗팔)을 자연스럽게 몸에 붙인 채로 전완(아래 팔)을 움직여서 도달하는 영역
 2) **최대작업역** : 어깨점을 기준으로 팔을 쭉 뻗어 파악하는 최대영역

(3) 부품배치의 원칙
 1) **부품배치의 4원칙(작업대 공간배치의 원칙)** [10/1회, 11/3회, 12/1회, 14/1,3회, 16/3회, 17/1,3회, 18/1,3회]
  ① 중요성의 원칙 : 부품을 작동하는 성능이 체계의 목표달성에 긴요한 정도에 따라 우선순위를 설정한다
  ② 사용빈도의 원칙 : 부품을 사용하는 빈도에 따라 우선순위를 설정한다
  ③ 기능별 배치의 원칙 : 기능적으로 관련된 부품들(표시장치, 조정장치 등)을 모아서 배치한다
  ④ 사용 순서의 원칙 : 사용되는 순서에 따라 장치들을 가까이에 배치한다

2) 부품배치의 결정
① 일반적인 부품의 위치를 정하고자 할 때 : 중요성의 원칙과 사용빈도의 원칙에 따라 일반적인 위치를 정한다
② 일반적인 위치내에서의 부품의 배치 : 기능 및 사용순서에 따라 부품을 배치한다

(4) 의자의 설계원칙
1) **체중분포** : 체중이 좌골 결절에 실려야 편안하다
2) **의자 좌판의 높이** : 좌판 앞부분이 오금의 높이보다 높지 않아야 한다
3) **의자 좌판의 깊이와 폭** : 폭은 큰 사람에게, 깊이는 작은 사람에게 맞도록 해야 한다
4) **몸통의 안정** : 의자의 좌판각도는 3°, 좌판 등판의 각도는 100°가 몸통안정에 효과적이다

1-15 인체측정 및 인체측정자료 응용원칙

(1) 인체측정의 방법 [10/1,3회, 11/1회, 12/1회, 12/3회, 13/1회, 18/3회]
1) **정적치수(구조적 인체치수)**
   ① 정적치수 인체측정기 : 마틴식(Martin) 인체 측정기
   ② 나체측정을 원칙으로 하며 제품 및 작업장 설계의 기초 자료로 활용된다
   ③ 신체 측정치는 나이, 성별, 종족(인종)에 따라 다르다
2) **동적치수(기능적 인체치수)** [15/3회, 17/1회]
   ① 동적치수 측정 : 마틴식 인체측정기로는 측정이 어려우며 사진이나 스캐너(scanner)를 사용하여 2차원 또는 3차원 재료를 측정한다
   ② 기능적 인체치수를 사용하는 이유 : 각 신체부위는 조화를 이루면서 움직이기 때문이다 [14/1회]

(2) 크로머(Kroemer) 경험법칙 : 정적측정 자료를 동적측정 자료로 변환될 때 사용하는 법칙을 말한다 [15/1회]
1) **높이**(키, 눈, 어깨, 엉덩이) : 3% 줄어든다
2) **팔꿈치높이** : 변화가 없지만 작업 중에 들어올리면 5%까지 증가한다
3) **앉은무릎높이 또는 오금높이** : 굽높은 구두를 신지 않는 한 변화가 없다
4) **전방 및 측방 팔길이** : 편안하게 하면 30%줄고, 어깨와 몸통을 심하게 돌리면 20% 늘어난다

(3) 인체측정자료의 응용원칙 [10/1회, 11/1회, 11/3회, 12/1회, 12/3회, 13/1회, 13/3회]
  1) **인체측정자료의 응용원리** [17/1,3회]

구분	내용
1. 조절식 설계 (가변적 설계)	① 신체치수가 다른 여러 사람에게 맞도록 조절식으로 설계하는 원칙이다 ② 모집단 특성치의 5% 값에서 95%값(90% 범위)을 조절범위로 사용한다 예 자동차 좌석의 전후조절, 사무실 의자의 상하조절 등
2. 극단치를 이용한 설계(극단적 개인용 설계) [15/3회, 18/1,3회]	① 인체 측정 특성의 최대치수 또는 최소치수 기준으로 한 설계원칙이다 ② 최대집단값에 의한 설계 : 인체측정변수의 상위 백분위수를 기준으로 하여 90%, 95% 또는 99% 값이 사용된다 예 출입문, 탈출구, 통로, 안전대의 하중강도 등 ③ 최소집단값에 의한 설계 : 인체측정 변수분포의 하위 1%, 5% 또는 10% 값이 사용된다 예 선반의 높이, 조정장치 까지의 거리, 기구조작에 필요한 힘
3. 평균치를 이용한 설계(평균설계)	① 조절식이나 극단치를 이용한 설계가 불가능할 경우 평균값을 기준으로 하여 설계한다 ② 평균치를 이용한 설계는 다른 기준이 적용되기 어려운 경우에 적용한다 예 공공장소의 의자, 은행 접수대 높이 등

  2) **극단치를 이용한 설계 시 각 백분위 수 관계식** [14/1회]
   %tile=평균±(%tile계수×표준편차)
   ① 1%tile : 제 1백분위수=평균−(2.326×표준편차)
   ② 5%tile : 제 5백분위수=평균−(1.645×표준편차)
   ③ 95%tile : 제 95백분위수=평균+(1.645×표준편차)
   ④ 99%tile : 제 99백분위수=평균+(2.326×표준편차)

[기출분석 1]   [16/3회]

남녀공용으로 사용하는 의자의 높이를 조절식으로 설계하고자 한다. [표]를 참고하여 좌판높이의 조절범위에 대한 기준값을 구하시오(단, 5퍼센타일 계수는 1.645이다)

척 도	남성오금높이	여성오금높이
평 균	41.3	38.0
표준편차	1.9	1.7

해설

1) **좌판높이의 최소치 설계** : 여자 오금높이의 5% tile값 적용

   최소치=38.0-(1.7×1.645)=35.2

2) **좌판높이의 최대치 설계** : 남자 오금높이의 95% tile값 적용

   최대치=41.3+(1.9×1.645)=44.43

3) 좌판높이의 조절범위 : 35.2~44.43

[기출분석 2]

어떤 인체측정 데이터가 정규분포를 따른다고 한다. 제 50백분위수(percentile)가 100mm이고, 표준편차가 5mm일 때 정규 분포곡선에서 제 95백분위수는 얼마인가?

구분	1% tile	5% tile	10% tile
F	-2.326	-1.645	-1.282

해설

1) 제 50백분위수 100mm, 표준편차 5mm 일 경우 평균값

   % tile = 평균±(% tile 계수×표준편차)

   평균 = % tile±(% tile 계수×표준편차)

   　　　= 100mm±(0×5mm)=100mm

2) 제 95백분위수 = 평균+(95%tile계수×표준편차)

   　　　　　　　= 100mm+(1.645×5mm)=108.225mm

1-16 사용성 평가방법, 양립성, 시스템의 성능평가 척도

(1) 사용성 평가방법
1) **사용성의 원칙** [11/1회, 16/1회]
   ① 사용성은 편리하게 제품을 사용하도록 하는 것이 원칙이다
   ② 학습성, 에러방지, 효율성, 만족도 등의 원칙이 있다
   ③ 실험평가로 사용성을 검증할 수 있다
2) **사용성 평가척도**
   ① 에러(error)의 빈도
   ② 과제의 수행시간
   ③ 사용자의 주관적 만족도
3) **관찰 에쓰노 그리피**(observation ethnography) [14/3회, 15/3회]
   ① 실제 사용자들의 행동을 분석하기 위한 사용성 평가 방법이다
   ② 사용자가 생활하는 자연스러운 생활환경에서 비디오, 오디오에 녹화하여 시행(시험)한다

(2) 양립성 [10/3회, 12/1회, 14/3회] [12/1회]
1) **양립성** : 인간의 기대와 모순되지 않는 자극들 간의, 반응들 간의 또는 자극-반응 조합과의 관계를 말한다
2) **양립성의 종류** [17/1회]
   ① 개념 양립성 : 코드와 기호를 인간들의 사고에 일치시키는 것을 말한다
      예 더운물 : 빨간색 수도꼭지, 차가운 물: 청색 수도꼭지, 비행장: 비행기 모형 등
   ② 운동 양립성 : 표시장치와 조종장치의 움직임과 사용시스템의 응답을 관련시키는 것이다
      예 라디오 음량을 크게할 때 : 조절장치를 시계방향으로 회전, 전원스위치 : 올리면 켜지고 내리면 꺼짐
   ③ 공간 양립성 : 조종장치와 표시장치의 물리적 배열(공간적 배열)이 사용자 기대와 일치되도록 하는 것을 말한다
   ④ 양식 양립성 : 직무에 알맞은 자극과 응답방식(양식)에 대한 것을 말한다

(3) 시스템의 성능 평가척도 [14/1회, 14/3회, 18/1,3회]
1) **적절성(타당성)** : 평가척도가 시스템의 목표를 잘 반영해야 하는 것을 나타내며, 공통적으로 변수가 실제로 의도하는 바를 어느정도 평가하는 가를 결정한다

2) **실제성** : 객관적이고 정량적이고 수집이 쉽고 강요적이 아니며 실험자의 수고가 적게 드는 것이어야 한다
3) **무오염성** : 측정하고자 하는 변수외의 다른 변수들의 영향을 받아서는 안된다
4) **신뢰성** : 변수 측정 결과가 일관성 있고 안정적으로 나타나는 것을 말한다(비슷한 환경에서 평가를 반복할 경우에 일정한 값을 나타낸다)
5) **민감도** : 실험변수 수준변화에 따라 기준에서 나타나는 예상 차이점의 변별성으로 표시된다

1-17 반응시간(RT: Reaction Time)

(1) 반응시간
1) **반응시간** : 자극이 제시되었을 때 여기에 대한 반응이 발생하기 까지의 소요시간을 말한다 [18/1회]
2) **감각기관의 자극에 대한 반응시간** [10/1회, 11/3회, 14/3회, 17/1회]

감각기관	청각	촉각	시각	미각	통각
반응시간(초)	0.17	0.18	0.20	0.29	0.70

(2) 선택 반응시간 및 동작시간 [10/3회, 11/1회, 12/1회, 18/1회]
1) **선택반응시간(RT)**
   ① 선택반응시간 : 몇가지 자극을 제시하고 이 각각에 대하여 상이한 응답을 요구하는 경우의 반응시간이다
   ② 인간의 반응시간(RT)은 자극과 반응의 수가 증가할수록 길어진다(반응시간은 자극과 정보의 양에 비례한다)
   ③ Hick 법칙 : 자극, 반응의 수(N)가 증가함에 따라 반응시간(RT)은 대수적으로 증가한다(RT는 밑을 2로 하는 N의 log값에 비례해 증가함)

$$RT = a + b \log_2 N$$
여기서, RT : 반응시간(reaction time)
N : 자극과 반응의 수

2) **동작시간(MT), Fitts법칙**
   ① 손과 발등의 동작시간 또는 이동시간(MT) 관계식

   $$MT = a + b\log_2\left(\frac{2A}{W}\right)$$

   여기서, MT : 동작시간(movement time)
   A : 움직인거리(목표물까지의 거리)
   W : 목표물의 너비(폭)
   a, b : 상수

   ② Fitts 법칙 : 작업의 난이도와 소요 이동시간(MT)은 표적(W)이 작을수록, 이동거리(A)길수록 증가한다 [17/1회]

1-18 정보이론

(1) 정보이론의 개요 [10/1회, 15/1회]
  1) 정보 : 정보란 불확실성의 감소라 정의 할 수 있다. 예상하기 쉬운 사건이나 발생가능성이 매우 높은 사건의 출현에는 정보가 별로 담겨있지 않고 예상하기 곤란한 사건이나 아주 드문 사건의 출현에는 많은 정보가 담겨 있다
  2) 정보의 기본단위 : 비트(bit; binary digit)이며 정보를 정량적으로 측정할 수 있다
  3) 정보 이론 : 여러 가지 상황하에서의 정보전달을 다루는 과학적 연구분야로 공학, 심리학, 생체과학 등 여러분야에 널리 응용되고 있다

(2) 정보의 측정단위 및 관계식 [10/1회, 12/3회, 14/3회, 16/3회]
  1) bit의 정의 : 실현가능성이 같은 2개의 대안 중 하나가 명시되었을 때 얻는 정보량을 나타낸다 [18/3회]
  2) 대안의 수가 n일 때 총 정보량(H) [17/3회]

   $$H = \log_2 n$$

  3) 대안의 실현확률(n의 역수)이 P일 경우(대안의 출현 가능성이 동일하지 않을 때) 정보량(H)

   $$H = \log_2\left(\frac{1}{P}\right)$$

4) 확률이 다른 일련의 사건이 가지는 평균 정보량(Hav) [13/1회, 15/1·3회, 18/1회]

$$Hav = \sum_{i=1}^{n} P_i \log_2 \left(\frac{1}{P_i}\right)$$

여기서, Pi : 각 대안의 실현확률

(3) 중복률

1) 중복률 : 출연 확률이 같지 않기 때문에 가장 불확실한 경우의 정보량에 대한 특정 경우의 정보량 비율의 여사상을 말한다
2) 중복률 산정식

$$중복률(\%) = \left(1 - \frac{H_{av}}{H_{max}}\right) \times 100$$

여기서, Hav : 평균정보량
Hmax : 최대정보량

(4) 정보이론의 응용 [14/3회, 16/1회, 18/3회]

1) Hick-Hyman의 법칙 : 인간의 반응시간(RT)은 자극정보의 양에 비례한다
2) Magic number : 7±2 chunk(의미있는 정보의 단위)
3) 반응시간 : 어떠한 자극을 제시하고 여기에 대한 반응이 발생하기 까지의 소요시간을 말한다

(5) 정보 전달량 [16/1회]

1) 정보의 전달량 관계식

$$T(X,Y) = H(X) + H(Y) - H(X,Y)$$

여기서, T(X,Y) : 전달된 정보량
H(X) : 자극(입력)의 정보량
H(Y) : 반응(출력)의 정보량
H(X,Y) : 총정보량

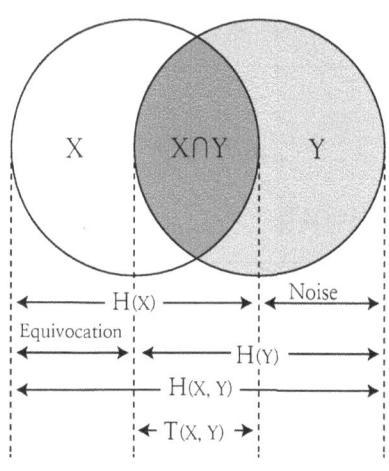

[그림] 정보전달 관계도

2) Equivocation(정보손실량)

$$\text{Equivocation} = H(X) - T(X,Y) = H(X,Y) - H(Y)$$

3) Noise(정보소음량)

$$\text{Noise} = H(Y) - T(X,Y) = H(X,Y) - H(X)$$

[기출분석 1] [11/1회]

계기판에 등이 8개가 있고, 그 중 하나에만 불이 켜지는 경우에 정보량은 몇 bit 인가?

해설

정보량$(H) = \log_2 n$
$= \log_2 8 = 3\text{bit}$

[기출분석 2] [13/3회]

다음과 같이 4가지 자극에 대하여 4가지 반응이 나타날 확률이 주어질 때 전달된 정보량은 얼마인가?

구분		반응(Y)			
		1	2	3	4
자극(X)	1	0.25	0.0	0.0	0.0
	2	0.25	0.0	0.0	0.0
	3	0.0	0.0	0.25	0.0
	4	0.0	0.0	0.0	0.25

해설

전달된 정보량(H)

$$H = \sum_{i=1}^{n} P_i \log_2 \left(\frac{1}{P_i}\right)$$
$$= 0.5\log_2\left(\frac{1}{0.5}\right) + 0.0\log_2\left(\frac{1}{0.0}\right) + 0.25\log_2\left(\frac{1}{0.25}\right) + 0.25\log_2\left(\frac{1}{0.25}\right) = 1.5 \text{bit}$$

여기서, P_i : 각 대안의 실현확률
$P_1 = 0.25 + 0.25 = 0.5$
$P_2 = 0.0$
$P_3 = 0.25$
$P_4 = 0.25$

[기출분석 3] [15/3회]

주사위를 던질 때 각 눈금이 나올 확률이 다음과 같을 때 전체 정보량(bit)은 약 얼마인가?

눈금	1	2	3	4	5	6
확률	2/10	1/10	3/10	1/10	1/10	2/10

해설

확률이 다른 일련의 사건이 나타내는 총 정보량(H)

$$H = \sum_{i=1}^{n} P_i \log_2\left(\frac{1}{P_i}\right) (Pi : \text{각 대안의 실현확률})$$

$$= \frac{2}{10} \times \log_2\left(\frac{1}{2/10}\right) + \frac{1}{10} \times \log_2\left(\frac{1}{1/10}\right) + \frac{3}{10} \times \log_2\left(\frac{1}{3/10}\right) +$$
$$\frac{1}{10} \times \log_2\left(\frac{1}{1/10}\right) + \frac{1}{10} \times \log_2\left(\frac{1}{1/10}\right) + \frac{2}{10} \times \log_2\left(\frac{1}{2/10}\right) = 2.44$$

[기출분석 4] [18/1회]

발생 확률이 0.1과 0.9로 다른 2개의 이벤트의 정보량은 발생 확률이 0.5로 같은 2개의 이벤트의 정보량에 비해 어느 정도 감소되는가?

해설

1) 정보량(H) = $\sum_{i=1}^{n} P_i \log_2\left(\frac{1}{P_i}\right)$

. $H_1 = \left[0.1 \times \log_2\left(\frac{1}{0.1}\right)\right] + \left[0.9 \times \log_2\left(\frac{1}{0.9}\right)\right] = 0.47$

. $H_2 = \left[0.5 \times \log_2\left(\frac{1}{0.5}\right)\right] \times 2 = 1.0$

2) 정보량의 감소량 = $H_2 - H_1 = 1.0 - 0.47 = 0.53 = 53\%$

[기출분석 5]　　　　　　　　　　　　　　　　　　　　　　　　　　[12/1회]

다음과 같은 확률로 발생하는 4가지 대안에 대한 중복률(%)은 약 얼마인가?

결과	확률(p)	$-1\log_2 p$
A	0.1	3.32
B	0.3	1.74
C	0.4	1.32
D	0.2	2.32

해설

1) 평균정보량(H_{av}) = $\sum P_i \log_2 (1/P_i)$
　　　　　　　　 = $\sum P_i (-\log_2 P_i)$
　　　　　　　　 = $(0.1 \times 3.32) + (0.3 \times 1.74) + (0.4 \times 1.32) + (0.2 \times 2.32)$
　　　　　　　　 = 1.846

2) 최대정보량(H_{max}) = $\log_2 n$
　　　　　　　　　　 = $\log_2 4 = 2$

3) 중복률 = $\left(1 - \dfrac{H_{av}}{H_{max}}\right) \times 100$
　　　　 = $\left(1 - \dfrac{1.846}{2}\right) \times 100 = 7.7\%$

1-19 신호검출이론(SDT ; Signal detection theory)

(1) 개요 [10/3회]
1) **신호검출이론** : 잡음이 신호검출에 미치는 영향을 다루는 이론이다
2) **신호의 판정결과** : 긍정, 누락, 허위경보, 부정 등 4가지이다
3) **신호검출의 난이도** : 두 분포가 중첩된 부분에서 소음을 신호로 혼동하거나 신호를 놓칠 확률이 존재한다

(2) 신호(signal;시그널)에 대한 인간의 4가지 판정결과 : 신호유무에 따라 작업자의 반응도 2가지 있으므로 다음과 같이 4가지 상황이 발생한다 [11/3회, 14/3회, 17/3회, 18/1회]

판정 \ 자극	소음(N)	소음+신호(S)
신호 없음(N)	옳은 판정 P(N|N)	신호 검출 못함(miss) P(N|S)=β=type Ⅱ error
신호 발생(S)	허위경보(false alarm) P(S|N)=α=type Ⅰ error	옳은 판정 P(S|S)

1) **긍정**(hit ; 옳은 결정) : 신호(S)를 신호(S)로 판정할 확률, P(S/S)
   P(S/S)=1−P(N/S)
2) **누락**(miss ; 신호 검출 실패) : 신호(S)를 소음(N)으로 판정할 확률, P(N/S)
3) **허위경보**(false alarm) : 소음(N)을 신호(S)로 판정할 확률, P(S/N)
4) **부정**(correct rejection; **옳은 결정**) : 소음(N)을 소음(N)으로 판정할 확률, P(N/N)
   P(N/N)=1−P(S/N)

(3) 신호검출이론의 판정기준(criterion) : 판정기준(β;반응기준)은 반응 기준점에서의 두분포의 높이의 비(신호/소음)로 나타낸다 [12/3회, 15/3회]

$$\beta = \frac{b}{a}$$

여기서, a : 소음분포의 높이
         b : 신호분포의 높이

1) **판정기준점이 오른쪽으로 이동할 경우**(β>1 ; β 증가) [10/1회, 15/1회]
   ① 신호로 판정하는 수가 감소한다 (β>1 : 보수적)
   ② 신호가 나타났을 때 신호의 정확한 판정(긍정)은 낮아진다(실제 신호를 신호로 판단하는 적중확률이 낮아진다)
   ③ 허위경보(false alarm)는 줄어든다
2) **판정 기준점이 왼쪽으로 이동할 경우**(β<1 ; β 감소)
   ① 신호로 판정하는 수가 많아진다 (β<1 이면 자유적 진취적, 모험적)
   ② 신호의 정확한 판정(긍정)이 많아지는 동시에 허위경보도 증가한다

(4) 신호검출의 민감도 증대방법 [16/1회]
1) 교육훈련
2) 결과의 피드백
3) 신호와 비신호의 구별성 증가

1-20 인간의 기억체계

(1) 인간 기억체계의 형태 [10/1,3회, 11/1회, 18/1회]
1) **감각보관(정보저장)**
   ① 감각기관으로부터 받아들인 정보가 아주 짧은 시간(약0.5초) 동안 머무르는 것을 말한다
   ② 감각 보관 기구
      ㉠ 시각계통의 상(像)보관 : 잔상을 잠시 유지하여 그 영상을 좀 더 처리할 수 있게 한다
      ㉡ 청각 계통의 향(響) 보관 : 향보관은 수초정도 지속된 후 사라지며 상보관보다 오래 지속된다
2) **단기기억(작업기억)** [16/3회]
   ① 단기기억은 소량의 정보를 일시적으로 저장하는 장소이다
   ② 감각보관에서 정보를 암호화하여 단기기억으로 이전하는데는 주위(attention)를 집중해야 한다
   ③ 정보를 작업기억 내에 유지하는 유일한 방법 : 반복(rehearsal)(반복은 시간의 흐름에 따라 쇠퇴하고 항목이 많을수록 빨리 일어남)
   ④ 작업기억 중에 유지할 수 있는 최대항목수(Miller) : 7 ± 2 chunk (5~9) [13/1회]

⑤ chunk(청크) [10/1회, 15/1회]
　㉠ 정보를 단위화 하여 단기기억의 효율을 증대시킬 수 있는 것을 chunking이라 하고 그룹의 크기를 chunk단위라고 한다 [16/3회]
　㉡ 단어를 의미있는 문장으로 조합하여 청크를 만들므로 작업기억 용량이 효과적으로 증가한다
　　예) 458321691 → 458. 321. 691(청크로 묶으면 상기하기 쉬워짐)

3) 장기기억
① 상기(recall) : 많은 정보를 상기하려면 내용을 분석하고 비교해서 과거의 지식과 연관시켜야 한다
② 장기기억 방식
　㉠ 에피소딕 기억(episodic memory) : 사건이나 경험 등을 순서대로 기억
　㉡ 의미적 기억(semantic memory) : 사실이나 개념 등의 기억
③ 기억술 : 항목의 첫 문자를 사용해 단어나 문자를 만들고 특이한 이미지와 연결시켜 형상화 하는 방법이다

(3) 인간의 기억을 증진시키는 방법 [12/1회]
1) 가급적이면 절대식별을 줄이는 방향으로 설계할 것
　[Miller 절대식별 범위 : 7±2(5~9)]
2) 기억에 의해 판별하도록 하는 가지수는 5가지 미만으로 할 것

(4) 작업기억의 정보 : 시각(視覺; visual), 표음(表音; phonetic), 의미(意味; semantic)의 3가지 코드로 코드화 된다 [14/1회]
1) **시각 및 표음코드** : 자극의 시각적 또는 청각적 표현이다
2) **의미코드** : 자극에 의해서 발생되는 상이나 음이 아닌 자극, 의미의 추상적 표현이다

1-21 기출 관련 중요 이론

(1) 인간의 오류모형 [12/3회, 17/3회]
   1) **착오**(mistake) : 착각을 하여 잘못하는 것으로 사람의 인식(주관적인식)과 객관적 사실이 일치하지 않고 어긋나는 일을 말한다
   2) **건망증**(lapse) : 단기기억의 한계로 인해 기억을 잊어서 해야 할 일을 못해 발생하는 에러이다
   3) **실수**(slip): 주의력이 부족한 상태에서 발생하는 에러이다
   4) **위반**(고의사고; violation) : 작업수행 과정 중에 일부러 나쁜 의도를 가지고 발생시키는 에러를 말한다

(2) 5관의 효과치 [13/3회]
   1) 시각(작업자가 가장 많이 사용하는 감각) : 60%
   2) 청각 : 20%
   3) 촉각 : 15%
   4) 미각 : 3%
   5) 후각 : 2%

PART 02

작업생리학

PART 02 작업생리학

2-1 인체 구성 요소

(1) 인체의 구성
1) 인체구성 : 인체는 구조와 기능이 비슷한 세포(cell)가 모여 조직(tissue)을 형성하고 조직이 모여 기관(organs)을 이루며 같은 기능을 수행하는 기관이 모여서 계통(system)을 형성한다
2) 인체구성 기본단위 순서 : 세포-조직-기관-계통 [12/1회]

(2) 세포 [11/1회] : 인체 및 생물체의 구성과 기능을 수행하는 구조적, 기능적 기본 단위이다

(3) 조직 [10/3회, 11/3회]
1) 조직 : 같은 형태 및 기능을 가지며 분화의 방향이 같고 구조와 기능이 비슷한 세포가 모여서 형성된 것을 말한다
2) 조직의 분류 : 구조와 기능에 따라 4가지로 분류한다
   ① 근육조직 : 골격근, 심장근, 내장근이 있다
   ② 신경조직 : 뉴런(neuron ; 신경세포)과 신경교세포들로 구성되어 있다
   ③ 상피조직 : 신체표면이나 장기의 내강을 싸고 있는 조직이다
   ④ 결합조직 : 기관사이를 연결하고 지지하며 형태를 유지하는 작용을 한다(뼈, 연골, 조혈조직 등) [13/3회]

(4) 기관 : 몇 개의 조직이 결합하여 일정한 형태를 가지고 특수한 작용을 하는 것을 기관이라 한다

(5) 계통
1) 계통 : 몇 개의 기관이 모여서 기능적 혹은 형태적으로 계통을 이룬다
2) 계통의 분류 : 골격계, 관절계, 근육계, 신경계, 순환기계, 소화기계, 감각기계, 호흡기계, 비뇨기계, 생식기계, 내분비계 등이 있다

2-2 신체의 구조

(1) 신체의 부위
  1) **체간부** : 몸의 중심을 이루고 두부, 경부, 흉부, 복부, 골반 등으로 구성되며 내장기관, 뇌와 척수 등을 수용한다
  2) **사지부** : 상지와 하지, 뼈와 근육, 혈관과 신경 등으로 구성되어 있다

(2) 신체의 단면 [15/3회]
  1) **관상면** : 전두면이라고도 하며 신체를 전·후로 나누는 면이다
  2) **사상면** : 신체를 좌·우로 양분하는 면이다
  3) **횡단면** : 수평면이라고 하며 신체를 상·하로 나누는 면이다

2-3 근골격계

(1) 골격의 구성 : 골격계는 뼈, 연골, 관절, 인대로 구성된다

(2) 골격(뼈)의 기능(역할) [15/1회, 18/3회]
  1) **지지기능** : 뼈는 크게 근육을 받쳐주고 몸무게를 지탱하여 체형을 유지시킨다
  2) **보호기능** : 신체의 중요한 기관(뇌, 심장등 내장)을 보호한다
  3) **조혈기능** : 골수는 적혈구를 비롯한 혈액세포들을 만드는 조혈기능을 갖는다
  4) **운동기능** : 관절을 통해 다양한 동작을 가능하게 하는 운동기능을 갖는다

(3) 뼈의 재형성 [18/1회]
  1) 뼈는 늘 흡수와 형성을 반복해서 조직을 새롭게 구성하는데 이것을 뼈의 재형성이라 한다
  2) 무중력 상태에 있거나 오랜기간 누워있으면 부하감소로 인하여 뼈량이 감소한다

(4) 척추골
  1) **척추골** : 인체의 지주를 이루는 긴 골격으로 다섯가지 형태로 32~35개의 추골로 구성된다

2) **척추골의 구성** [11/1회, 14/3회, 16/3회, 18/1·3회]
   ① 경추 : 7개
   ② 흉추 : 12개
   ③ 요추 : 5개
   ④ 천추 : 5개
   ⑤ 미추 : 3~5개

(5) **가동 관절의 유형** [10/1회, 12/1회, 14/3회, 18/3회]
   1) **차축관절**(중쇠관절, 굴대관절) : 1축성 관절로 회전운동을 한다(예 : 상요척관절, 경추관절, 정축환축 관절 등)
   2) **경첩관절**(접변관절) : 1축성 관절로 운동이 한쪽방향으로만 일어난다(예: 주관절인 팔꿈치관절, 슬관절인 무릎관절, 지관절, 발목관절 등) [17/3회]
   3) **안장관절** : 양쪽의 관절면이 모두 말의 안장 모양처럼 전후, 좌우로 파여 있다(예: 제1중수근 관절, 엄지손가락 손목손바닥 뼈 관절) [13/1회]
   4) **구상관절**(절구관절): 관절두가 구의 형태를 하고 있으며 3축성 관절로 자유롭게 운동할 수 있다(예: 견관절인 어깨관절, 고관절인 엉덩이관절, 대퇴관절 등)
   5) **타원관절** : 관절두와 관절와가 모두 타원형을 이루고 2축성 관절로 굴곡되지만 회전은 하지 못한다 (예: 손목뼈 관절)
   6) **평면관절** : 관절면이 편평한 관절로 미끄러지는 활주운동만 일어난다(예: 수근간관절, 족근간관절 등)
   7) **활액관절** : 자유로이 움직일수 있으며 대부분의 관절이 이에 해당된다 [17/1회]

(6) **신체동작의 유형** [10/1회]
   1) **굴곡**(屈曲, flexion) : 관절의 각도를 감소시키는 동작 [11/1회, 15/3회]
   2) **신전**(伸展, extension) : 굴곡과 반대방향으로 움직이는 동작으로 관절의 각도를 증가시키는 동작
   3) **내전**(內傳, adduction) : 신체의 중심선에 가까워지도록 움직이는 동작
   4) **외전**(外傳, abduction): 신체의 중심선으로부터 멀어지도록 움직이는 동작 [11/3회]

5) **회전**(回轉, rotation) : 신체부위 자체의 길이방향 축 둘레에서의 동작(내선과 외선, 회내와 회외) [14/1회]
    ① **내선**(內旋, medial rotation) : 신체의 중심선을 향하여 안쪽으로 회전하는 동작 [12/3회]
    ② **외선**(外旋, lateral rotaion) : 신체의 중심선 바깥으로 회전하는 동작
    ③ **회내**(回內, pronation) : 손과 전완 사이, 발과 정강이 사이에서 일어나는 동작으로 손바닥이나 발바닥이 아래를 향하도록 안쪽으로 회전하는 동작
    ④ **회외**(回外, supination) : 회내와 반대방향으로 움직이는 동작으로 손바닥이나 발바닥이 위로 향하도록 바깥쪽으로 회전하는 동작 [13/3회, 16/1회]
6) **회선**(回旋, Rotation) : 목과 어깨의 원형 움직임과 같이 신체를 원형 또는 원추형으로 움직이는 동작
7) **내번**(內飜, inversion) : 손목 관절이나 발목 관절이 안쪽으로 움직이는 운동
8) **외번**(外飜, eversion) : 손목 관절이나 발목 관절이 바깥쪽으로 움직이는 운동
9) **선회**(旋回, eircumduction) : 팔을 어깨에서 원형으로 돌리는 동작처럼 신체부위에 원형 또는 원추형 동작

2-4 신경계

(1) 신경계의 분류 [11/1회,12/3회,15/1회]
  1) **구조적 분류**
     ① 중추신경계 : 뇌와 척수로 구분된다
     ② 말초신경계 : 외부로부터의 자극을 감지하여 중추신경계로 전달하고 중추신경계로부터 반응을 기관에 전달하는 말초적인 역할을 한다
  2) **기능적 분류**
     ① 체신경계 : 피부, 골격근 등에 분포하며 뇌신경(좌우 12쌍)과 척추신경(좌우 31쌍)으로 구성된다
     ② 자율신경계 : 교감신경계와 부교감신경계로 나누어지며 서로 길항작용을 한다

(2) 중추신경계 [10/3회]
  1) **중추신경계**
     ① 말초로부터 전달된 신체 내·외부의 자극정보를 받고 다시 말초신경을 통하여 적절한 반응을 전달하는 중추적인 신경을 말한다
     ② 신경계 가운데 반사와 통합의 기능적 특징을 갖는다 [17/1회]

2) **중추신경계의 구성** : 뇌(brain)와 척수(spinal cord)로 구성된다
3) **뇌** : 대뇌반구, 뇌간, 소뇌로 구성된다

【길잡이】

뇌파 [10/3회, 11/3회, 12/3회, 16/1회, 17/3회]
  1) **뇌파(두피뇌파)** : 뇌의 전기적 활동에 의하여 일어나는 두피상의 두점 사이의 전위변동을 연속적으로 기록한 것을 말한다
  2) **뇌파의 종류**

종류	진동수	상태
1. 델타	0~3.5Hz	깊은수면(무의식상태, 혼수상태)
2. 세타파(δ)	4~75Hz	얕은 수면
3. 알파파(α)	8~12Hz	안정, 휴식(의식이 높은 상태)
4. 베타파(β)	13~40Hz	작업중, 스트레스(흥분, 긴장상태)
5. 감마파(γ)	41~50Hz	스트레스(불안, 초초)

---

(3) 자율신경계 [13/3회, 18/1회]
  1) 자율신경계의 중추 : 간뇌로 대뇌의 직접적인 영향을 받지 않는다
  2) 구성 : 교감신경과 부교감신경으로 구성되며 서로 길항작용을 한다

[표] 자율신경의 지배상황(길항작용)

구분	동공	침분비	심장박동	소화운동	혈관(혈압)	방광벽	누선
교감신경	확대	억제	증가(촉진)	억제	수축(증가)	이완	분비촉진
부교감신경	축소	촉진	감소(억제)	촉진	이완(감소)	수축	분비억제

2-5 순환계 및 호흡계

(1) 순환계의 특성 [15/1회]
1) 혈압은 좌심실에서 멀어질수록 낮아진다
2) 동맥, 정맥, 모세혈관 중 혈관의 단면적은 모세혈관이 가장 크다
3) 모세혈관 내외의 물질(산소, 이산화탄소 등)이동은 혈압과 혈장 삼투압 차이에 의해서 이루어진다

(2) 혈액의 순환경로 및 순환기계 계통의 생리적 반응
1) **혈액의 순환경로** [15/1회]
   ① 체순환(대순환) : 좌심방 → 좌심실 → 대동맥 → 동맥 → 소동맥 → 모세혈관 → 소정맥 → 대정맥 → 우심방
   ② 폐순환(소순환) : 우심방 → 우심실 → 폐동맥 → 폐 → 폐정맥 → 좌심방
2) 산소와 포도당이 근육에 원활이 공급되기 위해 나타나는 순환기 계통의 생리적 반응 [13/1회]
   ① 심박출량 증가
   ② 심박수의 증가
   ③ 혈압증가
   ④ 혈류의 재분배

(3) 혈액의 분포
1) **혈액의 분포비율**

기관	근육	소화관	심장	콩팥	뇌	피부와 뼈
비율	15%	35%	5%	20%	15%	10%

2) **육체적 강도가 높은 작업을 할 때 혈액분포비율이 가장 높은 곳** : 근육 [10/1회, 15/3회]

(4) 산화혈색소와 순환계 혈액의 기능
1) **산화혈색소** [14/1회]
   ① **혈액으로 산소유입** : 호흡계의 기체교환에 의해 산소가 혈액으로 유입된다
   ② **산화혈색소** : 유입된 산소는 혈액에서 혈색소(Hb)와 결합하여 산화혈색소 형태로 전신으로 운반된다

2) **순환계 혈액의 기능** [16/3회]
   ① 운반작용
   ② 조절작용
   ③ 출혈방지

(5) **호흡계의 기능** [17/3회]
   1) 가스교환 기능
   2) 산·염기조절 기능
   3) 흡입된 이물질 제거 기능(흡입공기 정화작용)
   4) 공기를 따뜻하고 부드럽게 하는 기능
   5) 흡입공기를 진동시켜 목소리를 내는 발성기관의 역할

2-6 근육

(1) **신경자극에 반응하는 특성에 따른 분류**
   1) **골격근** [10/3회, 16/3회, 17/3회]
      ① 뼈에 부착되어 근육을 수축시켜 관절운동을 한다
      ② 가로무늬근(횡문근 : 근섬유에 가로무늬가 있는 근육)이며 수의근(의지의 힘으로 수축시킬 수 있는 근)이다
      ③ 골격근은 체중의 약 40%를 차지하며 400개 이상이 신체 양쪽에 쌍으로 있다
   2) **내장근** [14/3회]
      ① 기도, 소화관, 방광 또는 혈관벽을 구성하는 근육이다
      ② 평활근이며 불수의근이다
   3) **심근** : 심장의 벽을 이루는 근육으로 가로무늬근(횡문근)이며 불수의근이다

(2) **적근과 백근** [12/3회]
   1) **적근(지근)**
      ① 백근보다 근육 수축 속도가 느리지만 지구력이 좋아서 오랜시간 근육을 사용해도 피로감이 적다
      ② 호흡을 하거나 자세를 꼿꼿하게 잡아주는 근육이다
   2) **백근(손근)**
      ① 수축력이 강한 근육으로 순발력을 낼 때 쓰인다
      ② 힘과 속도를 내는데 필요한 근육이다

(3) 근육의 수축

1) 근육의 수축 [10/1회, 13/1회, 18/3회]
① 근육이 자극을 받으면 가는 액틴 필라멘트(actin filament; 가는 근세사)가 굵은 미오신 필라멘트(myosin filament; 굵은 근세사)사이로 미끄러져 들어가며 근섬유가 수축한다
② 액틴 필라멘트와 미오신 필라멘트의 길이는 변하지 않고 근섬유가 수축하면 I띠와 H띠의 길이가 짧아진다

2) 근육의 수축원리 [11/3회, 15/1·3회, 16/1회, 17/1회]
① 액틴과 미오신 필라멘트 길이는 변하지 않으며 A띠 길이도 변하지 않는다
② 근섬유가 수축하면 I대와 H대가 짧아진다
③ 최대로 수축했을 때는 Z선이 A대에 맞닿는다
④ 근육 전체가 내는 힘은 활성화된 근섬유 수에 의해 결정된다
⑤ 근육원섬유마디(sarcomere)에서 근섬유가 수축하면 Z선과 Z선 사이의 거리가 짧아진다

3) 신경자극에 따른 근수축의 형태 [10/1회, 12/1회]
① 연축(twitch) : 단일자극에 대하여 한번 수축하고 이완하는 것
② 강축(tetanus) : 연속된 자극에 의한 큰 수축이 발생되는 것(근육에 자극을 반복적으로 가하여 일어나는 단일수축보다 강하고 지속적인 수축)
③ 긴장(tonus) : 근육의 부분적인 수축(골격근이 중추신경으로부터 오는 흥분충동을 받아서 항상 유지하는 약한 수축상태)
④ 강직(contracture) : 활동 전압 없이 일어나는 비가역적 수축(근육이 굳어져 죽는 비가역적 수축상태)

4) 근육 수축의 유형 [14/1회, 16/3회, 17/1·3회, 18/3회]
① 등척성 수축 : 근육의 길이가 변하지 않으면서 장력이 발생하는 근수축(정적 근력)
② 등장성 수축 : 근육의 길이가 변하면서 힘을 발휘하는 근수축
③ 등속성 수축 : 운동의 전반에 걸쳐 일정한 속도로 근수축을 유도하는 것
④ 동심성·구심성 수축 : 근육이 수축할 때 길이가 짧아지며 내적근력을 발휘하는 것(근육운동에 있어 장력이 활발하게 생기는 동안 근육이 가시적으로 단축되는 수축)
⑤ 이심성·원심성 수축 : 근육이 수축할 때 길이가 길어지며 내적근력보다 외부힘이 클 때 발생

(4) 주동근과 길항근 [12/3회, 16/1회]
1) **주동근** : 근육의 운동을 주도하는 근육이다
2) **길항근** : 주동근에 반대되는 운동을 하는 근육이다
3) **주관절의 굴곡 · 신장**
   ① 주관절(팔꿈치 관절)이 굴곡되는 경우 : 굴곡에 주로 참여하는 주관절의 굴곡근이 주동근이 되고, 반대방향으로 이완되는 근육인 주관절의 신장근이 길항근으로 작용한다
   ② 주관절이 신장되는 경우 : 신장근이 주동근으로 작용하고 굴곡근이 길항근으로 작용한다

(5) 연축 발생과정 [13/1회, 18/1회]
1) **연축**(twitch)
   ① 근육에 짧은 순간의 단일자극을 주면 극히 짧은 시간(약 0.1초)동안에 1회 수축이 일어나는데 이와 같이 단일자극에 의한 근육의 1회 수축을 연축이라 한다
   ② 1회의 활동전위에 의해 일어나는 근육의 빠른 수축운동을 연축이라 한다
2) **연축의 발생과정**
   ① 근섬유의 자극 → ② 활동전압 → ③ 흥분수축연결 → ④ 근원섬유의 수축

(6) 근육운동에 필요한 에너지원 [10/3회, 18/1회]
1) **혐기성 대사**
   ① 혐기성 대사 : 근육에 필요한 에너지를 생산한다
   ② 혐기성 대사 순서 : ATP(아데노신3인산) → CP(크레아틴인산) → glycogen(글리코겐) 또는 glucose(포도당)
2) **호기성 대사**
   ① 호기성 대사 : 대사과정을 거쳐 생성된 에너지이다
   ② 호기성 대사과정(유산소 대사과정) [17/1회]
   [포도당, 단백질, 지방] +O_2 → CO_2 + H_2O + 에너지

2-7 힘과 모멘트

(1) 힘과 모멘트의 평형 [10/1회]

1) 힘의 평형 : 주어진 힘들이 서로간에 영향을 미치지 않는 경우, 한점에 작용하는 모든 힘의 합력(힘의 총합)이 0이 되는 상태를 힘의 평형상태라 한다

$$\sum F = 0 \ (즉, \ \sum F_x = 0, \ \sum F_y = 0, \ \sum F_z = 0)$$

(2) 힘과 모멘트 계산식

1) **물체의 무게 구하기** [12/3회]

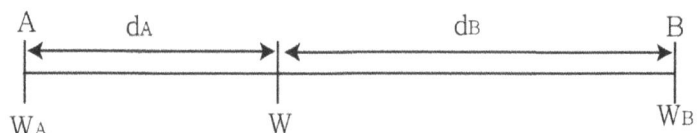

① $\sum M = 0$

$$W_A \times d_A = W_B \times d_B$$

② 물체 B의 무게(W_B)

$$W_B = W_A \times \frac{d_A}{d_B}$$

여기서, $W_A \cdot W_B$: A, B의 무게(kg)
d_A : 저울중심(W)에서 물체 A까지의 거리
d_B : 저울중심(W)에서 물체 B까지의 거리

2) **이두박근이 내는 힘 구하기** [11/3회]

① $\sum M = 0$

$$= (F_1 d_1) + (F_2 d_2) - M_x$$

$$M_x = (F_1 d_1) + (F_2 d_2)$$

여기서, M_x : 팔꿈치 모멘트
- F1 : 물체의 무게
- F2 : 손과 아래팔의 무게
- d1 : 물체를 쥔 손에서 팔꿈치 관절까지 거리
- d2 : 손과 아래팔의 무게중심에서 팔꿈치 관절까지 거리

② 이두박근 모멘트(M_y)=$F_y \times d$

여기서, F_y : 이두박근이 내는 힘
- d : 팔꿈치 관절에서 이두박근까지 거리

③ M_x(팔꿈치모멘트)−M_y(이두박근모멘트=$F_y \times d$)=0

$$M_x - F_y \times d = 0$$
$$F_y(\text{이두박근이 내는 힘}) = \frac{M_x}{d}$$

3) 팔꿈치 모멘트 구하기 [15/1회]

① $\sum M = 0$
$= (F_1 \cdot d_1 \cdot \cos\theta) + (F_2 \cdot d_2 \cdot \cos\theta) - M_x$

② $M_x = (F_1 \cdot d_1 \cdot \cos\theta) + (F_2 \cdot d_2 \cdot \cos\theta)$

여기서, M_x : 팔꿈치 모멘트
- F1(WL): 작업물의 무게
- d1 : 물체를 쥔 손에서 팔꿈치까지 거리
- F2(WA) : 손과 아래팔의 무게
- d2 : 손과 아래팔의 무게중심에서 팔꿈치까지의 거리
- θ : 팔꿈치 각도

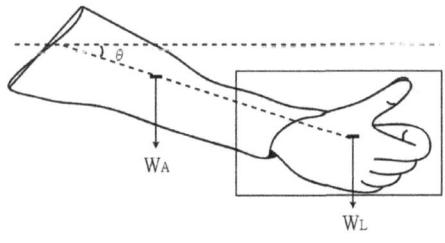

(3) 위치동작 [12/1회, 17/3회]
1) 반응시간 : 이동거리와 관계없이 일정하다
2) 팔동작 : 주로 팔꿈치의 선회로만 팔 동작을 할 때가 어깨를 많이 움직일 때보다 정확하다
3) 위치동작의 정확도 : 방향에 따라 달라진다(오른손의 위치동작 : 좌하-우상 방향이 시간이 짧고 정확도가 높음)
4) 맹목위치 동작 : 정면 방향이 정확하고 측면 방향은 부정확하다

(4) 생리적 스트레인 척도의 측정단위 [15/3회, 17/1회]
1) 힘(force) = 질량 × 가속도
   ① 1N(뉴우톤) : 1kg의 질량에 $1m/s^2$ 의 가속도 작용으로 나타난 힘의 크기
   ② 1dyne(다인) : 1g의 질량에 $1cm/s^2$ 의 가속도 작용으로 나타난 힘의 크기
2) 일(work)=힘×힘이 작용한 거리
   ① 1J(주울) : 1N을 작용하여 1m 움직이는데 필요한 일량
      1J=1N · m
   ② 1erg(에르그)=1dyne · cm
3) 열량(calorie)
   ① 1kcal : 순수한 물 1kg을 0℃에서 1℃상승시키는데 필요한 열량
   ② 1kcal = 4184J
4) 동력 : 단위시간당 한 일의 양(단위: HP, W등)
   ① 1HP = 76kgf · m/sec
   ② 1W(와트) = 1J/sec

[기출분석 1] [12/3회]

천칭저울 위에 올려놓은 물체 A와 B는 평형을 이루고 있다. 물체 A는 저울의 중심에서 10cm 떨어져 있고 무게는 10kg 이며 물체 B는 중심에서 20cm 떨어져 있다고 가정하였을 때 물체 B의 무게는 얼마인가?

해설

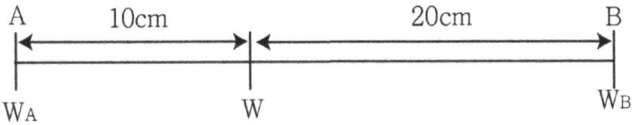

1) $\Sigma M = 0$, $W_A \times d_A = W_B \times d_B$

여기서, W_A, W_B : A, B의 무게(kg)
d_A, d_B : A, B의 거리(A: 10cm, B: 20cm)

2) **물체 B의 무게(W_B)**

$$W_B = W_A \times \frac{d_A}{d_B} = 10 \times \frac{10}{20} = 5kg$$

[기출분석 2] [11/3회]

A 작업자가 한 손을 사용하여 무게가 **49N**인 물체를 90°의 팔꿈치 각도로 들고 있다. 물체를 쥔 손에서 팔꿈치 관절까지의 거리는 **0.35m** 이고, 손과 아래팔의 무게는 **16N**이며, 손과 아래팔의 무게중심은 팔꿈치 관절로부터 **0.17m 거리에 위치**해 있다. 이두박근(biceps)이 팔꿈치 관절로부터 0.05m 거리에서 아래팔과 90°의 각도를 이루고 있을 때, 이두박근이 내는 힘은 약 얼마인가?

해설

1) **팔꿈치 모멘트 M_x**

$\sum M = 0$

$(F_1 d_1) + (F_2 d_2) - M_x = 0$

$M_x = (F_1 d_1) + (F_2 d_2)$
$= (49 \times 0.35) + (16 \times 0.17) = 19.87N$

2) 이두박근 모멘트 $M_y(F_y \times d)$

팔꿈치 모멘트(M_x) − 이두박근모멘트($F_y \times d$) = 0

3) F_y(이두박근이 내는 힘) $= \dfrac{M_x}{d} = \dfrac{19.87}{0.05} = 397.4N$

[기출분석 3]

[그림]과 같이 작업자가 한 손을 사용하여 무게가 (W_L)가 98N인 작업물을 수평선을 기준으로 30도 팔꿈치 각도로 들고 있다. 물체를 쥔 손에서 팔꿈치 까지의 거리는 0.35m이고, 손과 아래팔의 무게(WA)는 16N이며, 손과 아래팔의 무게중심은 팔꿈치로부터 0.17m에 위치해 있다. 팔꿈치에 작용하는 모멘트는 얼마인가?

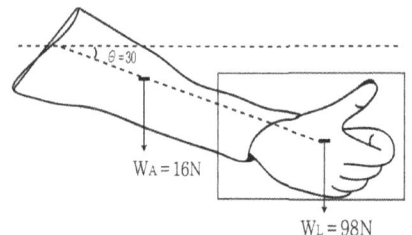

해설

1) 힘(F)의 모멘트(M) = $F \times d \times \cos\theta$

2) $\sum M = 0$

$= (F_1 \cdot d_1 \cdot \cos\theta) + (F_2 \cdot d_2 \cdot \cos\theta) - M_x$

$= (W_L \cdot d_1 \cdot \cos\theta) + (W_A \cdot d_2 \cdot \cos\theta) - M_x$

3) M_x (팔꿈치모멘트)

$= (W_L \cdot d_1 \cdot \cos\theta) + (W_A \cdot d_2 \cdot \cos\theta)$

$= (98N \times 0.35m \times \cos 30°) + (16N \times 0.17m \times \cos 30°)$

$= 32.06 Nm$

여기서, $W_L(F_1)$: 작업물의 무게(98N)

d1 : 물체를 쥔 손에서 팔꿈치까지 거리(0.35m)

WA(F2) : 손과 아래팔의 무게(16N)

d2 : 손과 아래팔의 무게중심에서 팔꿈치까지의 거리

θ : 팔꿈치 각도

[기출분석 4]   [16/1회]

어떤 작업자가 팔꿈치 관절에서부터 32cm 거리에 있는 8kg 중량의 물체를 한 손으로 잡고 있다. 팔꿈치 관절의 회전 중심에서 손까지의 중력중심 거리는 16cm 이며 이 부분의 중량은 12N이다. 이때 팔꿈치에 걸리는 반작용의 힘(N)은 약 얼마인가?

해설

팔꿈치에 걸리는 반작용의 힘(F_X)

$$\sum F = 0$$
$$= F_1 + F_2 - F_X$$
$$F_X = F_1 + F_2$$
$$= \left(8\text{kg} \times \frac{9.8\text{N}}{1\text{kg}}\right) + 12\text{N} = 90.4\text{N}$$

[기출분석 5]

다음 그림과 같이 작업할 때 팔꿈치의 반작용력과 모멘트 값은 얼마인가?(단, CG1은 물체의 무게중심, CG2는 하박의 무게중심, W1은 물체의 하중, W2는 하박의 하중이다)

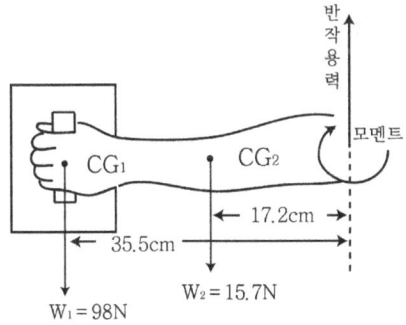

해설

1) 팔꿈치에 걸리는 반작용의 힘(F_X)
$$F_X = F_1 + F_2$$
$$= 98\text{N} + 15.7\text{N} = 113.7\text{N}$$

2) 팔꿈치모멘트 (M_X)
$$M_X = (W_1 \cdot d_1 \cdot \cos\theta) + (W_2 \cdot d_2 \cdot \cos\theta)$$
$$= (98 \times 0.355 \times \cos\theta) + (15.7 \times 0.172 \times \cos\theta) = 37.5\text{N} \cdot \text{m}$$

2-8 근력과 지구력

(1) 근력 [10/3, 15/1회, 18/1회]
    1) **근력** : 한번의 수의적인 노력으로 근육이 등척성(정적인 근수축)으로 낼 수 있는 힘의 최대치이다
    2) **근력의 분류** [10/1회]
        ① 정적근력
        ② 동적근력

(2) 근력에 영향을 미치는 개인적 인자 [17/3회]
    1) **연령** : 25~35세에 최대근력에 도달하며 40세부터 서서히 감소하다가 그 이후 급격히 감소한다
    2) **성별** : 여성의 근력은 남성의 약 65%정도이다
    3) **운동** : 운동을 통해서 약 30~40%의 근력증가 효과를 얻을 수 있다

(3) 지구력 [11/3회, 12/1회, 12/3회, 13/1·3회]
    1) **지구력** : 근력을 사용하여 일정한 힘을 계속 유지할 수 있는 능력을 말한다
    2) **지구력 유지** : 힘의 크기에 따라 지속시간이 달라진다
    3) **최대근력의 지속시간** [16/1회]
        ① 최대근력의 50% 힘 : 약 1분간 유지
        ② 최대근력의 15%이하의 힘 : 상당히 오랜시간 유지
        [1일8시간 작업시 근육의 최대 자율수축, MVC(maximum voluntary contraction : 15%이하]

2-9 생체반응 측정

(1) 육체적 활동 또는 정신적 활동에 따른 생체의 반응 [15/1회]
1) 산소소비량(oxygen consumption) : 1L 산소 소비시 5kcal 에너지가 방출된다
2) 근전도(EMG) : 작업의 신체적 부담정도를 측정한다
3) 부정맥 : 심장활동의 불규칙성을 나타낸다
4) 점멸 융합주파수
   ① 중추신경계의 피로, 즉 정신피로의 척도로 사용된다
   ② 점멸융합주파수는 피곤함에 따라 빈도가 감소한다

(2) 정신적 작업부하 척도 [11/1회, 12/1회, 13/1회, 15/3회, 18/3회]
1) **부정맥 지수** : 심장활동의 불규칙성을 평가하는 척도로 맥박간의 표준편차나 변동계수 등과 같은 부정맥 지수를 사용한다
2) **점멸융합주파수** : 정신적 피로를 평가하는 척도로 사용된다
3) **뇌전도**(EEG) : 뇌의 활동에 따른 전위차를 기록한 것이다
4) **주관적 척도** : 정신작업 부하를 평가척도를 이용하여 주관적으로 평가하는 것이다
5) Cooper-Harper축적, 주임무(primary task) 및 부임무(secondary task) 수행에 소요된 시간 등

(3) 점멸융합주파수
1) **점멸융합주파수** (CFF; critical flicker fusion) [13/3회, 16/3회, 17/1회]
   ① 점멸융합주파수(CFF) : 자극들이 작업자에게 일정한 속도로 제공될 때 깜빡거림 없이 연속적으로 제공되는 것처럼 느껴지는 주파수를 말한다
   ② CFF는 중추신경계의 정신적 피로를 평가하는 척도로 사용된다
   ③ 작업시간이 경과할수록 CFF치는 낮아진다
   ④ 마음이 긴장되었을 때나 머리가 맑을 때의 CFF치는 높아진다
2) **시각적 점멸주파수**(VFF; visual flicker fusion) : 조도와 휘도 등에 영향을 받는다
3) VFF 에 영향을 미치는 요소 [10/1회, 14/1·3회]
   ① VFF는 연습의 효과가 매우 적기 때문에 연습에 의해서 달라지지 않는다
   ② 암조응 시 VFF는 감소한다
   ③ 휘도만 같으면 색은 VFF에 영향을 주지 않는다
   ④ VFF는 사람들간에는 차이가 있으나 개인의 경우 일관성을 유지한다
   ⑤ VFF는 조명강도의 대수치에 선형적으로 비례한다
   ⑥ 시표와 주위의 휘도가 같을 때 VFF는 최대로 영향을 받는다

(4) 심장박출량

1) **심장 박출량** : 심장의 수축으로 1분동안 좌심실에서 박출되는 혈액의 양을 말한다
2) **심장 박출량**(L/min) = 1회 박출량(L/회)×심박수(회/min) [16/3회, 17/1회]
   ① 1회 박출량(stroke volume) : 70~80mL
   ② 분당 심박수: 60~80회/min
3) **심전도의 파형** [12/3회, 14/3회, 16/1회]
   ① P파 : 심방근의 탈분극, 수축, 동방결절에서 흥분, 심박수축 직전에 발생하는 파장
   ② QRS파 : 심실근의 탈분극, 방실결절에서 푸르키니 섬유로 흥분 전달 과정
   ③ T파 : 심실이완, 재탈분극

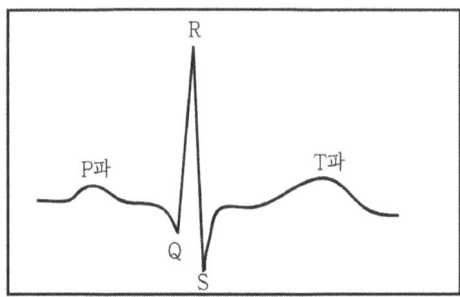

[기출분석 1] [16/3회]

어떤 작업자의 평균심박수는 90회/분 이며 일박출량(stroke volume)이 70mL로 측정되었다면 이 작업자의 심박출량(cardiac output)은 얼마인가?

해설

심장박출량 = 1회 박출량(L/회)×심박수(회/min)

$$= 70\text{mL/회} \times \frac{1\text{L}}{1000\text{mL}} \times 90\text{회/min} = 6.4\text{L/min}$$

(5) 근육활동의 측정

1) **근전도**(EMG, electromyogram) [11/1회, 13/1,3회 14/3회, 15/1회, 16/3회]
   ① 근전도 : 근세포가 움직일 때 발생하는 미세한 활동전위차를 말한다
   ② 국부적인 근육활동의 전위차를 측정하여 작업의 신체부담 정도를 평가한다
   ③ 육체적 활동의 정적부하에 대한 스트레인(strain)을 측정하는데 적합하다

2) **근전도를 이용한 근육피로 측정** [12/1회, 18/1회]
   ① 근육피로 : 표면 근전도를 이용한 근육의 전기적 신호를 통해 간접적으로 측정할 수 있다
   ② 정적수축에 의한 피로 : 근전도상에 진폭의 증가와 저주파 성분의 증가가 동시에 나타난다

3) **근육피로의 원인** [10/3회, 14/3회]
   ① 근육피로의 1차적 원인 : 근육 중의 락트산(lactic acid ; 젖산) 축적이다
   ② 육체적 작업이 격렬하면 신체가 충분한 양의 산소를 근육활동에 공급할 수 없어서 근육에 젖산이 축적된다

(6) 신체활동의 부하측정법 [10/1회]

1) **부정맥지수** : 심장활동의 불규칙성을 나타냄
2) **ECG**(electrocardiogram) : 심전도
3) **EMG**(electromyogram) : 근전도
4) **산소섭취량** : 1L 산소 소비시 5kcal 에너지 방출
5) **심박수** : 작업부하 증가시 심박수 증가
6) **혈압** : 연령, 건강상태, 측정시간에 영향 받음
7) **주관적 척도** : Borg 척도

2-10 산소소비량 및 최대산소 소비능력

(1) 산소소비량 [17/1회]

1) **산소소비량 측정** : 호흡시 소비되는 산소량은 더글라스(Douglas) 낭이나 대사측정기 등을 이용하여 측정한다

2) **에너지소비량 측정** : 분당 1L의 산소가 소비될 때 5kcal의 에너지가 방출된다
   [14/1회, 17/3회, 18/1회]
   에너지 소비량(Kcal/min)=산소소비량(L/min)×kcal/L

3) **산소소배량을 구하는 계산방법** [11/3회, 12/1·3회, 13/1·3회 15/1·3회 16/3회, 18/3회]

① 분당 배기량을 구한다

$$분당배기량 = \frac{배기량(L)}{시간(min)}$$

② 흡기량을 구한다

$$흡기량 \times \frac{79\%}{100\%} = 배기량 \times \frac{N_2\%}{100\%} \;(N_2\% = 100 - O_2\% - CO_2\%)$$

$$흡기량 = \frac{배기량 \times (100 - O_2\% - CO_2\%)}{79}$$

③ 산소소비량을 구한다

$$산소소비량 = (흡기량 \times \frac{21}{100}) - (배기량 \times \frac{O_2\%}{100})$$

[기출분석 1] [14/1회]

하루 8시간 근무시간 중 6시간동안 철판조립 작업을 수행하고, 2시간동안 서류 작업 및 휴식을 하는 작업자가 있다. 작업자의 산소소비량은 철판조립 작업 시 2.1L/min, 서류 작업 및 휴식 시 0.2L/min인 것으로 측정되었다. 이 작업자가 하루 근무시간 중 소비하는 에너지소비량은 얼마인가?(단, 산소소비량 1L의 에너지등가는 5kcal이다.)

해설

1) 철판조립 작업 시 에너지소비량(E_1)

   E_1 = 2.1L/min ×360min ×5kcal/L = 3,780Kcal

2) 서류 작업 및 휴식 시 에너지 소비량(E_2)

   E_2 = 0.2L/min ×120min ×5kcal/L = 120Kcal

3) 하루 근무시간 중 에너지 소비량(E)

   E = E_1 + E_2 = 3,780+120 = 3,900Kcal

[기출분석 2]   [14/3회]

어떤 작업자의 8시간 작업시 평균 흡기량은 40L/min와 배기량은 30L/min로 측정되었다. 만일 배기량에 대한 산소함량이 15%로 측정되었다고 가정하면 이때의 분당 산소소비량은?

해설

분당 산소소비량 = (흡기량 $\times \frac{21}{100}$) - (배기량 $\times \frac{산소함량}{100}$)

$= (40 \times \frac{21}{100}) - (30 \times \frac{15}{100}) = 3.9 \text{L/min}$

[기출분석 3]   [11/3회]

어떤 작업에 대한 5분간의 산소소비량을 측정한 결과 110L의 배기량에 산소는 15%, 이산화탄소는 5%로 분석되었다. 이때 분당 산소소비량은?(단, 공기 중 산소는 21%, 질소는 79%의 비율로 존재 한다)

해설

1) 배기량(L/min) = $\frac{배기량(L)}{시간(min)} = \frac{110L}{5min} = 22\text{L/min}$

2) 흡기량 $\times \frac{79\%}{100}$ = 배기량 $\times \frac{N_2\%}{100\%}$

   흡기량 = $\frac{배기량 \times N_2\%}{79}$

   흡기량 = $\frac{배기량 \times (100 - O_2\% - CO_2\%)}{79} = \frac{22 \times (100 - 15 - 5)}{79} = 22.28\text{L/min}$

3) 산소소비량 = 흡기량 $\times \frac{21}{100}$ - 배기량 $\times \frac{O_2\%}{100\%}$ = $22.28 \times 0.21 - 22 \times 0.15 = 1.38\text{L/min}$

[기출분석 4] [15/1회]

트레드밀(treadmill)위를 5분간 걷게 하여 배기를 더글라스백(douglas bag)을 이용하여 수집하고 가스분석기로 성분을 조사한 결과 배기량이 75L, 산소가 16%, 이산화탄소(CO_2)가 4%이었다. 이 피험자의 분당 산소소비량(L/min)과 에너지가(kcal/min)는 각각 얼마인가?(단, 흡기시 공기 중의 산소는 21%, 질소는 79%이다)

해설

1) 분당배기량 = $\dfrac{배기량(L)}{시간(min)} = \dfrac{75L}{5min} = 15L/min$

2) 흡기량 × $\dfrac{79\%}{100}$ = 배기량 × $\dfrac{N_2\%}{100}$ ($N_2\% = 100 - O_2\% - CO_2\%$)

   흡기량 = $\dfrac{배기량 \times (100 - O_2\% - CO_2\%)}{79} = \dfrac{15 \times (100 - 16 - 4)}{79} = 15.19 L/min$

3) 산소소비량 = $\left(흡기량 \times \dfrac{21}{100}\right) - \left(배기량 \times \dfrac{O_2\%}{100}\right)$

   $= (15.19 \times 0.21) - (15 \times 0.16) = 0.7899 L/min$

4) 에너지소비량 = 산소소비량(L/min) × 5Kcal/L
   = 0.7899L/min × 5kcal/L = 3.95kcal/min

(2) 최대산소소비능력(MAP; maximum aerobic power)

[10/1회, 11/1회, 12/3회, 16/1회, 18/1회]

1) MAP의 특징
   ① MAP는 혈액의 박출량 과 동맥혈의 산소함량에 영향을 받는다
   ② MAP수준에서는 혐기성 에너지 대사가 발생하고 근육과 혈액중에 축적되는 젖산의 양이 증가한다
   ③ 개인의 MAP가 클수록 순환기 계통의 효능이 크다
   ④ MAP는 개인의 운동역량을 평가하는데 이용된다
   ⑤ 사춘기 이후 여성의 MAP는 남성의 65~75%정도이다
2) MAP의 직접측정법 : 트레드밀(treadmill), 자전거 에르고미터(ergometer)

2-11 에너지대사율 및 산소부채 현상

(1) 에너지대사율과 작업강도
1) **에너지대사율**(RMR, Relative Metabolic Rate) : 작업강도 단위로서 산소호흡량을 측정하여 에너지의 소모량을 결정하는 방식이다
   [10/3회, 12/1회, 15/3회, 16/1회, 18/3회]

   $$RMR = \frac{\text{작업대사량}}{\text{기초대사량}} = \frac{\text{작업시 소비에너지} - \text{안정시 소비에너지}}{\text{기초대사량}}$$

2) **작업강도 구분** [17/1회]
   ① 0~2RMR : 輕(가벼운)작업
   ② 2~4RMR : 中(보통)작업
   ③ 4~7RMR : 重(힘든)작업
   ④ 7RMR이상 : 超重(아주 힘든)작업

(2) 기초대사율(BMR) [10/1회, 11/3회, 18/3회]
1) **기초대사율** : 생명을 유지하는데 필요한 최소한의 에너지소비량을 말한다
2) **기초대사율에 영향을 주는 요인** : 나이, 체중, 성별 등
   ① 일반적으로 체격이 크고 젊은 남자가 BMR이 크다
   ② 성인의 1일 기초대사량 : 1500~1800Kcal/day(1.0~1.25Kcal/min)
   ③ 기초대사량 + 여가대사량 : 2300Kcal/day

(3) 에너지소비량에 영향을 미치는 인자 [11/1회, 12/3회, 14/4회, 17/3회]
1) **작업방법** : 특정 작업에 필요한 에너지소비량은 작업수행 방법에 따라서 차이가 있다
2) **작업자세** : 작업수행 시 작업자세는 에너지 소비량에 영향을 주는 주요인이다
3) **작업속도** : 작업속도가 빨라지면 생리적 부담이 커지고 심박수가 증가하게 되며 에너지소비량도 증가한다
4) **작업도구** : 작업도구는 작업의 효율성을 높이므로 에너지소비량을 감소시킬 수 있다

(4) 산소부채(oxygen debt)현상 [11/1회, 14/1·3회 17/3회]
1) 격렬한 운동을 할 때에는 산소 섭취량이 산소 소모량보다 부족하게 되어 산소량이 신소부채(산소빚)을 일으킨다
2) 작업이나 운동시 빚진 산소 부족분을 작업이나 운동이 끝난 후에 갚기 위해 작업이나 운동 후 호흡이 즉시 정상으로 회복하지 않고 서서히 회복되는 산소부채의 보상현상이 발생한다

3) 작업시 산소소비량은 작업부하가 계속되면 초기에 서서히 증가하다가 일정한 양에 도달하고 작업이 끝난 후 서서히 감소된다

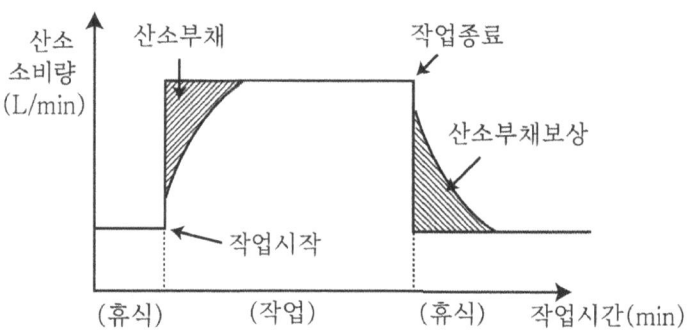

[그림] 산소부채의 형성과 보상(작업시작 및 종료시의 산소소비량)

2-12 대사작용

(1) 대사작용

1) **호기성(유기성)대사과정**
   포도당(Glucose) + O_2 → CO_2 + H_2O + 에너지

2) **혐기성 대사과정** [11/3회, 12/1회]
   ① 불충분한 산소공급시의 대사작용으로 포도당(Glucose)은 피루브산(pyruvicacid)과 ATP(아테노신3인산)을 생성하며 피루브산은 젖산으로 전환된다
   ② 근육중에 젖산이 쌓이면 근육피로의 원인이 된다

3) **운동시작 직후 근육내 혐기성 대사에서 가장먼저 사용되는 것** : ATP(아테노신 3인산) [15/3회]

4) 탄수화물은 근육의 기본 에너지원으로서 주로 간에서 포도당으로 전환된다

(2) 신진대사 [10/1회, 18/3회]

1) 구성물질, 축적 단백질, 지방 등을 분해시킨다
2) 음식을 섭취하여 기계적인 일(내부적인 호흡과 소화, 외부적인 육체적 활동)과 열로 전환하는 화학적 과정이다
3) 산소를 소비하여 에너지를 발생시키는 과정이다

(3) 에너지 대사(energy metabolism) [15/1회]
  1) 체내에서 유기물의 합성 또는 분해에 있어서 반드시 에너지의 전환이 따르게 되는 것을 에너지 대사라 한다
  2) 에너지 대사는 화학적으로 결합된 에너지를 기계적으로 변환시키는 과정이다

2-13 휴식시간 및 교대근무제

(1) 휴식시간의 산정(Murrel 공식) [10/1회, 11/1회, 12/1회, 14/3회, 15/3회, 17/1회] [12/3실]

$$R = \frac{T(E-S)}{E-1.5}$$

여기서, R : 휴식시간(min)
T : 총작업시간(min)
E : 작업중 평균에너지 소비량(Kcal/min)[E=산소소비량(L/min)×5Kcal/L]
S : 권장 평균에너지소비량(5Kcal/min)
1.5 : 휴식중 에너지 소비량

(2) 교대근무제 운용원칙(바름직한 교대제) [11/1회, 12/1회, 15/1회 16/1회, 17/1회]
  1) 근무시간은 8시간씩 교대로 하고 야근은 짧게한다
  2) 12시간 교대제는 채용하지 않는 것이 좋다
  3) 교대방식은 정교대가 좋다(휴식-갑-을-병-휴식)역교대는 시간간격이 짧아 좋지 않다(교대근무 순환주기 : 주간→저녁→야간)
  4) 2교대면 최소 3조의 정원을, 3교대면 4조로 편성한다(3조3교대는 근무간격이 짧아 피로 회복이 되지 않는다)
  5) 평균 주 작업시간은 40시간을 기준으로 갑반→을반→병반 으로 순환하게 된다
  6) 근무시간의 간격은 15~16시간 이상으로 한다
  7) 일반적으로 오전근무의 개시시간은 오전 9시로 한다

8) 야간근무
   ① 야근은 2~3일 이상 연속하지 않는다
   ② 야근 후 다음 반으로 가는 간격은 최저 48시간 이상의 휴식시간을 갖도록 하여야 한다
   ③ 야근 교대시간은 상호 0시 이전에 하는 것이 좋다(심야에 하지 않는 것이 좋다)
   ④ 야근시 가면은 반드시 필요하며 보통 2~4시간(1시간 30분 이상)이 적합하며 1시간 이내는 효과가 없다
   ⑤ 가면을 하더라도 야근시간은 10시간 이내로 한다
9) 작업자가 예측할 수 있는 단순한 교대 작업 계획을 수립한다
10) 가능한한 고령의 작업자는 교대작업에서 제외한다
11) 교대일정은 정기적이고 근로자가 예측가능하도록 해야 한다

[기출분석 1] [10/1회]

건강한 근로자가 부품 조립작업을 8시간 동안 수행하고, 대사량을 측정한 결과 산소소비량이 분당 1.5L 이었다. 이 작업에 대하여 8시간의 총 작업시간 내에 포함되어야 하는 휴식시간은 몇 분인가?(단, 이 작업의 권장평균에너지소모량은 5Kcal/min, 휴식시의 에너지소비량은 1.5Kcal/min 이며, Murrell의 방법을 적용한다)

해설

휴식시간 산정식

$$R = \frac{T(E-S)}{E-1.5}$$

$$= \frac{480 \times (7.5-5)}{7.5-1.5} = 200 \text{min}$$

여기서, R : 휴식시간(min)
T : 총작업시간(8hr×60min/hr=480min)
E : 작업중 평균에너지 소비량
　　E=산소소비량(L/min)×5Kcal/L=1.5L/min×5Kcal/L=7.5Kcal/min
S : 권장 평균에너지 소비량(5Kcal/min)

[기출분석 2]　　　　　　　　　　　　　　　　　　　　　　　　　　　[11/1회]
남성 작업자의 육체작업에 대한 에너지를 평가한 결과 산소소모량이 2L/min이 나왔다. 작업자의 8시간에 대한 휴식시간은 약 몇 분 정도인가?(단, Murrell의 공식을 이용한다)

해설
휴식시간 (R)

$$R = \frac{T(E-S)}{E-1.5}$$

$$= \frac{8 \times 60 \times (10-5)}{10-1.5} = 282.4 \text{ 분}$$

여기서, T : 총작업시간(8hr × 60min/hr)
　　　　E : 작업중 평균에너지 소비량(2L/min × 5Kcal/L=10Kcal/min)
　　　　S : 권장 평균에너지소비량(5Kcal/min)
　　　　1.5: 휴식중 에너지 소비량(Kcal/min)

2-14 조명

(1) 조도 [10/1회, 12/3회, 13/1회]

1) **조도** : 물체의 표면에 도달하는 빛의 밀도
2) **단위**
    ① foot-candle(fc) : 1촉광의 점광원으로부터 1 foot 떨어진 곡면에 비추는 광의 밀도 (1 lumen/ft2)
    ② lux(meter-candle) : 1촉광의 점광원으로부터 1 m 떨어진 곡면에 비추는 광의 밀도(1 lumen/m2)
    ③ 1fc=10lux
3) **조도 관계식** : 조도(E)는 광도(I)에 비례하고 거리(r)의 자승에 반비례한다 [10/1회, 11/1회, 14/3회, 15/3회]

$$\text{조도}(E) = \frac{I}{r^2} = \frac{광도}{(거리)^2}$$

(2) 광도 [13/3회]
1) **광도** : 광원으로부터 나오는 빛의 세기를 말한다
2) **단위**
   ① 칸델라(candela; cd) : 101,325N/m2압력 하에서 백금의 응고점 온도에 있는 흑체의 1m2인 평평한 표면 수직방향의 광도
   ② 촉광(candle) : 지름이 1인치(2.54cm)되는 촛불이 수평방향으로 비칠 때 빛의 밝기 [15/1회]

(3) 광속 : 광원으로부터 나오는 빛의 양을 말한다 [단위 : 루멘(Lumen ; Lm)]

(4) 광속발산도 [11/3회]
1) **광속발산도** : 단위면적당 표면에서 반사 또는 방출되는 빛의 양을 말한다 (fL)
2) **광속발산비**(광도비) [17/1회]
   ① 주어진 장조와 주위의 광속발단의 비이다
   ② 사무실 및 산업상황에서의 추천광속발산비(추천광도비)는 보통 3:1이다

(5) 반사율
1) 반사율 : 반사광의 에너지와 입사광의 에너지의 비율을 말한다

$$\text{반사율}(\%) = \frac{\text{광속발산도}(fL)}{\text{조명}(f_c)} \times 100$$

2) 옥내 최적 반사율 [10/1회, 11/1회, 13/1회, 14/1회, 15/1회, 16/1회, 18/1회]
   ① 천정 : 80~90%
   ② 벽, 창문, 발(blind) : 40~60%
   ③ 가구, 사무기기, 책상 : 25~45%
   ④ 바닥 : 20~40%

(6) 대비(對比) : 표적의 광속발산도(L_t)와 배경의 광속발산도(L_b)의 차를 나타내는 척도 [16/1회]

$$\text{대비} = \frac{L_b - L_t}{L_b} \times 100$$

1) 표적이 배경보다 어두울 경우 : 대비는 ±100%에서 0사이
2) 표적이 배경보다 밝을 경우 : 대비는 0에서 −∞사이

(7) 휘광(glare)의 처리방법

1) 광원으로부터의 직사휘광 처리 [17/3회]
① 광원의 휘도를 줄이고 수를 증가시킨다
② 광원을 시선에서 멀리 위치시킨다
③ 휘광원 주위를 밝게 하여 광속발산비(휘도)를 줄인다
④ 가리개(shield), 갓(hood), 혹은 차양(visor)을 사용한다

2) 창문으로부터의 직사휘광 처리
① 창문을 높이 단다
② 창 위(실외)에 드리우개(overhang)를 설치한다
③ 창문(안쪽)에 수직날개(fin)들을 달아서 직시선을 제한한다
④ 차양(shage)혹은 발(blind)을 사용한다

3) 반사휘광의 처리 [11/3회, 12/1회, 15/3회, 17/1회]
① 발광체의 휘도를 줄인다
② 일반(간접)조명의 수준을 높인다
③ 산란광, 간접광, 조절판(baffle), 창문에 차양(shade) 등을 사용한다
④ 무광택도료, 빛을 산란시키는 표면색을 한 사무용 기기, 윤기를 없앤 종이 등을 사용한다

[기출분석 1] [10/11회, 17/3회]

200cd 인 점광원으로부터 거리가 2m 떨어진 곳에서의 조도는 몇 lux인가?

해설

$$조도(E) = \frac{I}{r^2}$$

$$= \frac{200}{2^2} = 10 \text{lux}$$

여기서, I : 광도(candle, 단위 cd)
  r : 거리(m)

[기출분석 2]　　　　　　　　　　　　　　　　　　　　　　　　　　　　　　　　[15/3회]

1cd 점광원으로부터 4m 거리에 떨어진 구면의 조도는 몇 럭스(lux)가 되겠는가?

해설

$$조도 = \frac{광도}{(거리)^2}$$

$$= \frac{1}{4^2} = \frac{1}{16}$$

여기서, 광도 : 1cd(candle; 칸델러)
　　　　거리 : 4m

[기출분석 3]　　　　　　　　　　　　　　　　　　　　　　　　　　　　　　　　[16/1회]

종이의 반사율이 70%이고 인쇄된 글자의 반사율이 15%일 경우 대비(contrast)는 얼마인가?

해설

$$대비 = \frac{L_b - L_t}{L_b} \times 100$$

$$= \frac{70 - 15}{70} \times 100 = 78.57\%$$

여기서, L_b : 배경의 광속발사도
　　　　L_t : 표적의 광속발산도

2-15 조명방식

(1) 직접조명 : 광원으로부터 빛이 대부분 작업면에 직접 조사되는 조명방식이다

(2) 간접조명 : 광속의 90~100%를 위로 향해 발산하여 천장, 벽에서 확산시켜 균일한 조명을 얻을 수 있는 방식이다(천장과 벽에 반사하여 작업면을 조명하는 방식)

2-16 소음

(1) 소음작업 [10/1회, 11/1회, 12/1회, 13/3회]

   1) **소음작업** : 1일 8시간 작업을 기준으로 85dB(A)이상의 소음이 발생하는 작업을 말한다 [15/3회, 17/3회]

   2) **강열한 소음작업** [16/3회]
   ① 90dB 이상의 소음이 1일 8시간 이상 발생하는 작업
   ② 95dB 이상의 소음이 1일 4시간 이상 발생하는 작업
   ③ 100dB 이상의 소음이 1일 2시간 이상 발생하는 작업
   ④ 105dB 이상의 소음이 1일 1시간 이상 발생하는 작업
   ⑤ 110dB 이상의 소음이 1일 30분 이상 발생하는 작업
   ⑥ 115dB 이상의 소음이 1일 15분 이상 발생하는 작업

   3) **충격소음작업** : 소음이 1초 이상의 간격으로 발생하는 작업으로서 다음 항목에 해당하는 작업
   ① 120dB을 초과하는 소음이 1일 1만회 이상 발생하는 작업
   ② 130dB을 초과하는 소음이 1일 1천회 이상 발생하는 작업
   ③ 140dB을 초과하는 소음이 1일 1백회 이상 발생하는 작업

(2) 소음노출지수 산정식 [10/3회, 13/1회, 18/3회]

   1) **소음노출지수** $= \dfrac{C_1}{T_1} + \dfrac{C_2}{T_2} + \cdots \dfrac{C_n}{T_n}$

   여기서, C_n: 노출시간
   T_n: 허용노출시간

   2) **판정**: 노출지수값이 1이상인 경우 허용기준 초과 판정

(3) 소음계의 A · B · C특성 [18/1회]

   1) **청감보정회로** : 40phon, 70phon, 100phon 의 등청감곡선과 비슷하게 주파수에 따른 반응을 보정하여 측정한 음압수준으로 A · B · C청감보정회로(특성)라 한다

   2) A특성치는 40phon, B특성치는 70phon, C특성치는 100phon의 등음량곡선과 비슷하게 주파수에 따른 반응을 보정하여 측정한 음압수준을 말한다

3) **소음계의 A, B, C특성** [11/3회, 12/3회, 16/회]

구분	내용
1. A 특성	1. 40phon의 등청감곡선과 비슷하게 주파수에 따른 반응을 보정하여 측정한 음압수준, dB(A)로 표시 2. 저주파대역을 보정한 청감보정회로(인간의 청력특성과 유사)
2. B 특성	1. 70phon의 등청감곡선과 비슷하게 주파수에 따른 반응을 보정하여 측정한 음압수준, dB(B)로 표시
3. C 특성	1. 100phon의 등청감곡선과 비슷하게 주파수에 따른 반응을 보정하여 측정한 음압수준, dB(C)로 표시 2. 평탄 특성을 나타냄

(4) 청력손실의 특성 [12/3회, 17/3회]
 1) 청력손실의 정도는 노출 소음수준에 따라 증가한다
 2) 청력손실은 4000Hz에서 크게 나타난다
 3) 강한소음은 노출기간에 따라 청력손실이 증가한다(약한 소음은 관계없음)

(5) 소음성 난청(C_5-dip현상) [13/3회]
 1) 소음성 난청의 초기한계를 나타내는 현상을 말한다
 2) C_5-dip현상 발생주파수 : 4000Hz(유해주파수)

(6) 소음대책 [10/3회, 15/3회]
 1) **소음원의 제거** : 가장 적극적(근본적)인 소음방지대책 [10/1회, 17/1회]
 2) **소음원의 통제** : 기계의 적절한 설계, 적절한 정비 및 주유, 기계에 고무 받침대 부착 차량에는 소음기 사용
 3) **소음의 격리**(소음전달경로의 제어) : 씌우개 방, 장벽을 사용(집의 창문을 닫으면 약 10dB 감음됨)
 4) **차폐장치 및 흡음재료 사용**
 5) **음향처리제 사용**
 6) **적절한 배치**(layout)
 7) **방음보호구(청각보호장비)사용** : 귀마개(이전) (2000Hz에서 20dB, 4000Hz에서 25dB 차음효과)
 8) **BGM**(back ground music) : 배경음악(60±3dB)

9) **능동제어** : 감쇠대상의 음파와 동위상인 신호를 보내어 음파간에 간섭현상을 일으키면서 소음이 저감되도록 하는 기법[14/3회]
10) **수용자에 대한 소음대책**
   ① 1차적 방법 : 청각 보호장비의 사용
   ② 2차적 방법 : 청력검사에 의한 직무재배치와 작업자의 노출시간 감축

[기출분석 1] [10/3회, 18/3회]

작업장에서 8시간 동안 85dB(A)로 2시간, 90dB(A)로 3시간, 95dB(A)로 3시간 소음에 노출되었을 경우 소음노출지수는?(단, 국내의 관련 규정을 따른다)

해설

$$소음노출지수 = \frac{C_1}{T_1} + \frac{C_2}{T_2} + \cdots \frac{C_n}{T_n}$$

$$= 0 + \frac{3}{8} + \frac{3}{4} = 1.125$$

여기서, C_n : 노출시간(85dB : 2시간, 90dB : 3시간, 95dB : 3시간)
T_n : 허용노출시간 (85dB: 0시간, 90dB: 8시간, 95dB: 4시간)

소음허용기준

음압수준[dB(A)]	90	95	100	105	110	115
허용노출시간(hr)	8	4	2	1	1/2	1/4

㊟ 소음노출지수 값 1이상 : 허용기준 초과판정

[기출분석 2]　　　　　　　　　　　　　　　　　　　　　　　　　　　　[14/3회]

어떤 산업현장에서는 작업을 통하여 95dB(A)에서 3시간, 100dB(A)에서 0.5시간, 85dB(A)에서 5시간을 소음수준에 노출되었다면 총 소음투여량은 약 얼마인가?(단, OSHA의 소음관련 기준을 따른다)

해설

총 소음 투여량(누적소음 폭로량 ; D)

$$D = \left(\frac{C_1}{T_1} + \frac{C_2}{T_2} + \cdots \frac{C_n}{T_n}\right) \times 100(\%) = \left(\frac{3}{4} + \frac{0.5}{2} + \frac{5}{16}\right) \times 100 = 131.25\%$$

여기서, C_n : 각 소음에 노출되는 시간(hr또는 min)
　　　　T_n : 허용노출시간

소음수준[dB]	85	90	95	100	105	110	115
노출시간(hr)	16	8	4	2	1	1/2	1/4

2-17 진동

(1) 진동의 구분 및 진동원 [12/1회, 17/1,3회]

구분	진동원
1. 전신진동	크레인, 지게차, 대형운송차량, 선박, 항공기 등
2. 국소진동	전동그라인더, 임펙트런치, 전동런치, 진동톱, 착압기 등

(2) 진동이 인간성능에 끼치는 영향 [10/3회, 12/3회, 13/1회, 14/1회, 15/3회]

1) 진동은 진폭에 비례하여 시력을 손상하여 10~25Hz의 경우 가장 심각하다
2) 진동은 진폭에 비례하며 추적능력을 손상하여 5Hz 이하로 낮은 진동수에 가장 심하다
3) 반응시간, 감시, 형태식별 등 중앙신경 처리에 달린 임무는 진동의 영향을 덜 받는다
4) 안정되고 정확한 근육조절을 요하는 작업은 진동에 의해서 저하된다

(3) 전신진동의 영향 [18/1회]
1) 5Hz이하 : 운동성능 급격히 저하, 맥박수 증가, 호흡곤란
2) 3~6Hz : 신체에 심한 공명현상, 6Hz에서는 가슴 등에 심한 통증
3) 4~14Hz : 복통, 압박감 및 동통감
4) 10~25Hz : 시력장애 및 청력장애
5) 두부와 견부(머리와 어깨부위)는 20~30Hz 진동에 공명
6) 안구는 60~90Hz 진동에 공명

(4) 진동이 인체에 미치는 영향 [16/3회, 18/3회]
1) 심박수 증가
2) 산소소비량 증가
3) 근장력 증가
4) 말초혈관의 수축
5) 혈압상승
6) 발한 등

(5) 진동방지 대책 [13/3회, 18/3회]

진동의 종류	방지대책
1. 전신진동	① 진동발생원 격리 및 원격제어 ② 방진매트 사용 ③ 진동저감 의자 사용 ④ 지속적 장비 관리 ⑤ 진동노출시간을 줄임(교대작업 및 휴식시간 조절)
2. 국소진동	① 방진장갑, 방진공구 사용 ② 진동이 최저인 공구 사용 ③ 추운곳에서 진동공구 사용 자제 ④ 전동공구 사용 자제

2-18 고온, 저온 및 기후환경

(1) 열교환 과정
1) 열교환 과정에서 신체 열함량의 변화량(△S)

> △S=(M-W)-E±R±C
> 여기서, M : 대사열(대사에 의한 열 발생량)
> W : 한일
> E : 증발에 의한 열교환
> R : 복사에 의한 열교환
> C : 대류에 의한 열교환

2) 신체와 환경사이의 열 교환 과정 [15/1회, 17/1회]
   ① 전도(conduction): 직접적인 접촉에 의한 열전달을 의미한다
   ② 대류(convection): 고온대의 액체나 기체가 저온대로 직접 이동하여 일어나는 열전달이다
   ③ 복사(radiation) : 전자파의 복사에 의해서 열이 전달되는 것이다(신체와 환경 사이에 복사에 의해 열이 전달되는 것을 차단하기 위해 방열복을 차단한다)
   ④ 증발(evaporation) : 신체내의 수분이 열에 의해서 수증기로 증발하는 현상이다
3) 열교환에 영향을 주는 요소 [10/1회, 16/3회]
   ① 기온
   ② 습도
   ③ 공기의 유동
   ④ 복사온도

(2) 실효온도 : 온도, 습도, 및 공기유동(기류)이 인체에 미치는 효과를 나타내는 경험적 감각지수이다
1) 실효온도에 영향을 주는 요인 : 온도, 습도, 기류(공기유동)
2) 실효온도는 상대습도 100%일 때 건구온도에서 느끼는 것과 같은 온열감으로 나타낸다

(3) Oxford 지수 및 습구흑구온도 지수
1) Oxford 지수 : WD(습건) 지수라고도 하며 습구, 건구 온도의 가중(加重)평균치로서 다음과 같이 나타낸다 [16/1회]

$$WD = 0.85W + 0.15D$$

여기서, WD : Oxford 지수 또는 습건지수
W : 습구온도,
D : 건구온도

(4) 습구흑구 온도지수(WBGT) 산정식

1) 옥외(태양광선이 내리쬐는 장소)
   WBGT(℃)=(0.7×자연습구온도)+(0.2×흑구온도)+(0.1×건구온도)
2) 옥내 또는 옥외(태양광선이 내리쬐지 않는 장소)
   WBGT(℃)=(0.7×자연습구온도)+(0.3×흑구온도)

[기출분석 1] [16/1회]

습구 온도가 43℃, 건구온도가 32℃ 일 때 Oxford 지수는 얼마인가?

해설
Oxford 지수(WD)
WD= 0.85W+0.15D
   = (0.85×43)+(0.15×32)=41.35℃

---

(5) 고열장해

1) **열사병(일사병)** [12/1회] : 고온 작업장에서의 작업시 신체 내부의 체온조절계통의 기능이 상실되어 발생하며 체온이 과도하게 오를 경우에 사망에 이를 수 있는 고열장해이다
2) **열경련** : 고온환경에서 육체작업을 하면서 흘린 염분손실을 충당하지 못할 때 발생한다
3) **열성발진** : 가장 흔히 발생하는 피부 장해로서 땀띠라고도 한다

(6) 온도변화에 대한 신체의 조절 작용(인체 적응) [14/1회]

적온에서 고온환경으로 변할 때	적온에서 한냉환경으로 변할 때
① 많은 양의 혈액이 피부를 경유하며 피부온도가 올라간다	① 많은 양의 혈액이 몸의 중심부를 순환하며 피부온도는 내려간다
② 직장(直腸)온도가 내려간다	② 직장온도가 약간 올라간다
③ 발한(發汗)이 시작된다	③ 소름이 돋고 몸이 떨린다

(7) 저온환경

1) 저온환경에서의 신체반응(생리적 기전) [11/3회, 13/3회, 17/3회]
① 체표면적 감소
② 피부 혈관의 수축(말초혈관 수축)
③ 근육긴장 증가
④ 체내 온도유지를 위해 소름이 돋고 몸의 떨림 반사(shivering reflex)발생
⑤ 체열생산을 위해 화학적 대사작용 증가(갑상선을 자극하여 호르몬 분비증가)
⑥ 부종, 심한통증, 가려움증, 저림 등 발생

2) 한랭대책에서 개인위생상 준수사항 [18/1회]
① 과도한 음주, 흡연 삼가할 것
② 과도한 피로를 피하고 식사를 충분히 할 것
③ 더운물과 더운 음식을 자주 섭취 할 것
④ 찬물, 눈, 얼음 위에서 오랫동안 작업하지 않을 것
⑤ 건조한 양말, 약간 큰 장갑과 방한화를 착용할 것
⑥ 외피는 통기성이 적고 함기성이 큰 것을 착용할 것
⑦ 팔다리 운동으로 혈액순환을 촉진할 것

2-19 전체환기 및 국소환기

(1) 전체환기(희석환기) : 작업장 전체를 환기시키는 방식으로 공기를 희석하여 유해물질의 농도를 낮추는 환기방식이다

(2) 국소환기(국소 배기) : 작업장에서 발생되는 유해물을 공기중에 비산되기 전에 국소적으로 포착제거 하는 환기방식을 말한다

(3) 전체환기 및 국소배기의 적용
　1) **전체환기가 필요한 경우** [13/1회, 16/3회]
　　① 유해물질의 독성이 낮을 때
　　② 유해물질의 발생량이 적을 때
　　③ 유해물질이 시간에 따라 균일하게 발생할 때
　　④ 동일한 작업장에 오염원이 분산되어 있을 때
　　⑤ 배출원이 이동성일 때
　　⑥ 배출원이 근로자 작업위치와 떨어져 있을 때
　　⑦ 국소배기장치 불가능할 때
　2) **국소환기장치 설치가 필요한 경우**
　　① 유해물질 발생량이 많은 경우
　　② 유해물질 독성이 강한 경우(TLV가 낮을 때)
　　③ 유해물질 발생원과 작업위치가 근접해 있는 경우
　　④ 높은 증기압의 유기용제
　　⑤ 발생주기가 균일하지 않을 경우
　　⑥ 발생원이 고정되어 있는 경우
　　⑦ 법적의무 설치사항인 경우

2-20 사무실 공기관리지침(고용노동부고시)

(1) 오염물질 관리기준 : 사업주는 쾌적한 사무실 공기를 유지하기 위해 사무실 오염물질은 다음 기준에 따라 관리한다

[표] 오염물질 관리기준 [10/3회, 11/3회, 13/3회, 14/1회]

오염물질	관리기준
1. 미세먼지(PM10)	150μg/m³ 이하
2. 초미세먼지(PM2.5)	50μg/m³
3. 일산화탄소(CO)	10ppm 이하
4. 이산화탄소(CO_2)	1,000ppm 이하
5. 포름알데히드(HCHO)	100μg/m³(또는 0.1ppm)이하
6. 총휘발성 유기화합물(TVOC)	500μg/m³ 이하
7. 총부유세균	800CFU/m³ 이하
8. 이산화질소(NO_2)	0.1ppm 이하
9. 곰팡이	500CFU/m³
10. 라돈(radon)	148Bg/m³

주 1) 관리기준 : 8시간 시간가중평균농도 기준
  2) PM10 : Particle Matters, 입경이 $10\mu m$이하인 먼지
  3) CFU/m² : Colony Forming Unit, 1m³ 중에 존재하고 있는 집락형성 세균 개체수

(2) 사무실의 환기기준 [10/1회, 11/1회, 14/3회]
1) **공기정화시설을 갖춘 사무실에서 근로자 1인당 필요한 최소외기량** : $0.57m^3/min$
2) **환기횟수** : 시간당 4회 이상

(3) 사무실 공기질의 측정 등

오염물질	측정횟수(측정시기)	시료채취시간
미세먼지	연 1회 이상	업무시간동안 - 6시간 이상 연속 측정
초미세먼지	연 1회 이상	업무시간동안 - 6시간 이상 연속 측정
이산화탄소	연 1회 이상	업무시작 후 2시간 전후 및 종료 전 2시간 전후 - 각각 10분간 측정
일산화탄소	연 1회 이상	업무시작 후 1시간 이내 및 종료 전 1시간 이내 - 각각 10분간 측정
이산화질소	연 1회 이상	업무시작 후 1시간~종료 1시간 전 - 1시간 측정
포름알데히드	연 1회 이상 및 신축 (대수선 포함) 건물 입주 전	업무시간 후 1시간~종료 1시간 전 - 30분간 2회 측정
총휘발성 유기화합물	연 1회 이상 및 신축 (대수선 포함) 건물 입주 전	업무시작 후 1시간~종료 1시간 전 - 30분간 2회 측정
라돈	연 1회 이상	3일 이상~3개월 이내 - 연속측정
총부유세균	연 1회 이상	업무시작 후 1시간~종료 1시간 전 - 최고 실내온도에서 1회 측정
곰팡이	연 1회 이상	업무시작 후 1시간~종료 1시간 전 - 최고 실내온도에서 1회 측정

PART 03

산업심리학 및 관계법규

PART 03 산업심리학 및 관계법규

3-1 인간의 심리특성

(1) 산업심리학의 목적
1) 생산능률과 성과의 증대
2) 인간의 복지증진

(2) 심리검사의 구비조건
1) 표준화 : 검사관리를 위한 조건 및 검사절차의 일관성과 통일성의 표준화
2) 객관성 : 체험하는 과정에서 채점자의 편견이나 주관성 배제
3) 규준(morms) : 검사결과를 해석하기 위한 비교할 수 있는 참조 또는 비교의 틀
4) 신뢰성 : 검사응답의 일관성(반복성)
5) 타당성 : 측정하고자 하는 것을 실제로 잘 측정하는가 여부를 판별하는 것

3-2 주의·부주의 등

(1) 주위의 특징·특성 [10/3회, 11/1회, 12/1회, 13/1·3회, 14/1회]
1) **주의의 특징**
   ① 선택성 : 여러 종류의 자극을 자각할 때 소수의 특정한 것에 한하여 선택하는 기능
   ② 방향성 : 주시점만 인지하는 기능
   ③ 변동성 : 주위에는 주기적으로 부주의의 리듬이 존재
2) **주의력의 특성** [16/1회]
   ① 주의력 중복집중의 곤란(선택성)
   ② 주의력의 단속성(변동성)
   ③ 주의력의 방향성

(2) 부주의 현상 [11/3회]
1) **의식의 단절** : 지속적인 의식의 흐름에 단절이 생기고 공백의 상태가 나타나는 것으로 특수한 질병이 있는 경우에 나타난다(의식수준 : phase 0)

2) **의식의 우회** : 의식의 흐름이 옆으로 빗나가 발생하는 경우로서 작업도중 걱정, 고뇌, 욕구불만 등에 의해 다른 것에 정신을 빼앗기는 경우이다(의식수준: phase 0)

3) **의식수준의 저하** : 혼미한 정신상태에서 심신이 피로할 경우나 단조로운 반복작업시 일어나기 쉽다(의식수준: phase Ⅰ 이하)

4) **의식의 과잉** : 지나친 의욕에 의해서 생기는 부주의 현상으로 긴급사태시 순간적으로 긴장이 한 방향으로만 쏠리게 되는 경우이다(의식수준: phase Ⅳ)

(3) 부주의에 대한 사고방지 대책 [15/1회]
1) 적성배치
2) 작업의 표준화
3) 주위력 집중훈련
4) 스트레스 해소대책

(4) 인간의 의식 수준 단계 [17/1회, 19/3회]

단계	의식의 상태	주의작용	생리적 상태	신뢰성	뇌파형태
phase 0	무의식, 실신	없음(zero)	수면, 뇌발작	0	α파
phase Ⅰ	정상이하 의식 몽롱함	부주의	피로, 단조, 졸음, 술취함	0.9이하	β파
phase Ⅱ	정상, 이완상태	수동적(passive)마음이 안쪽으로 향함	안정기거, 휴식시, 정례작업시	0.99~0.99999	α파
phase Ⅲ	정상, 상쾌한상태	능동적(active)앞으로 향하는 주의 시야도 넓다	적극 활동시	0.999999 이상	~β파
phase Ⅳ	초정상, 과긴장상태	일점으로 응집, 판단지	긴급 방위반응 당황해서 panic	0.9이하	β파

(5) 억측판단 [12/3회, 14/1회, 17/1회]
1) **억측판단** : 자기 주관적인 판단
2) **억측판단이 발생하는 배경**
   ① 희망적인 관측 : 그때도 그랬으니까 괜찮겠지 하는 관측
   ② 정보나 지식의 불확실 : 위험에 대한 정보의 불확실 및 지식의 부족
   ③ 과거의 선입견 : 과거에 그 행위로 성공한 경험의 선입관
   ④ 초조한 심정 : 일을 빨리 끝내고 싶은 초조한 심정

(6) 실수와 착오 [12/3회]
1) **실수**(slip) : 의도는 올바른 것이었지만 반응의 실행이 올바른 것이 아닌 경우를 실수라 한다
2) **착오**(mistake) : 부적합한 의도를 가지고 행동으로 옮긴 경우를 착오라 한다

3-3 반응시간(reaction time)

(1) 감각기관의 자극에 대한 반응시간 [10/1회, 11/3회]

감각기관	청각	촉각	시각	미각	통각
반응시간	0.17초	0.18초	0.20초	0.29초	0.70초

(2) 선택반응시간과 동작시간 [10/3회, 14/1회, 18/1회]
1) **선택반응시간(RT)** [12/3회]
   ① 인간의 반응시간(RT)은 자극과 반응의 수가 증가할수록 길어진다(반응시간은 자극과 정보의 양에 비례한다)
   ② **Hick법칙** : 자극·반응의 수(N)가 증가함에 따라 반응시간(RT)은 대수적으로 증가한다 (RT는 밑을 2로 하는 N의 log값에 비례해 증가함)

   $$RT = a + b \log_2 N$$

   여기서, RT : 반응시간(reaction time)
   　　　　N : 자극과 반응의 수

2) **동작시간(Fitts 법칙)** : 손과 발의 동작시간 또는 이동시간(MT)은 목표지점까지의 손, 발의 이동거리(A)와 목표물의 크기(폭;W)에 영향을 받는다[18/3회]

   $$MT = a + b \log_2 \left(\frac{2A}{W}\right)$$

   여기서, MT : 동작시간(movement time)
   　　　　A : 움직인 거리(목표물까지의 거리)
   　　　　W : 목표물의 너비(폭)

3) 힉-하이만 법칙(Hick-Hyman law)
   ① **인간의 반응시간(RT)** : 자극정보의 양에 비례한다 [14/3회] [12/1회]

   $$RT = a + b\log_2 N$$

   여기서, a, b : 상수
   N : 자극정보의 수

   ② **작업시 예상반응시간(RT)** [13/3회, 15/1회]

   RT=단순반응시간(ms)+[정보량당 증가되는 반응시간(ms/bit)×정보량(bit)]

[기출분석 1]　　　　　　　　　　　　　　　　　　　　　　　　　　[11/1회]

Hick's law 에 따르면 인간의 반응시간은 정보량에 비례한다. 단순반응에 소요되는 시간이 150ms 이고, 단위 정보량당 증가되는 반응시간이 200ms 이라고 한다면, 2bits의 정보량을 요구하는 작업에서의 예상 반응시간은 몇 ms 인가?

해설
1) 단순반응에 소요되는 시간 : 150ms(millisecond: 1/1000초)
2) 단위 정보량(1bit)당 증가되는 반응시간 : 200ms
3) 2bit의 정보량 요구작업시 예상반응시간
   예상반응시간 = 단순반응시간 + 2bit반응시간 = 150+(2×200) = 550ms

[기출분석 2] [12/3회, 16/3회]

시각을 통해 2가지 서로 다른 자극을 제시하고 선택 반응시간을 측정한 결과가 1초였다면, 4가지 서로 다른 자극에 대한 선택반응시간은 몇 초 이겠는가? (단, 각 자극의 출현 확률은 동일하고 시각 자극에 반응을 하는데 소요되는 시간은 0.2초라 가정하며, Hick-Hyman의 법칙에 따른다)

해설

1) 2가지 자극일 때 선택반응시간(RT_1)

$$RT_1 = a + b\log_2 N$$

$$b = \frac{RT_1 - a}{\log_2 N} = \frac{1 - 0.2}{\log_2 2} = 0.8$$

여기서, a : 실험상수(시각자극에 반응하는 소요시간: 0.2초
　　　　b : 실험상수(경험적 수치로 측정된 값을 보정한 상수)
　　　　N : 자극정보의 수(2)

2) 4가지 자극일 때 선택반응시간(RT_2)

$$RT_2 = a + b\log_2 N = 0.2 + 0.8\log_2 4 = 1.8초$$

3-4 동기부여

(1) 레빈(K. Lewin)의 법칙 : Lewin은 인간의 행동(B)은 그 사람이 가진 자질 즉, 개체(P)와 심리학적 환경(E)과의 상호 함수관계에 있다고 하였다 [11/3회, 12/1,3회, 13/1,3회, 15/1,3회 16/1회, 18/1회]

$B = f(P \cdot E)$
여기서, B(Behavior) : 인간의 행동
　　　　f(function, 함수 관계) : 적성, 기타 P와 E에 영향을 미칠 수 있는 조건
　　　　P(Person, 개체) : 연령, 경험, 심신상태, 성격, 지능 등 인간의 조건
　　　　E(Environment, 심리적 환경) : 인간관계, 작업환경 등 환경조건

(2) 동기부여 이론

1) 데이비스(Davis)의 동기부여이론 [14/3회, 16/1회]
① 인간의 성과×물리적인 성과=경영의 성과
② 인간의 성과=능력×동기유발
③ 능력=지식×기능
④ 동기유발=상황×태도

2) 매슬로우(Maslow)의 욕구 5단계 [10/1회, 10/3회, 15/1회, 17/3회]
① 1단계-생리적 욕구(신체적 욕구) : 기아, 갈등, 호흡, 배설, 성욕 등 기본적 욕구
② 2단계-안전의 욕구 : 안전을 구하려는 욕구
③ 3단계-사회적 욕구(친화욕구) : 애정, 소속에 대한 욕구
④ 4단계-인정받으려는 욕구(자기존경의 욕구, 승인욕구) : 자존심, 명예, 성취, 지위 등에 대한 욕구
⑤ 5단계-자아실현의 욕구(성취욕구) : 잠재적인 능력을 실현하고자 하는 욕구

3) 알더퍼(Alderfer)의 ERG이론 [15/3회, 18/1회]
① 생존(Existence) 욕구(존재욕구) : 신체적인 차원에서 유기체 생존과 유지에 관련된 욕구
② 관계(Relatedness)욕구 : 타인과의 상호작용을 통해 만족되는 대인욕구
③ 성장(Growth) 욕구 : 개인적인 발전과 증진에 관한 욕구

4) 맥그리거(McGregor)의 X, Y이론 [11/1·3회, 12/1회, 15/3회]
① 맥그리거의 X, Y이론
  ㉠ X이론 : 저차적 욕구이론
  ㉡ Y이론 : 고차적 욕구이론
② X이론과 Y이론의 비교

X 이론	Y 이론
1. 인간 불신감	상호신뢰감
2. 성악설	성선설
3. 인간은 본래 게으르고 태만하여 남의 지배 받기를 즐긴다	인간은 부지런하고 근면, 적극적이며, 자주적이다
4. 물질욕구(저차적 욕구)	정신욕구(고차적 욕구)
5. 명령통제에 의한 관리	목표통합과 자기통제에 의한 자율관리
6. 저개발국형	선진국형

③ X, Y이론의 관리처방 [12/3회, 16/3회]

X 이론의 관리처방	Y 이론의 관리처방
1. 경제적 보상체제의 강화 2. 권위주의적 리더십의 확보 3. 면밀한 감독과 엄격한 통제 4. 상부책임제도의 강화 5. 조직구조의 고층성	1. 민주적 리더십의 확립 2. 분권화의 권한과 위임 3. 목표에 의한 관리 4. 직무확장 5. 비공식적 조직의 활용 6. 자체평가제도의 활성화

5) **허즈버그(Herzberg)의 2요인**(위생요인 및 동기요인) [13/1회]
① **위생요인**(직무환경에 관계된 내용) : 기업정책, 개인 상호간의 관계(친교, 대인관계), 감독형태, 작업조건, 임금(급료), 보수지위, 안전 등이 있다
② **동기요인**(직무내용(일의 내용) : 목표달성에 대한 성취감, 안정감, 도전감, 책임감, 성장과 발전, 작업자체 등이 있다(자아실현을 하려는 인간의 독특한 경향 반영)

3-5 휴먼에러

(1) 휴먼에러(인간과오)의 분류
1) **심리적인 분류(Swain)** : Error의 원인을 불확정, 시간지연, 순서착오의 세 가지로 나누어 분류한다[10/1회, 11/1회, 12/1회, 13/1회, 15/1회, 16/1회, 18/3회]
① **Omission error(부작위실수, 생략과오)** : 필요한 task 또는 절차를 수행하지 않는데 기인한 error
② **Time error(시간적 과오, 지연오류)** : 필요한 task 또는 절차의 수행지연으로 인한 error
③ **Commission error(작위실수, 수행적 과오)** : 필요한 task 또는 절차의 불확실한 수행으로 인한 error
④ **Sequential error(순서적 과오)** : 필요한 task 또는 절차의 순서착오로 인한 error
⑤ **Extraneous error(불필요한 과오)** : 불필요한 task 또는 절차를 수행함으로써 기인한 error

2) **원인의 Level적 분류** [13/3회]
　① **Primary error(주과오)** : 작업자 자신으로부터 error(안전교육을 통하여 제거)
　② **Secondary error(2차 과오)** : 작업형태나 작업조건 중에서 다른 문제가 생겨 그 때문에 필요한 사항을 실행할 수 없는 error, 어떤 결함으로부터 파생되어 발생하는 error
　③ **Command error(지시 과오)** : 요구된 것을 실행하고자 하여도 필요한 물건, 정보, 에너지 등의 공급이 없는 것처럼 작업자가 움직이려 해도 움직일 수 없으므로 발생하는 error
3) **인간과오의 배후요인 4요소(4M)** [10/1회, 11/1 · 3회 12/3회, 14/3회, 15/1회, 16/3회]
　① **맨**(mam) : 본인 이외의 사람(팀워크, 커뮤니케이션)
　② **머신**(machine) : 장치나 기계 등의 물적요인(본질안전화, 표준화, 점검, 정비)
　③ **미디어**(media) : 인간과 기계를 잇는 매체란 뜻으로 작업의 방법이나 순서, 작업 정보의 실태나 환경과의 관계, 정리정돈 등이 포함된다(환경개선, 작업방법개선 등)
　④ **매니지먼트**(management) : 안전법규의 준수방법, 단속, 점검 관리 외에 지휘감독, 교육훈련 등이 여기에 속한다(적성배치, 교육 · 훈련)
4) **인간의 정보처리 과정을 통한 휴먼에러의 분류**(인간의 행동과정을 통한 분류) [14/3회, 15/3회]
　① Input error : 감시 결함
　② Information processing error : 정보처리 절차과오(착각)
　③ Decision making error : 의사결정 과오
　④ Output error : 출력과오
　⑤ Feedback error : 제어과오

(2) 휴먼에러 방지의 설계기법 및 대책 등
　1) **휴먼에러 방지의 3가지 설계기법** [14/3회]
　　① **배타설계**(exclusive design) : 오류를 범할 수 없도록 사물을 설계하는 기법 [18/1회]
　　② **보호설계**(prevention design)
　　③ **안전설계**(fail-safe-design)

2) 휴먼에러 방지대책 [12/1회, 17/3회]

구분	내용
1. 설비대책	1) 페일세이프(fail-safe) 및 플프루프(fool proof)도입 2) 위험요인 제거 3) 인체 측정치의 적합화 4) 인공지능활용 정보의 피드백
2. 안전요인 대책 [16/1회]	1) 소집단 활동의 활성화 2) 작업의 모의 훈련 3) 전문인력의 적재적소 배치 4) 작업에 대한 교육훈련, 작업원 회의
3. 관리요인 대책	1) 안전의 중요도 인식 2) 인간관계 및 의사소통

(3) 휴먼에러와 기계고장의 차이점 [10/3회, 16/3회]

1) **인간성능**
   ① 인간은 기계와는 달리 학습에 의해 계속적으로 성능을 향상시킨다
   ② 인간성능은 압박(stress)이 가장 낮을 때 성능수준이 가장 높다
2) **인간실수** : 우발적으로 재발하는 유형이다
3) **기계와 설비의 고장조건** : 저절로 복구되지 않는다

3-6 페일세이프 및 풀 프루프

(1) 페일세이프

1) **페일세이프(fail safe)** : 인간이나 기계 등에 과오나 동작상의 실수가 있더라도 사고·재해를 발생시키지 않도록 철저하게 2중, 3중으로 통제를 가하는 것을 말한다.
2) **페일세이프 구조의 기능면에서의 분류**
   ① fail passive : 성분의 고장시 기계·장치는 정지 상태로 돌아간다
   ② fail operational : 병렬 여분계의 성분을 구성한 경우이며, 성분의 고장이 있어도 다음 정기 점검시 까지는 운전이 가능하다
   ③ fail active : 성분의 고장시 기계·장치는 경보를 나타내며 단시간에 역전이 된다

3) **구조적 페일 세이프**(항공기의 엔진, 압력용기의 안전밸브)
  ① 저균열속도 구조
  ② 조합구조
  ③ 다경로하중 구조
  ④ 하중해방 구조

(2) 풀 프루프(fool proof) [11/1회, 13/1회, 15/3회]

1) 풀 프루프(fool proof) : 기계장치 설계 단계에서 안전화를 도모하는 것으로 근로자가 기계 등의 취급을 잘못해도 사고로 연결되는 일이 없도록 하는 안전기구이며 인간과오(human error)를 방지하기 위한 것이다
2) 가드(guard), 세이프티블록(safety block ; 안전블록), 카메라의 이중 촬영방지 기구 등이 있다

3-7 고장률 및 시스템의 수명

(1) 고장률의 유형

1) **초기고장** : 불량제조나 생산과정에서의 품질관리 미비로 생기는 고장으로 점검 작업이나 시운전 등에 의해 사전에 방지할 수 있는 고장
  ① 디버깅(debugging)기간
  ② 번인(burn in)기간
2) **우발고장** : 예측할 수 없을 때 생기는 고장으로 시운전이나 점검 작업으로는 방지할 수 없는 고장
3) **마모고장** : 수명이 다해 생기는 고장으로, 안전진단 및 적당한 보수(정비)에 의해서 방지할 수 있는 고장

(2) 고장률과 MTBF

1) 고장률(λ) = $\dfrac{r(\text{고장건수})}{T(\text{총가동시간})}$

2) MTBF(Mean Time Between Failure) : 평균고장시간

$$\text{MTBF} = \frac{1}{\lambda} = \frac{\text{총가동시간}}{\text{고장건수}}$$

(3) 신뢰도 및 불신뢰도

1) 신뢰도(R_t) : 고장없이 작동할 확률

$$R_t = e^{-\lambda t} = e^{-t/tr}$$

여기서, λ : 고장률
t : 가동(작동)시간
t_0 : 평균수명(MTTF)

2) 불신뢰도(F_t) : 고장을 일으킬 확률

$$F_t = 1-R_t = 1-e^{-\lambda t} = 1-e^{-t/t_0}$$

(4) 시스템의 수명

1) 직렬계의 수명 = $\dfrac{MTTF}{n}$

2) 병렬계의 수명 = $MTTF\left(1+\dfrac{1}{2}+\cdots+\dfrac{1}{n}\right)$

여기서, MTTF : 평균고장시간(평균수명)
n : 직렬 및 병렬계의 구성요소

[기출분석 1] [15/3회]

작업자가 제어반의 압력계를 계속적으로 모니터링 하는 작업에서 압력계를 잘못 읽어 에러를 범할 확률이 100시간에 1회로 일정한 것으로 조사되었다. 작업을 시작한 후 200시간 시점에서의 인간신뢰도는 약 얼마로 추정되는가?

해설

1) 고장률(λ) = $\dfrac{고장건수}{시간} = \dfrac{1}{100} = 0.01$

2) 신뢰도(Rt) = $e^{-\lambda t}$
    = $e^{-0.01 \times 200} = 0.135$

여기서, λ : 고장률
t : 가동시간

3-8 신뢰도

(1) 인간신뢰도

1) 인간의 신뢰도 [11/1회, 18/1회] : 인간의 성능이 특정한 기간 동안 실수를 범하지 않을 확률을 말한다
2) 이산적 직무에서의 인간실수확률
   ① 계산식 [14/1회]

   $$HEP = \frac{인간의\ 실수횟수}{전체실수\ 기회의\ 수}$$

   여기서, 인간의 실수횟수 = 실제불량품의 수 - 발견 불량품의 수
   전체실수 기회의 수 = 한 로트 부품 전체의 수

   ② 인간의 신뢰도(직무의 성공적 수행확률 ; R) [13/1회]

   $$R = 1 - HEP$$

3) 이산적 직무에서 인간신뢰도
   ① 반복되는 이산적 직무에서의 인간신뢰도 : 작업당 인간실수확률(HEP)이 P일 때 n_1 시작부터 n_2번째 작업까지를 실수없이 성공시키는 것을 말한다
   ② 계산식 [12/1회, 16/1회]

   $$R(n_1 n_2) = (1-P)^{n_2 - n_1 + 1}$$

   여기서, R : 인간신뢰도(수행확률)
   P : 실수확률(HEP)
   n_1, n_2, : n_1번째 작업에서 n_2번째 까지의 작업

[기출분석 1] [12/1회, 16/1회]

어느 검사자가 한 로트에 1000개의 부품을 검사하면서 100개의 불량품을 발견하였다. 하지만 이 로트에는 실제 200개의 불량품이 있었다면, 동일한 로트 2개에서 휴먼 에러를 범하지 않을 확률은 얼마인가?

해설

반복되는 이산적 직무에서의 인간신뢰도(R)

$$R(n_1 n_2) = (1-P)^{n_2 - n_1 + 1}$$
$$= (1-0.1)^{2-1+1} = 0.81$$

여기서, P : 실수확률(100/1000=0.1)
n_1, n_2 : n_1번째 작업에서 n_2번째 까지의 작업

[기출분석 2] [13/1회, 18/3회]

미사일을 탐지하는 경보 시스템이 있다. 조작자는 한시간마다 일련의 스위치를 작동해야 하는데 휴먼에러 확률(HEP)은 0.01이다. **2시간에서 5시간까지의 인간 신뢰도**는 약 얼마인가?

해설

1) 인간신뢰도(R_t) : n시간동안 에러없이 임무를 수행할 확률(n시간 동안 인간신뢰도)

$$R_t = (1-HEP)^n = (1-0.01)^{5-2} = 0.9703$$

여기서, HEP : 휴먼에러확률(오류수/전체오류발생횟수)
n : n시간($t_2 - t_1$ = 5-2 =3)

2) 제2방법

$$R_t = e^{-\lambda t}$$
$$= e^{-0.01 \times (5-2)} = 0.9704$$

여기서, R : t시간동안 고장이 일어나지 않을 확률
λ : 인간에러확률(고장률)
t : 가동시간

[기출분석 3] [17/3회]

어떤 사업장의 생산라인에서 완제품을 검사하는데, 어느 날 5000개의 제품을 검사하여 200개를 부적합품으로 처리 하였으나 이 로트에 실제로 1000개의 부적합품이 있었을 때, 로트당 휴먼에러를 범하지 않을 확률은 약 얼마인가?

해설

1) 휴먼에러확률(HEP)

$$HEP = \frac{\text{실제 인간실수 횟수}}{\text{전체 실수기회의 수}}$$

$$= \frac{1{,}000 - 200}{5{,}000} = 0.16$$

여기서, ┌ 실제인간실수횟수=실제불량품의 수−발견불량품의 수=1,000−200
         └ 전체실수기회의 수=한 로트 부품 전체의 수

2) 휴먼에러를 범하지 않을 확률(신뢰도:R)
   R = 1−HEP = 1−0.16 = 0.84

(2) 인간과 기계체계의 신뢰도 계산 [10/1 · 3회, 11/3회, 13/3회, 15/1회]

1) 직렬연결

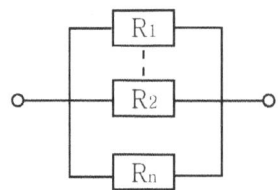

$$R_S = R_1 \times R_2 \times \cdots R_n = \prod_{i=1}^{n} R_i$$

2) 병렬연결

$$R_P = 1 - [(1-R_1)(1-R_2) \cdots (1-R_n)] = 1 - \prod_{i=1}^{n}(1-R_1)$$

[기출분석 1]   [13/3회]

어느 공장에서 사용중인 자동검사기기의 신뢰도는 0.9이다. 이 검사기 다음 단계로 2명의 검사원이 병렬로 육안검사를 실시하고 있으며, 이들의 신뢰도는 각각 0.8, 0.7이다. 이 인간-기계 시스템의 신뢰도는 얼마인가?

해설

· R = 0.9 × [1−(1−0.8)(1−0.7)] = 0.846

[기출분석 2]   [10/1회]

기계를 조종하는 임무를 수행하기 위해서는 2인 1조로 편성된 작업조가 필요한 인간-기계체계가 있으며 이 체계의 신뢰도는 작업자에 의해 영향을 받는다. 작업자 실수의 가능성을 최소화하기 위하여 요원의 중복형태를 갖는 작업조의 신뢰도는 0.99 이상이어야 한다면 체계의 신뢰도를 유지하기 위해서 작업자 한사람이 갖는 신뢰도의 최대값은 얼마인가?

해설

1) 2인 1조로 편성된 작업자 1명의 신뢰도 : A
   중복형태(병렬연결)을 갖는 작업조 신뢰도 : T(=0.99)

2) $T = 1-(1-A)^2$
   $(1-A)^2 = 1-T$
   $1-A = \sqrt{1-T}$
   $A = 1 - \sqrt{1-T} = 1 - \sqrt{1-0.99} = 0.9$

(3) 직렬계 및 병렬계의 특성 [16/1회]

1) 직렬계의 특성

① 요소(要所)중 어느 하나가 고장이면 계(系)는 고장이다
② 요소의 수가 적을수록 신뢰도는 높아진다
③ 요소의 수가 많을수록 수명이 짧아진다
④ 계의 수명은 요소 중에서 수명이 가장 짧은 것으로 정하여진다

2) 병렬계의 특성
① 요소(要所)의 중복도가 늘수록 계(系)의 수명은 길어진다
② 요소의 수가 많을수록 고장의 기회는 줄어든다
③ 요소의 어느 하나가 정상이면 계는 정상이다
④ 계의 수명은 요소 중에서 수명이 가장 긴 것으로 정해진다

3-9 안전관리 조직의 형태

(1) line형(직계형) [11/1회] : 생산 또는 현장라인(line)에서 생산 및 안전업무를 동시에 실시하는 조직 형태이다 (100명 이하의 소규모 사업장에 적합)

(2) staff형(참모형) : 안전관리를 담당하는 스태프(안전담당 참모진)를 두고 안전관리에 관한 계획, 조사, 검토, 보고 등을 행하는 조직형태이다(100명 이상 500명 미만의 중 규모 사업장에 적합)

(3) line-staff 혼합형(직계·참모 복합형) [17/1회]
  1) 안전업무를 전담하는 스태프 부분을 두고 생산라인에도 안전담당자를 두어서 안전계획 및 안전대책은 스태프들이 기획하고, 이것을 생산라인을 통하여 실시하도록 한 조직형태이다(1000명 이상의 대규모 사업장에 적합)
  2) 기능별 전문화의 원리(staff형)와 명령 일원화의 원리(line형)를 조화시킬 목적으로 형성한 조직이다 [15/3회]

3-10 집단

(1) 집단행동 [10/1회, 14/1회, 14/3회, 18/3회]
  1) **통제 있는 집단행동** : 규칙·규율 같은 룰(rule)이 존재한다
    ① **관습** : 풍습, mores(풍습에 도덕적인 제제가 추가된 사회적인 관습), 예의, 금기(taboo, 금지적 기능을 가지는 습관) 등이 있다
    ② **제도적 행동** : 합리적으로 성원의 행동을 통제하고 표준화함으로써 집단의 안정을 유지하려는 것이다
    ③ **유행**(fashion) : 공통적인 행동양식이나 태도 등을 말한다

2) **비통제의 집단행동** : 성원의 감정, 정서에 의해 좌우되고 연속성이 희박하다
   ① **군중**(crowd) : 성원 사이에 지위나 역할의 분화가 없고, 각자는 책임감, 비판력을 가지지 않는다
   ② **모브**(mob): 공격적인 폭동 같은 것을 말한다(군중보다 한층 합의성이 없고 감정에 의해 행동하는 집단행동) [17/1회]
   ③ **패닉**(panic) : 방어적인 것이 특징인 폭동을 말한다
   ④ **심리적 전염** : 유행과 비슷하면서 비합리성이 강하고 논리적, 사실적 근거없이 무비판적으로 받아드려지는 것을 의미한다

(2) **집단간 갈등의 원인 및 해소방법**
   1) **집단간 갈등의 원인** [11/3회, 14/1회]
      ① 제한된 자원(자원부족)
      ② 집단간 목표의 차이
      ③ 집단간 인식(의견)차이 (영역모호성)
   2) **집단 내 역할갈등의 원인** [13/3회, 16/3회]
      ① **역할 모호성** : 집단내에서 개인이 수행해야 할 임무와 책임등이 명확하지 않을 때 역할갈등이 발생한다
      ② **역할간 마찰** : 2개 이상의 역할을 동시에 수행해야 하는 경우에 2개를 동시에 잘해 낼수 없다고 생각할 때 역할갈등이 발생한다
      ③ **역할 내 마찰** : 하나의 역할을 수행하더라도 외부의 요구 사항이 자신이 설정한 역할과 상충될 때 역할갈등이 발생한다
      ④ **역할 부적합** : 집단내에서 개인에게 부여된 역할이 개인의 성격 등에 적합하지 않을 때 역할갈등이 발생한다
      ⑤ **역할 무능력** : 집단내에서 개인의 능력이 부족할 때 역할갈등이 발생한다

(3) **집단의 응집성 및 집단효과**
   1) **집단응집성 지수 관계식** [13/1회, 15/1회, 16/1회]

$$집단응집성지수 = \frac{실제상호선호관계의 수}{가능한 선호관계의 총수(_nC_2)}$$

여기서, 실제상호선호관계의 수 : 실제상호작용의 수
가능한 선호관계의 총수 : $_nC_2$ (n집단구성원 수)

2) 집단의 효과
① 동조효과(응집력)
② 시너지(synergy)효과
③ 견물효과

(4) 집단의 특성 [13/3회, 16/1회]
1) 집단은 사회적으로 상호 작용하는 둘 혹은 그 이상의 사람으로 구성된다
2) 집단은 구성원들 사이에 일정한 수준의 안정적인 관계가 있어야 한다
3) 집단은 공동의 목표를 달성하고, 공동의 이해와 목표를 추구하기 위해 형성된다
4) 구성원들이 스스로를 집단의 일원으로 인식해야 집단이라고 칭할 수 있다

[기출분석 1] [13/1회, 16/1회]

10명으로 구성된 집단에서 소시오메트리(sociometry)연구를 사용하여 조사한 결과 긍정적인 상호작용을 맺고 있는 것이 16쌍일 때 이 집단의 응집성지수는 약 얼마인가?

해설

집단응집성지수 $= \dfrac{\text{실제상호선호관계의 수}}{\text{가능한 선호관계의 총수}(_nC_2)} = \dfrac{16}{45} = 0.356$

여기서, ┌ 실제상호선호관계의 수(실제상호작용의 수) : 16쌍

└ 가능한 선호관계의 총수 : $nC_2 = 10C_2 = \dfrac{10 \times 9}{2} = 45$ (n : 집단구성원수)

---

(5) 관료주의
1) 관료주의의 특징(막스웨버; Max Weber) [10/1회, 12/1회, 15/1회, 17/3회]
① 노동의 분업화를 가정으로 조직을 구성한다
② 부서장들의 권한 일부를 수직적으로 하부조직에 위임하도록 했다
③ 법과 규정에 의한 운영으로 예측가능한 조직을 운영하도록 했다
④ 하부조직과 인원을 적절한 크기가 되도록 하였다
⑤ 산업화 초기의 비규범적 조직운영을 체계화시키는 역할을 했다

2) 관료주의조직의 기본원칙(Max Weber) [10/3회, 18/1회]
① 노동의 분업화 : 직무의 단순화, 전문화, 분업화
② 권한의 위임 : 조직체계를 수직적 명령체계에 의한 계층적 구조로 편성하고 상급자 권한의 일부를 하부에 위임
③ (적절한) 통제의 범위 : 각 관리자가 통제할 수 있는 작업자의 수 5~8명으로 제한
④ 조직 구조 : 적절한 조직의 높이와 폭(피라미드 형태)

(6) 호손(Hawthorne)실험 [11/1회,12/3회,14/3회,16/3회,17/3회, 18/3회]
1) **실험연구자** : 메이오(Mayo)
2) **실험연구결과** : 작업능률(생산성향상)은 물리적인 작업조건보다는 인간의 심리적인 태도, 감정을 규제하고 있는 인간관계에 의해서 결정됨을 밝혔다
3) **인간관계**
   ① 인간관계는 상담, 조언에 의해서 이루어진다
   ② 종업원의 인간성을 경영자와 대등하게 본 인간관계의 기초 위에서 관리를 추진한다

(7) 소시오그램의 선호신분지수 산정식

$$선호신분지수 = \frac{선호총계}{구성원수 - 1}$$

[기출분석 1] [10/1회]
다음 소시오그램에서 B의 선호신분지수는 얼마인가?

선호
거부

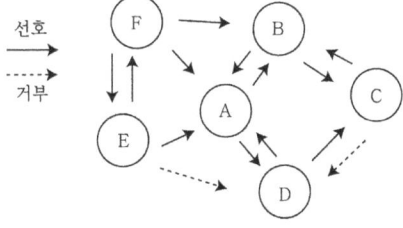

해설

B의 선호신분지수 $= \dfrac{선호총계}{구성원수 - 1}$

$= \dfrac{3}{6-1} = \dfrac{3}{5} = 0.6$

3-11 리더십(Leadership)

(1) 헤드십과 리더십의 구분 [12/1회, 12/3회]

구분	헤드십	리더십
1. 권한부여 및 행사	위에서 위임하여 임명	아래로부터 동의에 의한 선출
2. 권한근거	법적 또는 공식적	개인능력
3. 지휘형태	권위주의적	민주주의적
4. 상사와 부하의 관계	지배적	개인적인 영향
5. 책임귀속	상사	상사와 부하
6. 부하와의 사회적 간격	넓다	좁다

(2) 리더십의 유형별 특징 등

1) 리더십의 유형 및 특징 [13/1회, 14/1회, 14/3회, 16/3회, 18/1회]

구분	특징
1. 권위적 리더십 (전제적 리더십)	1) 리더에 의해 모든 정책이 결정된다 2) 각 구성원의 업적을 평가할 때 주관적이기 쉽다(구성원의 능동적 그룹의 참여는 어려움) 3) 리더는 보통과업과 그 과업을 함께 수행할 구성원을 지정해준다 4) 권한에 의한 지시를 받고 지시는 한번에 하나씩 있으므로 미래 단계를 파악할 수 없다
2. 민주적 리더십[15/1회]	1) 모든 정책은 리더에 의해서 지원을 받는 집단토론식으로 결정된다 2) 각 구성원을 평가할 때 객관적이다(일은 많이 하지 않지만 구성원이 되려고 노력함) 3) 구성원들은 선택하는 사람과 일을 할 수 있다(업무 분할은 그룹에 일임) 4) 토의 중에 대략적으로 활동에 대해 파악을 한다(도움 필요시 리더가 대안을 제시해 줌)

구분	특징
3. 자유방임적 리더십	1) 그룹 또는 개인적인 결정을 위해 완전한 자유를 준다(리더는 최소한 개입) 2) 요청이 없으면 자발적인 평가를 하지 않는다 3) 과업과 동료의 결정에 대하여 리더가 개입하지 않는다 4) 작업토의에 개입하지 않는다(필요한 정보는 리더에 의해 공급)

(3) 리더십의 권한 [10/1·3회 11/1회, 13/3회, 15/1·3회 16/1회]
  1) **조직이 지도자에게 부여한 권한**
    ① **보상적 권한** : 지도자가 부하들에게 보상할 수 있는 능력으로 인해 부하직원들을 통제할 수 있으며 부하들의 행동에 대해 영향을 끼칠 수 있는 권한이다
    ② **강압적 권한** : 부하직원들을 처벌할 수 있는 권한이다
    ③ **합법적 권한** : 조직의 규정에 의해 지도자의 권한이 공식화 된 것을 말한다

  2) **지도자 자신이 자신에게 부여한 권한** : 부하직원들이 지도자의 성격이나 그 능력을 인정하고 지도자를 존경하며 자진해서 따르는 것이다
    ① **전문성의 권한** : 지도자가 목표수행에 필요한 전문적인 지식을 갖고 업무수행을 하므로 부하직원들이 자발적으로 지도자를 따르게 된다
    ② **위임된 권한** : 집단의 목표를 성취하기 위해 부하직원들이 지도자가 정한 목표를 자진해서 자신의 것으로 받아들여 지도자와 함께 일하는 것이다

(4) 리더십의 경로·목표 이론에서 리더행동의 4가지 범주(미국 오하이오 주립대학) [11/3회, 13/1회, 13/3회, 15/3회]
  1) **성취 지향적 리더십** : 도전적 목표를 설정하고 높은 수준의 수행을 강조하여 부하들이 그러한 목표를 달성할 수 있다는 자신감을 갖게 한다
  2) **배려적 리더십**(후원적 리더)
    ① 관계지향적, 인간중심적으로 인간에 관심을 가지고 있다(부하들의 욕구, 복지문제 및 안정, 온정에 관심을 기울임)
    ② 부하와의 친밀한 분위기를 중시한다
  3) **구조 주도적 리더십**
    ① 구성원들의 성과환경을 구조화 하는 리더십 행동이다(성과를 구체적으로 평가하는 행동유형이다)
    ② 구성원의 과업을 설정, 배정하고 구성원과의 의사소통 네트워크를 명백히 한다

4) **참여적 리더십** : 부하들과 정보자료를 많이 활용하여 부하들의 의견을 존중하여 의사결정에 반영한다

(5) 관리격자형(관리유형도) 리더십 모델 [10/3회, 12/1회, 14/3회, 16/1회, 17/3회, 18/1,3회]

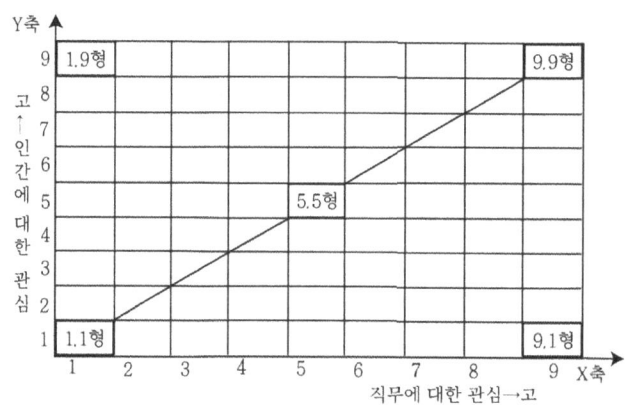

[그림] 관리격자 리더십의 모델

리더십 모델	정의
1. (1.1형) 무기력형 (무관심형)	인간과 업적에 모두 최소의 관심을 가지고 있는 형이다
2. (1.9형) 인기형 (관계형)	인간중심적, 인간지향적으로 업적에 대한 관심이 낮다
3. (9.1형) 과업형	업적에 대하여 최대의 관심을 갖고 인간에 대해서는 무관심한 형이다
4. (9.9형) 이상형	업적과 인간의 쌍방에 대하여 높은 관심을 갖는 형이다
5. (5.5형) 중도형	업적과 인간에 대한 관심도가 중간치를 나타내는 형이다

3-12 스트레스 및 피로

(1) 스트레스 일반사항

1) 스트레스의 특성 [10/3회, 11/1회, 12/3회, 17/1회]
① 스트레스는 위협적인 환경특성에 대한 개인의 반응이라고 볼 수 있다
② 스트레스 수준은 작업성과와 반비례의 관계에 있다
③ 적정수준의 스트레스는 작업성과에 긍정적으로 작용할 수 있다
④ 지나친 스트레스를 지속적으로 받으면 인체는 자기조절능력을 상실할 수 있다

2) 스트레스 상황하에서 일어나는 현상 [10/1회, 16/3회]
① 스트레스로 인한 신체내부의 생리적 변화가 나타난다
② 동공이 수축된다
③ 스트레스가 높아지면 교감신경계가 자극되고 혈압이 높아진다
④ 스트레스는 정보처리의 효율성에 영향을 미친다
⑤ 스트레스는 근 골격계 질환에 영향을 줄 수 있으며 스트레스를 받게 되면 자율신경계가 활성화 된다

3) 스트레스의 조직수준의 관리방안 [11/1회, 12/3회, 15/3회]
① **참여관리** : 권한의 분권화 및 의사결정 참여를 확대하여 과업수업의 재량권과 자율성을 증가시킨다
② **경력개발** : 관리자들은 조직원들의 경력개발을 위해 노력하여야 한다
③ **직무재설계** : 조직원들에게 이미 주어진 과업을 변경시키는 것이다
④ **역할분석** : 개인의 역할을 명확히 주지시킨다
⑤ **팀형성** : 작업 집단 내에 협동성, 지원적 관계를 형성시킨다
⑥ **목표설정** : 조직원들의 직무에 대한 구체적 목표를 설정해 준다
⑦ **융통성있는 작업계획** : 작업환경에서의 개인의 통제력과 재량권을 확대하여 준다
⑧ **기타, 조직구조나 기능의 변화, 사회적 지원의 제공등이 있다**

(2) 스트레스 수준과 성과수준과의 관계 [12/1회, 15/3회, 18/3회]

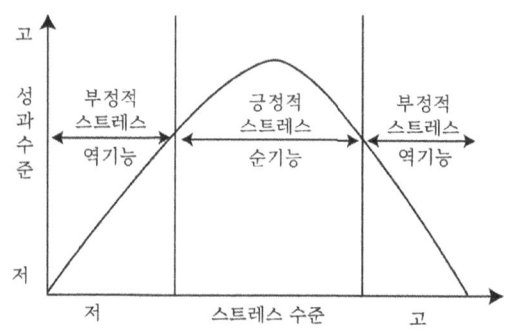

[그림] 스트레스 수준과 성과수준(작업능률)

[표] 긍정적 및 부정적 스트레스

긍정적 스트레스	부정적 스트레스
1. 도전적이나 달성가능한 과업 2. 잘한 일에 대한 인정 3. 의사결정과 문제해결에의 몰입 4. 새로운 기능과 지식의 습득 5. 책임과 권한의 추가 6. 승진 또는 원하는 새로운 과업	1. 부당한 대우 2. 질적, 양적 업무의 과다 3. 지루하고 흥미 없는 과업 4. 필요한 정보와 자원의 부족 5. 다른 사람과 불편한 관계 6. 부적절한 업무지시

(3) 직무 스트레스

1) 직무 스트레스 모형에서 직무 스트레스 요인(NIOSH 제시) [14/3회, 15/1회, 17/3회]

구분	스트레스 요인
1. 작업요인	1) 작업부하 2) 작업속도 3) 교대근무
2. 환경요인 (물리적 환경)	1) 소음, 진동 2) 고온, 한랭 3) 환기불량 4) 부적절한 조명

구분	스트레스 요인
3. 조직요인	1) 관리유형 2) 역할요구 3) 역할 모호성 및 갈등 4) 경력 및 직무안전성 5) 의사결정 참여
4. 조직 외 요인	1) 가족상황 2) 재정상태 등

2) **직무스트레스요인과 급성 반응 사이에 작용하는 중재요인** [10/3회, 16/1·3회]
① **개인적 요인** : 연령, 성별, 성격(A)형, 건강, 자기존중 감 등
② **비직무적 요인**(조직 외 요인) : 가족상황, 재정상태 등
③ **완충요인** : 사회적지지, 대처방식, 여가활동, 건강관리 등

(4) 피로의 측정법 [11/1회]
1) **생리학적 방법** [16/3회, 17/3회, 18/3회]
① 근전도(EMG, electromyogram): 근육활동 전위차를 기록(생리적 부담척도 중 국소적 근육활동의 척도)
② 뇌전도(ENG, electroneurogram) : 신경활동 전위차를 기록
③ 심전도(ECG, electrocardiogram) : 심장근 활동 전위차의 기록
④ 안전도(EOG, electrooculogram) : 안구(眼球)운동 전위차 기록
⑤ 산소소비량 및 에너지대사율(RMR, Relative Metabolic Rate)

$$RMR = \frac{작업대사량}{기초대사량} = \frac{작업시 소비에너지 - 안정시 소비에너지}{기초대사량}$$

⑥ 피부전기반사(GSR, Galvanic Skin Reflex) : 작업부하의 정신적 부담이 피로와 함께 증대하는 양상을 손바닥 안쪽의 전기저항의 변화를 이용해 측정하는 것으로 피부전기저항 또는 정신전류현상이라고도 한다
⑦ 프릿가 값(점멸융합주파수) : 정신적 부담이 대뇌피질의 피로수준에 미치고 있는 영향을 측정하는 방법이다
2) **화학적 방법** : 혈색소농도, 혈액수준, 혈단백, 응혈시간, 혈액, 요전해질, 요단백, 요교질 배설량 등

3) **심리학적 방법** : 피부(전위)저장, 동작분석, 연속반응시간, 행동기록, 정신작업, 전신 자각증상, 집중유지기능 등

(5) 피로의 예방과 대책 [10/3회, 13/1회, 16/1회]
1) 작업부하를 작게 할 것(작업부하 경감)
2) 정적동작을 줄이고 동적동작을 늘릴 것(정적동작 제거)
3) 개인의 숙련도에 따라 작업량과 작업속도를 조절할 것(작업속도 조절)
4) 작업과정에 적절한 간격으로 휴식시간을 가질 것(근로시간 및 휴식시간 조정)
5) 불필요한 동작을 피하고 에너지 소모를 적게 할 것(불필요한 동작 배제)
6) 과중한 육체적 노동을 기계화 할 것(육체적, 부담 줄일 것)
7) 충분한 수면을 취하고 충분한 영양을 섭취할 것(건강식품, 비타민 B,C 등 보급)

3-13 산업재해

(1) 산업재해 및 중대재해의 정의 등
1) **산업재해의 정의**(산업안전보건법 제2조제1호) : 근로자가 업무에 관계되는 건설물·설비·원재료·가스·증기·분진 등에 의하거나 작업 또는 그밖의 업무로 인하여 사망 또는 부상하거나 질병에 걸리는 것을 말한다
2) **중대재해의 정의**(시행규칙 제2조제1항) [13/1회]
   ① 사망자가 1명 이상 발생할 재해
   ② 3개월 이상의 요양이 필요한 부상자가 동시에 2명 이상 발생한 재해
   ③ 부상자 또는 직업성 질병자가 동시에 10명 이상 발생한 재해
3) **안전사고의 본질적 특성** [17/3회]
   ① 사고발생의 시간성
   ② 우연성 중의 법칙성
   ③ 필연성 중의 우연성
   ④ 사고의 재현 불가능성

4) 상해종류와 재해형태 [12/3회, 16/3회]

1. 상해종류(부상)	1) 골절 2) 동상 3) 부종 4) 찔림(자상) 5) 타박상(삐임) 6) 절단 7) 중독, 질식 8) 찰과상 9) 베임(창상) 10) 화상 11) 뇌진탕 12) 익사 13) 피부염 14) 청력장해 15) 시력장해 16) 진폐
2. 재해형태(사고유형)	1) 추락 2) 전도 3) 충돌 4) 낙하, 비래 5) 협착 6) 감전 7) 폭발 8) 붕괴, 도괴 9) 파열 10) 화재 11) 무리한 동작 12) 이상온도 접촉 13) 유해물 접촉 14) 전복

(2) 재해원인 분석 및 통계적 원인분석방법

[기출분석 1]　　　　　　　　　　　　　　　　　　　　　　　[12/1회, 15/1회]

다음은 재해의 발생사례이다. 재해의 원인분석 및 대책을 기술하시오

> ○○유리(주)내의 옥외작업장에서 강화유리를 출하하기 위해 지게차로 강화유리를 운반전용 파렛트에 싣고 작업자 2명이 지게차 포크 양쪽에 타고 강화 유리가 넘어지지 않도록 붙잡고 가던 중 포크진동에 의해 강화유리가 전도되면서 지게차 백레스트와 유리 사이에 끼여 1명이 사망, 1명이 부상을 당하였다

(1) 기인물　　　　(2) 가해물
(3) 불안전한 행동　(4) 재해유형　　(5) 예방대책

해설
(1) **기인물** : 지게차　　　　　　(2) **가해물** : 강화유리
(3) **불안전한 행동** : 지게차 승차석 외의 탑승
(4) **재해유형** : 협착　　　　　　(5) **예방대책** : 중량물 등의 이동시 안전조치교육

[기출분석 2] [17/1회]

다음과 같은 재해발생시 재해조사분석 및 사후처리를 기술하시오

> 크레인으로 강재를 운반하던 도중 약해져 있던 와이어 로프가 끊어지며 강재가 떨어졌다. 이 때 작업구역 밑을 통행하던 작업자의 머리 위로 강재가 떨어졌으며, 안전모를 착용하지 않은 상태에서 발생한 사고라서 작업자는 큰 부상을 입었고, 이로 인하여 부상 치료를 위해 4일간의 요양을 실시하였다.

해설
(1) **기인물** : 크레인 (2) **가해물** : 강재
(3) **불안전한 상태** : 약해져 있던 와이어로프
(4) **불안전한 행동** : 안전모 미착용 및 위험작업구역 접근 (5) **재해형태** : 낙하
(6) **사후처리** : 산업재해조사표를 작성하여 관할 지방고용노동청장에게 제출할 것

2) **재해의 통계적 원인분석방법** [16/3회, 18/1회]
   ① **파레이토도** : 사고의 유형, 기인물 등 분류항목을 큰 순서대로 도표화하여 분석하는 방법
   ② **특성요인도** : 특성과 요인을 도표로 하여 어골상(漁骨狀)으로 세분화한다
   ③ **크로즈 분석** : 데이터를 집계하고 표로 표시하여 요인별 결과내역을 교차한 크로즈 그림을 작성하여 분석한다(2개 이상의 문제 관계를 분석하는데 이용)
   ④ **관리도** : 재해발생건수 등의 추이를 파악하고 목표관리를 행하는데 필요한 월별 재해발생수를 그래프화하여 관리선을 설정·관리 하는 방법이다

(3) **재해발생의 연쇄이론**

1) **하인리히(Heinrich)의 사고연쇄성 이론**[도미노(domino)현상] [10/1회, 11/1회, 12/1회 13/3회, 15/1,3회, 16/1회, 17/1회]
   ① 1단계 : 사회적 환경 및 유전적 요소(선천적 결함)
   ② 2단계 : 개인적 결함(성격결함 등)
   ③ 3단계 : 불안전한 행동 및 불안전한 상태 (사고방지를 위해 중점적으로 배제해야 할 사항)
   ④ 4단계 : 사고
   ⑤ 5단계 : 재해

2) **버드(Bird)의 최고사고연쇄성 이론**(버드의 관리모델, 경영자의 책임이론)
   ① 1단계 : 통제의 부족-관리소홀(재해발생의 근본적 원인)
   ② 2단계 : 기본원인-기원(작업자·환경결함)
   ③ 3단계 : 직접원인-징후(불안정한 행동 및 상황)
   ④ 4단계 : 사고-접촉
   ⑤ 5단계 : 상해-손해-손실

3) **아담스(Adams)의 사고연쇄성 이론**(경영시스템 내의 사고발생원인) [18/3회]
   ① 1단계 : 관리구조-경영시스템(목적, 조직, 운영 등)
   ② 2단계 : 작전적 에러-회사 운영실수
   ③ 3단계 : 전술적 에러-관리·기술적 실수
   ④ 4단계 : 사고-앗차 실수(near miss), 무상해사고
   ⑤ 5단계 : 상해·피해-부상, 손해, 재산피해

(4) 재해의 발생원인 [10/3회, 13/1회]
   1) **직접원인** [13/3회, 15/3회, 18/3회]
      ① 인적원인 : 불안전한 행동
      ② 물적원인 : 불안전한 상태

불안전한 행동	불안전한 상태
① 위험장소 접근	① 물 자체 결함
② 안전장치의 기능 제거	② 안전 방호장치 결함
③ 복장 보호구의 잘못 사용	③ 복장 보호구의 결함
④ 기계 기구 잘못 사용	④ 물의 배치 및 작업장소 결함
⑤ 운전 중인 기계장치의 손질	⑤ 작업환경의 결함
⑥ 불안전한 속도 조작	⑥ 생산 공정의 결함
⑦ 위험물 취급 부주의	⑦ 경계표시, 설비의 결함
⑧ 불안전한 상태방치	
⑨ 불안전한 자세동작	
⑩ 감독 및 연락 불충분	

2) 간접원인

항목	세부항목
1. 기술적 원인	① 건물, 기계장치 설계 불량 ② 구조, 재료의 부적합 ③ 생산 공정의 부적당 ④ 점검, 정비보존 불량
2. 교육적 원인	① 안전의식의 부족 ② 안전수칙의 오해 ③ 경험훈련의 미숙 ④ 작업방법의 교육 불충분 ⑤ 유해위험 작업의 교육 불충분
3. 작업관리상의 원인(관리적 원인)	① 안전관리 조직결함 ② 안전수칙 미제정 ③ 작업준비 불충분 ④ 인원배치 부적당 ⑤ 작업지시 부적당

(5) 사고예방대책의 기본원리 5단계 [10/3회, 11/3회, 13/1회, 16/1회]

단계	과정	내용
1단계	조직	① 경영자의 안전목표 ② 안전관리자의 임명 ③ 안전의 라인 및 참모 조직구성 ④ 안전활동 방침 및 계획수립
2단계	사실의 발견	① 사고 및 안전활동 기록 검토 ② 작업분석 ③ 안전점검 및 안전진단 ④ 사고조사 ⑤ 안전회의 및 토의 ⑥ 근로자의 제안 및 여론조사 ⑦ 관찰 및 보고서의 연구 등을 통하여 불안전 요소 발견

단계	과정	내용
3단계	분석평가	① 사고보고서 및 현장조사 ② 사고기록 및 인적 물적 조건의 분석 ③ 작업공정 분석 ④ 교육훈련 분석 등을 통하여 사고의 직접원인 및 간접원인 규명
4단계	시정책 선정	① 기술적 개선 ② 인사조정(배치조정) ③ 교육훈련의 개선 ④ 안전행정의 개선 ⑤ 규정 및 수칙 작업표준 제도의 개선 ⑥ 확인 및 통제체제 개선
5단계	시정책 적용	① 기술적(engineering)대책 ② 교육적(education)대책 ③ 단속적(enforcement)대책

(6) 재해발생시 조치사항 [17/1회]

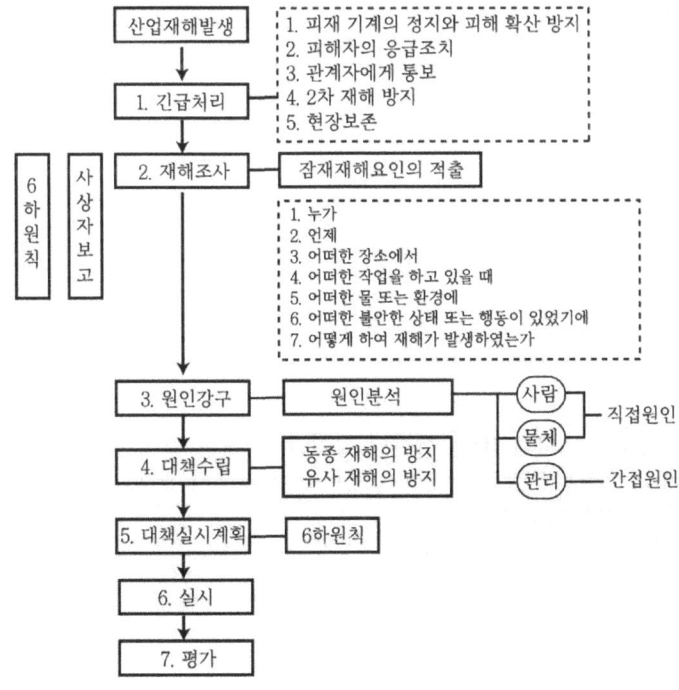

PART 03 · 산업심리학 및 관계법규

(7) 재해율

1) 인천인율 : 1000명당 1년간 발생하는 사상자수 [18/1회]

$$연천인율 = \frac{사상자수}{연평균근로자수} \times 100$$

2) 도수율 : 연근로시간 100만(10^6)시간당 발생하는 재해건수 [10/3회, 12/1회, 14/3회, 16/3회]

$$도수율 = \frac{재해건수}{연근로시간수} \times 10^6$$

3) 연천인율과 도수율과의 관계식

① $도수율 = \dfrac{연천인율}{2.4}$

② 연천인율 = 도수율 × 2.4

4) 강도율 : 연근로시간 1000시간당 재해로 잃어버린 근로손실일수 [10/1회, 13/1회, 14/1회]

$$강도율 = \frac{근로손실일수}{연근로시간수} \times 1000$$

5) 환산도수율 및 환산강도율

① 환산도수율 : 근로시간 10만 시간당 발생하는 재해건수

$$환산도수율 = 도수율 \times \frac{1}{10} = \frac{재해건수}{연근로시간수} \times 평생근로시간수(=10^5)$$

평생근로시간수 = (평생근로년수 × 연근로시간수) + 평생작업시간
= (40년 × 2400시간/년) + 4000시간 = 100,000 (10^5=10만)시간

② 환산강도율 : 근로시간 10만 시간당 재해로 인해서 잃어버린 근로손실일수 [13/3회]

$$환산강도율 = 강도율 \times 100$$

6) 종합재해지수 : 도수율(재해의 양)과 강도율(재해의 질)의 평균치를 나타내는 성적지표이다

$$종합재해지수 = \sqrt{도수율 \times 강도율}$$

[기출분석 1] [18/1회]

연평균 근로자수가 2000명인 회사에서 1년에 중상해 1명과 경상해 1명이 발생하였다. 연천인률은 얼마인가?

해설

· 연천인율 $= \dfrac{사상자수}{연평균근로자수} \times 100 = \dfrac{2}{2000} \times 1000 = 1$

[기출분석 2] [12/1회]

A 사업장의 상시 근로자가 200명이고, 연간 3건의 재해가 발생했다면 이 사업장의 도수율은 약 얼마인가?(단, 근로자는 1일 9시간씩 연간 300일을 근무하였다)

해설

· 도수율 $= \dfrac{재해건수}{연근로시간수} \times 10^6 = \dfrac{3}{200 \times 9 \times 300} \times 10^6 = 5.56$

[기출분석 3] [11/1회]

연간 1000명의 근로자가 근무하는 사업장에서 연간 24건의 재해가 발생하였고, 의사진단에 의한 총휴업 일수는 8760일 이었다. 이 사업장의 도수율과 강도율은 각각 얼마인가?

해설

1) 도수율 $= \dfrac{재해건수}{연근로시간수} \times 10^6 = \dfrac{24}{1000 \times 2400} \times 10^6 = 10$

2) 강도율 $= \dfrac{근로손실일수}{연근로시간수} \times 1000 = \dfrac{8760 \times 300/365}{1000 \times 2400} \times 1000$

[기출분석 4] [17/1회]

어느 사업장의 도수율은 40이고 강도율은 4이다. 이 사업장의 재해 1건당 근로손실일수는 얼마인가?

해설

1) 도수율 $= \dfrac{재해건수}{연근로시간수} \times 10^6$

연근로시간수 $= \dfrac{재해건수}{도수율} \times 10^6 = \dfrac{1}{40} \times 10^6 = 25{,}000$ 시간

2) 강도율 $= \dfrac{근로손실일수}{연근로시간수} \times 1000$

근로손실일수 $=$ 강도율 $\times$ 연근로시간수 $\times \dfrac{1}{1000} = 4 \times 25{,}000 \times \dfrac{1}{1000} = 100$

3-14 재해손실비

(1) 하인리히의 재해손실비 [11/3회, 15/1회]

> 총재해cost = 직접비 + 간접비(직접비:간접비=1:4)

1) 직접비 : 법령으로 정한 피해자에게 지급되는 산재보상비(휴업보상비, 장해보상비, 요양보상비, 장의비, 유족보상비, 상병보상연금 등)
2) 간접비 : 재산손실, 생산중단 등에 의해 기업이 입은 손실로서 정확한 산출이 어려운 때에는 직접비의 4배로 산정하여 계산한다(인적손실, 물적손실, 생산손실, 기타손실)

(2) 시몬즈 재해손실비

> 총재해 cost=보험코스트+비보험코스트

1) 보험코스트(납입보험료)=지급보상비+제경비+이익금
2) 비보험코스트=(휴업상해건수×A)+(통원상해건수×B)+(응급조치건수×C)+(무상해사고건수×D)
   여기서, A, B, C, D 는 장해 정도별에 의한 비보험코스트의 평균치

[기출분석 1] [11/3회]

재해의 의한 직접 손실이 연간 100억원이었다면 이 해의 산업재해에 의한 총손실비용은 얼마인가? (단, 하인리히의 재해손실비 평가방식을 따른다)

해설
· 하인리히 재해손실비
  총재해손실비 = 직접비 + 간접비(직접비:간접비=1:4)
            = 100억+(100억×4) = 500억원

3-15 시스템안전 및 위험분석

(1) DT와 ETA

1) **DT**(Decision Tree, **의사결정나무**) : 요소의 신뢰도를 이용하여 시스템의 신뢰도를 나타내는 시스템 모델의 하나로 귀납적으로 정량적인 분석방법이다

2) **ETA**(Event Tree Analysis, **사상수분석법**) [14/1회, 15/1회]
   ① 사상(事象)의 안전도를 사용한 시스템의 안전도를 나타내는 시스템모델의 하나로서 귀납적이고 정량적인 분석방법(확률적 분석 가능)이다
   ② 재해의 확대요인을 분석하는 데 적합한 방법이다
   ③ 디시젼트리(decision tree)를 재해사고의 분석에 이용할 경우의 분석법을 ETA(사상수분석법)라 한다

(2) THERP(인간과오율예측기법) [13/3회, 18/1회]

1) **THERP** : 인간의 과오를 정량적으로 평가하기 위한 안전해석기법이다
2) A의 직무성공·실패에 따른 B의 직무성공·실패확률 산정식 [18/3회]

$$\text{Prob}(A/B) = (\%dep)1.0 + (1-\%dep)\text{Prob}(A)$$

[기출분석 1] [18/3회]

원자력발전소 주제어실의 직무는 4명의 운전원으로 구성된 근무조건에 의해 수행되고, 이들의 직무간에는 서로 영향을 끼치게 된다. 근무조원 중 1차 계통의 운전원 A와 2차 계통의 운전원 B간의 직무는 중간 정도의 의존성(15%)이 있다. 그리고 운전원 A의 기초 인간실수확률 HEP Prob(A)=0.001일 때, 운전원 B의 직무실패를 조건으로 한 운전원A의 직무실패확률은?

해설
· B의 실패에 따른 A의 실패확률[Prob(A/B)]
  Prob(A/B)=(%dep)1.0+(1-%dep)Prob(A)
  =0.15×1.0+(1-0.15)×0.001=0.151

(3) FMEA(고장의 형과 영향분석, failure modes and effect analysis)

1) **FMEA** : 시스템에 영향을 미치는 전체요소의 고장을 형별로 분석하여 그 영향을 검토하는 것으로 전형적인 정성적, 귀납적 분석방법이다

2) **FMEA의 장점 및 단점**
   ① **장점**
      ㉠ 서식이 간단하다
      ㉡ 비전문가도 특별한 훈련없이 분석할 수 있다
   ② **단점**
      ㉠ 논리성이 부족하다
      ㉡ 동시에 2가지 이상의 요소가 고장날 경우에는 분석이 곤란하다
      ㉢ 인적원인을 분석하는 데는 곤란하다

3) **위험성 분류의 표시**
   ① category1 : 생명 또는 가옥의 상실
   ② category2 : 사명(작업) 수행의 실패
   ③ category3 : 활동의 지연
   ④ category4 : 영향 없음

(4) PHA(예비사고분석, preliminary hazard analysis)
시스템 안전 프로그램에 있어서 최초단계(개발단계)의 분석법으로 시스템 내의 위험요소가 얼마나 위험상태에 있는가를 정상적으로 평가하는 안전해석기법이다

3-16 결함수분석법(FTA)

(1) FTA의 특징 [10/1회, 12/1회, 13/1회, 14/3회]
 1) 간단한 FT도의 작성으로 정성적 해석 가능
 2) 재해의 정량적 예측가능(정량적으로 재해발생확률 계산)
 3) 연역적 해석가능(Top down 형식)
 4) 컴퓨터 처리기능

(2) FTA에 사용하는 기호(논리기호 및 사상기호)

명칭	기호	해설
① 결함사상		정상사상(top사상)과 중간사상에 사용한다
② 기본사상		더 이상 해설할 필요가 없는 기본적인 사상이다 (말단사상)
③ 생략사상		더 이상 전개할 수 없는 최후적 사상을 나타낸다 (추적불가능한 최후사상, 말단사상)
④ 통상사상		통상 발생이 예상되는 사상을 나타낸다(말단사상)
⑤ 전이기호 (이행기호)	(in) (out)	FT도상에서 다른부분에의 이행 또는 연결을 나타낸다
⑥ AND gate [11/1회, 16/3회]		모든 입력이 동시에 발생해야만 출력이 발생되는 논리조작을 나타낸다
⑦ OR gate [16/3회, 17/3회]		입력사상 중 어느 하나가 일어나도 출력이 발생되는 논리조작을 나타낸다

(3) 재해사례연구순서 및 활용에 따른 기대효과
1) **FTA에 의한 재해사례연구 순서**
   ① 1단계 : 톱사상(정상사상)선정
   ② 2단계 : 사상의 재해원인의 규명
   ③ 3단계 : FT도 작성
   ④ 4단계 : 개선계획의 작성
2) **FTA의 활용에 따른 기대효과**
   ① 사고원인 규명의 간편화
   ② 사고원인 분석의 일반화
   ③ 사고원인 분석의 정량화
   ④ 노력·시간의 절감
   ⑤ 시스템의 결함 진단
   ⑥ 안전점검표(check list)작성

(4) 컷(또는 미니멀 컷)과 패스(또는 미니멀 패스)를 구하는 법
1) **컷과 미니멀 컷** : AND게이트는 가로로 나열시키고 OR게이트는 세로로 나열시켜서 말단사상까지 진행시켜 나간다

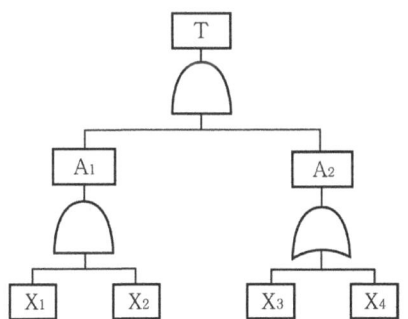

$$T \to A_1 A_2 \to X_1 X_2 A_2 \to \begin{matrix} X_1 X_2 X_3 \\ X_1 X_2 X_4 \end{matrix} \text{ (미니멀 컷=2개)}$$

2) **패스와 미니멀 패스** : 쌍대 FT(AND게이트를 OR게이트로, OR게이트를 AND게이트로 차환시킨 FT도)를 구하여 쌍대 FT의 미니멀 컷을 구하면 원하는 FT의 미니멀 패스가 되는 것이다

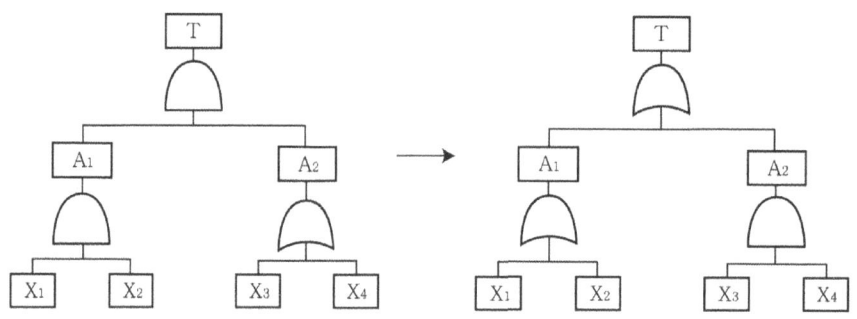

$$T \to \begin{matrix} A_1 \\ A_2 \end{matrix} \to \begin{matrix} X_1 \\ X_2 \\ A_1 \end{matrix} \to \begin{matrix} X_1 \\ X_2 \\ X_3 X_4 \end{matrix} \quad (\text{미니멀 패스}=3\text{개})$$

(5) 확률사상의 계산식

1) **논리적(곱)의 확률(AND게이트)**

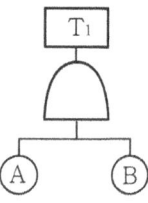

$$T_1 = A \times B$$

2) **논리화(합)의 확률(OR 게이트)**

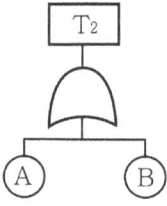

$$T_2 = 1 - (1-A)(1-B)$$

3-17 제조물책임법

(1) 제조물 책임 : 제조, 유통, 판매된 제조물의 결함으로 인해 발생한 사고에 의해 소비자나 사용자 또는 제3자의 생명, 신체, 재산 등에 손해가 발생한 경우에 그 제조물을 제조, 판매한 공급업자가 법률상의 손해배상 책임을 지도록 하는 것을 말한다 [14/1회]

(2) 제조물(제품)결함의 유형 [10/1회, 12/1·3회, 13/1회, 15/1·3회, 16/3회]
 1) **제조상의 결함** : 제품의 제조과정에서 본래의 설계사양과 다르게 제작된 불량품을 발견하지 못한 결함을 말한다
 2) **설계상의 결함** : 제품 설계과정에서 발생한 결함으로 설계에 따라 제품이 제조될 경우 발생하는 경향을 말한다
 3) **표시상의 결함(지시, 경고상의 결함)** : 제품에 대한 적절한 지시나 경고를 하지 않아 제품의 설치 및 사용시 사고를 유발하는 결함을 말한다

(3) 제조물책임이 면책되는 경우 [14/3회] [12/1회]
 1) 제조업자가 해당 제조물을 공급하지 아니한 사실을 입증하는 경우
 2) 제조업자가 해당 제조물을 공급한 때의 과학·기술 수준으로는 결함의 존재를 발견할 수 없었다는 사실을 입증하는 경우
 3) 제조물의 결함이 제조업자가 해당 제조물을 공급할 당시의 법령이 정하는 기준을 준수함으로써 발생한 사실을 입증하는 경우
 4) 원재료 또는 부품의 경우에는 해당 원재료 또는 부품을 사용한 제조업자의 설계 또는 제작에 관한 지시로 인하여 결함이 발생하였다는 사실을 입증하는 경우

(4) 제조물책임법에서 손해배상 책임 [16/1회, 17/1회]
 1) 물질적 손해뿐 아니라 손해도 손해배상 대상에 포함된다
 2) 피해자가 손해배상 청구를 위해서는 제조물에 결함이 있다는 것을 입증해야 한다
 3) 제조자가 결함 제조물로 인하여 생명, 신체 또는 재산상의 손해를 입은 자에게 손해를 배상할 책임을 말한다
 4) 해당 제조물 결함에 의해 발생한 손해가 그 제조물 자체에만 그치는 경우에는 제조물 책임 대상에서 제외한다

PART 04

근골격계 질환 예방을 위한 작업관리

PART 04 근골격계 질환 예방을 위한 작업관리

4-1 근골격계 질환 개요

(1) 근골격계 질환 : 반복적인 동작, 부적절한 작업자세, 무리한 힘의 사용, 날카로운 면과의 신체접촉, 진동 및 온도 등의 요인에 의하여 발생하는 건강장해로서 목, 어깨, 허리, 팔, 다리의 신경·근육 및 그 주변 신체조직 등에 나타나는 질환을 말한다

(2) 근골격계 질환의 종류 [10/1회, 11/3회, 12/1회, 16/1회·3회]
  1) **수근관증후군(기용터널증후군)** : 손의 손목 뼈 부분의 압박이나 과도한 힘을 준 상태에서 발생한다(손목이 꺽인 상태나 과도한 힘을 준 상태에서 반복적 손운동을 할 때 발생)
  2) **결절종** : 얇은 섬유성 피막내에 약간 노랗고 끈적이는 액체를 함유하고 있는 낭포(물혹)성 종양으로 손목의 등 쪽에 발생한다
  3) **외상과염(테니스 엘보)** : 손목을 굽히거나 펴는 근육이 시작되는 팔꿈치 부위의 인대에 염증이 생김으로서 발생하는 증상이다 [17/3회]
  4) **백색수지증** : 손가락의 혈액순환장애로 발생하는 증상이다
  5) **건염** : 반복하여 움직이거나, 구부리거나, 딱딱한 표면에 부딪히거나, 진동 등에 의하여 힘줄(건)의 섬유질이 손상되거나 찢어지는 등의 건에 염증이 생기는 질환이다
  6) **건초염(건막염)** : 손가락의 활액성 건초 안쪽의 건에 발생한다

[표] 신체부위별 근골격계 질환의 종류 [10/3회, 11/1회, 13/1회, 17/1회, 18/1·3회]

신체부위	근골격계 질환의 종류
1. 손·손목부위 [14/1회]	1) 수근관 증후군(CTS) 2) 드퀘벵 건초염 3) 무지 수근·중수관절의 퇴행성 관절염 4) 결절종 5) 수완·완관절부의 건염·건활막염 6) 화이트 핑거 7) 방아쇠 수지 및 무지 8) 수부의 퇴행성 관절염 9) 백색수지증

신체부위	근골격계 질환의 종류
2. 팔·팔목부위 [15/3회, 17/3회]	1) 외상과염·내상과염 2) 주두점액 낭염 3) 전완부 근육의 근막통증 증후군 4) 주두점액 낭염 5) 전완부에서의 요골신경 또는 정중신경 포착신경병증 6) 주관절부위에서의 척골신경 포착 신경병증 7) 기타 주관절 전완부위의 건염·건활막염
3. 어깨부위	1) 상완부 근육의 근막통증 증후군 2) 상완이두 건막염(상완이두근 파열포함) 3) 극상근 건염 4) 회전근개 건염(충돌증후군, 극상근 파열 등 포함) 5) 견관절 부위의 점액낭염(견봉하 점액낭염, 견갑하 점액낭염, 삼각근하 점액낭염, 요구 돌기하 점액낭염) 6) 견구축증(오십견, 유착성 관절낭염), 7) 흉곽출구 증후군(늑쇄 증후군, 경늑골 증후군 8) 견쇄관절 또는 상완와 관절의 퇴행성 관절염 9) 기타 견관절 부위의 건염, 건활막염
4. 목·견갑골부위	1) 경부·견갑부 근육(경추 주위근, 승모근, 극상근, 극하근 소원근, 광배근, 능형근 등)의 극막 통증 증후군 2) 경추 신경병증 3) 경부의 퇴행성 관절염
5. 요추부위	1) 추간판 탈출증 2) 퇴행성 추간판증 3) 척추관 협착증 4) 척추분리증 및 전방 전위증

(3) 근골격계 질환의 발생원인 [12/3회, 13/1회, 14/3회, 16/1회, 17/1회]

구분	내용
1. 작업관련 요인	1) 부자연스런 자세 및 취하기 어려운 자세 2) 과도한 힘 3) 동작의 반복성 4) 접촉 스트레스 5) 진동, 온도 6) 정적부하, 휴식시간 부족 등
2. 개인적 요인	1) 작업경력 2) 성별, 연령 3) 작업습관 4) 신체조건 5) 생활습관 및 취미 6) 과거병력 등
3. 사회 심리적 요인	1) 작업만족도 2) 업무 스트레스 3) 근무조건 만족도 4) 인간관계 5) 정신 · 심리상태

4-2 근골격계 질환의 관리방안

(1) 근골격계질환 예방을 위한 관리방법 [16/1회, 18/1회]

구분	예방을 위한 관리방안
1. 단기적 관리방안	1) 안전한 작업방법 교육 2) 작업자에 대한 휴식시간의 배려 3) 휴게시설, 운동시설 등 기타 관리시설 확충 4) 작업자, 관리자 등 인간공학 교육 5) 작업장 개선을 위한 위험요인의 인간공학적 분석 6) 교대근무에 대한 고려 7) 재활복귀 질환자를 위한 재활시설을 도입, 의료시설 및 인력확보 8) 안전예방을 위한 체조 도입
2. 중장기적 관리방안	1) 근골격계질환 예방관리 프로그램의 도입 2) 근골격계질환 원인의 다각적 분석 3) 작업공구의 교체 등 인간공학적 고려 4) 정기적·체계적·계속적인 인간공학적 의식, 안전의식 교육 5) 인체공학(작업자 신체특성 고려) 개념을 도입한 작업장 설계 6) 보건관리 체제 도입 및 건강관리실 활성화(의학적 관리) 7) 작업자 순환 등 관리적 방법의 고려 8) 노동강도 고려 및 관리적 방법 고려 9) 위험요인 제거, 안전의식 개선 등 작업자의 자발적 참여 유도 10) 개선효과 확인, 미비점 보완, 주기적 추적조사 등 개선 후 주기적으로 사후관리

(2) 근골격계질환의 공학적, 관리적 개선 방법 [12/3회, 17/1회]

공학적 개선	관리적 개선
1. 작업공구의 개선 2. 작업대 높이의 조절 3. 자재운반시 동력기계장치의 사용 4. 작업장 개선	1. 작업속도 조절 2. 작업자 순환 3. 안전의식 교육(작업자 교육·훈련) 4. 작업자 선발

(3) 근골격계질환 예방을 위한 관리적 개선 방안 [11/3, 12/1 · 3회]
1) **작업휴식 반복주기** : 육체적 작업자를 위해 규칙적이고 적절한 휴식을 통하여 피로의 누적을 예방한다
2) **작업자 교육** : 교육에 의해 근골격계질환의 위험을 식별하고 개선에 필요한 지식과 기술을 제공한다
3) **작업확대** : 작업확대를 통하여 한 작업자가 할 수 있는 일의 다양성을 넓힌다(작업의 다양성)
4) **스트레칭 강화** : 전문적인 스트레칭과 체조등을 교육하고 작업 중 수시로 실시하도록 유도한다
5) **작업자 교대** : 작업위험에 대한 지나친 노출로부터 작업자를 보호하기 위해서 사용된다
6) **작업속도 조절** : 작업일정 및 속도를 조절한다
7) **도구 및 설비의 유지관리** : 도구 및 설비등을 지속적으로 관리한다
8) **올바른 수공구 사용법에 대한 작업자 훈련** : 수공구 사용법에 대해서 훈련시킨다
9) **작업장 구조의 인간공학적 개선** : 작업자의 신체적 특성과 작업내용을 고려하여 작업장 구조를 인간공학적으로 개선시킨다

(4) 근골격계질환의 예방원리 및 대책 [10/3회, 11/1회, 12/1회, 15/3회, 16/3회, 17/1 · 3회]
1) **근골격계질환의 예방원리**
   ① 작업자의 신체적 특징 등을 고려하여 작업장을 설계한다
   ② 예방이 최선의 정책이다 [18/3회]
2) **근골격계질환의 예방대책**
   ① 단순 반복 작업의 기계화
   ② 작업방법과 작업공간 재설계
   ③ 작업순환 실시
   ④ 작업속도와 작업강도의 적성화

4-3 근골격계 부담작업

(1) 근골격계 부담작업의 범위(단기간작업 또는 간헐적인 작업은 제외) [10/3회, 11/3회, 12/1회, 16/3회]

1) 하루에 4시간 이상 집중적으로 자료입력 등을 위해 키보드 또는 마우스를 조작하는 작업
2) 하루에 총 2시간 이상 목, 어깨, 팔꿈치, 손목 또는 손을 사용하여 같은 동작을 반복하는 작업
3) 하루에 총 2시간 이상 머리 위에 손이 있거나, 팔꿈치가 어깨위에 있거나, 팔꿈치를 몸통으로 들거나, 팔꿈치를 몸통뒤쪽에 위치하도록 하는 상태에서 이루어지는 작업
4) 지지되지 않은 상태이거나 임의로 자세를 바꿀 수 없는 조건에서, 하루에 총 2시간 이상 목이나 허리를 구부리거나 트는 상태에서 이루어지는 작업
5) 하루에 총 2시간 이상 쪼그리고 앉거나 무릎을 굽힌 자세에서 이루어지는 작업
6) 하루에 총2시간 이상 지지되지 않은 상태에서 1kg 이상의 물건을 한 손의 손가락으로 집어 올리거나, 2kg 이상에 상응하는 힘을 가하여 한손의 손가락으로 물건을 쥐는 작업
7) 하루에 총 2시간 이상 지지되지 않은 상태에서 4.5kg 이상의 물체를 드는 작업
8) 하루에 10회 이상 25kg 이상의 물체를 드는 작업
9) 하루에 25회 이상 10kg 이상의 물체를 무릎 아래에서 들거나, 어깨 위에서 들거나, 팔을 뻗은 상태에서 드는 작업 [15/1회]
10) 하루에 총 2시간 이상, 분당 2회 이상 4.5kg 이상의 물체를 드는 작업
11) 하루에 총 2시간 이상 시간당 10회 이상 손 또는 무릎을 사용하여 반복적으로 충격을 가하는 작업

(2) 근골격계부담 작업을 하는 경우 근로자에게 알려주어야 할 사항(안전보건규칙 제 661조)
[11/3회, 13/1회, 16/1회]

1) 근골격계 부담작업의 유해요인
2) 근골격계질환의 징후와 증상
3) 근골격계질환 발생 시의 대처요령
4) 올바른 작업자세와 작업도구, 작업시설의 올바른 사용방법
5) 그 밖에 근골격계질환 예방에 필요한 사항

4-4 근골격계질환 예방관리 프로그램

(1) 근골격계질환 예방관리 프로그램의 기본 진행순서, 기본원칙, 기본방향 등
1) 기본진행순서(주요 구성요소) [11/3회, 13/1회]
① 예방관리 정책수립 →
② 교육·훈련실시(근로자 교육, 예방관리 추진 팀 교육) →
③ 초기증상자 및 유해요인 관리 →
④ 의학적 관리 및 작업환경 개선 →
⑤ 프로그램 평가

> 【길잡이】
> 근골격계질환의 예방원리 : 최선의 정책은 예방이다 [13/3회]

2) 근골격계 질환 예방관리프로그램의 기본원칙 [16/1회, 18/1회]
① 인식의 원칙
② 시스템 접근의 원칙
③ 사업장내 자율적 해결원칙
④ 지속성 및 사후평가의 원칙
⑤ 전사적 지원원칙
⑥ 노·사 공동 참여의 원칙
⑦ 문서화의 원칙

(2) 근골격계질환 예방·관리프로그램 실행을 위한 노·사의 역할
1) 사업주의 역할
① 기본정책을 수립하여 작업자에게 알려야 한다
② 근골격계 증상·유해요인 보고 및 대응체계를 구축한다
③ 근골격계질환 예방·관리 프로그램 지속적인 운영을 지원한다
④ 예방·관리 추진팀에게 예방·관리 프로그램 운영의무를 명시하여 부과한다
⑤ 예방·관리 추진팀에게 예방·관리 프로그램을 운영할 수 있도록 사내자원을 제공한다
⑥ 작업자에게 예방·관리 프로그램 개발·수행·평가의 참여기회를 부여한다

2) 작업자의 역할
① 작업과 관련된 근골격계 증상 및 질병발생, 유해요인을 관리감독자에게 보고한다
② 근골격계질환 예방·관리 프로그램 개발·수행·평가에 적극적으로 참여·준수한다

3) 근골격계질환 예방·관리추진팀의 역할 [10/3회, 12/1회, 13/3회, 17/3회]
① 예방·관리프로그램의 수립 및 수정에 관한 사항을 결정한다
② 예방·관리프로그램의 실행 및 운영에 관한 사항을 결정한다
③ 교육 및 훈련에 관한 사항을 결정하고 실행한다
④ 유해요인 평가 및 개선계획의 수립과 시행에 관한 사항을 결정하고 실행한다
⑤ 근골격계질환자에 대한 사후조치 및 작업자 건강보호에 관한 사항 등을 결정하고 실행한다

4) 보건관리자의 역할 [11/1회, 18/3회] [12/3실]
① 주기적으로 작업장을 순회하여 근골격계질환을 유발하는 작업공정 및 작업유해 요인을 파악한다
② 주기적인 작업자 면담 등을 통하여 근골격계질환 증상호소자를 조기에 발견하는 일을 한다
③ 7일 이상 지속되는 증상을 가진 작업자가 있을 경우 지속적인 관찰, 전문의 진단의뢰 등의 필요한 조치를 한다
④ 근골격계질환자를 주기적으로 면담하여 가능한 한 조기에 작업장에 복귀할 수 있도록 도움을 준다
⑤ 예방·관리프로그램 운영을 위한 정책결정에 참여한다

4-5 유해요인 조사

(1) 근골격계부담작업 유해요인조사 지침

  1) **유해요인조사 시기** [15/1회, 17/1회]

    ① **정기적 유해요인조사 실시** : 유해요인조사가 완료된 날로부터 매 3년마다 실시

    ② **수시로 유해요인을 실시해야 하는 경우** [14/1회]

      ㉠ 법에 따른 임시건강진단 등에서 근골격계 질환자가 발생하였거나 산업재해보상법에 따라 업무상 질병으로 인정받는 경우

      ㉡ 근골격계부담작업에 해당하는 새로운 작업·설비를 도입한 경우

      ㉢ 근골격계부담작업에 해당하는 업무의 양과 작업공정 작업환경을 변경한 경우

  2) **유해요인조사 내용** [10/1회, 14/3회]

    ① **유해요인 기본조사의 내용** : 작업장 상황 및 작업조건 조사로 구성된다

작업장 상황 조사항목	작업조건 조사항목(직접적 유해요인) [14/1회]
1. 작업공정 2. 작업설비 3. 작업량 4. 작업속도 및 최근 업무의 변화 등	1. 반복성 2. 부자연스러운 자세 또는 취하기 어려운 자세 3. 과도한 힘 4. 접촉스트레스 5. 진동 등

    ② **근골격계질환 증상 조사항목**

      ㉠ 증상과 징후

      ㉡ 직업력(근무력)

      ㉢ 근무형태(교대제 여부 등)

      ㉣ 취미생활

      ㉤ 과거질병력 등

(2) 유해요인조사도구 중 JSI(jop strain index)의 평가항목 [13/3회, 18/1회]

  1) 힘을 발휘하는 강도(힘의 강도)

  2) 힘을 발휘하는 지속시간(힘의 지속정도)

  3) 분당 힘의 빈도

  4) 손/손목의 자세

  5) 작업속도

  6) 1일 작업시간

(3) 유해요인의 개선방법 [13/1회, 15/1회, 16/3회]

1. 공학적 개선	다음의 재배열, 수정, 재설계, 교체 1) 공구, 장비 2) 작업장 3) 부품, 제품 4) 포장
2. 관리적 개선	1) 작업일정 및 작업속도조절 2) 작업습관 변화 3) 작업의 다양성 제공 4) 작업자 적정배치 5) 작업공간·공구 및 장비의 유지, 보수, 청소 6) 회복시간 제공, 직장체조 강화 등

(4) 유해요인의 공학적, 관리적 개선사례 [11/3회, 15/3회, 18/3회]

1) **유해요인의 공학적 개선사례**
   ① 중량물 작업개선을 위하여 호이스트 도입
   ② 작업 피로 감소를 위하여 바닥을 부드러운 재질로 교체
   ③ 로봇을 도입하여 수작업의 자동화
   ④ 작업자의 신체에 맞는 작업장 개선

2) **유해요인의 관리적 개선사례**
   ① 작업량 조정을 위하여 컨베이어의 속도 재설정
   ② 적절한 작업자의 선발과 교육 및 훈련

4-6 작업측정

(1) 작업측정 방법 [18/1회]
  1) **직접측정법**
   ① 시간연구법(스톱워치법, 동작사진촬영법, VTR법 등)
   ② 워크샘플링 법(work sampling)
  2) **간접측정법**
   ① PTS법
   ② 표준자료법
   ③ 실적기록법 및 통계적 표준

(2) 시간연구
  1) **시간연구**(time study) [15/3회]
   ① 시간연구 : 작업자의 공정한 하루 일의 양을 결정한다
   ② 공정한 하루일의 양 : 작업자가 어떤 작업을 수행하는데 필요한 표준시간으로부터 결정할 수 있다

> 표준시간=정미시간×(1+여유율)

  2) **통계적 방법에 의한 관측횟수 산정식** [10/1회, 11/3회, 17/1회]

$$N = \frac{t^2 S^2}{I^2}$$

여기서, N : 필요관측횟수
  $t(=t_{\alpha/2,\ n-1})$: t분포표에서 찾음,
    신뢰수준(C)과 실제관측 횟수(n)에 의해 결정(신뢰도 계수)
  S : 샘플표준편차
  I : 허용오차(관측시간×허용오차)

[기출분석 1] [10/1회]

요소작업을 20번 측정한 결과 관측평균시간은 0.20분, 표준편차는 0.08분 이었다. 신뢰도 95%, 허용오차 ±5%를 만족시키는 관측횟수는 얼마인가?(단, $t_{(0.025,\ 19)}$는 2.09이다)

해설

관측횟수(N) $= \dfrac{t^2 S^2}{I^2} = \dfrac{2.09^2 \times 0.08^2}{0.01^2} = 297.55 ≒ 280$ 회

여기서,
- $t(=t_{\alpha/2,\ n-1})$: t분포표에서 찾음, 신뢰수준(C)과 실제관측 횟수(n)에 의해 결정(신뢰도 계수 : 2.09)
- $\alpha = 1-C$, 유의수준
- S : 샘플표준편차(0.08)
- I : 허용오차(관측시간 × 허용오차 = 0.2 × 0.05 = 0.01)

[기출분석 2]

요소작업을 측정하기 위해 표본의 표준편차는 0.6이고, 신뢰도계수는 2인 경우 추정의 오차범위 ±5%를 만족 시키는 관측횟수는 얼마인가?

해설

관측횟수(N) $= \dfrac{t^2 S^2}{I^2} = \dfrac{2^2 \times 0.6^2}{0.05^2} = 576$ 번

여기서,
- t : 신뢰도 계수(2)
- S : 샘플표준편차(0.6)
- I : 허용오차범위(0.05)

(4) 수행도 평가기법(평준화평가법, 정상화평가법) [14/1회]

1) 속도 평가법 : 단위 시간당 산출물의 양을 나타내는 작업속도를 평가하는 것이다.
2) 객관적 평가법 (1차 2차 평가)

3) **합성평가법** : 관측자(시간연구자)의 주관적 판단에 의존하지 않고, 일관성 있는 결과를 낼 수 있는 수행도 평가법이다 [12/3회, 18/1회]
   ① 작업을 요소작업으로 구분한 후 시간연구를 통해 개별시간을 구한다
   ② 요소작업 중 임의로 작업자조절이 가능한 요소를 정한다
   ③ 선정된 작업 중 PTS시스템 중 한 개를 적용하여 대응되는 시간치를 구한다
   ④ 레이팅 계수 : 해당 요소작업의 PTS 시간치와 실제작업시간을 비교하여 레이팅 계수를 산출한다.

$$\text{레이팅 계수} = \frac{\text{PTS시간치}}{\text{실제 관측시간 평균치}}$$

4) **웨스팅하우스법**(Westinghouse system) : 작업자의 숙련도(skill), 노력(effort), 작업환경(condition), 일관성(consistency)의 4가지 요소를 평가한다 [17/3회]

4-7 Work sampling(워크 샘플링)

(1) work sampling법 [10/1회, 14/1회, 15/2회] : 표본의 크기가 충분히 크다면 모집단의 분포와 일치 한다는 통계적 이론에 근거하여 인간 활동이나 기계의 가동상황 등을 무작위로 관측하여 측정하는 표준시간 측정방법이다

간헐적으로 랜덤한 시점에서 연구대상을 순간적으로 관측하여 대상이 처한 상황을 파악하고, 이를 토대로 관측시간 동안에 나타난 항목별로 차지하는 비율을 추정하는 방법이다
작업중에 일어나는 여러활동의 비율(전체시간에서 특정활동이 일어나는 시간의 비율)을 구하는 방법이다

(2) work sampling의 장점, 단점 [10/3회, 11/3회, 12/1회, 13/3회, 15/1회, 16/3회, 17/1회]

장점	1) 자료수집 및 분석시간이 적다(작은 시간으로 연구수행 가능) 2) 관측이 순간적으로 이루어져서 작업에 방해가 적다 3) 한명의 연구자가 여려명의 작업자나 기계를 동시에 관측할 수 있다 4) 조사기간을 길게하여 평상시의 작업상황을 그대로 반영시킬 수 있다 5) 특별한 시간 측정 장비가 필요없다 6) 작업자가 의식적으로 행동하는 일이 적어 결과의 신뢰수준이 높다
단점	1) 짧은 주기나 반복작업인 경우 적당치 않다 2) 한명의 잡업자나 한 대의 기계 등 소수작업자나 기계만을 대상으로 연구하는 경우 비용이 커진다 3) Time study보다 자세하지 않다

(3) work sampling에서 필요관측 횟수 산정식 [11/1회, 13/1회, 16/1회, 18/1회]

$$N = \frac{Z_{1-\alpha/2}^2 \times \overline{P}(1-\overline{P})}{e^2}$$

여기서, N : 필요관측횟수
$Z_{1-\alpha/2}$: 정규분포값에서 P(Z>z)=α/2를 만족하는 값
α : 1−C(신뢰수준)
$\overline{P}$: idle rate(활동관측비율)
e : 허용오차

[기출분석 1] [11/1회]

워크샘플링 조사에서 초기 idle rate 가 0.05라면, 99%신뢰도를 위한 워크샘플링 회수는 약 몇 회인가?(단, $Z_{0.005}$는 2.58이다)

해설

· 필요관측횟수(N)

$$N = \frac{Z_{1-\alpha/2}^2 \times \overline{P}(1-\overline{P})}{e^2} = \frac{2.58^2 \times 0.05(1-0.05)}{0.01^2} = 3161.79\,회$$

여기서, $Z_{1-\alpha/2}$: 정규분포값에서 P(Z>z)=α/2를 만족하는 값(2.58)
$\overline{P}$: idle rate(활동관측비율; 0.05)
e : 허용오차(1−신뢰도=1−0.99=0.01)

[기출분석 2]
[13/1회]

워크샘플링 조사에서 초기 idle rate 가 0.06라면, 95%신뢰도를 위한 워크샘플링 회수는 약 몇 회인가?(단, $Z_{0.005}$는 2.58이다)

해설

· 워크샘플링 필요관측 횟수(N)

$$N = \frac{Z_{1-\alpha/2}^2 \times \overline{P}(1-\overline{P})}{e^2} = \frac{2.58^2 \times 0.06(1-0.06)}{0.05^2} = 150.17회$$

여기서, $Z_{1-\alpha/2}$: 정규분포값에서 P(Z>z)=α/2를 만족하는 값(2.58)
α : 1−C(신뢰수준)
$\overline{P}$: idle rate(활동관측비율 ; 0.06)
e : 허용오차(1−0.95=0.05)

[기출분석 3]

3시간 동안 작업 수행과정을 촬영하여 워크샘플링 방법으로 200회를 샘플링한 결과 이 중에서 30번의 손목꺾임이 확인되었다. 이 작업의 시간당 손목꺾임 시간은 얼마인가?

해설

· 작업시간당 손목꺾임시간(T)

$$T = \frac{실제\ 관측된\ 횟수}{총\ 관측횟수(회/hr)} = \frac{30회}{200회/hr \times \frac{1hr}{60min}} = 9min$$

4-8 표준시간과 여유율 및 표준자료법

(1) 표준시간=정미시간+여유시간 [12/3회, 13/3회, 14/1회, 14/3회, 18/1회]

1) **정미시간** : 매회 또는 주기적으로 발생하는 작업수행시간(정상시간이라고도 함)

$$정미시간 = 관측시간의\ 대표값 \times \left(\frac{레이팅계수}{100}\right)$$

여기서, ┌ 관측시간의 대푯값 : 관측평균시간
      └ 레이팅계수(R) : 평정계수 또는 정상화계수
              (정상작업속도/실제작업속도 $\times$ 100%)

【길잡이】
레이팅계수(R)

$$R = \frac{기준수행표}{평가값} \times 100\% = \frac{정상작업속도}{실제작업속도} \times 100\%$$

2) **여유시간** : 작업자가 작업중에 발생하는 생리적 현상이나 피로로 인한 작업의 중단, 지연, 지체등을 보상해 주는 시간을 의미한다

(2) 여유율과 표준시간 [12/1회]

1) **여유율A(외경법)** : 정미시간에 대한 비율로 여유율을 나타낸다(1LO)

① 여유율A(%) $= \dfrac{일반여유시간}{정미시간} \times 100$

$ = \dfrac{일반여유시간}{480 - 일반여유시간} \times 100$

② 표준시간=정미시간 $\times$ (1+여유율A) [15/3회]

$ = 정미시간 \times \left(1 + \dfrac{일반여유시간}{480 - 일반여유시간}\right)$

2) **여유율B(내경법)** : 근무시간에 대한 비율로 나타낸다

① 여유율B(%) = $\dfrac{\text{일반여유시간}}{\text{근무시간}} \times 100$

　　　　　　= $\dfrac{\text{일반여유시간}}{\text{정미시간} + \text{일반여유시간}} \times 100$

② 표준시간 = 정미시간 × $\dfrac{100}{100 - \text{여유율B(\%)}}$

　　　　　 = 정미시간 × $\left(1 + \dfrac{\text{여유율B(\%)}}{100 - \text{여유율B(\%)}}\right)$

(3) 실적자료법에 의한 표준시간 [10/3회, 16/1회]

표준시간 = $\dfrac{\text{생산에 소요된 작업시간의 합(시간)}}{\text{일정기간 동안의 생산량(개)}}$

[기출분석 1] [12/3회, 17/3회]

관측평균은 1분, Rating 계수는 120%, 여유시간은 0.05분이다. 내경법에 의한 1)여유율과 2)표준시간을 구하시오

해설

1) 정미시간(NT) = 관측시간 대표값(T_0) × $\left(\dfrac{\text{레이팅계수}}{100}\right)$

　　　　　　　= $1 \times \dfrac{120}{100} = 1.2$

여유율B(%) = $\dfrac{\text{일반여유시간}}{\text{정미시간} + \text{일반여유시간}} \times 100$

　　　　　 = $\dfrac{0.05}{1.2 + 0.05} \times 100 = 4.0\%$

2) 표준시간(ST) = 정미시간 × $\left(\dfrac{100}{100 - \text{여유율B}}\right)$

　　　　　　　= $1.2 \times \left(\dfrac{100}{100 - 4}\right) = 1.25$분

[기출분석 2] [14/1회]

평균관측시간이 1분, 레이팅계수가 110%, 여유시간이 하루 8시간 근무 중에서 24분일 때 외경법을 적용하면 표준시간은 약 얼마인가?

해설

1) 여유율(A, 외경법) = $\dfrac{\text{일반여유시간}}{480 - \text{일반여유시간}}$

   $= \dfrac{24}{480-24} = 0.05$

2) 정미시간 = 관측시간 대푯값 × $\dfrac{\text{레이팅계수}}{100}$

   $= 1 \times \dfrac{110}{100} = 1.1$분

3) 표준시간 = 정미시간 × (1+여유율A)

   $= 1.1 \times (1+0.05) = 1.155$

[기출분석 3] [13/3회]

어느 작업시간의 관측평균시간이 1.2분, 레이팅 계수가 110%, 여유율이 25%일 때, 외경법에 의한 개당 표준시간은?

해설

표준시간(ST) = 정미시간(NT) × (1+여유율)

= (관측평균시간 × 레이팅계수) × (1+여유율)

= (1.2 × 1.1) × (1+0.25) = 1.65분

[기출분석 4] [18/1회]

관측 평균시간이 5분, 레이팅 계수가 120%, 여유시간이 0.4분인 작업에서 제품의 개당 표준시간과 여유율(%)을 내경법에 의하여 구하면 각각 얼마인가?

해설

1) 표준시간 = 정미시간 + 여유시간

$$= \left(\text{관측평균시간} \times \frac{\text{레이팅계수}}{100}\right) + \text{여유시간}$$

$$= \left(5 \times \frac{120}{100}\right) + 0.4 = 6.4\text{분}$$

2) 여유율(%) = $\dfrac{\text{일반여유시간}}{\text{근무시간}} \times 100$

$$= \frac{\text{일반여유시간}}{\text{정미시간} + \text{일반여유시간}} \times 100$$

$$= \frac{0.4}{6+0.4} \times 100 = 6.25\%$$

여기서, 정미시간 = 관측평균시간 × $\dfrac{\text{레이팅계수}}{100}$ = $5 \times \dfrac{120}{100}$ = 6

[기출분석 5] [10/3회, 16/1회]

A 제품을 생산한 과거 자료는 다음 [표]와 같을 때 실적자료법에 의한 1개당 표준시간은 얼마인가?

일자	완제품 개수(개)	소요시간(단위 : 시간)
3월 3일	60	6
7월 7일	100	10
9월 9일	40	4

해설

· 실적자료법에 의한 표준시간

$$\text{표준시간} = \frac{\text{생산에 소요된 작업시간의 합}}{\text{일정기간 동안의 생산량}}$$

$$= \frac{(6+10+4)\text{시간}}{(60+100+40)\text{개}} = 0.1 \text{ 시간/개}$$

[기출분석 6] [16/3회]

관측 시간치의 평균이 0.6분이고 레이팅 계수는 120%, 여유시간은 8시간 근무중에서 24분 일 때 표준시간은 약 얼마인가?

해설

1) 정미시간 = 관측시간의 대표값 $\times \left(\dfrac{레이팅계수}{100}\right)$

$= 0.6 \times \dfrac{120}{100} = 0.72$분

2) 여유율(%) = $\dfrac{여유시간}{근무시간(실동시간)} \times 100$

$= \dfrac{24분}{8시간 \times \dfrac{60분}{1시간}} \times 100 = 5\%$

3) 표준시간 = 정미시간 $\times \left(\dfrac{100}{100 - 여유율}\right)$

$= 0.72 \times \left(\dfrac{100}{100-5}\right) = 0.76$분

[기출분석 7] [10/1회, 18/3회]

정미시간 0.177 분인 작업을 여유율 10%에서 외경법으로 계산하면 표준시간이 0.195분이 된다. 이를 8시간 기준으로 계산하면 여유시간은 총 44분이 된다. 같은 작업을 내경법으로 계산할 경우 8시간 총 여유시간은 약 몇분이 되겠는가?(단, 여유율은 외경법과 동일하다)

해설

1) 내경법 여유율(B) = $\dfrac{일반여유시간}{근무시간} \times 100$

2) 일반여유시간 = B $\times$ 근무시간 $\times \dfrac{1}{100}$

$= 10 \times \left(8\text{hr} \times \dfrac{60\text{min}}{1\text{hr}}\right) \times \dfrac{1}{100} = 48\text{min}$

【길잡이】

정미시간 산정식(객관적 평균값) [11/3회, 13/1회]

1) 정미시간 = 관측시간의 평균값×레이팅계수
   = 관측시간의 평균값×1차 평가계수×(1+2차 조정계수)

　여기서, ┌ 레이팅 계수 : 1차 평가계수×(1+2차 조정계수)
　　　　 │ 1차 평가계수 : 속도평가계수
　　　　 └ 2차 조정계수 : 작업의 난이도 계수

2) 정미시간 = $\left(\dfrac{\text{총관측시간} \times \text{작업별 시간율}}{\text{생산량}}\right) \times$ 레이팅계수

[기출분석 8]　　　　　　　　　　　　　　　　　　　　　　　　　　　　　[11/3회]

관측평균시간이 30DM이고, 제1평가에 의한 속도평가 계수는 130%이며, 제2평가에 의한 2차 조정계수가 20%일 때 객관적 평가법에 의한 정미시간은 몇 초인가?

해설
· 객관적 평가법에 의한 정미시간(NT)
　NT = 관측시간의 평균값×1차 평가계수×(1+2차 조정계수)
　　 = 30초×1.3×(1+0.2) = 46.8초

【길잡이】

작업자효율 산정식 [10/3회]

· 작업자효율(%) = $\dfrac{\text{제품1개당 생산표준시간}(\min/\text{갯수}) \times \text{제품수}}{\text{총 작업시간}(\min)} \times 100$

[기출분석 9] [10/3회]

B 작업의 표준시간은 제품당 11분이다. 한 작업자가 8시간 작업시간 동안 제품 56개를 생산하였다면, 이 작업자의 효율은 약 얼마인가?

해설

$$작업자\ 효율(\%) = \frac{제품생산시간(min/개수) \times 제품수}{총\ 작업시간(min)} \times 100$$

$$= \frac{11\ min/개 \times 56개}{8hr \times 60min/hr} \times 100 = 128.3\%$$

(4) 표준자료법의 장점 · 단점 [17/3회]

장점	① 표준시간이 빠르게 산정된다 ② 일단 한번 작성되면 유사한 작업에 대한 신속한 표준시간의 설정이 가능하다 ③ 표준자료 사용방법이 정확하면 사용하는 사람에 관계없이 결과가 같기 때문에 표준시간에 일관성이 있다
단점	① 표준자료 작성의 초기비용이 크기 때문에 생산량이 적거나 제품의 변동이 큰 경우에는 부적합하다 ② 표준자료 작성시 변동요인을 모두 고려할 수 없기 때문에 표준시간의 정확도가 떨어진다 ③ 작업조건이 불안정하거나 표준화가 곤란한 경우에는 표준자료 설정이 곤란하다

4-9 PTS 와 MTM 및 WF

(1) PTS(Predetermined time standar system)
1) PTS법
    ① 하나의 작업이 실제로 시작되기 전에 미리 작업에 필요한 소요시간을 작업방법에 따라 이론적으로 정해 나가는 방법이다
    ② 사람이 행하는 작업을 기본 동작으로 분류하고, 각 기본 동작들은 동작의 성질과 조건에 따라 이미 정해진 기준 시간을 적용하여 전체 작업의 정미시간을 구하는 방법이다 [11/1회, 18/1회]

2) **PTS법**(간접측정법) [11/1회]
   ① MTM : Method Time Measurement
   ② MODAPTS : Modular Arrangement of Predetermined Time Standards
   ③ WF : Work Factor
   ④ DMT : Dimensional Motion Times

(2) MTM법(Method Time Measurement)
1) **MTM** : 인간이 수행하는 작업을 기본동작으로 분석하고 각 기본동작의 성질과 조건에 따라 미리 정해진 표준시간값을 기본동작에 적용시켜 작업시간(정미시간)을 구하는 방법이다
2) **MTM의 시간단위** [10/3회, 11/3회, 12/3회, 14/3회, 16/3회, 18/3회]
   ① 1TMU = 0.00001시간 = 0.0006분 = 0.036초
   ② 1hr = 100,000TMU
      1min = 1666.7TMU
      1sec = 27.6TMU
      ㈜ TMU: time measurement unit

(3) WF(Work Factor)에서 동작시간 결정시 고려하는 4가지 요인 [15/3회]
1) **동작신체부위**(8가지) : 손가락(F), 손(H), 팔(A), 아래팔회전(FS), 몸통(T), 발(FT), 다리(L), 머리회전(FT)
2) **동작거리** : 표준동작이 시작되는 점과 끝나는 점 사이의 직선거리(inch 로 표시)
3) **중량 또는 저항** : 파운드(pound)또는 파운드 인치(pound-inch)단위로 측정
4) **WF법의 표준요소** [16/1회]
   ① 이동(transport) : T
   ② 쥐기(frasp) : Gr
   ③ 미리놓기(preposition) : PP
   ④ 조립(assemble) : Asy
   ⑤ 사용(use) : Use
   ⑥ 분해(disassemble) : Dsy
   ⑦ 정신작업(mental process) : MP
   ⑧ 내려놓기(release) : Rl

4-10 문제분석도구

(1) 파레토 차트(Pareto Chart) [11/3회, 13/1회, 14/1회, 14/3회, 16/3회, 18/1회]
　1) **파레토 차트**
　　① 관심의 대상이 되는 항목을 동일 척도(scale)로 관찰하여 측정한 후 이를 내림차순으로 정리하고 누적분포를 구한다
　　② 문제의 인자를 파악하고 그것들이 차지하는 비율을 누적분포의 형태로 표현한다
　2) **파렛토 원칙**(80-20규칙) : 상위 20%의 항목이 전체 활동의 80%이상을 차지한다는 의미이다 [16/3회]

(2) 특성요인도 [10/3회, 13/3회]
　1) 원인결과도 또는 고기뼈 다이어그램이라고도 한다
　2) 결과를 일으킨 원인을 5~6개의 주요원인에서 시작하여 점진적으로 세부원인을 찾아가는 기법이다

(3) 간트차트의 개요
　1) 각 프로젝트 활동의 예측 완성시간을 수평선 상의 시간축에 막대(bar) 크기로 나타낸다 (계획 활동의 예측완료시간: 막대모양으로 표시)
　2) 간트차트는 시간 축위에 수행할 활동에 대한 필요한 시간과 일정을 표시한 문제의 분석도구이다 [15/3회]

(4) PERT
　1) 공사를 진행하기 위한 계획을 작성할 때 인원이나 자재의 낭비를 막고 공정기간을 단축할 수 있는지를 밝히는 공정관리기법으로 작업의 순서나 진행상황을 한눈에 파악할 수 있도록 작성하는 분석도구이다
　2) 시작점에서 마지막 점까지 최장거리에 해당하는 시간인 주공정이 된다

(5) 마인드 맵핑 : 원과 직선을 이용하여 아이디어 문제, 개념 등을 개괄적으로 빠르게 설정할 수 있도록 도와주는 연역적 추론기법이다

4-11 공정분석

(1) 공정효율

1) **공정효율(균형효율; E)산정식** [11/1회, 13/1회, 14/1회, 17/1회, 18/1회]

$$E = \frac{\sum t_i}{N \times T_c}$$

여기서, E : 공정효율 또는 균형효율(라인밸런싱 효율; %)
$\sum t_i$: 총 작업시간
N : 작업장 수
T_c : 주기(사이클)시간 (가장 긴 작업시간)

2) **공정손실 산정식** [13/3회]

① 총 유휴시간 = A작업 유휴시간 + B작업유휴시간 + ⋯
  = (주기시간−A작업시간) + (주기시간−B작업시간) + ⋯

$$공정손실 = \frac{총 유휴시간}{N(작업장수) \times T_c(주기시간)} \times 100$$

② 공정손실=100−E(공정효율)

[기출분석 1] [11/1회]

각 한 명의 작업자가 배치되어 있는 세 개의 라인으로 구성된 공정의 공정시간이 각각 3분, 5분, 4분 일 때, 공정효율은 얼마인가?

해설

· 공정효율(균형효율;E)

$$E = \frac{\sum t_i}{N \times T_c} \times 100 = \frac{(3+5+4)분}{3개라인 \times 5분} \times 100 = 80\%$$

여기서, $\sum t_i$: 총 작업시간(3+5+4분)
N : 작업장 수(3개라인)
T_c : 주기(사이클)시간 (가장 긴 작업시간; 5분)

[기출분석 2] [13/1회]

4개의 작업으로 구성된 조립공정의 주기시간(cycle time)이 40초일 때 공정효율은 얼마인가?

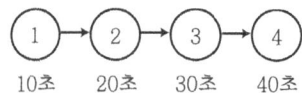

해설

· **공정효율(E)**

$$E = \frac{\sum t_i}{N \times T_c} \times 100 = \frac{(10+20+30+40)초}{4개 \times 40초} \times 100 = 62.5\%$$

여기서, $\sum t_i$: 총 작업시간
N : 작업장 수(또는 작업자 수)
T_c : 사이클시간(주기시간, 가장 긴 작업시간)

[기출분석 3] [13/3회, 18/3회]

어느 회사의 컨베이어 라인에서 작업순서가 다음[표]의 번호와 같이 구성되어 있다

작업	① 조립	② 납땜	③ 검사	④ 포장
시간(초)	10초	9초	8초	7초

다음물음에 답하시오.

1) 애로작업 :

2) 라인의 주기시간 :

3) 라인의 시간당 생산량 :

4) 공정손실 :

해설

1) **애로작업** : 조립작업(작업중에서 작업시간이 가장 긴 공정)

2) **주기시간(사이클 시간)** : 10초(가장 긴 작업시간)

3) **시간당 생산량** $= \dfrac{3600초}{주기시간/개} = \dfrac{3600초}{10초/개} = 360개$

4) 공정손실

① 제1방법

· 공정효율(E) = $\dfrac{\Sigma t_i}{N \times T_c} \times 100 = \dfrac{10+9+8+7}{4 \times 10} \times 100 = 85\%$

· 공정손실 = 100 - E = 100 - 85 = 15%

② 제2방법

· 공정손실 = $\dfrac{총 유휴시간}{작업장수(N) \times 주기시간(T_c)} \times 100 = \dfrac{6}{4 \times 10} \times 100 = 15\%$

· 총 유휴시간 = 납땜작업 유휴시간 + 검사작업 유휴시간 + 포장작업유휴시간
    = (10-9) + (10-8) + (10-7) = 6

(2) 공정도 기호 [10/1회, 11/1,3회, 13/1회, 14/1회, 15/1회, 17/3회, 18/3회]

기호	명칭	의미(해설)
○	작업, 가공	작업목적에 따라 대상물의 물리적 또는 화학적 특성을 변화시키는 작업 (예) 부품분해 · 조립, 혼합작업, 계획수립, 계산하기, 정보교환, 구멍뚫기, 못 박기 등
⇨	운반, 이동	작업대상물을 한 장소에서 다른 장소로 이동 시키는 작업 (예) 인력 · 물자운반, 컨베이어 · 대차로 물자운반 등
□	검사	작업대상물의 확인 및 품질이나 수량의 확인 작업 (예) 보일러 게이지 확인, 인쇄물 정보확인, 제품수량 확인 등
D	정체 (delay)	다음 작업을 즉시 수행할 수 없는 경우 (예) 다음 가공을 위해 대차나 바닥에 놓여있는 물품, 엘리베이터 기다리기, 철하기 직전 서류 등
▽	저장	물품이 가공 또는 검사되는 일이없이 저장되고 있는 상태 (예) 철되어있는 서류, 저장되어있거나 팔레트에 쌓여있는 원재료 또는 완성품

(3) 유통공정도(flow process chart) [13/3회, 17/1회]
1) **유통공정도** : 작업중에 발생하는 작업, 운반, 검사, 저장, 지체 등을 도표로 나타낸 차트이다
2) **특징**
   ① 소요시간과 운반거리가 함께 표현된다
   ② 생산 공정에서 발생하는 잠복비용을 감소시킨다
   ③ 사고의 원인을 파악하는데 사용된다
3) **용도** : 운반거리, 정체, 일시저장과 같은 잠복비용을 발견하고 개선하는데 적합하다

(4) 유통선도(flow diagram) 특징 [12/3회, 14/3회, 16/1회, 18/3회]
1) 자재흐름의 혼합지역 파악(물자흐름의 복잡한 곳 파악)
2) 시설물의 위치나 배치관계 파악(시설배치 문제에 적용되어 운반거리 감소)
3) 공정과정의 역류현상 발생유무 점검

4-12 공정분석기법

(1) 다중활동분석표
1) **다중활동분석표** : 여러 작업자가 같이 작업을 하거나 한명이 작업자가 여러대의 기계를 운용하는 작업장에서 일어나는 작업을 개선하는데 다중활동분석표를 이용하는 기법이다
2) **용도(사용목적)** [15/1회, 16/1회]
   ① 그룹 작업의 작업 현황을 파악하며 작업그룹 재편성(가장 경제적인 작업조 편성)
   ② 기계 혹은 작업자의 유휴시간 파악 및 단축(작업효율 극대화)

(2) 이론적 기계대수 산정식 [10/1회, 14/3회, 15/1회, 16/3회, 17/3회]

$$N = \frac{A+t}{A+B}$$

여기서, N : 이론적인 기계대수
A : 작업자와 기계의 동시 작업시간, 적재(load 및 unloading)시간
B : 독립적인 작업자 활동시간
t : 기계 가동시간

[기출분석 1]   [10/1회, 16/3회]

기계 가동시간이 25분, 적재(load 및 unloading)시간이 5분, 기계와 독립적인 작업자 활동시간이 10분일 때 기계 양쪽 모두의 유휴시간을 최소화 하기 위하여 한 명의 작업자가 담당해야 하는 이론적인 기계대수는?

해설

- **이론적인 기계대수(N)**

$$N = \frac{A + t}{A + B} = \frac{5분 + 25분}{5분 + 10분} = 2대$$

여기서, A : 적재시간(5분)
B : 독립적인 작업자 활동시간(10분)
t : 기계 가동시간(25분)

【길잡이】

시간당 생산량 산정식

$$시간당\ 생산량(개/hr) = \frac{기계대수(개)}{사이클\ 타임(hr)}$$

여기서, 사이클타임(cycle time) : 1공정에 요하는 시간

[기출분석 2]   [12/1회]

제품 1개를 생산하기 위하여 원자재를 기계에 물리는데 2분, 기계의 자동가공시간이 3분 걸린다. 작업자가 동종의 기계를 2대 담당하는 경우의 시간당 생산량은?

해설

- 시간당 생산량 $= \dfrac{기계대수}{사이클\ 타임}$

$$= \frac{2}{5\min \times \dfrac{1hr}{60\min}} = 24개/hr$$

여기서, 사이클타임(cycle time) : 1공정에 요하는 시간(2+3=5min)

[기출분석 3] [12/3회]

생수회사의 한 공정에서 이루어지는 생수 제조를 위한 요소작업시간의 합은 0.8분이다. 회사에서는 한 달간 50,000개의 생수를 제조하려 할 때 이 공정의 한 달 평균 작업시간이 200시간이라면 이 회사는 최소 몇 개의 공정을 구성해야 하는가?

해설

1) 1개 공정의 작업시간 : 0.8min/개

2) 1개 공정에 의한 한달간 생산량(T)

$$T = \frac{한달간 작업시간(\min)}{1개 공정의 작업시간(\min/개)} = \frac{200hr \times 60\min/hr}{0.8\min/개} = 15,000 개$$

3) 공정개수 = $\frac{한달 총생산량}{T(1개 공정 한달 생산량)}$

$$= \frac{50,000개}{15,000개} = 3.33 = 4개\ 공정$$

4-13 동작분석

(1) 동작분석의 분류 [12/1회, 15/1회]

1) **목시동작 분석(연구)**
   ① 작업을 직접 관찰한다
   ② 작업자 공정도를 작성한 후 동작 경제 원칙을 적용하여 작업자의 동작을 개선한다
   ③ 서블릭(therbling)분석에 적용된다

2) **미세동작 분석**
   ① 동작을 세분하여 분석하기 때문에 필름, 테이프에 작업장면을 촬영한 후 필름을 분석한다
   ② 비디오 분석은 즉시성과 재현성을 모두 구비한 방법이다
   ③ 미세동작분석은 작업주기가 긴 작업이나 불규칙한 작업의 동작분석에 적합하다
   ④ SIMO chart는 미세동작 연구인 동시에 동작 사이클 차트이다

(2) 서블릭(therbling) [11/1회, 12/3회, 18/1회]

1) **서블릭** : 인간이 행하는 모든 수동작은 18개의 기본동작으로 구성되어 있고 이 기본동작에 해당하는 기초를 서블릭이라 명명한다(18개의 동작중 17가지만 기호로 이용)
2) **표준시간 측정** : 분석과정에서 표준시간은 스톱워치(stop watch)로 측정한다
3) **서블릭의 구분** [10/1회, 10/3회, 13/3회, 15/1회] [12/1회]
   ① **효율적 서블릭** : 소요시간을 단축할 수 있으나 완전히 배제하기는 어려운 작업진행에 필요한 서블릭
   ② **비효율적 서블릭** : 작업을 수행하는데 도움이 되지 못하는 불필요한 서블릭

[표] 서블릭의 구분(기호) [16/1회, 17/1,3회]

효율적 서블릭 (작업진행에 필요한 서블릭)		비효율적 서블릭 (작업 수행에 도움이 되지 못하는 서블릭)	
1) 빈손이동(TE) 2) 운반(TL) 3) 쥐기(G) 4) 내려놓기(RL) 5) 미리놓기(PP)	기본동작 부분	1) 찾기(SH) 2) 고르기(ST) 3) 바로놓기(P) 4) 검사(I) 5) 계획(PN)	정신적 · 반정신적인 부분
6) 사용(U) 7) 조립(A) 8) 분해(DA)	동작목적을 가진 부분	6) 불가피한 지연(UD) 7) 피할수 있는 지연(AD) 8) 휴식(R) 9) 잡고있기(H)	정체적인 부분

(3) 동작경제의 원칙(Barnes) [10/3회, 11/3회, 14/3회, 15/1회, 16/1회, 17/1회] [12/1회]

1) **신체의 사용에 관한 원칙** [11/1회, 12/1회, 15/3회, 16/3회, 18/3회]
   ① 양손은 동시에 시작하고 동시에 끝나도록 한다
   ② 휴식시간 이외는 양손을 동시에 쉬지 않도록 한다
   ③ 양팔은 동시에 서로 반대방향에서 대칭적으로 움직이도록 한다
   ④ 손과 신체동작은 작업을 만족스럽게 처리할 수 있는 범위 내에서 최소 동작 등급을 사용하도록 한다
   ⑤ 작업은 가능한 한 관성을 이용하도록 한다(작업자가 관성 극복시는 관성을 최소화할 것)
   ⑥ 탄도동작(ballistic movement)은 제한되거나 통제된 동작보다 신속, 정확, 용이하다

⑦ 작업은 가능하면 쉽고 자연스러운 리듬을 이용할 수 있도록 배치한다
⑧ 손동작은 스무드 하고 연속적이고 곡선동작이 되도록 하고 급격한 방향 전환이나 직선동작은 피한다
⑨ 눈의 초점을 보아야 하는 작업은 가능한 줄인다

2) 작업장 배치에 관한 원칙 [10/1회, 12/3회, 17/3회]
① 모든 공구와 재료는 정하여진 장소에 두어야 한다
② 공구와 재료, 조종장치는 사용위치에 가까이 둔다
③ 중력을 이용한 상자나 용기를 이용하여 부품이나 재료를 사용장소에 가까이 보낼 수 있도록 한다
④ 가능하면 낙하식 운반방법을 사용한다
⑤ 재료와 공구는 최적의 동작순서로 작업할 수 있도록 배치해 둔다
⑥ 최적의 채광 및 조명을 제공한다
⑦ 작업대와 의자는 각 작업자에게 알맞도록 설계되어야 한다
⑧ 의자는 인간공학적으로 잘 설계된 높이가 조절되는 의자를 제공한다

3) 공구 및 설비의 설계에 관한 원칙
① 치구나 족답장치를 사용할 수 있도록 하며 양손이 다른 일을 할 수 있도록 한다
② 공구류는 가능하면 두가지 이상의 기능을 조합한 것을 사용한다
③ 공구와 재료는 가능한 한 다음에 사용하기 쉽도록 미리 위치를 잡아 둔다
④ 손가락으로 특정작업(타자나 컴퓨터 키보드 작업)을 수행할 때 작업량이 각 손가락의 능력에 맞게 배분되어야 한다
⑤ 조종장치(레버, 핸들 등)는 작업자가 자세를 크게 바꾸지 않고도 빠르고 쉽게 조작할 수 있는 위치에 두어야 한다

4-14 작업관리

(1) 작업관리의 목적
    1) 작업을 체계적으로 하여 생산향상을 목적으로 한다 [12/3회]
    2) 생산성 향상을 위한 대상항목 : 노동, 기계, 재료 등 [18/3회]

(2) 작업관리 절차순서 [10/3회, 12/1회, 13/1회]
    1) 1단계 : 연구대상의 선정
    2) 2단계 : 작업방법의 분석
    3) 3단계 : 분석자료의 검토
    4) 4단계 : 개선안 수정
    5) 5단계 : 개선안 도입
    6) 6단계 : 확인 및 재발방지

(3) 작업표준의 작성절차 [11/3회, 14/3회]
    1) 1순위 : 작업의 분류 및 정리
    2) 2순위 : 작업분해
    3) 3순위 : 동작순서 설정
    4) 4순위 : 작업표준안 작성
    5) 5순위 : 작업 표준의 제정과 교육실시

4-15 작업개선기법

(1) 작업개선의 원칙(ECRS원칙) [10/1회, 13/1회, 14/1회, 15/1·3회, 16/3회, 17/1·3회]
    1) E(eliminate) : 불필요한 작업 제거(문제작업에 대해 가장 우선적·근본적으로 고려해야 함)
    2) C(combine) : 다른 작업과 결합
    3) R(rearrange) : 작업순서의 변경
    4) S(simplify) : 작업의 단순화

(2) 작업개선의 SEARCH원칙 [11/3회, 13/3회, 18/1회] [12/3실]
1) S : simplify operations(작업의 단순화)
2) E : eliminate unnecessary work and material(불필요한 작업·자재의 제거)
3) A : alter sequence(순서의 변경)
4) R : requirements(요구조건)
5) C : combine operations(작업의 결합)
6) H : How open(얼마나 자주)

(3) 위험작업의 관리적·공학적 개선 [11/1회]

관리적 개선	공학적 개선
1. 작업자 교육 및 훈련	1. 작업자 신체에 맞는 작업장 개선
2. 작업일정 및 작업속도 조절	2. 인력운반방법 개선
3. 적절한 작업자의 선발(작업자 적정배치)	3. 공구·장비 취급방법 개선
4. 직무순환	4. 부품·제품 등 취급

(4) 델파이 기법
내용이 아직 알려지지 않거나 일정한 합의점에 도달하지 못한 내용에 대해 다수의 전문가의 의견과 판단을 추출하고 종합하여 집단적 합의를 도출해 내는 기법이다.

(5) 수공구의 개선방법(수공구의 인간공학적 설계원칙) [10/3회, 11/3회, 12/3회, 13/1회, 14/1회, 15/1회]
1) 손목을 곧게 유지할 것(손목을 똑바로 펴서 사용, 손목대신 손잡이를 굽힘)
2) 손바닥에 과도한 압박을 피할 것(조직에 가해지는 접촉 스트레스를 피할 것)
3) 사용자의 손크기에 적합하게 설계(design)할 것
4) 반복적 손가락 동작을 피할 것
5) 가장 큰 힘을 낼 수 있는 가운데 손가락이나 엄지손가락을 사용할 것
6) 정적 근육부하가 오래 지속되지 않도록 할 것
7) 팔을 회전하는 작업에는 팔꿈치를 구부린 자세에서 행할 것
8) 힘을 발휘하는 작업에는 파워쥐기(power grip), 정밀을 요하는 작업에는 핀치쥐기(pinch grip)을 사용할 것 [16/3회]
   ① 파워쥐기(power grip) : 모든 손가락으로 핸들을 감싸 쥐듯이 잡는 것
   ② 핀치쥐기(pinch grip) : 엄지와 나머지 손가락으로 꼬집듯이 잡는 것
9) 수공구 대신 동력공구를 사용하도록 할 것
10) 손잡이는 가능한 접촉면을 넓게 한다
11) 양손 중 어느 손으로도 사용이 가능하고 대부분의 사람들이 사용할 수 있도록 설계한다

4-16 작업설계 및 개선

(1) 입식작업 및 좌식작업 [15/3회]
1) **입식작업이 적절한 경우**
   ① 큰 힘을 요하는 경우(4.5kg 이상의 물체를 다루거나 힘을 발휘하는 경우)
   ② 작업반경이 큰 경우(작업자 정면의 높거나, 낮거나, 먼곳으로 자주 손을 뻗쳐야 할 경우)
   ③ 작업장이 서로 떨어져 있으며 작업장간 이동이 많은 경우
   ④ 포장작업과 같이 아래 방향으로 힘을 발휘해야 하는 경우
2) **좌식작업이 적절한 경우** : 정밀조립작업이나 글쓰기 작업을 하는 경우

(2) 정상작업역과 최대작업역 [11/1회, 14/3회]
1) **정상작업역** : 상완(위팔)을 자연스럽게 수직으로 늘어뜨린 채 전완(아래팔)만으로 편하게 뻗어 파악 할 수 있는 구역(34~45cm)
2) **최대작업역** : 전완과 상완을 곧게 펴서 파악할 수 있는 구역(55~65cm)

(3) 작업대 높이 [10/1,3회, 12/1회, 16/1회, 17/1회]
1) **입식작업대 높이**
   ① 경작업(조립라인, 기계적 작업 등) : 팔꿈치 높이보다 5~10cm 정도 낮게 설계한다
   ② 중작업(중량물 취급작업) : 팔꿈치 높이보다 10~20cm 정도 낮게 설계한다
   ③ 정밀작업 : 팔꿈치 높이보다 5~10cm 정도 높게 설계한다
2) **좌식작업대 높이**
   ① 의자높이, 작업대 두께 대퇴여유 등과 관계가 있다
   ② 작업대 높이는 섬세한 작업일수록 높아야 하고 거친 작업에서는 약간 낮은 편이 유리하다

4-17 작업부하 평가

(1) 들기작업공식(NLE ; NIOSH Lifting Equation) [10/1회, 11/3회, 15/3회]
1) **들기작업공식** : 들기작업의 위험성을 정량적으로 평가할 수 있는 평가기법으로 들기작업에 대한 권장무게한계(RWL)를 산출하여 작업의 위험성을 예측한다
2) **권장중량한계**(RWL : recommended weight limit) : 최대 8시간동안 들기작업을 할 수 있는 취급률 중량의 한계 값을 말한다

(2) RWL의 공식 [10/3회, 12/3회, 13/1회, 15/1회]

$$RWL(kg) = LC \times HM \times VM \times DM \times AM \times FM \times CM$$

[표] 공식의 계수

계수 기호	계수 내용	계수 구하는 법[상수범위]
LC	중량상수(부하상수)	23kg : 최적작업상태 권장최대무게
HM	수평계수	25/H, H<63cm [25~63cm]
VM	수직계수	1−(0.003× | V−75 |)[0~175cm]
DM	(물체이동)거리계수	0.82+(4.5/D)[25~175cm]
AM	비대칭각도계수	1−(0.0032A)[0°~135°]
FM	(작업)빈도계수	표 이용
CM	커플링계수(결합계수)	표 이용

(3) 들기지수(LI) : 실제 작업물의 무게(물체무게 ; L)와 권장중량한계(RWL)의 비이다(들기지수는 요추의 디스크 압력에 대한 기준치이다)

$$LI = \frac{L}{RWL}$$

1) LI가 1이하 : 들기 작업이 안전한 것으로 판정
2) LI가 1초과 : 요통발생의 위험수준이 증가함(추천무게를 넘는 것으로 간주)
3) LI가 3초과 : 요통발생의 위험수준이 매우높음

(4) NLE의 적용 실체부위 및 적용업종 [14/3회]
1) **적용 신체부위** : 허리
2) **적용 업종** : 중량물 취급작업, 과도한 힘이 요구되는 작업, 조립작업, 음료 및 포장물 배달 등

[기출분석 1] [18/1회]

NIOSH Lifting Equation(NLE)평가에서 권장무게한계(Recommended Weight Limit)가 20kg이고 현재 작업물의 무게가 23kg일 때 들기지수(Lifting Index)의 값을 구하고 이에 대한 평가를 하시오

해설

1) **들기지수(LI)**

$$LI = \frac{물체무게(kg)}{RWL} = \frac{23kg}{20kg} = 1.15$$

여기서, RWL : 권장무게한계(kg)

2) **들기지수 1.15** : 들기지수(LI)가 1보다 크므로 요통의 발생위험이 크다

[기출분석 2] [13/3회]

다음의 조건에서 NIOSH Lifting Equation(NLE)에 의한 들기지수(LI)와 작업의 위험도 평가를 하시오

```
현재 취급물의 하중 = 14kg
수평계수 = 0.4   수직계수 = 0.95
거리계수 = 1.0   대칭계수 = 0.8
빈도계수 = 0.8   손잡이계수 = 0.9
```

해설

1) **권장무게한계(RWL)**

$$RWL = LC \times HM \times VM \times DM \times AM \times FM \times CM$$
$$= 23kg \times 0.4 \times 0.95 \times 1.0 \times 0.8 \times 0.8 \times 0.9 = 5.03$$

2) **들기지수(LI)**

$$LI = \frac{작업물무게}{RWL} = \frac{14}{5.03} = 2.78$$

3) **위험도 평가** : 개선이 요구되는 작업

(5) OWAS(ovako working-posture analysing system)

1) **OWAS 정의 등** [10/1회, 16/1회, 18/3회]
   ① 육체작업을 할 경우에 부적절한 작업자세를 구별해낼 목적으로 개발한 평가기법이다(핀란드 Karhu개발)
   ② 현장에서 기록 및 해석의 용이함 때문에 많은 작업장에서 작업자세를 평가한다

2) **장점 · 단점** [10/1회]

장점	· 작업자들의 작업자세를 쉽고 빠르게 평가할 수 있다(현장성 강함)
단점	① 작업자세를 단순화하여 세밀한 분석에 어려움이 있다 ② 신체일부(상지 · 하지등)의 움직임이 적고 반복하여 사용하는 작업 등에서는 차이를 파악하기가 어렵다 ③ 지속시간을 검토할 수 없기 때문에 유지자세의 평가는 곤란하다

(6) RULA(rapid upper limb assessment) [13/3회, 14/1,3회, 17/1회]

1) **RULA** : 어깨, 팔목, 손목, 목등 상지에 초점을 맞추어 작업자세로 인한 작업부하를 빠르고 상세하게 분석할 수 있는 근골격계질환의 평가기법이다 [11/1회]

2) **신체부위별 평가대상** [12/3회, 13/1회]
   ① A그룹 평가대상 : 윗팔(상완), 아래팔(전완), 손목, 손목 비틀림 등
   ② B그룹 평가 대상 : 목 몸통(상체) 다리 등

4-18 영상표시단말기(VDT)작업관리지침

(1) 키보드 [11/3회, 16/3회]
    1) 키보드의 경사 : 5~15°, 두께 : 3cm 이하
    2) 작업대 끝면과 키보드 사이 : 15cm 이상 확보할 것
    3) 키보드와 키 윗부분의 표면은 무광택으로 할 것
    4) 키보드는 취급근로자가 조작위치를 조작할 수 있도록 이동 가능한 것으로 할 것

(2) 작업자의 시선 및 시거리
    1) 작업자의 시선 : 수평선상으로부터 아래로 10°~15°이내일 것
    2) 눈으로부터 화면까지의 시거리 : 40cm 이상 유지

(3) VDT를 위한 조명 및 눈부심 방지 [10/3회]
    1) 조명수준
        ① 화면의 바탕색상이 검정색 계통일 때 : 300~500Lux
        ② 화면의 바탕색상이 흰색 계통일 때 : 500~700Lux
    2) 광도비
        ① 화면과 인접주변의 광도비 : 1:3
        ② 화면과 먼 주위간의 광도비 : 1:0

PART 05

인간공학기사 기출문제

2016년
기출문제

2016 >>> 제1회 기출문제

제1과목 : 인간공학개론

01 사용성에 관한 설명으로 틀린 것은?

① 실험 평가로 사용성을 검증할 수 있다.
② 편리하게 제품을 사용하도록 하는 원칙이다.
③ 사용성은 반드시 전문가가 평가하여야 한다.
④ 학습성, 에러 방지, 효율성, 만족도 등의 원칙이 있다.

해설 1)사용성의 원칙
①사용성은 편리하게 제품을 사용하도록 하는 것이 원칙이다
②학습성, 에러방지, 효율성, 만족도 등의 원칙이 있다
③실험평가로 사용성을 검증할 수 있다

2)사용성 평가방법
①사용자 기반 평가방법: 설문지법, 사용자관측법, 경험적 사용성 평가법 등이 있다
②검사 기반 평가방법: 전문가의 판단에 의존하는 방법이다
③모델 기반 평가방법: 인간이 시스템을 어떻게 사용하는지를 모델로 구성하여 평가하는 방법이다

02 정보이론의 응용과 거리가 먼 것은?

① 다중과업
② Hick-Hyman 법칙
③ Magic number = 7±2
④ 자극의 수에 따른 반응시간 설정

해설 정보이론의 응용
1)Hick-Hyman 법칙: 인간의 반응시간(RT)은 자극정보의 양에 비례한다
2)Magic number: 7±2 chunk(의미있는 정보의 단위)
3)반응시간: 어떠한 자극을 제시하고 여기에 대한 반응이 발생하기까지의 소요시간을 말한다

03 인간 기억 체계에 대한 설명 중 틀린 것은?

① 단위시간당 영구 보관할 수 있는 정보량은 7bit/sec이다.
② 감각 저장(sensory storage)에서는 정보의 코드화가 이루어지지 않는다.
③ 자익 기억(long-term memory)내의 정보는 의미적으로 코드화된 정보이다.
④ 작업 기억(working memory)은 현재 또는 최근의 정보를 장기간 기억하기 위한 저장소의 역할을 한다.

해설 단위시간당 영구 보관할 수 있는 정보량: 0.7bit/sec

04 정보의 전달량에 관한 공식으로 맞는 것은?

① Noise = H(X) − T(X,Y)
② Noise = H(X) + T(X,Y)
③ Equivocation = H(X) + T(X,Y)
④ Equivocation = H(X) − T(X,Y)

해설 정보 전달량 관계식
1)전달된 정보량[T(X,Y)] T(X,Y)=H(X)+H(Y)−H(X,Y)
2)정보손실량(Equivocation) Equivocation=H(X)−T(X,Y)=H(X,Y)−H(Y)
3)정보소음량(Noise) Noise=H(Y)−T(X,Y)=H(X,Y)−H(X)

05 신호검출의 인감도를 늘리는 방법이 아닌 것은?

① 교육 훈련
② 결과의 피드백
③ 신호검출 실패 비용의 증가
④ 신호와 비신호의 구별성 증가

해설 휴리스틱 평가(heuristic evaluation)
1)신호검출의 민감도: 반응기준과는 독립적이며 신호와 잡음간의 두분포가 떨어진 정도를 나타내며 민감도가 클수록 민감함을 나타낸다

정답 1.③ 2.① 3.① 4.④ 5.③

2) 민감도의 증대방법
① 교육훈련
② 결과의 피드백
③ 신호와 비신호의 구별성 증가

06 병렬 시스템의 특성에 관한 설명으로 틀린 것은?

① 요소의 중복도가 늘수록 시스템의 수명은 짧아진다.
② 요소는 개수가 증가될수록 시스템 고장의 기회는 감소된다.
③ 요소 중 어느 하나가 정상이면 시스템은 정상으로 작동된다.
④ 시스템의 수명은 요소 중 수명이 가장 긴 것에 의하여 결정된다.

해설

직렬계 및 병렬계의 특성
1) 직렬계의 특성
 ① 요소(要素)중 어느 하나가 고장이면 계(係)는 고장이다
 ② 요소의 수가 적을수록 신뢰도는 높아진다
 ③ 요소의 수가 많을수록 수명이 짧아진다
 ④ 계의 수명은 요소 중에서 수명이 가장 짧은 것으로 정하여진다
2) 병렬계의 특성
 ① 요소(要素)의 중복도가 늘수록 계(係)의 수명은 길어진다
 ② 요소의 수가 많을수록 고장의 기회는 줄어든다
 ③ 요소의 어느 하나가 정상이면 계는 정상이다
 ④ 계의 수명은 요소 중에서 수명이 가장 긴 것으로 정해진다

07 인간의 눈이 관전 암조응(암순응) 되기까지 소요되는 시간은 어느 정도인가?

① 1~3분
② 10~20분
③ 30~40분
④ 60~90분

해설 1) 암순응(암조응): 밝은 곳에서 어두운 곳으로 이동할 때의 순응을 말한다
2) 암순응 단계
 ① 원추세포의 순응단계: 약 5분 정도 소요
 ② 간상세포의 순응단계: 약 30~40분 정도 소요(완전 암순응 소요시간)

08 회전운동을 하는 조정장치의 레버를 20도 움직였을 때 표시장치의 커서는 2cm 이동하였다. 레버의 길이가 15cm일 때 이 조종장치의 C/R 비는 약 얼마인가?

① 2.62
② 5.24
③ 8.33
④ 10.48

해설 $C/R비 = \dfrac{a/360 \times 2\Pi L}{표시장치 이동거리}$

$= \dfrac{20/360 \times 2 \times 3.14 \times 15}{2} = 2.62$

여기서, a: 레버가 움직인 각도 L: 레버의 길이

09 피험자간 설계(between subject design)에 대한 설명 중 틀린 것은?

① 피험자간 설계는 독립변인의 다른 수준들이 서로 다른 피험자 집단을 사용하여 평가하는 것을 뜻한다.
② 피험자간 설계는 피험자내 설계보다 실험조건들 사이의 통계적 유의미한 차이를 더 쉽고 더 민감하게 찾을 수 있다.
③ 자동차 운전 훈련에서 시뮬레이터를 사용하는 경우화 실제 자동차! 사용하는 경우의 효과를 비교하려고 한다면, 피험자간 설계가 필요하다.
④ 교통이 혼잡한 지역에서 휴대폰을 사용한 피험자 집단과 교통 소통이 원활한 지역에서 휴대폰을 사용하는 또 다른 피험자 집단으로 구분하여 실험하는 것을 피험자간 설계라 한다.

해설 피험자간 설계 및 피험자내 설계
1) 피험자간 설계(between subjet design) [16/1회]
   ① 독립변인의 다른 수준들이 서로 다른 피험자 집단을 사용하여 평가하는 것을 뜻한다
   ② 모든 독립변인이 피험자가 속한 집단별로 처치되거나 영향을 미치게 되는 연구방법으로 집단실험 설계라고도 한다
2) 피험자내 설계(within subjet design)
   ① 독립변인의 모든 처치가 한 피험자 또는 한 피험자 집단에게 반복적으로 적용하는 경우는 피험자내 변인으로 볼 수 있으며 이를 피험자내 설계라고 한다
   ② 피험자내 설계의 장점: 한 피험자를 모든 독립변인에 할당하기 때문에 피험자간 설계에 비해 상대적으로 적은 피험자가 요구된다

해설 작업자세와 작업대 높이
(1) 작업자세
1) 서서 작업하는 것이 효과적인 경우
   ① 손으로 큰 힘을 내서 작업하는 경우
   ② 매우 크거나 무거운 중량물을 취급하는 경우
   ③ 작업자가 자주 이동하는 경우
2) 앉아서 작업하는 것이 효과적인 경우
   ① 신체적 안정감이 필요한 정밀한 작업인 경우
   ② 장기간 수행하여야 하는 작업인 경우

(2) 작업대 높이: 팔꿈치가 편안하게 놓일 수 있도록 팔꿈치 높이를 기준으로 작업대의 높이를 설계한다
   1) 정밀한 작업: 팔꿈치 높이보다 높게 설계한다
   2) 중량물을 취급하거나 큰 힘이 필요한 장비사용: 중량물의 높이를 감안하여 팔꿈치보다 낮게 설계한다

10 1000Hz, 80dB인 음을 phon 과 sone으로 환산한 것은?

① 40 phon, 4 sone
② 60 phon, 3 sone
③ 80 phon, 2 sone
④ 80 phon, 16 sone

해설 1) 1000Hz, 80dB: 80phon
2) sone 치=
$2^{(Phon-40)/10} = 2^{(80-40)/10} = 2^4 = 16 sone$

11 작업 공간 설계에 관한 설명으로 맞는 것은?

① 서서하는 작업에서 작업대의 높이는 최소치 설계를 기본으로 한다.
② 작업 표준 영역은 어깨를 중심으로 팔을 뻗어 닿을 수 있는 영역이다.
③ 서서하는 힘든 작업을 위한 작업대는 세밀한 작업보다 높게 설계한다.
④ 일반적으로 앉아서 하는 작업의 작업대 높이는 팔꿈치 높이가 적당하다.

12 통화 이해도 측정을 위한 척도로 사용되지 않는 것은?

① 명료도 지수
② 통화 간섭 수준
③ 이해도 점수
④ 인식 소음 수준

해설 통화이해도
1) 통화이해도 시험: 통화이해도 측정법은 단어나 문장을 전송하고 들은 것을 답하도록 하여 평가한다
2) 통화이해도 평가척도
   ① 이해도 접수: 음성 메시지를 정확하게 알아들을 수 있는 비율이다
   ② 명료도 지수
      ②-1 송화음의 통화 이해도를 추정할 수 있는 지수이다
      ②-2 각 옥타브대의 음성과 잡음의 dB값에 가중치를 곱하여 합계를 구한다
   ③ 통화간섭수준: 통화이해도에 영향을 주는 잡음의 영향을 추정하는 지수이다

정답 9.② 10.④ 11.④ 12.④

13 인체 측정 방법에 대한 설명으로 틀린 것은?

① 둥근 수평자(spreading caliper)는 가슴둘레를 측정할 때 사용한다.
② 수직자(authropometer)는 키와 앉은 키를 측정할 때 사용한다.
③ 직접적인 인체 측정 방법은 주로 마틴(Martin)식 인체 측정기를 사용하여 치수를 측정한다.
④ 실루에트(silhouette)법은 자동 촬영 장치를 사용하여 피 측정자의 정면사진 및 측면사진을 촬영하고, 이 사진을 이용하여 인체 치수를 실치수로 환산한다.

해설 둥근수평자(spreading caliper)
1) 큰 수평자의 가로자의 끝을 둥근모양으로 바꾼것과 콤파스(캘리퍼)모양의 2종류가 있다
2) 가슴 중앙 두께와 같이 돌출부분을 넘어 계측하는데 사용된다

14 인간공학에 대한 설명으로 적절하지 않은 것은?

① 자신을 모형으로 사물을 설계에 반영한다.
② 사용 편의성 증대, 오류 감소, 생산성 향상에 목적이 있다.
③ 인간과 사들의 설계가 인간에게 미치는 영향에 중정을 둔다.
④ 인간의 행동, 능력, 한계, 특성에 관한 정보를 발견하고자 하는 것이다.

해설 1) 인간공학의 목적: 사용편의성 증대, 오류감소, 생산성 향상 등
2) 인간공학에 대한 견해
① 사람에 기초하여 사물을 설계한다
② 인간과 사물의 설계가 인간에게 미치는 영향에 중점을 둔다
3) 인간공학의 수법: 인간공학은 인간의 행동, 능력, 한계, 특성 등에 관한 정보를 발견하고, 이를 도구, 기계, 시스템, 과업, 직무, 환경의 설계에 응용함으로서, 인간이 생산적이고 안전하며 쾌적하고 효과적으로 이용할 수 있도록 하는 것이다

15 피부의 감각기 중 감수성이 제일 높은 감각기는?

① 온각
② 통각
③ 압각
④ 냉각

해설 피부의 감각수용 기관(3가지 감각계통)
1) 압각: 압력수용 감각
2) 통각: 고통감각(감수성이 가장 높은)
3) 온각(열각·냉각): 온도변화 감각

16 인간-기계 통합체계의 유형으로 볼 수 없는 것은?

① 수동시스템
② 자동화시스템
③ 정보시스템
④ 기계화시스템

해설 인간·기계 통합 체계의 유형
1) 수동체계: 인간의 신체적인 힘을 동원력으로 사용
2) 기계화체계(반자동체계): 인간이 기계의 표시장치를 보고 조정장치를 통하여 통제하는 체계
3) 자동체계
① 기계자체가 감지, 정보처리 및 의사결정, 행동을 포함한 모든 임무를 수행하는 체계
② 인간의 역할: 감시(Monitor), 프로그램, 정비유지 등의 기능을 수행함

17 종이의 반사율이 70%이고, 인쇄된 글자의 반사율이 15%일 경우 대비(contrast)는?

① 15%
② 21%
③ 70%
④ 79%

해설 대비 = $\dfrac{L_b - L_t}{L_b} \times 100 = \dfrac{70 - 15}{70} \times 100 = 78.57\%$

여기서, L_b: 배경의 광속발산도
L_t: 표적의 광속발산도

18 주의(Attention)중 디스플레이 상의 다중정보를 병렬 처리하는 것이 가능하게 하는 것은?

① 분산주의 (Divided Attention)
② 초점주의 (Focused Attention)
③ 선택주의 (Selective Attention)
④ 개별주의 (Individual Attention)

[해설]
1) 분산주의: 둘 이상의 대상(또는 과제)에 동시에 주의를 주는 것으로 이를 위해서는 주의를 분할하여 각 대상(과제)에 할당해야 한다
2) 초점주의: 시야의 한 영역이나 한 대상에 집중적으로 주의를 주는 것이다
3) 선택주의: 주어지는 자극 중 특정한 것에만 인지자원을 할당하는 것을 의미한다
4) 개별주의: 행위자가 대상에 갖는 관계가 특정 개인으로서의 대상에 한정할 때의 관계를 말한다

19 전력계와 같이 수치를 정확히 읽고자 할 때 가장 적합한 표시장치는?

① 동침형 표시장치   ② 계수형 표시장치
③ 동목형 표시장치   ④ 수직형 표시장치

[해설] 정량적 동적표시장치의 기본형
1) 정목동침형(moving pointer)
  ① 눈금이 고정되고 지침이 움직이는 형이다
  ② 동목형보다 눈금을 읽는데 우수하다
  ③ 바늘이 움직이는 속도나 방향으로 진행방향과 증감속도에 대한 인식적 암시신호를 얻을 수 있다
2) 정침동목형(moving scale)
  ① 지침이 고정되고 눈금이 움직이는 형이다
  ② 수치를 정확히 읽을 수 있으나 표시값이 계속변화하는 경우에는 사용하기 어렵다(수치를 읽을 시간이 모자라기 때문이다)

20 전철이나 버스의 손잡이 설치 높이를 결정하는데 적용하는 인체치수 적용원리는?

① 평균치 원리   ② 최소치 원리
③ 최대치 원리   ④ 조절식 원리

[해설] 최소집단값에 의한 설계(최소치원리)
1) 전철이나 버스의 손잡이 높이, 선반의 높이
2) 조정장치까지의 거리 3) 기구조작에 필요한 힘

제2과목 : 작업생리학

21 근육원성유마디(sarcomere)에서 근성유가 수축하면 짧아지는 부분은?

① A 밴드
② 액틴(Actin)
③ 미오신(Myosin)
④ Z선과 교선 사이의 거리

[해설] 근육의 수축원리
1) 액틴과 미오신 필라멘트의 길이는 변하지 않으며 A띠 길이도 변하지 않는다
2) 근섬유가 수축하면 I대와 H대가 짧아진다
3) 최대로 수축했을 때는 Z선이 A대에 맞닿는다
4) 근육전체가 내는 힘은 활성화된 근섬유 수에 의해 결정된다
5) 근육원섬유마디(sarcomere)에서 근섬유가 수축하면 Z선과 Z선 사이의 거리가 짧아진다

22 어떤 작업자가 팔꿈치 관절에서부터 32cm거리에 있는 8kg 중량의 물체를 한 손으로 잡고 있다. 팔꿈치 관절의 회전 중심에서 손까지의 중력중심 거리는 16cm이며 이 부분의 중량은 12N이다. 이때 팔꿈치에 걸리는 반작용의 힘(N)은 약 얼마인가?

① 38.2   ② 90.4
③ 98.9   ④ 114.3

[해설] 팔꿈치에 걸리는 반작용의 힘(F_X)
$$\Sigma F = 0 = F_1 + F_2 - F_X$$
$$F_X = F_1 + F_2 = \left(8kg \times \frac{9.8N}{1kg}\right) + 12N = 90.4N$$

정답 18.① 19.② 20.② 21.④ 22.②

23 습구온도가 43℃, 건구온도가 32℃일 때, Oxford지수는 얼마인가?

① 38.50℃ ② 38.15℃
③ 41.35℃ ④ 41.53℃

해설 WD=0.85W+0.15D=(0.85×43)+(0.15×32)=41.35℃

24 산업안전보건법령에서 정한 소음작업이란 1일 8시간 작업을 기준으로 얼마 이상의 소음이 발생하는 작업을 의미하는가?

① 80dB(A) ② 85dB(A)
③ 90dB(A) ④ 100dB(A)

해설 소음작업: 1일 8시간 작업을 기준으로 85dB 이상의 소음이 발생하는 작업을 말한다

25 진동과 관련된 단위가 아닌 것은?

① nm ② gal
③ cm/s ④ sone

해설 1)진동과 관련된 단위
　　①1mm(나노미터)= 10^{-9}m(전자파의 파장의 단위)
　　②1gal(갈)=1cm/sec^2(가속도 단위)
　　③1cm/s(속도단위)
　　2)sone: 감각적인 음의 크기를 나타내는 음량이다

26 조도(Illuminance)의 단위는?

① nit ② lumenl
③ lux ④ candela

해설 ①nit: 휘도의 단위, 1nit=1ed/m^2
　　②lumen: 광속의 단위, 1촉광=4lumen
　　③lux: 조도의 단위
　　④candela: 광도의 단위(cd: 칸델라)

27 힘든 작업을 수행할 때가 휴식을 취하고 있을 때보다 혈류량이 더 감소하는 기관이 아닌 것은?

① 간 ② 신장
③ 뇌 ④ 소화기계

해설 혈액의 분포
1)육체적 강도가 높은 작업을 할 때 혈액분포비율이 가장 높은 곳: 근육
2)휴식 시 혈액의 분포비율
　①혈액이 가장 작게 분포되는 신체부위: 심장부위
　②혈액이 가장 많이 분포되는 신체부위: 소화기관
3)휴식시 보다 육체적 강도가 높은 작업을 할 때 혈류량이 더 감소 하는 기관: 육체적 강도가 높은 작업을 할 때는 혈액분포비율이 근육으로 많이 분포되기 때문에 다음의 내장기관의 혈류량이 감소한다
　①간
　②신장
　③소화기계

28 뇌파의 종류 중 알파(α)파에 관한 설명으로 맞는 것은?

① 빠르고 진폭이 작다.
② 수면초기에 발생한다.
③ 물질대사가 저하할 때 발생한다.
④ 출현율이 작을수록 각성상태가 증가되는 경향이 있다.

해설 뇌파의 종류

종류	진동수	상태
1. 델타파(δ)	0~3.5Hz	깊은 수면(무의식 상태, 혼수상태)
2. 세타파(θ)	4~7Hz	얕은 수면
3. 알파파(α)	8~12Hz	안정, 휴식(의식이 높은 상태)
4. 베타파(β)	13~40Hz	작업중, 스트레스(흥분, 긴장상태)
5. 감마파(γ)	41~50Hz	스트레스(불안, 초초)

정답 23.③ 24.② 25.④ 26.③ 27.③ 28.④

29 근육의 대사에 관한 설명으로 틀린 것은?

① 산소소비량을 측정하면 에너지소비량을 측정할 수 있다.
② 신체활동 수준이 아주 작은 작업의 경우에 젖산이 축적된다.
③ 근육의 대사는 음식들을 기계적인 에너지와 열로 전환하는 과정이다.
④ 탄수화물은 근육의 기본 에너지원으로서 주로 간에서 포도당으로 전환된다.

[해설] ②항, 신체활동 수준이 아주 많은 작업의 경우에 근육에 젖산이 축적된다

30 작업생리학 분야에서 신체활동의 부하를 측정하는 생리적 반응치가 아닌 것은?

① 심박수(heart rate)
② 혈류량(blood flow)
③ 폐활량(lung capacity)
④ 산소소비량(oxygen consumption)

[해설] 신체활동의 부하를 측정하는 심리적 반응치
1)심박수 2)혈류량 3)산소소비량

31 심방수축 직전에 발생하는 파장(wave)은?

① P 파
② Q 파
③ R 파
④ S 파

심전도의 파형
[해설] 1)P파: 심방근의 탈분극, 수축, 동방결절에서 흥분, 심박수축 직전에 발생하는 파장
2)QRS파: 심실근의 탈분극, 방실결절에서 푸르키니 섬유로 흥분 전달 과정
3)T파: 심실이완, 재탈분극

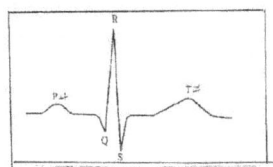

32 실내의 면에서 추천반사율이 가장 높은 곳은?

① 벽   ② 바닥
③ 가구   ④ 천장

[해설] 실내 추천 반사율
1)천정: 80~90%
2)벽, 창문, 발(blind): 40~60%
3)가구, 사무기기, 책상: 25~45% 4)바닥: 20~40%

33 신체부위의 동작 중 전환의 회전운동에 쓰이며, 손바닥을 위로 향하도록 하는 회전을 무성이라 하는가?

① 굴곡(flexion)
② 회내(pronation)
③ 외전(abduction)
④ 회외(supination)

[해설] ①굴곡(flexion): 관절의 각도를 감소시키는 동작
②회내(pronation): 손과 전완 사이, 발과 정강이 사이에 일어나는 동작으로 손바닥이나 발바닥이 아래를 향하도록 안쪽으로 회전하는 동작
③외전(abduction): 신체의 중심선으로부터 멀어지도록 움직이는 동작
④회외(supination): 회내와 반대방향으로 움직이는 동작으로 위로 향하도록 바깥으로 회전하는 동작으로 손바닥이나 발바닥이 위로 향하도록 바깥쪽으로 회전하는 동작

34 소음에 대한 청력손실이 가장 크게 나타나는 진동수는?

② 1000 Hz   ② 2000 Hz
③ 4000 Hz   ④ 20000 Hz

[해설] 유해주파수(청력손실이 가장크게 나타나는 진동수): 4000Hz

정답 29. ② 30. ③ 31. ① 32. ④ 33. ④ 34. ③

35 일반적으로 최대근력의 50% 정도의 힘으로 유지할 수 있는 시간은?

① 1분 정도   ② 5분 정도
③ 10분 정도 ④ 15분 정도

해설 최대근력의 지속시간
1) 최대근력의 50%힘: 약 1분간 유지
2) 최대근력의 15%이하의 힘: 상당히 오랜시간 유지
   (1일 8시간 작업시 최대자율수축, MVC:15%이하)

36 동일한 관절운동을 일으키는 주동근(agonist)과 반대되는 작용을 하는 근육은?

① 고정근(stabilizer)
② 중화근(neutralizer)
③ 길항근(antagonists)
④ 보조 주동근(assistant mover)

해설
1) 주동근: 근육의 운동을 주도하는 근육이다
2) 길항근: 주동근과 반대되는 운동을 하는 근육이다

37 교대작업에 관한 설명으로 맞는 것은?

① 교대작업은 야간→저녁→주간 순으로 하는 것이 좋다.
② 교대일정은 정기적이고, 근로자가 예측 가능하도록 해야 한다.
③ 신체의 적응을 위하여 야간근무는 7일 정도로 지속되어야 한다.
④ 야간 교대시간은 가급적 자정 이후로 하고, 아침 교대시간은 오전 5~6시 이전에 하는 것이 좋다.

해설 에너지 대사(energy metabolism)
1) 교대작업 순환주기: 주간→저녁→야간
2) 교대일정: 정기적이고 예측 가능하도록 해야 함
3) 야간근무: 2~3일 이상 연속하지 않아야 함
4) 야간 교대시간: 자정(0시) 이전
5) 오전 근무 개시시간: 오전 9시

38 에너지대사율(RMR)에 관한 계산식으로 맞는 것은?

① RMR = 작업대사량 / 기초대사량.
② RMR = 기초대사량 / 작업대사량.
③ RMR = (한 일 / 에너지 소비) x 100(%)
④ RMR = 안정시 에너지대사량 / 기초대사량

해설 에너지 대사율과 작업강도
1) 에너지대사율(RMR, Relative Metabolic Rate): 작업강도 단위로서 산소호흡량을 측정하여 에너지 소모량을 결정하는 방식이다

$$\frac{작업대사량}{기초대사량} = \frac{작업시 소비에너지 - 안정시 소비에너지}{기초대사량}$$

39 최대산소소비능력(MAP)에 관한 설명으로 틀린 것은?

① 산소섭취량이 지속적으로 증가하는 수준을 말한다.
② 사춘기 이후 여성의 MAP는 남성의 65-75% 정도이다.
③ 최대산소소비능력은 개인의 운동역량을 평가하는데 활용된다.
④ MAP을 측정하기 위해서 주로 트레드밀(treadmill)이나 자전거 에르고미터(ergometer)를 활용한다.

해설 최대산소소비능력(MAP): 일의 속도가 증가해도 산소섭취량이 더 이상 증가하지 않고 일정하게 되는 수준을 의미한다

40 운동이 가장 자유롭고 다축성으로 이루어진 관절은?

① 견관절   ② 추간관절
③ 슬관절   ④ 요골수근관절

해설 견관절(어깨관절)

1) 빗장뼈, 어깨뼈, 위팔 뼈의 3개의 뼈로 이루어져 있으며 그와 관련된 근육, 인대, 힘줄로 구성되어 있다
2) 운동이 가장 자유롭고 다축성으로 이루어진 관절이다

제3과목 : 산업심리학 및 관계법규

41 하인리히(H.W. Heinrich)의 재해예방의 원리 5단계를 올바르게 나열한 것은?

① 조직→평가분석→사실의 발견→시정책의 선정→시정책의 적용
② 조직→사실의 발견→평가분석→시정책의 선정→시정책의 적용
③ 평가분석→사실의 발견→조직→시정책의 선정→시정책의 적용
④ 평가분석→조직→사실의 발견→시정책의 선정→시정책의 적용

해설 사고예방 대책의 기본원리 5단계
1) 1단계: 조직(안전보건관리체제)
2) 2단계: 사실의 발견(위험요인 색출)
3) 3단계: 분석·평가(직접·간접원인 규명)
4) 4단계: 시정책의 선정(개선책 설정)
5) 5단계: 시정책의 적용(3E적용)

42 집단의 특성에 관한 설명과 가장 거리가 먼 것은?

① 집단은 사회적으로 상호 작용하는 둘 혹은 그 이상의 사람으로 구성된다.
② 집단은 구성원들 사이 일정한 수준의 안정적인 관계가 있어야 한다.
③ 구성원들이 스스로를 집단의 일원으로 인식해야 집단이라고 칭할 수 있다.
④ 집단은 개인의 목표를 달성하고, 각자의 이해와 목표를 추구하기 위해 형성된다.

해설 ④항, 집단은 공동의 목표를 달성하고 공동의 이해와 목표를 추구 하기 위해 형성된다

43 데이비스(K. Davis)의 동기부여 이론에 대한 설명으로 틀린 것은?

① 능력 = 지식 x 노력
② 동기유발 = 상황 x 태도
③ 인간의 성과 = 능력 X 동기유발
④ 경영의 성과 = 인간의 성과 X 물질의 성과

해설 데이비스(Davis)의 동기부여이론
1) 인간의 성과×물리적인 성과=경영의 성과
2) 인간의 성과=능력×동기유발
3) 능력=지식×기능
4) 동기유발=상황×태도

44 재해율에 관한 설명으로 맞는 것은?

① 도수율은 연간 총 근로시간 합계에 10만 시간당 재해발생 건수이다.
② 강도율은 근로자 1000명당 1년 동안에 발생하는 재해자 수(사상자 수)를 나타낸다.
③ 우리나라 산업재해율은 1년 동안에 4일 이상 요양을 당한 근로자 수를 백분율로 나타낸 것이다.
④ 연천인율은 연간 총 근로시간에 1000시간당 재해 발생에 의해 잃어버린 근로손실일수를 의미한다.

해설 재해율

1) 도수율: 연근로시간 100만 (10^6)시간당 발생하는 재해건수(재해의 양을 나타냄).

$$도수율 = \frac{재해건수}{연근로시간수} \times 10^6$$

2) 강도율: 연근로시간 1000시간당 근로손실일수(재해의 질을 나타냄)

$$강도율 = \frac{근로손실일수}{연근로시간수} \times 1000$$

3) 연천인율: 연평균 근로자수 1000명당 발생하는 사상자 수.

$$연천인율 = \frac{사상자수}{연평균근로자수} \times 1000$$

정답 41. ② 42. ④ 43. ① 44. ③

45 제조물 책임법에서 손해배상 책임에 대한 설명 중 틀린 것은?

① 물질적 손해뿐 아니라 정신적 손해도 손해배상 대상에 포함된다.
② 피해자가 손해배상 청구를 위해서는 제조자의 고의 또는 과실을 입증해야 한다.
③ 제조자가 결함 제조물로 인하여 생명, 신체 또는 재산상의 손해를 입은 자에게 손해를 배상할 책임을 말한다.
④ 당해 제조물 결함에 의해 발생한 손해가 그 제조물 자체에만 그치는 경우에는 제조물 책임 대상에서 제외한다.

해설 ②항, 피해자가 손해배상 청구를 위해서는 제조물에 결함이 있다는 것을 입증하여야 한다

46 어느 검사자가 한 로트에 1000개의 부품을 검사하면서 100개의 불량품을 발견하였다. 하지만 이 로트에는 실제 200개의 불량품이 있었다면, 동일한 로트 2개에서 휴먼 에러를 범하지 않을 확률은 얼마인가?

① 0.01   ② 0.1
③ 0.5   ④ 0.81

해설 반복되는 이산적 직무에서의 인간신뢰도(R)

$R_{(n_1, n_2)} = (1-P)^{n_2-n_1+1} = (1-0.1)^{2-1+1} = 0.81$

여기서, P: 실수확률 (100/1000=0.1)

$n_1 n_2$: n_1번째에서 n_2번째 까지의 작업

47 작업에 수반되는 피로를 줄이기 위한 대책으로 적절하지 않은 것은?

① 작업부하의 경감
② 작업속도의 조절
③ 동적 동작의 제거
④ 작업 및 휴식시간의 조절

해설 피로의 예방과 대책
1) 작업부하를 작게 할 것(작업부하 경감)
2) 정적 동작을 줄이고 동적동작을 늘릴 것(정적동작 제거)
3) 개인의 숙련도에 따라 작업량과 작업속도를 조절 할 것(작업속도 조절)
4) 작업과정에 적절한 간격으로 휴식시간을 가질 것(근로시간 휴식시간 조절)
5) 불필요한 동작을 피하고 에너지 소모를 적게 할 것(불필요한 동작 배제)
6) 과중한 육체적 노동을 기계화 할 것(육체적·부담 줄일 것)
7) 충분한 수면을 취하고 충분한 영양을 섭취할 것(건강식품, 비타민B,C 등 보급)

48 다음의 각 단계를 하인리히의 재해발생이론(도미노 이론)에 적합하도록 나열한 것은?

㉠ 개인적 결함
㉡ 불안전한 행동 및 불안전한 상태
㉢ 재해
㉣ 사회적 환경 및 유전적 요소
㉤ 사고

① ㉠→㉣→㉡→㉢→㉤
② ㉣→㉠→㉡→㉤→㉢
③ ㉣→㉡→㉠→㉢→㉤
④ ㉤→㉠→㉣→㉡→㉢

해설 인리히(Heinrich)의 사고연쇄성 이론[도미노(domino)현상]
1) 1단계: 사회적 환경 및 유전적 요소(선척적 결함)
2) 2단계: 개인적 결함(성격결함 등)
3) 3단계: 불안전한 행동 및 불안전한 상태
4) 4단계: 사고
5) 5단계: 재해

정답 45.② 46.④ 47.③ 48.②

49 관리 그리드 모형(management grid model)에서 제시한 리더십의 유형에 대한 설명으로 틀린 것은?

① (9.1)형은 인간에 대한 관심은 높으나 과업에 대한 관심은 낮은 인기형이다.
② (1.1)형은 과업과 인간관계 유지 모두에 관심을 갖지 않는 무관심형이다.
③ (9.9)형은 과업과 인간관계 유지의 모두에 관심이 높은 이상형으로서 팀형이다.
④ (5.5)형은 과업과 인간관계 유지에 모두 적당한 정도의 관심을 갖는 중도형이다.

해설 관리격자형 리더십의 유형

리더십 모델	정의
1.(1,1형)무기력형 (무관심형)	인간과 업적에 모두 최소의 관심을 가지고 있는 형이다
2.(1,9형)인기형 (관계형)	인간중심적, 인간지향적으로 업적에 대한 관심이 낮다
3.(9,1형)과업형	업적에 대하여 최대의 관심을 갖고 인간에 대해서는 무관심한 형이다
4.(9,9형)이상형	업적과 인간의 쌍방에 대하여 높은 관심을 갖는 형이다
5.(5,5형)중도형	업적과 인간에 대한 관심도가 중간치를 나타내는 형이다

50 산업재해 조사에 관한 설명으로 맞는 것은?

① 재해 조사의 목적은 인적, 물적 피해 상황을 알아내고 사고의 책임자를 밝히는데 있다.
② 재해 발생시 제일 먼저 조치해야 할 사항은 직접 원인, 간접 원인 등 재해 원인을 조사하는 것이다.
③ 3개월 이상의 요양이 필요한 부상자가 2인 이상 발생했을 때 중대재해로 분류한 후 피해자의 상병의 정도를 중상해로 기록한다.
④ 사업주는 사망자가 발생했을 때는 재해가 발생한 날로부터 10일 이내에 산업재해 조사표를 작성하여 관할 지방노동관서의 장에게 제출해야 한다.

해설 1)재해조사의 목적: 동량재해 및 유사재해의 재발방지
2)재해발생시 조치사항: ①긴급처리→②재해조사→③원인강구→④대책수립→⑤대책실시계획→⑥실시→⑦평가
3)중대재해의 정의(시행규칙 제2조제1항)
　①사망자가 1명 이상 발생한 재해
　②3개월 이상의 요양이 필요한 부상자가 동시에 2명 이상 발생한 재해
　③부상자 또는 직업성 질병자가 동시에 10명 이상 발생한 재해
4)산업재해 발생 보고: 사망자가 발생하거나 3일 이상의 휴업이 필요한 부상을 입거나 질병에 걸린 사람이 발생한 경우에는 산업재해가 발생한 날부터 1개월 이내에 산업재해조사표 작성하여 관찰지방고용노동관서의 장에게 제출해야 한다

51 시간오류(human error)의 분류에서 필요한 행위를 실행하지 않은 오류는 무엇인가?

① 시간오류(timing error)
② 순서오류(sequence error)
③ 작위오류(commission error)
④ 부오류(error of omission)

해설 휴먼 에러의 심리적인 분류
1)Omission error(부작위 실수, 생략과오): 필요한 task 또는 절차를 수행하지 않는데 기인한 error
2)Tome error(시간적 과오, 지연오류): 필요한 task 또는 절차를 수행지연으로 인한 error
3)Commission error(작위실수, 수행적 과오): 필요한 task 또는 절차의 불확실한 수행으로 인한 error
4)Sequential error(순서적 과오): 필요한 task 또는 절차의 순서착오로 인한 error
5)Extraneous error(불필요한 과오): 필요한 task 또는 절차를 수행함으로써 기인한 error

정답 49.① 50.③ 51.④

52. 레윈(Lewin)의 인간행동 법칙 "B=f(P · E)"의 각 인자와 리더십의 관계를 설명한 것으로 적절하지 않은 것은?

① 구는 리더십의 형태이다.
② P는 집단을 구성하는 구성원의 특징이다.
③ 답는 리더십 발휘에 따른 집단의 활동을 의미한다.
④ 크는 집단의 과제, 구조, 사회적 요인 등 환경적 요인이다.

해설 레빈(K. Lewin)의 법칙: Lewin은 인간의 행동(B)은 그 사람이 가진 자질 즉, 개체(P)와 심리학적 환경(E)과의 상호 함수관계에 있다고 하였다. B=f(P · E) 1) B(Behavior): 인간의 행동 2) f(function, 함수 관계): 적성, 기타 P와 E에 영향을 미칠 수 있는 조건 3) P(Person, 개체): 연령, 경험, 심신상태, 성격, 지능 등 인간의 조건 4) E(environment, 심리적 환경): 인간관계, 작업환경 등 환경조건

53. 10명으로 구성된 집단에서 소시오메트리(sociometry)연구를 사용하여 조사한 결과 긍정적인 상호작용을 맺고 있는 것이 16쌍일 때 이 집단의 응집성지수는 약 얼마인가?

① 0.222 ② 0.356
③ 0.401 ④ 0.504

해설 집단응집성지수=
$$\frac{실제상호\ 선호관계의\ 수}{가능한\ 선호관계의\ 총수(_nC_2)} = \frac{16}{45} = 0.356$$
여기서, 실제상호 관계의 수(실제상호작용의 수): 16쌍/가능한 선호관계의 총수
$_nC_2 = {_{10}C_2} = \frac{10 \times 9}{2} = 45$ (n: 집단구성원수)

54. 스트레스를 받을 때 몸에서 생성되는 호르몬으로 스트레스 정도를 파악하는데 사용되는 것은?

① 코티졸 ② 환경호르몬
③ 인슐린 ④ 스테로이드

해설 코티졸(cortisol)
1) 스트레스(긴장, 공포, 고통, 감염 등)에 반응하여 분비되는 부신피질 호르몬의 일종이다
2) 스트레스의 정도를 파악하는데 사용된다

55. 조직의 지도자들이 부하직원들을 승진시킬 수 있고 봉급을 인상해 주는 등의 능력이 있으므로 통제가 가능한 권한은?

① 합법적 권한 ② 위임적 권한
③ 강압적 권한 ④ 보상적 권한

해설 리더십의 권한
1) 조직이 지도자에게 부여한 권한
　① 보상적 권한: 지도자가 부하들에게 보상할 수 있는 능력으로 인해 부하직원들을 통제할 수 있으며 부하들의 행동에 대해 영향을 끼칠 수 있는 권한이다
　② 강압적 권한: 부하직원들을 처벌할 수 있는 권한이다
　③ 합법적 권한: 조직의 규정에 의해 지도자의 권한이 공식화 된 것을 말한다

2) 지도자 자신이 자신에게 부여한 권한: 부하직원들이 지도자의 성격이나 그 능력을 인정하고 지도자를 존경하며 자진해서 따르는 것이다
　① 전문성의 권한: 지도자가 목표수행에 필요한 전문적인 지식을 갖고 업무수행을 하므로 부하직원들이 자발적으로 지도자를 따르게 된다
　② 위임된 권한: 집단의 목표를 성취하기 위해 부하직원들이 지도자가 정한 목표를 자진해서 자신의 것으로 받아들여 지도자와 함께 일하는 것이다

56. 휴먼에러 예방대책 중 인적요인에 대한 대책이 아닌 것은?

① 소집단 활동
② 작업의 모의훈련
③ 안전 분위기 조성
④ 작업에 관한 교육훈련

해설 **휴먼에러 방지대책**

구분	내용
1. 설비대책	1) 페일세이프(fail safe) 및 플프루프(fool proof)도입 2) 위험요인 제거 3) 인체측정치의 적합화 4) 인공지능활용 정보의 피드백
2. 인적요인 대책	1) 소집단 활동의 활성화 2) 작업의 모의훈련 3) 전문인력의 적재적소 배치 4) 작업에 대한 교육훈련, 작업원 회의
3. 관리요인 대책	1) 안전의 중요도 인식 2) 인간관계 및 의사소통

57 모든 입력이 동시에 발생해야만 출력이 발생되는 논리조작을 나타내는 FT도의 논리기호 명칭은?

① 기본사상 ② OR 게이트
③ 부정 게이트 ④ AND 게이트

해설 **FTA에 사용되는 논리기호**

AND gate	출력 입력	모든 입력이 동시에 발생해야만 출력이 발생되는 논리조작을 나타낸다
OR gate	출력 입력	입력사상 중 어느 하나가 일어나도 출력이 발생되는 논리조작을 나타낸다

58 주의의 특성을 설명한 것으로 가장 거리가 먼 것은?

① 고도의 주의는 장시간 지속할 수 없다.
② 한 지점에 주의를 하면 다른 곳의 주의는 약해진다.
③ 동시에 시각적 자극과 청각적 자극에 주의를 집중 할 수 없다.
해설 ④ 사람은 한 번에 여러 종류의 자극을 지각하거나 수용하는데 한계가 있다.

해설 1) 주의의 선택
 ① 선택성: 여러 종류의 자극을 자각할 때 소수의 특정한 것에 한하여 선택 하는 기능
 ② 방향성: 주시점만 인지하는 기능
 ③ 변동성: 주위에는 주기적으로 부주의의 리듬이 존재
2) 주의력의 특성
 ① 주의력 중복집중의 곤란(선택성): 주의는 동시에 2개 방향에 집중하지 못한다 (많은 것에 동시에 주의를 기울일 수 없다)
 ② 주의력의 단속성(변동성): 고도의 주의는 장시간 지속할 수 없다(주의 집중은 리듬을 가지고 변한다)
 ③ 주의력의 방향성: 한 지점에 주의를 집중하면 다른 곳의 주의는 약해진다 (주의는 중심에서 좌우로 벗어나면 급격히 저하된다)

59 반응시간에 관한 설명으로 맞는 것은?

① 자극이 요구하는 반응을 행하는데 걸리는 시간을 말한다.
② 반응해야 할 신호가 발생한 때부터 반응이 종료될 때까지의 시간을 말한다.
③ 단순반응시간에 영향을 미치는 변수로는 자극양식, 자극의 특성, 자극 위치, 연령 등이 있다.
④ 여러 개의 자극을 제시하고, 각각에 대한 서로 다른 반응을 할 과제를 준 후에 자극이 제시되어 반응할 때까지의 시간을 단순반응시간이라 한다.

해설 **단순반응시간**
1) 하나의 특정자극에 대하여 반응을 시작하는 시간이다
2) 단순 반응시간에 영향을 미치는 변수
 ① 자극양식
 ② 자극의 특성
 ③ 자극 위치
 ④ 연령 등

정답 56. ③ 57. ④ 58. ③ 59. ③

60 NIOSH의 직무 스트레스 평가모델에서 직무 스트레스 요인과 급성반응 사이의 중재요인에 해당하지 않는 것은?

① 완충요소
② 조직적 요소
③ 비직업적 요소
④ 개인적 요소

해설 직무스트레스요인과 급성반응 사이에 작용하는 중재요인
1) 개인적 요인: 연령, 성별, 성격(A형), 건강, 자기존중감 등
2) 비직무적 요인(조직외 요인): 가족상황, 재정상태 등
3) 완충요인: 사회적지지, 대처방식, 여가활동, 건강관리 등

제4과목 : 근골격계질환예방을위한작업관리

61 유해요인 조사 방법 중 OWAS(Ovako Working Posture Analysis System)에 관한 설명으로 틀린 것은?

① OWAS 활동점수표는 4단계의 조치단계로 분류된다.
② OWAS는 작업자세로 인한 작업부하를 평가하는데 초점이 맞추어져 있다.
③ OWAS는 신체 부위의 자세뿐만 아니라 중량물의 사용도 고려하여 평가한다.
④ OWAS는 작업자세를 허리, 팔, 손목으로 구분하여 각 부위의 자세를 코드로 표현한다.

해설 OWAS
1) 육체작업을 할 경우에 부적절한 작업자세를 구별해 낼 목적으로 개발한 평가기법이다
2) 현장에서 기록 및 해석의 용이함 때문에 많은 작업장에서 작업자세를 평가한다
3) 관찰에 의해서 작업자세를 평가한다
4) 작업대상물의 무게를 분석요인에 포함하며 상지와 하지의 작업분석을 할 수 있다
5) 작업자세를 허리, 팔, 다리, 외부부하(하중)로 나누어 구분하여 각부위의 자세를 코드로 표현한다

62 워크샘플링 조사에서 초기 idle rate가 0.06이라면 95% 신뢰도를 위한 워크샘플링 회수는 몇 회인가? (단 u 0.005는 2.58 이다.)

① 151
② 936
③ 3162
④ 3754

해설 워크샘플링 필요 관측횟수(N)

$$N = \frac{Z_{1-\alpha/2}^2 \times \overline{P}(1-\overline{P})}{e^2} = \frac{2.58^2 \times 0.06 \times (1-0.06)}{0.05^2} = 150.17 ≒ 151회$$

여기서, $Z_{1-\alpha/2}$: 정규분포값에서
$P(Z>z)=\alpha/2$를 만족하는 값(2.58)
$\overline{P}$: idle rate(활동관측비율; 0.06)
e : 허용오차(1-신뢰도=1-0.95=0.05)

63 근골격계 질환의 유형에 대한 설명으로 틀린 것은?

① 외상 과염은 팔꿈치 부위의 인대에 염증이 생김으로써 발생하는 증상이 다.
② 백색수지증은 손가락에 혈액의 원활한 공급이 이루어지지 않을 경우에 발생하는 증상이다.
③ 수근관 증후근은 손목이 꺾인 상태나 과도한 힘을 준 상태에서 반복적 손 운동을 할 때 발생한다.
④ 결절종은 반복, 구부림, 진동 등에 의하여 건의 섬유질이 손상되거나 찢어지는 등의 건에 염증이 생기는 질환이다.

해설 결절종
얇은 섬유성 피막내에 약간 노랗고 끈적이는 액체를 함유하고 있는 낭포(물혹)성 종양으로 손목의 등쪽에 발생한다

정답 60.② 61.④ 62.① 63.④

64 중량물 들기 작업방법에 대한 설명 중 틀린 것은?

① 허리를 구부려서 작업을 수행한다.
② 가능하면 중량물을 양손으로 잡는다.
③ 중량물 밑을 잡고 앞으로 운반하도록 한다.
④ 손가락만으로 잡지 말고 손 전체로 잡아서 작업한다.

[해설] ①항, 허리를 곧게 유지하고 무릎을 구부려서 들기작업을 수행한다

65 작업대의 개선으로 맞는 것은?

① 좌식작업대의 높이는 동작이 큰 작업에는 팔꿈치의 높이보다 약간 높게 설계한다.
② 입식작업대의 높이는 경작업의 경우 팔꿈치의 높이보다 5~10cm 정도 높게 설계한다.
③ 입식작업대의 높이는 중작업의 경우 팔꿈치의 높이보다 10~20cm 정도 낮게 설계한다.
④ 입식작업대의 높이는 정밀작업의 경우 팔꿈치의 높이보다 5~10cm 정도 낮게 설계한다.

[해설] 작업대 높이
1) 입식작업대 높이
  ① 경작업(조립라인, 기계적 작업 등): 팔꿈치 높이보다 5~16cm 정도 낮게 설계한다
  ② 중작업(중량물 취급작업): 팔꿈치 높이 보다 10~20cm 정도 낮게 설계한다
  ③ 정밀작업: 팔꿈치 높이 보다 5~10cm 정도 높게 설계한다
2) 좌식작업대 높이
  ① 의자높이, 작업대 두께 대퇴여유 등과 관계가 있다
  ② 작업대 높이는 섬세한 작업일수록 높아야 하고 거친작업에서는 약간 낮은 편이 유리하다

66 작업구분을 큰 것에서부터 작은 순으로 나열한 것은?

① 공정→단위작업→요소작업→단위동작→서어블릭
② 공정→요소작업→단위작업→서어블릭→단위동작
③ 공정→단위작업→단위동작→요소작업→서어블릭
④ 공정→단위작업→요소작업→서어블력→단위동작

[해설] 작업구분(큰순에서 작은 순)
공정→단위작업→요소작업→단위동작→서어블릭

67 여러 개의 스패너 중 1개를 선택하여 고르는 것을 의미하는 서블릭 기호는?

① H   ② P   ③ ST   ④ PP

[해설] ①H: 잡고있기   ②P: 바로놓기
③ST: 고르기   ④PP: 미리놓기

68 준비시간을 단축하는 방법에 대한 설명 중 맞는 것은?

① 외준비 작업은 표준화하기 어렵다.
② 내준비 작업 보다는 외준비 작업을 먼저 개선한다.
③ 기계를 멈추어야만 할 수 있는 작업이 외준비 작업이다.
④ 작업이 개선되어도 표준작업조합표는 그대로 유지한다.

[해설] 작업연구의 목적
1) 준비시간 단축방법: 내준비 작업보다는 외준비 작업을 먼저 개선하여야 한다
2) 준비시간
  ① 내준비시간: 현재의 가공이 끝날때부터 다음 가공을 하여 제품이 나올때까지의 시간, 기계가 가공물에 부가가치를 생성하지 않는 시간을 말한다
  ② 외준비시간: 기계가 가공하고 있을 때 기계 밖에서 준비교체를 위한 사전준비 또는 후처리를 하고 있는 시간을 말한다

정답 64.① 65.③ 66.① 67.③ 68.②

69 WF(Work Factor)법의 표준 요소가 아닌 것은?

① 쥐기(Grasp, Gr)
② 결정(Decide, Dc)
③ 조립(Assemble, Asy)
④ 정신과정(Mental Process, MP)

해설 WF의 표준요소
1) 이동(transport): T
2) 쥐기(grasp): Gr
3) 미리놓기(preposition): PP
4) 조립(assemble): Asy
5) 사용(use): Use
6) 분해(disassemble): Dsy
7) 정신작업(mental process): MP
8) 내려놓기(release): Rl

70 산업안전보건법령에 따라 사업주가 근골격계 부담작업 종사자에게 반드시 주지시켜야 하는 내용과 거리가 먼 것은?

① 근골격계부담작업의 유해요인
② 근골격계질환의 요양 및 보상
③ 근골격계질환의 징후 및 증상
④ 근골격계질환 발생 시 대처 요령

해설 근골격계부담작업을 하는 경우 근로자에게 알려주어야 할 사항(안전보건규칙 제661조)
1) 근골격계 부담작업의 유해요인
2) 근골격계질환의 징후와 증상
3) 근골격계질환 발생 시의 대처요령
4) 올바른 작업자세와 작업도구, 작업시설의 올바른 사용방법
5) 그 밖에 근골격계질환 예방에 필요한 사항

71 근골격계질환 예방관리 프로그램의 기본원칙에 속하지 않는 것은?

① 인식의 원칙
② 시스템 접근의 원칙
③ 사업장 내 자율적 해결원칙
④ 일시적인 문제 해결의 원칙

해설 근골격계 질환 예방관리프로그램의 기본원칙
1) 인식의 원칙
2) 시스템 접근의 원칙
3) 사업장내 자율적 해결원칙
4) 지속성 및 사후평가의 원칙
5) 전사적 지원원칙
6) 노 · 사 공동 참여의 원칙
7) 문서화의 원칙

72 근골격계 질환의 주요 사회심리적 요인인 것은?

① 작업 습관
② 접촉 스트레스
③ 직무스트레스
④ 부적절한 자세

해설 근골격계질환의 발생원인

구분	내용
1. 작업관련 요인	1) 부자연스런 자세 및 취하기 어려운 자세 2) 과도한 힘 3) 동작의 반복성 4) 접촉 스트레스 5) 진동, 온도 6) 정적부하, 휴식시간 부족 등
2. 개인적 요인	1) 작업경력 2) 성별, 연령 3) 작업습관 4) 신체조건 5) 생활습관 및 취미 6) 과거병력 등
3. 사회심리적 요인	1) 작업만족도 2) 업무 스트레스 3) 근무조건 만족도 4) 인간관계 5) 정신 · 심리상태

정답 69. ② 70. ② 71. ④ 72. ③

73. 다중 활동분석표의 사용 목적으로 적절하지 않은 것은?

① 조작업의 작업 현황 파악
② 수작업을 기본적인 동작요소로 분류
③ 기계 혹은 작업자의 유휴 시간 단축
④ 한 명의 작업자가 담당할 수 있는 기계대수의 산정

해설 다중 활동분석표의 사용목적(용도)
1) 그룹 작업의 작업 현황을 파악하여 작업그룹 재편성 (가장 경제적인 작업조 편성)
2) 기계 혹은 작업자의 유휴시간 파악 및 단축(작업효율 극대화)
3) 한명의 작업자가 담당할 수 있는 기계대수의 산정

74. 다음 중 중립자세가 아닌 것은?

① 어깨가 이완된 상태
② 고개가 직립 인 상태
③ 팔꿈치가 45°를 이루고 있는 상태
④ 손목이 일직선(180°)으로 펴진 상태

해설 중립자세
1) 중립자세: 중립자세에 있는 관절은 0°이며 모든 관절에 대해서 꼿꼿이 선 해부학적 자세를 0°로 하는 것을 말한다
2) 중립자세의 상태
 ① 어깨가 이완된 상태
 ② 고개가 직립인 상태
 ③ 손목이 일직선(180°)으로 펴진상태

75. 문제분석도구에 관한 설명으로 틀린 것은?

① 파레토 차트(Pareto chart)는 문제의 인자를 파악하고 그것들이 차지하는 비율을 누적분포의 형태로 표현한다.
② 간트 차트(Gantt chart)는 여러 가지 활동 계획의 시작시간과 예측 완료시간을 병행하여 시간축에 표시하는 도표이다.
③ PERT(Program Evaluation and Review Technique)는 어떤 결과의 원인을 역으로 추적해 나가는 방식의 분석도구이다
④ 특성요인도는 바람직하지 못한 사건이나 문제의 결과를 물고기의 머리로 표현하고 그 결과를 초래하는 원인을 인간, 기계, 방법, 자재, 환경 등의 종류로 구분하여 표시한다.

해설 PERT(program evaluation and review technique)
1) PERT: 공사를 진행하기 위한 계획을 작성할 때 인원이나 자재의 낭비를 막고 공정기간을 단축할 수 있는지를 밝히는 공정관리기법으로 작업의 순서나 진행상황을 한눈에 파악할 수 있도록 작성하는 분석도구이다
2) PERT에서 각 활동에 소요되는 시간: 가장 낙관적으로 추정한 최단시간, 가장 그럴듯하다고 추정한 평균시간, 가장 비관적으로 추정한 최장시간 등의 3가지로 나타낸다
3) critical path(주공정): PERT에서 모든 활동을 완수하는데 소요되는 최소시간 시작점에서 마지막 점까지 최장거리에 해당하는 시간인 수공정이 된다

76. A제품을 생산한 과거자료가 표와 같을 때 실적자료법에 의한 1개당 표준시간은 얼마인가?

일자	완제품 개수(개)	소요시간(단위:시간)
3월 3일	60	6
7월 7일	100	10
9월 9일	40	4

① 0.10시간/개
② 0.15시간/개
③ 0.20시간/개
④ 0.25시간/개

해설 실적자료법에 의한 표준시간

$$표준시간 = \frac{생산에\ 소요된\ 작업시간의\ 합}{일정기간\ 동안의\ 생산량}$$

$$= \frac{(6+10+4)시간}{(60+100+40)개} = 0.1시간/개$$

77 동작경제의 원칙에 속하지 않는 것은?

① 공정 개선의 원칙
② 신체의 사용에 관한 원칙
③ 작업장의 배치에 관한 원칙
④ 공구 및 설비의 디자인에 관한 원칙

해설 동작경제의 원칙
1) 신체의 사용에 관한 원칙
2) 작업장의 배치에 관한 원칙
3) 공구 및 설비의 디자인에 관한 원칙

78 유통선도(flow siagram)에 관한 설명으로 적절하지 않은 것은?

① 자재흐름의 혼잡지역 파악
② 시설물의 위치나 배치관계 파악
③ 공정과정의 역류현상 발생유무 점검
④ 운반과정에서 물품의 보관 내용 파악

해설 유통선도(flow diagram)
1) 유통선도: 유통공정도에 사용하는 기호를 발생위치에 따라 기존시설의 배치도 상에 표시한 후 이를 선으로 연결한 차트이다

2) 특징
① 자재흐름의 혼합지역 파악(물자흐름의 복잡한 곳 파악)
② 시설물의 위치나 배치관계 파악(시설배치 문제에 적용되어 운반거리 감소)
③ 공정과정의 역류현상 발생유무 점검

79 대안의 도출방법으로 가장 적당한 것은?

① 공정도
② 특성요인도
③ 파레토차트
④ 브레인스토밍

해설 브레인스토밍(BS, brain storming)의 4원칙
1) 비평금지: 좋다, 나쁘다고 비평하지 않는다
2) 자유분방: 마음대로 편안히 발언한다
3) 대량발언: 무엇이건 좋으니 많이 발언한다
4) 수정발언: 타인의 아이디어에 수정하거나 덧붙여 말하여도 좋다

80 3시간 동안 작업 수행과정을 촬영하여 워크샘플링 방법으로 200회를 샘플링한 결과 이 중에서 30번의 손목적임이 확인되었다. 이 작업의 시간당 손목적임시간은 얼마인가?

① 6분 ② 9분
③ 18분 ④ 30분

해설 작업시간당 손목꺾임시간(T)

$$T = \frac{실제\ 관측된\ 횟수}{총\ 관측횟수} = \frac{30회}{200회/hr \times \frac{1hr}{60min}} 9min$$

정답 77.① 78.④ 79.④ 80.②

2016 >>> 제3회 기출문제

01 Fitts의 법칙에 관한 설명으로 맞는 것은?

① 표적과 이동거리는 작업의 난이도와 소요이동시간과 무관하다.
② 표적이 클수록, 이동거리가 짧을수록 작업의 난이도와 소요이동시간이 감소한다.
③ 표적이 클수록, 이동거리가 길수록 작업의 난이도와 소요이동시간이 증가한다.
④ 표적이 작을수록, 이동거리가 짧을수록 작업의 난이도와 소요이동시간이 증가한다.

해설 Fitts 법칙(동작시간, MT)
1) 손과 발등의 동작시간 또는 이동시간(MT)은 목표지점까지의 손, 발의 이동거리(A)와 목표물의 크기(폭;W)에 영향을 받는다 MT= $a + b\log_2\left(\dfrac{2A}{W}\right)$

여기서, MT: 동작시간(movement time) A: 움직인 거리(목표물까지의 거리) W: 목표물의 너비(폭)
2) Fitts법칙: 작업의 난이도와 이동시간(MT)은 표적(W)이 작을수록, 이동거리(A)가 길수록 증가한다

02 인체측정의 구조적 차수 측정에 관한 설명으로 틀린 것은?

① 형태학적 측정을 의미한다.
② 나체 측정을 원칙으로 한다.
③ 마틴식 인체측정 장치를 사용한다.
④ 상지나 하지의 운동범위를 측정한다.

해설 인체의 측정방법
1) 정적치수(구조적 인체치수)
 ① 신체의 정적자세(고정자세)에서 측정한 신체지수이다(형태학적 측정이라고도 함)
 ② 정적치수 인체측정기: 마틴(Martin) 인체측정기
 ③ 나체측정을 원칙으로 하며 제품 및 작업장 설계의 기초 자료를 활용된다
 ④ 신체측정치는 나이, 성, 종족(인종)에 따라 다르다

2) 동적치수(기능적 인체치수)
 ① 신체적 활동을 하는 상태에서 측정한 신체치수이다
 ② 동적치수 측정: 마틴식 인체측정기로는 측정이 어려우며 사진이나 스캐너(scanner)를 사용하여 2차원 또는 3차원 자료를 측정한다
 ③ 기능적 인체치수를 사용하는 이유: 각 신체부위는 조화를 이루면서 움직이기 때문이다

03 청각적 표시장치에 관한 설명으로 맞는 것은?

① 청각 신호의 지속시간은 최대 0.3초 이내로 한다.
② 청각 신호의 차원은 세기, 빈도, 지속기간으로 구성된다.
③ 즉각적인 행동이 요구될때에는 청각적 표시장치보다 시각적 표시장치를 사용하는 것이 좋다.
④ 신호의 검출도를 높이기 위해서는 소음의 세기가 높은 영역의 주파수로 신호의 주파수를 바꾼다.

해설 청각신호의 검출도 증가방법
1) 청각신호의 차원: 세기, 빈도, 지속기간으로 구성된다
2) 청각신호의 지속시간: 최소한 0.5~1초 동안 지속시킨다
3) 신호의 세기: 세기를 증가시킨다
4) 신호의 주파수: 소음세기가 낮은 영역의 주파수로 신호의 주파수를 바꾼다
5) 주파수 영역의 소음세기: 신호의 주파수에 해당하는 주파수영역(임계대역폭)의 소음세기를 줄인다

04 인간-기계 시스템 설계 시 고려사항으로 적절하지 않은 것은?

① 시스템 설계 시 동작경제의 원칙에 만족되도록 고려하여야 한다.
② 대상 시스템이 배치될 환경조건이 인간의 한계치를 만족하는가의 여부를 조사한다.
③ 단독의 기계에 대하여 수행해야 할 배치는 기계적 성능이 최대치가 되도록 해야 한다.
④ 시스템 설계의 성공적인 완료를 위해 조작의 능률성, 보존의 용이성, 제작의 경제성 측면이 검토되어야 한다.

정답 1. ② 2. ④ 3. ②

해설 ③항, 단독의 기계에 대하여 수행하여야 할 배치는 인간의 심리 · 기능 등을 고려하여야 한다

05 나면 공요으로 사용하는 의자의 높이를 조절식으로 설계하고자 한다. 표를 참고하여 좌판높이의 조절범위에 대한 기준값으로 가장 적당한 것은? (단, 5퍼센타일 계수는 1.645 이다.)

척도	남성오금높이	여성오금높이
평균	41.3	38.0
표준편차	1.9	1.7

① $(38.0-1.7\times1.645)\sim(41.3+1.9\times1.645)$
② $(38.0+1.7\times1.645)\sim(41.3-1.9\times1.645)$
③ $(38.0-1.7\times1.645)\sim(41.3-1.9\times1.645)$
④ $(38.0+1.7\times1.645)\sim(41.3-1.9\times1.645)$

해설 1)좌판높이의 최소치 설계: 여자 오금 높이의 5% tile값 적용/ 최소치=$38.0-1.7\times1.645$
2)좌판높이의 최대치 설계: 남자 오금높이의 95% tile 값 적용 /최대치=$41.3+1.9\times1.645$
3)좌판 높이의 조절 범위: $(38.0-1.7\times1.645)\sim(41.3+1.9\times1.645)$

06 일반적인 시스템의 설계과정을 맞게 나열한 것은?
① 목표 및 성능명세 결정→체계의 정의→기본설계→계면설계→촉진물 설계→시험 및 평가
② 체계의 정의→목표 및 성능명세 결정→기본설계→계면설계→촉진물 설계→시험 및 평가
③ 목표 및 성능명세 결정→체계의 정의→계면설계→촉진물설계→기본설계→시험 및 평가
④ 체계의 정의→목표 및 성능명세 결정→계면설계→촉진물 설계→기본설계→시험 및 평가

해설 **시스템의 설계과정 단계**
1)1단계: 목표 및 성능명세 결정
2)2단계: 체계(system)의 정의
3)3단계: 기본설계
4)4단계: 계면설계
5)5단계: 촉진물 설계
6)6단계: 시험 및 평가

07 제어 시스템에서 제어장치에 의해 피제어 요소가 동작하지 않는 0점(null point)주위에서의 제어동작 공간을 지칭하는 용어는?
① 백래쉬(backlash)
② 사공간(deadspace)
③ 0점공간(null space)
④ 조정공간(adjustment space)

사공간(dead space): 조종장치를 움직여도 피 제어요소에 변화가 없는 공간을 말한다

08 인간의 신뢰도가 70%, 기계의 신뢰도가 90%이면 인간과 기계가 직렬체계로 작업할 때의 신뢰도는 몇 %인가?
① 30%   ② 54%
③ 63%   ④ 98%

해설 신뢰도(R)=인간의 신뢰도()×기계의 신뢰도()=$0.7\times0.9=0.63=63\%$

09 인간이 3차원 공간에서 깊이(depth)를 지각하기 위해 사용하는단서로써 적절하지 않은 것은?
① 상대적 크기(relative size)
② 시간적 탐색(visual search)
③ 직선조망(linear perspective)
④ 빛과 그림자(light and shadowing)

해설 **3차원 공간의 깊이를 지각하기 위해 사용하는 단서**
1)상대적 크기
2)직선조망
3)빛과 그림자 1,000Hz이하의 진동수를 사용한다

정답 4.③ 5.① 6.① 7.② 8.③ 9.②

10 작업대 공간 배치의 원치와 거리가 먼 것은?

① 기능성의 원리
② 사용순서의 원리
③ 중요도의 원리
④ 오류방지의 원리

해설 부품배치의 4원칙(작업대 공간배치의 원칙)
1) 중요성의 원칙: 부품을 작동하는 성능이 체계의 목표 달성에 긴요한 정도에 따라 우선순위를 설정한다
2) 사용빈도의 원칙: 부품을 사용하는 빈도에 따라, 우선순위를 설정한다
3) 기능별 배치의 원칙: 기능적으로 관련된 부품들(표시장치, 조정장치)등 모아서 배치한다
4) 사용순서의 원칙: 사용되는 순서에 따라 장치들을 가까이에 배치한다

11 음의 한 성분이 다른 성분에 대한 귀의 감수성을 감소시키는 상황을 무슨 효과라 하는가?

① 기피(avoid)   ② 방해(interrupt)
③ 밀폐(sealing) ④ 은폐(masking)

해설 차폐효과(은폐효과; masking)
1) 하나의 소리가 다른 소리의 판별에 방해를 주는 현상
2) 어떤 소리가 동시에 들리는 경우 다른 소리를 들을 수 있는 능력을 감소시키는 현상(음의 한 성분이 다른 성분에 대한 귀의 감수성을 감소시키는 상황)

12 폰(phon)에 관한 설명으로 틀린 것은?

① 1000Hz대의 20dB크기의 소리는 20phon이다.
② 상이한 음의 상대적 크기에 대한 정보는 나타내지 못한다.
③ 40dB의 1000Hz순음을 기준으로 하여 다른 음의 상대적인 크기를 설정하는 척도의 단위이다.
④ 1000Hz의 주파수를 기준으로 각 주파수별 동일한 음량을 주는 음압을 평가하는 척도의 단위이다.

해설 1) sone(음량)
① 감각적인 음의 크기를 나타내는 양이다
2) 1000Hz 순음의 음의 세기레벨 40dB의 음의크기 (40phon)를 1sone이라 한다
3) phon(음량수준): 1000Hz 순음의 음압수준(dB)을 phon이라 한다 3) sone과 phon의 관계: 음량수준이 10phon이 증가하면 sone치는 2배로 증가한다
① $S = 2^{(phon-40)/10}$
여기서, S: 음량(sone, 음의크기) P: 음량수준 (phon, 음의 크기레벨)

해설 ② $P = 33.3\log S + 40$

13 인간의 기억체계에 관한 설명으로 맞는 것은?

① 단기 기억은 자극이 사라진 후에도 오랫동안 감각이 지속되도록 하는 역할을 한다.
② 작업 기억 내에 정보를 저장하기 위해서는 정보의 의미적 코드화가 선행되어야 한다.
③ 작업 기억은 감각저장소로부터 전이된 정보를 일시적으로 기억하기 위한 저장소의 역할을 한다.
④ 인간의 기억체계는 4개의 하부체계 혹은 과정(단기 기억, 감각 저장, 작업 기억, 장기 기억)으로 개념화되어 왔다.

해설 단기기억(작업기억)
1) 단기기억은 소량의 정보를 일시적으로 저장하는 장소이다
2) 감각보관에서 정보를 암호화하여 단기기억으로 이전하는데는 주위(attention)를 집중해야 한다
3) 정보를 작업기억내에 유지하는 유일한 방법: 반복 (rehearsal) (반복은 시간의 흐름에 따라 쇠퇴하고 항목이 많을수록 빨리 일어남)
4) 작업기억 중에 유지할 수 있는 최대항목 수 (Miller): 7±2chunk(5~9)[13/1회]
5) chunk(청크): 정보를 단위화하여 단기기억의 효율을 증대시킬 수 있는 것을 chunking이라 하고

정답 10.④ 11.④ 12.③ 13.③

그룹의 크기를 chunk단위라고 한다
[예] 458321691→458.321.691(청크로 묶으면 상기하기 쉬워짐)

14 시(視)감각 체계에 관한 설명으로 틀린 것은?

① 동공은 조도가 낮을 때는 많은 빛을 통과시키기 위해 확대된다.
② 1디옵터는 1미터 거리에 있는 물체를 보기 위해 요구되는 조절능(調節能)이다.
③ 망막의 표면에는 빛을 감지하는 광수용기인 원추체와 간상체가 분포되어 있다.
④ 안구의 수정체는 공막에 정확한 이미지가 맺히도록 형태를 스스로 조절하는 일을 담당한다.

해설 **수정체**: 망막의 광수용체에 빛을 모으는 역할을 하는 투명한 볼록렌즈 형태의 조직을 말한다 1)카메라의 렌즈와 같이 빛을 굴절시켜 초점을 정확히 맞출 수 있도록 한다 2)멀리있는 물체에 초점을 맞추기 위해서는 수정체가 얇아지고 가까이 있는 물체에 초점을 맞출때는 수정체가 두꺼워진다

15 누름단추식 전화기를 사용하여 7자리수를 암기하여 누를 경우 어떻게 나누어 누르는 것이 가장 효과적인가?

① 194 3421
② 19 43421
③ 194342 1
④ 1 943421

해설 1)작업기억 중에 유지할 수 있는 최대항목수(Miller): 7±2chunk(5~9)
2)chunk(청크): 정보를 단위화하여 단기기억의 효율을 증대시킬 수 있는 것을 chunking이라 하고 그룹의 크기를 chunk단위라고 한다
[예]1943421→194.3421 /458321691→458.321.691(청크로 묶으면 상기하기 쉬워짐)

16 광삼현상(irradiation)에 관한 설명으로 맞는 것은?

① 조도가 낮은 표시장치에서 더욱 많이 나타난다.
② 암조응이 필요한 경우에는 흰 바탕에 검은 글자가 바람직하다.
③ 검은 모양이 주위의 흰 배경으로 번지어 보이는 현상을 말한다.
④ 검은 바탕에 흰 글자의 획폭은 흰 바탕의 검은 글자보다 가늘게 할 수 있다.

해설 **광삼현상**
1)광삼현상: 검은 바탕에 흰글씨가 주변의 검은 배경으로 인해 번져 보이는 현상을 말한다
2)검은 바탕에 흰글자의 획폭은 흰바탕의 검은 글자보다 더 가늘게 할 수 있다

17 기준(표준)자극 100에 대한 최소변화감지역(JND)이 5라면 Weber비는 얼마인가?

① 0.02
② 0.05
③ 20
④ 50

해설 $weber비 = \dfrac{변화감지역(JND)}{기준자극의 크기} = \dfrac{5}{100} = 0.05$

18 인간공학의 정의에 대한 설명으로 틀린 것은?

① 인간을 작업에 맞추는 학문이다.
② 인간활동의 최적화를 연구하는 학문이다.
③ 인간능력, 인간한계, 그리고 인간특성을 설계에 응용하는 학문이다.
④ 기계와 그 조작 및 환경조건을 인간의 특성 및 능력과 한계에 잘 조화되도록 하는 수단을 연구하는 학문이다.

해설 **인간공학**: 작업을 인간에게 맞추는 학문이다

19 사용성 평가에 주로 사용되는 평가척도로 적합하지 않은 것은?

① 과제물 내용
② 에러의 빈도
③ 과제의 수행시간
④ 사용자의 주관적 만족도

해설 사용성 평가척도: 에러(error)의 빈도, 과제의 수행시간, 사용자의 주관적 만족도 등

20 정보이론에 있어 정보량에 관한 설명으로 틀린 것은?

① 단위는 bit이다.
② 2bit는 두 가지 동일 확률하의 독립사건에 대한 정보량이다.
③ N을 대안의 수라 할 때, 정보량은 $log_2 N$으로 구할 수 있다.
④ 출현 가능성이 동일하지 않은 사건의 확률을 p라 할 때, 정보량은 $log_2 1/p$로 나타낸다.

해설 정보의 측정단위 및 관계식
1) bit의 정의: 실현가능성이 같은 2개의 대안 중 하나가 명시되었을 때 얻는 정보량을 나타낸다
2) 대안의 수가 n일 때 총 정보량(H) $H = log_2 n$
3) 대안의 실현확률(n의 역수)이 P일 경우 (대안의 출현 가능성이 동일하지 않을 때)정보량(H) $H = log_2 \left(\frac{1}{P} \right)$
4) 확률이 다른 일련의 사건이 가지는 평균정보량

(H_{av}) $H_{av} = \sum_{i=n}^{n} P_i log_2 \left(\frac{1}{P_i} \right)$

여기서, P_i : 각 대안의 실현확률

제2과목 : 작업생리학

21 인체의 척추를 구성하고 있는 뼈 가운데 경추, 흉추, 요추의 합은 몇 개인가?

① 19개   ② 21개
③ 24개   ④ 26개

해설 척추골의 구성: 다섯가지 형태로 32~35개의 추골로 구성된다
1) 경추: 7개
2) 흉추: 12개
3) 요추: 5개 → 총 24개
4) 천추: 5개
5) 미추: 3~5개

22 노화로 인한 시각능력의 감소 시 조명수준을 결정할 때 고려해야 될 사항과 가장 거리가 먼 것은?

① 직무의 대비(對比)뿐만 아니라 휘광(glare)의 통제도 아주 중요하다.
② 느려진 동공 반응은 과도(過渡, transient) 적응 효과의 크기와 기간을 증가시킨다.
③ 색 감지를 위해서는 색을 잘 표현하는 전대역(full-spectrum) 광원(光源)이 추천된다.
④ 과도 적응 문제와 눈의 불편을 줄이기 위해서는 보다 높은 광도비(光度比)가 필요하다.

해설 ④항, 과도 적응문제와 눈의 불편을 줄이기 위해서는 보다 낮은 광도비가 필요하다

23 순환기계 혈액의 기능에 해당하지 않는 것은?

① 운반작용   ② 연하작용
③ 조절작용   ④ 출혈방지

해설 순환계 혈액의 기능
1) 운반작용   2) 조절작용   3) 출혈방지

정답 19.① 20.② 21.③ 22.④ 23.②

24. 조도가 균일하고, 눈부심이 적지만 설치비용이 많이 소요되는 조명방식은?

① 직접조명 ② 간접조명
③ 반사조명 ④ 국소조명

해설 조명방식

(1) 직접조명
1) 직접조명: 광원으로부터의 빛이 대부분 작업면에 직접 조사되는 조명방식이다
2) 장점
 ① 효율이 좋다
 ② 설치비용이 적게들고 보수가 용이하다
3) 단점
 ① 눈부심이 일어나기 쉽다
 ② 균등한 조도 분포를 얻기 힘들며 짙은 그림자가 생긴다

(2) 간접조명
1) 간접조명: 광속의 90~100%를 위로향해 발산하여 천장, 벽에서 확산시켜 균일한 조명을 얻을 수 있는 방식이다(권장과 벽에 반사하여 작업면을 조명하는 방식)
2) 장점
 ① 균일한 조도를 얻을 수 있다
 ② 눈부심이 없고 그림자도 없다
3) 단점
 ① 효율이 나쁘다
 ② 실내의 입체감이 작아지고 설치비용이 많이 들고 보수도 어렵다

25. 생체역학적 모형의 효용성으로 가장 적합한 것은?

① 작업 시 사용되는 근육 파악
② 작업에 대한 생리적 부하 평가
③ 작업의 병리학적 영향 요소 파악
④ 작업 조건에 따른 역학적 부하 추정

해설 생체역학적 모형의 효용성
작업조건에 따른 역학적 부하 추정

26. 전체 환기가 필요한 경우로 적절하지 않은 것은?

① 유해물질의 독성이 적을 때
② 실내에 오염물 발생이 많지 않을 때
③ 실내 오염 배출원이 분산되어 있을 때
④ 실내에 확산된 오염물의 농도가 전체로 보아 일정하지 않을 때

해설 전체환기가 필요한 경우
1) 유해물질의 독성이 낮을 때
2) 유해물질이 발생량이 적을 때
3) 유해물질이 시간에 따라 균일하게 발생할 때
4) 동일한 작업장에 오염원이 분산되어 있을 때
5) 배출원이 이동성일 때
6) 배출원이 근로자 작업위치와 떨어져 있을 때
7) 국소배기장치 불가능할 때

27. 일반적으로 소음계는 3가지 특성에서 음압을 측정할 수 있도록 보정되어 있는데 A특성치란 40phon의 등음량 곡선과 비슷하게 보정하여 측정한 음압수준을 말한다. B특성치와 C특성치는 각각 몇 phon의 등음량곡선과 비슷하게 보정하여 측정한 값을 말하는가?

① B 특성치 : 50phon, C 특성치 : 80phon
② B 특성치 : 60phon, C 특성치 : 100phon
③ B 특성치 : 70phon, C 특성치 : 100phon
④ B 특성치 : 80phon, C 특성치 : 150phon

해설 소음계의 A,B,C 특성

특성	내용
1. A특성	1. 40phon의 등청감곡선과 비슷하게 주파수에 따른 반응을 보정하여 측정한 음압수준, dB(A)로 표시 2. 저주파대역을 보정한 청감보정회로(인간의 청력·성과 유사)
2. B특성	• 70phon의 등청감곡선과 비슷하게 주파수에 따른 반응을 보정하여 측정한 음압수준, dB(B)로 표시
3. C특성	1. 100phon의 등청감곡선과 비슷하게 주파수에 따른 반응을 보정하여 측정한 음압수준, dB(C)로 표시 2. 평탄 특성을 나타냄

28 가동성 관절의 종류와 그 예(例)가 잘못 연결된 것은?

① 중쇠 관절(pivot joint) – 수근중수 관절
② 타원 관절(ellipsoid joint) – 손목뼈 관절
③ 절구 관절(ball-and-socket joint) – 대퇴 관절
④ 경첩 관절(hinge joint) – 손가락 뼈 사이 관절

해설 중쇠관절(차축관절, 굴대관절)
1) 1축성 관절로 회전운동을 한다
2) 예: 상요척 관절, 경추관절, 정축환국관절 등

29 열교환에 영향을 미치는 요소가 아닌 것은?

① 기압 ② 기온
③ 습도 ④ 공기의 유동

해설 열교환에 영향을 주는 요소
①기온 ②습도 ③공기유동 ④복사온도

30 장력에 생기는 근육의 실질적인 수축성 단위(contractility unit)는?

① 근섬유(muscle fiber)
② 운동단위(motor unit)
③ 근원세사(myofilament)
④ 근섬유분절(sarcomere)

해설 근섬유와 근섬유분절
1) 근섬유: 방추형의 다핵 세포로서 섬유성 결합조직으로 이루어진 내막근으로 쌓여 있으며 근섬유는 작은 근원섬유 다발로 이루어져 있다
2) 근섬유분절(근육원섬유마디; sarcomere) [15/3회, 16/3회]
   ① 근원섬유의 한 부분이며 근육의 기본단위이다
   ② 장력이 생기는 근육의 실질적인 수축성 단위(contractility unit)를

31 어떤 작업에 대해서 10분간 산소소비량을 측정한 결과 100리터 배기량에 산소가 15% 이산화탄소가 6%로 분석되었다. 분단 산소소비량은?

① 0.4L/분 ② 0.6L/분
③ 0.8L/분 ④ 1.0L/분

해설 휘광(glare)의 처리방법

1) 분당배기량 = $\frac{배기량(L)}{시간(min)} = \frac{100L}{10min} = 10L/min$

2) 흡기량 × $\frac{79}{100}$ = 배기량 × $\frac{N_2\%}{100}$ ($N_2\% = 100 - O_2 - CO_2$)

흡기량 = $\frac{배기량 \times (100 - O_2 - CO_2\%)}{79}$ =

$10L/min \times \left(\frac{100-15-6}{79}\right) = 10L/min$

3) 산소소비량 = $\left(흡기량 \times \frac{21}{100}\right) - \left(배기량 \times \frac{O_2\%}{100}\right)$

= (10 × 0.21) − (10 × 0.16) = 0.6L/min

32 어떤 작업자의 평균심박수는 90회/분 이며 일박출량(stroke volume)이 70mL로 측정되었다면 이 작업자의 심박출량(cardiac output)은 얼마인가?

① 0.8L/mm ② 1.3L/mm
③ 6.3L/mm ④ 378.0L/mm

해설 심장박출량 = 1회 박출량(L/회) × 심박수(회/min) = 70mL/회 × $\frac{1L}{1000m}$ × 90회/min = 6.3L/min

33 막 전위차 발생 시 나타나는 현상이 아닌 것은?

① 평형상태에서 전위차는 −90mV이다.
② K^+ 이온은 단백질 이온과는 달리 세포막을 투과할 수 있다.
③ 자극 발생 시 세포막은 K^+ 이온은 투과시키고 Na^+ 이온을 투과시키지 않는다.
④ 막 내부의 전위차가 음이기 때문에 신경세포 내의 K^+ 이온의 농도는 외부 농도의 약 30배가 된다.

정답 28.① 29.① 30.④ 31.② 32.③

해설 ③항, 자극 발생 시 세포막은 이온을 투과시키고 그 후에 이온을 투과시킨다

34 접멸융합주파수(critical flicker fusion)에 대해 설명한 것 중 틀린 것은?

① 중추신경계의 정신피로의 척도로 사용된다.
② 작업시간이 경과할수록 CFF치는 낮아진다.
③ 쉬고 있을 때 있을 때 CFF치는 대략 15~30Hz이다.
④ 마음이 긴장되었을 때나 머리가 맑을 때의 CFF치는 높아진다.

해설 점멸융합주파수(CFF)
1) 점멸융합주파수(CFF): 자극들이 작업자에게 일정한 속도로 제공될 때 깜빡거림 없이 연속적으로 제공되는 것처럼 느껴지는 주파수를 말한다
2) CFF는 중추신경계의 정신적 피로를 평가하는 척도로 사용된다
3) 작업시간이 경과할수록 CFF치는 낮아진다
4) 마음이 긴장되었을 때나 머리가 맑을 때의 CFF치는 높아진다

35 근육유형 중에서 의식적으로 통제가 가능한 근육은?

① 평활근
② 골격근
③ 심장근
④ 모든 근육은 의식적으로 통제가능하다.

해설 골격근
1) 뼈에 부착되어 근육을 수축시켜 관절운동을 한다
2) 가로무늬근(횡문근: 근섬유에 가로무늬가 있는 근육)이며 수의근(의지의 힘으로 수축시킬 수 있는 근)이다
3) 의식적으로 통제가 가능한 근육이다

36 심박출량을 증가시키는 요인으로 볼 수 없는 것은?

① 휴식시간
② 근육활동의 증가
③ 덥거나 습한 작업환경
④ 흥분된 상태나 스트레스

해설 심장박출량을 증가시키는 요인
1) 근육활동의 증가
2) 덥거나 습한 작업환경
3) 흥분된 상태나 스트레스

37 육체적 활동의 정적 부하에 대한 스트레인(strain)을 측정하는데 가장 적합한 것은?

① 산소소비량
② 뇌전도(EEG)
③ 심박수(HR)
④ 근전도(EMG)

해설 근전도(EMG, electromyogram)
1) 근전도: 근세포가 움직일 때 발생하는 미세한 활동전위차를 말한다
2) 국부적인 근육활동의 전위차를 측정하여 작업의 신체부담정도를 평가한다

38 소음에 관한 정의에 있어 "강렬한 소음작업" 이라 함은 얼마 이상의 소음이 1일 8시간 이상 발생하는 작업을 의미하는가?

① 85데시벨 이상
② 90데시벨 이상
③ 95데시벨 이상
④ 100데시벨 이상

해설 강열한 소음작업
① 90dB 이상의 소음이 1일 8시간 이상 발생하는 작업
② 95dB 이상의 소음이 1일 4시간 이상 발생하는 작업
③ 100dB 이상의 소음이 1일 2시간 이상 발생하는 작업
④ 105dB 이상의 소음이 1일 1시간 이상 발생하는 작업
⑤ 110dB 이상의 소음이 1일 30분 이상 발생하는 작업
⑥ 115dB 이상의 소음이 1일 15분 이상 발생하는 작업

정답 33. ③ 34. ③ 35. ② 36. ① 37. ④ 38. ②

39 진동이 인체에 미치는 영향이 아닌 것은?

① 심박수 감소   ② 산소소비량 증가
③ 근장력 증가   ④ 말초혈관의 수축

[해설] 진동이 인체에 미치는 영향
1) ②, ③, ④항
2) 심박수 증가
3) 혈압상승

40 근력(strength)형태 중 근육이 등척성 수축을 하는 것에 해당하는 근력은?

① 정적 근력(static stength)
② 등장성 근력(isotonic strength)
③ 등속성 근력(isokinetic strenth)
④ 등관성 근력(isoinertial strength)

[해설] 근육수축의 유형
1) 등척성 수축: 근육의 길이가 변하지 않으면서 장력이 발생하는 근수축(정적근력)
2) 등장성 수축: 근육의 길이가 변하면서 힘을 발휘하는 근수축
3) 등속성 수축: 운동의 전반에 걸쳐 일정한 속도로 근수축을 유도하는 것
4) 동심성·구심성 수축: 근육이 수축할 때 길이가 짧아지며 내적근력을 발휘하는 것(근육운동에 있어 장력이 활발하게 생기는 동안 근육이 가시적으로 단축되는 수축)
5) 이심성·원심성 수축: 근육이 수축할 때 길이가 길어지며 내적근력보다 외부힘이 클 때 발생

제3과목 : 산업심리학 및 관계법규

41 산업재해 예방을 위한 안전대책 중 3E에 해당하지 않는 것은?

① 교육적 대책(Education)
② 공학적 대책(Engineering)
③ 환경적 대책(Environment)
④ 관리적 대책(Enforcement)

[해설] 안전대책 3E(Harvey)
1) Engineering: 공학적 대책(기술)
2) Education: 교육적 대책(교육)
3) Enforcement: 관리적 대책(독려, 규제)

42 관리 그리드 이론(managerial grid theory)에 관한 설명으로 틀린 것은?

① 브레이크와 모우톤이 구조주도적-배려적 리더십 개념을 연장시켜 정립한 이론이다.
② 인기형은 (9,1)형으로 인간에 대한 관심은 매우 높은데 반해 과업에 관한 관심이 낮은 리더십 유형이다.
③ 중도형은 (5,5)형으로 과업과 인간관계유지에 모두 적당한 정도의 관심을 갖는 리더십 유형이다.
④ 리더십을 인간중심과 과업중심으로 나누고 이를 9등급씩 그리드로 계량화하여 리더의 행동경향을 표현한다.

[해설] 관리격자(관리유형도)리더십 모델

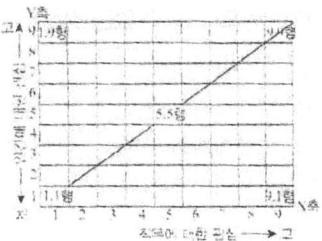

정답 39.① 40.① 41.③ 42.②

리더십 모델	정의
1. (1,1형) 무기력형(무관심형)	인간과 업적에 모두 최소의 관심을 가지고 있는 형이다
2. (1,9형) 인기형(관계형)	인간중심적, 인간지향적으로 업적에 대한 관심이 낮다
3. (9,1형) 인기형(관계형)	업적에 대하여 최대의 관심을 갖고 인간에 대해서는 무관심한 형이다
4. (9,9형) 이상형	업적과 인간의 쌍방에 대하여 높은 관심을 갖는 형이다
5. (5,5형) 중도형	업적과 인간에 대한 관심도가 중간치를 나타내는 형이다

43. 입력사상 중 어느 하나라도 존재할 때 출력사상이 발생되는 논리조작을 나타내는 FTA 논리기호는?

① OR gate
② AND gate
③ 조건 gate
④ 우선적 AND gate

해설 논리 gate

AND gate		모든 입력이 동시에 발생해야만 출력이 발생되는 논리조작을 나타낸다
OR gate		입력사상 중 어느 하나가 일어나도 출력이 발생되는 논리조작을 나타낸다

44. 맥그리그(McGregor)의 X-Y이론 중 Y이론에 대한 관리처방으로 볼 수 없는 것은?

① 분권화와 권한의 위임
② 비공식적 조직의 활용
③ 경제적 보상체계의 강화
④ 자체 평가제도의 활성화

해설 맥그리거의 X,Y이론의 관리처방

X이론의 관리처방	Y이론의 관리처방
1.경제적 보상체제의 강화 2.권위주의적 리더십의 확보 3.면밀한 감독과 엄격한 통제 4.상부책임제도의 강화 5.조직구조의 고층성	1.민주적 리더십의 확립 2.분권화의 권한과 위임 3.목표에 의한 관리 4.직무확장 5.비공식적 조직의 활용 6.자체평가제도의 활성화

45. 피로의 생리학적(physiological)측정방법과 거리가 먼 것은?

① 뇌파 측정(EEG)
② 심전도 측정(ECG)
③ 근전도 측정(EMG)
④ 변별역치 측정(촉각계0

해설 피로의 생리학적 측정법
1) 근전도(EMG), 뇌전도(ENG), 심전도(ECG), 안전도(EOG), 뇌파도(EEG)
2) 산소소비량 및 에너지 대사율
3) 피부전기반사(GSR)
4) 프릿가 값(점멸융합주파수)

46. 휴먼에러(human error)로 이어지는 배후 요인으로 4M 중 매체(Media)에 적합하지 않은 것은?

① 작업의 자세   ② 작업의 방법
③ 작업의 순서   ④ 작업지휘 및 감독

해설 인간과오의 배후요인 4요소(4M)
1) 맨(man): 본인 이외의 사람(팀워크, 커뮤니케이션)
2) 머신(machine): 장치나 기계 등의 물적요인(본질안전화, 표준화, 점검, 정비)
3) 미디어(media): 인간과 기계를 잇는 매체란 뜻으로 작업의 방법이나 순서, 작업 정보의 실태나 환경과의 관계, 정리정돈 등이 포함된다(환경개선, 작업방법개선 등)

4) 매니지먼트(management): 안전법규의 준수방법, 단속, 점검 관리 외에 지휘감독, 교육훈련 등이 여기에 속한다(적성배치, 교육·훈련)

47 NIOSH의 직무 스트레스 관리모형 중 중재요인 (moderating factors)에 해당하지 않는 것은?

① 개인적 요인
② 조직 외 요인
③ 완충작용 요인
④ 물리적 환경 요인

해설 직무스트레스요인과 급성반응 사이에 작용하는 중재요인
1) 개인적 요인: 연령, 성별, 성격(A형), 건강, 자기존중감 등
2) 비직무적 요인(조직 외 요인): 가족상황, 재정상태 등
3) 완충요인: 사회적지지, 대처방식, 여가활동, 건강관리 등

48 시각을 통해 2가지 서로 다른 자극을 제시하고 선택반응시간을 측정한 결과가 1초였다면, 4가지 서로 다른 자극에 대한 선택반응시간은 몇 초인가? (단, 각 자극의 출현확률은 동일하고, 시각 자극에 반응을 하는데 소요되는 시간은 0.2초라 가정하며, Hick-Hymann의 법칙에 따른다.)

① 1초   ② 1.4초
③ 1.8초 ④ 2초

해설 1) 2가지 자극일 때 선택반응시간(RT)

$RT_1 = a + b\log_2 N$

$b = \dfrac{RT_1 - a}{\log_2 N} = \dfrac{1 - 0.2}{\log_2 2} = 0.8$

여기서, a: 실험상수(시각자극에 반응하는 소요시간:0.2초) b: 실험상수(경험적 수치로 측정된 값을 보정한 상수) N: 자극정보의 수(2)

2) 4가지 자극일 때 선택반응시간(RT_2)

$RT_2 = a + b\log_2 N = 0.2 + 0.8\log_2 4 = 1.8초$

49 재해의 발생 원인을 분석하는 방법에 관한 설명으로 틀린 것은?

① 특성요인도 : 재해와 원인의 관계를 도표화하여 재해 발생 원인을 분석한다.
② 파레토도 : flow-chart에 의한 분석방법으로, 원인 분석 중 원점으로 돌아가 재검토하면서 원인을 찾는다.
③ 관리도 : 재해 발생건수 등의 추이를 파악하고 목표관리를 행하는데 필요한 발생건수를 그래프화하여 관리한계를 설정한다.
④ 크로스도 : 2개 이상의 문제관계를 분석하는데 사용하는 것으로, 데이터를 집계하고 표로 표시하여 요인별 결과 내역을 교차시켜 분석한다.

해설 재해의 통계적 원인분석 방법
1) 파레이토도: 사고의 유형, 기인물 등 분류항목을 큰 순서대로 도표화하여 분석하는 방법이다
2) 특성요인도: 특성과 요인을 도표로 하여 어골상(漁骨狀)으로 세분화한다
3) 크로즈 분석: 데이터를 집계하고 표로 표시하여 요인별 결과내역을 교차한 크로즈 그림을 작성하여 분석한다(2개 이상의 문제 관계를 분석하는데 이용)
4) 관리도: 재해발생건수 등의 추이를 파악하고 목표관리를 행하는데 필요한 월별 재해발생수를 그래프화하여 관리선을 설정·관리하는 방법이다

50 재해에 의한 상해의 종류에 해당하는 것은?

① 진폐   ② 추락   ③ 비래   ④ 전복

해설 상해종류와 재해형태

구분	종류
1.상해종류 (부상)	1)골절 2)동상 3)부종 4)찔림(자상) 5)타박상(삐임) 6)절단 7)중독,질식 8)찰과상 9)베임(창상) 10)화상 11)뇌진탕 12)익사 13)피부염 14)청력장해 15)시력장해 16)진폐
2.재해형태 (사고유형)	1)추락 2)전도 3)충돌 4)낙하, 비래 5)협착 6)감전 7)폭발 8)붕괴, 도괴 9)파열 10)회재 11)무리한 동작 12)이상온도 접촉 13)유해물 접촉 14)전복

정답 47.④ 48.③ 49.② 50.①

51 휴먼에러와 기계의 고장과의 차이점을 설명한 것으로 틀린 것은?

① 기계와 설비의 고장조건은 저절로 복구되지 않는다.
② 인간의 실수는 우발적으로 재발하는 유형이다.
③ 인간은 기계와는 달리 학습에 의해 계속적으로 성능을 향상시킨다.
④ 인간 성능과 압박(stress)은 선형관계를 가져 압박이 중간 정도일 때 성능수준이 가장 높다.

해설 휴먼에러와 기계고장의 차이점
1) 인간성능
　① 인간은 기계와는 달리 학습에 의해 계속적으로 성능을 향상시킨다
　② 인간성능은 압박(stress)이 가장 낮을 때 성능수준이 가장 높다
2) 인간실수: 우발적으로 재발하는 유형이다
3) 기계와 설비의 고장조건: 저절로 복구되지 않는다

52 스트레스 상황하에서 일어나는 현상으로 틀린 것은?

① 동공이 수축된다.
② 스트레스는 정보처리의 효율성에 영향을 미친다.
③ 스트레스로 인한 신체 내부의 생리적 변화가 나타난다.
④ 스트레스 상황에서 심장박동수는 증가하나, 혈압은 내려간다.

해설 스트레스 상황하에서 일어나는 현상
1) 스트레스로 인한 신체내부의 생리적 변화가 나타난다
2) 동공이 수축된다
3) 스트레스가 높아지면 교감신경계가 자극되고 혈압이 높아진다
4) 스트레스는 정보처리의 효율성이 영향을 미친다

53 리더십의 유형은 리더가 처해 있는 상황에 의해서 결정된다고 할 수 있다. 각 상황적 요소와 리더십 유형간의 연결이 잘못된 것은 무엇인가?

① 군 조직, 교도소 등은 권위형 리더십이 적절하다.
② 집단 구성원의 교육수준이 높을수록 민주형 리더십이 적절하다.
③ 조직을 둘러싸고 있는 환경상태가 불확실할 때는 권위형 리더십이 촉구된다.
④ 기술의 말달은 개인의 전문화를 야기하므로 민주형의 리더십을 촉구하게 된다.

해설 ③항, 조직을 둘러싸고 있는 환경 상태가 불확실할 때는 민주형 리더십이 촉구된다

54 A사업장의 상시 근로자가 200명이고, 연간 3건의 재해가 발생했다면 이 사업장의 도수율은 약 얼마인가? (단, 근로자는 1일 9시간씩 연간 300일을 근무하였다.)

① 3.25　　② 5.56
③ 6.25　　④ 8.30

해설 도수율 $= \dfrac{재해건수}{연근로시간수} \times 10^6 = \dfrac{3}{200 \times 300} \times 10^6 = 5.56$

55 사고의 요인 중 주의환기물에 익숙해져서 더 이상 그것이 주의환기요인이 되지 않는 것을 무엇이라고 하는가?

① 습관화　　② 자극화
③ 적응화　　④ 반복화

해설 습관화
1) 동일한 자극이 반복적으로 제시될 때 점차 주의를 덜 기울이고 반응이 감소하는 현상이다

정답 51.④ 52.④ 53.③ 54.② 55.①

2) 주의 환기물에 익숙해져서 더 이상 그것이 주의 환기 요인이 되지 않는 것을 말한다

56 집단 응집성에 관한 설명으로 틀린 것은?

해설
① 집단 응집성은 절대적인 것이다.
② 응집성이 높은 집단일수록 결근율과 이직율이 낮다.
③ 일반적으로 집단의 구성원이 많을수록 응집력은 낮아진다.
④ 집단 응집성이란 구성원들이 서로에게 끌리어 그 집단목표를 공유하는 정도이다.

해설 집단의 응집성
1) 집단 구성원들이 그 집단에 남아 있기를 원하는 정도를 말한다
2) 집단 구성원들이 서로에게 매력적으로 끌리어 그 집단목표를 효율적으로 공유하고 달성하는 정도를 말한다
3) 집단 응집성은 상대적인 것으로 응집성이 높은 집단일수록 결근율과 이직율이 낮다
4) 집단의 구성원이 많을수록 응집력은 낮아진다
5) 집단응집성지수 관계식 /집단응집성지수 =
$$\frac{실제상호선호관계의 수}{가능한 선호관계의 총수(_nC_2)}$$
여기서, 실제상호 선호관계의 수: 실제상호작용의 수 /가능한 선호관계의 총수: (n: 집단구성원 수)

57 제조물책임법상 결함의 종류에 해당하지 않는 것은?

① 사용상의 결함　② 제조상의 결함
③ 설계상의 결함　④ 표시상의 결함

해설 제조물(제품) 결함의 유형
1) 제조상의 결함: 제품의 제조과정에서 본래의 설계사양과 다르게 제작된 불량품을 발견하지 못한 결함을 말한다(본문설명)
2) 설계상의 결함: 제품 설계과정에서 발생한 결함으로 설계에 따라 제품이 제조될 경우 발생하는 결함을 말한다 3) 표시상의 결함(지시·경고상의 결함): 제품에 대한 적절한 지시나 경고를 하지 않아 제품의 설치 및 사용시 사고를 유발하는 결함을 말한다

58 작업자 한 사람의 성능 신뢰도가 0.95일 때, 요원을 중복하여 2인 1조로 작업을 할 경우 이 조의 인간 신뢰도는 얼마인가? (단, 작업 중에는 항상 요원지원이 되며, 두 작업자의 신뢰도는 동일하다고 가정한다.)

① 0.9025　② 0.9500
③ 0.9975　④ 1.0000

1) 요원을 중복하여 2인 1조로 작업하는 경우: 병렬연결
2) $R = 1 - \prod_{i=1}^{n}(1-R_i) = 1 - (1-0.95)(1-0.95)$
$= 0.9975$

59 호손(Hawthorne)의 연구에 관한 설명으로 맞는 것은?

① 동기부여와 직무만족도 사이의 관계를 밝힌 연구이다.
② 집단 내에서의 인간관계의 중요성을 증명한 연구이다.
③ 조명 조건 등 물리적 작업환경은 생산성이 큰 영향을 끼친다.
④ 미국 Western Electric 사를 대상으로 호손이 진행한 연구이다.

해설 호오손(Hawthorne)실험
1) 실험연구자: 메이오(Mayo)
2) 실험연구결과: 작업능률(생산성향상)은 물리적인 작업조건보다는 인간의 심리적인 태도, 감정을 규제하고 있는 인간관계에 의해서 결정됨을 밝혔다
3) 인간관계
①인간관계는 상담, 조언에 의해서 이루어진다
②종업원의 인간성을 경영자와 대등하게 본 인간관계의 기초 위에서 관리를 추진한다

정답　56. ①　57. ①　58. ③　59. ②

60 집단 내에서 역할갈등이 나타나는 원인과 가장 거리가 먼 것은?

① 역할모호성 ② 상호의존성
③ 역할무능력 ④ 역할부적합

[해설] 역할갈등의 원인
1) 역할 모호성: 집단내에서 개인이 수행해야 할 임무와 책임등이 명확하지 않을 때 역할갈등이 발생한다
2) 역할 간 마찰: 2개 이상의 역할을 동시에 수행해야 하는 경우에 2개를 동시에 잘해낼수 없다고 생각할 때 역할갈등이 발생한다
3) 역할 내 마찰: 하나의 역할을 수행하더라도 외부의 요구 사항이 자신이 설정한 역할과 상충될 때 역할갈등이 발생한다
4) 역할 부적합: 집단내에서 개인에게 부여된 역할이 개인의 성격등에 적합하지 않을 때 역할갈등이 발생한다
5) 역할 무능력: 집단내에서 개인의 능력이 부족할 때 역할갈등이 발생한다

제4과목 : 근골격계질환예방을위한작업관리

61 측 시간치의 평균이 0.6분이고 레이팅 계수는 120%, 여유시간은 8시간 근무중에서 24분일때 표준시간은 약 얼마인가?

① 0.62분 ② 0.68분
③ 0.76분 ④ 0.84분

[해설] 1) 정미시간 = 관측시간의 대표값 × ($\frac{\text{레이팅계수}}{100}$)

$= 60 \times (\frac{120}{100}) = 0.72$분

2) 여유율 = $\frac{\text{여유시간}}{\text{근무시간(실동시간)}} \times 100$

$= \frac{24분}{8시간 \times \frac{60분}{1시간}} \times 100 = 5\%$

3) 표준시간 = 정미시간 × ($\frac{100}{100 - \text{여유율} B}$)

$= 0.72 \times (\frac{100}{100 - 5}) = 0.76$분

62 작업개선을 위한 개선의 ECRS에 해당하지 않는 것은??

① Eliminate ② Combine
③ Redesign ④ Simplify

[해설] 작업개선의 원칙(ECRS원칙)
1) E(eliminate): 불필요한 작업을 찾아 제거
2) C(combine): 다른 작업과 결합
3) R(rearrange): 작업 순서를 변경
4) S(simplify): 작업을 단순화

63 17가지 서어블릭을 이용하여 좀 더 상세하게 작업내용을 분석하고 시간까지 도시한 것은?

① 스트로보(strobo)
② 시모차트(SIMO chart)
③ 사이클 그래프(cycle graph)
④ 크로노 사이클 그래프(chrono cycle graph)

[해설] 시모차트(SIMO chart)
1) SIMO(simultaneous motion cycle)chart: 등시 동작 차트 또는 서블릭, 시간 차트라고도 하며 17가지 서블릭을 이용하여 좀 더 상세하게 작업내용을 분석하고 시간까지 도시한 차트이다(16/3회)
2) 작업동작을 서블릭 단위로 나누어 분석하고 각 서블릭에 소요된 시간을 함께 표시하는 SIMO chart에 분석결과를 기록한다

64 NIOSH의 RWL(recommended weight limit)를 계산하는데 필요한 계수에 대한 상수의 범위를 잘못 나타낸 것은?

① 비대칭계수 : 135° ~ 0°
② 수평계수 : 63cm~25cm
③ 거리계수 : 175cm~25cm
④ 수직계수 : 175cm~50cm

정답 60.② 61.③ 62.③ 63.②

해설 계수에 대한 상수의 범위
1) 수평계수(HM): 25~63cm
2) 수직계수(VM): 0~175cm
3) 거리계수(DM): 25~175cm
4) 비대칭각도계수(AM): 0°~135°

65 영상표시단말기(VDT)취급에 관한 설명으로 틀린 것은?

① 키보드와 키 윗부분의 표면은 무광택으로 할 것
② 빛이 작업 화면에 도달하는 각도는 화면으로부터 45° 이내일 것
③ 작업자의 손목을 지지해 줄 수 있도록 작업대 끝면과 키보도의 사이는 5CM이상을 확보할 것
④ 화면을 바라보는 시간이 많은 작업일수록 밝기와 작업대 주변 밝기의 차를 줄이도록 할 것

해설 ③항, 작업자의 손목을 지지해 줄 수 있도록 작업대 끝면과 키보드 사이는 15cm 이상을 확보할 것

66 사무작업의 공정분석을 위해 사용되는 도표로 가장 적합한 것은?

① 시스템차트   ② 유통공정도
③ 작업공정도   ④ 다중활동분석표

해설 시스템차트(system cahrt)
1) 사무작업의 흐름을 기호로 사용하여 나타낸 도표이다
2) 시스템 차트는 사무진행 상황을 수평선 상에서 좌에서 우로 나타낸다

67 작업에 대한 유해요인의 관리적 개선방법으로 잘못된 것은?

① 작업의 다양성을 제공한다.
② 작업일정 및 작업속도를 조절한다.

③ 작업강도를 조절하여 작업시간을 단축시킨다.
④ 작업공간, 공구 및 장비의 정기적인 청소 및 유지보수를 한다.

해설 유해요인의 개선방법

1. 공학적 개선	다음의 재배열, 수정, 재설계, 교체 1) 공구 · 장비 2) 작업장 3) 부품 · 제품 4) 포장
2. 관리적 개선	1) 작업일정 및 작업속도 조절 2) 작업습관 변화 3) 작업의 다양성 제공 4) 작업자 적정배치 5) 작업공간 · 공구 및 장비의 유지 · 보수 · 청소 6) 회복시간 제공, 직장체조 강화 등

68 기계 가동시간이 25분, 적재(load 및 unloading) 시간이 5분, 기계와 독립적인 작업자 활동시간이 10분일 때 기계 양쪽 모두의 유휴시간을 최소화하기 위하여 한 명의 작업자가 담당해야 하는 이론적인 기계대수는?

① 1대   ② 2대
③ 3대   ④ 4대

해설 이론적인 기계대수(N)

$$N = \frac{A+t}{A+B} = \frac{5분 + 425분}{5분 + 10분} = 2대$$

여기서, A: 적재시간(5분) B: 독립적인 작업자 활동시간(10분) t: 기계 가동시간(25분)

69 워크샘플링법의 장점으로 볼 수 없는 것은?

① 특별한 시간 측정 설비가 필요하지 않다.
② 관측이 순간적으로 이루어져 작업에 방
③ 짧은 주기나 반복적인 작업의 경우에 적합하다.
④ 조사기간을 길게 하여 평상시의 작업현황을 그대로 반영시킬 수 있다.

정답 64. ④ 65. ③ 66. ① 67. ③ 68. ②

해설 work sampling의 장점·단점

1. 장점	1) 자료수집 및 분석 시간이 적다(작은 시간으로 연구수행 가능) 2) 관측이 순간적으로 이루어져 작업에 방해가 된다 3) 한명의 연구자가 여러명의 작업자나 기계를 동시에 관측할 수 있다 4) 조사기간을 길게 하여 평상시의 작업상황을 그대로 반영시킬 수 있다 5) 특별한 시간 측정 장비가 필요없다
2. 단점	1) 짧은 주기나 반복작업인 경우 적당치 않다 2) 한명의 작업자나 한 대의 소수 작업자나 기계만을 대상으로 연구하는 경우 비용이 커진다 3) Time study보다 자세하지 않다

70 근골격계 부담작업 유해요인 조사에 관한 설명으로 틀린 것은?

① 사업장내 근골격계 부담작업에 대하여 전수조사를 원칙으로 한다.
② 사업주는 유해요인 조사에 근로자 대표 또는 해당 작업 근로자를 참여시켜야 한다.
③ 신규 입사자가 근골격계 부담작업에 배치되는 경우 즉시 유해요인 조사를 실시해야 한다.
④ 신설되는 사업장의 경우 신설일로부터 1년 이내에 최초의 유해요인 조사를 실시해야 한다.

해설 ③항, 신규입사자가 근골격계부담작업에 배치되는 경우에는 유해요인 조사를 실시하지 않아도 된다

71 수공구의 설계 원리로 적절하지 않은 것은?

① 손목을 곧게 펼 수 있도록 한다.
② 지속적인 정적 근육부하를 피하도록 한다.
③ 특정 손가락의 반복적인 동작을 피하도록 한다.
④ 가능하면 손바닥으로 잡는 power girp 보다는 손가락으로 잡는 pinch grip을 이용하도록 한다.

해설 힘을 발휘하는 작업에는 파워쥐기(power grip), 정밀을 요하는 작업에는 핀치쥐기(pinch grip)을 사용할 것
1) 파워쥐기(power grip): 모든손가락으로 핸들을 감싸 쥐듯이 잡는 것
2) 핀치쥐기(pinch grip): 엄지와 나머지 손가락으로 꼬집듯이 잡는 것

72 동작경제의 법칙에 대한 설명으로 틀린 것은?

① 두 손의 동작은 같이 시작하고 같이 끝나도록 한다.
② 휴식시간을 제외하고는 양손이 동시에 쉬지 않도록 한다.
③ 눈의 초점을 모아야 작업할 수 있는 경우는 가능하면 없앤다.
④ 탄도동작(Ballistics Movements)은 제한되거나 통제된 동작보다 더 느리고 부정확하다.

해설 ④항, 탄도동작(ballistic movement)은 제한되거나 통제된 동작보다 신속, 정확 용이하다

73 산업안전보건법령상 근골격계 부담 작업에 해당하는 작업은?

① 하루에 25kg의 물건을 5회 들어 올리는 작업
② 하루에 2시간씩 시간당 15회 손으로 쳐서 기계를 조립하는 작업
③ 하루에 2시간씩 집중적으로 키보드를 이용하여 자료를 입력하는 작업
④ 하루에 4시간씩 기계의 상태를 모니터링 하는 작업

해설 근골격계 부담작업의 범위(단기간작업 또는 간헐적인 작업은 제외)
1) 하루에 4시간 이상 집중적으로 자료입력 등을 위해 키보드 또는 마우스를 조작하는 작업
2) 하루에 총 2시간 이상, 목, 어깨, 팔꿈치, 손목 또는

정답 69. ③ 70. ③ 71. ④ 72. ④ 73. ②

손을 사용하여 같은 동작을 반복하는 작업
3) 하루에 총 2시간 이상 머리 위에 손이 있거나, 팔꿈치가 어깨위에 있거나, 팔꿈치를 몸통으로 들거나, 팔꿈치를 몸통뒤쪽에 위치하도록 하는 상태에서 이루어지는 작업
4) 지지되지 않은 상태이거나 임의로 자세를 바꿀 수 없는 조건에서, 하루에 총 2시간 이상 목이나 허리를 구부리거나 트는 상태에서 이루어지는 작업
5) 하루에 총 2시간 이상 쪼그리고 앉거나 무릎을 굽힌 자세에서 이루어지는 작업
6) 하루에 총 2시간 이상 지지되지 않은 상태에서 1kg 이상의 물건을 한 손의 손가락으로 집어 올리거나, 2kg 이상에 상응하는 힘을 가하여 한손의 손가락으로 물건을 쥐는 작업
7) 하루에 총 2시간 이상 지지되지 않은 상태에서 4.5kg 이상의 물체를 드는 작업
8) 하루에 10회 이상 25kg이상의 물체를 드는 작업
9) 하루에 25회 이상 10kg 이상의 물체를 무릎 아래에서 들거나, 어깨 위에서 들거나, 팔을 뻗은 상태에서 드는 작업
10) 하루에 총 2시간 이상. 분당 2회 이상 4.5kg 이상의 물체를 드는 작업 11) 하루에 총 2시간 이상 시간당 10회 이상 또는 무릎을 사용하여 반복적으로 충격을 가하는 작업

74 근골격계 질환의 유형에 관한 설명으로 틀린 것은?

① 외상과염은 팔꿈치 부위의 인대에 염증이 생김으로써 발생하는 증상이다.
② 수근관증후군은 손의 손목뼈 부분의 압박이나 과도한 힘을 준 상태에서 발생한다.
③ 백색수지증은 손가락에 혈액의 원활한 공급이 이루어지지 않을 경우에 발생하는 증상이다.
④ 결절종은 반복, 구부림, 진동 등에 의하여 건의 섬유질이 손상되거나 찢어지는 등의 건에 염증이 생기는 질환이다.

해설 **결절종**
얇은 섬유성 피막내에 약간 노랗고 끈적이는 액체를 함유하고 있는 낭포(물혹)성 종양으로 손목의 등쪽에 발생한다

75 요소작업의 분할원칙에 관한 설명으로 적합하지 않은 것은?

① 불변 요소작업과 가변 요소작업으로 구분한다.
② 외적 요소작업과 내적 요소작업으로 구분한다.
③ 규칙적 요소작업과 불규칙적 요소작업으로 구분한다.
④ 숙련공 요소작업과 비숙련공 요소작업으로 구분한다.

해설 **요소작업의 분할원칙**
1) 불변요소작업과 가변요소작업으로 구분할 것
2) 외적요소작업과 내적요소작업으로 구분할 것
3) 규칙적 요소작업과 불규칙적 요소작업으로 구분할 것
4) 상수 요소작업과 변수 요소작업으로 구분할 것

76 근골격계 질환을 예방하기 위한 대책으로 적절하지 않은 것은?

① 단순 반복 작업은 기계를 사용한다.
② 작업방법과 작업공간을 재설계한다.
③ 작업순환(Job Rotation)을 실시한다.
④ 작업속도와 작업강도를 점진적으로 강화한다.

해설 ① 단순 반복 작업은 기계를 사용한다.
② 작업방법과 작업공간을 재설계한다.
③ 작업순환(Job Rotation)을 실시한다.
④ 작업속도와 작업강도를 점진적으로 강화한다.

77 7TMU(Time Measurement Unit)를 초 단위로 환산하면 몇 초인가?

① 0.025초　　② 0.252초
③ 1.26초　　　④ 2.52초

해설 $7TMu \times \dfrac{0.036초}{1\,TMu} = 0.252초$

78 인간공학에 있어 작업관리의 주요 목적으로 거리가 먼 것은??

① 공정관리를 통한 품질 향상
② 정확한 작업측정을 통한 작업개선
③ 공정개선을 통한 작업 편리성 향상
④ 표준시간 설정을 통한 작업효율 관리

해설 작업관리의 주요목적
1) 정확한 작업측정을 통한 작업개선
2) 공정개선을 통한 작업 편리성 향상
3) 표준시간 설정을 통한 작업효율 관리

79 대규모 사업장에서 근골격계질환 예방·관리 추진팀을 구성함에 있어서 중·소규모 사업장 추진팀원 외에 추가로 참여되어야 할 인력은?

① 노무담당자　　② 보건담당자
③ 구매담당자　　④ 예산결정권자

해설 사업장의 특성에 맞는 예방·관리의 추진팀의 구성

중·소규모 사업장	대규모사업장
1. 근로자대표 또는 명예안전감독관을 포함하여 그가 위임하는 자 2. 관리자(예산결정권자) 3. 정비·보수 담당자 4. 보건·안전 담당자 5. 구매 담당자 등	중·소규모 사업장 추진팀 이외 다음의 인력을 추가함 1. 기술자(생산, 설계, 보수기술자) 2. 노무담당자 등

80 파레토 원칙(Pareto principle)에 대한 설명으로 맞는 것은?

① 20%의 항목이 전체의 80%를 차지한다.
② 40%의 항목이 전체의 60%를 차지한다.
③ 60%의 항목이 전체의 40%를 차지한다.
④ 80%의 항목이 전체의 20%를 차지한다.

해설 1) 파렛토 원칙(80-20규칙): 상위 20%의 항목이 전체 활동의 80% 이상을 차지한다는 의미이다
2) 파렛토 차트 주목적: 20%정도에 해당하는 중요한 항목을 찾아내는 것이 주목적이다

2017년 기출문제

2017 >>> 제1회 기출문제

제1과목 : 인간공학개론

01 고령자를 위한 정보 설계 원칙으로 볼 수 없는 것은?

① 불필요한 이중 과업을 줄인다.
② 학습 및 적응 시간을 늘려 준다.
③ 신호의 강도와 크기를 보다 강하게 한다.
④ 가능한 세밀한 묘사와 상세 정보를 제공한다.

해설 고령자를 위한 정보설계 원칙
1) 불필요한 이중 과업을 줄일 것
2) 학습 및 적응시간을 늘려 줄 것 3) 신호의 강도와 크기를 강하게 할 것

02 제어-반응 비율(C/R ratio)에 관한 설명으로 틀린 것은?

① C/R비가 증가하면 제어시간도 증가한다.
② C/R비가 작으면(낮으면) 민감한 장치이다.
③ C/R비가 감소함에 따라 이동시간은 감소한다.
④ C/R비는 제어장치의 이동거리를 표시장치의 이동거리로 나눈 값이다. 정

해설 ③항, C/R비가 감소함에 따라 이동시간은 급격히 감소하다가 안정된다

03 양립성의 종류가 아닌 것은?

① 주의 양립성   ② 공간 양립성
③ 운동 양립성   ④ 개념 양립성

해설 양립성의 종류
1) 개념 양립성: 코드와 기호를 인간들의 사고에 일치시키는 것을 말한다
 [예]더운물: 빨간색 수도꼭지, 차가운물: 청색 수도꼭지, 비행장: 비행기 모형 등
② 운동 양립성: 표시장치와 조종장치의 움직임과 사용 시스템의 응답을 관련시키는 것이다

[예] 라디오 음량을 크게할 때: 조절장치를 시계방향으로 회전, 전원스위치: 올리면 켜지고 내리면 꺼짐
③ 공간 양립성: 조종장치와 표시장치의 물리적 배열(공간적 배열)이 사용자 기대와 일치되도록 하는 것을 말한다
④ 양식 양립성: 직무에 알맞은 자극과 응답방식(양식)에 대한 것을 말한다

04 시각 표시장치보다 청각 표시장치를 사용하는 것이 유리한 경우는?

① 소음이 많은 경우
② 전하려는 정보가 복잡할 경우
③ 즉각적인 행동이 요구되는 경우
④ 전하려는 정보를 다시 확인해야 하는 경우

해설 표시장치의 선택(청각장치와 시각장치의 선택)

청각장치 사용	시각장치 사용
① 전언이 간단하고 짧다	① 전언이 복잡하고 길다
② 전언이 후에 재참조되지 않는다	② 전언이 후에 재참조된다
③ 전언이 즉각적인 사상(event)을 이룬다	③ 전언이 공간적인 위치를 다룬다
④ 전언이 즉각적인 행동을 요구한다	④ 전언이 즉각적인 행동을 요구하지 않는다
⑤ 수신자 시각계통이 과부하 상태일 때	⑤ 수신자의 청각계통이 과부하 상태일 때
⑥ 수신장소가 너무 밝거나 암조응 유지가 필요할 때	⑥ 수신장소가 너무 시끄러울 때
⑦ 직무상 수신자가 자주 움직이는 경우	⑦ 직무상 수신자가 한 곳에 머무르는 경우

05 동전던지기에서 앞면이 나올 확률은 0.4이고, 뒷면이 나올 확률은 0.60이다. 이때 앞면이 나올 정보량은 1.32bit이고, 뒷면이 나올 정보량은 0.67bit이다. 총평균 정보량은 약 얼마인가?

① 교육 훈련
② 결과의 피드백
③ 신호검출 실패 비용의 증가
④ 신호와 비신호의 구별성 증가

정답 1.④ 2.① 3.① 4.③

해설 정보량(H)

$$H = \sum_{i=1}^{n} P_i \log_2\left(\frac{1}{P_i}\right)$$

감각기관	청각	촉각	시각	미각	통각
반응시간(초)	0.17초	0.18초	0.20초	0.29초	0.90초

06 부품 배치의 원칙에 해당되지 않는 것은?
① 사용 빈도의 원칙
② 사용 순서의 원칙
③ 기능별 배치의 원칙
④ 크기별 배치의 원칙

해설 부품배치의 4원칙(작업대 공간배치의 원칙)
1) 중요성의 원칙: 부품을 작동하는 성능이 체계의 목표 달성에 긴요한 정도에 따라 우선순위를 설정한다
2) 사용빈도의 원칙: 부품을 사용하는 빈도에 따라 우선 순위를 설정한다
3) 기능별 배치의 원칙: 기능적으로 관련된 부품들(표시장치, 조정장치 등)을 모아서 배치한다
4) 사용 순서의 원칙: 사용되는 순서에 따라 장치들을 가까이에 배치한다

07 인간-기계 시스템 중 폐회로(closed loop) 시스템에 속하는 것은?
① 소총　　② 모니터
③ 전자레인지　　④ 자동차

1) 폐회로 시스템의 예: 자동차의 방향조절장치, 에어컨의 온도조절기, 크루즈 미사일 등
2) 개회로 시스템의 예: 소총(0점사격)

08 반응시간이 가장 빠른 감각은?
① 청각　　② 미각
③ 시각　　④ 후각

해설 1) 반응시간: 자극이 제시되었을 때 여기에 대한 반응이 발생하기 까지의 소요시간을 말한다.
2) 감각기관의 자극에 대한 반응시간

09 음원의 위치 추정을 위한 암시 신호(cue)에 해당되는 것은?
① 위상차　　② 음색차
③ 주기차　　④ 주파수차

해설 위상차
1) 위상차: 파동의 한 성분인 위상값의 차이를 말하며 음원의 위치 추정을 위한 암시 신호에 해당된다
2) 같은 주기와 진폭을 갖는 파동도 위상차가 발생한다

10 비행기에서 20m 떨어진 거리에서 측정한 엔진의 소음이 130dB(A)이었다면, 100m 떨어진 위치에서의 소음수준은 약 얼마인가?
① 113.5dB(A)
② 116.0dB(A)
③ 121.8dB(A)
④ 130.0dB(A)

해설 $dB_2 = dB_1 - 20\log\left(\frac{d_2}{d_1}\right) = 130 - 20\log\left(\frac{100}{20}\right)$
$= 116.02 dB(A)$

11 시스템의 사용성 검증 시 고려되어야할 변인이 아닌 것은?
① 경제성　　② 에러 빈도
③ 효율성　　④ 기억용이성

해설 시스템 사용성 검증시 고려되어야 할 변인
1) 에러빈도　2) 효율성　3) 기억용이성

12 Fitts의 법칙에 관한 설명으로 맞는 것은?

① 표적과 이동거리는 작업의 난이도와 소요 이동시간과 무관하다.
② 표적이 작을수록, 이동거리가 길수록 작업의 난이도와 소요 이동시간이 증가한다.
③ 표적이 클수록, 이동거리가 길수록 작업의 난이도와 소요 이동시간이 증가한다.
④ 표적이 작을수록, 이동거리가 짧을수록 작업의 난이도와 소요 이동시간이 증가한다.

해설 Fitts 법칙(동작시간, MT): 작업의 난이도와 소요 이동시간(MT)은 표적(W)이 작을수록 이동거리(A)가 길수록 증가한다.

$$MT = a + b\log_2\left(\frac{2A}{W}\right)$$

여기서, MT: 동작시간 또는 이동시간 A: 움직인 거리(이동거리) W: 목표물의 너비(폭) a,b: 상수

13 코드화(coding) 시스템 사용 상의 일반적 지침으로 적합하지 않은 것은?

① 양립성이 준수되어야 한다.
② 차원의 수를 최소화해야 한다.
③ 자극은 검출이 가능하여야 한다.
④ 다른 코드표시와 구별되어야 한다.

해설 표시장치의 암호체계 사용상의 일반지침
1) 암호의 검출성: 검출이 가능해야 한다
2) 암호의 변별성: 다른 암호표시와 구별되어야 한다
3) 부호의 양립성: 양립성이란 자극들 간의, 반응들 간의, 또는 자극-반응 조합의 관계를 말하는 것으로 인간의 기대와 모순되지 않는다
4) 부호의 의미: 사용자가 그 뜻을 분명히 알아야 한다
5) 암호의 표준화: 암호를 표준화하여야 한다(암호를 표준화하여 사람들이 쉽게 이용할수 있어야 한다)
6) 다차원 암호의 사용: 2가지 이상의 암호차원을 조합해서 사용하면 정보전달이 촉진된다

14 움직이는 몸의 동작을 측정한 인체치수를 무엇이라고 하는가?

① 조절 치수
② 구조적 인체치수
③ 파악한계 치수
④ 기능적 인체치수

해설 인체측정의 방법
1) 정적치수(구조적 인체치수)
 ① 신체의 정적자세(고정자세)에서 측정한 신체지수이다(형태학적 측정이라고도 함)
 ② 정적치수 인체측정기: 마틴식(Martin) 인체측정기
 ③ 나체측정을 원칙으로 하며 제품 및 작업장 설계의 기초 자료를 활용된다
 ④ 신체측정치는 나이, 성, 종족(인종)에 따라 다르다

2) 동적치수(기능적 인체치수)
 ① 신체적 활동을 하는 상태에서 측정한 신체치수이다 (상지나 하지의 운동범위 측정)
 ② 동적치수 측정: 마틴식 인체측정기로는 측정이 어려우며 사진이나 스캐너(scanner)를 사용하여 2차원 또는 3차원 자료를 측정한다
 ③ 기능적 인체치수를 사용하는 이유: 각 신체부위는 조화를 이루면서 움직이기 때문이다

15 인간기계 통합체계에서 인간 또는 기계에 의해 수행되는 기본 기능이 아닌 것은?

① 정보처리
② 정보생성
③ 의사결정
④ 정보보관

해설 인간 · 기계 체계의 기능
1) 감지(정보수용)
2) 정보보관
3) 정보처리 및 의사결정 4) 행동기능

정답 12. ② 13. ② 14. ④ 15. ②

16 인간의 눈에 관한 설명으로 맞는 것은?

① 간상세포는 황반(fovea) 중심에 밀집되어 있다.
② 망막의 간상세포(rod)는 색의 식별에 사용된다.
③ 시각(視角)은 물체와 눈 사이의 거리에 반비례한다.
④ 원시는 수정체가 두꺼워져 먼 물체의 상이 망막 앞에 맺히는 현상을 말한다.

해설 **망막**: 광수용 세포(간상체와 원추체)로 이루어진 얇고 매우 민감한 내부막으로 되어있으며 카메라의 필름처럼 상이 맺혀지는 곳이다
①원추체: 낮처럼 조도수준이 높을 때 기능을 하며 색을 구별한다
②간상체: 밤처럼 조도수준이 낮을 때 기능을 하며 흑백의 음영만을 구분한다
③황반: 망막의 중앙부위에 원추체가 집중되어 있는 부분으로 눈의 구조중에 빛이 도달하여 초점이 가장 선명하게 맺히는 부위이다

2)근시와 원시: 수정체 및 그 모양을 조절하는 근육의 변화 때문에 생긴다
①근시: 수정체가 두꺼워져 먼 물체의 상이 망막앞에 맺히는 현상을 말한다
②원시: 수정체가 얇아져서 가까운 물체의 상이 망막뒤에 맺히는 현상을 말한다

17 시(視)감각 체계에 관한 설명으로 틀린 것은?

① 동공은 조도가 낮을 때는 많은 빛을 통과시키기 위해 확대된다.
② 1디옵터는 1미터 거리에 있는 물체를 보기 위해 요구되는 조절능력이다.
③ 안구의 수정체는 모양체근으로 긴장을 하면 얇아져 가까운 물체만 볼 수 있다.
④ 망막의 표면에는 빛을 감지하는 광수용기인 원추체와 간상체가 분포되어 있다.

해설 **수정체**: 망막의 광수용체에 빛을 모으는 역할을 하는 투명한 볼록렌즈 형태의 조직을 말한다

1)카메라의 렌즈와 같이 빛을 굴절시켜 초점을 정확히 맞출 수 있도록 한다
2)멀리있는 물체에 초점을 맞추기 위해서는 수정체가 얇아지고 가까이 있는 물체에 초점을 맞출 때는 수정체가 두꺼워진다

18 인간의 정보처리과정, 기억의 능력과 한계 등에 관한 정보를 고려한 설계와 가장 관계가 깊은 것은?

① 제품 중심의 설계
② 기능 중심의 설계
③ 신체 특성을 고려한 설계
④ 인지 특성을 고려한 설계

해설 **인지특성을 고려한 설계**: 인간의 정보처리과정, 기억의 능력과 한계등에 관한 정보를 고려한 설계이다

19 인체 측정 자료를 설계에 응용할 때, 고려할 사항이 아닌 것은?

① 고정치 설계   ② 조절식 설계
③ 평균치 설계   ④ 극단치 설계

해설 **인체측정자료의 응용원칙**
1)조절식설계(가변적 설계)
2)극단치를 이용한 설계
3)평균치 설계

20 인간공학에 관한 설명으로 틀린 것은?

① 인간의 특성 및 한계를 고려한다.
② 인간을 기계와 작업에 맞추는 학문이다.
③ 인간 활동의 최적화를 연구하는 학문이다.
④ 편리성, 안정성, 효율성을 제고하는 학문이다.

해설 인간공학은 기계와 작업을 인간에게 맞추는 학문이다

정답 16.③ 17.③ 18.④ 19.① 20.②

제2과목 : 작업생리학

21 작업강도의 증가에 따른 순환기 반응의 변화에 대한 설명으로 틀린 것은?

① 혈압의 상승
② 적혈구의 감소
③ 심박출량의 증가
④ 혈액의 수송량 증가

해설 **작업강도 증가에 따른 순환기 반응의 변화**
1) 혈압상승
2) 심박출량 증가
3) 혈액의 수송량 증가
4) 심박수의 증가

22 관절에 대한 설명으로 틀린 것은?

① 연골관절은 견관절과 같이 운동하는 것이 가장 자유롭다.
② 섬유질관절은 두개골의 봉합선과 같으며 움직임이 없다.
③ 경첩관절은 손가락과 같이 한쪽 방향으로만 굴곡 운동을 한다.
④ 활액관절은 대부분의 관절이 이에 해당하며, 자유로이 움직일 수 있다.

해설 **부동관절**
1) 연골관절: 2개의 뼈가 연골에 의하여 연결되어 있는 것으로 약간의 운동만 가능하다
2) 섬유질 관절: 2개의 뼈가 결합조직에 의하여 연결된 것으로 두개골의 봉합선과 같으며 움직임이 없다

23 유산소(aerobic) 대사과정으로 인한 부산물이 아닌 것은?

① 젖산
② CO_2
③ H_2O
④ 에너지

해설 **유산소(aerobic)대사과정**
W포도당, 단백질, 지방+→++에너지

24 광도비(luminance ratio)란 주된 장소와 주변 광도의 비이다. 사무실 및 산업 상황에서의 추천 관도비는 얼마인가?

① 1:1
② 2:1
③ 3:1
④ 4:1

해설 **광도비(광속발산비)**
1) 주어진 장소와 주위의 광속발산도의 비이다
2) 사무실 및 산업상황에서의 추천광속발산비(추천광도비)는 보통 3:1이다

25 반사 휘광의 처리 방법으로 적절하지 않은 것은?

① 간접 조명 수준을 높인다.
② 무광택 도료 등을 사용한다.
③ 창문에 차양 등을 사용한다.
④ 휘광원 주위를 밝게 하여 광도비를 줄인다.

해설 **반사휘광의 처리**
1) 발광체의 휘도를 줄인다
2) 일반(간접)조명의 수준을 높인다
3) 산란광, 간접광, 조절판(baffle), 창문에 차양(shade) 등을 사용한다
4) 무광택도료, 빛을 산란시키는 표면색을 한 사무용 기기, 윤기를 없앤 종이 등을 사용한다

26 심장의 1회 박출량이 70mL이고, 1분간의 심박수가 70이면 분당 심박출량은?

① 70mL/min
② 140mL/min
③ 4200 mL/min
④ 4900mL/min

해설 심장박출량=1회박출량(L/회) × 심박수(회/min)=70mL/회×70회/min=4900mL/min

정답 21. ② 22. ① 23. ① 24. ③ 25. ④ 26. ④

27 총작업시간이 5시간, 작업 중 평균 에너지소비량이 7kcal/min이었다. 휴식 중 에너지소비량이 1.5kcal/min일 때 총작업시간에 포함되어야 할 필요한 휴식시간은 얼마인가? (단, Murrell의 산정방법을 적용한다.)

① 약 84분 ② 약 96분
③ 약 109분 ④ 약 192분

해설 $R = \dfrac{T(E-S)}{E-1.5} = \dfrac{300 \times (7-5)}{7-1.5} = 109.09\text{min}$

여기서, R: 휴식시간(min) T: 총 작업시간(5hr×60min/hr=300min) E: 작업중 평균 에너지소비량(9kcal/min) S: 권장 평균에너지 소비량(5kcal/min)

28 신경계 가운데 반사와 통합의 기능적 특징을 갖는 것은?

① 중추신경계 ② 운동신경계
③ 교감신경계 ④ 감각신경계

해설 1)중추신경계
① 말초로부터 전달되 신체 내·외부의 자극정보를 받고 다시 말초신경을 통하여 적절한 반응을 전달하는 중추적인 신경을 말한다
② 신경계 가운데 반사와 통합의 기능적 특징을 갖는다(17/1회)

2)중추신경계의 구성: 뇌(brain)와 척수(spinal cord)로 구성된다

29 RMR(relative metabolic rate)의 값이 1.8로 계산되었다면 작업강도의 수준은?

① 아주 가볍다(very light)
② 가볍다(light)
③ 보통이다(moderate)
④ 아주 무겁다(very heavy)

해설 RMR(에너지대사율)에 의한 작업강도 구분

① 0~2RMR: 輕(가벼운)작업
② 2~4RMR: 中(보통)작업
③ 4~7RMR: 重(힘든)작업 ④ 7RMR이상: 超重(아주 힘든)작업

30 힘에 대한 설명으로 틀린 것은?

① 힘은 백터량이다.
② 힘의 단위는 N이다.
③ 힘은 질량에 비례한다.
④ 힘은 속도에 비례한다.

해설 힘(force): 힘은 백터량이고 단위는 N(뉴우톤)과 dyne(다인)이 있으며 질량과 가속도에 비례한다. 힘=질량×가속도

31 작업환경측정결과 청력보존프로그램을 수립하여 시행하여야 하는 기준이 되는 소음수준은?

① 80dB 초과 ② 85dB 초과
③ 90dB 초과 ④ 95dB 초과

해설 청력보존 프로그램 시행 등(안전보건규칙 제 517조)
다음 각호의 어느 하나에 해당하는 경우에 청력보존 프로그램을 수립하여 시행하여야 한다
1) 소음의 작업환경 측정 결과 소음수준이 90dB을 초과하는 사업장
2) 소음으로 인하여 근로자에게 건강장해가 발생한 사업장

32 국소진동을 일으키는 진동원은 무엇인가?

① 크레인 ② 버스
③ 지게차 ④ 자동식 톱

해설 진동의 구분 및 진동원

구분	진동원
1. 전신진동	크레인, 지게차, 대형운송차량, 선박, 항공기 등
2. 국소진동	전동그라인더, 임펙트렌치, 전동렌치, 전동톱, 착암기등

33 소음에 대한 대책으로 가장 효과적이고, 적극적인 방법은?

① 칸막이 설치
② 소음원의 제거
③ 보호구 착용
④ 소음원의 격리

해설
1) 소음원의 제거: 가장 적극적(근본적)인 소음방지대책 [10/1회]
2) 소음원의 통제: 기계의 적절한 설계, 적절한 정비 및 주유, 기계에 고무 받침대 부착, 차량에는 소음기 사용
3) 소음의 격리(소음전달경로의 제어): 씌우개 방, 장벽을 사용(집의 창문을 닫으면 약 10dB 감음됨)
4) 차폐장치 및 흡음재료 사용
5) 음향처리제 사용
6) 적절한 배치(layout)
7) 방음보호구(청각보호장비) 사용: 귀이개(이전) (2000Hz에서 20dB, 4000Hz에서 25dB 차음효과)
8) BGM(back ground music): 배경음악(60±3dB)

34 중량물을 운반하는 작업에서 발생하는 생리적 반응으로 맞는 것은?

① 혈압이 감소한다.
② 심박수가 감소한다.
③ 혈류량이 재분배된다.
④ 산소소비량이 감소한다.

해설 중량물 운반작업시 발생하는 생리적 반응
1) 혈압상승
2) 심박수 증가
3) 산소소비량 증가
4) 혈류량 재분배

35 근육에 관한 설명으로 틀린 것은?

① 근섬유의 수축단위는 근원섬유이다.
② 근섬유가 수축하면 A대가 짧아진다.
③ 하나의 근육은 수많은 근섬유로 이루어져 있다.
④ 근육의 수축은 근육의 길이가 단축되는 것이다.

해설 근육의 수축원리
1) 액틴과 미오신 필라멘트의 길이는 변하지 않는다
2) 근섬유가 수축하면 I대와 H대가 짧아진다
3) 최대로 수축했을 때는 Z선이 A대에 맞닿는다
4) 근육전체가 내는 힘은 활성화된 근섬유 수에 의해 결정된다
5) 근육원섬유마디(sarcomere)에서 근섬유가 수축하면 Z선과 Z선 사이의 거리가 짧아진다

36 점멸융합주파수(flicker fusion frequency)에 관한 설명으로 맞는 것은?

① 중추신경계의 정신피로의 척도로 사용된다.
② 작업시간이 경과할수록 점멸융합주파수는 높아진다.
③ 쉬고 있을 때 점멸융합주파수는 대략 10~20Hz이다.
④ 마음이 긴장되었을 때나 머리가 맑을 때의 점멸융합주파수는 낮아진다.

해설 점멸융합주파수(CFF; critical flicker fusion)
1) 점멸융합주파수(CFF): 자극들이 작업자에게 일정한 속도로 제공될 때 깜빡거림 없이 연속적으로 제공되는 것처럼 느껴지는 주파수를 말한다
2) CFF는 중추신경계의 정신적 피로를 평가하는 척도로 사용된다
3) 작업시간이 경과할수록 CFF치는 낮아진다
4) 마음이 긴장되었을 때나 머리가 맑을 때의 CFF치는 높아진다

정답 33.② 34.③ 35.② 36.①

37 산소소비량에 관한 설명으로 틀린 것은?

① 산소소비량과 심박수 사이에는 밀접한 관련이 있다.
② 산소소비량은 에너지 소비와 직접적인 관련이 있다.
③ 산소소비량은 단위 시간당 흡기량만 측정한 것이다.
④ 심박수와 산소소비량 사이의 관계는 개인에 따라 차이가 있다.

해설 산소소비량은 단위시간당 배기량을 측정하고 성분(CO_2, O_2)을 분석하여 구한다

38 열교환의 네 가지 방법이 아닌 것은?

① 복사(radiation)
② 대류(convection)
③ 증발(evaporation)
④ 대사(metabolism)

해설 신체와 환경사이의 열교환과정
1) 전도(conduction): 직접적인 접촉에 의한 열전달을 의미한다
2) 대류(convection): 고온대의 액체나 기체가 저온대로 직접 이동하여 일어나는 열전달이다
3) 복사(radiation): 전자파의 복사에 의해서 열이 전달되는 것이다(신체와 환경 사이에 복사에 의해 열이 전달되는 것을 차단하기 위해 방열복을 차단한다)
4) 증발(evaporation): 신체내의 수분이 열에 의해서 수증기로 증발하는 현상이다

39 컴퓨터 단말기(VDT) 작업의 사무환경을 위한 추천 조명은 얼마인가?

① 100 ~ 300 lux
② 300 ~ 500 lux
③ 500 ~ 700 lux
④ 700 ~ 900 lux

해설 VDT 작업시 사무환경을 위한 추천조명: 300~500lux

40 근육운동 중 근육의 길이가 일정한 상태에서 힘을 발휘하는 운동을 나타내는 것은?

① 등척성 운동   ② 등장성 운동
③ 등속성 운동   ④ 단축성 운동

해설 근육수축의 유형
1) 등척성 수축: 근육의 길이가 변하지 않으면서 장력이 발생하는 근수축(정적근력)
2) 등장성 수축: 근육의 길이가 변하면서 힘을 발휘하는 근수축
3) 등속성 수축: 운동의 전반에 걸쳐 일정한 속도로 근수축을 유도하는 것
4) 동심성·구심성 수축: 근육이 수축할 때 길이가 짧아지며 내적근력을 발휘하는 것(근육운동에 있어 장력이 활발하게 생기는 동안 근육이 가시적으로 단축되는 수축)
5) 이심성·원심성 수축: 근육이 수축할 때 길이가 길어지며 내적근력보다 외부힘이 클 때 발생

제3과목 : 산업심리학 및 관계법규

41 인간의 의식수준을 단계별로 분류할 때, 에러 발생 가능성이 낮은 것으로부터 높아지는 순서대로 연결된 것은?

① Ⅰ단계 - Ⅱ단계 - Ⅲ단계 - Ⅳ단계
② Ⅰ단계 - Ⅳ단계 - Ⅲ단계 - Ⅱ단계
③ Ⅱ단계 - Ⅰ단계 - Ⅳ단계 - Ⅲ단계
④ Ⅲ단계 - Ⅱ단계 - Ⅰ단계 - Ⅳ단계

해설 1) 신뢰성이 높을수록 에러발생가능성이 낮다
2) 의식수준 단계별 신뢰성

정답 37. ③ 38. ④ 39. ② 40. ① 41. ④

단계	0단계	I단계	II단계	III단계	IV단계
신뢰성	0	0.9이하	0.99~0.99999	0.999999 이상	0.9 이하

42 제조물 책임법에서 손해배상 책임에 대한 설명 중 틀린 것은?

① 물질적 손해뿐 아니라 정신적 손해도 손해 배상 대상에 포함된다.
② 피해자가 손해배상 청구를 하기 위해서는 제조자의 고의 또는 과실을 입증해야 한다.
③ 해당 제조물 결함에 의해 발생한 손해가 그 제조물 자체만에 그치는 경우에는 제조물 책임 대상에서 제외한다.
④ 제조자가 결함 제조물로 인하여 생명, 신체 또는 재산상의 손해를 입은 자에게 손해를 배상할 책임을 의미한다.

해설 ②항, 피해자가 손해배상 청구를 위해서는 제조물에 결함이 있다는 것을 입증해야 한다

43 리더십이론 중 특성이론에 기초하여 성공적인 리더의 특성에 대한 기술로 틀린 것은?

① 강한 출세욕구를 지닌다.
② 미래보다는 현실지향적이다.
③ 부모로부터 정서적 독립을 원한다.
④ 상사에 대한 강한 동일 의식과 부하직원에 대한 관심이 많다.

해설 리더십의 특성이론
1) 리더의 기능수행은 리더 개인의 특벽한 성격과 자질에 좌우된다는 이론이다
2) 특성이론은 리더십에서 개인적 특성만 강조할 뿐 상황이나 환경은 고려하지 않는다

44 스트레스에 대한 설명으로 틀린 것은?

① 직무속도는 신체적, 정신적 스트레스에 영향을 미치지 않는다.
② 역할 과소는 권태, 단조로움, 신체적 피로, 정신적 피로 등을 유발할 수 있다.
③ 일반적으로 내적 통제자들은 외적 통제자들보다 스트레스를 적게 받는다.
④ A형 성격을 가진 사람이 B형 성격을 가진 사람보다 높은 스트레스를 받을 가능성이 있다.

해설 ①항, 직무속도는 신체적, 정신적 스트레스에 영향을 미친다

45 휴먼 에러의 배후요인 4가지(4M)에 속하지 않는 것은?

① Man
② Machine
③ Motive
④ Management

해설 인간과오의 배후요인 4요소(4M)
1) 맨(man): 본인 이외의 사람(팀워크, 커뮤니케이션)
2) 머신(machine): 장치나 기계 등의 물적요인(본질안전화, 표준화, 점검, 정비)
3) 미디어(media): 인간과 기계를 잇는 매체란 뜻으로 작업의 방법이나 순서, 작업 정보의 실태나 환경과의 관계, 정리정돈 등이 포함된다(환경개선, 작업방법개선 등)
4) 매니지먼트(management): 안전법규의 준수방법, 단속, 점검 관리 외에 지휘감독, 교육훈련 등이 여기에 속한다(적성배치, 교육·훈련)

46 다음 표는 동기부여와 관련된 이론의 상호 관련성을 서로 비교해 놓은 것이다. A~E에 해당하는 용어가 맞는 것은?

① A : 존재욕구, B : 관계욕구, D : X이론
② A : 관계욕구, C : 성장욕구, D : Y이론
③ A : 존재욕구, C : 관계욕구, E : Y이론
④ B : 성장욕구, C : 존재욕구, E : X이론

정답 42.② 43.④ 44.① 45.③

해설 허즈버그 · 알더퍼 · 맥그레거의 동기부여이론 관련성

위생요인과 동기요인 (Gerzberg)	ERG이론 (Alderfer)	X이론과 Y이론 (McFregor)
위생요인	존재욕구	X이론
	관계욕구	
동기요인	성장욕구	Y이론

47 안전에 대한 책임과 권한이 라인 관리감독자에게도 부여되며, 대규모 사업장에 적합한 조직 형태는?

① 라인형(Line) 조직
② 스탭형(Staff) 조직
③ 라인-스탭형(Line-Staff) 조직
④ 프로젝트(Project Team Work) 조직

해설 1)라인형(line)조직: 100명 미만의 소규모 사업장
2)스탭형(staff)조직: 100~500명의 중규모 사업장
3)라인-스탭형(line-staff)조직: 1000명 이상의 대규모 사업장

48 군중보다 한층 합의성이 없고, 감정에 의해 행동하는 집단행동은?

① 모브(mob)
② 유행(fashion)
③ 패닉(panic)
④ 풍습(folkway)

해설 **비통제의 집단행동**: 성원의 감정, 정서에 의해 좌우되고 연속성이 희박하다
1)군중(crowd): 성원 사이에 지위나 역할의 분화가 없고, 각자는 책임감, 비판력을 가지지 않는다
2)모브(mob): 공격적인 것이 특징인 폭동을 말한다(군중보다 한층 합의성이 없고 감정에 의해 행동하는 집단행동)
3)패닉(panic): 방어적인 것이 특징인 폭동을 말한다

4)심리적 전염: 유행과 비슷하면서 비합리성이 강하고 논리적, 사실적 근거없이 무비판적으로 받아드려지는 것을 의미한다

49 다음과 같은 재해발생 시 재해조사분석 및 사후처리에 대한 내용으로 틀린 것은?

[다음]
크레인으로 강재를 운반하던 도중 약해져 있던 와이어 로프가 끊어지며 강재가 떨어졌다. 이 때 작업구역 밑을 통행하던 작업자의 머리 위로 강재가 떨어졌으며, 안전모를 착용하지 않은 상태에서 발생한 사고라서 작업자는 큰 부상을 입었고, 이로 인하여 부상 치료를 위해 4일간의 요양을 실시하였다.

① 재해 발생형태는 추락이다.
② 재해의 기인물은 크레인이고, 가해물은 강재이다.
③ 산업재해조사표를 작성하여 관할 지방고용노동청장에게 제출하여야 한다.
④ 불안전한 상태는 약해진 와이어 로프이고, 불안전한 행동은 안전모 미착용과 위험구역 접근이다.

해설 **재해조사분석**
1)기인물: 크레인(불안전한 상태에 있는 물체 또는 환경)
2)가해물: 강재(직접 사람에게 접촉되어 위해를 가한 물체)
3)재해형태: 낙하
4)불안전한 상태: 약해져 있던 와이어로프
5)불안전한 행동: 안전모 미착용 및 위험작업구역 접근

50 반응시간 또는 동작시간에 관한 설명으로 틀린 것은?

① 단순반응시간은 하나의 특정자극에 대하여 반응하는데 소요되는 시간을 의미한다.
② 선택반응시간은 일반적으로 자극과 반응의 수가 증가할수록 로그함수로 증가한다.
③ 동작시간은 신호에 따라 손을 움직여 동작을 실제로 실행하는데 걸리는 시간을 의미한다.
④ 선택반응시간은 여러 가지의 자극이 주어지고, 모든 자극에 대하여 모두 반응하는데까지의 총소요시간을 의미한다.

[해설] 선택반응시간: 여러개의 자극을 제시하고 각각에 대한 서로 다른 반응을 할 과제를 준 후에 자극이 제시되어 반응을 할 때 까지의 시간을 말한다

51 하인리히(Heinrich)가 제시한 재해발생 과정의 도미노 이론 5단계에 해당하지 않는 것은?

① 사고
② 기본원인
③ 개인적 결함
④ 불안전한 행동 및 불안전한 상태

[해설] 하인리히(Heinrich)의 사고연쇄성이론
[도미노(domino)현상]
①1단계: 사회적환경 및 유전적 요소(선천적 결함)
②2단계: 개인적 결함(성격결함 등)
③3단계: 불안전한 행동 및 불안전한 상태(사고방지를 위해 중점적으로 배제해야 할 사항)
④4단계: 사고
⑤5단계: 재해

2)버드(Bird)의 최고사고연쇄성 이론(버드의 관리모델, 경영자의 책임이론)
①1단계: 통제의 부족-관리소홀(재해발생의 근본적 원인)
②2단계: 기본원인-기원(작업자·환경결함)
③3단계: 직접원인-징후(불안전한 행동 및 상황)
④4단계: 사고-접촉 ⑤5단계: 상해-손해-손실

52 어느 사업장의 도수율은 40이고 강도율은 4이다. 이사업장의 재해 1건당 근로손실일수는 얼마인가?

① 1   ② 10
③ 50   ④ 100

[해설] 도수율 = $\frac{재해건수}{연근로시간수} \times 10^6$ /연근로시간수

= $\frac{재해건수}{도수율} \times 10^6 = \frac{1}{40} \times 10^6 = 25,000$시간

2)강도율 = $\frac{근로손실일수}{연근로시간수} \times 1000$ / 근로손실

일수 = 강도율 × 연근로시간수 × $\frac{1}{1000}$

= $4 \times 25,000 \times \frac{1}{1000} = 100$

53 스트레스에 관한 일반적 설명 중 거리가 가장 먼 것은?

① 스트레스는 근골격계 질환에 영향을 줄 수 있다.
② 스트레스를 받게 되면 자율 신경계가 활성화 된다.
③ 스트레스가 낮아질수록 업무의 성과는 높아진다.
④ A형 성격의 소유자는 스트레스에 더 노출되기 쉽다.

[해설] 1)스트레스(stress): 인체에 가해지는 여러 가지 자극에 대해 체내에서 일어나는 반응을 말한다
2)스트레스는 적정수준을 유지하는 것을 긍정적 스트레스라고 하고 스트레스가 너무 높거나 너무 낮을 경우에는 부정적 스트레스라고 한다(스트레스가 너무 낮으면 업무의 성과는 떨어질 수 있다)

정답 50.④ 51.② 52.④ 53.③

54 시스템 안전 분석기법 중 정량적 분석 방법이 아닌 것은?

① 결함나무 분석(FTA)
② 사상나무 분석(ETA)
③ 고장모드 및 영향분석(FMEA)
④ 휴먼 에러율 예측기법(THERP)

해설 수리적 방법에 의한 안전분석기법의 분류
1) 정성적 방법
  ① PHA: 예비사고(위험)분석
  ② FMEA: 고장의 형태와 영향분석
2) 정량적 방법
  ① ETA: 사상수분석법
  ② THERP: 인간과오율 예측기법
  ③ FTA: 결함수 분석법

55 조직이 리더에게 부여하는 권한의 유형으로 볼 수 없는 것은?

① 보상적 권한   ② 강압적 권한
③ 합법적 권한   ④ 작위적 권한

해설 리더십의 권한
1) 조직이 지도자에게 부여한 권한
  ① 보상적 권한: 지도자가 부하들에게 보상할 수 있는 능력으로 인해 부하직원들을 통제할 수 있으며 부하들의 행동에 대해 영향을 끼칠 수 있는 권한이다
  ② 강압적 권한: 부하직원들을 처벌할 수 있는 권한이다
  ③ 합법적 권한: 조직의 규정에 의해 지도자의 권한이 공식화 된 것을 말한다
2) 지도자 자신이 자신에게 부여한 권한: 부하직원들이 지도자의 성격이나 그 능력을 인정하고 지도자를 존경하며 자진해서 따르는 것이다
  ① 전문성의 권한: 지도자가 목표수행에 필요한 전문적인 지식을 갖고 업무수행을 하므로 부하직원들이 자발적으로 지도자를 따르게 된다
  ② 위임된 권한: 집단의 목표를 성취하기 위해 부하직원들이 지도자가 정한 목표를 자진해서 자신의 것으로 받아들여 지도자와 함께 일하는 것이다

56 호손 실험결과 생산성 향상에 영향을 주는 주요인은 무엇이라고 나타났는가?

① 자본   ② 물류관리
③ 인간관계   ④ 생산기술

해설 호오손(Hawthorne)실험
1) 실험연구자: 메이오(Mayo)
2) 실험연구결과: 작업능률(생산성향상)은 물리적인 작업조건보다는 인간의 심리적인 태도, 감정을 규제하고 있는 인간관계에 의해서 결정됨을 밝혔다
3) 인간관계
  ① 인간관계는 상담, 조언에 의해서 이루어진다
  ② 종업원의 인간성을 경영자와 대등하게 본 인간관계의 기초 위에서 관리를 추진한다

57 Rasmussen의 인간행동 분류에 기초한 인간 오류가 아닌 것은?

① 규칙에 기초한 행동(rule-based behavior) 오류
② 실행에 기초한 행동(commission-based behavior) 오류
③ 기능에 기초한 행동(skill-based behavior) 오류
④ 지식에 기초한 행동(knowledge-based behavior) 오류

해설 인간의 행동 또는 수준에 따른 휴먼에러의 분류 (Rasmussen 모델)
1) 숙련기간 에러(skill-based error): 기능에 기초한 행동오류
2) 규칙기반 에러(Rule-based error): 규칙에 기초한 행동오류
3) 지식기반 에러(Know-based error): 지식에 기초한 행동오류

58 보행 신호등이 바뀌었지만 자동차가 움직이기까지는 아직 시간이 있다고 판단하여 신호 등을 건너는 경우는 어떤 상태인가?

① 근도반응 ② 억측판단
③ 초조반응 ④ 의식의 과잉

[해설] **억측판단**
1) 억측판단: 자기 주관적인 판단
2) 억측판단이 발생하는 배경
  ① 희망적인 관측: 그때도 그랬으니까 괜찮겠지 하는 관측
  ② 정보나 지식의 불확실: 위험에 대한 정보의 불확실 및 지식의 부족
  ③ 과거의 선입견: 과거에 그 행위로 성공한 경험의 선입관
  ④ 초조한 심정: 일을 빨리 끝내고 싶은 초조한 심정

59 2차 재해 방지와 현장 보존은 사고발생의 처리 과정 중 어디에 해당하는가?

① 긴급 조치 ② 대책 수립
③ 원인 강구 ④ 재해 조사

[해설] **재해발생시 조치사항**

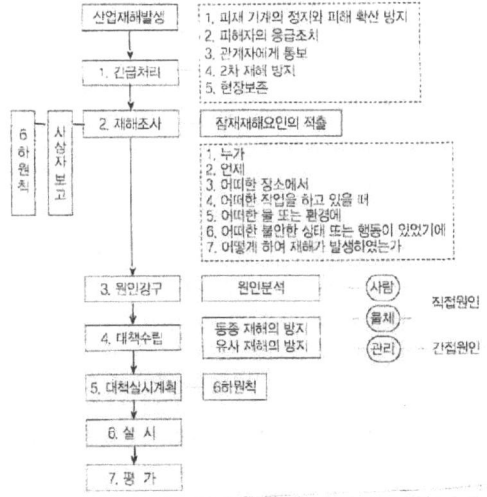

60 조작자 한 사람의 성능 신뢰도가 0.8일 때 요원을 중복하여 2인 1조가 작업을 진행하는 공정이 있다. 전체 작업기간의 60%정도만 요원을 지원한다면, 이 조의 인간 신뢰도는 얼마인가?

① 0.816 ② 0.896 ③ 0.962 ④ 0.985

[해설]
1) 조작자 1명의 신뢰도: 0.8 / 요원을 중복하여 2인 1조가 작업진행: 병렬연결
2) $R = 1-(1-R_1 \times 0.6)(1-R_2) = 1-(1-0.8 \times 0.6)(1-0.8) = 0.896$

제4과목: 근골격계질환예방을위한작업관리

61 유해요인조사의 법적요구 사항이 아닌 것은?

① 사업주는 유해요인조사를 실시하는 경우, 해당 작업근로자를 배제하여야 한다.
② 사업주는 근골격계 부담작업에 근로자를 종사하도록 하는 경우 3년마다 유해요인조사를 실시해야 한다.
③ 사업주는 근골격계 부담작업에 해당하는 새로운 작업이나 설비를 도입한 경우 유해요인 조사를 실시해야 한다.
④ 사업주는 법에 의한 임시건강진단 등에서 근골격계 부담작업 외의 작업에서 근골격계 질환자가 발생하였더라도 유해요인조사를 실시해야 한다.

[해설] **유해요인조사 시기**
1) 정기적 유해요인조사 실시: 유해요인조사가 완료된 날로부터 매 3년마다
2) 수시로 유해요인을 실시해야 하는 경우
  ① 법에 따른 임시건강진단 등에서 근골격계질환자가 발생하였거나 산업재해보상보험법에 따라 업무상 질병으로 인정 받은 경우
  ② 근골격계부담작업에 해당하는 새로운 작업·설비를 도입한 경우
  ③ 근골격계부담작업에 해당하는 업무의 양과 작업공정 등 작업환경을 변경한 경우

62 유해요인 조사 방법 중 RULA에 관한 설명으로 틀린 것은?

① 각 작업 자세는 신체 부위별로 A와 B그룹으로 나누어진다.
② 주로 하지 자세를 평가할 목적으로 개발된 유해요인 조사방법이다.
③ RULA가 평가하는 작업부하인자는 동작의 횟수, 정적인 근육작업, 힘, 작업 자세 등이다.
④ 작업에 대한 평가는 1점에서 7점 사이의 총점으로 나타나며, 점수에 따라 4개의 조치 단계로 분류된다.

해설 RULA: 주로 상지(어깨, 팔목, 손목, 목등)에 초점을 맞추어 작업자세로 인한 작업부하를 빠르고 상세하게 분석할 수 있는 유해요인 조사방법이다

63 어느 요소 작업을 25번 측정한 결과, 평균이 0.5, 샘플 표준편차가 0.09라고 한다. 신뢰도 95%, 허용오차 ±5%를 만족시키는 관측횟수는 얼마인가? (단, t=2.06이다.)

① 15   ② 55
③ 105   ④ 185

해설 관측횟수 $(N) = \dfrac{t^2 S^2}{I^2} = \dfrac{2.06^2 \times 0.09^2}{(0.05 \times 0.5)^2} = 55회$

64 서블릭(Therblig)에 관한 설명으로 틀린 것은?

① 조립(A)은 효율적 서블릭이다.
② 검사(I)는 비효율적 서블릭이다.
③ 빈손이동(TE)은 효율적 서블릭이다.
④ 미리놓기(PP)는 비효율적 서블릭이다.

해설 미리놓기(PP)
효율적 서블릭(작업진행에 필요한 서블릭)

65 유해도가 높은 근골격계 부담 작업의 공학적 개선에 속하는 것은?

① 적절한 작업자의 선발
② 작업자의 교육 및 훈련
③ 작업자의 작업속도 조절
④ 작업자의 신체에 맞는 작업장 개선

해설 근골격계질환의 공학적, 관리적 개선 방법

공학적 개선	관리적 개선
1. 공구의 개선 2. 작업대 높이의 조절 3. 자재운반시 동력기계장치의 사용 4. 작업장 개선	1. 작업속도 조절 2. 작업자 순환 3. 안전의식 교육(작업자 교육, 훈련) 4. 작업자 선발

66 작업대의 개선방법으로 맞는 것은?

① 좌식작업대의 높이는 동작이 큰 작업에는 팔꿈치의 높이보다 약간 높게 설계한다.
② 입식작업대의 높이는 경작업의 경우 팔꿈치의 높이보다 5~10cm정도 높게 설계한다.
③ 입식작업대의 높이는 중작업의 경우 팔꿈치의 높이보다 10~20cm정도 낮게 설계한다.
④ 입식작업대의 높이는 정밀작업의 경우 팔꿈치의 높이보다 5~10cm정도 낮게 설계한다.

해설 작업대 높이
1) 입식작업대 높이
  ① 경작업(조립라인, 기계적 작업 등): 팔꿈치 높이보다 5~16cm 정도 낮게 설계한다
  ② 중작업(중량물 취급작업): 팔꿈치 높이 보다 10~20cm 정도 낮게 설계한다
  ③ 정밀작업: 팔꿈치 높이 보다 5~10cm 정도 높게 설계한다
2) 좌식작업대 높이
  ① 의자높이, 작업대 두께 대퇴여유 등과 관계가 있다
  ② 작업대 높이는 섬세한 작업일수록 높아야 하고 거친작업에서는 약간 낮은 편이 유리하다

정답 62. ② 63. ② 64. ④ 65. ④ 66. ③

67 골격계 질환의 예방원리에 관한 설명으로 맞는 것은?

① 예방보다는 신속한 사후조치가 효과적이다.
② 작업자의 신체적 특징 등을 고려하여 작업장을 설계한다.
③ 공학적 개선을 통해 해결하기 어려운 경우에는 그 공정을 중단한다.
④ 사업장 근골격계 예방정책에 노사가 협의하면 작업자의 참여는 중요하지 않다.

해설 1) 근골격계질환의 예방원리: 작업자의 신체적 특징 등을 고려하여 작업장을 설계한다
2) 근골격계질환의 예방대책
  ① 단순 반복작업의 기계화
  ② 작업방법과 작업공간 재설계
  ③ 작업순환 실시
  ④ 작업속도와 작업강도의 적정화

68 작업분석에서의 문제분석 도구 중에서 80~20의 원칙에 기초하여 빈도수별로 나열한 항목별 점유와 누적비율에 따라 불량이나 사고의 원인이 되는 중요 항목을 찾아가는 기법은?

① 특성요인도   ② 파레토 차트
③ PERT 차트   ④ 산포도 기법

해설 1) 파레토 차트:
  ① 관심의 대상이 되는 항목을 동일 척도(scale)로 관찰하여 측정한 후 이를 내림차순으로 정리하고 누적분포를 구한다
  ② 문제의 인자를 파악하고 그것들이 차지하는 비율을 누적분포의 형태로 표현한다
2) 파렛토 원칙(80-20규칙): 상위 20%의 항목이 전체 활동의 80% 이상을 차지한다는 의미이다
3) 파렛토 차트 주목적: 20%정도에 해당하는 중요한 항목을 찾아내는 것이 주목적이다

69 워크샘플링(work sampling)에 대한 설명으로 맞는 것은?

① 시간연구법보다 더 정확하다.
② 자료수집 및 분석시간이 길다.
③ 관측이 순간적으로 이루어져 작업에 방해가 적다.
④ 컨베이어 작업처럼 짧은 주기의 작업에 알맞다.)

해설 work sampling의 장점 · 단점

1. 장점	1) 자료수집 및 분석 시간이 적다(작은 시간으로 연구수행 가능) 2) 관측이 순간적으로 이루어져 작업에 방해가 된다 3) 한명의 연구자가 여러명의 작업자나 기계를 동시에 관측할 수 있다 4) 조사기간을 길게 하여 평상시의 작업상황을 그대로 반영시킬 수 있다 5) 특별한 시간 측정 장비가 필요없다
2. 단점	1) 짧은 주기나 반복작업인 경우 적당치 않다 2) 한명의 작업자나 한 대의 소수 작업자나 기계만을 대상으로 연구하는 경우 비용이 커진다 3) Time study보다 자세하지 않다

70 손과 손목 부위에 발생하는 근골격계 질환이 아닌 것은?

① 결절종
② 수근관 증후군
③ 외상과염
④ 드퀘르베 건초염

해설 신체부위별 근골격계질환의 종류

신체부위	근골격계질환의 종류
1. 손 · 손목부위	1) 수근관증후군(CTS), 2) 드퀘벵 건초염 3) 무지수근 · 중수관절의 퇴행성 관절염 4) 결정종 5) 수완 · 완관절부의 건염 · 건활막염 6) 화이트 핑거 7) 방아쇠 수지 및 무지 8) 수부의 퇴행성 관절염 9) 백색수지증

정답 67. ② 68. ② 69. ③ 70. ③

신체부위	근골격계질환의 종류
2. 팔·팔목부위	1)외상과염·내상과염 2)주두 점액낭염 3)전완부 근육의 근막통증 증후근 4)주두점액 낭염 5)전완부에서의 요골신경 또는 정중신경 포착신경병증 6)주관절부위에서의 척골신경 포착 신경병증 7)기타 주관절·전완부위의 건염·건활막염
3. 어깨부위	1)상완부근육의 근막통증 증후근 2)상완이두 건막염(상완이두근 파열포함) 3)극상근 건염 4)회전근개 건염(충돌증후근, 극상근 파열 등 포함) 5)견관절부위의 점액낭염(견봉하 점액낭염, 견갑하 점액낭염, 삼각근하 점액낭염, 오구돌기하 점액낭염) 6)견구측증(오십견, 유착성 관절낭염) 7)흉곽출구 증후근(늑쇄증후근, 경늑골증후근) 8)견쇄관절 또는 상완와 관절의 퇴행성 관절염 9)기타 견관절 부위의 건염·건활막염
4. 목·견갑골부위	1)경부·견갑부 근육(경추 주위근, 승모근, 극상근, 극하근, 소원근, 광배근, 능형근 등)의 극막통증 증후근 2)경추 신경병증 3)경부의 퇴행성 관절염
5. 요추부위	1)추간판탈출증 2)퇴행성 추간판증 3)척추관 협착증 4)척추분리증 및 전방전위증

71 정미시간이 개당 3분이고, 준비시간이 60분이며 로트 크기가 100개일 때 개당 표준시간은 얼마인가?

① 2.5분   ② 2.6분
③ 3.5분   ④ 3.6분

72 근골격계 질환의 주요 발생요인이 아닌 것은?

① 넘어짐
② 잘못된 작업자세
③ 반복동작
④ 과도한 힘의 사용

73 디자인 프로세스 단계 중 대안의 도출을 위한 방법이 아닌 것은?

① 개선의 ECRS
② 5W1H분석
③ SEARCH원칙
④ Network Diagram

해설 디자인 프로세스 단계 중 대안의 도출방법
1)개선의 ECRS
2)5W1H
3)SEARCH
4)브레인스토밍(BS원칙)

74 동작경제의 원칙이 아닌 것은?

① 공정 개선의 원칙
② 신체의 사용에 관한 원칙
③ 작업장의 배치에 관한 원칙
④ 공구 및 설비의 설계에 관한 원칙

해설 동작경제의 원칙
1)신체의 사용에 관한 원칙
2)작업장 배치에 관한 원칙
3)공구 및 설비의 설계에 관한 원칙

75 MTM(Method Time Measurement)법에서 사용되는 기호와 동작이 맞는 것은?

① P : 누름   ② M : 회전
③ R : 손뻗침   ④ AP : 잡음

해설 MTM 법에 사용되는 기호와 기본동작 및 정의 등

기호	기본동작	정의
R (reach)	손뻗침	손이나 손가락을 이동하는 것을 목적으로 하는 동작
M (move)	운반	손이나 손가락으로 목적물을 이동하는 동작

정답 71.④ 72.① 73.④ 74.① 75.③

기호	기본 동작	정의
AP (apply pressure)	누름	근육의 힘을 가해서 대상물을 저항을 압도하는 동작
T (turn)	회전	팔의 길이 방향을 축으로 한 손회전 동작
G (grasp)	잡음	손이나 손가락으로 대상물을 쥐는 동작
P (position)	정치	대상물을 다른물체와 결합하기 위한 동작
D (disengage)	떼어 놓음	접촉된 두물체를 떼어 놓는 동작
R (relaease)	방치	손이나 손가락으로 쥐고있던 물체를 놓는 동작
C (crank)	크랭크	팔꿈치를 축으로 손·손가락 및 아래팔의 회전동작

76. 4개의 작업으로 구성된 조립공정의 조립시간은 다음과 같고, 주기시간(Cycle Time)은 40초일 때, 공정효율은 얼마인가?

① 52.5%   ② 62.5%
③ 72.5%   ④ 82.5%

해설 공정효율(E)

$$E(\%) = \frac{\Sigma t_i}{N \times Tc} \times 100 =$$

$$\frac{(10+20+30+40)초}{4 \times 40초} \times 100 = 62.5\%$$

여기서, Σt_i : 총 작업시간 N: 작업장 수
Tc : 주기시간(사이클 시간, 가장 긴 작업시간)

77. 중량물 취급 시 작업 자세에 관한 내용으로 틀린 것은?

① 무릎을 곧게 펼 것
② 중량물은 몸에 가깝게 할 것
③ 발을 어깨넓이 정도로 벌릴 것
④ 목과 등이 거의 일직선이 되도록 할 것

중량물 취급 시 작업자세
1) 허리를 곧게 펼 것
2) 중량물은 몸에 가깝게 할 것
3) 발을 어깨넓이 정도로 벌릴 것 4) 목과 등이 거의 일직선이 되도록 할 것

78. 사업장 근골격계 질환 예방관리 프로그램에 관한 설명으로 적절하지 않은 것은?

① 의학적 관리를 포함한다.
② 팀으로 구성되어 진행된다.
③ 작업자가 직접 참여하는 프로그램이다.
④ 질환자가 3인 이상 발생될 경우 근골격계 질환 예방관리 프로그램을 수립하여야 한다.

근골격계질환 예방관리 프로그램을 수립·시행하여야 할 적용대상
1) 근골격계질환으로 「산업재해보상보험법 시행령」에 따라 업무상 질병으로 인정받은 근로자가 연간 10명 이상 발생한 사업장 또는 5명 이상 발생한 사업장으로서 발생 비율이 그 사업장 근로자 수의 10%이상인 경우
2) 근골격계질환 예방과 관련하여 노사간 이견(理見)이 지속되는 사업장으로서 고용노동부 장관이 필요하다고 인정하여 근골격계질환 예방관리 프로그램을 수립하여 시행할 것을 명령한 경우

79. 작업분석을 통한 작업개선안 도출을 위해 문제가 되는 작업에 대하여 가장 우선적이고, 근본적으로 고려해야 하는 것은?

① 작업의 제거
② 작업의 결합
③ 작업의 변경
④ 작업의 단순화

해설 작업개선의 원칙(ECRS원칙)
① E(eliminate): 불필요한 작업을 찾아 제거

②C(combine): 다른 작업과 결합
③R(rearrange): 작업 순서를 변경
④S(simplify): 작업을 단순화
2)작업개선안 도출 중 문제작업에 대해 가장 우선적, 근본적으로 고려해야 할 사항: 작업의 제거(eliminate)

80 공정도 중 소요시간과 운반거리도 함께 표현하고, 생산 공정에서 발생하는 잠복비용을 감소시키며, 사고의 원인을 파악하는 데 사용되는 기법은?

① 작업공정도(Operation Process Chart)
② 작업자공정도(Operator Process Chart)
③ 흐름(유통)공정도(Flow Process Chart)
④ 작업자흐름공정도(Man Flow Process Chart)

해설 유통공정도(flow process chart) [13/3회]
1)유통공정도: 작업중에 발생하는 작업, 운반, 검사, 저장, 지체 등을 도표로 나타낸 차트이다
2)용도: 운반거리, 정체, 일시저장과 같은 잠복비용을 발견하고 개선하는 데 적합하다

2017 제3회 기출문제

제1과목 : 인간공학개론

01 음의 한 성분이 다른 성분의 청각 감지를 방해하는 현상을 무엇이라 하는가?
① 밀폐효과　② 은폐효과
③ 소멸효과　④ 방해효과

해설 **차폐효과(은폐효과; masking)**
1) 하나의 소리가 다른 소리의 판별에 방해를 주는 현상
2) 어떤 소리가 동시에 들리는 경우 다른 소리를 들을 수 있는 능력을 감소시키는 현상(음의 한 성분이 다른 성분에 대한 귀의 감수성을 감소시키는 상황)

02 실현 가능성이 같은 개의 대안이 있을 때 총 정보량()을 구하는 식으로 맞는 것은?
① $H = \log N^2$
② $H = \log_2 N$
③ $H = 2\log_2 N^2$
④ $H = \log_2 N$

해설 **정보의 측정단위 및 관계식**
1) bit의 정의: 실현가능성이 같은 2개의 대안 중 하나가 명시되었을 때 얻는 정보량을 나타낸다
2) 대안의 수가 n일 때 총 정보량(H) $H = \log_2 n$
3) 대안의 실현확률(n의역수)이 P일 경우 (대안의 출현 가능성이 동일하지 않을 때)정보량(H)
$$H = \log_2\left(\frac{1}{P}\right)$$
4) 확률이 다른 일련의 사건이 가지는 평균정보량
$$(H_{av})\ H_{av} = \sum_{i=n}^{n} P_i \log_2\left(\frac{1}{P_i}\right)$$
여기서, P_i : 각 대안의 실현확률

03 Norman이 제시한 사용자 인터페이스 설계 원칙에 해당하지 않는 것은?
① 가시성(visibility)의 원칙
② 피드백(feedback)의 원칙
③ 양립성(compatibility)의 원칙
④ 유지보수 경제성(maintenance economy)의 원칙

해설 **Norman의 사용자 인터페이스 설계원칙**
1) 가시성(visibility)원칙
2) 피드백(feedback)원칙
3) 양립성(compatibility)원칙

04 인간-기계 시스템의 설계원칙으로 가장 거리가 먼 것은?
① 인간의 신체적 특성에 적합하여야 한다.
② 시스템은 인간의 예상과 양립하여야 한다.
③ 기계의 효율과 같은 경제적 원칙을 우선시 한다.
④ 계기반이나 제어장치의 중요성, 사용빈도, 사용순서, 기능에 따라 배치가 이루어져야 한다.

해설 **인간·기계시스템의 설계원칙[17/3회]**
1) 인간의 신체적 특성에 적합하여야 한다
2) 시스템은 인간의 예상과 양립하여야 한다
3) 계기반이나 제어장치는 중요성, 사용빈도, 사용순서, 기능에 따라 배치가 이루어져야 한다
4) 시스템을 이루는 부품간에는 정합성(matching)이 좋아야 한다

05 시배분(time-sharing)에 대한 설명으로 적절하지 않은 것은?
① 시배분이 요구되는 경우 인간의 작업능률은 떨어진다.
② 청각과 시각이 시배분 되는 경우에는 일반적으로 시각이 우월하다.
③ 시배분 작업은 처리해야 하는 정보의 가지 수와 속도에 의하여 영향을 받는다.
④ 음악을 들으며 책을 읽는 것처럼 동시에 2가지 이상을 수행해야 하는 상황을 의미한다.

정답 1.② 2.② 3.④ 4.③

[해설] 청각과 시각이 시배분 되는 경우에는 일반적으로 청각이 간섭을 적게 받기 때문에 시각보다 우월하다

06 코드화 시스템 사용상의 일반적인 지침과 가장 거리가 먼 것은?

① 정보를 코드화한 자극은 검출이 가능해야 한다.
② 2가지 이상의 코드차원을 조합해서 사용하면 정보전달이 촉진된다.
③ 자극과 반응간의 관계가 인간의 기대와 모순되지 않아야 한다.
④ 모든 코드 표시는 감지장치에 의하여 다른 코드 표시와 구별되어서는 안 된다.

[해설] 암호체계(coding system) 사용상의 일반지침
1) 암호의 검출성: 검출이 가능해야 한다
2) 암호의 변별성: 다른 암호표시와 구별되어야 한다
3) 부호의 양립성: 양립성이란 자극들 간의, 반응들 간의, 또는 자극-반응 조합의 관계를 말하는 것으로 인간의 기대와 모순되지 않는다
4) 부호의 의미: 사용자가 그 뜻을 분명히 알아야 한다
5) 암호의 표준화: 암호를 표준화하여야 한다(암호를 표준화하여 사람들이 쉽게 이용할 수 있어야 한다)
6) 다차원 암호의 사용: 2가지 이상의 암호차원을 조합해서 사용하면 정보전달이 촉진된다

07 표시장치와 제어장치를 포함하는 작업장을 설계할 때 우선 고려사항에 해당되지 않는 것은?

① 작업시간
② 제어장치와 표시장치화의 관계
③ 주 시각 임무와 상호작용하는 주제어장치
④ 자주 사용되는 부품을 편리한 위치에 배치

[해설] 표시장치 · 제어장치 포함하는 작업장 설계시 고려사항
1) 제어장치와 표시장치화의 관계
2) 주 시각 임무와 상호작용하는 주제어장치
3) 자주 사용되는 부품을 편리한 위치에 배치

08 인간의 후각 특성에 대한 설명으로 틀린 것은?

① 후각은 청각에 비해 반응속도가 더 빠르다.
② 훈련을 통하면 식별 능력을 향상시킬 수 있다.
③ 특정한 냄새에 대한 절대적 식별 능력은 떨어진다.
④ 후각은 특정 물질이나 개인에 따라 민감도에 차이가 있다.

[해설] 인간의 후각 특성
1) 후각은 특정물질이나 개인에 따라 민감도의 차이가 있다
2) 특정한 냄새에 대한 절대적 식별능력은 떨어지지만 상대적 기준에 의해 냄새를 비교할 때는 제법 우수한 편이다
3) 인간의 후각은 훈련을 통해서 식별능력을 향상시킬 수 있다
4) 후각은 특정자극을 식별하는데 사용되기보다는 냄새의 존재여부를 탐지(검출)하는데 효과적이다

09 인간공학의 연구 목적과 가장 거리가 먼 것은?

① 인간오류의 특성을 연구하여 사고를 예방
② 인간의 특성에 적합한 기계나 도구의 설계
③ 병리학을 연구하여 인간의 질병퇴치에 기여
④ 인간의 특성에 맞는 작업환경 및 작업방법의 설계

[해설] 인간공학의 연구목적
1) 인간의 특성에 적합한 기계나 도구의 설계
2) 인간의 특성에 맞는 작업환경 및 작업방법의 설계
3) 인간오류의 특성을 연구하여 사고를 예방

10 인간의 오류모형에 있어 상황이나 목표해석은 제대로 하였으나 의도와는 다른 행동을 하는 경우에 발생하는 오류는?

① 실수(slip)
② 착오(mistake)

③ 위반(violation)
④ 건망증(forgetfulness)

해설 **인간의 오류모형**
1) 착오(mistake): 착각을 하여 잘못하는 것으로 사람의 인식(주관적 인식)과 객관적 사실이 일치하지 않고 어긋나는 일을 말한다
2) 건망증(lapse): 단기기억의 한계로 인해 기억을 잊어서 해야 할 일을 못해 발생하는 에러이다
3) 실수(slip): 주의력이 부족한 상태에서 발생하는 에러이다
4) 위반(고의사고; violation): 작업수행 과정 중에 일부러 나쁜 의도를 가지고 발생시키는 에러를 말한다

11 효율적인 공간의 배치를 위하여 적용되는 원리와 가장 거리가 먼 것은?

① 중요도의 원리
② 사용빈도의 원리
③ 사용순서의 원리
④ 작업방법의 원리

해설 **부품배치의 4원칙(작업대 공간배치의 원칙)**
1) 중요성의 원칙: 부품을 작동하는 성능이 체계의 목표 달성에 긴요한 정도에 따라 우선순위를 설정한다
2) 사용빈도의 원칙: 부품을 사용하는 빈도에 따라, 우선순위를 설정한다
3) 기능별 배치의 원칙: 기능적으로 관련된 부품들(표시장치, 조정장치)등 모아서 배치한다
4) 사용순서의 원칙: 사용되는 순서에 따라 장치들을 가까이에 배치한다

12 선형 제어장치를 20cm 이동시켰을 때 선형 표시장치에서 지침이 5cm이동 되었다면, 제어반응(C/R)비는 얼마인가?

① 0.2
② 0.25
③ 4.0
④ 5.0

해설 $\frac{C}{R}$비 = $\frac{제어장치 이동거리}{반응장치 이동거리}$ = $\frac{20}{5}$ = 4.0

13 sone과 phon에 대한 설명으로 틀린 것은?

① 20phon은 0.5sone이다.
② 10phon 증가시마다 sone은 2배가 된다.
③ phon은 1000Hz 순음과의 상대적인 음량비교이다.
④ phon은 음량과 주파수를 동시에 고려하여 도출된 수치이다.

해설 $S = 2^{(P-40)/10} = 2^{(20-40)/10} = 0.25$
여기서, S(sone): 음량(음의크기) P(pone): 음량수준

14 인간의 시식별 능력에 영향을 주는 외적 인자와 가장 거리가 먼 것은?

① 휘도
② 과녁의 이동
③ 노출시간
④ 최소분간시력

해설 **시식별에 영향을 주는 요소[10/3회, 14/1회, 14/3회]**
1) 조도: 물체의 표면에 도달하는 빛의 밀도(단위: 후크캔들fc, 럭스lux)
2) 광도: 빛의 세기(단위; 칸델러cd)
3) 대비: 표적의 광도와 배경의 광도의 차를 나타내는 척도
4) 광속발산도: 단위 면적당 표면에서 반사 또는 방출되는 빛의 양(단위: 램페트 L, 후트램버트 fL)
5) 휘도: 빛이 어떤 물체에서 반사되어 나오는 양
6) 노출시간: 노출시간이 클수록 식별력이 증대
7) 과녁의 이동: 과녁이나 관측자가 움직이면 시력 감소
8) 연령: 나이가 들수록 시력 감소

15 인체치수 데이터가 개인에 따라 차이가 발생하는 요인과 가장 거리가 먼 것은?

① 나이
② 성별
③ 인종
④ 작업환경

정답 10.① 11.④ 12.③ 13.① 14.④

해설 인체지수 자료(date)의 개인에 따른 차이의 발생요인
1)나이   2)성별   3)인종

16 신호검출이론(SDT)에서 신호의 유무를 판별함에 있어 4가지 반응 대안에 해당하지 않는 것은?

① 긍정(Hit) ② 채택(Acceptation)
③ 누락(Miss) ④ 허위(False alarm)

해설 SDT에서 신호에 대한 4가지 판정결과
1)긍정(hit; 옳은 결정): 신호(S)를 신호(S)로 판정할 확률, P(S/S)
2)누락(miss; 신호검출 실패): 신호(S)를 소음(N)으로 판정할 확률, P(N/S)
3)허위(false alarm): 소음(N)을 신호(S)로 판정할 확률, P(S/N)
4)부정(correct rejection; 옳은결정): 소음(N)을 소음(N)으로 판정할 확률, P(N/N)

17 제품, 공구, 장비 등의 설계 시에 적용하는 인체측정 자료의 응용원칙에 해당하지 않는 것은?

① 조절식 설계
② 기계식 설계
③ 극단값을 기준으로 한 설계
④ 평균값을 기준으로 한 설계

해설 인체측정자료의 응용원칙
1)조절식 설계
2)극단치를 이용한 설계(극단적 개인용 설계)
3)평균값을 이용한 설계

18 통계적 분석에서 사용되는 제1종 오류를 설명한 것으로 틀린 것은?

① 1-α를 검출력(power)이라고 한다.
② 제1종 오류를 통계적 기각역이라고도 한다.
③ 발견한 결과가 우연에 의한 것일 확률을 의미한다.
④ 동일한 데이터의 분석에서 제1종 오류를 작게 설정할수록 제2종 오류가 증가할 수 있다.

해설 1)제1종 오류(type 1 error)
①귀무가설(영가설)이 진실인데도 불구하고 귀무가설을 기각하면서 대립가설을 수용하는 결정을 잘못하는 것을 말한다
②제1종 오류를 알파오류(-error): 잘못된 귀무가설이 옳은 것으로 받아들여지는 오류를 말한다

19 정상조명 하에서 5m거리에서 볼 수 있는 원형 바늘시계를 설계하고자 한다. 시계의 눈금 단위를 1분 간격으로 표시하고자 할 때, 권장되는 눈금간의 간격은 최소 몇 mm정도 인가?

① 9.15 ② 18.31
③ 45.75 ④ 91.55

해설 정상조명하에서 눈금간격(X_1)

$$X_1 = 1.3 \times \left(\frac{D}{710}\right) = 1.3 \times \frac{5000}{710} = 9.15mm$$

여기서, D: 가시거리(5m×1000mm/m=5000mm)
1.3: 정상조명에서 권장 눈금단위(mm) (낮은 조명에서 권장 눈금단위: 1.8mm) 710: 정상 가시거리(mm)

20 어떤 물체나 표면에 도달하는 빛의 밀도를 무엇이라 하는가?

① 시력 ② 순응
③ 조도 ④ 간상체

해설 조도
1)어떤물체의 표면에 도달하는 빛의 밀도
2)단위: fc(후트캔들), lux(럭스)

제2과목 : 작업생리학

21 위치(positioning) 동작에 관한 설명으로 틀린 것은?

① 반응시간은 이동거리와 관계없이 일정하다.
② 위치동작의 정확도는 그 방향에 따라 달라진다.
③ 오른손의 위치동작은 우하–좌상 방향의 정확도가 높다.
④ 주로 팔꿈치의 선회로만 팔 동작을 할 때가 어깨를 많이 움직일 때보다 정확하다.

해설 위치동작
1) 반응시간: 이동거리와 관계없이 일정하다
2) 팔동작: 주로 팔꿈치의 선회로만 팔 동작을 할 때가 어깨를 많이 움직일 때보다 정확하다
3) 위치동작의 정확도: 방향에 따라 달라진다(오른손의 위치동작: 좌하–우상방향이 시간이 짧고 정확도가 높음)
4) 병목위치 동작: 정면 방향이 정확하고 측면 방향은 부정확하다

22 골격근(skeletal muscle)에 대한 설명으로 틀린 것은?

① 골격근은 체중의 약 40%를 차지하고 있다.
② 골격근은 건(tendon)에 의해 뼈에 붙어 있다.
③ 골격근의 기본구조는 근원섬유(myofibril)이다.
④ 골격근은 400개 이상이 신체 양쪽에 쌍으로 있다.

해설 골격근
1) 뼈에 부착되어 근육을 수축시켜 관절운동을 한다
2) 가로무늬근(횡문근: 근 섬유에 가로무늬가 있는 근육)이며 수의근(의지의 힘으로 수축시킬 수 있는 근)이다
3) 골격근은 체중의 약 40%를 차지하며 400개 이상이 신체 양쪽에 쌍으로 있다
4) 의식적으로 통제가 가능한 근육이다

23 생리적 활동의 척도 중 Borg의 RPE(Ratings of Perceived Exertion)척도에 대한 설명으로 틀린 것은?

① 육체적 작업부하의 주관적 평가방법이다.
② NASA–TLX와 동일한 평가척도를 사용한다.
③ 척도의 양끝은 최소 심장 박동수와 최대 심장 박동수를 나타낸다.
④ 작업자들이 주관적으로 지각한 신체적 노력의 정도를 6~20사이의 척도로 평정한다.

해설 Borg의 RPE(운동자각도)
1) RPE척도
   ① 육체적 작업부하의 주관적 평가방법이다
   ② 작업자의 작업부하를 본인이 주관적으로 평가하여 언어적으로 표현하도록 하였고 심리적으로 느끼는 주관적 강도를 생리적 변인으로 정량화한 것이다
2) 평가방법
   ① 작업자들이 주관적으로 지각한 신체적 노력의 정도를 6~20사이의 척도로 평정한다
   ② Borg6~20: 건강한 성인의 심박동수를 10으로 나눈 값이다
3) 운동자각도 척도의 양끝: 각각 최소심장박동률과 최대심장박동률을 나타낸다

24 200cd인 점광원으로부터의 거리가 2m 떨어진 곳에서의 조도는 몇 럭스인가?

① 50   ② 100
③ 200 ④ 400

해설 조도 $(E) = \dfrac{I}{r^2} = \dfrac{200}{2^2} = 50\,lux$

여기서, I: 광도(cd; candle) r: 거리(m)

정답 21.③ 22.③ 23.② 24.①

25 소음에 의한 청력손실이 가장 심하게 발생할 수 있는 주파수는?

① 1000Hz
② 4000Hz
③ 10000Hz
④ 20000Hz

해설 청력손실이 가장 심하게 발생할 수 있는 유해주파수: 4000Hz

26 교대작업의 주의사항에 관한 설명으로 틀린 것은?

① 12시간 교대제가 적정하다.
② 야간근무는 2~3일 이상 연속하지 않는다.
③ 야간근무의 교대는 심야에 하지 않도록 한다.
④ 야간근무 종료 후에는 48시간 이상의 휴식을 갖도록 한다.

해설 12시간 교대제는 채용하지 않는 것이 좋다

27 육체 활동에 따른 에너지소비량이 가장 큰 것은?

해설 육체활동에 따른 에너지 소비량(Kcal/min)

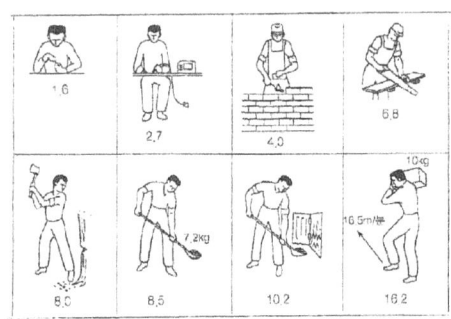

28 호흡계의 기본적인 기능과 가장 거리가 먼 것은?

① 가스교환 기능
② 산-염기조절 기능
③ 영양물질 운반 기능
④ 흡입된 이물질 제거 기능

해설
호흡계의 기능
1) 가스교환 기능
2) 산·염기 조절 기능
3) 흡입된 이물질 제거 기능(흡입공기 정화작용)
4) 공기를 따뜻하고 부드럽게 하는 기능
5) 흡입공기를 진동시켜 목소리를 내는 발성기관의 역할

29 뇌파와 관련된 내용이 맞게 연결된 것은?

① α파 : 2~5Hz로 얕은 수면상태에서 증가한다.
② β파 : 5~10Hz의 불규칙적인 파동이다.
③ θ파 : 14~30Hz의 고(高)진폭파를 의미한다.
④ δ파 : 4Hz미만으로 깊은 수면상태에서 나타난다.

해설 뇌파의 종류

종류	진동수	상태
1. 델타파(δ)	0~3.5Hz	깊은 수면(무의식 상태, 혼수상태)
2. 세타파(θ)	4~7Hz	얕은 수면
3. 알파파(α)	8~12Hz	안정, 휴식(의식이 높은 상태)
4. 베타파(β)	13~40Hz	작업중, 스트레스(흥분, 긴장상태)
5. 감마파(γ)	41~50Hz	스트레스(불안, 초조)

30 중량물 취급 시 쪼그려 앉아(squat) 들기와 등을 굽혀(stoop) 들기를 비교할 경우 에너지 소비량에 영향을 미치는 인자 중 가장 관련이 깊은 것은?

① 작업 자세
② 작업 방법
③ 작업 속도
④ 도구 설계

해설 에너지소비량에 영향을 미치는 인자
1) 작업방법: 특정작업에 필요한 에너지소비량은 작업 수행 방법에 따라서 차이가 있다
2) 작업자세: 작업수행시 작업자세는 에너지소비량에 영향을 주는 주요인이다
3) 작업속도: 작업속도가 빨라지면 생리적 부담이 커지고 심박수가 증가하게 되며 에너지소비량도 증가한다
4) 작업도구: 작업도구는 작업의 효율성은 높이므로 에너지소비량을 감소시킬 수 있다

31 저온 스트레스의 생리적 영향에 대한 설명 중 틀린 것은?

① 저온 환경에 노출되면 혈관수축이 발생한다.
② 저온 환경에 노출되면 발한(發汗)이 시작된다.
③ 저온 스트레스를 받으면 피부가 파랗게 보인다.
④ 저온 환경에 노출되면 떨기반사(shivering reflex)가 나타난다.

해설 저온환경에서의 신체반응(생리적 기전)
1) 체표면적 감소
2) 피부혈관의 수축(말초혈관 수축)
3) 근육긴장 증가
4) 체내 온도유지를 위해 소름이 돋고 몸의 떨림 반사(shivering reflex)발생
5) 체열생산을 위해 화학적 대사작용 증가(갑상선을 자극하여 호르몬 분비증가)
6) 부종, 심한통증, 가려움증, 저림 등 발생

32 신체에 전달되는 진동은 전신진동과 국소진동으로 구분되는데 진동원의 성격이 다른 것은??

① 크레인
② 대형 운송차량
③ 지게차
④ 휴대용 연삭기

해설 진동의 구분 및 진동원

구분	진동원
1. 전신진동	크레인, 지게차, 대형운송차량, 선박, 항공기 등
2. 국소진동	전동그라인더, 임펙트 렌치, 전동렌치, 전동톱, 착암기 등

33 산업안전보건법령상 소음작업이란 1일 8시간 작업을 기준으로 몇 데시벨 이상의 소음이 발생하는 작업을 말하는가?

① 75
② 80
③ 85
④ 90

해설 1) 소음작업: 1일 8시간 작업을 기준으로 85dB 이상의 소음이 발생하는 작업을 말한다
2) 강열한 소음작업
① 90dB 이상의 소음이 1일 8시간 이상 발생하는 작업
② 95dB 이상의 소음이 1일 4시간 이상 발생하는 작업
③ 100dB 이상의 소음이 1일 2시간 이상 발생하는 작업
④ 105dB 이상의 소음이 1일 1시간 이상 발생하는 작업
⑤ 110dB 이상의 소음이 1일 30분 이상 발생하는 작업
⑥ 115dB 이상의 소음이 1일 15분 이상 발생하는 작업

정답 30. ① 31. ② 32. ④ 33. ③

34 생체반응 측정에 관한 설명으로 틀린 것은?

① 혈압은 대동맥에서의 압력을 의미한다.
② 심전도는 P, Q, R, S, T파로 구성된다.
③ 1리터의 산소 소비는 4kcal의 에너지 소비와 같다.
④ 중간 정도의 작업에서 나타나는 심장박동률은 산소소비량과 선형적인 관계가 있다.

해설 산소소비와 에너지 방출: 분당 1L의 산소가 소비될 때 약 5kcal의 에너지가 방출된다

35 다음 그림과 같이 작업할 때 팔꿈치의 반작용력과 모멘트 값은 얼마인가?(단, 은 물체의 무게중심, 는 하박의 무게중심, 은 물체의 하중, 는 하박의 하중이다.)

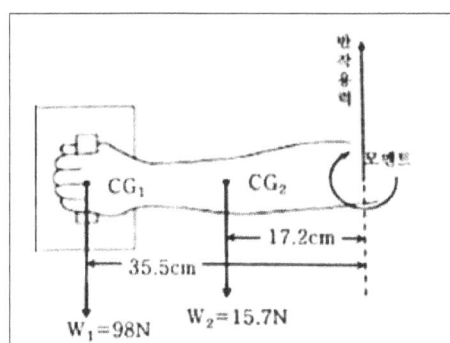

① 반작용력 : 79.3N, 모멘트 : 22.42N · m
② 반작용력 : 79.3N, 모멘트 : 37.5N · m
③ 반작용력 : 113.7N, 모멘트 : 22.42N · m
④ 반작용력 : 113.7N, 모멘트 : 37.5N · m

해설 1) 팔꿈치에 걸리는 반작용의 힘 (F_x)
$F_X = F_1 + F_2 = 98N + 15.7N = 113.7N$
2) 팔꿈치 모멘트 $(M_X) = (W_1 \, d_1 \cos\theta) + (W_2 \, d_2 \cos\theta) = (98 \times 0.355 \times \cos 0) + (15.7 \times 0.172 \times \cos 0) = 37.5N \cdot m$

36 근육 운동에 있어 장력이 활발하게 생기는 동안 근육이 가시적으로 단축되는 것을 무엇이라 하는가?

① 연축(twitch)
② 강축(tetanus)
③ 원심성 수축(eccentric contraction)
④ 구심성 수축(concentric contraction)

해설 근육수축의 유형
1) 등척성 수축: 근육의 길이가 변하지 않으면서 장력이 발생하는 근수축(정적근력)
2) 등장성 수축: 근육의 길이가 변하면서 힘을 발휘하는 근수축
3) 등속성 수축: 운동의 전반에 걸쳐 일정한 속도로 근수축을 유도하는 것
4) 동심성 · 구심성 수축: 근육이 수축할 때 길이가 짧아지며 내적근력을 발휘하는 것(근육운동에 있어 장력이 활발하게 생기는 동안 근육이 가시적으로 단축되는 수축)
5) 이심성 · 원심성 수축: 근육이 수축할 때 길이가 길어지며 내적근력보다 외부힘이 클 때 발생

37 인체활동이나 작업종료 후에도 체내에 쌓인 젖산을 제거하기 위해 산소가 더 필요하게 되는데 이를 무엇이라 하는가?

① 산소 빚(oxygen debt)
② 산소 값(oxygen value)
③ 산소 피로(oxygen fatigue)
④ 산소 대사(oxygen metabolism)

해설 산소부채(oxygen debt)현상
1) 격렬한 운동을 할 때에는 산소 섭취량이 산소 소모량보다 부족하게 되어 산소량이 산소부채(산소 빚)을 일으킨다
2) 작업이나 운동시 빚진 산소 부족분을 작업이나 운동이 끝난 후에 갚기 위해 작업이나 운동 후 호흡이 즉시 정상으로 회복되지 않고 서서히 회복되는 산소부채의 보상현상이 발생한다

38 근력에 관련된 설명 중 틀린 것은?

① 여성의 평균 근력은 남성의 약 65% 정도이다.
② 50세가 지나면 서서히 근력이 감소하기 시작한다.
③ 성별에 관계없이 25~35세에서 근력이 최고에 도달한다.
④ 운동을 통해서 약 30~40%의 근력증가효과를 얻을 수 있다.

해설 근력에 영향을 미치는 개인적 인자
1) 연령: 25~35세에 최대근력에 도달하며 40세부터 서서히 감소하다가 그 이후 급격히 감소한다
2) 성별: 여성의 근력이 남성의 약 65%정도이다. 운동: 운동을 통해서 약 30~40%의 근력증가 효과를 얻을 수 있다

39 윤활관절(synovial joint)인 팔굽관절(elbow joint)은 연결 형태를 기준으로 어느 관절에 해당되는가?

① 관절구(condyloid)
② 경첩관절(hinge joint)
③ 안장관절(saddle joint)
④ 구상관절(ball and socket jonint)

해설 관절의 유형
1) 차축관절(중쇠관절, 굴대관절): 1축성 관절로 회전운동을 한다(예: 상요척관절, 경추관절, 정축환축관절 등)
2) 경첩관절(접번관절): 1축성 관절로 운동이 한쪽방향으로만 일어난다(예: 주관절인 팔꿈치 관절, 슬관절인 무릎관절, 지관절, 발목관절 등)
3) 안장관절: 양쪽의 관절면이 모두 말의 안장모양처럼 전후, 좌우로 파여있다(예: 제1중수근 관절, 엄지손가락 손목바닥뼈 관절)
4) 구상관절(절구관절): 관절두가 구의 형태를 하고 있으며 3축성관절로 자유롭게 운동할 수 있다(예: 견관절인 어깨관절, 고관절인 엉덩이 관절·대퇴관절

등) 5) 타원관절: 관절우와 관절와가 모두 타원형을 이루고 2축성 관절로 굴곡되지만 회전은 하지 못한다(예: 손목뼈 관절)
6) 평면관절: 관벌면이 평평한 관절로 미끄러지는 활주운동만 일어난다(예: 수간관절, 족근간관절 등)
7) 활액관절: 자유로이 움직일 수 있으며 대부분의 관절이 이에 해당된다[17/1회]

40 광원으로부터의 직사 휘강 처리가 틀린 것은?

① 가리개, 갓, 차양을 사용한다.
② 광원을 시선에서 멀리 위치시킨다.
③ 광원의 휘도를 높이고 수를 줄인다.
④ 휘광원 주위를 밝게 하여 광도비를 줄인다.

해설 휘광의 처리방법
1) 광원으로부터의 직사휘광 처리
① 광원의 휘도를 줄이고 수를 증가시킨다
② 광원을 시선에서 멀리 위치시킨다
③ 휘광원 주위를 밝게 하여 광속발산비(휘도)를 줄인다
④ 가리개(shield), 갓(hood), 혹은 차양(visor)을 사용한다
2) 창문으로부터의 직사휘광 처리
① 창문을 높이 단다
② 창 위(실외)에 드리우개(overhang)를 설치한다
③ 창문(안쪽)에 수직날개(fin)들을 달아서 직시선을 제한한다
④ 차양(shade)혹은 발(blind)을 사용한다
3) 반사휘광의 처리
① 발광체의 휘도를 줄인다
② 일반(간접)조명의 수준을 높인다
③ 산란광, 간접광, 조절판(baffle), 창문에 차양(shade) 등을 사용한다
④ 무광택도료, 빛을 산란시키는 표면색을 한 사무용 기기, 윤기를 없앤 종이 등을 사용한다

정답 38. ② 39. ② 40. ③

제3과목 : 산업심리학 및 관계법규

41 NIOSH의 직무 스트레스 관리 모형에 관한 설명으로 틀린 것은?

① 직무 스트레스 요인에는 크게 작업 요인, 조직 요인 및 환경 요인으로 구분된다.
② 똑같은 작업스트레스에 노출된 개인들은 스트레스에 대한 지각과 반응에서 차이를 보이지 않는다.
③ 조직 요인에 의한 직무 스트레스에는 역할 모호성, 역할 갈등, 의사 결정에의 참여도, 승진 및 직무의 불안정성 등이 있다.
④ 작업 요인에 의한 직무 스트레스에는 작업 부하, 작업속도 및 작업과정에 대한 작업자의 통제정도, 교대근무 등이 포함된다.

해설 직무 스트레스 모형에서 직무 스트레스 요인(NIOSH 제시)

구분	스트레스 요인
1.작업 요인	1)작업부하 2)작업속도 3)교대근무
2.환경 요인 (물리적 환경)	1)소음, 진동 2)고온, 한랭 3)환기불량 4)부적절한 조명
3. 조직요인	1)관리유형 2)역할요구 3)역할모호성 및 갈등 4)경력 및 직무안전성 5)의사결정 참여
4.조직외요인	1)관리유형 2)역할요구 3)역할모호성 및 갈등 4)경력 및 직무안전성

42 갈등 해결방안 중 자신의 이익이나 상대방의 이익에 모두 무관심한 것은?

① 경쟁 ② 순응
③ 타협 ④ 회피

해설 집단 구성원들 간의 갈등의 형태
1)회피: 자신과 타인의 이익에 모두 관심이 없는 행동이다
2)순응: 상대에 복종하여 상태의 이익을 위해 노력하는 것이다
3)경쟁: 자신의 이익을 최대로 하고 이에 대해 타인의 이익은 희생의 목표로 하기에 갈등의 원인이 되기쉽다
4)협동: 자신의 이익과 타인의 이익을 모두 최대화하는 방안이다
5)타협: 협동과 경쟁의 중간영역에서 이루어질 수 있다

43 새로운 작업을 수행할 때 근로자의 실수를 예방하고 정확한 동작을 위해 다양한 조건에서 연습한 결과로 나타나는 것은?

① 상시 스키마(Recall Schema)
② 동작 스키마(Motion Schema)
③ 도구 스키마(Instrument Schema)
④ 정보 스키마(Information Schema)

해설 상시스키마: 본문설명

44 매슬로우(Maslow)가 제시한 욕구 단계에 포함되지 않는 것은?

① 안전 욕구   ② 존경의 욕구
③ 자아실현의 욕구 ④ 감성적 욕구

해설 슬로우(Maslow)의 욕구 5단계
1)1단계-생리적 욕구(신체적 욕구): 기아, 갈등, 호흡, 배설, 성욕 등 기본적 욕구
2)2단계-안전의 욕구: 안전을 구하려는 욕구
3)3단계-사회적 욕구(친화욕구): 애정, 소속에 대한 욕구
4)4단계-인정받으려는 욕구(자기존경의 욕구, 승인욕구): 자존심, 명예, 성취, 지위 등에 대한 욕구
5)5단계-자아실현의 욕구(성취욕구): 잠재적인 능력을 실현하고자 하는 욕구

정답 41. ② 42. ④ 43. ① 44. ④

45 리더십 이론 중 관리 그리드 이론에서 인간관계의 유지에는 낮은 관심을 보이지만 과업에 대해서는 높은 관심을 보이는 유형은?

① 인기형   ② 과업형
③ 타협형   ④ 무관심형

해설 관리격자형 리더십의 유형

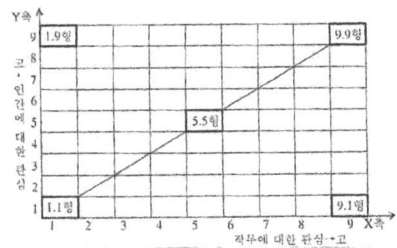

[그림] 관리격자 리더십의 모델

리더십 모델	정의
1. (1,1형) 무기력형(무관심형)	인간과 업적에 모두 최소의 관심을 가지고 있는 형이다
2. (1,9형) 인기형(관계형)	인간중심적, 인간지향적으로 업적에 대한 관심이 낮다
3. (9,1형) 인기형(관계형)	업적에 대하여 최대의 관심을 갖고 인간에 대해서는 무관심한 형이다
4. (9,9형) 이상형	업적과 인간의 쌍방에 대하여 높은 관심을 갖는 형이다
5. (5,5형) 중도형	업적과 인간에 대한 관심도가 중간치를 나타내는 형이다

46 지능과 작업간의 관계를 설명한 것으로 가장 적절한 것은?

① 작업수행자의 지능이 높을수록 바람직하다.
② 작업수행자의 지능과 사고율 사이에는 관계가 없다.
③ 각 작업에는 그에 적정한 지능수준이 존재한다.
④ 작업특성과 작업자의 지능 간에는 특별한 관계가 없다.

해설 지능과 작업간의 관계
1) 각 작업에는 그에 적정한 지능수준이 존재한다
2) 작업수행자의 지능이 낮거나 높을수록 사고발생률이 높다
3) 작업특성과 작업자의 지능간에는 특별하 관계가 있다
4) 작업수행자의 지능이 낮을수록 작업수행도가 낮다

47 호손(Hawthorne)의 연구 결과에 기초한다면 작업자의 작업능률에 영향을 미치는 주요한 요인은?

① 작업조건   ② 생산방식
③ 인간관계   ④ 작업자 특성

해설 호오손(Hawthorne)실험
1) 실험연구자: 메이오(Mayo)
2) 실험연구결과: 작업능률(생산성향상)은 물리적인 작업조건보다는 인간의 심리적인 태도, 감정을 규제하고 있는 인간관계에 의해서 결정됨을 밝혔다
3) 인간관계
  ① 인간관계는 상담 조언에 의해서 이루어진다
  ② 종업원의 인간성을 경영자와 대등하게 본 인간관계의 기초 위에서 관리를 추진한다

48 대뇌피질의 활성 정도를 측정하는 방법은?

① EMG   ② EOG
③ ECG   ④ EEG

해설 1) EMG(근전도): 근육활동 전위차의 기록
2) EOG(안전도): 안구운동 전위차의 기록
3) ECG(심전도): 심장근 활동 전위창의 기록
4) EEG(뇌전도): 뇌의 활동에 대한 전위차의 기록(대뇌피질의 활성정도 측정)

정답 45. ② 46. ③ 47. ③ 48. ④

49 FTA에서 입력사상 중 어느 하나라도 발생하면 출력사상이 발생되는 논리게이트는?

① OR gate ② AND gate
③ NOT gate ④ NOR gate

해설 AND gate 와 OR gate

AND gate	출력 입력	모든 입력이 동시에 발생해야만 출력이 발생되는 논리조작을 나타낸다
OR gate	출력 입력	입력사상 중 어느 하나가 일어나도 출력이 발생되는 논리조작을 나타낸다

50 웨버(Max Weber)가 제창한 관료주의에 관한 설명으로 틀린 것은?

① 노동의 분업화를 전제로 조직을 구성한다.
② 부서장들의 권한 일부를 수직적으로 위임하도록 한다.
③ 단순한 계층구조로 상위리더의 의사결정이 독단화되기 쉽다.
④ 산업화 초기의 비규범적 조직운영을 체계화시키는 역할을 했다.

해설 관료주의의 특징(막스웨버; Max Weber)
1) 노동의 분업화를 가정으로 조직을 구성한다
2) 부서장들의 권한 일부를 수직적으로 하부조직에 위힘하도록 했다
3) 법과 규정에 의한 운영으로 예측가능한 조직을 운영하도록 했다
4) 하부조직과 인원을 적절한 크기가 되도록 하였다
5) 산업화 초기의 비규범적 조직운영을 체계화시키는 역할을 했다

51 하인리히(Heinrich)의 재해발생이론에 관한 설명으로 틀린 것은?

① 사고를 발생시키는 요인에는 유전적 요인도 포함된다.
② 일련의 재해요인들이 연쇄적으로 발생한다는 도미노이론이다.
③ 일련의 재해요인들 중 하나만 제거하여도 재해예방이 가능하다.
④ 불안전한 행동 및 상태는 사고 및 재해의 간접원인으로 작용한다.

해설 ④항, 불안전한 행동(인적원인) 및 불안전한 상태(물적원인)은 사고 및 재해의 직접원인으로 분류된다

52 집단 내에서 권한의 행사가 외부에 의하여 선출, 임명된 지도자에 의해 이루어지는 것은?

① 멤버십 ② 헤드십
③ 리더십 ④ 매니저십

해설 선출방식에 따른 리더십의 분류
1) Head ship: 집단 구성원이 아닌 외부에 의해 선출(임명)된 지도자로 명목상의 리더십이라고도 한다
2) Leadership: 집단 구성원에 의해 내부적으로 선출된 지도자로 사실상의 리더십을 말한다

53 직무수행 준거 중 한 개인의 근무연수에 따른 변화가 비교적 적은 것은?

① 사고 ② 결근 ③ 이직 ④ 생산성

해설 직무수행 준거(사고, 결혼, 이직, 생산성 등)중 사고는 한 개인의 근무연수에 따른 변화가 비교적 적은 편이다

54 물품의 중량과 무게중심에 대하여 작업장 주변에 안내표시를 해야 하는 중량물의 기준은?

① 5kg 이상 ② 10kg 이상
③ 15kg 이상 ④ 20kg 이상

정답 49.① 50.③ 51.④ 52.② 53.①

해설 작업장 주변에 안내표시(물품의 중량과 무게중심)를 해야 할 중량물의 기준: 5kg 이상

55 인간실수와 관련된 설명으로 틀린 것은?

① 생활변화 단위 이론은 사고를 촉진시킬 수 있는 상황인자를 측정하기 위하여 개발되었다.
② 반복사고자 이론이란 인간은 개인별로 불변의 특성이 있으므로 사고는 일으키는 사람이 계속 일으킨다는 이론이다.
③ 인간성능은 각성수준(arousal level)이 낮을수록 향상되므로 실수를 줄이기 위해서는 각성수준을 가능한 낮추도록 한다.
④ 피터슨의 동기부여-보상-만족모델에 따르면, 작업자의 동기부여에는 작업자의 능력과 작업분위기, 그리고 작업 수행에 따른 보상에 대한 만족이 큰 영향을 미친다.

해설 인간성능
1) 인간성능은 각성수준(arousal level)이 높을수록 향상되므로 실수를 줄이기 위해서는 각성수준을 어느 정도까지 높여야 한다
2) 각성수준이 지나치게 높으면 과제 수행이 방해를 받기도 한다

56 스트레스 요인에 관한 설명으로 틀린 것은?

① 성격유형에서 A형 성격은 B형 성격보다 스트레스를 많이 받는다.
② 일반적으로 내적 통제자들은 외적 통제자들보다 스트레스를 많이 받는다.
③ 역할 과부하는 직무기술서가 분명치 않은 관리직이나 전문직에서 더욱 많이 나타난다.
④ 집단의 압력이나 행동적 규범은 조직 구성원에게 스트레스와 긴장의 원인으로 작용할 수 있다.

해설 ②항, 일반적으로 내적 통제자들은 외적 통제자들 보다 스트레스를 적게 받는다

57 어떤 사업장의 생산라인에서 완제품을 검사하는데, 어느 날 5000개의 제품을 검사하여 200개를 부적합품으로 처리하였으나 이 로트에 실제로 1000개의 부적합품이 있었을 때, 로트당 휴먼에러를 범하지 않을 확률은 약 얼마인가?

① 0.16　　② 0.20
③ 0.80　　④ 0.84

해설 1) 휴먼에러확률(HEP)

$$HEP = \frac{실제 인간실수 횟수}{전체 실수 기회의 수} = \frac{1000-200}{5000} = 0.16$$

여기서, 실제인간실수 횟수=실제불량품의수-발견 불량품의 수=1000-200 / 전체실수기회의 수=한 로프 부품 전체의 수
2) 휴먼에러를 범하지 않을 확률(신뢰도: R) R=1-HEP=1-0.16=0.84

58 상시근로자 1000명이 근무하는 사업장의 강도율이 0.6이었다. 이 사업장에서 재해발생으로 인한 연간 총 근로 손실일수는 며칠인가?(단, 근로자 1인당 연간 2400 시간을 근무하였다.)

① 1220일　　② 1320일
③ 1440일　　④ 1630일

해설 1) 강도율 = $\frac{근로손실일수}{연근로시간수} \times 1000$

2) 근로손실일수 = 강도율×연근로시간수× $\frac{1}{1000}$

$0.6 \times (1000 \times 2400) \times \frac{1}{1000}$ =1440일

59 휴먼 에러(Human Error) 예방 대책이 아닌 것은?

① 무결점에 대한 대책
② 관리요인에 대한 대책
③ 인적 요인에 대한 대책
④ 설비 및 작업환경적 요인에 대한 대책

정답 54.① 55.③ 56.② 57.④ 58.③

[해설] **휴먼에러 방지대책**

구분	내용
1. 설비대책	1) 페일세이프(fail safe) 및 풀프루프(fool proof)도입 2) 위험요인 제거 3) 인체측정치의 적합화 4) 인공지능활용 정보의 피드백
2. 인적요인 대책	1) 소집단 활동의 활성화 2) 작업의 모의훈련 3) 전문인력의 적재적소 배치 4) 작업에 대하 교육훈련, 작업원 회의
3. 관리요인 대책	1) 안전의 중요도 인식 2) 인간관계 및 의사소통

60 사고의 특성에 해당되지 않는 사항은?

① 사고의 시간성
② 사고의 재현성
③ 우연성 중의 법칙성
④ 필연성 중의 우연성

[해설] **안전사고의 본질적 특성**

1) 사고발생의 시간성
2) 우연성 중의 법칙성
3) 필연성 중의 우연성
4) 사고의 재현 불가능성

제4과목 : 근골격계질환예방을위한작업관리

61 개선의 ECRS에 대한 내용으로 맞는 것은?

① Economic-경제성
② Combine-결합
③ Reduce-절감
④ Specification-규격

[해설] **작업개선의 원칙(ECRS원칙)**

① E(eliminate): 불필요한 작업을 찾아 제거(문제작업에 대해 가장 우선적, 근본적으로 고려해야 함)
② C(combine): 다른 작업과 결합
③ R(rearrange): 작업 순서를 변경
④ S(simplify): 작업을 단순화

62 공정도(process chart)에 사용되는 기호와 명칭이 잘못 연결된 것은?

① D : 저장
② ⇨ : 운반
③ □ : 검사
④ ○ : 작업

[해설] **공정도 기호**

기호	명칭	의미(해설)
○	작업, 가공	작업목적에 따라 대상물의 물리적 또는 화학적 특성을 변화시키는 작업 (예) 부품 분해·조립, 혼합작업, 계획수립, 계산하기, 정보교환, 구멍뚫기, 못박기 등
⇨	운반, 이동	작업대상물을 한 장소에서 다른장소로 이동시키는 작업 (예) 인력물자운반, 컨베이어·대차로 물자운반 등
□	검사	작업대상물을 확인 및 품질이나 수량의 확인작업 (예) 보일러 게이지 확인, 인쇄물 정보확인, 제품수량확인 등
D	정체 (delay)	다음작업을 즉시 수행할 수 없는 경우 (예) 다음 가공을 위해 대차나 바닥에 놓여 있는 물품, 엘리베이터 기다리기, 철하기 직전서류 등
▽	저장	물품이 가공 또는 검사되는 일이 없이 저장되고 있는 상태 (예) 철되어 있는 서류, 저장되어 있거나 팔레트에 쌓여 있는 원재료 또는 완성품

63. 근골격계 질환의 예방 대책으로 적절한 내용이 아닌 것은?

① 질환자에 대한 재활프로그램 및 산업재해 보험의 가입
② 충분한 휴식시간의 제공과 스트레칭 프로그램의 도입
③ 적절한 공구의 사용 및 올바른 작업방법에 대한 작업자 교육
④ 작업자의 신체적 특성과 작업내용을 고려한 작업장 구조의 인간공학적 개선

해설 근골격계질환의 예방대책
1) 충분한 휴식시간 제공과 스트레칭 프로그램 도입
2) 적절한 공구의 사용 및 올바른 작업방법에 대한 작업자 교육
3) 작업자의 신체적 특성과 작업내용을 고려한 작업장 구조의 인간공학적 개선
4) 단순반복작업의 기계화 및 작업속도와 작업강도의 적정화

64. 작업 개선의 일반적 원리에 대한 내용으로 틀린 것은?

① 충분한 여유 공간
② 단순 동작의 반복화
③ 자연스러운 작업 자세
④ 과도한 힘의 사용 감소

해설 작업개선의 원리
1) 중립자세(자연스런 자세)를 취하고 작업한다
2) 신체부의의 압박을 피한다
3) 과도한 반복동작을 줄이거나 제거한다
4) 표시장치와 조종장치를 이해하기 쉽게 설계한다
5) 과도한 힘을 줄다
6) 모든 것을 손이 닿기 쉬운곳에 둔다
7) 적절한 높이에서 작업한다
8) 피로와 정적부하를 최소화한다
9) 충분한 여유공간을 확보한다
10) 운동과 스트레칭을 자주한다
11) 쾌적한 작업환경(조명, 소음, 환기 등)을 유지한다
12) 작업자의 스트레스를 줄여준다(작업조직 개선)

65. 팔꿈치 부위에 발생하는 근골격계 질환의 유형에 해당되는 것은?

① 외상 과염
② 수근관 증후군
③ 추간판 탈출증
④ 바르텐베르그 증후군

해설 외상과염(테니스엘보): 팔꿈치 부위(손목을 굽히거나 펴는 근육이 시작되는 부위)의 인대에 염증이 생김으로서 발생하는 증상이다

66. 작업자가 동종의 기계를 복수로 담당하는 경우, 작업자 한 사람이 담당해야 할 이론적인 기계대수(n)를 구하는 식으로 맞는 것은?(단, a는 작업자와 기계의 동시 작업시간의 총합, b는 작업자만의 총 작업시간, t는 기계만의 총 가동시간이다.)

① $n = \dfrac{(a+t)}{(a+b)}$
② $n = \dfrac{(a+b)}{(a+t)}$
③ $n = \dfrac{(a+b)}{(b+t)}$
④ $n = \dfrac{(b+t)}{(a+b)}$

해설 이론적 기계대수 산정식

$N = \dfrac{A+t}{A+B}$

여기서, N: 이론적인 기계대수 A: 작업자와 기계의 동시 작업시간, 적재(load 및 unloading)시간 B: 독립적인 작업자 활동시간 t: 기계 가동시간

67. 표준자료법에 대한 설명 중 틀린 것은?

① 표준 자료 작성은 초기 비용이 적기 때문에 생산량이 적은 경우에 유리하다.
② 일단 한번 작성되면 유사한 작업에 대한 신속한 표준시간이 설정이 가능하다.
③ 작업조건이 불안정하거나 표준화가 곤란한 경우에는 표준자료 설정이 곤란하다.
④ 정미시간을 종속변수, 작업에 영향을 주는 요인을 독립변수로 취급하여 두 변수 사이의 함수관계를 바탕으로 표준시간을 구한다.

정답 63. ① 64. ② 65. ① 66. ①

해설 ①항, 표준자료 작성은 초기비용이 크기 때문에 생산량이 적거나 제품의 변동이 큰 경우에는 부적합하다

68. 관측평균은 1분, Rating 계수는 120%, 여유시간은 0.05분이다. 내경법에 의한 여유율과 표준시간은?

① 여유율 : 4.0%, 표준시간 : 1.05분
② 여유율 : 4.0%, 표준시간 : 1.25분
③ 여유율 : 4.2%, 표준시간 : 1.05분
④ 여유율 : 4.2%, 표준시간 : 1.25분

1) 정미시간=관측시간의 대표값×$\left(\frac{레이팅계수}{100}\right)$=$1\times\left(\frac{120}{100}\right)$=1.2분

2) (내경법)여유율 B = $\frac{여유시간}{여유시간 + 정미시간}\times 100 = \frac{0.05}{0.05+1.2} = 4.0\%$

3) 표준시간 = 정미시간 × $\left(\frac{100}{100-여유율 B}\right)$
 = $1.2\times\left(\frac{100}{100-4.0}\right)$ = 1.25분

69. 근골격계 부담작업 유해요인 조사와 관련하여 틀린 것은?

① 사업주는 유해요인조사에 근로자 대표 또는 해당 작업 근로자를 참여시켜야 한다.
② 유해요인조사의 내용은 작업장 상황, 작업조건, 근골격계 질환 증상 및 징후를 포함한다.
③ 신설되는 사업장의 경우에는 신설일로부터 2년 이내에 최초 유해요인 조사를 실시하여야 한다.
④ 유해요인조사는 매 3년마다 실시되는 정기적 조사와 특정한 사유가 발생 시 실시하는 수시조사가 있다.

해설 ③항, 신설되는 사업장의 경우에는 신설일로부터 2년 이내에 최초의 유해요인 조사를 실시하여야 한다

70. 동작분석을 할 때 스패너에 손을 뻗치는 동작의 적절한 서블릭(Therblig)기호는??

① H ② P ③ TE ④ SH

해설 1) H: 잡고있기(정체적인 부분)
2) P: 바로놓기(정신적, 반정신적인 부분)
3) TE: 빈손이동(기본동작부분; 스패너에 손을 뻗치는 동작)
4) SH: 찾기(정신적, 반정신적인 부분)

71. 근골격계 질환의 원인으로 가장 거리가 먼 것은?

① 작업 특성 요인
② 개인적 특성 요인
③ 사회 심리적인 요인
④ 법률적인 기준에 따른 요인

해설 1) 들기작업공식(NLE)에 사용되는 계수: LC(중량상수), HM(수평계수), VM(수직계수), DM(물체이동거리계수), AM(비대칭각도계수), FM(작업빈도계수), CM(커플링계수)
2) RWL(권장중량한계)
 ① RWL(kg)=LC×HM×VM×DM×AM×FM×CM
 ② RWL은 신체의 비틀거림 정도, 손잡이 상태, 취급중량과 중량물의 취급위치 등 여러요인을 반영한다
3) LI(들기지수) LI= $\frac{실제작업물무게(L)}{RWL}$

72. NIOSH의 들기 지수에 관한 설명으로 틀린 것은?

① 들기 지수는 요추의 디스크 압력에 대한 기준치이다.
② 들기 횟수는 분당 들기 횟수를 기준으로 설정되어 있다.
③ 들기 지수가 1이상인 경우 추천 무게를 넘는 것으로 간주한다.
④ 들기 자세는 수평거리, 수직거리, 이동거리의 3개 요인으로 계산한다.

73 레이팅 방법 중 Westinghouse 시스템은 4가지 측면에서 작업자의 수행도를 평가하여 합산하는데 이러한 4가지에 해당하지 않는 것은?

① 노력   ② 숙련도
③ 성별   ④ 작업환경

해설 웨스팅하우스법(westinghouse system)의 평가요소
1) 숙련도(skill)
2) 노력(effor)
3) 작업환경(condition)
4) 일관성(consistency)

74 워크샘플링 조사에서 주요작업의 추정비율(p)이 0.06이라면, 99% 신뢰도를 위한 워크샘플링 횟수는 몇 회인가?(단, 는 2.58, 허용오차는 0.01이다.)

① 3744   ② 3755   ③ 3764   ④ 3745

해설 필요관측횟수(N)

$$N = \frac{Z^2_{1-\alpha/2} \times \overline{P}(-\overline{P})}{e^2} =$$

$$\frac{2.58^2 \times 0.06 \times (1-0.06)}{0.01^2} = 3754.21 ≒ 3755$$

여기서, $Z_{1-\alpha/2}$: 정규분포값에서 P(Z>z)α/2=를 만족하는 값(2.58), $\overline{P}$: idle rate(활동관측비율; 0.06) e: 허용오차(0.01)

75 사업장 근골격계 질환 예방관리 프로그램에 있어 예방·관리추진팀의 역할이 아닌 것은?

① 교육 및 훈련에 관한 사항을 결정하고 실행한다.
② 예방·관리 프로그램의 수립 및 수정에 관한 사항을 결정한다.
③ 근골격계 질환의 중상·유해요인 보고 및 대응체계를 구축한다.
④ 유해요인 평가 및 개선계획의 수립과 시행에 관한 사항을 결정하고 실행한다.

해설 근골격계질환 예방·관리추진팀의 역할
1) 예방·관리프로그램의 수립 및 수정에 관한 사항을 결정한다
2) 예방·관리프로그램의 실행 및 수정에 관한 사항을 결정한다
3) 교육 및 훈련에 관한 사항을 결정하고 실행한다
4) 유해요인 평가 및 개선계획의 수립과 시행에 관한 사항을 결정하고 실행한다
5) 근골격계질환자에 대한 사후조치 및 작업자 건강보호에 관한 사항 등을 결정하고 실행한다

76 작업관리에서 사용되는 기본형 5단계 문제해결 절차로 가장 적절한 것은?

① 자료의 검토→연구대상선정→개선안의 수립→분석과 기록→개선안의 도입
② 자료의 검토→연구대상선정→분석과 기록→개선안의 수립→개선안의 도입
③ 연구대상선정→자료의 검토→분석과 기록→개선안의 수립→개선안의 도입
④ 연구대상선정→분석과 기록→자료의 검토→개선안의 수립→개선안의 도입

해설 작업관리에 사용되는 기본형 5단계(문제해결 절차)
1) 1단계: 연구대상 선정
2) 2단계: 분석과 기록
3) 3단계: 자료의 검토
4) 4단계: 개선안의 수립
5) 5단계: 개선안의 도입

77 시설배치방법 중 공정별 배치방법의 장점에 해당하는 것은?

① 운반 길이가 짧아진다.
② 작업진도의 파악이 용이하다.
③ 전문적인 작업지도가 용이하다.
④ 재공품이 적고, 생산길이가 짧아진다.

해설 공정별 배치의 장점 및 단점

정답 72.④ 73.③ 74.② 75.③ 76.④

1.장점	①전문적인 작업지도가 용이하다 ②소량제조시 유리하고변화에 대한 유연성이 크다 ③설비의 투자 및 배치에 돈이 적게든다 ④작업자 결근·기계고장 등에도 생산량 유지가 용이하다 ⑤직무만족을 증진시킨다
2.단점	①운반능률이 떨어지고 대량생산시 불리하다 ②재고나 재공품의 투자액과 저장면적이 많이 소요된다 ③설비와 작업자의 이용률이 적다 ④일정계획이 주문에 따라 달라서 관리가 복잡하다

78 어떤 결과에 영향을 미치는 크고 작은 요인들을 계통적으로 파악하기 위한 작업분석 도구로 적합한 것은?

① PERT/CPM
② 간트 차트
③ 파레토 차트
④ 특성요인도

해설 특성요인도
1) 원인결과도 또는 고기뼈 다이어그램이라고도 한다
2) 결과를 일으킨 원인을 5~6개의 주요원인에서 시작하여 점진적으로 세부원인을 찾아가는 기법이다 3) 특성요인도는 바람직하지 못한 사건이나 문제의 결과를 물고기의 머리로 표현하고 그 결과를 초래하는 원인을 인간, 기계, 방법, 자재(재료), 환경, 관리 및 행정 등의 종류로 구분하여 표시한다

79 다양한 작업 자세의 신체전반에 대한 부담정도를 분석하는데 적합한 기법은?

① JSI
② QEC
③ NLE
④ REBA

해설 REBA
1) 평가되는 유해요인
  ① 반복성 힘
  ② 과도한 힘
  ③ 불편한 자세(부자연스러운 자세 취하기 어려운 자세)

2) 관련된 신체 부위: 손목, 팔, 어깨, 목, 상체, 허리, 다리 등

80 동작경제의 원칙에서 작업장 배치에 관한 원칙에 해당하는 것은?

① 각 손가락이 서로 다른 작업을 할 때 작업량을 각 손가락의 능력에 맞게 분배한다.
② 사용하는 장소에 부품이 가까이 도달할 수 있도록 중력을 이용한 부품 상자나 용기를 사용한다.
③ 손과 신체의 동작은 작업을 원만하게 처리할 수 있는 범위 내에서 가장 낮은 동작등급을 사용한다.
④ 눈의 초점을 모아야 할 수 있는 작업은 가능한 적게 하고, 이것이 불가피할 경우 두 작업간의 거리를 짧게 한다.

해설 작업장 배치에 관한 사항
1) 모든 공구와 재료는 정하여진 장소에 두어야 한다
2) 공구와 재료, 조종장치는 사용위치에 가까이 둔다
3) 중력을 이용한 상자나 용기를 이용하여 부품이나 재료를 사용장소에 가까이 보낼 수 있도록 한다
4) 가능하면 낙하식 운반방법을 사용한다
5) 재료와 공구는 최적의 동작순서로 작업할 수 있도록 배치해 둔다
6) 최적의 채광 및 조명을 제공한다
7) 작업대와 의자는 각 작업자에게 알맞도록 설계되어야 한다
8) 의자는 인간공학적으로 잘 설계된 높이가 조절되는 의자를 제공한다다

정답 77.③ 78.④ 79.④ 80.②

2018년 기출문제

2018 >>> 제1회 기출문제

제1과목 : 인간공학개론

01 인간공학과 관련된 용어로 사용되는 것이 아닌 것은?

① Ergonomics
② Just In Time
③ Human Factors
④ User Interface Design

해설 인간공학 관련 용어

1) Ergonomics: 작업경제학[Ergo(work)+nomos(law; 관리·원리)+ics(학문)]
2) Human engineering: 인간공학
3) Human factors engineering: 인간요소공학
4) Man machine system engineering: 인간·기계 공학
5) Design for human: 인간을 위한 공학
6) User interface design(UID): 사용자 접촉면 디자인 (설계)

02 조종 장치에 대한 설명으로 맞는 것은?

① C/R 비가 크면 민감한 장치이다.
② C/R 비가 작은 경우에는 조종 장치의 조종시간이 적게 필요하다.
③ C/R비가 감소함에 따라 이동시간은 감소하고, 조종시간은 증가한다.
④ C/R비는 반응장치의 움직인 거리를 조종장치의 움직인 거리로 나눈 값이다.

해설 조종·반응비율(C/R; control response ratio)

1) C/R비: 조종장치(c)의 움직인 거리(또는 회전수)를 반응장치(또는 표시장치)의 움직인 거리로 나눈 값이다. C/R비 = 조종장치 움직인 거리 / 반응장치 움직인 거리

2) C/R비가 작은 경우: 조종장치의 움직임에 따라 반응거리가 커지게 되어 이동시간은 짧아지지만 민감하게 반응하므로 조종시간은 길어진다

3) C/R비가 큰 경우: 조종장치의 움직임에 따라 반응거리가 작게되어 조종시간은 짧아지나 이동시간은 길어진다

4) 최적 C/R비
① C/R비가 감소함에 따라 이동시간은 급격히 감소하다가 안정되며, 조정시간은 이와 반대의 형태를 갖는다
② 최적C/R비: 두 곡선의 교점 부근

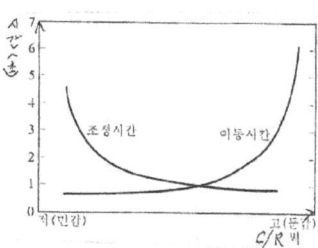

해설 [길잡이] 1) 회전운동을 하는 레버의 C/R비.

$$C/R비 = \frac{(a/360) \times 2\Pi L}{표시장치 이동거리}$$

여기서, a: 레버가 움직인 각도 L: 레버의 길이 2) 회전 꼭지(knob)의

$$C/R비 = \frac{1}{꼭지 1회전당 표시장치 이동거리}$$

03 신호 검출이론에 의하면 시그널(Signal)에 대한 인간의 판정결과는 4가지로 구분되는데 이 중 시그널을 노이즈(Noise)로 판단한 결과를 지칭하는 용어는 무엇인가?

① 긍정(hit)
② 누락(miss)
③ 허위(false alarm)
④ 부정(correct rejection)

해설 시그널(signal; 신호)에 대한 인간의 4가지 판정결과

1) 긍정(hit; 옳은 결정): 신호(S)를 신호(S)로 판정할 확률, P(S/S)
2) 누락(miss; 신호검출 실패): 신호(S)를 소음(N)으로 판정할 확률, P(N/S)
3) 허위(false alarm): 소음(N)을 신호(S)로 판정할 확률, P(S/N)
4) 부정(correct rejection; 옳은결정): 소음(N)을 소음(N)으로 판정할 확률, P(N/N)

정답 1. ② 2. ③ 3. ② 3. ②

04 음압수준이 100dB인 1000Hz순음의 sone값은 얼마인가?

① 32　　② 64
③ 128　　④ 256

1) 1000Hz에서 100dB: 100phon
2) sone치=
$$2^{(phon-40)/10} = 2^{(100-40)/10} = 2^6 = 64$$

해설 [길잡이] 음의 크기의 수준
1) phon에 의한 음량수준: 1000Hz 순음의 음압수준(dB)을 phon이라 한다
2) sone에 의한 음량: 40phon(1000Hz, 40dB의 음압수준을 가진 순음의 크기)을 1sone이라 한다
3) sone과 phon의 관계: 음량수준이 10phon이 증가하면 sone치는 2배로 증가한다.
$$sone = 2^{(phon-40)/10}$$

05 작업대 공간의 배치 원리와 가장 거리가 먼 것은?

① 기능성의 원리
② 사용 순서의 원리
③ 중요도의 원리
④ 오류 방지의 원리

해설 작업대 공간배치의 4원칙(부품배치의 4원칙)
1) 중요성의 원칙: 부품을 작동하는 성능이 체계의 목표 달성에 긴요한 정도에 따라 우선순위를 설정한다
2) 사용빈도의 원칙: 부품을 사용하는 빈도에 따라 우선순위를 설정한다
3) 기능별 배치의 원칙: 기능적으로 관련된 부품들(표시장치, 조정장치 등)을 모아서 배치한다
4) 사용 순서의 원칙: 사용되는 순서에 따라 장치들을 가까이에 배치한다

06 청각의 특성 중 2개음 사이의 진동수 차이가 얼마 이상이 되면 울림(beat)이 들리지 않고 각각 다른 두 개의 음으로 들리는가?

① 5Hz　　② 11Hz
③ 22Hz　　④ 33Hz

해설 1) 울림(beat; 맥놀이): 진동수가 다른 2개의 소리가 간섭을 일으켜 소리가 주기적으로 세어졌다 약해졌다 하는 현상
2) 울림이 들리지 않고 각각 2개의 음으로 들리는 2개음 사이의 진동수 차이: 33Hz이상

07 시스템의 성능 평가척도의 설명으로 맞는 것은?

① 적절성 - 평가척도가 시스템의 목표를 잘 반영해야 한다.
② 실제성 - 기대되는 차이에 적합한 단위로 측정할 수 있어야 한다.
③ 무오염성 - 비슷한 환경에서 평가를 반복할 경우에 일정한 결과를 나타낸다.
④ 신뢰성 - 측정하려는 변수 이외의 다른 변수들의 영향을 받지 않아야 한다.

해설 시스템의 성능 평가척도
1) 적절성: 평가척도가 시스템의 목표를 잘 반영해야 하는 것을 나타내며, 공통적으로 변수가 실제로 의도하는 바를 어느정도 평가하는 가를 결정한다
2) 실제성: 객관적이고 정량적이고 수집이 쉽고 강요적이 아니며 실험자의 수고가 적게 드는 것이어야 한다
3) 무오염성: 측정하고자 하는 변수외의 다른 변수들의 영향을 받아서는 안된다
4) 신뢰성: 변수 측정결과가 일관성 있고 안정적으로 나타나는 것을 말한다(비슷한 환경에서 평가를 반복할 경우에 일정한 값을 나타낸다)
5) 민감도: 실험변수 수준변화에 따라 기준에서 나타나는 예상 차이점의 변별성으로 표시된다

08 출입문, 탈출구, 통로의 공간, 줄사다리의 강도 등은 어떤 설계 기준을 적용하는 것이 바람직한가?

① 조절식 원칙
② 최소치수의 원칙
③ 평균치수의 원칙
④ 최대치수의 원칙

[해설] 인체측정자료의 응용원칙

1) 인체측정자료의 응용원리

구분	내용
1. 조절식 설계 (가변적 설계)	① 신체지수가 다른 여러 사람에게 맞도록 조절식으로 설계하는 원칙이다 ② 모집단 특성치의 5%값에서 95%값(90%범위)을 조절범위로 사용한다 [예] 자동차 좌석의 전후조절, 사무실 의자의 상하조절 등
2. 극단치를 이용한 설계 (극단적 개인용 설계)	① 인체 측정 특성의 최대치수 또는 최소치수 기준으로 한 설계원칙이다 ② 최대집단값에 의한 설계: 인체측정변수의 상위 백분위수를 기준으로 하여 90%, 95% 또는 99%값이 사용된다 [예]출입문, 탈출구, 통로, 버스 승객 의자 앞뒤 간격 등 ③ 최소집단값에 의한 설계: 인체측정변수분포의 하위 1%, 5% 또는 10%값이 사용된다 [예]선반의 높이, 조정장치까지의 거리, 기구조작에 필요한 힘
3. 평균치를 이용한 설계 (평균설계)	① 조절식이나 극단치를 이용한 설계가 불가능할 경우 평균값을 기준으로 하여 설계한다 ② 평균치를 이용한 설계는 다른 기준이 적용되기 어려운 경우에 적용한다 [예]공공장소의 의자, 은행 접수대 높이 등

2) 인체측정자료 응용원리 적용순서: 조절식설계-극단치를 이용한 설계-평균치를 이용한 설계

09 암순응에 대한 설명으로 맞는 것은?

① 암순응 때에 원추세포는 감수성을 갖게 된다.
② 어두운 곳에서는 주로 간상세포에 의해 보게 된다.
③ 어두운 곳에서 밝은 곳으로 들어갈 때 발생한다.
④ 완전 암순응에는 일반적으로 5~10분 정도 소요된다.

[해설] 암순응

1) 암순응: 밝은 곳에서 어두운 곳으로 이동할 때의 순응을 말하며 2단계를 거친다
　① 원추세포의 순응단계: 약 5분 정도 걸림
　② 간상세포의 순응단계: 약 30~35분 정도 걸림(완전 암순응: 보통 30~40분 걸림)
2) 원추세포와 간상세포: 어두운 곳에서 원추세포는 색에 대한 감수성을 잃게 되고 간상세포에 의존하게 되므로 색의 식별이 제한된다

10 사용자의 기억 단계에 대한 설명으로 맞는 것은?

① 잔상은 단기 기억(short-term memory)의 일종이다.
② 인간의 단기 기억(short-term memory)용량은 유한하다.
③ 장기 기억을 작업 기억(working memory)이라고도 한다.
④ 정보를 수초동안 기억하는 것을 장기 기억(long-term memory)이라 한다.

[해설] 인간의 기억체계

(1) 인간 기억체계: 감각보관, 작업기억(단기기억), 장기기억의 3가지 형태로 되어있다

정답 8. ④　9. ②　10. ②

(2) 인간 기억체계의 형태
1) 감각보관
① 감각기관으로부터 받아들인 정보가 아주 짧은시간(약 0.5초)동안 머무르는 것을 말한다
② 감각보관기구 ②-1 시각계통의 상(像)보관: 잔상을 잠시 유지하여 그 영상을 좀 더 처리할수 있게 한다 ②-2 청각계통의 향(響)보관: 향보관은 수 초정도 지속된 후 사라지며 상보관보다 오래지속된다

2) 단기기억(작업기억) 단기기억(작업기억)
① 단기기억은 소량의 정보를 일시적으로 저장하는 장소이다
② 감각보관에서 정보를 암호화하여 단기기억으로 이전하는데는 주위(attention)를 집중해야 한다
③ 정보를 작업기억내에 유지하는 유일한 방법: 반복(rehearsal) (반복은 시간의 흐름에 따라 쇠퇴하고 항목이 많을수록 빨리 일어남)
④ 작업기억 중에 유지할 수 있는 최대항목 수(Miller): 7±2chunk(5~9)[13/1회]
⑤ chunk(청크): 정보를 단위화하여 단기기억의 효율을 증대시킬 수 있는 것을 chunking이라 하고 그룹의 크기를 chunk단위라고 한다
[예] 458321691→458,321,691(청크로 묶으면 상기하기 쉬워짐)

3) 장기기억
① 작업기억 중의 정보를 장기기억으로 전달할 때는 의미적으로 암호화하는데, 정보에 의미를 부여하고 이미 장기기억에 저장되어 있는 정보와 연관시킨다
② 상기(recall): 많은 정보를 상기하려면 내용을 분석하고 비교해서 과거의 지식과 연관시켜야 한다 ③ 장기기억 방식 ③-1 에피소딕 기억(episodic memory): 사건이나 경험등이 순서대로 기억 ③-2 의미적 기억(semantic memory): 사실이나 개념등의 기억
④ 회상(검색; retrieval): 장기기억 중의 정보가 조직적일수록 회상이 쉬워진다
⑤ 기억술: 항목의 첫 문자를 사용해 단어나 문자를 만들고 특이한 이미자와 연결시켜 형상화하는 방법이다

11 동적 표시장치에 해당하는 것은?
① 도표
② 지도
③ 속도계
④ 도로표지판

해설 표시장치의 유형
1) 정적표시장치: 그래프, 간판, 도표, 인쇄물 등 시간에 따라 변하지 않는 것
2) 동적표시장치: 기압계, 온도계, 속도계, 고도계, 레이더, TV, 온도조절기 등 시간에 따라 끊임없이 변하는 것

12 발생 확률이 0.1과 0.9로 다른 2개의 이벤트의 정보량은 발생 확률이 0.5로 같은 2개의 이벤트의 정보량에 비해 어느 정도 감소되는가?
① 51%
② 52%
③ 53%
④ 54%

해설 1) 정보량(H)= $\sum_{i=1}^{n} \Pi \log_2\left(\frac{1}{P_i}\right)$

$H_1 = \left[0.1 \times \log_2\left(\frac{1}{0.1}\right)\right] + \left[0.9 \times \log_2 \times \left(\frac{1}{0.9}\right)\right]$
$= 0.47$

$\cdot H_2 = \left[0.5 \times \log_2\left(\frac{1}{0.5}\right)\right] \times 2 = 1.0$

2) 정보량의 감소량=$H_2 - H_1$=1.0×0.47=0.53=53%

13 표시장치를 사용할 때 자극 전체를 직접 나타내거나 재생 시키는 대신, 정보나 자극을 암호화 하는 데 있어서 지켜야 할 일반적 지침으로 볼 수 없는 것은?
① 암호의 민감성
② 암호의 양립성
③ 암호의 변별성
④ 암호의 검출성

해설 표시장치의 암호체계 사용상의 일반지침
1) 암호의 검출성: 검출이 가능해야 한다
2) 암호의 변별성: 다른 암호표시와 구별되어야 한다
3) 부호의 양립성: 양립성이란 자극들 간의, 반응들 간의, 또는 자극-반응 조합의 관계를 말하는 것으로

정답 11. ③ 12. ③ 13. ①

인간의 기대와 모순되지 않는다
4) 부호의 의미: 사용자가 그 뜻을 분명히 알아야 한다
5) 암호의 표준화: 암호를 표준화하여야 한다(암호를 표준화하여 사람들이 쉽게 이용할수 있어야 한다)
6) 다차원 암호의 사용: 2가지 이상의 암호차원을 조합해서 사용하면 정보전달이 촉진된다

14 반응시간이 가장 빠른 감각은?
① 미각　　② 후각
③ 시각　　④ 청각

해설 감각기관의 자극에 대한 반응시간

감각기관	청각	촉각	시각	미각	통각
반응시간	0.17초	0.18초	0.20초	0.29초	0.70초

15 시스템의 평가척도 유형으로 볼 수 없는 것은?
① 인간 기준(human criteria)
② 관리 기준(management criteria)
③ 시스템 기준(system-descriptive criteria)
④ 작업 성능 기준(task performance criteria)

해설 시스템의 평가척도 유형(평가기준의 유형)
1) 인간기준: 인간성능철도, 생리학적 지표, 주관적 반응, 사고빈도 등에 의해 측정된다
2) 시스템 기준: 시스템이 원래 의도하는 것을 얼마나 달성하는가를 나타낸다
3) 작업성능기능: 작업의 결과에 대한 능률(효율)을 나타낸다

16 양립성에 관한 설명으로 틀린 것은?
① 직무에 알맞은 자극과 응답방식에 대한 것을 직무 양립성이라고 한다.
② 표시장치와 제어장치의 움직임에 관련된 것을 운동 양립성이라고 한다.
③ 코드와 기호를 인간들의 사고에 일치시키는 것을 개념적 양립성이라고 한다.
④ 제어장치와 표시장치의 물리적 배열이 사용자 기대와 일치되도록 하는 것을 공간적 양립성이라고 한다.

해설 양립성
1) 양립성: 인간의 기대와 무순되지 않는 자극들 간의, 반응들 간의 또는 자극-반응 조합과의 관계를 말한다
2) 양립성의 종류
① 개념 양립성: 코드와 기호를 인간들의 사고에 일치시키는 것을 말한다 [예]더운물: 빨간색 수도꼭지, 차가운물: 청색 수도꼭지, 비행장: 비행기 모형 등
② 운동 양립성: 표시장치와 조종장치의 움직임과 사용시스템의 응답을 관련시키는 것이다
[예] 라디오 음량을 크게할 때: 조절장치를 시계방향으로 회전, 전원스위치: 올리면 켜지고 내리면 꺼짐
③ 공간 양립성: 조종장치와 표시장치의 물리적 배열(공간적 배열)이 사용자 기대와 일치되도록 하는 것을 말한다
④ 양식 양립성: 직무에 알맞은 자극과 응답방식(양식)에 대한 것을 말한다

17 최소치를 이용한 인체 측정치 원리를 적용해야 할 것은?
① 문의 높이
② 안전대의 하중강도
③ 비상탈출구의 크기
④ 기구조작에 필요한 힘

해설 극단치를 이용한 설계 예
1) 최대 집단값에 의한 설계: 출입문 높이, 탈출구 크기, 통로크기, 안전대의 하중강도 등
2) 최소 집단값에 의한 설계: 기구조작에 필요한 힘, 조종장치까지의 거리, 선반의 높이 등

정답 14. ④　15. ②　16. ①　17. ④

18 그림은 인간-기계 통합 체계의 인간 또는 기계에 의해서 수행되는 기본 기능의 유형이다. 그림의 A 부분에 가장 적합한 내용은?

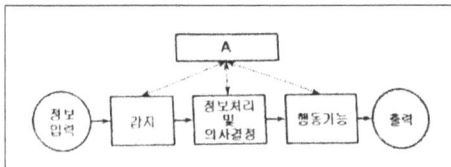

① 통신 ② 정보수용
③ 정보보간 ④ 신체제어

해설 인간·기계체계의 기능

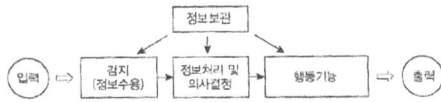

19 시각장치를 사용하는 경우보다 청각장치가 더 유리한 경우는?

① 전언이 복잡할 때
② 전언이 후에 재참조될 때
③ 전언이 즉각적인 행동을 요구할 때
④ 직무상 수신자가 한 곳에 머무를 때

해설 표시장치의 선택(청각장치와 시각장치의 선택)

청각장치 사용	시각장치 사용
①전언이 간단하고 짧다	①전언이 복잡하고 길다
②전언이 후에 재참조되지 않는다	②전언이 후에 재참조된다
③전언이 즉각적인 사상(event)을 이룬다	③전언이 공간적인 위치를 다룬다
④전언이 즉각적인 행동을 요구한다	④전언이 즉각적인 행동을 요구하지 않는다
⑤수신자가 시각계통이 과부하 상태일 때	⑤수신자의 청각계통이 과부하 상태일 때
⑥수신장소가 너무 밝거나 암조응 유지가 필요할 때	⑥수신장소가 너무 시끄러울 때
⑦직무상 수신자가 자주 움직이는 경우	⑦직무상 수신자가 한 곳에 머무르는 경우

20 빛이 어떤 물체에 반사되어 나온 양을 지칭하는 용어는?

① 휘도(Brightness)
② 조도(Illumination)
③ 반사율(Reflectance)
④ 광량(Luminous intensity)

해설 조도의 단위

1) 조도
 ① lux(럭스): 1루멘(lumen)의 빛이 $1m^2$의 평면상에 수직으로 비칠 때의 밝기
 ② fc(foor candle): 1루멘의 빛이 $1ft^2$의 평면상에 수직으로 비칠 때의 밝기 1fc=10.8lux
2) 휘도(광속발산도): 단위면적당 표면에서 반사 또는 방출되는 빛의 양을 휘도(brightness)또는 광속발산도(luminance)라고 한다
 ① lambert(램버트): $1ft^2(1cm^2)$의 평면에서 1루멘의 빛을 발하거나 반사시킬때의 밝기를 나타내는 단위
 ② 1lambert=$3.18cd/m^2$ (candle/m^2=nit; 단위면에 대한 밝기)
3) 반사율: 표면에서 반사되는 빛의 양(광속: lumen)인 휘도와 표면에 비치는 빛의 양인 조도의 비를 말한다. 반사율(%)=$\frac{휘도(fL)}{조도(fc)} \times 100$
4) 광도(candela): 광원으로부터 나오는 빛의 세기(단위: cd, 칼렌더)
5) 광속(lumen): 광원으로부터 나오는 빛의 양(단위: lumen, 루멘) 1촉광=4x(12.57)루멘

제2과목 : 작업생리학

21 율신경계의 교감, 부교감 신경에 대한 설명 중 틀린 것은?

① 교감 신경은 동공을 축소시키고, 부교감 신경은 동공을 확대시킨다.

② 교감 신경은 침 분비를 억제시키며, 부교감 신경은 침 분비를 촉진시킨다.
③ 교감 신경은 심장 박동을 촉진시키고, 부교감 신경은 심장 박동을 억제시킨다.
④ 교감 신경은 소화 운동을 억제시키고, 부교감 신경은 소화 운동을 촉진시킨다.

해설 **자율신경계**

1) 자율신경계의 중추: 간뇌로 대뇌의 직접적인 영향을 받지 않는다
2) 구성: 교감신경과 부교감신경으로 구성되며 서로 길항작용을 한다

[표] 자율신경계의 지배상황(길항작용)

구분	동공	침 분비	심장 박동	소화 운동	혈관 (혈압)	방광 벽	누설
교감 신경	확대	억제	증가 (촉진)	억제	수축 (증가)	이완	분비 촉진
부교감 신경	축소	촉진	감소 (억제)	촉진	이완 (감소)	수축	분비 억제

22 최대산소소비능력(maximum aerobic power, MAP)에 대한 설명으로 틀린 것은?

① 근육과 혈액 중에 축적되는 젖산의 양이 감소
② 이 수준에서는 주로 혐기성 에너지 대사가 발생
③ 20세 전후로 최고가 되었다가 나이가 들수록 점차로 줄어듦
④ 산소섭취량이 일정수준에 도달하면 더 이상 증가하지 않는 수준

해설 **최대산소소비능력(MAP; ; maximum aerobic power)**

1) MAP: 신체활동에 따른 산소소비량의 증가가 일정한 수축에 이르면 신체활동이 증가해도 더 이상 산소소비량이 증가하지 않는데, 이와 같이 산소소비량이 일정하게 되는 수준을 말한다(일의 속도가 증가해도 산소섭취량이 더 이상 증가하지 않고 일정하게 되는 수준)

2) MAP특징
   ① MAP는 혈액의 박출량과 동맥혈의 산소함량에 영향을 받는다
   ② MAP수준에서는 혐기성 에너지 대사가 발생하고 근육과 혈액중에 축적되는 젖산의 양이 증가한다
   ③ 개인의 MAP가 클수록 순환기 계통의 효능이 크다
3) MAP의 직접측정법: 트레드 밀(treadmill), 자전거 에르고미터(ergometer)

23 남성 작업자의 육체작업에 대한 에너지가를 평가한 결과 산소소모량이 1.5L/min이 나왔다. 작업자의 4시간에 대한 휴식시간은 약 몇 분 정도인가? (단, Murrell의 공식을 이용한다.)

① 75분 ② 100분
③ 125분 ④ 150분

해설 1) 휴식시간 산정식(Murrel 공식)

$$R = \frac{T(E-S)}{E-1.5}$$

여기서, R: 휴식시간(min) T: 총작업시간(min) E: 작업중 평균에너지소비량(Kcal/min) [E=산소소모량(L/min)×5cal/L S: 권장 평균에너지 소비량의 상한(5Kcal/min) 1.5: 휴식중 에너지 소비량

2) $R = \frac{T(E-S)}{E-1.5} = \frac{240 \times (7.5-5)}{7.5-1.5} = 100\text{min}$

여기서, T: 4hr×60min/hr=240min E: 1.5L/min× 5kcal/L=7.5kcal/min S: 5kcal/min

24 실내표면에서 추천 반사율이 낮은 것부터 높은 순서대로 나열한 것은?

① 벽 < 가구 < 천장 < 바닥
② 천장 < 벽 < 가구 < 바닥
③ 가구 < 바닥 < 벽 < 천장
④ 바닥 < 가구 < 벽 < 천장

해설 **옥내 최적 반사율**

1) 천정: 80~90%
2) 벽, 창문, 발(blind): 40~60%
3) 가구, 사무기기, 책상: 25~45% 4) 바닥: 20~40%

25 일반적인 성인 남성 작업자의 산소소비량이 2.5L/min일 때, 에너지소비량은 약 얼마인가?

① 7.5kcal/min   ② 10.0kcal/min
③ 12.5kcal/min ④ 15.0kcal/min

해설 에너지소비량의 계산
에너지소비량=산소소비량(L/min)×5kcal/L=2.5L/min×5kcal/L=12.5kcal/min

26 근육이 수축할 때 생성 및 소모되는 물질(에너지원)이 아닌 것은?

① 글리코겐(glycogen)
② CP(creatine phosphate)
③ 글리콜리시스(glycolysis)
④ ATP(adenosine trophosphate)

해설 1) 혐기성 대사(근육운동)
① 혐기성 대사: 근육운동에 필요한 에너지를 생산한다
② 혐기성 대사 순서: ATP(아데노신삼인산)→CP(크레아틴 인산)→glycogen(글리코겐) 또는 glucose(포도당)
2) 글리콜리시스(glycolysis): 글리코겐이 젖산으로 분해되는 것을 말하며 해당과정이라고도 한다

27 주파수가 가청영역 이하인 소음을 무엇이라고 하는가?

① 충격 소음   ② 초음파 소음
③ 간헐 소음   ④ 초저주파 소음

해설 1) 가청주파수(가청영역)
① 가청주파수: 20~20,000Hz
② 초저주파 소음: 가청영역 이하(20Hz이하)인 소음
③ 초음파 소음: 가청영역 이상(20,000Hz 이상)인 소음
2) 가청한계: 2×dyne/(0dB)~dyne/(134dB)

28 장기간 침상 생활을 하던 환자의 뼈가 정상인의 뼈보다 쉽게 골절이 일어나는 이유는 뼈의 어떤 기능에 의해 설명되는가?

① 재형성 기능   ② 조혈 기능
③ 지렛대 기능   ④ 지지 기능

해설 1) 뼈의 기능
① 지지기능: 뼈는 크게 근육을 받쳐주고 몸무게를 지탱하여 체형을 유지시킨다
② 보호기능: 신체의 중요한 기관(뇌, 심장 등 내장)을 보호한다
③ 조혈기능: 골수는 적혈구를 비롯한 혈액세포들을 만드는 조혈기능을 갖는다
④ 운동기능: 관절을 통해 다양한 동작을 가능하게 하는 운동기능을 갖는다
2) 뼈의 재형성
① 뼈는 늘 흡수와 형성을 반복해서 조직을 새롭게 구성하는데 이것을 뼈의 재형성이라 한다
② 무중력 상태에 있거나 오랜기간 누워 있으면 부하 감소로 인하여 뼈량이 감소한다

29 한랭대책으로써 개인위생에 해당되지 않는 사항은?

① 과음을 피할 것
② 식염을 많이 섭취할 것
③ 더운 물과 더운 음식을 섭취할 것
④ 얼음 위에서 오랫동안 작업하지 말 것

해설 한랭대책에서 개인위생상 준수사항
1) 과도한 음주, 흡연 삼 가할 것

2) 과도한 피로를 피하고 식사를 충분히 할 것
3) 더운물과 더운 음식을 자주 섭취할 것
4) 찬물, 눈, 얼음 위에서 오랫동안 작업하지 않을 것
5) 건조한 양말, 약간 큰 장갑과 방한화를 착용할 것
6) 외피는 통기성이 적고 함기성이 큰 것을 착용할 것
7) 팔다리 운동으로 혈액순환을 촉진할 것

30 연축(twitch)이 일어나는 일련의 과정이 맞는 것은?

① 근섬유의 자극→활동전압→흥분수축연결→근원섬유의 수축
② 활동전압→근섬유의 자극→흥분수축연결→근원섬유의 수축
③ 흥분수축연결→활동전압→근섬유의 자극→근원섬유의 수축
④ 근원섬유의 수축→근섬유의 자극→활동전압→흥분수축연결

[해설] 1) 연축(twitch)
   ① 근육에 짧은 순간의 단일자극을 주면 극히 짧은 시간(약 0.1초) 동안에 1회 수축이 일어나는데 이와같이 단일자극에 의한 근육의 1회 수축을 연축이라 한다
   ② 1회의 활동전위에 의해 일어나는 근육의 빠른 수축운동을 연축이라 한다
2) 연축의 발생과정:
   ① 근섬유의 자극→ ② 활동전압→ ③ 흥분수축연결→ ④ 근섬유의 수축

31 공기정화시설을 갖춘 사무실에서의 환기기준으로 맞는 것은?

① 환기횟수는 시간당 2회 이상으로 한다.
② 환기횟수는 시간당 3회 이상으로 한다.
③ 환기횟수는 시간당 4회 이상으로 한다.
④ 환기횟수는 시간당 6회 이상으로 한다.

[해설] 공기정화시설을 갖춘 사무실의 환기기준(고용노동부고시)
1) 근로자 1인당 필요한 최소의기량: $0.75m^3/nin$
2) 환기횟수: 시간당 4회 이상

32 근력에 관한 설명으로 틀린 것은?

① 근력이란 수의적인 노력으로 근육이 등장성으로 낼 수 있는 힘의 최대치이다.
② 정적 근력의 측정은 피검자가 고정 물체에 대하여 최대 힘을 내도록 하여 측정한다.
③ 동적 근력은 가속과 관절 각도변화가 힘의 발휘에 영향을 미치므로 측정에 어려움이 있다.
④ 근력의 측정은 자세, 관절각도, 동기 등의 인자가 영향을 미치므로 반복 측정이 필요하다.

[해설] 1) 근력: 한번의 수의적인 노력으로 근육이 등척성(정적인 근수축)으로 낼 수 있는 힘의 최대치이다
2) 근력의 분류
   ① 정적근력: 등척성 수축이 일어날 때 발휘되는 힘으로 근육이 수축해도 길이는 변하지 않는다
   ② 동적근력: 물체를 실제로 들어올리는 것과 같이 실제로 움직일 때 낼수 있는 힘이다(등속성 수축과 등장성 수축으로 구분)
3) 근력의 측정:
   ① 정적근력 측정: 피검자가 고정물체에 대하여 최대 힘을 내도록 하여 측정한다
   ② 동적근력 측정: 가속과 관절각도의 변화가 힘의 발휘에 영향을 미치므로 측정에 어려움이 있으며 운동속도가 동적근력 측정에 중요한 인자가 된다

33 신체의 작업부하에 대하여 작업자들이 주관적으로 지각한 신체적 노력의 정도를 6~20의 값으로 평가한 척도는 무엇인가?

① 부정맥지수
② 점별융합주파수(VFE)
③ 운동자각도(Borg's RPE)
④ 최대산소소비능력(maximum aerobic power)

[해설] 정신작업 부하척도
1) 점멸융합주파수
   ① 점멸주파수: 자극들이 작업자에게 일정한 속도로 제공될 때 깜빡거림없이 연속적으로 제공되는 것

정답 30. ① 31. ③ 32. ① 33. ③

처럼 느껴지는 주파수이다
②정멸융합주파수: 정신적으로 피로할 경우에 주파수값이 내려가므로 정신적피로를 평가하는 척도로 사용된다
2)부정맥 지수
①부정맥: 심장박동이 비정상적으로 빨라지거나 느려지는 등과 같이 불규칙적으로 활동하는 것을 말한다
②부정맥지수: 심장활동의 불규칙성을 평가하는 척도로 맥박간의 표준편차나 변동계수 등과 같은 부정맥지수를 사용한다(정신적부가가 증가하는 경우 부정맥지수값은 감소)
3)운동자각도(Borg's RPE): 신체의 작업부하에 대하여 작업자들이 주관적으로 자각한 신체적 노력의 정도를 RPE지수 6(전혀 힘들지 않다)~20(최고로 힘들다)의 값으로 평가한 척도이다

34 허리부위의 요추는 몇 개의 뼈로 구성되어 있는가?

① 4개 ② 5개
③ 6개 ④ 7개

해설 1)척추골: 인체의 지주를 이루는 긴 골격으로 다섯가지 형태로 32~35개의 추골로 구성된다
2)척추골의 구성: ①경추: 7개 ②흉추: 12개 ③요추: 5개→총 24개 ④천추: 5개 ⑤미추: 3~5개

35 빛의 측정치를 나타내는 단위의 관계가 틀린 것은?

① 1fc = 10lx
② 반사율 = 휘도/조도
③ 1 candela = 10lumen
④ 조도 = 광도/단위면적(m²)

해설 candela(칸델라; 광도)
1)광도: 광원으로부터 나오는 빛의 세기를 말하며 단위는 cd(칸델라)를 사용한다
2)1cd: 101,325N/(pa)압력하에서 백금의 응고점 온도에 있는 흑체의 1인 평평한 표면 수직방향의 광도를 말한다

36 인간이 휴식을 취하고 있을 때 혈액이 가장 많이 분포하는 신체부위는?

① 뇌   ② 심장근육
③ 근육   ④ 소화기관

해설 휴식시 혈액이 가장 많이 분포하는 신체부위: 소화기관

37 일반적으로 소음계는 주파수에 따른 사람의 느낌을 감안하여 A,B,C 세 가지 특성에서 음압을 측정할 수 있도록 보정되어 있는데, A특성치란 몇 phon의 등음량곡선과 비슷하게 주파수에 따른 반응을 보정하여 측정한 음압수준을 말하는가?

① 20   ② 40
③ 70   ④ 100

해설 소음의 측정
1)소음계는 주파수에 따른 사람의 느낌을 감안하여 A,B,C 세가지 특성에서 음압을 측정할 수 있도록 보정되어 있다
2)A특성치는 40phon, B특성치는 70phon, C특성치는 100phon의 등음량곡선과 비슷하게 주파수에 따른 반응을 보정하여 측정한 음압수준을 말한다

[길잡이] 청감보정회로: 40phon, 70phon, 100phon의 등청감곡선과 비슷하게 주파수에 따른 반응을 보정하여 측정한 음압수준으로 A,B,C 청감보정회로(특성)라 한다

38 정적 작업과 국소 근육피로에 대한 설명으로 적절하지 않은 것은?

① 근육이 발휘할 수 있는 힘의 최대치를 MVC라 한다.
② 국소 근육피로를 측정하기 위하여 산소 소비량이 측정된다.
③ 국소 근육피로는 정적인 근육수축을 요구하는 직무들에서 자주 관찰된다.
④ MVC의 10퍼센트 미만인 경우에만 정적수축이 거의 무한하게 유지될 수 있다.

[해설] 국소 근육피로의 측정
근전도(EMG; 근육활동의 전위차 측정)

39 전신진동의 영향에 대한 설명으로 틀린 것은?

① 10~25Hz에서 시성능이 가장 저하된다.
② 5Hz이하의 낮은 진동수에서 운동성능이 가장 저하된다.
③ 머리와 어깨 부위의 공명주파수는 20~30Hz이다.
④ 등이나 허리뼈에 가장 위험한 주파수는 60~90Hz이다.

[해설] 1)전신진동: 신체를 지지하는 구조물을 통하여 전신에 전파되는 진동으로 100Hz 미만의 저주파이다(진동원: 대형운송차량, 굴삭기, 선박, 항공기 등)
2)전신진동의 영향
  ①5Hz이하: 운동성능 급격히 저하, 맥박수 증가, 호흡곤란
  ②3~6Hz: 신체에 심한 공명현상, 6Hz에서는 가슴, 등에 심한 통증
  ③4~14Hz: 복통, 압박감 및 동통감
  ④10~25Hz: 시력장애 및 청력장애
  ⑤두부와 견부(머리와 어깨부위)는 20~30Hz 진동에 공명
  ⑥안구는 60~90Hz진동에 공명

40 힘에 대한 설명으로 틀린 것은?

① 능동적 힘은 근수축에 의하여 생성된다.
② 힘은 근골격계를 움직이거나 안정시키는데 작용한다.
③ 수동적 힘은 관절 주변의 결합조직에 의하여 생성된다.
④ 능동적 힘과 수동적 힘은 근절의 안정길이에서 발생한다.

[해설] 힘(force)
①정지하고 있는 물체를 움직이거나, 움직이고 있는 물체의 속도나 운동방향을 바꾸거나 물체를 변형시키는 작용을 하는 물리량이다
②힘은 크기과 방향을 갖는 벡터량(vectorquantity)

[길잡이]
(1)힘의작용: 힘은 근골격계를 움직이거나 안정시키는데 작용한다
(2)힘의 분류 1)내적인 힘: 근육이 일으키는 힘으로 능동적힘 과 수동적 힘 이 있다
①능동적 힘: 근수축에 의하여 생성된다(길항근: 서로 상반되는 작용을 동시에 하는 근육)
②수동적 힘: 관절 주변의 결합조직에 의하여 생성된다 2)외적인 힘: 외부에서 가해지는 충격, 중력 등을 말한다

제3과목 : 산업심리학 및 관계법규

41 알더퍼(P.Alderfer)의 ERG이론에서 3단계로 나눈 욕구 유형에 속하지 않는 것은?

① 성취욕구   ② 성장욕구
③ 존재욕구   ④ 관계욕구

[해설] 알더퍼(Alderfer)의 ERG이론
1)생존(Existence)욕구(존재욕구) : 신체적인 차원에서

유기체의 생존과 유지에 관련된 욕구
2) 관계(Relatedness)욕구 : 타인과의 상호작용을 통해 만족되는 대인욕구
3) 성장(Growth)욕구 : 개인적인 발전과 증진에 관한 욕구

42 오류를 범할 수 없도록 사물을 설계하는 기법은?

① Fail-Safe 설계
② Interlock설계
③ Exclusion 설계
④ Prevention설계

해설 Exclusion 설계 : 오류를 범할 수 없도록 사물을 설계하는 기법

43 Max Weber가 제시한 관료주의 조직을 움직이는 4가지 기본원칙으로 틀린 것은?

① 구조 ② 노동의 분업
③ 권한의 통제 ④ 통제의 범위

해설 관료주의 조직을 움직이는 기본원칙(Max Weber)론
1) 노동의 분업화 : 직무의 단순화, 전문화, 분업화
2) 권한의 위임 : 조직체계를 수직적 명령체계에 의한 계층적 구조로 편성하고 상급자 권한의 일부를 하부에 위임
3) (적절한)통제의 범위 : 각 관리자가 통제할 수 있는 작업자의 수 5~8명의 제한
4) 조직구조 : 적절한 조직의 높이와 폭(피라미드 형태)

44 리더십 이론 중 관리격자이론에서 인간에 대한 관심이 낮은 유형은

① 타협형 ② 인기형
③ 이상형 ④ 무관심형

해설 관리격자(관리유형도) 리더십 모델

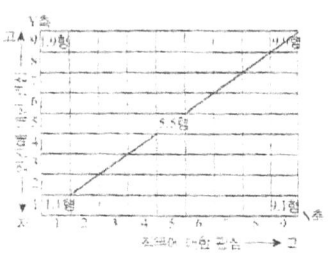

1) (1,1)형(무기력형) : 인간과 업적에 모두 최소의 관심을 가지고 있는 형이다
2) (1,9)형(인기형-country clup style) : 인간중심적, 인간지향적으로 업적에 대한 관심이 낮다
3) (9,1)형(과업형) : 업적에 대하여 최대의 관심을 갖고 인간에 대해서는 무관심한 형이다
4) (9,9)형(이상형-team style) : 업적과 인간의 쌍방에 대하여 높은 관심을 갖는 이상형이다
5) (5,5)형(중도형) : 업적과 인간에 대한 관심도가 중간치를 나타내는 중간형이다

45 휴먼에러로 이어지는 배경원인이 아닌 것은?

① 인간(Man)
② 매체(Media)
③ 관리(Management)
④ 재료(Material)

해설 인간과오의 배후요인 4요소(4M)
1) 맨(man) : 본인 이외의 사람(팀워크, 커뮤니케이션)
2) 머신(machine) : 장치나 기계 등의 물적요인(본질안전화, 표준화, 점검, 정비)
3) 미디어(media) : 인간과 기계를 잇는 매체란 뜻으로 작업의 방법이나 순서, 작업정보의 실태나 환경과의 관계 정리정돈 등이 포함된다(환경개선 작업방법개선 등)
4) 매니지먼트(management) : 안전법규의 준수방법, 단속, 점검 관리 외에 지휘감독, 교육훈련 등이 여기에 속한다(적성배치, 교육·훈련)

46 선택반응시간(Hick의 법칙)과 동작시간(Fitts의 법칙)의 공식에 대한 설명으로 맞는 것은?

> [다음]
> - 선택반응시간 $= a + b\log_2 N$
> - 동작시간 $= a + b\log_2\left(\dfrac{2A}{W}\right)$

① N은 자극과 반응의 수, A는 목표물의 너비, W는 움직인 거리를 나타낸다.
② N은 감각기관의 수, A는 목표물의 너비, W는 움직인 거리를 나타낸다.
③ N은 자극과 반응의 수, A는 움직인 거리, W는 목표물의 너비를 나타낸다.
④ N은 감각기관의 수, A는 움직인 거리, W는 목표물의 너비를 나타낸다.

해설 1)선택반응시간(RT)
①인간의 반응시간(RT)은 자극과 반응의 수가 증가할수록 길어진다(반응시간은 자극과 정보의 양에 비례한다)
②Hick법칙 : 자극과 반응의 수(N)가 함에 따라 반응시간(RT)은 대수적으로 증가한다(RT는 밑을 2로 하는 N의 log 값에 비례해 증가함) RT = a+blogN 여기서, RT : 반응시간(reaction time) N : 자극과 반응의 수
2)동작시간(Fitts 법칙) : 손과 발등의 동작시간 또는 이동시간(MT)은 목표지점까지의 손, 발의 이동거리(A)와 목표물의 크기(폭 : W)에 영향을 받는다 MT = a+b$\log_2\left(\dfrac{2A}{W}\right)$
여기서, MT : 동작시간(movement time) A : 움직인 거리(목표물까지의 거리) W : 목표물의 너비(폭)

47 재해 발생에 관한 하인리히(H.W.Heinrich)의 도미노 이론에서 제시된 5가지 요인에 해당하지 않는 것은?

① 제어의 부족
② 개인적 결함
③ 불안전한 행동 및 상태
④ 유전 및 사회 환경적 요인

해설 1)하인리히(Heinrich)의 사고연쇄성 이론[도미노(domino) 현상]
①1단계 : 사회적 환경 및 유·벽 요소(선척적 결함)
②2단계 : 개인적 결함(성격결함 등)
③3단계 : 불안전한 행동 및 불안전한 상태
④4단계 : 사고
⑤5단계 : 재해
2)버드(Bird)의 최고사고연쇄성 이론
①1단계 : 통제의 부족-관리소홀(재해발생의 근본적 원인)
②2단계 : 기본원인-기원(작업자·환경결함)
③3단계 : 직접원인-징후(불안전한 행동 및 상황)
④4단계 : 사고-접촉
⑤5단계 : 상해-손해-손실

48 연평균 근로자수가 2000명인 회사에서 1년에 중상해 1명과 경상해 1명이 발생하였다. 연천인률은 얼마인가?

① 0.5   ② 1
③ 2   ④ 4

해설 연천인율 = $\dfrac{\text{사상자수}}{\text{연평균근로자수}} \times 1000 = \dfrac{2}{2000} \times 1000 = 1$

49 스트레스에 관한 설명으로 틀린 것은?

① 위협적인 환경특성에 대한 개인의 반응이라고 볼 수 있다.
② 스트레스 수준은 작업 성과와 정비례의 관계에 있다.
③ 적정수준의 스트레스는 작업성과에 긍정적으로 작용할 수 있다.
④ 지나친 스트레스를 지속적으로 받으면 인체는 자기조절능력을 상실할 수 있다.

정답 46. ③ 47. ① 48. ② 49. ②

해설 스트레스 수준은 작업성과와 반비례의 관계에 있다
(길잡이) 직무스트레스의 정의(NOISH) : 직무스트레스란 직무요구조건이 개인의 능력, 자원, 또는 근로자의 욕구와 맞지 않을 때 발생하는 유해한 신체적, 정서적 반응이라고 할 수 있다

50 집단역학에 있어 구성원 상호간의 선호도를 기초로 집단 내부에서 발생하는 상호관계를 분석하는 기법을 무엇이라 하는가?
① 갈등 관리
② 소시오메트리
③ 시너지 효과
④ 집단의 응집력

해설 집단내의 인간관계나 비공식 집단에서 집단의 구조 및 지도자를 알아내는 방법
1) 소시오메트리(sociometry) : 집단의 구조를 밝혀내어 집단 내에서 개인간의 인기의 정도, 지위, 좋아하고 싫어하는 정도, 하위집단의 구성여부와 형태, 집단에 충성도, 집단의 응집력을 연구조사하여 행동지도의 자료로 삼는 것을 말한다
2) 소시오그램(sociogram) : 교우도식 또는 집단의 구조도를 말하며, 이 소시오그램에 의하면 시각적으로 집단의 구조나 구성원의 위치, 직위에 대한 이해가 쉽게 된다

51 인간오류확률 추정 기법 중 초기 사건을 이원적(binary)의사결정(성공 또는 실패)가지들로 모형화하고, 이 이후의 사건들의 확률은 모두 선행 사건에 대한 조건부 확률을 부여하여 이원적 의사결정 가지들로 분지해 나가는 방법은?
① 결함 나무 분석(Fault Tree Analysis)
② 조작자 행동 나무(Operator Action Tree)
③ 인간오류 시뮬레이터(Human Error Simulator)
④ 인간실수율 예측기법(Technique for Human Error Rate Prediction)

해설 THERP(technique for human error rate prediction) : 인간과오율 예측기법
1) THERP(인간과오율 예측기법) : 인간이 수행하는 작업을 상호해안적(exclusive)사건으로 나누어 사건나무를 작성하고 각 작업의 성공 또는 실패확률을 부여하여 각 경로의 확률을 계산한다
2) THERP : 인간의 과오를 정량적으로 해석하기 위한 안전해석기법이다(개발자 : Swain)

52 제조물책임법상 제조업자가 제조물에 대하여 제조·가공상의 주의의무를 이행하였는지에 관계없이 제조물이 원래 의도한 설계와 다르게 제조·가공됨으로써 안전하지 못하게 된 경우에 해당되는 결함은?
① 제조상의 결함
② 설계상의 결함
③ 표시상의 결함
④ 기타 유형의 결함

해설 제조물(제품) 결함의 유형
1) 제조상의 결함 : 제품의 제조과정에서 본래의 설계사양과 다르게 제작된 불량품을 발견하지 못한 결함을 말한다(본문설명)
2) 설계상의 결함 : 제품 설계과정에서 발생한 결함으로 설계에 따라 제품이 제조될 경우 발생하는 결함을 말한다
3) 표시상의 결함(지시·경고상의 결함) : 제품에 대한 적절한 지시나 경고를 하지 않아 제품의 설치 및 사용시 사고를 유발하는 결함을 말한다

53 인간 신뢰도에 대한 설명으로 맞는 것은?
① 반복되는 이산적 직무에서 인간실수확률은 단위시간당 실패수로 표현된다.
② 인간 신뢰도는 인간의 성능이 특정한 기간 동안 실수를 범하지 않을 확률로 정의된다.
③ THERP는 완전 독립에서 완전 정(正)종속 까지의 비연속을 종속정도에 따라 3수준으

로 분류하여 직무의 종속성을 고려한다.
④ 연속적 직무에서 인간의 실수율이 불변(stationary)이고, 실수과정이 과거와 무관(independent)하다면 실수과정은 베르누이 과정으로 묘사된다.

해설 인간의 신뢰도
1)인간의 신뢰도 : 인간의 성능이 특성한 기간동안 실수를 범하지 않을 확률을 말한다 2)인간의 신뢰성 요인 ①주의력 ②긴장수준 ③의식수준(경험연수, 지식수준, 기술수준)

54 인간의 불안전행동을 예방하기 위해 Harvey에 의해 제안된 안전대책의 3E에 해당하지 않는 것은?

① Education
② Enforcement
③ Engineering
④ Environment

Harvey 안전대책 3E
①Engineering : 기술
②Education : 교육
③Enforcement : 독려

55 사고의 유형, 기인물 등 분류항목을 큰 순서대로 분류하여 사고방지를 위해 사용하는 통계적 원인분석 도구는?

① 관리도(Control Chart)
② 크로스도(Cross Diagram)
③ 파레토도(Pareto Diagram)
④ 특성요인도(Cause and Effect Diagram)

해설 통계적 원인분석방법
1)파레토도 : 사고의 유형, 기인물 등 분류항목을 큰 순서대로 도표화하여 분석하는 방법이다
2)특성요인도 : 특성과 요인을 도표로 하여 어골상(漁滑狀)으로 세분화한다
3)클로즈 분석 : 데이터를 집계하고 표로 표시하여 요인별 결과내역을 교차한 클로즈 그림을 작성하여 분석한다(2개 이상의 문제 관계를 분석하는데 이용)
4)관리도 : 재해발생건수 등의 추이를 파악하고 목표관리를 행하는데 필요한 월별재해발생수를 그래프화하여 관리선을 설정, 관리하는 방법이다

56 리더십의 유형에 따라 나타나는 특징에 대한 설명으로 틀린 것은?

① 권위주의적 리더십 - 리더에 의해 모든 정책이 결정된다.
② 권위주의적 리더십 - 각 구성원의 업적을 평가할 때 주관적이기 쉽다.
③ 민주적 리더십 - 모든 정책은 리더에 의해서 지원을 받는 집단토론식으로 결정된다.
④ 민주적 리더십 - 리더는 보통 과업과 그 과업을 함께 수행할 구성원을 지정해 준다.

해설 리더십의 유형 및 특징

구분	특징
1. 권위적 리더십 (전체적 리더십)	1)리더에 의해 모든 정책이 결정된다 2)각 구성원의 업적을 평가할 때 주관적이기 쉽다(구성원의 능동적 그룹의 참여는 어려움) 3)리더는 보통 과업과 그 과업을 함께 수행할 구성원을 지정해 준다 4)권한에 의한 지시를 받고 지시는 한면에 하나씩 있으므로 미래단계를 파악할 수 없다
2. 민주적 리더십	1)모든 정책은 리더에 지원을 받는 집단토론식으로 결정한다 2)각 구성원은 평가할 때 객관적이다(일은 많이 하지 않지만 구성원이 되려고 노력함) 3)구성원들은 선택하는 사람과 일을 할 수 있다(업무 분활은 그룹에 일임) 4)토의 중에 대략적으로 활동에 대해 파악을 한다(도움 필요시 리더가 대안을 제시해 줌)
3. 자유방임적 리더십	1)그룹 또는 개인적인 결정을 위해 완전한 자유를 준다(리더는 최소한 개입) 2)요청이 없으면 자발적인 평가를 하지 않는다 3)과업과 동료의 결정에 대하여 리더가 개입하지 않는다 4)작업토의에 개입하지 않는다(필요한 정보는 리더에 의해 공급)

57 인간이 장시간 주의를 집중하지 못하는 것은 주의의 어떤 특성 때문인가?

① 선택성　　② 방향성
③ 변동성　　④ 대칭성

해설 1) 주의의 특징
　①선택성 : 여러 종류의 자극을 자각할 때 소수의 특정한 것에 한하여 선택하는 기능
　②방향성 : 주시점만 인지하는 기능
　③변동성 : 주위에는 주기적으로 부주의의 리듬이 존재
2) 주의력의 특성
　①주의력 중복집중의 곤란(썬택성) : 주의는 동시에 2개 방향에 집중하지 못한다(많은 것에 동시에 주의를 기울일 수 없다)
　②주의력의 단속성(변동성) : 고도의 주의는 장시간 지속할 수 없다(주의 집중은 리듬을 가지고 변한다)
　③주의력의 방향성 : 한 지점에 주의를 집중하면 다른 곳의 주의는 약해진다(주의는 중심에서 좌우로 벗어나면 급격히 저하된다)

58 작업수행에 의해 발생하는 피로를 방지, 경감시키고 효율적으로 회복시키는 방법으로 틀린 것은?

① 동일한 작업을 될 수 있는 한 적은 에너지로 수행할 수 있도록 한다.
② 정적 근작업을 하도록 하여 작업자의 에너지소비를 될 수 있는 한 줄인다.
③ 작업속도나 작업의 정확도가 작업자에게 너무 과중하게 되지 않도록 한다.
④ 작업방법을 개선하여 무리한 자세로 작업이 진행되지 않도록 하고 특히 정적 근작업을 배제한다.

해설 ②항, 정적근 작업을 줄이고 동적근 작업을 하도록 한다

59 미국의 산업안전보건연구원(NIOSH)에서 직무 스트레스 요인에 해당하지 않는 것은?

① 성능 요인　　② 환경 요인
③ 작업 요인　　④ 조직 요인

해설 직무 스트레스 모형에서 직무 스트레스 요인(NIOSH 제시)

구분	스트레스 요인
1. 작업 요인	1) 작업부하 2) 작업속도 3) 교대근무
2. 환경 요인 (물리적 환경)	1) 소음, 진동 2) 고온, 한랭 3) 환기불량 4) 부적절한 조명
3. 조직 요인	1) 관리유형 2) 역할요구 3) 역할보호성 및 갈등 4) 경력 및 직무안전성
4. 조직외 요인	1) 가족상황 2) 재정상태 등

60 레빈(Lewin)의 인간행동에 관한 공식은? (단, B : 행동, P : 자질, E : 환경이다.)

① B=f(P・E)　　② E=f(P・B)
③ B=E(P・f)　　④ P=f(B・E)

해설 레빈(K. Lewin)의 법칙 : Lewin은 인간의 행동(B)은 그 사람이 가진 자질 즉, 개체(P)와 심리학적 환경(E)과의 상호 함수관계에 있다고 하였다 B = f(P・E)
①B(Behavior) : 인간의 행동
②f(function, 함수 관계) : 적성, 기타 P와 E에 영향을 미칠 수 있는 조건
③P(Person, 개체) : 연령, 경험, 심신상태, 성격, 지능 등 인간의 조건
④E(Environment, 심리적 환경) : 인간관계, 작업환경 등 환경조건

제4과목 : 근골격계질환예방을위한작업관리

61 파레토 차트에 관한 설명으로 틀린 것은?

① 재고관리에서는 ABC곡선으로 부르기도 한다.
② 20%정도에 해당하는 중요한 항목을 찾아내는 것이 목적이다.
③ 불량이나 사고의 원인이 되는 중요한 항목을 찾아 관리하기 위함이다.
④ 작성 방법은 빈도수가 낮은 항목부터 큰 항목 순으로 차례대로 나열하고, 항목별 점유비율과 누적비율을 구한다.

해설 파레토 차트(Pareto chart)
1) 파레토 차트 : 관심의 대상이 되는 항목을 동일 척도(Scale)로 관찰하여 측정한 후 이를 내림차순으로 정리하고 누족분포를 구한다
2) 파레토 원칙(80-20 규칙) : 상위 20%의 항목이 전체 활동의 80% 이상을 차지한다는 의미이다
3) 파레토차트 주 목적 : 20%정도에 해당하는 중요한 항목을 찾아내는 것이 주목적이다
4) ABC곡선 : 재고관리 분야에서는 ABC곡선으로 부르기도 한다
5) 파레토 차트의 작성방법 : 빈도수가 큰 항목부터 작은 항목 순서르 차례대로 나열하고 항목별 점유비율과 누적비율을 구한다

62 NIOSH Lifting Equation(NLE)평가에서 권장무게한계(Recommended Weight Limit)가 20kg 이고 현재 작업물의 무게가 23kg일 때, 들기 지수(Lifting Index)의 값과 이에 대한 평가가 맞는 것은?

① 0.87, 요통의 발생위험이 낮다.
② 0.87, 작업을 재설계할 필요가 있다.
③ 1.15, 요통의 발생위험이 높다.
④ 1.15, 작업을 재설계할 필요가 없다.

해설 1) 들기지수(LI)

$$LI = \frac{물체무게(kg)}{RWL} = \frac{23kg}{20kg} = 1.15$$

여기서, RWL : 권장무게한계(kg)

2) 들기지수 1.15 : 들기지수(LI)가 1보다 크므로 요통의 발생위험이 크다

63 근골격계 질환의 예방에서 단기적 관리방안으로 볼 수 없는 것은?

① 안전한 작업방법의 교육
② 작업자에 대한 휴식시간의 배려
③ 근골격계 질환 예방관리 프로그램의 도입
④ 휴게실, 운동시설 등 기타 관리시설의 확충

해설 근골격계질환 예방을 위한 관리방안

구분	예방을 위한 관리방안
1. 단기적 관리방안	1) 안전한 작업방법 교육 2) 작업자에 대한 휴식시간의 배려 3) 휴게시설, 운동시설 등 기타 관리시설 확충 4) 작업자, 관리자 등 인간공학 교육 5) 작업장 개선을 위한 위험요인의 인간공학적 분석 6) 교대근무에 대한 고려 7) 재활부위 질환자를 위한 재활시설을 도입, 의료시설 및 인력확보 8) 안전계양을 위한 체조도입
2. 중장기적 관리방안	1) 근골격계질환 예방관리 프로그램의 도입 2) 근골격계질환 원인의 다각적 분석 3) 작업공구의 교체 등 인간공학적 고려 4) 정기적·체계적·계속적인 인간공학적 의식, 안전의식 교육 5) 인체공학(작업자 신체특성 고려)개념을 도입한 작업장 설계 6) 보건관리 체제도입 및 건강관리실 활성화(의학적 관리) 7) 작업자순환 등 관리적 방법의 고려 8) 노동강도 고려 및 관리적 방법 고려 9) 위험요인 제기, 안전의식 개선 등 작업자의 자발적 참여 유도 10) 개선효과 확인, 미비점 보완, 주기적 국적조사 등 개선 후 주기적으로 사후관리

정답 61. ④ 62. ③ 63. ③

64 상완, 전완, 손목을 그룹 A로 목, 상체, 다리를 그룹 B로 나누어 측정, 평가하는 유해요인의 평가기법은?

① RULA(rapid upper limb assessment)
② REBA(rapid entire body assessment)
③ OWAS(Ovako working posture analysis system)
④ NIOSH 들기작업지침(Revised NIOSH lifting equation)

[해설] 근골격계질환의 유해요인 평가방법

평가도구명 (Analysis Tools)	평가되는 위해요인	관련된 신체부위	적용대상 작업 종류	한계점
1) REBA (Rapid Enitre Body Assessment)	• 반복성 • 힘 • 불편한 자세	손목, 팔, 어깨, 목, 상체, 허리, 다리	간호사, 청소부, 주부 등의 직업이 비정적인 형태의 서비스업 계통	반복성 미고려
2) OWAW (Ovaco Working Posture Analysing System)	• 자세 • 힘 • 노출시간	상체, 허리, 다리	중량물 취급	중량물 작업 한정 반복성 미고려
3) JSI(작업긴장도지수) (Job Strain Index)	• 반복성 • 힘 • 불편한 자세	손, 손목	경조립 작업, 검사, 육류가공, 포장, 자료입력, 세탁	손, 손목부위 작업 한정 평가의 객관성
4) RULA (Rapid Upper Limb Assessment)	• 반복성 • 힘 • 불편한 자세	A그룹 (상완, 전완, 손목) B그룹 (목, 몸통, 다리)	조립작업, 목공작업, 정비작업, 육류가공, 교환대, 치과	반복성과 정적자세의 고려가 다소 미흡, 전문성 요구
5) Revised NIOSH Lifting Equation (NIOSH 들기작업지침)	• 반복성 • 힘 • 불편한 자세	허리	물자취급 (운반, 정리) 4kg 이상의 중량물 취급과 힘을 요하는 작업, 고정된 들기작업	전문성 요구제

65 근골격계 질환을 유발시킬 수 있는 주요 부담 작업에 대한 설명으로 맞는 것은?

① 충격 작업의 경우 분당 2회를 기준으로 한다.
② 단순 반복 작업은 대게 4시간을 기준으로 한다.
③ 들기 작업의 경우 10kg, 25kg이 기준무게로 사용된다.
④ 쥐기(grip)작업의 경우 쥐는 힘 1kg과 4.5kg을 기준으로 사용한다.

[해설] 근골격계 부담작업의 범위(단기간작업 또는 간헐적인 작업은 제외)

1) 하루에 4시간 이상 집중적으로 자료입력 등을 위해 키보드 또는 마우스를 조작하는 작업
2) 하루에 총 2시간 이상, 목, 어깨, 팔꿈치, 손목 또는 손을 사용하여 같은 동작을 반복하는 작업
3) 하루에 총 2시간 이상 머리 위에 손이 있거나, 팔꿈치가 어깨위에 있거나, 팔꿈치를 몸통으로 들거나, 팔꿈치를 몸통뒤쪽에 위치하도록 하는 상태에서 이루어지는 작업
4) 지지되지 않은 상태이거나 임의로 자세를 바꿀 수 없는 조건에서, 하루에 총 2시간 이상 목이나 허리를 구부리거나 트는 상태에서 이루어지는 작업
5) 하루에 총 2시간 이상 쪼그리고 앉거나 무릎을 굽힌 자세에서 이루어지는 작업
6) 하루에 총 2시간 이상 지지되지 않은 상태에서 1kg 이상의 물건을 한 손의 손가락으로 집어올리거나, 2kg 이상에 상응하는 힘을 가하여 한손의 손가락으로 물건을 쥐는 작업
7) 하루에 총 2시간 이상 지지되지 않은 상태에서 4.5kg 이상의 물체를 드는 작업
8) 하루에 10회 이상 25kg 이상의 물체를 드는 작업
9) 하루에 25회 이상 10kg 이상의 물체를 무릎 아래에서 들거나, 어깨 위에서 들거나 팔을 뻗은 상태에서 드는 작업
10) 하루에 총 2시간 이상, 분당 2회 이상 4.5kg 이상의 물체를 드는 작업
11) 하루에 총 2시간 이상 시간당 10회 이상 손 또는 무릎을 사용하여 반복적으로 충격을 가하는 작업

(길잡이)
1) 근골격계 부담작업의 정의(안전보건규칙 제 656조) : 단순반복작업 또는 인체에 과도한 부담을 주는 작업

으로서 작업량·작업속도·작업강도 및 작업장 구조 등에 따라 고용노동부장관이 정하여 고시하는 작업을 말한다

2) 근골격계 부담작업 : 단기간작업 또는 간헐적인 작업에 해당되지 않는 작업중에서 상기「근골격계 부담작업의 범위」에 해당하는 작업이 주당 1회이상 지속되거나 연간 총 60일 이상 이루어지는 작업을 말한다

3) 단기간작업 또는 간헐적인 작업 : 단기간 작업은 2개월 이내에 종료하는 작업이며, 간헐적인 작업은 정기적·부정기적인 작업으로서 연간 총 작업기간이 60일을 초과하지 않는 작업을 말한다

66 손동작(manual operation)을 목적에 따라 효율적과 비효율적인 기본 동작으로 구분한 것은?

① task
② motion
③ process
④ therblig

해설 서블릭(therblig)

1) 서블릭 : 인간이 행하는 모든 수동작은 18세의 기본동작으로 구성되어있고 이 기본동작에 해당하는 기초를 서블릭이라 명명한다
2) 서블릭 분류
   ① 효율적 서블릭 : 소요시간을 단축할 수는 있으나 완전히 배제하기는 어려운 작업진행에 필요한 서블릭
   ② 비효율적 서블릭 : 작업을 수행하는데 도움이 되지 못하는 불필요한 서블릭

67 다음 설명은 수행도 평가의 어느 방법을 설명한 것인가?

[다음]
- 작업을 요소작업으로 구분한 후, 시간연구를 통해 기별시간을 구한다.
- 요소작업 중 임의로 작업자 조절이 가능한 요소를 정한다.
- 선정된 작업에서 PTS시스템 중 한 개를 적용하여 대응되는 시간치를 구한다.
- PTS법에 의한 시간치와 관측시간간의 비율을 구하여 레이팅 계수를 구한다.

① 속도평가법
② 객관적평가법
③ 합성평가법
④ 웨스팅하우스법

해설 수행도 평가

1) 속도평가법 : 단위 시간당 산출물의 양을 나타내는 작업속도를 평가하는 것으로 작업자가 얼마나 빠르게 작업을 수행하는가를 고려하여 평가하는 주관적 평가법이다
2) 객관적평가법 :
   ① 1차 평가 : 작업의 난이도, 특성 등을 고려하지 않고 동작속도만을 고려하여 표준속도를 정한 다음 실제 작업속도와 비교하여 평가하는 것을 말한다
   ② 2차 평가 : 작업의 난이도나 특성을 평가하며 6가지 요소(1.사용신체부위, 2.페달사용여부, 3.양손사용정도, 4.눈과 손의 조화정도, 5.물자취급시 요구사항, 6.중량 또는 저장크기)에 대한 평가를 수행한다
3) 합성평가법 : 관측자(시간연구자)의 주관적 판단에 의존하지 않고 일관성있는 결과를 낼 수 있는 수행도 평가법이다
   ① 레이팅 계수 : 해당 요소작업의 PTS 시간차와 실제작업시간을 비교하여 레이팅계수를 산출한다

   레이팅 계수 = $\dfrac{PTS시간치}{실제 관측시간 평균치}$

   ② 합성평가법은 시간이 많이 소요된다(단점) 4) 웨스팅하우스법(Westinghouse system) : 작업자의 숙련도(skill), 노력(effort), 작업환경(condition), 일관성(consistency)의 4가지 요소를 평가한다

68 근골격계 질환 중 어깨 부위 질환이 아닌 것은?

① 외상 과염(lateral epicondylitis)
② 극상근 건염(supraspinatus tendinitis)
③ 견봉하 점액낭염(subacromial bursitis)
④ 상완이두 건막염(bicipital tenosynovitis)

해설 신체부위별 근골격계질환의 종류

정답 66. ④ 67. ③ 68. ①

신체부위	근골격계질환의 종류
1. 손·손목부위	1) 수근관증후군(CTS), 2) 드퀘벵 건초염 3) 무지수근·중수관절의 퇴행성 관절염 4) 결절종 5) 수완·완관절부의 건염·건활막염 6) 화이트 핑거 7) 방아쇠 수지 및 무지 8) 수부의 퇴행성 관절염 9) 백색수지증
2. 팔·팔목부위	1) 외상과염·내상과염 2) 주두 점액낭염 3) 전완부 근육의 근막통증 증후군 4) 주두점액 낭염 5) 전완부에서의 요골신경 또는 정중신경 포착신경병증 6) 주관절부위에서의 척골신경 포착 신경병증 7) 기타 주관절·전완부위의 건염·건활막염
3. 어깨부위	1) 상완부근육의 근막통증 증후군 2) 상완이두 건막염(상완이두근 파열포함) 3) 극상근 건염 4) 회전근개 건염(충돌증후군, 극상근 파열 등 포함) 5) 견관절부위의 점액낭염(견봉하 점액낭염, 견갑하 전액낭염, 삼각근하 점액낭염, 오구돌기하 점액낭염) 6) 견구측증(오십견, 유착성 관절낭염) 7) 흉곽출구 증후군(늑쇄증후군, 경늑골증후군) 8) 견쇄관절 또는 상완와 관절의 퇴행성 관절염 9) 기타 견관절 부위의 건염·건활막염
4. 목·견갑골부위	1) 경부·견갑부 근육(경추 주위근, 승모근, 극상근, 극하근, 소원근, 광배근, 능형근 등)의 근막통증 증후군 2) 경추 신경병증 3) 경부의 퇴행성 관절염
5. 요추부위	1) 추간판탈출증 2) 퇴행성 추간판증 3) 척추관 협착증 4) 척추분리증 및 전방전위증

69 작업관리에 관한 설명으로 틀린 것은?

① Gilbreth 부부는 적은 노력으로 최대의 성과를 짧은 시간에 이룰 수 있는 작업방법을 연구한 동작연구(Motion Study)의 창시자로 알려져 있다.

② Taylor(Frederick W. Taylor)는 벽돌 쌓기 작업을 대상으로 작업방법과 작업도구를 개선하였으며 이를 발전시켜 과학적 관리법을 주장하였다.

③ 작업관리는 생산성 향상을 목적으로 경제적인 작업방법을 연구하는 작업연구와 표준작업시간을 결정하기 위한 작업측정으로 구분할 수 있다.

④ Hawthorn의 실험결과는 작업장의 물리적 조건보다는 인간관계와 같은 사회적 조건이 생산성에 더 큰 영향을 준다는 사실에 관심을 갖도록 한 시발점이 되었다.

해설 작업관리의 구성 : 시간연구와 동작연구로 구성된다

1) 시간연구(time study) : 테일러(Taylor)에 의해 시작되었으며, 시간연구는 숙련된 작업자가 특정작업을 정상속도로 수행할 때 소요되는 표준시간을 측정하는 방법에 관한 학문이다

2) 동작연구(motion study) : 길브레스 부부(Gilbreth)에 의해 창시되었으며, 동작연구는 가장 작은 비용으로 작업을 수행할 수 있는 효율적 작업방법의 개발이나 기존 작업방법의 개선에 관한 학문이다

70 공정도에 사용되는 공정도 기호인 "○"으로 표시하기에 가장 적합한 것은?

① 작업 대상물을 다른 장소로 옮길 때
② 작업 대상물이 분해되거나 조립될 때
③ 작업 대상물을 지정된 장소에 보관할 때
④ 작업 대상물이 올바르게 시행되었는지를 확인할 때

해설 공정도 기호

기호	명칭	의미(해설)
○	작업, 가공	작업목적에 따라 대상물의 물리적 또는 화학적 특성을 변화시키는 작업 (예) 부품 분해·조립, 혼합작업, 계획수립, 계산하기, 정보교환, 구멍뚫기, 못박기 등
⇨	운반, 이동	작업대상물을 한 장소에서 다른장소로 이동시키는 작업 (예) 인력물자운반, 컨베이어·대차로 물자운반 등
□	검사	작업대상물을 확인 및 품질이나 수량의 확인작업 (예) 보일러 게이지 확인, 인쇄물 정보 확인, 제품수량확인 등
D	정체 (delay)	다음작업을 즉시 수행할 수 없는 경우 (예) 다음 가공을 위해 대차나 바닥에 놓여 있는 물품, 엘리베이터 기다리기, 철하기 직전서류 등
▽	저장 (보완)	물품이 가공 또는 검사되는 일이 없이 저장되고 있는 상태 (예) 철되어 있는 서류, 저장되어 있거나 팔레트에 쌓여 있는 원재료 또는 완성품

여 작업의 표준시간을 결정한다
2) PTS의 기본가정
  ① 사람의 작업은 한정된 수의 기본 동작으로 구성된다
  ② 기본동작의 소요시간은 몇가지 변동요인에 의해 결정된다
  ③ 작업의 소요시간은 각 기본동작 기준시간의 합이다
3) PTS의 장점·단점

구분	내용
1. 장점	① 작업자에 대한 직접 시간측정이 없으므로 노사문제가 발생하지 않는다 ② 레이팅(rating)을 할 필요가 없어서 표준시간의 일관성과 정확성을 높일 수 있다 ③ 비효율적인 동작개선이 가능하다 ④ 표준시간 확보로 레이아웃, LOB 개선이 가능하다
2. 단점	① 회사 실정에 맞는 PTS 시스템의 설정이 용이하지 않다(기계중심의 작업에 대한 측정 곤란) ② PTS 시스템활용을 위한 교육 및 훈련이 필요하다(교육비 많이듦)

(길잡이)
1) Rating(레이팅) : 관측대상작업 작업자의 작업 페이스를 정상작업 페이스 또는 표준 페이스와 비교하여 보정해 주는 과정을 말하며 레이팅, 평준화, 정상화, 수행도평가라고도 한다
2) Therblig(서블릭) : 인간이 행하는 모든 수동작은 18개의 기본동작으로 구성되어 있고 이 기본동작이 해당되는 기호를 서블릭이라 한다 3) Work sampling(워크샘플링) : 작업전체를 직접 관찰하지 않고 미리 정해진 시험에 작업상황을 순간 관측하여 여유시간을 요구하는 활동의 비율을 구하는 방법이다

71 사람이 행하는 작업을 기본 동작으로 분류하고, 각 기본 동작들은 동작의 성질과 조건에 따라 이미 정해진 기준 시간을 적용하여 전체 작업의 정미시간을 구하는 방법은?

① PTS법
② Rating법
③ Therblig분석
④ Work Sampling법

해설 PTS(Predetermined time standard system)
1) PTS법
  ① 하나의 작업이 실제로 시작되기 전에 미리 작업에 필요한 소요시간을 작업방법에 따라 이론적으로 정해나가는 방법이다
  ② 작업을 구성하고 있는 동작을 몇 개인가를 기본동작으로 분해하고 각 기본동작의 실적값을 상세히 관찰하여 기본동작에 필요한 표준시간을 동작시간 표준표에 기록해 두고 이 표준 시간을 합산하

72 근골격계 질환 예방관리 프로그램의 기본 원칙에 속하지 않는 것은?

① 인식의 원칙
② 시스템 접근의 원칙
③ 일시적인 문제 해결의 원칙
④ 사업장 내 자율적 해결 원칙

해설 근골격계 질환 예방관리프로그램의 기본원칙
① 인식의 원칙
② 시스템 접근의 원칙
③ 사업장내 자율적 해결원칙
④ 지속성 및 사후평가의 원칙
⑤ 전사직 지원원칙
⑥ 노·사 공동 참여의 원칙
⑦ 문서화의 원칙

73. 근골격계 질환 예방을 위한 바람직한 관리적 개선 방안으로 볼 수 없는 것은?

① 규칙적이고 적절한 휴식을 통하여 피로의 누적을 예방한다.
② 작업 확대를 통하여 한 작업자가 할 수 있는 일의 다양성을 넓힌다.
③ 전문적인 스트레칭과 체조 등을 교육하고 작업 중 수시로 실시하도록 유도한다.
④ 중량물 운반 등 특정 작업에 적합한 작업자를 선별하여 상대적 위험도를 경감시킨다.

해설 근골격계 질환 예방을 위한 관리적 개선방안
① 작업휴식 반복주기 : 육체적 작업자를 위해 규칙적이고 적절한 휴식을 통하여 피로의 누적을 예방한다
② 작업자 교육 : 교육에 의해 근골격계질환의 위험을 식별하고 개선에 필요한 지식과 기술을 제공한다
③ 작업확대 : 작업확대를 통하여 한 작업자가 할 수 있는 일의 다양성을 넓힌다
④ 스트레칭 : 전문적인 스트레칭과 체조등을 교육하고 작업 중 수시로 실시하도록 유도한다
⑤ 작업자교대 : 작업위험에 대한 지나친 노출로부터 작업자를 보호하기 위해서 사용된다

74. A공장의 한 컨베이어 라인에는 5개의 작업공정으로 이루어져 있다. 각 작업공정의 작업시간이 다음과 같을 때 이 공정의 균형 효율은 약 얼마인가? (단, 작업은 작업자 1명이 맡고 있다.)

[다음]
㉠ → ㉡ → ㉢ → ㉣ → ㉤
5분 → 7분 → 6분 → 6분 → 3분

① 21.86% ② 22.86%
③ 78.14% ④ 77.14%

해설 균형효율(E : 공정효율) = $\frac{\sum t_i}{N \times T_c} \times 100$ = $\frac{(5+7+6+6+3)}{5 \times 7} \times 100$ = 77.14%

(길잡이) 균형효율 관계식
$$E = \frac{\sum t_i}{N \times T_c} \times 100$$

여기서, E : 균형효율 또는 공정효율(라인밸런싱 효율 : %) $\sum t_i$: 총 작업시간 N : 작업장 수 T_c : 주기(사이클)시간(가장 긴 작업시간)

75. 관측 평균시간이 5분, 레이팅 계수가 120%, 여유시간이 0.4분인 작업에서 제품의 개당 표준시간과 여유율(%)을 내경법에 의하여 구하면 각각 얼마인가?

① 4.5분, 2.20% ② 6.4분, 6.25%
③ 8.5분, 7.25% ④ 9.7분, 10.20%

해설 1) 표준시간 = 정지시간+여유시간 =
(관측평균시간 × $\frac{레이팅계수}{100}$)+여유시간 =
($5 \times \frac{120}{100}$)+0.4 ≒ 6.4분

2) 여유율(%) =
$\frac{일반여유시간}{근무시간} \times 100$ =
$\frac{일반여유시간}{정미시간 + 일반여유시간} \times 100$ =
$\frac{0.4}{6+0.4} \times 100$ = 6.25%

여기서, 정미시간 = 관측평균시간 =
관측평균시간 × $\frac{레이팅계수}{100}$ = $5 \times \frac{120}{100}$ = 6

(길잡이) 표준시간과 여유율 관계식

1) 표준시간 = 정미시간+여유시간
   ① 정미시간 : 매회 또는 주기적으로 발생하는 작업 수행시간(정상 시간이라고도 함) 정미시간 = 관측시간의 대푯값 $\times (\dfrac{레이팅계수}{100})$

   여기서, 관측시간의 대푯값 : 관측평균시간, 레이팅계수 : 평정계수 또는 정상화계수

   ② 여유시간 : 작업자가 작업중에 발생하는 생리적 현상이나 피로로인한 작업의 중단, 지연, 지체등을 보상해주는 시간을 의미한다

2) 여유율과 표준시간
   ① 여유율A(외경법) : 정미시간에 대한 비율로 여유율을 나타낸다
   (ILO) 여유율A(%) = $\dfrac{일반여유시간}{정미시간} \times 100$ = $\dfrac{일반여유시간}{480-일반여유시간} \times 100$

   표준시간 = 정미시간×(1+여유율A) = 정미시간(1+ $\dfrac{일반여유시간}{480-일반여유시간}$)

   ② 여유율B(내경법) : 근무시간에 대한 비율로 나타낸다
   여유율B(%) = $\dfrac{일반여유시간}{근무시간}$ = $\dfrac{일반여유시간}{정미시간+일반여유시간} \times 100$

   표준시간 = 정미시간 × $\dfrac{100}{100-여유율B(\%)}$
   = 정미시간 ×(1+ $\dfrac{여유율B(\%)}{100-여유율B(\%)}$)

76 유해요인조사도구 중 JSI(Job Strain Index)의 평가 항목에 해당하지 않는 것은?

① 손/손목의 자세
② 1일 작업의 생산량
③ 힘을 발휘하는 강도
④ 힘을 발휘하는 지속시간

해설 유해요인조사도구 중 JSI의 평가항목

① 힘을 발휘하는 강도(힘의 강도)
② 힘을 발휘하는 지속시간(힘의 지속정도)
③ 분당 힘의 밀도
④ 손/손목의 자세
⑤ 작업속도
⑥ 1일 작업시간

77 워크샘플링 조사에서 초기 idle rate가 0.05라면, 99%신뢰도를 위한 워크샘플링 회수는 약 몇 회인가? (단, $u_{0.995}$ 는 2.58이다.)

① 1232
② 2557
③ 3060
④ 3162

해설 필요관측치수(N)

$N = \dfrac{Z_{1-\alpha/2}^2 \times \overline{P}(1-\overline{P})}{e^2}$

$\dfrac{2.58^2 \times 0.05 \times (1-0.05)}{0.01^2}$ = 3162

여기서, $\overline{P}$: idle rate e: 허용오차

(길잡이) Work sampling에서 필요관측횟수 산정식

$N = \dfrac{Z_{1-\alpha/2}^2 \times \overline{P}(1-\overline{P})}{e^2}$

여기서, N : 필요관측횟수 $Z_{1-\alpha/2}$: 정규분포값에서 P(Z z) = α/2를 만족하는 값 α : 1-C(신뢰수준) $\overline{P}$: idle rate(활동 관측비율) e : 허용오차

78 동작경제의 원칙 3가지 범주에 들어가지 않은 것은?

① 작업개선의 원칙
② 신체의 사용에 관한 원칙
③ 작업장의 배치에 관한 원칙
④ 공구 및 설비의 디자인에 관한 원칙.

해설 동작경제의 원칙(Barnes)

1) 신체의 사용에 관한 원칙
   ① 모양손은 동시에 시작하고 동시에 끝나도록 한다
   ② 휴식시간 이외는 양손을 동시에 쉬지 않도록 한다
   ③ 양팔은 동시에 서로 반대방향에서 대칭적으로 움직

정답 76.② 77.④ 78.①

이도록 한다
④손과 신체동작은 작업을 만족스럽게 처리할 수 있는 범위 내에서 최소 동작등급을 사용하도록 한다
⑤작업은 가능한 한 관성을 이용하도록 한다(작업자가 관성 극복시는 관성을 최소화 할 것)
⑥탄도동작(ballistic movement)은 제한되거나 통제된 동작보다 신속, 정확, 용이하다
⑦작업은 가능하면 쉽고 자연스러운 리듬을 이용할 수 있도록 배치한다
⑧손동작은 스무드하고 연속적이고 곡선동작이 되도록 하고 급격한 방향전환이나 직선동작은 피한다
⑨눈의 초점을 보아야 하는 작업은 가능한 줄인다

2)작업장 배치에 관한 사항
①모든 공구와 재료는 정하여진 장소에 두어야 한다
②공구와 재료, 조장장치는 사용위치에 가까이 둔다
③중력을 이용한 상자나 용기를 이용하여 부품이나 재료를 사용장소에 가까이 보낼 수 있도록 한다
④가능하면 낙하식 운반방법을 사용한다
⑤재료와 공구는 최적의 동작순서로 작업할 수 있도록 배치해둔다
⑥최적의 채광 및 조명을 제공한다
⑦작업대와 의자는 각 작업자에게 알맞도록 설계되어야 한다
⑧의자는 인간공학적으로 잘 설계된 높이가 조절되는 의자를 제공한다

3)공구나 설비의 설계에 관한 원칙
①치구나 족답장치를 사용할 수 있도록 하며 양손이 다른 일을 할 수 있도록 한다
②공구류는 가능하면 두 가지 이상의 기능을 조합한 것을 사용한다
③공구와 재료는 가능한 한 다음에 사용하기 쉽도록 미리 위치를 잡아둔다
④손가락으로 특정작업(타자나 컴퓨터 키보드 작업)을 수행할 때 작업량이 각 손가락의 능력에 맞게 배분되어야 한다
⑤조종장치(레버, 핸들 등)는 작업자가 자세를 크게 바꾸지 않고도 빠르고 쉽게 조작할 수 있는 위치에 두어야 한다

79 SEARCH원칙에 대한 내용으로 틀린 것은?

① Composition : 구성
② How often : 얼마나 자주
③ Alter sequence : 순서의 변경
④ Simplify operations : 작업의 단순

해설 SEARCH 원칙
1)S : Simplify operations(작업의 단순화)
2)E : Eliminate unnecessary work and material(불필요한 작업·자재의 제거)
3)A : Alter sequence(순서의 변경)
4)R : Requirements(요구조건)
5)C : Combine operations(작업의 결합) 6)H : How ofen(얼마나 자주)

80 적절한 입식작업대 높이에 대한 설명으로 맞는 것은?

① 일반적으로 어깨 높이를 기준으로 한다.
② 작업자의 체격에 따라 작업대의 높이가 조정 가능하도록 하는 것이 좋다.
③ 미세부품 조립과 같은 섬세한 작업일수록 작업대의 높이는 낮아야 한다.
④ 일반적인 조립라인이나 기계 작업 시에는 팔꿈치 높이보다 5~10cm 높아야 한다.

해설 입식 작업대 높이
1)입식 작업대 높이는 선 자세에서의 팔꿈치 높이를 기준으로 한다
2)작업자의 체격에 따라 작업대의 높이가 조정가능한 조절식이 좋다
3)섬세한 작업일수록 작업대 높이는 높아야 하고, 거친 작업에는 낮은 편이 유리하다
4)일반적인 조립라인이나 기계작업시에는 팔꿈치 높이보다 5~10cm 낮아야 한다

2018 >>> 제3회 기출문제

제1과목 : 인간공학개론

01 구성요소 배치의 원칙에 관한 기술 중 틀린 것은?
① 사용빈도를 고려하여 배치한다.
② 작업공간의 활용을 고려하여 배치한다.
③ 기능적으로 관련된 구성요소들을 한데 모아서 배치한다.
④ 시스템의 목적을 달성하는 데 중요한 정도를 고려하여 배치한다.

해설 작업공간 배치 시 구성요소(부품)배치의 4원칙
1) 중요성의 원칙 : 부품을 작동하는 성능이 체계의 목표달성에 긴요한 정도에 따라 우선순위를 설정한다
2) 사용빈도의 원칙 : 부품을 사용하는 빈도에 따라 우선순위를 설정한다
3) 기능별 배치의 원칙 : 기능적으로 관련된 부품들(표시장치, 조정장치 등)을 모아서 배치한다
4) 사용순서의 원칙 : 사용되는 순서에 따라 장치들을 가까이에 배치한다

02 인체측정에 관한 설명으로 틀린 것은?
① 활동 중인 신체의 자세를 측정한 것을 기능적 치수라 한다.
② 일반적으로 구조적 치수는 나이, 성별, 인종에 따라 다르게 나타난다.
③ 인간 - 기계 시스템의 설계에서는 구조적 치수만을 활용하여야 한다.
④ 표준자세에서 움직이지 않는 상태를 인체측정기로 측정한 측정치를 구조적 치수라 한다.

해설 인간-기계 시스템의 설계에서는 구조적 치수만이 아니라 기능적 치수도 활용하여야 한다

03 광도(luminous intensity)를 측정하는 단위는?
① lux   ② candela
③ lumen ④ lambert

해설 광도(candela)
1) 광도 : 광원으로부터 나오는 빛의 세기
2) 단위 : cd(칸델라)

04 인간 - 기계 시스템의 설계원칙으로 적절하지 않은 것은?
① 인체의 특성에 적합하여야 한다.
② 인간의 기계적 성능에 적합하여야 한다.
③ 시스템의 동작은 인간의 예상과 일치되어야 한다.
④ 단독의 기계를 배치하는 경우 기계의 성능을 우선적으로 고려하여야 한다.

해설 ④항, 단독의 기계를 배치하는 경우 인간의 심리, 기능 등을 우선적으로 고려하여야 한다

05 정상조명하에서 100m거리에서 볼 수 있는 원형시계탑을 설계하고자 한다. 시계의 눈금 단위를 1분 간격으로 표시하고자 할 때 원형문자판의 직경은 약 몇 cm인가?
① 250   ② 300
③ 350   ④ 400

해설
1) 71cm 가시거리에서 문자판의 원주길이(L)
L = 1.3mm60 = 89mm = 7.8cm
2) L(원주길이) = πD D(원형문자판의 직경) = $\frac{L}{\pi}$
= $\frac{7.8cm}{3.14}$ = 2.48cm
3) 100m 거리에서 원형문자판의 직경(D_1) 0.71m :
2.48cm = 100m : D_1 $D_1 = \frac{100 \times 2.48}{0.71}$ ≒ 350cm

정답 1.② 2.③ 3.② 4.④ 5.③

06 인간공학의 목적과 가장 거리가 먼 것은?

① 생산성 향상 ② 안전성 향상
③ 사용성 향상 ④ 인간기능 향상

해설 인간공학의 목적

해설) 인간공학의 목적
1) 안전성 향상과 사고방지
2) 생산성 향상
3) 작업의 능률성 및 사용성 향상

07 시스템 평가 척도의 요건에 대한 설명으로 적절하지 않은 것은?

① 신뢰성 : 평가를 반복할 경우 일정한 결과를 얻을 수 있다.
② 실제성 : 현실성을 가지며, 실질적으로 이용하기 쉽다.
③ 타당성 : 측정하고자 하는 평가 척도가 시스템의 목표를 반영한다.
④ 무오염성 : 측정하고자 하는 변수 이외의 외적 변수에 영향을 받는다.

해설 시스템의 성능 평가척도

1) 적절성(타당성) : 평가척도가 시스템의 목표를 잘 반영해야 하는 것을 나타내며, 공통적으로 변수가 실제로 의도하는 바를 어느정도 평가하는 가를 결정한다
2) 실제성 : 객관적이고 정량적이고 수집이 쉽고 강요적이 아니며 실험자의 수고가 적게 드는 것이어야 한다(현실성을 가지며, 실질적으로 이용하기 쉽다)
3) 무오염성 : 측정하고자 하는 변수 외의 다른 변수들의 영향을 받아서는 안된다
4) 신뢰성 : 변수 측정결과가 일관성있고 안정적으로 나타나는 것을 말한다(비슷한 환경에서 평가를 반복할 경우에 일정한 값을 나타낸다
5) 민감도 : 실험변수 수준변화에 따라 기준에서 나타내는 예당 차이점의 변별성으로 표시된다

08 신호 및 3보등의 경우 빛의 검출성에 따라서 신호, 3보 효과가 달라지는데, 빛의 검출 성에 영향을 주는 인자에 해당되지 않는 것은?

① 색광
② 배경광
③ 점멸속도
④ 신호등 유리의 재질

해설 신호 및 경보 등의 빛의 검출성에 영향을 끼치는 인자

1) 광원의 크기, 광속발산도 및 노출시간 : 광속발산도의 역치(theshold)가 안정되는 노출시간은 표적의 크기나 면적에 따라 감소한다
2) 색광(효과척도가 빠른 순서) : 적색-녹색-황색-백색
3) 점멸속도 ; 점멸속도는 점멸-융합주파수보다 훨씬 적어야 한다(초당 3~10회의 점멸속도, 지속시간 0.05초 이상이 적당)
4) 배경광 : 배경의 불꽃이 신호등과 비슷한 때는 신호광의 식별이 곤란해진다

09 회전운동을 하는 조종 장치의 레버를 25° 움직였을 때 표시장치의 커서는 1.5cm이동하였다. 레버의 길이가 15cm일 때 이 조종 장치의 C/R비는 약 얼마인가?

① 2.09 ② 3.49
③ 4.36 ④ 5.23

해설 $C/R비 = \dfrac{(a/360) \times 2\pi L}{반응장치 이용거리} = \dfrac{(25/360) \times 2 \times 3.14 \times 15}{1.5} = 4.36$

여기서, a : 레버가 움직인 각도 L : 레버의 길이

10 소리의 차폐효과(masking)에 관한 설명으로 맞는 것은?

① 주파수별로 같은 소리의 크기를 표시한 개념

② 하나의 소리가 다른 소리의 판별에 방해를 주는 현상
③ 내이(inner ear)의 달팽이관(Cochlea)안에 있는 섬모(fiber)가 소리의 주파수에 따라 민감하게 반응하는 현상
④ 하나의 소리의 크기가 다른 소리에 비해 몇 배나 크게(또는 작게) 느껴지는 지를 기준으로 소리의 크기를 표시하는 개념

해설 차폐효과(은폐효과 : masking)
1) 하나의 소리가 다른 소리의 판별에 방해를 주는 현상
2) 어떤 소리가 동시에 들리는 경우 다른 소리를 들을 수 있는 능력을 감소시키는 현상(음의 한 성분이 다른 성분에 대한 위의 감수성을 감소시키는 상황)

11 제어장치와 표시장치의 일반적인 설계원칙이 아닌 것은?

① 눈금이 움직이는 동목형 표시장치를 우선 적용한다.
② 눈금을 조절 노브와 같은 방향으로 회전시킨다.
③ 눈금 수치는 원폭에서 오른쪽으로 돌릴 때 증가하도록 한다.
④ 증가량을 설정할 때 제어장치를 시계방향으로 돌리도록 한다.

해설 제어장치와 표시장치 적용원칙
1) 눈금을 조절 노브와 같은 방향으로 회전시킨다
2) 제어장치와 표시장치는 동시에 구동되도록 한다
3) 눈금수치는 왼쪽에서 오른쪽으로 돌릴 때 증가하도록 한다
4) 증가량을 설정할 때 제어장치를 시계방향으로 돌리도록 한다

12 작업환경 측정법이나 소음 규제법에서 사용되는 음의 강도의 척도는?

① dB(A)   ② dB(B)
③ Sone   ④ Phon

해설 음의 강도의 척도(작업환경 측정법, 소음규제법 : dB(A)

13 시각의 기능에 대한 설명으로 틀린 것은?

① 방에는 빨강색보다는 초록색이나 파란색이 잘 보인다.
② 눈이 초점을 맞출 수 있는 가장 가까운 거리를 근점이라 한다.
③ 근시인 사람은 수정체가 얇아져 가까운 물체를 제대로 볼 수 없다.
④ 간상체나 원추체가 빛을 흡수하면 화학반응이 일어나 뇌로 전달한다.

해설 근시와 원시 : 수정체 및 그 모양을 조성하는 근육의 변화 때문에 생긴다
1) 근시 : 수정체가 두꺼워서 먼 물체의 상이 망막앞에 맺히는 현상을 말한다
2) 원시 : 수정체가 얇아져서 가까운 물체의 상이 망막 뒤에 맺히는 현상을 말한다

14 Wickens의 인간의 정보처리체계(human information processing)모형에 의하면 외부 자극으로 인한 정보가 처리될 때, 인간의 주의집중(attention resources)이 관여하지 않는 것은?

① 인식(perception)
② 감각저장(sensory storage)
③ 작업기억(working memory)
④ 장기기억(long term memory)

해설 감각저장(sensory storage)
1) 감각기관으로부터 받아들일 정보가 아주 짧은 시간(약 0.5초)동안 머무르는 것을 말한다
2) 감각저장(보관)기구 : 시각통계의 상보관과 청각계통의 향보관이 있다

15 버스의 의자 앞뒤 사이의 간격을 설계할 때 적용하는 인체치수 적용원리로 가장 적절한 것은?

① 평균치 원리　② 최대치 원리
③ 최소치 원리　④ 조절식 원리

해설 극단치를 이용한 원리
1) 최대치 원리「예」: 출입문, 탈출구, 통로, 버스 앞 뒤 의자의 간격, 안전대 하중강도 등
2) 최소치 원리「예」: 선반높이, 조정장치까지 거리, 기구조작이 필요한 힘 등

16 정보이론의 응용과 가장 거리가 먼 것은?

① 정보이론에 따르면 자극의 수와 반응시간은 무관하다.
② 주의를 번갈아가며 두 가지 이상의 일을 돌보아야 하는 것을 시식별이라 한다.
③ 단일 차원의 자극에서 확인할 수 있는 범위는 Magic number 7±2로 제시되었다.
④ 선택반응시간은 자극 정보량의 선형함수임을 나타낸 것이 Hick-Hyman 법칙이다.

해설 정보이론의 응용
1) Hick-Hyman의 법칙: 인간의 반응시간(RT)은 자극정보의 양에 비례한다
2) Magic number: 7±2 chunk(의미있는 정보의 단위)
3) 반응시간: 어떠한 자극을 제시하고 여기에 대한 반응이 발생하기까지의 소요시간을 말한다

17 인간공학의 정보이론에 있어 1bit에 관한 설명으로 가장 적절한 것은?

① 초당 최대 정보 기억 용량이다.
② 정보 저장 및 회송(recall)에 필요한 시간이다.
③ 2개의 대안 중 하나가 명시되었을 때 얻어지는 정보량이다.
④ 일시에 보낼 수 있는 정보전달 용량의 크기로서 통신 채널의 Capacity를 의미한다.

해설 정보의 측정단위 및 관계식
1) bit의 정의: 실현가능성이 같은 2개의 대안 중 하나가 명시되었을 때 얻는 정보량을 나타낸다
2) 대안의 수가 n일 때 총 정보량(H) $H = \log_2 n$
3) 대안의 실현확률(n의 역수)이 P일 경우 (대안의 출현 가능성이 동일하지 않을 때 정보량(H)

$$H = \log_2\left(\frac{1}{P}\right)$$

4) 확률이 다른 일련의 사건이 가지는 평균정보량 (H_{av})

$$H_{av} = \sum_{i=1}^{n} P_i \log_2\left(\frac{1}{P_i}\right)$$

여기서, P_i: 각 대안의 실현확률

18 촉각적 표시장치에 대한 설명으로 맞는 것은?

① 시각 및 청각 표시장치를 대체하는 장치로 사용할 수 없다.
② 3점 문턱값(Three-Point Threshold)척도로 사용한다.
③ 세밀한 식별이 필요한 경우 손가락보다 손바닥 사용을 유도해야 한다.
④ 촉감은 피부온도가 낮아지면 나빠지므로, 저온환경에서 촉감 표시장치를 사용할 때는 아주 주의하여야 한다.

해설 촉각적 표시장치
1) 시각 및 청각의 대체장치로 사용할 수 있다
2) 촉감의 일반적 척도: 2점 문턱 값(두 점을 눌렀을 때 따로 따로 지각할 수 있는 두 점 사이의 최소 거리)을 사용한다
3) 손바닥에서 손가락 끝으로 갈수록 강도가 증가(2점문턱 값 감소)하므로 세밀한 식별이 필요한 경우 손바닥보다 손가락 사용을 유도해야 한다
4) 촉감은 피부온도가 낮아지면 나빠지므로 저온환경에서 촉감표시장치를 사용할 때는 주의하여야 한다

19 정신 작업 부하를 측정하는 척도로 적합하지 않은 것은?

① 심박수
② Cooper-Harper 축적(scale)
③ 주임무(primary task)수행에 소요된 시간
④ 부임무(secondary task)수행에 소요된 시간

해설 **심박수** : 심장활동을 측정하는 것으로 육체적 작업부하 척도이다.

20 기계가 인간보다 더 우수한 기능이 아닌 것은? (단, 인공지능은 제외한다.)

① 자극에 대하여 연역적으로 추리한다.
② 이상하거나 예기치 못한 사건들을 감지한다.
③ 장시간에 걸쳐 신뢰성 있는 작업을 수행한다.
④ 암호화된 정보를 신속하고, 정확하게 회수한다.

해설 인간과 기계의 상대적 재능

인간이 우수한 기능	기계가 우수한 기능
①저 에너지 자극(시각, 청각, 후각 등)감지	①인간 감지범위 밖의 자극(X선, 초음파 등) 감지
②복잡 다양한 자극 형태식별	②인간 및 기계에 대한 모니터 기능
③예기치 못한 감지(예감, 느낌)	③드물게 발생하는 사상 감지
④다량정보를 오래 보관	④암호화된 정보를 신속하게 대량보관
⑤귀납적 추리	⑤연역적 추리
⑥과부하 상황에서는 중요한 일에만 전념	⑥과부하시 효율적으로 작동
⑦임기응변, 융통성, 원칙적용, 주관적 추산, 독창력 발휘 등의 기능	⑦정량적 정보처리, 장시간 중량작업, 반복작업, 동시에 여러 가지 작업수행

제2과목 : 작업생리학

21 어떤 들기 작업을 한 후 작업자의 배기를 3분간 수집한 후 총 60리터(liter)의 가스를 가스분석기로 성분을 조사하였더니, 산소는 16%, 이산화탄소는 4%이었다. 분당 산소 소비량과 에너지가(價)를 구한 것으로 맞는 것은? (단, 공기 중 산소는 21%, 질소는 79%를 차지하고 있다.)

① 1.053L/min 5.266kcal/min
② 1.053L/min 10.526kcal/min
③ 2.105L/min, 5.266kcal/min
④ 2.105L/min 10.526kcal/min

해설 1)배기량 = $\frac{배기량(L)}{시간(min)} = \frac{60L}{3min} = 20L/min$

2)흡기량 × $\frac{79\%}{100}$ = 배기량 × $\frac{N_2\%}{100}$

흡기량 = $\frac{배기량 \times N_2\%}{79}$ =

$\frac{배기량 \times (100 - O_2\% - CO_2\%)}{79}$

= $\frac{20 \times (100 - 16 - 4)}{79}$ = 20.25L/min

3)산소소비량 = 흡기량 × $\frac{21}{100}$ − 배기량 × $\frac{O_2\%}{100}$
= 20.25 × 0.21 − 20 × 0.16 = 1.053L/min

4)에너지소비량 = 산소소비량(L/min)5kcal/L = 1.053L/min5kcal/L = 5.265kcal/min

22 근육의 수축에 대한 설명으로 틀린 것은?

① 근육이 최대로 수축할 때 고선이 A대에 맞닿는다.
② 근섬유(muscle fiber)가 수축하면 I대 및 H대가 짧아진다.
③ 근육이 수축할 때 근세사(myofilament)의 원래 길이는 변하지 않는다.
④ 근육이 수축하면 굵은 근세사(myofilament)가 가는 근세사 사이로 미끄러져 들어간다.

[해설] ④항 근육이 수축하면 가는 근세사가 굵은 근세사 사이로 미끄러져 들어가며 근섬유가 수축한다

23 신체의 지지와 보호 및 조혈 기능을 담당하는 것은?

① 근육계 ② 순환계
③ 신경계 ④ 골격계

[해설] **골격(뼈)의 기능(역할)**
1) 지지기능 : 뼈는 크게 근육을 받쳐주고 몸무게를 지탱하며 체형을 유지시킨다
2) 보호기능 : 신체의 중요한 기관(뇌, 심장등 내장)을 보호한다
3) 조혈기능 : 골수는 적혈구를 비롯한 혈액세포들을 만드는 조혈기능을 갖는다
4) 운동기능 : 관절을 통해 다양한 동작을 가능하게 하는 운동기능을 갖는다

24 환경요소와 관련한 복합지수 중 열과 관련된 것이 아닌 것은?

① 긴장지수(strain index)
② 습건지수(oxford index)
③ 열압박지수(heat stress index)
④ 유효온도(effective temperature)

[해설] **환경요소와 관련한 복합지수(열에 관련된 것)**
1) Oxford 지수 : WD(습건) 지수
2) Effective temperature : 신호온도 3) Heat stress index : 열 압박 지수

25 휴식을 취할 때나 힘든 작업을 수행할 때 혈류량의 변화가 없는 기관은?

① 뼈 ② 근육
③ 소화기계 ④ 심장

[해설] **혈액의 분포**

1) 혈액의 분포비율

기관	근육	소화관	심장	콩팥	뇌	피부와 뼈
비율	15%	35%	5%	20%	15%	10%

2) 육체적 강도가 높은 작업을 할 때 혈액분포비율이 가장 높은 곳 : 근육
3) 휴식 시 혈액의 분포비율
 ① 혈액이 가장 작게 분포되는 신체부위 : 심장부위
 ② 혈액이 가장 많이 분포되는 신체부위 : 소화기관

26 실내표면의 추천 반사율이 높은 곳에서 낮은 순으로 맞게 나열된 것은?

① 창문 발(blind) – 사무실 천정 – 사무용 기기 – 사무실 바닥
② 사무실 바닥 – 사무실 천정 – 창문 발(blind) – 사무용 기기
③ 사무실 천정 – 창문 발(blind) – 사무용 기기 – 사무실 바닥
④ 사무용 기기 – 사무실 바닥 – 사무실 천정 – 창문 발(blind)

[해설] **옥내 최적 반사율**
1) 천정 : 80~90%
2) 벽, 창문 발(blind) : 40~60%
3) 가구, 사무기기, 책상 : 25~45%
4) 바닥 : 20~40%

27 교대작업에 대한 설명으로 틀린 것은

① 일반적으로 야간 근무자의 사고 발생률이 높다.
② 교대작업은 생산설비의 가동률을 높이고자 하는 제도 중의 하나이다.
③ 교대작업 주기를 자주 바꿔주는 것이 근무자의 건강에 도움이 된다.
④ 상대적으로 가벼운 작업을 야간 근무조에 배치하고 업무 내용을 탄력적으로 조정한다.

정답 22. ④ 23. ④ 24. ① 25. ④ 26. ③

해설 교대작업의 주기는 정기적이고 근로자가 예측 가능하도록 하여야 한다

28 생체역학 용어에 대한 설명으로 틀린 것은?
① 힘의 3요소는 크기, 방향, 작용점이다.
② 백터(vector)는 크기와 방향을 갖는 양이다.
③ 스칼라(scalar)는 백터량과 유사하나 방향이 다르다.
④ 모멘트(moment)란 변형시킬 수 있거나 회전시킬 수 있는 관절에 가해지는 힘이다.

해설 벡터와 스칼라
1) 벡터량 : 힘, 속도, 가속도 등 크기와 방향을 갖는 물리량이다
2) 스칼라량 : 온도, 질량, 일, 에너지 등 크기만으로 표시되는 물리량이다

29 진동방지 대책으로 적합하지 않은 것은?
① 진동의 강도를 일정하게 유지한다.
② 작업자는 방진 장갑을 착용하도록 한다.
③ 공장의 진동 발생원을 기계적으로 격리한다.
④ 진동 발생원을 작동시키기 위하여 원격제어를 사용한다.

해설 진동방지대책 : 진동의 강도 및 진동 노출시간을 줄일 것

30 눈으로 볼 수 있는 빛의 가시광선 파장에 속하는 것은?
① 250nm   ② 600nm
③ 1000nm   ④ 1200nm

해설 가시광선의 파장 : 400~769nm(4000~7600A°)
1) 1nm(나노미터) : 10^{-9}m
2) 1A°(amgstrom : 옹스트롬) : 10^{-10}m

31 척추를 구성하고 있는 뼈 가운데 요추의 수는 몇 개인가?
① 5개   ② 6개
③ 7개   ④ 8개

해설 1) 척추골 : 인체의 지주를 이루는 긴 골격으로 다섯가지 형태로 32~35개의 추골로 구성된다
2) 척주골의 구성
 ① 경추 : 7개
 ② 흉추 : 12개
 ③ 요추 : 5개
 ④ 천추 : 5개
 ⑤ 미추 : 3~5개

32 작업장에서 8시간 동안 85dB(A)로 2시간, 90dB(A)로 3시간, 95dB(A)로 3시간 소음에 노출되었을 경우 소음노출지수는? (단, 국내의 관련 규정을 따른다.)
① 0.975   ② 1.125
③ 1.25   ④ 1.5

소음노출지수 = $\frac{C_1}{T_1} + \frac{C_2}{T_2} + \cdots + \frac{C_n}{T_n}$ =

$0 + \frac{3}{8} + \frac{3}{4}$ = 1.125

해설 여기서, C_n : 노출시간(85dB : 2시간, 90dB : 3시간, 95dB : 3시간) T_n : 허용노출시간(85dB : 16시간, 90dB : 8시간, 95dB : 4시간) 소음허용기준

음압수준 [dB(A)]	90	95	100	105	110	115
허용노출시간(hr)	8	4	2	1	1/2	1/4

정답 27. ③ 28. ③ 29. ① 30. ② 31. ① 32. ②

33. 정신적 부하 측정치로 가장 거리가 먼 것은?

① 뇌전도
② 부정맥지수
③ 근전도
④ 점멸융합주파수

해설 근전도(EMG) : 육체적 작업부하 척도로 사용된다

34. 신체부위를 움직이지 않으면서 고정된 물체에 힘을 가하는 상태의 근력을 의미하는 용어는?

① 등장성 근력 (isotonic strength)
② 등척성 근력 (isometric strength)
③ 등속성 근력 (isokinetic strength)
④ 등관성 근력 (isoinertial strength)

해설 근육수축의 유형
1) 등척성 수축 : 근육의 길이가 변하지 않으면서 장력이 발생하는 근수축(정적 근력)
2) 등장성 수축 : 근육의 길이가 변하면서 힘을 발휘하는 근수축
3) 등속성 수축 : 운동의 전반에 걸쳐 일정한 속도로 근수축을 유도하는 것
4) 동심성·구심성 수축 : 근육이 수축할 때 길이가 짧아지며 내적근력을 발휘하는 것(근육운동에 있어 장력이 활발하게 생기는동안 근육이 가시적으로 단축되는 수축)
5) 이심성·원심성 수축 : 근육이 수축할 때 길이가 길어지며 내적근력보다 외부힘이 클 때 발생

35. 육체적 작업을 위하여 휴식시간을 산정할 때 가장 관련이 깊은 척도는?

① 눈 깜박임 수(blink rate)
② 점멸 융합 주파수(flicker test)
③ 부정맥 지 수(cardiac arrhythmia)
④ 에너지 대사율(relative metabolic rate)

해설 에너지대사율(RMR) : 작업강도 단위로서 산소로 총량을 측정하여 에너지의 소모량을 결정하는 방식이다

$$RMR = \frac{작업시 소비에너지 - 안정시 소비에너지}{기초대사량}$$

36. 기초대사량(BMR)에 관한 설명으로 틀린 것은?

① 기초대사량은 개인차가 심하며 나이에 따라 달라진다.
② 일상생활을 하는 데 필요한 단위 시간당 에너지양이다.
③ 일반적으로 체격이 크고 젊은 남성의 기초대사량이 크다.
④ 공복상태로 쾌적한 온도에서 신체적 휴식을 취하는 엄격한 조건에서 측정한다.

해설 기초대사율(BMR)
1) 기초대사율 : 생명을 유지하는데 필요한 최소한의 에너지소비량을 말한다
2) 기초대사율에 영향을 주는 요인 : 나이, 체중, 성별 등
  ① 일반적으로 체격이 크고 젊은 남자가 BMR이 크다
  ② 성인의 1일 기초대사량 : 1500~1800kca/day(1.0~1.25kcal/min)
  ③ 기초대사량+여가대사량 : 2,300kca/day

37. 음식물을 섭취하여 기계적인 일과 열로 전환하는 화학적인 과정을 무엇이라 하는가?

① 에너지가   ② 산소 부채
③ 신진대사   ④ 에너지 소비량

해설 신진대사
1) 구성물질, 축적 단백질, 지방 등을 분해시킨다
2) 음식을 섭취하여 기계적인 일(내부적인 호흡과 소화, 외부적인 육체적 활동)과 열로 전환하는 화학적 과정이다
3) 산소를 소비하여 에너지를 발생시키는 과정이다

정답 33.③ 34.② 35.④ 36.② 37.③

38 진동에 의한 영향으로 틀린 것은?

① 심박수가 감소한다.
② 약간의 과도(過度) 호흡이 일어난다.
③ 장시간 노출 시 근육 긴장을 증가시킨다.
④ 혈액이나 내분비의 화학적 성질이 변하지 않는다.

해설 진동이 인체에 미치는 영향
1) 심박수 증가
2) 산소소비량 증가
3) 근장력 증가
4) 말초혈관의 수축
5) 혈압상승
6) 발한 등

39 육체적인 작업을 수행할 때 생리적 변화에 대한 설명으로 틀린 것은?

① 작업부하가 지속적으로 커지면 산소 흡입량이 증가할 수 있다.
② 정적인 작업의 부하가 커지면 심박출량과 심박수가 감소한다.
③ 교대작업을 하는 작업자는 수면 부족, 식욕 부진 등을 일으킬 수 있다.
④ 서서 하는 작업이 앉아서 하는 작업보다 심혈관계의 순환이 활발해질 수 있다.

해설 ②항, 동적인 작업의 부하가 커지면 심박출량과 심박수가 증가한다

40 근육이 피로해질수록 근전도(EMG)신호의 변화로 맞는 것은?

① 저주파 영역이 증가하고 진폭도 커진다.
② 저주파 영역이 감소하나 진폭은 커진다.
③ 저주파 영역이 증가하나 진폭은 작아진다.
④ 저주파 영역이 감소하고 진폭도 작아진다.

해설 근전도(EMG)
근육이 피로하기 시작하면 저주파수 범위의 활성이 증가하고 고주파수 범위의 활성이 감소하여 진폭은 커진다

제3과목 : 산업심리학 및 관계법규

41 작업자의 인지과정을 고려한 휴먼 에러의 정성적 분석방법이 아닌 것은?

① 연쇄적 오류모형
② GEMSC(Generic Error Modeling System)
③ PHECAC(Potential Human Error Cause Analysis)
④ CREAM(Cognitive Reliability Error Analysis Method)

해설 휴먼에러의 발생모델
1) 연쇄적 오류 ; 어느 하나의 특성만을 보고 나머지 특성을 막연히 유사한 것으로 추정·예측하게 되는 경향의 오류를 말한다
2) GEMS(generic error medeling system) : 인간을 하나의 문제 해결자로 보고 숙련-규칙-지식기반 행동의 연결된 과정속에서 휴먼에러 발생 메커니즘을 나타낸 것이다(Reason 제안)
3) CREAM(cognitive reliability and error analysis method)
   ①「인지신뢰도 및 휴먼에러 분석기법」이라고 하며 인지작업(thinking)에 초점을 맞춘 에러 분석방법이다(Hollnagel 제안)
   ②휴먼에러를 예측·분석하고 정량화하는데 사용된다
4) PHECA(potential human error cause analysis) : 컴퓨터에서 인지적 작업에 대한 시뮬레이션(simulation)을 수행할 수 있도록 개발된 모델로 PHECA는 조작, 보수, 확인, 감시, 의사소통 등 작업별로 발생될 수 있는 에러의 유형이 분류되어 있다

42 다음은 인적 오류가 발생한 사례이다. Swain과 Guttman이 사용한 개별적 독립행동에 의한 오류 중 어느 것에 해당하는가?

[다음]
컨베이어 벨트 수리공이 작업을 시작하면서 동료에게 컨베이어 벨트의 작동버튼을 살짝 눌러서 벨트를 조금만 움직이라고 이른 뒤 수리작업을 시작하였다. 그러나 작동버튼 옆에서 서성이던 동료가 순간적으로 중심을 잃으면서 작동버튼을 힘껏 눌러 컨베이어벨트가 전속력으로 움직이며 수리공의 신체일부가 끼이는 사고가 발생하였다.

① 시간 오류(timing error)
② 순서 오류(sequence error)
③ 부작위 오류(omission error)
④ 작위 오류(commission error)

해설 인간과오의 심리적인 분류(Swain)
1) Omission error(부작위 실수, 생략과오) : 필요한 task 또는 절차를 수행하지 않는데 기인한 error
2) Time error(시간적 과오, 지연오류), 필요한 task 또는 절차의 수행지연으로 인한 error
3) Commission error(작위실수, 수행적 과오) : 필요한 task 또는 절차의 불확실한 수행으로 인한 error
4) Sequential error(순서적 과오) : 필요한 task 또는 절차의 순서착오로 인한 error
5) Extraneous error(불필요한 과오) : 불필요한 task 또는 절차를 수행함으로써 기인한 error

43 미사일을 탐지하는 경보 시스템이 있다. 조작자는 한 시간마다 일련의 스위치를 작동해야하는데 휴먼에러 확률(HEP)은 0.01 이다. 2시간에서 5시간까지의 인간신뢰도는 약 얼마 인가?

① 0.9412
② 0.9510
③ 0.9606
④ 0.9703

해설
1) 인간신뢰도(R) : n시간동안 에러없이 임무를 수행할 확률(n시간동안 인간신뢰도) $R_t = (1-HEP)^n = (1-0.01)^{5-2} = 0.9703$
여기서, HEP : 휴먼에러확률(오류수/전체오류발생 기회수) n : n시간(t_2-t_1) = 5-2 = 3
2) 제2 방법 $R_t = e^{-\lambda t} = e^{-0.01 \times (5-2)} = 0.9704$
여기서, R : t시간동안 고장이 일어나지 않을 확률
λ : 인간에러확률(고장률) t : 가동시간

44 제조물책임법에서 동일한 손해에 대하여 배상할 책임이 있는 사람이 최소한 몇 명 이상 이어야 연대하여 그 손해를 배상할 책임이 있는가?

① 2인 이상
② 4인 이상
③ 6인 이상
④ 8인 이상

해설 연대책임
동일한 손해에 대하여 배상할 책임이 있는자가 2인 이상인 경우엔느 연대하여 그 손해를 배상할 책임이 있다

45 호손(Hawttiome) 연구의 내용으로 맞는 것은?

① 종업원의 이직률을 결정하는 중요한 요인은 임금 수준이다.
② 호손 연구의 결과는 맥그리거(McGreger)의 XY 이론 중 X 이론을 지지한다.
③ 작업자의 작업능률은 물리적인 작업조건보다는 인간관계의 영향을 더 많이 받는다.
④ 종업원의 높은 임금 수준이나 좋은 작업조건 등은 개인의 직무에 대한 불만족을 방지하고 직무동기 수준을 높인다.

해설 호오손(Hawthorne) 실험
1) 실험연구자 : 메이오(Mayo)
2) 실험연구결과 : 작업능률(생산성향승)은 물리적인 작업조건보다는 인간의 심리적인 태도 감정을 규제하고 있는 인간관계에 의해서 결정됨을 밝혔다
3) 인간관계
  ① 인간관계는 상담, 조언에 의해서 이루어진다
  ② 종업원의 인간성을 경영자와 대등하게 본 인간관계의 기초 위에서 관리를 추진한다

정답 42.④ 43.④ 44.① 45.③

46 손과 발 등의 동작시간과 이동시간이 표적의 크기와 표적까지의 거리에 따라 결정된다는 법칙은?

① Fitts의 법칙
② Alderfer의 법칙
③ Rasmussen의 법칙
④ Hicks-Hymann의 법칙

해설 **동작시간(Fitts 법칙)** : 손과 발등의 동작시간 또는 이동시간(MT)은 목표지점까지의 손, 발의 이동거리(A)와 목표물의 크기(폭 : W)에 영향을 받는다 MT = a+b $\log_2(\frac{2A}{W})$

여기서, MT : 동작시간(movement time) A : 움직인 거리(목표물까지의 거리) W : 목표물의 너비(폭)

47 피로의 생리학적(physiological) 측정방법과 거리가 먼 것은?

① 뇌파 측정(EEG)
② 심전도 측정(ECG)
③ 근전도 측정(EMG)
④ 변별역치 측정(촉각계)

해설 **피로의 측정법**
1) 생리학적 방법 : 근전도(EMG), 뇌전도(ENG), 심전도(ECG), 안전도(EOG), 뇌파측정(EEG), 피부전기반사(GSR), 프릿가 값(점멸융합주파수 등)
2) 화학적 방법 : 혈색농도, 혈액수준, 혈단백, 융혈시간, 혈액, 요전해질, 요단백, 요교질 배설량 등
3) 심리학적 방법 : 피부(전위)저장, 동작분석, 연속반응시간, 행동기록, 정신작업, 전신자 각증상, 집중유지기능 등

48 전술적(tactical)에러, 전략적 (operatioal)에러, 그리고 관리구조(organizatic_nal)결함 등의 용어를 사용하여 사고연쇄반응에 대한 이론을 제안한 사람은?

① 버드(Bird)
② 아담스(Adams)
③ 웨버(Weaver)
④ 하인리히(Heinrich)

해설 **아담스(Adams)의 사고연쇄성 이론(경영시스템 내의 사고발생원인)**
1) 1단계 : 관리굿-경영시스템(목적, 조직, 운영 등)
2) 2단계 : 작진적 에러-회사 운영실수
3) 3단계 : 전술적 에러-관리·기술적 실수
4) 4단계 : 사고-앗차 실수(near miss), 무상해사고
5) 5단계 : 상해·피해-부상, 손해, 재산피해

49 재해예방의 4원칙에 해당되지 않는 것은?

① 예방 가능의 원칙
② 손실 우연의 원칙
③ 보상 분배의 원칙
④ 대책 선정의 원칙

해설 **재해예방의 4원칙**
1) 손실우연의 원칙 : 사고에 의해 생기는 손실(상해)의 종류와 정도는 우연적이다
2) 원인계기의 원칙 : 모든 재해는 필연적인 원인에 의해서 발생되며 재해발생은 직접원인만이 아니고 많은 간접원인의 연쇄로 발생되는 것이다
3) 예방가능의 원칙 : 재해는 원칙적으로 모든 방지가 가능하다
4) 대책선정의 원칙 : 가장 효과적인 재해방지대책의 선정은 이들 원인의 정확한 분석에 의해서 얻어진다

50 A사업장의 도수율이 2로 계산되었다면, 이에 대한 해석으로 가장 적절한 것은?

① 근로자 1000명당 1년 동안 발생할 재해자 수가 2명이다.
② 근로자 10000명당 1년간 발생한 사망자 수가 2명이다.
③ 연근로시간 1000시간당 발생한 근로손실일수가 2일이다.
④ 연근로시간 합계 100 만인시(man-hour)당 2건의 재해가 발생하였다.

정답 46.① 47.④ 48.② 49.③

해설 도수율
연 근로시간 합계 100만인시(man-hour) 당 발생하는 재해건수를 말한다

도수율 = $\dfrac{재해건수}{연근로시간수} \times 10^6$

51. 안전 수단을 생략하는 원인으로 적합하지 않은 것은?

① 감정
② 의식과잉
③ 피로
④ 주변의 영향

해설 안전수단의 생략원인
1) 의식과잉 2) 피로 3) 주변의 영향

52. 스트레스 수준과 수행(성능)사이의 일반적 관계는?

① W형
② 뒤집힌 U자형
③ U형
④ 증가하는 직선형

해설 스트레스 수준과 성과수준의 관계도 : 뒤집힌 U자형류

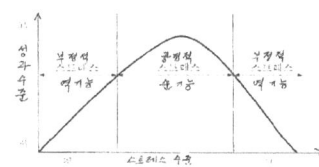

[그림] 스트레스 수준과 성과수준(작업능률)

53. 통제적 집단행동 요소가 아닌 것은?

① 관습
② 유행
③ 군중
④ 제도적 행동

해설 집단행동
1) 통제있는 집단행동 : 관습, 제도적 행동, 유행 (fashion)
2) 비통제의 집단행동 : 군중, 모브(mob), 패닉(panic), 심리적 전염

54. 동기를 부여하는 방법이 아닌 것은?

① 상과 벌을 준다.
② 경쟁을 자제하게 한다.
③ 근본이념을 인식시킨다.
④ 동기부여의 최적수준을 유지한다.

해설 안전동기의 유발방법
1) 안전의 기본이념을 인식시킬 것
2) 안전목표를 명확히 설정할 것
3) 결과를 알려줄 것(KR법 : Knowledge Results)
4) 상과 벌을 줄 것(상벌제도를 합리적으로 시행)
5) 경쟁과 협동을 유도할 것
6) 동기유발의 최적수준(적정수준)을 유지할 것

55. 게스탈트 지각원리에 해당하지 않는 것은?

① 근접성 원리
② 유사성 원리
③ 부분우세 원리
④ 대칭성 원리

해설 게스탈트 지각원리
1) 근접성의 원리 : 주어진 자극들 중에 거리 상 가까이 있는 것들을 그룹으로 묶어본다는 원리이다
2) 유사성의 원리 : 주어진 자극에 대해 형태, 크기 등 특성이 유사한 것끼리 묶어서 그룹으로 본다는 원리이다
3) 대칭성의 원리 : 사물을 볼 때 우선적으로 대칭적으로 지각을 한다는 원리이다
4) 연속성의 원리 : 사물을 볼 때 사물을 연속성을 지닌 개체로 우선 보게 된다는 원리이다
5) 폐쇄성의 원리 : 문자나 그림 등에서 전체적 맥락에서 빠질 부분은 채워서 본다는 원리이다

56. 재해 발생원인 중 불안전한 상태에 해당하는 것은?

① 보호구의 결함
② 불안전한 조작
③ 안전장치 기능의 제거
④ 불안전한 자세 및 위치

정답 50.④ 51.① 52.② 53.③ 54.② 55.③

해설 재해의 직접원인
1) 불안전한 행동 : 인적원인
2) 불안전한 상태 : 물적원인

1. 불안전한 행동	2. 불안전한 상태
①위험장소 접근 ②안전장치의 기능 제거 ③복장 보호구의 잘못 사용 ④기계 기구 잘못 사용 ⑤운전 중인 기계장치의 손실 ⑥불안전하나 속도 조작 ⑦위험물 취급 부주의 ⑧불안전한 상태 방치 ⑨불안전한 자세동작 ⑩감독 및 연락 불충분	①물 자체 결함 ②안전 방호장치 결함 ③복장 보호구의 결함 ④물의 배치 및 작업장소 결함 ⑤작업환경의 결함 ⑥생산 공정의 결함 ⑦경계표시, 설비의 결함

하는 노동
③ 조직에 부정적 정서를 갖고 있는 종업원들의 노동
④ 자신이 느끼는 원래 정서와는 다른 정서를 고객에게 의무적으로 표현해야하는 노동

정서노동(emotional labor)
1) 정서노동의 정의 : 자신이 느끼는 원래 정서와는 다른 정서를 고객에게 의무적으로 표현해야 하는 노동을 말한다
2) 직무스트레스와 관련있는 정서노동
 ① 부정적인 정서를 체험하도록 강요를 받는 상황이다
 ② 조직적인 목표 달성을 위해 종업원이 자신의 정서를 억제하여야 하는 상황이다

57 많은 동작들이 바뀌는 신호등이나 청각적 경계 신호와 같은 외부자극을 계기로 하여 시작된다. 자극이 있은 후 동작을 개시할 때까지 걸리는 시간을 무엇이라 하는가?
① 동작시간　② 반응시간
③ 감지시간　④ 정보처리시간

해설 반응시간
자극을 제시하고 자극에 대한 반응이 발생하기까지 걸리는 시간을 반응시간이라 한다(자극이 있은 후 동작을 제시하기까지 걸리는 시간)
1) 단순반응 ; 주어지는 자극의 종류가 1개이며 이에 대해 반응하는 것이다
2) 변별반응 : 자극의 종류가 2개 이상인데 요직 1개의 정해진 자극에 대해서만 반응을 하는 것이다
3) 선택반응 : 자극의 종류가 2개 이상이고 이에 대해 반응도 2개 이상인 경우를 말한다

58 정서노동(emotional labor)의 정의를 가장 적절하게 설명한 것은?
① 스트레스가 심한 사람을 상대하는 노동
② 정서적으로 우울 성향이 높은 사람을 상대

59 원자력발전소 주제어실의 직무는 4명의 운전원으로 구성된 근무조에 의해 수행되고, 이들의 직무 간에는 서로 영향을 끼치게 된다. 근무조원 중 1차 계통의 운전원 A와 2차 계통의 운전원 B간의 직무는 중간 정도의 의존성(15%)이 있다. 그리고 운전원 A의 기초 인간실 수확률 HEP Prob{A} = 0.001 일 때, 운전원 B의 직무 실패를 조건으로 한 운전원 A의 직무 실패확률은? (단, THERP 분석법을 사용한다.)
① 0.151　② 0.161
③ 0.171　④ 0.181

해설 B의 실패에 따른 A의 실패확률[Prob(A|B)]
Prob(A|B) = (%dep)1.0+(1-%dep)Prob(A) = 0.151.0+(1-0.15)0.001 = 0.151

60 리더십 이론 중 관리 그리드 이론에서 인간에 대한 관심이 높은 유형으로만 나열된 것은?
① 인기형, 타협형　② 인기형, 이상형
③ 이상형, 타협형　④ 이상형, 과업형

[해설] 관리그리드의 리더십 이론

리더십 모델	정의
1. (1,1형) 무기력형(무관심형)	인간과 업적에 모두 최소의 관심을 가지고 있는 형이다
2. (1,9형) 인기형(관계형)	인간중심적, 인간지향적으로 업적에 대한 관심이 낮다
3. (9,1형) 인기형(관계형)	업적에 대하여 최대의 관심을 갖고 인간에 대해서는 무관심한 형이다
4. (9,9형) 이상형	업적과 인간의 쌍방에 대하여 높은 관심을 갖는 형이다
5. (5,5형) 중도형	업적과 인간에 대한 관심도가 중간치를 나타내는 형이다

제4과목 : 근골격계질환예방을위한작업관리

61 문제분석을 위한 기법 중 원과 직선을 이용하여 아이디어 문제, 개념 등을 개괄적으로 빠르게 설정할 수 있도록 도와주는 연역적 추론 기법에 해당하는 것은?

① 공정도(process chart)
② 마인드 맵핑(mind maping)
③ 파레토 차트(pareto chart)
④ 특성요인도(cause and effect diagram)

[해설] 마인드 변환(mind mapping : 생각 노물 만들기)
1) 마인드 맵핑 : 원과 직선을 이용하여 아이디어 문제, 개념등을 개괄적으로 빠르게 설정할 수 있도록 도와주는 연역적 추론기법이다
2) 중심개념에서부터 관련된 아이디어를 시각적으로 표시해 나가는 문제분석을 위한 기법이다

62 신체 사용에 관한 동작경계 원칙으로 틀린 것은?

① 두 손은 순차적으로 동작하도록 한다.
② 두 팔의 동작은 동시에 서로 반대방향에서 대칭적으로 움직이도록 한다.
③ 손과 신체의 동작은 작업을 원만하게 처리할 수 있는 범위내에서 가장 낮은 동작등급을 사용한다.
④ 가능한 관성을 이용하여 작업을 하되, 작업자가 관성을 억제해야 하는 경우에는 발생하는 관성을 최소한으로 줄인다.

[해설] 신체사용에 관한 동작경제의 원칙
1) ②, ③, ④항
2) 양손은 동시에 시작하고 동시에 끝나도록 한다
3) 휴식시간이외는 양손을 동시에 쉬지 않도록 한다
4) 탄도동작(ballistic movement)은 제한되거나 통제된 동작보다 신속, 정확, 용이하다
5) 작업은 가능하면 쉽고 자연스러운 리듬을 이용할 수 있도록 배치한다
6) 손동작은 스무드하고 연속적이고 곡선동작이 되도록 하고 급격한 방향전환이나 직선동작은 피한다
7) 눈의 초점을 모아야 하는 작업은 가능한 줄인다

63 근골격계 질환의 예방원리에 관한 설명으로 가장 적절한 것은?

① 예방이 최선의 정책이다.
② 작업자의 정신적 특징 등을 고려하여 작업장을 설계한다.
③ 공학적 개선을 통해 해결하기 어려운 경우에는 그 공정을 중단한다.
④ 사업장 근골격계 질환의 예방정책에 노사가 협의하면 작업자의 참여는 중요하지 않다.

[해설] 근골격계질환의 예방원리
1) 작업자의 신체적 특징 등을 고려하여 작업장을 설계한다
2) 예방이 최선의 정책이다

64 근골격계 질환 발생의 주요한 작업 위험요인으로 분류하기에 적절하지 않은 것은?

① 부적절한 휴식
② 과도한 반복작업
③ 작업 중 과도한 힘의 사용
④ 작업 중 적절한 스트레칭의 부족

해설 근골격계질환의 발생원인

구분	내용
1. 작업관련 요인	1)부자연스런 자세 및 취하기 어려운 자세 2)과도한 힘 3)동작의 반복성 4)접촉 스트레스 5)진동, 온도 6)정적부하, 휴식시간 부족 등
2. 개인적 요인	1)작업경력 2)성별, 연령 3)작업습관 4)신체조건 5)생활습관 및 취외 6)과거병력 등
3. 사회심리적 요인	1)작업만족도 2)업무 스트레스 3)근무조건 만족도 4)인간관계 5)정신·심리상태

65 작업관리의 궁극적인 목적으로 생산성 향상을 위한 대상 항목이 아닌 것은?

① 노동   ② 기계
③ 재료   ④ 세금

해설 작업관리의 목적
1)작업을 체계적으로 하여 생산성향상을 목적으로 한다
2)생산성 향상을 위한 대상항목 : 노동, 기계, 재료 등

66 다음 중 작업 대상물의 품질 확인이나 수량의 조사, 검사 등에 사용되는 공정도 기호에 해당하는 것은?

① O   ② □
③ A   ④ ⇨

해설 공정도 기호

기호	명칭	의미(해설)
O	작업, 가공	작업목적에 따라 대상물의 물리적 또는 화학적 특성을 변화시키는 작업 (예) 부품 분해·조립, 혼합작업, 계획수립, 계산하기, 정보교환, 구멍뚫기, 못박기 등
⇨	운반, 이동	작업대상물을 한 장소에서 다른장소로 이동시키는 작업 (예) 인력물자운반, 컨베이어·대차로 물자운반 등
□	검사	작업대상물을 확인 및 품질이나 수량의 확인작업 (예) 보일러 게이지 확인, 인쇄물 정보 확인, 제품수량확인 등
D	정체 (delay)	다음작업을 즉시 수행할 수 없는 경우 (예) 다음 가공을 위해 대차나 바닥에 놓여 있는 물품, 엘리베이터 기다리기, 철하기 직전서류 등
▽	저장 (보완)	물품이 가공 또는 검사되는 일이 없이 저장되고 있는 상태 (예) 철되어 있는 서류, 저장되어 있거나 팔레트에 쌓여 있는 원재료 또는 완성품

67 1시간을 TMU(Time Measurement Unit)로 환산한 것은?

① 0.036TMU   ② 27.8TMU
③ 1667TMU   ④ 100000TMU.

해설 1)1TMu = 0.0001시간 = 0.0006분 = 0.036초
2)1hr = 100,000TMu 1min = 1666.7TMu 1Sec = 27.6 TMu

68. 근골격계 질환 예방·관리 프로그램의 실행을 위한 보건관리자의 역할과 가장 밀접한 관계가 있는 것은?

① 기본 정책을 수립하여 근로자에게 알려야 한다.
② 예방·관리 프로그램의 수립 및 수정에 관한 사항을 결정한다.
③ 예방·관리 프로그램의 개발·평가에 적극적으로 참여하고 준수한다.
④ 주기적인 근로자 면담 등을 S하여 근골격계 질환 증상 호소자를 조기에 발견하는 일을 한다.

해설 근골격계질환 예방·관리프로그램 실행을 위한 보건관리자의 역할
1) 주기적으로 작업장을 순회하여 근골격계질환을 유발하는 작업공정 및 작업유해 요인을 파악한다
2) 주기적인 작업자 면담 등을 통하여 근골격계질환 증상호소자를 조기에 발견하는 일을 한다
3) 7일 이상 지속되는 증상을 가진 작업자가 있을 경우 지속적인 관찰, 전문의 진단의뢰 등의 필요한 조치를 한다
4) 근골격계질환자를 주기적으로 면담하여 가능한 한 조기에 작업장에 복귀할 수 있도록 도움을 준다
5) 예방·관리프로그램 운영을 위한 정책결정에 참여한다

69. 워크샘플링 방법 중 관측을 등간격 시점마다 행하는 것은?

① 랜덤샘플링
② 층별비례샘플링
③ 체계적 워크샘플링
④ 퍼포먼스 워크샘플링

해설 체계적 워크샘플링(systematic work sampling)
1) 관측시점을 임의로 하지 않고 등간격으로 만들어 활동을 관찰하는 방법이다
2) 적용 작업
① 편의가 발생할 염려가 없는 작업
② 작업간격이 작업요소의 주기보다 짧은 작업

70. 근골격계 질환 중 손과 손목에 관련된 질환으로 분류되지 않는 것은??

① 결절종(Ganglion)
② 수근관증후군(Carpal Tunnel Syndrome)
③ 회전근개증후군(Rotator Cuff Syndrome)
④ 드퀘르뱅 건초염(DequervairVs Syndrome)

해설 신체부위별 근골격계질환의 종류

신체부위	근골격계질환의 종류
1. 손·손목부위	1) 수근관증후군(CTS), 2) 드퀘벵 건초염 3) 무지수근·중수관절의 퇴행성 관절염 4) 결절종 5) 수완·완관절부의 건염·건활막염 6) 화이트 핑거 7) 방외쇠 수지 및 무지 8) 수부의 퇴행성 관절염 9) 백색수지증
2. 팔·팔목부위	1) 외상과염·내상과염 2) 주두 점액낭염 3) 전완부 근육의 근막통증 증후근 4) 주두점액 낭염 5) 전완부에서의 요골신경 또는 정중신경 포착신경병증 6) 주관절부위에서의 척골신경 포착 신경병증 7) 기타 주관절·전완부위의 건염·건활막염
3. 어깨부위	1) 상완부근육의 근막통증 증후근 2) 상완이두 건막염(상완이두근 파열포함) 3) 극상근 건염 4) 회전근개 건염(충돌증후근, 극상근 파열 등 포함) 5) 견관절부위의 점액낭염(견봉하 점액낭염, 견갑하 전액낭염, 삼각근하 점액낭염, 오구돌기하 점액낭염) 6) 견구축증(오십견, 유착성 관절낭염) 7) 흉곽출구 증후근(늑쇄증후근, 경늑골증후근) 8) 견쇄관절 또는 상완와 관절의 퇴행성 관절염 9) 기타 견관절 부위의 건염·건활막염
4. 목·견갑골부위	1) 경부·견갑부 근육(경추 주위근, 승모근, 극상근, 극하근, 소원근, 광배근, 능형근 등)의 극막통증 증후근 2) 경추 신경병증 3) 경부의 퇴행성 관절염
5. 요추부위	1) 추간판탈출증 2) 퇴행성 추간판증 3) 척추관 협착증 4) 척추분리증 및 전방전위증

정답 68. ④ 69. ③ 70. ③

71
어느 회사의 컨베이어 라인에서 작업순서가 다음 표의 번호와 같이 구성되어 있을 때, 설명 중 맞는 것은?

작업	1.조립	2.납땜	3.검사	4.포장
시간(초)	10초	9초	8초	7초

① 공정 손실은 15%이다.
② 애로작업은 검사작업이다.
③ 라인의 주기시간은 7초이다.
④ 라인의 시간당 생산량은 6개이다.

해설
1) 애로작업 : 조립작업(작업중에서 작업시간이 가장 긴 공정)
2) 주기시간(사이클 시간) : 10초(가장 긴 작업시간)
3) 시간당 생산량 = $\frac{3600초}{주기시간/개}$ = $\frac{3600초}{10초/개}$ = 360개
4) 공정손실
① 제1방법 · 공정효율(E) =
$\frac{\sum ti}{N \times T_c} \times 100$ = $\frac{10+9+8+7}{4 \times 10} \times 100$ = 85% · 공정손실 = 100−E = 100−85 = 15%
② 제2방법 · 공정손실 =
$\frac{총유휴시간}{작업장수(N) \times 주기시간(T_c)} \times 100$ =
$\frac{6}{4 \times 10} \times 100$ = 15% · 총 유휴시간 = 납땜작업 유휴시간+검사작업 유휴시간+포장작업 유휴시간 = (10−9)+(10−8)+(10−7) = 6

72
정미시간이 0.177분인 작업을 여유율 10%에서 외경법으로 계산하면 표준시간이 0.195 분이 된다. 이를 8시간 기준으로 계산하면 여유시간은 총 44분이 된다. 같은 작업으로 내경법으로 계산할 경우 8시간 기준으로 총 여유시간은 약 몇 분이 되겠는가? (단, 여유율은 외경법과 동일하다.)

① 12분 ② 24분
③ 48분 ④ 60분

해설
1) 내경법 여유율(B) = $\frac{일반여유시간}{근무시간} \times 100$
2) 일반여유시간 = B × 근무시간 × $\frac{1}{100}$ = 48min

73
들기 작업의 안전작업 범위 중 주의작업 범위에 해당하는 것은?

① 팔을 몸체에 붙이고 손목만 위, 아래로 움직일 수 있는 범위
② 팔은 완전히 뻗쳐서 손을 어깨까지 올리고 허벅지까지 내리는 범위
③ 물체를 놓치기 쉽거나 허리가 안전하게 그 무게를 지탱할 수 없는 범위
④ 팔꿈치를 몸의 측면에 붙이고 손이 어깨 높이에서 허벅지부위까지 닿을 수 있는 범위

해설 들기작업 범위 중 주의작업범위
팔을 완전히 뻗쳐서 손을 어깨까지 올리고 허벅지까지 내리는 범위

74
작업측정에 관한 설명으로 틀린 내용은?

① 정미시간은 반복생산에 요구되는 여유시간을 포함한다.
② 인적여유는 생리적 욕구에 의해 작업이 지연되는 시간을 포함한다.
③ 레이팅은 측정작업 시간을 정상작업 시간으로 보정하는 과정이다.
④ TV조립공정과 같이 짧은 주기의 작업은 비디오 촬영에 의한 시간연구법이 좋다.

해설 표준시간 = 정미시간+여유시간
1) 정미시간 : 매회 또는 주기적으로 발생하는 작업수행이다(정상시간이라고도 함) 정미시간 = 관측시간의 대표 값 × ($\frac{레이팅 계수}{100}$)
여기서, 관측시간의 대표 값 : 관측평균시간 레이팅계수 : 평정계수 또는 정상화 계수(정상작업속도/실제작업속도100%)

정답 71.① 72.③ 73.② 74.①

2) 여유시간 : 작업자가 작업중에 발생하는 생리적 현상이나 피로로 인한 작업의 중단, 지연, 지체등을 보상해 주는 시간을 의미한다

75 NIOSH의 들기작업 지침에서 들기지수 값이 1이 되는 경우 대상 중량물의 무게는 얼마 인가?

① 18kg
② 21kg
③ 23kg
④ 25kg

해설 1) 들기지수(LI) 실제 작업물의 무게(물체무게 : L)와 권장중량한계(RWL)의 비이다(들기지수는 요추의 디스크 압력에 대한 기준치이다) $LI = \dfrac{L}{RWL}$
  ① LI가 1이다 : 들기작업이 안전한 것으로 판정
  ② LI가 1초과 : 요통발생의 우험수준이 증가함(추천 무게를 넘는 것으로 간주)
  ③ LI가 3초과 : 요통발생의 위험수준이 매우 높음
2) 들기지수(LI)값이 1일 경우 예상 중량물의 무게 : 23kg

76 OWAS에 대한 설명이 아닌 것은?

① 핀란드에서 개발되었다.
② 중량물의 취급은 포함하지 않는다.
③ 정밀한 작업자세 분석을 위한 도구이다.
④ 작업자세를 평가 또는 분석하는 checklist이다.

해설 OWAS
1) 육체작업을 할 경우에 부적절한 작업자세를 구별해낼 목적으로 개발한 평가기법이다(핀란드 Karhu 개발)
2) 현장에서 기록 및 궤적의 용이함 때문에 많은 작업장에서 작업자세를 평가한다
3) 관할에 의해서 작업자세를 평가한다
4) ←작업대상물의 무게를 분석요인에 포함하여 상지와 하지의 작업분석을 할 수 있다
5) 작업자세를 허리, 팔, 다리, 외모부하(하중)로 나누어 구분하여 각 부위의 자세를 코드로 표현한다
6) 작업자세를 단순화하여 정밀한 분석에는 어려움이 있다

77 작업개선에 따른 대안을 도출하기 위한 사항과 가장 거리가 먼 것은?

① 다른 사람에게 열심히 탐문한다.
② 유사한 문제로부터 아이디어를 얻도록 한다.
③ 현재의 작업방법을 완전히 잊어버리도록 한다.
④ 대안 탐색 시에는 양보다 질에 우선순위를 둔다.

해설 대안 탐색시는 질보다 양에 우선순위를 두어야 한다

78 유해요인의 공학적 개선사례로 볼 수 없는 것은?

① 로봇을 도입하여 수작업을 자동화하였다.
② 중량물 작업 개선을 위하여 호이스트를 도입하였다.
③ 작업량 조정을 위하여 컨베이어의 속도를 재설정 하였다.
④ 작업피로감소를 위하여 바닥을 부드러 운 재질 로 교체하였다.

해설 유해요인의 공학적 · 관리적 개선사례
1) 유해요인의 공학적 개선사례
  ① 중량물 작업개선을 위하여 호이스트 도입
  ② 작업 피로감소를 위하여 바닥을 부드러운 재질로 교체
  ③ 로봇을 도입하여 수작업의 자동화
  ④ 작업자의 신체에 맞는 작업장 개선
2) 유해요인 관리적 개선 사례
  ① 작업량 조정을 위하여 컨베이어의 속도 재설정
  ② 적절한 작업자의 선발과 교육 및 훈련

79 설비배치를 분석하는 데 있어 가장 필요한 것은?

① 서블릭 ② 유통선로
③ 관리도 ④ 간트차트

해설 유통선도(flow diagram)
1) 유통선도 : 유통공정도에 사용하는 기호를 발생위치에 따라 기준시설의 배치도 상에 표시한 후 이를 선으로 연결한 차트이다
2) 특징
 ① 자재흐름의 혼합지역 파악(물자흐름의 복잡한 곳 파악)
 ② 시설물의 위치나 배치관계 파악(시설배치 문제에 적용되어 운반거리 감소)
 ③ 공정과정의 역류현상 발생유무 점검

80 작업연구의 내용과 가장 관계가 먼 것은?

① 재고량 관리
② 표준시간의 산정
③ 최선의 작업 방법 개발과 표준화
④ 최적 작업방법에 의한 작업자 훈련

해설 작업연구의 목적
1) 표준시간의 설정
2) 생산성 향상
3) 최선의 작업방법 개발과 표준화
4) 최적 작업방법에 의한 작업자 훈련

정답 79. ② 80. ①

2019년 기출문제

2019 >>> 제1회 기출문제

제1과목 : 인간공학개론

01 인간의 피부가 느끼는 3종류의 감각에 속하지 않는 것은?

① 압각　　　　② 통각
③ 온각　　　　④ 미각

[해설] 피부의 감각수용 기관(3가지 감각계통)
① 압각 : 압력수용 감각
② 통각 : 고통감각
③ 온각(열각·냉각) : 온도변화 감각

02 각각의 변수가 다음과 같을 때, 정보량을 구하는 식으로 틀린 것은?

[다음]
n : 대안의 수
p : 대안의 실현확률
p_k : 각 대안의 실패확률
p_i : 각 대안의 실현확률

① $H = \log_2 n$

② $H = \log_2 (\frac{1}{p})$

③ $H = \sum_{i=1}^{n} p_i \log_2 (\frac{1}{p_i})$

④ $H = \sum_{k=0}^{n} p_k + \log_2 (\frac{1}{p_k})$

[해설] 정보량(H)
$$H = \sum_{i=1}^{n} P_i \log_2 \left(\frac{1}{P_i}\right)$$

03 물리적 공간의 구성 요소를 배열하는데 적용될 수 있는 원리에 대한 설명으로 틀린 것은?

① 사용빈도 원리 - 자주 사용되는 구성요소를 편리한 위치에 두어야 한다.
② 기능성 원리 - 대표 기능을 수행하는 구성 요소를 편리한 위치에 배치해야 한다.
③ 중요도 원리 - 시스템 목표 달성에 중요한 구성 요소를 편리한 위치에 두어야 한다.
④ 사용 순서 원리 - 구성 요소들 간의 관련 순서나 사용 패턴에 따라 배치해야 한다.

04 어떤 시스템의 사용성을 평가하기 위해 사용하는 기준으로 적절하지 않은 것은?

① 효율성　　　　② 학습용이성
③ 가격 대비 성능　④ 기억용이성

[해설] 시스템 사용성 검증시 고려되어야 할 변인
1) 에러빈도
2) 효율성
3) 기억용이성

05 Fitts의 법칙에 관한 설명으로 맞는 것은?

① 표적이 작을수록, 이동거리가 짧을수록 작업의 난이도와 소요 이동시간이 증가한다.
② 표적이 작을수록, 이동거리가 길수록 작업의 난이도와 소요 이동시간이 증가한다.
③ 표적이 클수록, 이동거리가 길수록 작업의 난이도와 소요 이동시간이 증가한다.
④ 표적이 클수록, 이동거리가 짧을수록 작업의 난이도와 소요 이동시간이 증가한다.

[해설] 동작시간(Fitts 법칙)
손과 발등의 동작시간 또는 이동시간(MT)은 목표지점까지의 손, 발의 이동거리(A)와 목표물의 크기(폭;W)에 영향을 받는다
$$MT = a + b \log_2 \left(\frac{2A}{W}\right)$$

정답 1.④ 2.④ 3.② 4.③ 5.②

여기서, MT: 동작시간(movement time)
A : 움직인 거리(목표물까지의 거리)
W: 목표물의 너비(폭)

06 귀의 청각 과정이 순서대로 올바르게 나열된 것은?

① 신경전도→액체전도→공기전도
② 공기전도→액체전도→신경전도
③ 액체전도→공기전도→신경전도
④ 신경전도→공기전도→액체전도

[해설] ④ 신경전도→공기전도→액체전도

07 신호검출이론을 적용하기에 가장 적합하지 않은 것은?

① 의료진단
② 정보량 측정
③ 음파탐지
④ 품질 검사과업

08 회전운동을 하는 조종장치의 레버를 30°움직였을 때, 표시장치의 커서는 4cm 이동하였다. 레버의 길이가 20cm일 때, 이 조종 장치의 C/R비는 약 얼마인가?

① 2.62
② 5.24
③ 8.33
④ 10.48

[해설] $C/R비 = \dfrac{a/360 \times 2\pi L}{표시장치 이동거리}$
$= \dfrac{30/360 \times 2 \times 3.14 \times 20}{2} = 2.62$

여기서, C/R비: 조종 반응 비율
a : 조종장치의 움직인 각도
L : 레버의 길이

09 밀러(Miller)의 신비의 수(Magic Number)7±2와 관련이 있는 인간의 정보처리 계통은?

① 장기기억
② 단기기억
③ 감각기관
④ 제어기관

[해설] 인간의 기억체계

(1) 인간 기억체계: 감각보관, 작업기억(단기기억), 장기기억의 3가지 형태로 되어있다

10 인간공학 연구에 사용되는 기준(criterion, 종족변수) 중 인적 기준(human criterion)에 해당하지 않는 것은?

① 보전도
② 사고 빈도
③ 주관적 반응
④ 인간 성능

[해설] 시스템의 평가척도 유형(평가기준의 유형)

1) 인간기준: 인간성능척도, 생리학적 지표, 주관적 반응, 사고빈도 등에 의해 측정한다

11 시력에 관한 설명으로 틀린 것은?

① 근시는 수정체가 두꺼워져 먼 물체를 볼 수 없다.
② 시력은 시각(visual angle)의 역수로 측정한다.
③ 시각(visual angle)은 표적까지의 거리를 표적두께로 나누어 계산한다.
④ 눈이 파악할 수 있는 표적사이의 최소공간을 최소분간시력(minimum separable acuity)이라고 한다.

12 인간의 나이가 많아짐에 따라 시각 능력이 쇠퇴하여 근시력이 나빠지는 이유로 가장 적절한 것은?

① 시신경의 둔화로 동공의 반응이 느려지기 때문
② 세포의 팽창으로 망막에 이상이 발생하기 때문
③ 수정체의 투명도가 떨어지고 유연성이 감소하기 때문

④ 안구 내의 공막이 얇아져 영양 공급이 잘 되지 않기 때문

해설 1) 정상적인 조절능력을 가지고 있는 경우: 멀리 있는 물체를 볼때는 수정체가 얇아지고, 가까이 있는 물체를 볼때는 수정체가 두꺼워진다
2) 노화에 의해 근시력 나빠지는 이유: 수정체의 유연성이 감소되어 조절능력이 떨어지기 때문이다

13 음 세기(sound intensity)에 관한 설명으로 맞는 것은?

① 음 세기의 단위는 Hz이다.
② 음 세기는 소리의 고저와 관련이 있다.
③ 음 세기는 단위시간에 단위 면적을 통과하는 음의 에너지이다.
④ 음압수준 측정시에는 2000Hz의 순음을 기준음압으로 사용한다.

해설 음의세기(sound intensity)
1) 음의세기: 단위시간에 음의 진행방향에 수직하는 단위면적을 통과하는 음에너지를 말한다(단위: Watt/m²)
2) 음의 세기레벨(SIL)관계식

$$SIL = 10\log\left(\frac{I}{I_0}\right)(dB)$$

여기서, I : 대상음의 세기(W/m²)
I_0 : 최소가청음 세기(10^{-12} w/m²)

14 청각적 코드화 방법에 관한 설명으로 틀린 것은?

① 진동수는 많을수록 좋으며, 간격은 좁을수록 좋다.
② 음의 방향은 두 귀 간의 강도차를 확실하게 해야 한다.
③ 강도(순음)의 경우는 1000~4000Hz로 한정할 필요가 있다.
④ 지속시간은 0.5초 이상 지속시키고, 확실한 차이를 두어야 한다.

해설 청각적 암호와 방법
1) 진동수가 적은 저주파를 사용할 것
2) 음의 방향은 두 귀간의 강도차를 확실하게 하도록 할 것
3) 지속시간은 2~3 수준으로 하고 확실한 차이를 두도록 할 것
4) 강도는 4~5수준으로 하고 순음은 1000~4000Hz로 한정할 것

15 인체측정 자료의 유형에 대한 설명으로 틀린 것은?

① 기능적 치수는 정적 자세에서의 신체 치수를 측정한 것이다.
② 정적 치수에 의해 나타나는 값과 동적치수에 의해 나타나는 값은 다르다.
③ 정적 치수에는 골격 치수(skeletal dimension)와 외곽 치수(contour dimension)가 있다.
④ 우리나라에서는 국가기술표준원 주관하에 'SIZE KOREA'라는 이름으로 인체 치수 조사 사업을 실시하여 인체 측정에 관한 결과를 제공하고 있다.

16 정량적 시각 표시장치의 기본 눈금선 수열로 가장 적당한 것은?

① 2, 4, 6 ⋯   ② 3, 6, 9 ⋯
③ 8, 16, 24 ⋯   ④ 0, 10, 20 ⋯

해설 눈금의 수열
1) 경량적 눈금은 대개 고유의 수열로 되어 있어서 각각 눈금간격과 기본 눈금선의 수치표시가 다르다
2) 1단위의 수열은 0,1,2,3…처럼 1씩 증가하는 수열이 사용하기가 가장 쉽다
3) 기본눈금선을 0,10,20…등으로 나타내고 중간눈금선을 5,15,25…, 미세눈금선을 1,2,3…으로 나타낸다

정답 12. ③ 13. ③ 14. ① 15. ① 16. ④

길잡이 : 정량적 표시장치의 용어의 정의
1) 눈금범위: 눈금의 최고치와 최저치의 차이다(수치 표시여부와 관계없음)
2) 수치간격: 눈금에 나타낸 인접 수치 사이의 차이다
3) 눈금간격: 최소눈금선(scale marker)사이의 값 차이다
4) 눈금단위: 눈금을 읽는 최소단위이다

17 인간공학을 지칭하는 용어로 적절하지 않은 것은?

① Biology
② Ergonomics
③ Human factors
④ Human factors engineering

[해설] 인간공학 관련 용어
1) Ergonomics: 작업경제학[Ergo(work)+nomos(law; 관리·원리)+ics(학문)]
2) Human engineering: 인간공학
3) Human factors engineering: 인간요소공학
4) Man machine system engineering: 인간·기계 공학
5) Design for human: 인간을 위한 공학
6) User interface design(UID): 사용자 접촉면 디자인(설계)

18 웹 네비게이션 설계 시 검토해야 할 인터페이스 요소로서 가장 적절하지 않은 것은?

① 일관성이 있어야 한다.
② 쉽게 학습할 수 있어야 한다.
③ 전체적인 문맥이 이해하기 쉬워야 한다.
④ 시각적 이미지가 최대한 많이 제공되어야 한다.

19 인간이 기계를 조종하여 임무를 수행해야 하는 직렬구조의 인간 - 기계 체계가 있다. 인간의 신뢰도가 0.9, 기계의 신뢰도가 0.9이라면 이 인간 - 기계 통합 체계의 신뢰도는 얼마인가?

① 0.64 ② 0.72
③ 0.81 ④ 0.98

[해설] 1) 인간·기계체계: 직렬연결
2) 인간·기계 통합 체계의 신뢰도(R)
$R = R_1 \times R_2 = 0.9 \times 0.9 = 0.81$

20 인체측정치의 응용원칙과 관계가 먼 것은?

① 극단치를 이용한 설계
② 평균치를 이용한 설계
③ 조절식 범위를 이용한 설계
④ 기능적 치수를 이용한 설계

제2과목 : 작업생리학

21 점광원으로부터 어떤 물체나 표면에 도달하는 빛의 밀도를 나타내는 단위로 맞는 것은?

① nit ② Lambert
③ candela ④ lumen/m^2

[해설] 조도: 물체의 표면에 도달하는 빛의 밀도
1) foot-candle(fc): 1촉광원 점광원으로부터 1foot 떨어진 곡면에 비추는 광의 밀도 (1 lumen/ft^2)
2) lux(meter-candle): 1촉광원 점광원으로부터 1m 떨어진 곡면에 비추는 광의 밀도 (1 lumen/m^2)
3) 조도: 조도는 광도에 비례하고 거리의 자승에 반비례한다 ∴ 조도 = $\frac{광도}{(거리)^2}$

정답 17. ① 18. ④ 19. ③ 20. ④ 21. ④

22 최대산소소비능력(MAP)에 관한 설명으로 틀린 것은?

① 산소섭취량이 일정하게 되는 수준을 말한다.
② 최대산소소비능력은 개인의 운동역량을 평가하는데 활용된다.
③ 젊은 여성의 평균 MAP는 젊은 남성의 평균 MAP의 20~30% 정도이다.
④ MAP를 측정하기 위해서 주로 트레드밀(treadmill)이나 자전거 에르고미터(ergometer)를 활용한다.

해설 최대 산소소비능력(MAP; maximum aerobic power)

1) MAP: 신체활동에 따른 산소소비량의 증가가 일정한 수축에 이르면 신체활동이 증가해도 더 이상 산소소비량이 증가하지 않는데, 이와 같이 산소소비량이 일정하게 되는 수준을 말한다(일의 속도가 증가해도 산소섭취량이 더 이상 증가하지 않고 일정하게 되는 수준)
2) MAP특징
   ① MAP는 혈액의 박출량과 동맥혈의 산소함량에 영향을 받는다
   ② MAP수준에서는 혐기성 에너지 대사가 발생하고 근육과 혈액중에 축적되는 젖산의 양이 증가한다
   ③ 개인의 MAP가 클수록 순환기 계통의 효능이 크다
3) MAP의 직접측정법: 트레드 밀(treadmill), 자전거 에르고미터(ergometer)

23 정적 자세를 유지할 때의 떨림(tremor)을 감소시킬 수 있는 방법으로 적당한 것은?

① 손을 심장 높이보다 높게 한다.
② 몸과 작업에 관계되는 부위를 잘 받친다.
③ 작업 대상물에 기계적인 마찰을 제거한다.
④ 시각적인 기준(reference)을 정하지 않는다.

24 신경계에 관한 설명으로 틀린 것은?

① 체신경계는 피부, 골격근, 뼈 등에 분포한다.
② 자율신경계는 교감신경계와 부교감신경계로 세분된다.
③ 중추신경계는 척수신경과 말초신경으로 이루어진다.
④ 기능적으로는 체신경계와 자율신경계로 나눌 수 있다.

해설 신경계의 분류[11/1회, 12/3회]

(1) 구조적 분류
1) 중추신경계: 뇌와 척수로 구성된다
2) 말초신경계
   ① 체신경계: 피부, 골격근 등에 분포하며 뇌신경(좌우 12쌍)과 척수신경(좌우 31쌍)으로 구성된다
   ② 자율신경계: 교감신경계와 부교감신경계로 나누어지며 서로 길항작용을 한다

(2) 기능적 분류: 체신경계와 자율신경계로 나눌 수 있다.

25 어떤 작업자의 5분 작업에 대한 전체 심박수는 400회, 일박출량은 65mL/회로 측정되었다면 이 작업자의 분당 심박출량(L/min)은?

① 4.5L/min ② 4.8L/min
③ 5.0L/min ④ 5.2L/min

해설 심장박출량

= 1회 박출량(L/회) × 심박수(회/min)
= 70mL/회 × $\frac{1L}{1000mL}$ × 90회/min × $\frac{1min}{5min}$
= 5.2L/min

정답 22. ③ 23. ② 24. ③ 25. ④

26 육체적인 작업을 할 경우 순환기계의 반응이 아닌 것은?

① 혈압의 상승
② 혈류의 재분배
③ 심박출량의 증가
④ 산소 소모량의 증가

해설 작업강도 증가에 따른 순환기 반응의 변화
1) 혈압상승
2) 심박출량 증가
3) 혈액의 수송량 증가
4) 심박수의 증가

27 인체의 해부학적 자세에서 팔꿈치 관절의 굴곡과 신전 동작이 일어나는 면은?

① 시상면(sagittal plane)
② 정중면(median plane)
③ 관상면(coronal plane)
④ 횡단면(transverse plane)

해설 신체부위의 동작유형
1) 굴곡(屈曲, flexion): 관절의 각도를 감소시키는 동작
2) 신전(伸展, extension): 굴곡과 반대방향으로 움직이는 동작으로 관절의 각도를 증가시키는 동작
3) 내전(內轉, adduction): 신체의 중심선에 가까워지도록 움직이는 동작
4) 외전(外轉, abduction): 신체의 중심선으로부터 멀어지도록 움직이는 동작
5) 내선(內旋, medial rotation): 신체의 중심선을 향하여 안쪽으로 회전하는 동작 6)외선(外旋, lateral rotation): 신체의 중심선 바깥으로 회전하는 동작

28 소음방지대책 중 다음 과 같은 기법을 무엇이라 하는가?

[다음]
감쇠대상의 음파와 동위상인 신호를 보내어 음파 간에 간섭현상을 일으키면서 소음이 저감되도록 하는 기법

① 음원 대책
② 능동제어 대책
③ 수음자 대책
④ 전파경로 대책

29 기초대사량의 측정과 가장 관계가 깊은 자세는 무엇인가?

① 누워서 휴식을 취하고 있는 상태
② 앉아서 휴식을 취하고 있는 상태
③ 선자세로 휴식을 취하고 있는 상태
④ 벽에 기대어 휴식을 취하고 있는 상태

30 소음에 의한 청력손실이 가장 크게 발생하는 주파수 대역은?

① 1000Hz
② 2000Hz
③ 4000Hz
④ 10000Hz

해설 주파수
1) 가청주파수: 20~20,000Hz
  ① 저진동범위: 20~500Hz
  ② 회화범위: 500~2,000Hz
  ③ 가청범위: 2,000~20,000Hz
2) 유해주파수: 4000Hz(난청현상이 오는 주파수)

31 어떤 작업의 총 작업시간이 35분이고 작업 중 평균에너지 소비량이 분당 7kcal라면 이 때 필요한 휴식시간은 약 몇 분인가?(단, Murrell의 공식을 이용하며, 기초대사량은 분당 1.5kcal, 남성의 권장 평균 에너지소비량은 분당 5kcal이다.)

① 8분
② 13분
③ 18분
④ 23분

정답 26. ④ 27. ① 28. ② 29. ① 30. ③

해설 휴식시간(R)

$$R = \frac{T(E-S)}{E-1.5} = \frac{35 \times (7-5)}{7-1.5} = 12.7분$$

여기서 T: 총작업시간(min) (35min)
E: 작업중 평균에너지소비량(6Kcal/min)
S: 권장 평균에너지 소비량의 상한(5Kcal/min)
1.5: 휴식중 에너지 소비량(Kcal/min)

32 정적 평형상태에 대한 설명으로 틀린 것은?

① 힘이 거리에 반비례하여 발생한다.
② 물체나 신체가 움직이지 않는 상태이다.
③ 작용하는 모든 힘의 총합이 0인 상태이다.
④ 작용하는 모든 모멘트의 총합이 0인 상태이다.

해설 힘과 모멘트의 평형

1) 힘의 평행 : 주어진 힘들이 서로간에 영향을 미치지 않는 경우, 한번에 작용하는 모든힘의 합력(힘의 총합)이 0에 되는 상태를 힘의 평형상태라 한다
$\Sigma F = 0$ (즉, $\Sigma F_X = 0$, $\Sigma M_y = 0$, $\Sigma F_z = 0$)

2) 모멘트의 평형 : 주어진 모멘트(moment)들이 서로 간에 영향을미치지 않는 경우, 한 번에 작용하는 모든 모멘트의 평형상태라 한다
$\Sigma M = 0$ (즉, $\Sigma M_\mathbb{I} = 0$, $\Sigma M_y = 0$, $\Sigma M_z = 0$)

33 정신활동의 부담척도로 사용되는 시각적 점멸 융합주파수(VFF)에 대한 설명으로 틀린 것은?

① 연습의 효과는 적다.
② 암조응시는 VFF가 증가한다.
③ 휘도만 같으면 색은 VFF에 영향을 주지 않는다.
④ VFF는 조명 강도의 대수치에 선형적으로 비례한다.

해설 시각적 점멸융합주파수(VFF)

1) 점멸주파수: 자극들이 작업자에게 일정한 속도로 제공될 때 깜빡거림 없이 연속적으로 제공되는 것처럼 느껴지는 주파수를 말한다(정신적 피로의 평가척도)

2) VFF에 영향을 미치는 요소
① VFF는 연습의 효과가 매우 적기 때문에 연습에 의해서 달라지지 않는다
② 암조음 시 VFF는 감소한다
③ 휘도만 같으면 색은 VFF에 영향을 주지 않는다
④ VFF는 사람들 간에는 차이가 있으나 개인의 경우 일관성을 유지한다
⑤ VFF는 조명강도의 대수치에 선형적으로 비례한다
⑥ 시표와 주위의 휘도가 같을 때 VFF는 최대로 영향을 받는다

34 근세포막에 전달된 흥분을 근세포 내부로 전달하는 통로역할을 하는 것은?

① 근초(sarcolemma)
② 근섬유속(fasciculus)
③ 가로세관(transverse tubules)
④ 근형질세망(sarcoplasmic reticulum)

35 근육 대사작용에서 혐기성 과정으로 글루코오스가 분해되어 생성되는 물질은?

① 물
② 피루브산
③ 젖산
④ 이산화탄소

해설 혐기성 해당작용

1) 산소가 충분히 공급되지 않을 때 대사작용으로 글리코오즈는 피루브산(pyruvic acid)으로 분해되고 피루브산은 젖산으로 변화된다
2) 근육중에 젖산이 쌓이면 근육 피로의 주원인이 된다

36 근(筋)섬유에 관한 설명으로 틀린 것은?

① 적근섬유(slow twitch fiber)는 주로 작은 근육그룹에서 볼 수 있다.
② 백근섬유(fast twitch fiber)는 무산소 운동에 좋아 단거리 달리기 등에 사용된다.
③ 근섬유는 백근섬유(fast twitch fiber)와 적근섬유(slow twitch fiber)로 나눌 수 있다.
④ 운동이 격렬하여 근육에 산소공급이 원활하지 않은 경우에는 엽산이 생성되어 피곤함을 느낀다.

37 교대근무와 생체리듬과의 관계에서 야간근무를 하는 동안 근무시간이 길어질 때 졸음이 증가하고 작업능력이 저하되는 현상을 무엇이라 하는가?

① 항상성 유지기능
② 작업적응 유지기능
③ 생기적응 유지기능
④ 야간적응 유지기능

38 수술실과 같이 대비가 아주 낮고, 크기가 작은 아주 특수한 시각적 작업의 실행에 가장 적절한 조도는?

① 500~1000럭스
② 1000~2000럭스
③ 3000~5000럭스
④ 10000~20000럭스

39 근력 및 지구력에 대한 설명으로 틀린 것은?

① 정적인 근력 측정치로부터 동적 작업에서 발휘할 수 있는 최대 힘을 정확히 추정할 수 있다.
② 근력 측정치는 작업 조건뿐만 아니라 검사자의 지시내용, 측정방법 등에 의해서도 달라진다.
③ 근육이 발휘할 수 있는 힘은 근육의 최대자율수축(MVC)에 대한 백분율로 나타낸다.
④ 등척력(isometric strength)는 신체를 움직이지 않으면서 자발적으로 가할 수 있는 힘의 최대값이다.

해설 동적 작업에서 발휘할 수 있는 최대 힘을 정확히 추정할 수 있는 것은 동적근력 측정치이다

40 고온 스트레스의 개인차에 대한 설명 중 틀린 것은?

① 나이가 들수록 고온 스트레스에 적응하기 힘들다.
② 남자가 여자보다 고온에 적응하는 것이 어렵다.
③ 체지방이 많은 사람일수록 고온에 견디기 어렵다.
④ 체력이 좋은 사람일수록 고온 환경에서 작업할 때 잘 견딘다.

제3과목 : 산업심리학 및 관계법규

41 검사작업자가 한 로트에 100개인 부품을 조사하여 6개의 부적합품을 발견했으나 로트에는 실제로 10개의 부적합품이 있었다면 이 검사작업자의 휴먼에러 확률은 얼마인가?

① 0.04
② 0.06
③ 0.1
④ 0.6

해설 1) 휴먼에러확률(HEP)

$$HEP = \frac{\text{실제인간실수 횟수}}{\text{전체 실수 기회의 수}} = \frac{10-6}{100} = 0.04$$

여기서, 실제인간실수 횟수
= 실제불량품의수-발견불량품의 수 = 10-6
전체실수기회의 수=한로프 부품 전체의 수
2) 휴먼에러를 범하지 않을 확률(신뢰도: R)
R=1-HEP=1-0.04=0.96

단계	의식의 상태	주의 작용	생리적 상태	신뢰성	뇌파 형태
phase 0	무의식, 실신	없음 (zero)	수면, 뇌발작	0	δ파
phase I	정상이하 (subnormal) 의식 몽롱함	부주의 (inactive)	피로, 단조, 졸음, 술취함	0.9 이하	θ파
phase II	정상, 이완상태 (normal, relaxed)	수동적 (passice) 마음이 안쪽으로 향함	안정기거, 휴식시, 장례작업 시	0.99~ 0.9999	α파
phase III	정상, 상쾌한 상태 (normal, clear)	능동적 (active) 앞으로 향하는 주의 시야도 넓다	적극 활동 시	0.999999 이상	-β파
phase IV	초정상, 과긴장 상태 (hypernormal, excited)	일점으로 응집, 판단지	긴급 방위 반응 당황해서 panic	0.9 이하	β파

42 안전관리의 개요에 관한 설명으로 틀린 것은?

① 안전의 3요소는 Engineering, Education, Economy 이다.
② 안전의 기본원리는 사고방지차원에서의 산업재해 예방활동을 통해 무재해를 추구하는 것이다.
③ 사고방지를 위해서 현장에 존재하는 위험을 찾아내고, 이를 제거하거나 위험성(risk)을 최소화한다는 위험통제의 개념이 적용되고 있다.
④ 안전관리란 생산성을 향상시키고 재해로 인한 손실을 최소화하기 위하여 행하는 것으로 재해의 원인 및 경과의 규명과 재해방지에 필요한 과학 기술에 관한 계통적 지식체계의 관리를 의미한다.

해설 안전의 3E
1) Engineering: 기술
2) Education: 교육
3) Enforcement: 독려, 규제

43 주의의 범위가 높고 신뢰성이 매우 높은 상태의 의식수준으로 맞는 것은?

① phase 0
② phase I
③ phase II
④ phase III

해설 의식수준의 단계

44 근로자가 400명이 작업하는 사업장에서 1일 8시간씩 연간 300일 근무하는 동안 10건의 재해가 발생하였다. 도수율(빈도율)은 얼마인가?(단, 결근율은 10%이다.)

① 2.50
② 10.42
③ 11.57
④ 12.54

해설 도수율 = $\frac{\text{재해건수}}{\text{연근로시간수}} \times 10^6$

$= \frac{10}{400 \times 2400} \times 10^6 = 10.42$

45 재해 발생 원인의 4M에 해당하지 않는 것은?

① Man
② Movement
③ Machine
④ Management

정답 42. ① 43. ④ 44. ③

해설 인간과오의 배후요인 4요소(4M)
1) 맨(man) : 본인 이외의 사람(팀워크, 커뮤니케이션)
2) 머신(machine) : 장치나 기계 등의 물적요인(본질안전화, 표준화, 점검, 정비)
3) 미디어(media) : 인간과 기계를 잇는 매체란 뜻으로 작업의 방법이나 순서, 작업정보의 실태나 환경과의 관계 정리정돈 등이 포함된다(환경개선 작업방법개선 등)
4) 매니지먼트(management) : 안전법규의 준수방법, 단속, 점검 관리 외에 지휘감독, 교육훈련 등이 여기에 속한다(적성배치, 교육·훈련)

46 인간과오를 방지하기 위하여 기계설비를 설계하는 원칙에 해당되지 않는 것은?

① 안전설계(fail-safe design)
② 배타설계(exclusion design)
③ 조절설계(adjustable design)
④ 보호설계(prevention design)

47 부주의를 일이키는 의식수준에 대한 설명으로 틀린 것은?

① 의식의 저하 : 귀찮은 생각에 해야 할 과정을 빠뜨리고 행동하는 상태
② 의식의 과잉 : 순간적으로 의식이 긴장되고 한 방향으로만 집중되는 상태
③ 의식의 단절 : 외부의 정보를 받아들일 수도 없고 의사결정도 할 수 없는 상태
④ 의식의 우회 : 습관적으로 작업을 하지만 머릿속엔 고민이나 공상으로 가득 차있는 상태

해설 부주의 현상
1) 의식의 단절: 지속적인 의식의 흐름에 단절이 생기고 공백의 상태가 나타나는 것으로 특수한 질병이 있는 경우에 나타난다(의식수준: phase0)
2) 의식의 우회: 의식의 흐름이 옆으로 빗나가 발생하는 경우로서 작업도중 걱정, 고뇌, 욕구 불만 등에

의해 다른 것에 정신을 빼앗기는 경우이다 (의식수준: phase 0)
3) 의식수준의 저하: 혼미한 정신 상태에서 심신이 피로한 경우나 단조로운 반복작업시 일어나기 쉽다(의식수준: phase I 이하)
4) 의식의 과잉: 지나친 의욕에 의해서 생기는 부주의 현상으로 긴급사태시 순간적으로 긴장이 한 방향으로만 쏠리게 되는 경우이다(의식수준: phase IV)

48 조직을 유지하고 성장시키기 위한 평가를 실행함에 있어서 평가자가 저지르기 쉬운 과오 중, 어떤 사람에 관한 평가자의 개인적 인상이 피평가자 개개인의 특징에 관한 평가에 영향을 미치는 영향을 설명하는 이론은?

① 할로 효과(halo effect)
② 대비오차(contrast error)
③ 근접오차(proximity error)
④ 관대화 경향(centralization tendency)

49 집단 간 갈등원인과 이에 대한 대책으로 틀린 것은?

① 영역 모호성 - 역할과 책임을 분명하게 한다.
② 자원 부족 - 계열회사나 자회사로의 전직 기회를 확대한다.
③ 불균형 상태 - 승진에 대한 동기를 부여하기 위하여 직급 간 처우에 차이를 크게 둔다.
④ 작업유동의 상호의존성 - 부서간의 협조, 정보교환, 동조, 협력체계를 견고하게 구축한다.

정답 45. ② 46. ③ 47. ① 48. ① 49. ③

50 제조업자가 합리적인 대체설계를 채용하였더라면 피해나 위험을 줄이거나 피할 수 있었음에도 대체설계를 채용하지 아니하여 해당 제조물이 안전하지 못하게 된 경우를 지칭하는 결함의 유형은?

① 제조상의 결함 ② 지시상의 결함
③ 경고상의 결함 ④ 설계상의 결함

해설 제조물(제품) 결함의 유형
1) 제조상의 결함: 제품의 제조과정에서 본래의 설계사양과 다르게 제작된 불량품을 발견하지 못한 결함을 말한다(본문설명)
2) 설계상의 결함: 제품 설계과정에서 발생한 결함으로 설계에 따라 제품이 제조될 경우 발생하는 결함을 말한다
3) 표시상의 결함(지시·경고상의 결함): 제품에 대한 적절한 지시나 경고를 하지 않아 제품의 설치 및 사용시 사고를 유발하는 결함을 말한다

51 테일러(F.W. Taylor)에 의해 주장된 조직형태로서 관리자가 일정한 관리기능을 담당하도록 기능별 전문화가 이루어진 조직은?

① 위원회 조직 ② 직능식 조직
③ 프로젝트 조직 ④ 사업부제 조직

52 어떤 사람의 행동이 "빨리빨리, 경쟁적으로, 여러 가지를 한꺼번에"한다고 하면 어떤 성격특성을 설명하는가?

① type-A 성격 ② type-B 성격
③ type-C 성격 ④ type-D 성격

53 NIOSH 직무스트레스 모형에서 직무 스트레스 요인과 성격이 다른 한 가지는?

① 작업 요인 ② 조직 요인
③ 환경 요인 ④ 상황 요인

해설 직무 스트레스 모형에서 직무 스트레스 요인(NIOSH 제시)

구분	스트레스 요인
1.작업 요인	1)작업부하 2)작업속도 3)교대근무
2.환경 요인 (물리적 환경)	1)소음, 진동 2)고온, 한랭 3)환기불량 4)부적절한 조명
3.조직 요인	1)관리유형 2)역할요구 3)역할보호성 및 갈등 4)경력 및 직무안전성
4. 조직외 요인	1)가족상황 2)재정상태 등

54 심리적 측면에서 분류한 휴먼에러의 분류에 속하는 것은?

① 입력오류 ② 정보처리오류
③ 생략오류 ④ 의사결정오류

해설 휴먼 에러의 심리적인 분류(Swain)
1) Omission error(부작위 실수, 생략과오): 필요한 task 또는 절차를 수행하지 않는데 기인한 error
2) Tome error(시간적 과오, 지연오류): 필요한 task 또는 절차를 수행지연으로 인한 error
3) Commission error(작위실수, 수행적 과오): 필요한 task 또는 절차의 불확실한 수행으로 인한 error
4) Sequential error(순서적 과오): 필요한 task 또는 절차의 순서착오로 인한 error
5) Extraneous error(불필요한 과오): 필요한 task 또는 절차를 수행함으로써 기인한 error

55 스트레스가 정보처리 수행에 미치는 영향에 대한 설명으로 거리가 가장 먼 것은?

① 스트레스 하에서 의사결정의 질은 저하된다.
② 스트레스는 효율적인 학습을 어렵게 할수 있다.
③ 스트레스는 빠른 수행보다는 정확한 수행으로 편파시키는 경향이 있다.
④ 스트레스에 의해 인지적 터널링이 발생하여 다양한 가설을 고려하지 못한다.

정답 50.④ 51.② 52.① 53.④ 54.③

56 여러 개의 자극을 제시하고 각각의 자극에 대하여 반응을 하는 과제를 준 후, 자극이 제시되어 반응할 때까지의 시간을 무엇이라 하는가?

① 기초반응시간 ② 단순반응시간
③ 집중반응시간 ④ 선택반응시간

해설 선택반응시간 및 동작시간
1) 선택반응시간(RT)
① 선택반응시간: 몇가지 자극을 제시하고 이 각각에 대하여 상이한 응답을 요구하는 경우의 반응시간이다
② 인간의 반응시간(RT)은 자극과 반응의 수가 증가할수록 길어진다(반응시간은 자극과 정보의 양에 비례한다)
③ Hick법칙: 자극·반응의 수(N)가 함에 따라 반응시간(RT)은 대수적으로 증가한다(RT는 밑을 2로 하는 N의 log값에 비례해 증가한다)
$RT = a + b \log_2 N$
여기서, RT: 반응시간(reaction time)
N: 자극과 반응의 수

57 재해 예방 원칙에 대한 설명 중 틀린 것은?

① 예방 가능의 원칙 – 천재지변을 제외한 모든 인재는 예방이 가능하다.
② 손실 우연의 원칙 – 재해손실은 우연한 사고원인에 따라 발생한다.
③ 원인 연계의 원칙 – 사고에는 반드시 원인이 있고 원인은 대부분 복합적 연계 원인이 있다.
④ 대책 선정의 원칙 – 사고의 원인이나 불안전 요소가 발견되면 반드시 대책을 선정하여 실시하여야 한다.

해설 재해예방의 4원칙
1) 손실우연의 원칙 : 사고에 의해 생기는 손실(상해)의 종류와 정도는 우연적이다
2) 원인계기의 원칙 : 모든 재해는 필연적인 원인에 의해서 발생되며 재해발생은 직접원인만이 아니고 많은 간접원인의 연쇄로 발생되는 것이다
3) 예방가능의 원칙 : 재해는 원칙적으로 모든 방지가 가능하다
4) 대책선정의 원칙 : 가장 효과적인 재해방지대책의 선정은 이들 원인의 정확한 분석에 의해서 얻어진다

58 휴먼에러 확률에 대한 추정기법 중 Tree 구조와 비슷한 그림을 이용하며, 사건들을 일련의 2지(binary) 의사결정 분지(分枝)들로 모형화 하여 직무의 올바른 수행여부를 확률적으로 부여함으로 에러율을 추정하는 기법은?

① FMEA
② THERP
③ fool proof method
④ Monte Carlo method

해설 THERP(technique for human error rate prediction) : 인간과오율 예측기법
1) THERP(인간과오율 예측기법) : 인간이 수행하는 작업을 상호해안적(exclusive)사건으로 나누어 사건나무를 작성하고 각 작업의 성공 또는 실패확률을 부여하여 각 경로의 확률을 계산한다
2) THERP : 인간의 과오를 정량적으로 해석하기 위한 안전해석기법이다(개발자 : Swain)

59 동기이론 중 직무 환경요인을 중시하는 것은?

① 기대이론   ② 자기조절이론
③ 목표설정이론 ④ 작업설계이론

60 리더가 구성원에 영향력을 행사하기 위한 9가지 영향 방략과 가장 거리가 먼 것은?

① 자문   ② 무시
③ 제휴   ④ 합리적 설득

해설 리더가 구성원에게 행사하는 영향방략
① 자문   ② 제휴(교환)
③ 합리적 설득 ④ 합법적 권위

정답 55.③ 56.④ 57.② 58.② 59.④ 60.②

⑤ 감흥 ⑥ 집단형성
⑦ 강요 ⑧ 고집
⑨ 비위

제4과목 : 근골격계질환예방을위한작업관리

61 근골격계 질환 예방·관리 프로그램에서 추진팀의 구성원이 아닌 것은?

① 관리자 ② 근로자대표
③ 사용자대표 ④ 보건담당자

[해설] 근골격계질환 예방·관리 추진팀
1) 근골격계질환 예방·관리 추진팀: 사업주는 효율적이고 성공적인 근골격계질환의 예방·관리를 추진하기 위하여 사업장 특성에 맞게 근골격계 질환 예상·관리 추진팀을 구성하되 예방·관리 추진팀에는 예산 등에 대한 결정권한이 있는 자가 반드시 참여하도록 한다

2) 사업장의 특성에 맞는 예방·관리의 추진팀

중·소규모 사업장	대규모사업장
1. 근로자대표 또는 명예 안전감독관을 포함하여 그가 위임하는 자 2. 관리자(예산결정권자) 3. 정비·보수 담당자 4. 보건·안전 담당자 5. 구매 담당자 등	중·소규모 사업장 추진팀 이외 다음의 인력을 추가함 1. 기술자(생산, 설계, 보수기술자) 2. 노무담당자 등

62 작업관리의 문제분석 도구로서, 가로축에 항목, 세로축에 항목별 점유비율과 누적비율로 막대-꺾은선 혼합 그래프를 사용하는 것은?

① 파레토차트 ② 간트차트
③ 특성요인도 ④ PERT차트

[해설] 1) 파레토 차트:
① 관심의 대상이 되는 항목을 동일 척도(scale)로 관찰하여 측정한 후 이를 내림차순으로 정리하고 누적분포를 구한다
② 문제의 인자를 파악하고 그것들이 차지하는 비율을 누적분포의 형태로 표현한다
2) 파렛토 원칙(80-20규칙): 상위 20%의 항목이 전체 활동의 80% 이상을 차지한다는 의미이다
3) 파렛토 차트 주목적: 20%정도에 해당하는 중요한 항목을 찾아내는 것이 주목적이다

63 작업분석에 사용되는 공정도나 차트가 아닌 것은?

① 유통선도(Flow Diagram)
② 활동분석표(Activity Chart)
③ 간접노동분석표(Indirect Labor Chart)
④ 복수작업자분석표(Gang Process Chart)

64 근골격계 질환을 예방하기 위한 대책으로 적절하지 않은 것은?

① 단순 반복작업은 기계를 사용한다.
② 작업방법과 작업공간을 재설계한다.
③ 작업순환(Job Rotation)을 실시한다.
④ 작업속도와 작업강도를 점진적으로 강화한다.

[해설] 근골격계질환의 예방 대책
1) 단순 반복작업의 기계화
2) 작업방법과 작업공간 재설계
3) 작업순환 실시
4) 작업속도와 작업강도의 적정화

정답 61. ③ 62. ① 63. ③ 64. ④

65. 요소작업이 여러 개인 경우의 관측횟수를 결정하고자 한다. 표본의 표준편차는 0.60이고, 신뢰도 계수는 2인 경우 추정의 오차범위±5%를 만족시키는 관측회수(N)는 몇 번인가?

① 24번 ② 66번
③ 144번 ④ 576번

해설 관측횟수(N) = $\dfrac{t^2 S^2}{I^2} = \dfrac{2^2 \times 0.6^2}{0.05^2} = 576$번

여기서, t: 신뢰도 계수
S: 샘플표준편차
I: 허용오차범위

66. 개정된 NIOSH 들기 작업 지침에 따라 권장 무게 한계(RWL)를 산출하고자 할 때, RWL이 최적이 되는 조건과 거리가 가장 먼 것은?

① 정면에서 중량물 중심까지의 비틀림이 없을 때
② 작업자와 물체의 수평거리가 25cm보다 작을 때
③ 물체를 이동시킨 수직거리가 75cm보다 작을 때
④ 수직높이가 팔을 편안히 늘어뜨린 상태의 손 높이일 때

67. 셀(Cell) 생산방식에 가장 적합한 제품은?

① 의류 ② 가구
③ 선박 ④ 컴퓨터

68. 근골격계 질환 관련 위험작업에 대한 관리적 개선으로 볼 수 없는 것은?

① 작업의 다양성 제공
② 스트레칭 체조의 활성화
③ 작업도구나 설비의 개선
④ 작업 일정 및 작업속도 조절

해설 근골격계질환 예방을 위한 관리적 개선사항
1) 작업속도 조절
2) 작업의 다양성 제공(작업확대)
3) 도구 및 설비의 유지관리

69. 근골격계 질환의 요인에 있어 작업 관련 요인에 해당하는 것은?

① 직장 경력
② 작업 만족도
③ 휴식 시간 부족
④ 작업의 자율적 조절

해설 근골격계질환의 발생원인

구분	내용
1. 작업관련 요인	1) 부자연스런 자세 및 취하기 어려운 자세 2) 과도한 힘 3) 동작의 반복성 4) 접촉 스트레스 5) 진동, 온도 6) 정적부하, 휴식시간 부족 등
2. 개인적 요인	1) 작업경력 2) 성별, 연령 3) 작업습관 4) 신체조건 5) 생활습관 및 취외 6) 과거병력 등
3. 사회심리적 요인	1) 작업만족도 2) 업무 스트레스 3) 근무조건 만족도 4) 인간관계 5) 정신·심리상태

70. 간헐적으로 랜덤한 시점에서 연구대상을 순간적으로 관측하여 대상이 처한 상황을 파악하고 이를 토대로 관측시간 동안에 나타난 항목별로 차지하는 비율을 추정하는 방법은?

① PTS법
② 워크샘플링
③ 웨스팅하우스법
④ 스톱워치를 이용한 시간연구

71. 1 TMU(Time Measurement Unit)를 초단위로 환산한 것은?

① 0.0036초   ② 0.036초
③ 0.36초   ④ 1.667초

해설 1) 1TMu = 0.0001시간 = 0.0006분 = 0.036초
2) 1hr = 100,000TMu
   1min = 1666.7TMu
   1Sec = 27.6 TMu

72. 동작경제원칙 중 신체의 사용에 관한 원칙이 아닌 것은?

① 두 손은 동시에 시작하고, 동시에 끝나도록 한다.
② 두 팔은 서로 반대 방향으로 대칭적으로 움직이도록 한다.
③ 가능하다면 쉽고도 자연스러운 리듬이 생기도록 동작을 배치한다.
④ 타자칠 때와 같이 각 손가락이 서로 다른 작업을 할 때에는 작업량을 각 손가락의 능력에 맞게 배분해야 한다.

해설 동작경제의 원칙(Barnes)
1) 신체의 사용에 관한 원칙
   ① 양손은 동시에 시작하고 동시에 끝나도록 한다
   ② 휴식시간 외에는 양손을 동시에 쉬지 않도록 한다
   ③ 양팔은 동시에 서로 반대방향에서 대칭적으로 움직이도록 한다
   ④ 손과 신체동작은 작업을 만족스럽게 처리할 수 있는 범위 내에서 최소 동작 등급을 사용하도록 한다
   ⑤ 작업은 가능한 한 관성을 이용하도록 한다(작업자가 관성 극복시는 관성을 최소화 할 것)
   ⑥ 탄도동작(ballistic movement)은 제한되거나 통제된 동작보다 신속, 정확, 용이하다
   ⑦ 작업은 가능하면 쉽고 자연스러운 리듬을 이용할 수 있도록 배치한다
   ⑧ 손동작은 스무드 하고 연속적이고 곡선동작이 되도록 하고 급격한 방향전환이나 직선동작은 피한다
   ⑨ 눈의 초점을 모아야 하는 작업은 가능한 줄인다

2) 작업장 배치에 관한 원칙
   ① 모든 공구와 재료는 정하여진 장소에 두어야 한다
   ② 공구와 재료, 조장장치는 사용위치에 가까이 둔다
   ③ 중력을 이용한 상자나 용기를 이용하여 부품이나 재료를 사용장소에 가까이 보낼 수 있도록 한다
   ④ 가능하면 낙하식 운반방법을 사용한다
   ⑤ 재료와 공구는 최적의 동작순서로 작업할 수 있도록 배치해 둔다
   ⑥ 최적의 채광 및 조명을 제공한다
   ⑦ 작업대와 의자는 각 작업대에게 알맞도록 설계되어야 한다
   ⑧ 의자는 인간공학적으로 잘 설계된 높이가 조절되는 의자를 제공한다

3) 공구나 설비의 설계에 과한 원칙
   ① 치구나 족답장치를 사용할 수 있도록 하여 양손이 다른 일을 할 수 있도록 한다
   ② 공구류는 가능하면 두가지 이상의 기능을 조합한 것을 사용한다
   ③ 공구와 재료는 가능한 한 다음에 사용하기 쉽도록 미리 위치를 잡아 둔다
   ④ 손가락으로 특정작업(타자나 컴퓨터 키보드 작업)을 수행할 때 작업량이 각 손가락의 능력에 맞게 배분되어야 한다
   ⑤ 조종장치(레버, 핸들 등)는 작업자가 자세를 크게 바꾸지 않고도 빠르고 쉽게 조작할 수 있는 위치에 두어야 한다

73. 설비의 배치 방법 중 제품별 배치의 특성에 대한 설명 중 틀린 것은??

① 재고와 재공품이 적어 저장면적이 작다.
② 운반거리가 짧고 가공물의 흐름이 빠르다.
③ 작업 기능이 단순화되며 작업자의 작업 지도가 용이하다.
④ 설비의 보전이 용이하고 가동율이 높기 때문에 자본투자가 적다.

74 작업분석의 활용 및 적용에 관한 사항 중 틀린 것은?
① 조업정지의 손실이 큰 작업부터 대상으로 한다.
② 주기시간이 짧은 작업의 동작분석은 서블릭 분석법을 이용한다.
③ 사람의 동작이 많은 작업을 개선하려는 경우에 적용하는 것이 바람직하다.
④ 반복 작업이 많은 작업의 동작개선은 미세한 동작개선을 중심으로 한다.

75 A작업의 관측평균시간이 25DM이고, 제 1평가에 의한 속도평가계수는 120%이며, 제 2평가에 의한 2차 조정계수가 10%일 때 객관적 평가법에 의한 정미시간은 몇 초인가?(단, 1DM=0.6이다.)
① 19.8
② 23.8
③ 26.1
④ 28.8

해설 객관적 평가방법에 의한 정미시간(NT)
NT=관측시간의 평균값×1차 평가계수×(1+2차 조정계수)=25초×1.2×(1+0.1)×0.6=19.8초

(길잡이) 정미시간 산정식(객관적 평균값)
1) 정미시간=관측시간의 평균값×레이팅계수
 = 관측시간의 평균값×1차 평가계수×(1+2차 조정계수)
 여기서, 레이팅계수: 1차 평가계수×(1+2차 조정계수)
   1차 평가계수: 속도평가계수
   2차 조정계수: 작업의 난이도 계수
2) 정미시간
 $= \left(\dfrac{\text{총관측시간} \times \text{작업별 시간율}}{\text{생산량}} \right) \times \text{레이팅계수}$

76 보다 많은 아이디어를 창출하기 위하여 가능한 모든 의견을 비판 없이 받아들이고 수정 발언을 허용하며 대량 발언을 유도하는 방법은?
① Brainstorming
② SEARCH
③ Mind Mapping
④ ECRS 원칙

해설 브레인스토밍(BS, brain storming)의 4원칙
1) 비평금지: 좋다, 나쁘다고 비평하지 않는다
2) 자유분방: 마음대로 편안히 발언한다
3) 대량발언: 무엇이건 좋으니 많이 발언한다
 4) 수정발언: 타인의 아이디어에 수정하거나 덧붙여 말하여도 좋다

77 작업관리의 목적에 부합하지 않는 것은?
① 안전하게 작업을 실시하도록 한다.
② 작업의 효율성을 높여 재고량을 확보한다.
③ 생산 작업을 합리적이고 효율적으로 개선한다.
④ 표준화된 작업의 실시과정에서 그 표준이 유지되도록 한다.

78 어느 병원의 간호사에 대한 근골격계 질환의 위험을 평가하기 위하여 인간공학 분야에서 많이 사용되는 유해요인 평가도구 중 하나의 RULA(Rapid Upper Limb Assessment)를 적용하여 작업을 평가한 결과, 최종 점수가 4점으로 평가되었다. 평가 결과에 대한 해석으로 맞는 것은?
① 수용가능한 안전한 작업으로 평가됨
② 계속적 추적관찰을 요하는 작업으로 평가됨
③ 빠른 작업개선과 작업위험요인의 분석이 요구됨
④ 즉각적인 개선과 작업위험요인의 정밀조사가 요구됨

79 근골격계 질환에 관한 설명으로 틀린 것은?
① 신체의 기능적 장해를 유발할 수 있다.
② 사전조사에 의하여 완전 예방이 가능하다.
③ 초기에 치료하지 않으면 심각해질 수 있다.
④ 미세한 근육이나 조직의 손상으로 시작된다.

80 단위작업 장소 내에 4개, 8개의 동일 작업으로 이루어진 부담 작업이 있다. 이러한 작업장에 대한 유해요인 조사 시 표본 작업수는 각각 얼마 이상인가?
① 2, 2
② 2, 3
③ 2, 4
④ 4, 8

제1과목 : 인간공학개론

01 음량의 측정과 관련된 사항으로 적절하지 않은 것은?

① 물리적 소리강도는 지각되는 음의 강도와 비례한다.
② 소리의 세기에 대한 물리적 측정 단위는 데시벨(dB)이다.
③ 손(sone)과 폰(phon)은 지각된 음의 강약을 측정하는 단위다.
④ 손(sone)의 값 1은 주파수가 1000Hz이고, 강도가 40dB인 음이 지각되는 소리의 크기이다.

해설 **sone과 phon**

1) sone(음량)
① 감각적인 음의 크기를 나타내는 양이다.
② 1000Hz 순음의 음의 세기레벨 40dB의 음의 크기(40phon)를 1sone이라 한다.
2) phon(음량수준) : 1000Hz 순음의 음압수준(dB)을 phon이라 한다.
3) sone과 phon의 관계식
① $S = 2^{(P-40)/10}$
여기서, S : 음량(sone, 음의 크기)
P : 음량수준(phon, 음의크기레벨)
② $P = 33.3 \log S + 40$

02 부품배치의 원칙이 아닌 것은?

① 중요성의 원칙
② 사용 빈도의 원칙
③ 사용 순서의 원칙
④ 크기별 배치의 원칙.

해설 **부품배치의 4원칙(작업대 공간배치의 원칙)**

1) 중요성의 원칙 : 부품을 작동하는 성능이 체계의 목표달성에 긴요한 정도에 따라 우선순위를 설정한다.
2) 사용빈도의 원칙 : 부품을 사용하는 빈도에 따라, 우선순위를 설정한다.
3) 기능별 배치의 원칙 : 기능적으로 관련된 부품들(표시장치, 조정장치)등 모아서 배치한다.
4) 사용순서의 원칙 : 사용되는 순서에 따라 장치들을 가까이에 배치한다.

03 산업현장에서 필요한 인체치수와 같이 움직이는 자세에서 측정한 인체치수는?

① 기능적 인체치수
② 정적 인체치수
③ 구조적 인체치수
④ 고정 인체치수

해설 **인체의 측정방법**

1) 정적치수(구조적 인체치수)
① 신체의 정적자세(고정자세)에서 측정한 신체지수이다.(형태학적 측정이라고도 함)
② 정적치수 인체측정기 : 마틴식(Martin) 인체측정기
③ 나체측정을 원칙으로 하며 제품 및 작업장 설계의 기초 자료로 활용된다.
④ 신체측정치는 나이, 성, 종족(인종)에 따라 다르다.

2) 동적치수(기능적 인체치수)
① 신체적 활동을 하는 상태에서 측정한 신체치수이다.
② 동적치수 측정 : 마틴식 인체측정기로는 측정이 어려우며 사진이나 스캐너(scanner)를 사용하여 2차원 또는 3차원 자료를 측정한다.
③ 기능적 인체치수를 사용하는 이유 : 각 신체 부위는 조화를 이루면서 움직이기 때문이다.

04 청각적 표시장치에 적용되는 지침으로 적절하지 않은 것은?

① 신호음은 배경소음과 다른 주파수를 사용한다.
② 신호음은 최소한 0.5~1초 동안 지속시킨다.
③ 300m이상 멀리 보내는 신호음은 1000Hz 이하의 주파수가 좋다.
④ 주변 소음은 주로 고주파이므로 은폐효과를 막기 위해 200Hz이하의 신호음을 사용하는 것이 좋다.

정답 1. ① 2. ④ 3. ① 4. ④

해설 주변소음은 저주파이므로 은폐효과를 막기위해 500~1000Hz의 신호를 사용하며 적어도 30dB 이상 차이가 나야한다.

05 인간과 기계의 역할분담에 이어 인간은 시스템 설치와 보수, 유지 및 감시 등의 역할만 담당하게 되는 시스템은?

① 수동시스템 ② 기계시스템
③ 자동시스템 ④ 반자동시스템

해설 인간 · 기계 통합 체계의 유형
1) 수동체계 : 인간의 신체적인 힘을 동원력으로 사용
2) 기계화체계(반자동체계) : 인간이 기계의 표시장치를 보고 조정장치를 통하여 통제하는 체계
3) 자동차계
① 기계자체가 감지, 정보처리 및 의사결정, 행동을 포함한 모든 임무를 수행하는 체계
② 인간의 역할 : 감시(Monitor), 프로그램, 정비유지 등의 기능을 수행함

06 연구조사에서 사용되는 기준척도의 요건에 대한 설명으로 옳은 것은?

① 타당성:반복 실험 시 재현성이 있어야 한다.
② 민감도:동일단위로 환산 가능한 척도여야 한다.
③ 신뢰성:기준이 의도한 목적에 부합하여야 한다.
④ 무오염성:기준 척도는 측정하고자 하는 변수 이외에 다른 변수의 영향을 받아서는 안 된다.

해설 인간공학 연구조사에 사용되는 기준의 조건
1) 적절성(relevance) : 기준이 의도된 목적에 적당하다고 판단되는 정도를 말한다.
2) 무오염성 : 기준 척도는 측정하고자 하는 변수 외의 다른 변수들이 영향을 받아서는 안된다는 것을 무오염성이라고 한다.
3) 기준척도의 신뢰성 : 척도의 신뢰성은 반복성(repeatability)을 의미한다.

07 인간의 감각기관 중 작업자가 가장 많이 사용하는 감각은?

① 시각 ② 청각
③ 촉각 ④ 미각

해설 작업자가 가장 많이 사용하는 감각기관 : 시각

08 시각적 암호화(Coding) 설계 시 고려사항이 아닌 것은?

① 코딩 방법의 분산화
② 사용될 정보의 종류
③ 수행될 과제의 성격과 수행조건
④ 코딩의 중복 또는 결합에 대한 필요성

①항, 코딩방법의 집중화

09 시식별에 영향을 주는 인자에 대한 설명으로 옳은 것은?

① 휘도의 척도로는 foot-candle과 lx가 흔히 쓰인다.
② 어떤 물체나 표면에 도달하는 광의 밀도를 휘도라고 한다.
③ 과녁이나 관측자(또는 양자)가 움직일 경우에는 시력이 감소한다.
④ 일반적으로 조도가 큰 조건에서는 노출시간이 작을수록 식별력이 커진다.

해설 시식별에 영향을 주는 요소
1) 조도 : 물체의 표면에 도달하는 빛의 밀도(단위 : 후크캐들 fe, 럭스 lux)
2) 광도 : 빛의 세기(단위 : 칸델러 cd)
3) 대비 : 표적의 광도와 배경의 광도의 차를 나타내는 척도
4) 광속발산도 : 단위 면적당 표면에서 반사 또는 방출되는 빛의 양(단위 : 램버트 L, 후트 램버트 fL)

5) 휘도 : 빛이 어떤 물체에서 반사되어 나오는 양
6) 노출시간 : 노출시간이 클수록 식별력이 증대
7) 과녁의 이동 : 과녁이나 관측자가 움직이면 시력감소
8) 연령 : 나이가 들수록 시력 감소

10 인체측정치의 응용원칙으로 적합한 것은?

① 침대의 길이는 5퍼센타일 치수를 적용한다.
② 비상버튼까지의 거리는 5퍼센타일 치수를 적용한다.
③ 의자의 좌판깊이는 95퍼센타일 치수를 적용한다.
④ 지하철의 손잡이 높이는 95퍼센타일 치수를 적용한다.

해설 1) 최대집단값에 의한 설계 : 90%타일치수, 95%타일치수, 99%타일치수를 적용한다.
① 침대의 길이
② 출입문, 탈출구, 통로, 안전대의 하중강도 등

2) 최소집단값에 의한 설계 : 1%타일치수, 5%타일치수, 10%타일치수를 적용한다.
① 비상버튼까지의 거리
② 의자의 좌판깊이
③ 지하철의 손잡이 높이
④ 선반의 높이, 기구조작에 필요한 힘 등

11 인간공학의 목적에 관한 내용으로 틀린 것은?

① 사용편의성의 증대, 오류감소, 생산성 향상 등을 목적으로 둔다.
② 인간공학은 일과 활동을 수행하는 효능과 효율을 향상시키는 것이다.
③ 안전성 개선, 피로와 스트레스 감소, 사용자 수용성 향상, 작업 만족도 등대를 목적으로 한다.
④ Chapanis는 목적달성을위해 구체적 응용에서 가장 중요한 목표는 몇 가지뿐이며, 그들의 서로 상호연관성은 없다고 했다.

해설 인간공학의 목적
1) 첫째목적 : 일과 활동을 수행하는 효율의 향상(사용편의성 증대, 오류감소, 생산성 향상 등)
2) 둘째목적 : 바람직한 인간가치의 향상(안전성 개선, 피로와 스트레스 감소, 쾌적감 증가, 사용자 수용도 향상, 작업 만족도 증대, 생활질(生活質)개선 등)

12 신호검출이론(SDT)에 관한 설명으로 틀린 것은? (단, β는 응답편견척도(response bias)이고, d는 감도척도(sensitivity)이다.)

① β값이 클수록 '보수적인 판단자'라고 한다.
② d값은 정규분포를 이용하여 구할 수 있다.
③ 민감도는 신호와 잡음 평균 간의 거리로 표현한다.
④ 잡음이 많을수록, 신호가 약하거나 분명하지 않을수록 d값은 커진다.

해설 잡음이 많을수록, 신호가 약하거나 분명하지 않을수록 d(감도척도) 값은 작아진다.

13 제품의 행동 유도성에 대한 설명으로 적절하지 않은 것은?

① 사용자의 행동에 단서를 제공한다.
② 행동에 제약을 주지 않는 설계를 해야 한다.
③ 제품에 물리적 또는 의미적 특성을 부여함으로써 달성이 가능하다.
④ 사용 설명서를 별도로 읽지 않아도 사용자가 무엇을 해야 할 지 알게 설계해야 한다.

해설 행동유도성의 정의
1) 사물의 지각된 특성 또는 사물이 가지고 있는 실제적 특성을 행동유도성이라 하며 사물을 어떻게 사용할 수 있느냐를 결정하는 근본적 속성이라 할 수 있다.
2) 물건에 물리적 또는 의미적인 특성을 부여하며 사용자의 행동에 관한 단서를 제공하는 것을 말한다.

정답 10. ② 11. ④ 12. ④ 13. ②

14 시식별 요소에 대한 설명으로 옳지 않은 것은?

① 표면으로부터 반사되는 비율을 반사율이라 한다.
② 단위면적당 표면에서 반사되는 광량을 광도라 한다.
③ 광원으로부터 나오는 빛 에너지의 양을 휘도라 한다.
④ 어떤 물체나 표면에 도달하는 빛의 단위면적당 밀도를 조도라 한다.

해설
1) 광속(lumen) : 광원으로부터 나오는 빛의 양
2) 휘도(lambert) : 단위면적당 표면에서 반사 또는 방출되는 빛의 양(광속발산도라고도 함)

15 Fitts의 법칙과 관련이 없는 것은?

① 표적의 폭
② 표적의 개수
③ 이동소요 시간
④ 표적 중심선까지의 이동거리

해설 Fitts 법칙(동작시간, MT)

1) 손과 발 등의 동작시간 또는 이동시간(MT)은 목표지점까지의 손, 발의 이동거리(A)와 목표물의 크기(폭 : W)에 영향을 받는다.

$$MT = a = b\log_2\left(\frac{2A}{W}\right)$$

여기서, MT : 동작시간(movement time)
A : 움직인 거리(목표물까지의 거리)
W : 목표물의 너비(폭)

2) Fitts 법칙 : 작업의 난이도와 이동시간(MT)은 표적(W)이 작을수록, 이동거리(A)가 길수록 증가한다.

16 배경 소음 하에서 신호의 발생 유무를 판정하는 경우 4가지 반응 결과에 대한 설명으로 틀린 것은?

① 허위경보(False Alarm):신호가 없을 때 신호가 있다고 판단한다.
② 신호의 정확한 판정(Hit):신호가 있을 때 신호가 있다고 판단한다.
③ 신호검출실패(Miss):정보의 부족으로 신호의 유무를 판단할 수 없다.
④ 잡음을 제대로 판정(Correct Rejection):신호가 없을 때 신호가 없다고 판단한다.

해설 신호검출실패(Miss)
신호(S)를 잡음(N)으로 판단하다. P(S/S)

■ 길잡이
신호(signal)에 대한 인간의 4가지 판정결과
1) 긍정(hit ; 옳은 결정) : 신호(S)를 신호(S)로 판정할 확률, P(S/S)
   P(S/S)=1−P(N/S)
2) 누락(miss ; 신호 검출 실패) : 신호(S)를 소음(N)으로 판정할 확률, P(N/S)
3) 허위경보(false alarm) : 소음(N)을 신호(S)로 판정할 확률, P(S/N)
4) 부정(correct rejection ; 옳은 결정) : 소음(N)을 소음(N)으로 판정할 확률, P(N/N)
   P(N/N)=1−P(S/N)

17 하나의 소리가 다른 소리의 청각 감지를 방해하는 현상을 무엇이라 하는가?

① 기피(avoid) 효과
② 은폐(masking) 효과
③ 제거(exclusion) 효과
④ 차단(interception) 효과

해설 차폐효과(은폐효과 ; masking)
1) 하나의 소리가 다른 소리의 판별에 방해를 주는 현상
2) 어떤 소리가 동시에 들리는 경우 다른 소리를 들을 수 있는 능력을 감소시키는 현상(음의 한 성분이 다른 성분에 대한 귀의 감수성을 감소시키는 상황)

18 회전운동을 하는 조종 장치의 레버를 30° 움직였을 때 표시장치의 커서는 2cm 이동하였다. 레버의 길이가 15cm일 때 이 조종 장치의 C/R비는 약 얼마인가?

① 2.62 ② 3.93
③ 5.24 ④ 8.33

해설 조종반응비율(C/R비)

$$C/R = \frac{(a/360) \times 2\pi L}{\text{표시장치 이동거리}} = \frac{(30/360) \times 2 \times 3.14 \times 15}{2} = 3.93$$

19 기계화 시스템에 대한 설명으로 적절하지 않은 것은?

① 동력은 기계가 제공한다.
② 반자동화 시스템이라고도 부른다.
③ 인간은 조종장치를 통해 체계를 제어한다.
④ 무인공장이 기계화 시스템의 대표적 예이다.

해설 기계화 체계(반자동체계)
1) 동력은 기계가 제공한다.
2) 인간은 기계의 표시장치를 보고 조종장치를 통하며 체계를 제어한다.

20 계기판에 등이 4개가 있고, 그 중 하나에만 불이 켜지는 경우, 얻을 수 있는 정보량은 얼마인가?

① 2bits ② 3bits
③ 4bits ④ 5bits

해설 정보량 $(H) = \log_2 N = \log_2 4 = 2bits$

제2과목 : 작업생리학

21 산업안전보건법령상 작업환경측정에 사용되는 단위로서 고열환경을 종합적으로 평가할 수 있는 지수는?

① 실효온도(ET)
② 열스트레스지수(HSI)
③ 습구흑구온도지수(WBST)
④ 옥스퍼드지수(Oxford index)

해설 단위표시
1) 화학적 인자의 가스, 증기, 분진, 흄(fume), 미스트(mist) 등의 농도 : 피피엠(ppm) 또는 세제곱미터당 밀리그램(mg/m³)으로 표시한다. 다만, 석면의 농도 표시는 세제곱센티미터 당 섬유개수(개/cm³)로 표시한다.
2) 소음수준의 측정단위 : 데시벨[dB(A)]로 표시한다.
3) 고열(복사열 포함)의 측정단위 : 습구흑구온도지수(WBGT)를 구하여 섭씨 온도(℃)로 표시한다.

22 신체동작 유형 중 관절의 각도가 감소하는 동작에 해당하는 것은?

① 굽힘(flexion)
② 내선(medial retation)
③ 폄(extension)
④ 벌림(abduction)

해설 신체동작의 유형
1) 굴곡(屈曲, flexion) : 관절의 각도를 감소시키는 동작
2) 신전(伸展, extension) : 굴곡과 반대방향으로 움직이는 동작으로 관절의 각도를 증가시키는 동작
3) 내전(內轉, adduction) : 신체의 중심선에 가까워지도록 움직이는 동작
4) 외전(外轉, abduction) : 신체의 중심선으로부터 멀어지도록 움직이는 동작
5) 내선(內旋, medial rotation) : 신체의 중심선을 향하여 안쪽으로 회전하는 동작
6) 외선(外旋, lateral rotation) : 신체의 중심선 바깥쪽으로 회전하는 동작

정답 18.② 19.④ 20.① 21.③ 22.①

23 교대작업 근로자를 위한 교대제 지침으로 옳지 않은 것은?

① 4조 3교대보다 2조 2교대가 바람직하다.
② 잔업을 최소화한다.
③ 연속적인 야간교대작업은 줄인다.
④ 근무시간 종류 후 11시간 이상의 휴식시간을 둔다.

해설 ①항, 4조 3교대보다 3조 3교대가 바람직하다.

24 지면으로부터 가벼운 금속조각을 줍는 일에 대하여 취하는 다음의 자세 중 에너지소비량(kcal/min)이 가장 낮은 것은?

① 한 팔을 대퇴부에 지지하는 등 구부린 자세
② 두 팔의 지지가 없는 등 구부인 자세
③ 손을 지면에 지지하면서 무릎을 구부린 자세
④ 두 손을 지면에 지지하지 않은 무릎을 구부린 자세

해설 가장 안정적인 작업자세
손을 지면에 지지하면서 무릎을 구부린 자세가 에너지소비량이 가장 낮다.

25 다음 중 객관적으로 육체적 활동을 측정할 수 있는 생리학적 측정방법으로 옳지 않은 것은?

① EMG
② 에너지 대사량
③ RPE 척도
④ 심박수

해설 1) 육체적 활동의 생리학적 측정법(객관적 평가방법)
① 근전도(EMG)
② 산소소비량 및 에너지대사량
③ 심전도와 심박수

2) RPE(운동자각도) 척도
① 육체적 작업부하의 주관적 평가방법이다.
② 작업자의 작업부하를 본인이 주관적으로 평가하여 언어적으로 표현하도록 하였고 심리적으로 느끼는 주관적 강도를 생리적 변인으로 정량화한 것이다.

26 산업안전보건법령상 영상표시 단말기(VDT) 취급 근로자의 건강장해를 예방하기 위한 방법으로 옳지 않은 것은?

① 작업물을 보기 쉽도록 주위 조명 수준을 1000lux 이상으로 높인다.
② 저휘도형 조명기구를 사용한다.
③ 빛이 작업화면에 도달하는 각도는 화면으로부터 45° 이내로 한다.
④ 화면상의 문자와 배경과의 휘도비를 낮춘다.

해설 주변 조도수준 : 300~500lux가 적당

27 순환계의 기능 및 특성에 관한 설명으로 옳지 않은 것은?

① 심장으로부터 말초로 혈액을 운반하는 혈관을 정맥이라고 한다.
② 모세혈관은 소동맥과 소정맥을 연결하는 혈관이다.
③ 동맥은 혈액을 심장으로부터 직접 받아들이고 맥관계에서 가장 높은 압력을 유지한다.
④ 폐순환은 우심실, 폐동맥, 폐, 폐정맥, 좌심방순의 경로로 혈액이 흐르는 것을 말한다.

해설 혈관의 분류
1) 동맥 : 심장에서 유출된 혈액을 말초로 운반하는 혈관
2) 정맥 : 혈액을 말초로부터 심장으로 운반하는 모든 혈관
3) 모세혈관 : 동맥과 정맥사이의 미세한 혈관

28 다음 중 근육의 대사(metabolism)에 관한 설명으로 적절하지 않은 것은?

① 대사과정에 있어 산소의 공급이 충분하면

젖산이 축적된다.
② 산소를 이용하는 유기성과 산소를 이용하지 않는 무기성 대사로 나눌 수 있다.
③ 음식물을 섭취하여 기계적인 일과 열로 전환하는 화학적 과정이다.
④ 활동수준이 평상시에 공급되는 산소 이상을 필요로 하는 경우, 순환계통은 이에 맞추어 호흡수와 맥박수를 증가시킨다.

해설 ①항, 대사과정에 있어 산소의 공급이 불충분할 때 젖산이 축적된다.

29 다음 중 모멘트(moment)에 관한 설명으로 옳지 않은 것은?

① 모멘트는 특정한 축에 관하여 회전을 일으키는 힘의 경향이다.
② 모멘트의 크기는 힘의 크기와 회전축으로부터 힘의 작용선까지의 거리에 의해 결정된다.
③ 모멘트의 단위는 N·m이다.
④ 힘의 방향과 관계없이 모멘트의 방향을 항상 일정하다.

해설 모멘트
1) 모멘트(moment) : 회전시킬 수 있는 물체에 가해지는 힘이다.
2) 힘의 회전효과 : 힘(F)의 크기와 힘의 작용점과의 거리(r)에 비례한다.(힘의 회전효과는 F와 r이 클수록 커진다.)
3) 힘의 모멘트(M) 관계식

$$M = rF$$

30 다음 중 인간의 근육에 관한 설명으로 옳지 않은 것은?

① 근조직은 형태와 기능에 따라 골격근, 평활근, 심근으로 분류된다.
② 골격근의 수축은 운동신경의 지배를 받으며 수의적 조절에 따라 일어난다.
③ 평활근의 수축은 자율신경계, 호르몬, 화학 신호의 지배를 받으며, 불수의적 조절에 따라 일어난다.
④ 적근은 체표면 가까이에 존재하며 주로 급속한 동작을 하기 때문에 쉽게 피로해진다.

해설 적근(지근)
1) 백근보다 근육 수축 속도가 느리지만 지구력이 좋아서 오랜 시간 근육을 사용해도 피로감이 적다.
2) 호흡을 하거나 자세를 꼿꼿하게 잡아주는 근육이다.

31 다음 중 진동이 인체에 미치는 영향에 대한 설명으로 적절하지 않은 것은?

① 진동은 시력, 추적 능력 등의 손상을 초래한다.
② 시간이 경과함에 따라 영구 청력손실을 가져온다.
③ 레이노 증후군(Raynaud's phenomenon)은 진동으로 인한 말초혈관운동의 장해로 발생한다.
④ 정확한 근육조절을 요구하는 작업의 경우 그 효율이 저하된다.

해설 진동이 인체에 미치는 영향
1) ①, ③, ④항
2) 평형기관에 영향을 주어 구토감, 현기증, 두통, 생식기의 기능이상 등을 일으킨다.
3) 말초혈관의 수축되고 혈압이 상승한다.

32 작업장에서 8시간 동안 85dB(A)로 2시간, 90dB(A)로 3시간, 95dB(A)로 3시간 소음에 노출되었을 경우 소음노출지수는? (단, 국내의 관련 규정을 따른다.)

① 1.00 ② 1.05
③ 1.10 ④ 1.15

정답 28.① 29.④ 30.④ 31.② 32.②

소음노출지수
$$= \frac{C_1}{T_1} + \frac{C_2}{T_2} + \cdots + \frac{C_n}{T_n} = \frac{3}{64} + \frac{4}{8} + \frac{1}{2} = 1.05$$

33 다음 인체해부학의 용어 중 몸을 전후로 나누는 가상의 면(plane)을 뜻하는 것은?

① 정중면(Medial plane)
② 시상면(Sagittal plane)
③ 관상면(Coronal plane)
④ 횡단면(Transverse plane)

해설 신체의 단면
1) 관상면 : 전두면이라고도 하며 신체를 전·후로 나누는 면이다.
2) 시상면 : 신체를 좌·우로 양분하는 면이다.
3) 횡단면 : 수평면이라고 하며 신체를 상·하로 나누는 면이다.

34 근 수축 활동에 관한 설명으로 옳지 않은 것은?

① 근 수축은 액틴과 미오신 필라멘트의 미끄러짐 작용에 의해 이루어진다.
② 액틴과 미오신 필라멘트는 미끄러짐 작용을 통해 길이 자체가 짧아진다.
③ ATP의 분해 시 유리된 에너지가 근육에 이용된다.
④ 운동 시 부족했던 산소를 운동이 끝나고 휴식시간에 보충하는 것을 산소부채라 한다.

해설 근육의 수축
1) 근육이 자극을 받으면 가는 액틴 필라멘트(actin flament ; 가는 근세사)가 굵은 미오신 필라멘트(myosin flament ; 굵은 근세사)사이로 미끄러져 들어가며 근섬유가 수축한다.
2) 액틴 필라멘트와 미오신 필라멘트의 길이는 변하지 않고 근섬유가 수축하면 I띠와 H띠의 길이가 짧아진다.

35 일반적으로 눈을 감고 편안한 자세로 조용히 앉아 있는 사람에게 나타나며 안정파라고 불리는 뇌파 형태에 해당하는 것은?

① α파
② β파
③ θ파
④ δ파

해설 뇌파의 종류

종류	진동수	상태
1. 델타파(δ)	0~3.5Hz	깊은 수면(무의식 상태, 혼수상태)
2. 세타파(θ)	4~7Hz	얕은 수면
3. 알파파(α)	8~12Hz	안정, 휴식(의식이 높은 상태)
4. 베타파(β)	13~40Hz	작업중, 스트레스(흥분, 긴장상태)
5. 감마파(γ)	41~50Hz	스트레스(불안, 초조)

36 작업자 A의 작업 중 평균 흡기량은 50L/min, 배기량은 40L/min이며 배기량 중 산소의 함량이 17%일 때 산소소비량은 얼마인가? (단, 공기 중 산소 함량은 21%이다.)

① 2.7L/min
② 3.7L/min
③ 4.7L/min
④ 5.7L/min

해설 산소소비량
$$= \left(흡기량 \times \frac{21}{100}\right) - \left(배기량 \times \frac{17}{100}\right)$$
$$= (50 \times 0.21) - (40 \times 0.17) = 3.7 L/min$$

37 다음 중 작업부하 및 휴식시간 결정에 관한 설명으로 옳은 것은?

① 작업부하는 작업자 개인의 능력과 관계없이 산출된다.
② 정신적인 권태감은 주관적인 요소이므로 휴

식시간 산정 시 고려할 필요가 없다.
③ 작업방법이나 설비를 재설계하는 공학적 대책으로는 작업부하를 감소시킬 수 없다.
④ 장기적인 전신피로는 직무 만족감을 낮추고, 건강상의 위험을 증가시킬 수 있다.

해설 작업부하 및 휴식시간 결정 시 고려사항
1) 작업부하는 작업자 개인의 능력과 관계가 있다.
2) 정신적인 권태감은 주관적인 요소이므로 휴식시간 산정 시 고려할 필요가 있다.
3) 작업방법이나 설비를 재설계하는 공학적 대책으로 작업부하를 감소시킬 수 있다.
4) 장기적인 전신피로는 직무 만족감을 낮추고, 건강상의 위험을 증가시킬 수 있다.

38 다음의 산업안정보건법령상 "강렬한 소음작업" 정의에서 ( )에 적합한 수치는?

( ) 데시벨 이상의 소음이 1일 30분 이상 발새와는 작업

① 80　② 90
③ 100　④ 110

해설 강렬한 소음작업
① 90dB 이상의 소음이 1일 8시간 이상 발생하는 작업
② 95dB 이상의 소음이 1일 4시간 이상 발생하는 작업
③ 100dB 이상의 소음이 1일 2시간 이상 발생하는 작업
④ 105dB 이상의 소음이 1일 1시간 이상 발생하는 작업
⑤ 110dB 이상의 소음이 1일 30분 이상 발생하는 작업
⑥ 115dB 이상의 소음이 1일 15분 이상 발생하는 작업

39 조도(Illuminance)의 단위로 옳은 것은?

① m　② lumen
③ lux　④ candela

해설 조도의 단위 : lux(meter candle), fc(foot candle)

40 근육의 정적상태의 근력을 나타내는 용어는?

① 등속성 근력(Isokinetic strength)
② 등장성 근력(Isotonic strength)
③ 등관성 근력(Isoinertia strength)
④ 등척성 근력(Isometric strength)

해설 근력의 분류
1) 정적근력 : 등척성 수축이 일어날 때 발휘되는 힘으로 근육이 수축해도 길이는 변하지 않는다.(신체를 움직이지 않으면서 자발적으로 가할 수 있는 최대 힘)
2) 동적근력 : 물체를 실제로 들어올리는 것과 같이 실제로 움직일 때 낼 수 있는 힘이다.(등속성 수축과 등장성 수축으로 구분)

제3과목 : 산업심리학 및 관계법규

41 산업안전보건법령상 유해요인조사 및 개선 등에 관한 내용으로 옳지 않은 것은?

① 법에 의한 임시건강진단 등에서 근골격계 질환자가 발생한 경우에는 지체 없이 유해요인 조사를 하여야 한다.
② 근골격계 부담작업에 근로자를 종사하도록 하는 신설 사업장의 경우에는 지체 없이 유해요인 조사를 하여야 한다.
③ 근골격계 부담작업에 해당하는 새로운 작업, 설비를 도입한 경우에는 지체없이 유해요인 조사를 하여야 한다.
④ 근골격계 부담작업에 해당하는 업무의 양과 작업공정 등 작업환경을 변경한 경우에는 지체없이 유해요인 조사를 하여야 한다.

해설 ②항, 신설되는 사업자의 경우 신설일로부터 1년이내에 최초의 유해요인 조사를 실시해야 한다.

42 조직차원에서의 스트레스 관리방안과 가장 거리가 먼 것은?

① 직무재설계
② 긴장완화훈련
③ 우호적인 직장 분위기 조성
④ 경력계획과 개발 과정의 수립 및 상담 제공

해설 **스트레스의 조직수준의 관리방안**
1) 참여관리 : 권한의 분권화 및 의사결정 참여를 확대하여 과업수업의 재량권과 자율성을 증가시킨다.
2) 경력개발 : 관리자들은 조직원들의 경력개발을 위해 노력하여야 한다.
3) 직무재설계 : 조직원들에게 이미 주어진 과업을 변경시키는 것이다.
4) 역할분석 : 개인의 역할을 명확히 주지시킨다.
5) 팀형성 : 작업 집단 내에 협동성, 지원적 관계를 형성시킨다.
6) 목표설정 : 조직원들의 직무에 대한 구체적 목표를 설정해 준다.
7) 융통성있는 작업계획 : 작업환경에서의 개인의 통제력과 재량권을 확대하여 준다.
8) 기타, 조직구조나 기능의 변화, 사회적 지원의 제공 등이 있다.

43 개인의 성격을 건강과 관련하여 연구하는 성격 유형 중 아래와 같은 행동 양식을 가지는 유형으로 옳은 것은?

- 항상 분주하고 시간에 강박관념을 가진다.
- 동시에 많은 일을 하려고 한다.
- 공격적이고 경쟁적이다.
- 양적인 면으로 성공을 측정한다.

① A형 행동양식 ② B형 행동양식
③ C형 행동양식 ④ D형 행동양식

해설 **A형과 B형 성격의 특징**

A형성격	B형성격
1) 수치계산에 민감하다.	1) 문제의식을 느끼지 않는다.
2) 공격적이고 경쟁적이다.	2) 자기중심적이고 충돌적이다.
3) 시간에 강박관념을 갖는다.	3) 시간에 대한 관념이 없다.
4) 분주하고 많은 일을 하려한다.	4) 느긋하고 서두르지 않는다.
5) 양적인 면으로 성공을 측정한다.	5) 마음이 가는대로 행동한다.

44 산업안전보건법령상 산업재해조사에 관한 설명으로 옳은 것은?

① 재해 조사의 목적은 인적, 물적 피해 상황을 알아내고 사고의 책임자를 밝히는데 있다.
② 재해 발생 시, 가장 먼저 조치할 사항은 직접 원인, 간접 원인 등의 재해원인을 조사하는 것이다.
③ 3개월 이상의 요양이 필요한 부상자가 동시에 2인 이상 발생했을 때 중대재해로 분류한다.
④ 사업주는 사망자가 발생했을 때에는 재해가 발생한 날로부터 10일 이내에 산업재해 조사표를 작성하여 관할 지방노동관서의 장에게 제출해야 한다.

해설 1) 재해조사의 목적 : 동종 및 유사재해의 재발방지
2) 재해발생시 가장 먼저 조치할 사항 : 피재기계의 정지 및 피해확산 방지
3) 중대재해의 정의(시행규칙 제2조 제1항)
① 사망자가 1명 이상 발생할 재해
② 3개월 이상의 요양이 필요한 부상자가 동시에 2명 이상 발생한 재해
③ 부상자 또는 직업성 질병자가 동시에 10명 이상 발생한 재해
4) 산업재해조사표 작성·제출 : 산업재해로 사망자가 발생하거나 3일 이상의 휴업이 필요한 부상을 입거나 질병에 걸린 사람이 발생한 경우에는 산업재해가 발생한 날부터 1개월 이내에 산업재해조사표를 작성하여 관할 지방고용노동관서의 장에게 제출할 것

45 인적 요인 개선을 통한 휴먼에러 방지 대책으로 적합한 것은?

① 작업자의 특성과 작업설비의 적합성 점검·개선
② 인간공학적 설계 및 적합화
③ 모의훈련으로 시나리오에 따른 리허설
④ 안전 설계(fail-safe desing)

해설

구분	내용
1. 설비대책	1) 페일세이프(fail safe) 및 플프루프(fool proof)도입 2) 위험요인 제거 3) 인체측정치의 적합화 4) 인공지능활용 정보의 피드백
2. 인적요인 대책	1) 소집단 활동의 활성화 2) 작업의 모의훈련 3) 전문인력의 적재적소 배치 4) 작업에 대하 교육훈련, 작업원 회의
3. 관리요인 대책	1) 안전의 중요도 인식 2) 인간관계 및 의사소통

46 작업자의 휴먼에러 발생확률은 매 시간마다 0.05로 일정하고 다른 작업과 독립적으로 실수를 한다고 가정할 때, 8시간 동안 에러의 발생 없이 작업을 수행할 신뢰도는 얼마인가?

① 0.60　　② 0.67
③ 0.86　　④ 0.95

해설 신뢰도 $(R_1) = e^{-\lambda t} = e^{-0.05 \times 8} = 0.67$

47 반응시간(reaction time)에 관한 설명으로 옳은 것은?

① 자극이 요구하는 반응을 행하는 데 걸리는 시간을 의미한다.
② 반응해야 할 신호가 발생한 때부터 반응이 종료될 때까지의 시간을 의미한다.
③ 단순반응시간에 영향을 미치는 변수로는 자극 양식, 자극의 특성, 자극 위치, 연령 등이 있다.
④ 여러 개의 자극을 제시하고, 각각에 대한 서로 다른 반응을 할 과제를 준 후에 자극이 제시되어 반응할 때까지의 시간을 단순반응시간이라 한다.

해설 반응시간 : 자극을 제시하고 자극에 대한 반응이 발생하기까지 걸리는 시간을 반응시간이라 한다.(자극이 있은 후 동작을 제시하기까지 걸리는 시간)
1) 단순반응 : 주어지는 자극의 종류가 1개이며 이에 대해 반응하는 것이다.
2) 변별반응 : 자극의 종류가 2개 이상인데 오직 1개의 정해진 자극에 대해서만 반응을 하는 것이다.
3) 선택반응 : 자극의 종류가 2개 이상이고 이에 대해 반응도 2개 이상인 경우를 말한다.

48 민주적 리더십에 관한 내용으로 옳은 것은?

① 리더에 의한 모든 정책의 결정
② 리더의 지원에 의한 집단 토론식 결정
③ 리더의 과업 및 과업 수행 구성원 지정
④ 리더의 최소 개입 또는 개인적인 결정의 완전한 자유

해설 리더십의 유형별 의사결정과정
1) 권위주의적(독재적)리더십 : 리더에 의한 모든 정책의 결정(리더 중심)
2) 민주적 리더십 : 리더의 지원에 의한 집단토론식 결정(집단 중심)
3) 자유방임주의적(개방적)리더십 : 리더의 최소개입 또는 개인적인 결정의 완전한 자유(종업원 중심)

49 어느 사업장의 도수율은 40이고, 강도율은 4이다. 이 사업장의 재해 1건당 근로손실 일수는 얼마인가?

① 1　　② 10
③ 50　　④ 100

정답 45. ③　46. ②　47. ③　48. ②　49. ④

해설 1) 도수율 = $\frac{재해건수}{연근로시간수} \times 10^6$

연근로시간수 = $\frac{재해건수}{도수율} \times 10^6$

$= \frac{1}{40} \times 10^6 = 25000 hr$

2) 강도율 = $\frac{근로손실일수}{연근로시간수} \times 1000$

근로손실일수 = 강도율 × 연근로시간수 × $\frac{1}{1000}$

$= 4 \times 25000 \times \frac{1}{1000} = 100$

50 교육 프로그램에 대한 평가 준거 중 교육 프로그램이 회사에 주는 경제적 가치와 가장 밀접한 관련이 있는 것은?

① 반응 준거
② 학습 준거
③ 행동 준거
④ 결과 준거

해설 결과준거 : 본문설명

51 부주의에 의한 사고방지를 위한 정신적 측면의 대책으로 옳지 않은 것은?

① 작업의욕의 고취
② 작업환경의 개선
③ 안전의식의 제고
④ 스트레스 해소 방안 마련

해설 작업환경의 개선 : 작업조건 불량에 대한 대책

52 다음 중 산업재해방지를 위한 대책으로 적절하지 않은 것은?

① 산업재해 감소를 위하여 안전관리체계를 자율화하고 안전관리자의 직무권한을 최소화하여야 한다.
② 재해와 원인 사이에는 인과관계가 있으므로 재해의 원인분석을 통한 방지대책이 필요하다.
③ 재해방지를 위해서는 손실의 유무와 관계없는 아차사고(near accident)를 예방하는 것이 중요하다.
④ 불안전한 행동의 방지를 위해서는 심리적 대책과 공학적 대책이 동시에 필요하다.

해설 산업재해 감소방안 : 안전관리체계의 강화, 안전관리자 직무권한 최대화

53 호손(Hawthorn)실험의 결과에 따라 작업자의 작업능률에 영향을 미치는 주요 요인은?

① 작업장의 온도
② 물리적 작업조건
③ 작업장의 습도
④ 작업자의 인간관계

해설 호오손(Hawthorne) 실험
1) 실험연구자 : 메이오(Mayo)
2) 실험연구결과 : 작업능률(생산성향상)은 물리적인 작업조건보다는 인간의 심리적인 태도, 감정을 규제하고 있는 인간관계에 의해서 결정됨을 밝혔다.
3) 인간관계
① 인간관계는 상담, 조언에 의해서 이루어진다.
② 종업원의 인간성을 경영자와 대등하게 본 인간관계의 기초 위해서 관기를 추진한다.

54 스웨인(Swain)의 휴먼에러 분류 중 다음 사례에서 재해의 원인이 된 동료작업자 B의 휴먼에러로 적합한 것은?

> 컨베이어 벨트 위에 앉아 있는 작업자A가 동료 작업자B에게 작동 버튼을 살짝 눌러서 벨트가 조금만 움직이다가 멈추게 하라고 요청했다. 동료작업자B는 버튼을 누르던 중 균형을 잃고 버튼을 과도하게 눌러서 벨트가 전속력으로 움직여 작업자A가 전도되는 재해가 발생하였다.

정답 50.④ 51.② 52.① 53.④

① time error　② sequential error
③ omission error　④ commission error

해설 휴먼에러의 심리적 분류(Swain)
1) Omission error(부작위실수, 생략과오) : 필요한 task 또는 절차를 수행하지 않는데 기인한 error
2) Time error(시간적 과오, 지연오류) : 필요한 task 또는 절차를 수행지연으로 인한 error
3) Commission error(작위실수, 수행적 과오) : 필요한 task 또는 절차의 불확실한 수행으로 인한 error
4) Sequential error(순서적 과오) : 필요한 task 또는 절차의 순서착오로 인한 error
5) Extraneous error(불필요한 과오) : 불필요한 task 또는 절차를 수행함으로써 기인한 error

55 뇌파의 유형에 따라 인간의 의식수준을 단계별로 분류할 때, 의식이 명료하여 가장 적극적인 활동이 이루어지고 실수의 확률이 가장 낮은 단계는?

① Ⅰ단계　② Ⅱ단계
③ Ⅲ단계　④ Ⅳ단계

해설 의식수준의 단계

단계	의식의 상태	주의 작용	생리적 상태	신뢰성	뇌파 형태
phase 0	무의식, 실신	없음 (zero)	수면, 뇌발작	0	δ파
phase Ⅰ	정상이하 (subnormal) 의식 몽롱함	부주의 (inactive)	피로, 단조, 졸음, 술취함	0.9 이하	θ파
phase Ⅱ	정상, 이완상태 (normal, relaxed)	수동적 (passice) 마음이 안쪽으로 향함	안정기거, 휴식시, 장례작업 시	0.99~0.9999	α파
phase Ⅲ	정상, 상쾌 상태 (normal, clear)	능동적 (active) 앞으로 향하는 주의 시야도 넓음	적극 활동 시	0.999999 이상	-β파
phase Ⅳ	초정상, 과긴장 상태 (hypernormal, excited)	일점으로 응집, 판단지	긴급 방위 반응 당황해서 panic	0.9 이하	β파

56 FTA(Fault Tree Analysis)에 관한 설명으로 옳은 것은?

① 연역적이며 톱다운(top-down) 접근방식이다.
② 귀납적이고, 위험 그 자체와 영향을 강조하고 있다.
③ 시스템 구상에 있어 가장 먼저 하는 분석으로 위험요소가 어떤 상태에 있는지를 정성적으로 평가하는데 적합하다.
④ 한 사건에 대하여 실패와 성공으로 분개하고, 동일한 방법으로 분개된 각각의 가지에 대하여 실패 또는 성공의 확률을 구하는 것이다.

해설 FTA의 특징
1) 간단한 FT도의 작성으로 정성적 해석 가능
2) 재해의 정량적 예측가능(정량적으로 재해발생확률 계산)
3) 연역적 해석가능(Top down 형식)
4) 컴퓨터 처리기능

57 직무스트레스 요인 중 역할 관련 스트레스 요인의 설명으로 옳지 않은 것은?

① 역할 모호성이 클수록 스트레스가 크다.
② 역할 부하가 적을수록 스트레스가 적다.
③ 조직의 중간에 위치라는 중간관리자 등은 역할갈등에 노출되기 쉽다.
④ 역할 과부하는 직무요구가 능력을 초과하는 경우의 스트레스 요인이다.

해설 ②항, 역할 부하가 작을수록 스트레스가 크다.

정답 54.④　55.③　56.①　57.②

58 안전대책의 중심적인 내용이라 할 수 있는 3E에 포함되지 않는 것은?

① Education ② Engineering
③ Environment ④ Enforcement

해설 안전대책 3E
1) Engineering : 기술, 공학
2) Education : 교육, 훈련
3) Enforcement : 독려, 규제

59 매슬로우(Maslow)의 욕구위계설에서 제시한 인간 욕구들을 낮은 단계부터 높은 단계의 순서로 바르게 나열한 것은?

① 생리적 욕구→안전 욕구→사회적 욕구→존경 욕구→자아실현의 욕구
② 안전 욕구→생리적 욕구→사회적 욕구→존경 욕구→자아실현의 욕구
③ 생리적 욕구→사회적 욕구→존경 욕구→자아실현의 욕구→안전 욕구
④ 생리적 욕구→사회적 욕구→안전 욕구→존경 욕구→자아실현의 욕구

해설 매슬로우(Maslow)의 욕구 5단계
1) 1단계-생리적 욕구(신체적 욕구) : 기아, 갈증, 호흡, 배설, 성욕 등 기본적 욕구
2) 2단계-안전의 욕구 : 안전을 구하려는 욕구
3) 3단계-사회적 욕구(친화욕구) : 애정, 소속에 대한 욕구
4) 4단계-인정받으려는 욕구(자기존경의 욕구, 승인욕구) : 자존심, 명예, 성취, 지위 등에 대한 욕구
5) 5단계-자아실현의 욕구(성취욕구) : 잠재적인 능력을 실현하고자 하는 욕구

60 리더십의 이론 중, 경로-목표이론(path-goal theory)에서 리더 행동에 따른 4가지 범주의 설명으로 옳은 것은?

① 후원적 리더는 부하들의 욕구, 복지문제 및 안정, 온정에 관심을 기울이고, 친밀한 집단분위기를 조성한다.
② 성취지향적 리더는 부하들과 정보자료를 많이 활용하여 부하들의 의견을 존중하여 의사결정에 반영한다.
③ 주도적 리더는 도전적 목표를 설정하고, 높은 수준의 수행을 강조하여 부하들이 그러한 목표를 달성할 수 있다는 자신감을 갖게 한다.
④ 참여적 리더는 부하들의 작업을 계획하고 조정하며 그들에게 기대하는 바가 무엇인지 알려주고 구체적인 작업지시를 하며 규칙과 절차를 따르도록 요구한다.

해설 리더십의 경로·목표 이론에서 리더행동의 4가지 범주 (미국 오하이오 주립대학)
1) 성취 지향적 리더십 : 도전적 목표를 설정하고 높은 수준의 수행을 강조하여 부하들이 그러한 목표를 달성할 수 있다는 자신감을 갖게 한다.
2) 배려적 리더십(후원적 리더)
① 관계지향적, 인간중심적으로 인간에 관심을 가지고 있다.(부하들의 욕구, 복지 문제 및 안정, 온정에 관심을 기울임)
② 부하와의 친밀한 분위기를 중시한다.

제4과목 : 근골격계질환예방을위한작업관리

61 위험작업의 관리적 개선에 속하지 않는 것은?

① 위험표지 부착
② 작업자의 교육 및 훈련
③ 작업자의 작업속도 조절
④ 작업자의 신체에 맞는 작업장 개선

해설 작업자의 신체에 맞는 작업장 개선 : 공학적 개선

정답 58. ③ 59. ① 60. ① 61. ④

62 작업관리에서 결과에 대한 원인을 파악할 목적의 문제분석 도구는?

① 브레인스토밍
② 공정도(process chart)
③ 마인드 맵핑(Mind mapping)
④ 특성요인도

해설 **특성요인도**
1) 원인결과도 또는 고기뼈 다이어그램이라고도 한다.
2) 결과를 일으킨 원인을 5~6개의 주요원인에서 시작하여 점진적으로 세부원인을 찾아가는 기법이다.
3) 특성요인도는 바람직하지 못한 사건이나 문제의 결과를 물고기의 머리로 표현하고 그 결과를 초래하는 원인을 인간, 기계, 방법, 자재(재료), 환경, 관리 및 행정 등의 종류도 구분하여 표시한다.

63 NIOSH의 들기작업지침에 따른 중량물 취급작업에서 권장무게한계를 산정하는데 고려해야 할 변수로 옳지 않은 것은?

① 상체의 비틀림 각도
② 작업자의 평균보폭거리
③ 물체를 이동시킨 수직이동거리
④ 작업자의 손과 물체 사이의 수직거리

해설 **NIOSH 중량물 들기작업지침에 따른 권장무게한계 산정 시 고려해야 할 변수**
1) HM(수평계수) : 발의 위치(발목 또는 두 발목의 중점위치)에서 물체를 들고 있는 손의 위치(손의 중앙 또는 좌우 손의 중점)까지의 수평거리(cm)
2) VM(수직계수) : 바닥에서 손까지의 거리(cm)
3) DM(거리계수) : 물체를 들고 수직방향으로 이동한 거리(cm)
4) AM(비대칭각도계수) : 물체가 몸의 정면에서 몇도 어긋난 위치에 있는가를 나타내는 각도(°)

64 근골격계 질환 발생단계 가운데 2단계에 해당하는 것은?

① 작업 수행이 불가능함
② 휴식시간에도 통증을 호소함
③ 통증이 하룻밤 지나면 없어짐
④ 작업을 수행하는 능력이 저하됨

해설 **근골격계질환의 발생단계**

단계	내용
1) 1단계	① 작업중 통증을 호소함 ② 통증이 하룻밤 지나면 없어짐 ③ 작업수행능력 감소 없음 ④ 며칠동안 지속적 악화와 회복 반복
2) 2단계	① 작업시작 초기에 통증 호소함 ② 통증이 하룻밤 지나도 계속됨 ③ 작업수행능력이 저하됨 ④ 몇 달 동안 지속적 악화와 회복 반복
3) 3단계	① 휴식시간에도 통증호소(하루종일 통증) ② 통증으로 불면 호소 ③ 작업수행 불가능, 다른일도 곤란함

65 손가락을 구부릴 때 힘줄의 굴곡운동에 장애를 주는 근골격계질환의 명칭으로 옳은 것은?

① 회전근개 건염 ② 외상과염
③ 방아쇠 수지   ④ 내상과염

해설 **방아쇠 수지**
1) 본문설명
2) 손가락을 움직일 때 힘줄이 마찰을 받아 딱소리가 나면서 통증을 느끼는 질환

66 워크샘플링에 대한 장·단점으로 적합하지 않은 것은?

① 시간연구법보다 더 자세하다.
② 특별한 측정 장치가 필요 없다.
③ 관측이 순간적으로 이루어져 작업에 방해가 적다.
④ 자료수집이나 분석에 필요한 순수시간이 다른 시간연구방법에 비하여 짧다.

해설 work sampling의 장점 · 단점

1.장점	1) 자료수집 및 분석 시간이 적다(작은 시간으로 연구수행 가능) 2) 관측이 순간적으로 이루어져 작업에 방해가 된다 3) 한명의 연구자가 여러명의 작업자나 기계를 동시에 관측할 수 있다 4) 조사기간을 길게 하여 평상시의 작업상황을 그대로 반영시킬 수 있다 5) 특별한 시간 측정 장비가 필요없다
2.단점	1) 짧은 주기나 반복작업인 경우 적당치 않다 2) 한명의 작업자나 한 대의 소수 작업자나 기계만을 대상으로 연구하는 경우 비용이 커진다 3) Time study보다 자세하지 않다

67
3시간 동안 작업 수행과정을 촬영하여 워크샘플링 방법으로 200회를 샘플링한 결과 30번의 손목꺾임이 확인되었다. 이 작업의 시간당 손목꺾임 시간은?

① 6분 ② 9분
③ 18분 ④ 30분

해설 작업시간당 손목꺾임시간(T)

$$T = \frac{실제\ 관측된\ 횟수}{총\ 관측\ 횟수} = \frac{30회}{200회/hr \times \frac{1hr}{60\min}}$$

$= 9\min$

68
동작경제의 원칙에 해당되지 않는 것은?

① 신체 사용에 관한 원칙
② 작업장의 배치에 관한 원칙
③ 제품과 공정별 배치에 관한 원칙
④ 공구 및 설비 디자인에 관한 원칙

해설 동작경제의 3원칙
1) 신체사용에 관한 원칙
2) 작업장의 배치에 관한 원칙
3) 공구 및 설비 디자인에 관한 원칙

69
근골격계 질환을 예방하기 위한 대책으로 적절하지 않은 것은?

① 작업방법과 작업공간을 재설계한다.
② 작업 순환(Job Rotation)을 실시한다.
③ 단순 반복적인 작업은 기계를 사용한다.
④ 작업속도와 작업강도를 점진적으로 강화한다.

해설 근골격계질환의 예방대책
1) 단순 반복 작업의 기계화
2) 작업방법과 작업공간 재설계
3) 작업순환 실시
4) 작업속도와 작업강도의 적정화

70
다음의 동작 중 주머니로 운반, 다시잡기, 볼펜회전은 동시에 수행되는 결합동작이다. 주머니로 운반의 시간은 15.2TMU, 다시잡기는 5.6TMU, 볼펜회전은 4.1TMU일 때 다음의 왼손작업 정미시간(Normal time)은 얼마인가?

① 11.2TMU ② 26.4TMU
③ 32.0TMU ④ 36.1TMU

71
어느 작업시간의 관측평균시간이 1.2분, 레이팅계수가 110%, 여유율이 25%일 때 외경법에 의한 개당 표준시간은 얼마인가?

① 1.32분 ② 1.50분
③ 1.53분 ④ 1.65분

해설 책의 80번 해설 (보내준 사진에 80번 해설이 없음)

72 설비의 배치 방법 중 공정별 배치의 특성에 대한 설명으로 틀린 것은?

① 작업 할당에 융통성이 있다.
② 운반거리가 직선적이며 짧아진다.
③ 작업자가 다루는 품목의 종류가 다양하다.
④ 설비의 보전이 용이하고 가동률이 높이 때문에 자본투자가 적다.

해설 공정별 배치의 장점 및 단점

1. 장점	① 전문적인 작업지도가 용이하다 ② 소량제조시 유리하고 변화에 대한 유연성이 크다 ③ 설비의 투자 및 배치에 돈이 적게든다 ④ 작업자 결근·기계고장 등에도 생산량 유지가 용이하다 ⑤ 직무만족을 증진시킨다
2. 단점	① 운반능률이 떨어지고 대량생산시 불리하다 ② 재고나 재공품의 투자액과 저장면적이 많이 소요된다 ③ 설비와 작업자의 이용률이 적다 ④ 일정계획이 주문에 따라 달라서 관리가 복잡하다

73 작업구분을 큰 것에서부터 작은 것 순으로 나열한 것은?

① 공정→단위작업→요소작업→동작요소→서어블릭
② 공정→요소작업→단위작업→서어블릭→동작요소
③ 공정→단위작업→동작요소→요소작업→서어블릭
④ 공정→단위작업→요소작업→서어블릭→동작요소

해설 작업구분 순서
1) 공정 → 2) 단위작업 → 3) 요소작업 → 4) 단위동작 → 5) 서어블릭

74 시계 조립과 같이 정밀한 작업을 위한 작업대의 높이로 가장 적절한 것은?

① 팔꿈치 높이로 한다.
② 팔꿈치 높이보다 5~15cm 낮게 한다.
③ 팔꿈치 높이보다 5~15cm 높게 한다.
④ 작업면과 눈의 거리가 30cm 정도 되도록 한다.

해설 입식작업대 높이
1) 경작업(조립라인, 기계적 작업 등) : 팔꿈치 높이보다 5~10cm 정도 낮게 설계한다.
2) 중작업(중량물 취급작업) : 팔꿈치 높이보다 10~20cm 정도 낮게 설계한다.
3) 정밀작업 : 팔꿈치 높이보다 5~10cm 정도 높게 설계한다.

75 유해요인 조사 방법 중 OWAS(Ovako Working Posture Analysis System)에 관한 설명으로 옳지 않은 것은?

① OWAS의 작업자세 수준은 4단계로 분류된다.
② OWAS는 작업자세로 인한 부하를 평가하는 데 초점이 맞추어져 있다.
③ OWAS는 신체 부위의 자세뿐만 아니라 중량물의 사용도 고려하여 평가한다.
④ OWAS는 작업자세를 허리, 팔, 손목으로 구분하여 각 부위의 자세를 코드로 표현한다.g

해설 ④항, OWAS는 작업자세를 허리, 팔, 다리, 외부부하(하중)로 나누어 구분하여 각부위의 자세를 코드로 표현한다.

76 산업안전보건법령상 근로자가 근골격계 부담작업을 하는 경우 유해요인조사의 실시주기는? (단, 신설되는 사업장은 제외한다.)

① 6개월 ② 1년 ③ 2년 ④ 3년

해설 유해요인조사 시기
1) 정기적 유해요인조사 실시 : 유해요인조사가 완료된 날로부터 매 3년마다 실시
2) 수시로 유해요인을 실시해야 하는 경우
① 법에 따른 임시건강진단 등에서 근골격계 질환자가 발생하였거나 산업재해 보상법에 따라 업무상 질병으로 인정받는 경우
② 근골격계부담작업에 해당하는 새로운 작업·설비를 도입한 경우
③ 근골격계부담작업에 해당하는 업무의 양과 작업공정 작업환경을 변경된 경우

77 다음의 설명에 적합한 서어블릭 용어는?

> 다음에 진행할 동작을 위하여 대상물을 정해진 장소에 놓는 동작

① 바로 놓기   ② 놓기
③ 미리 놓기   ④ 운반

해설 미리놓기 : 본문설명

■ 길잡이
서어블릭의 구분

효율적 서어블릭	비효율적 서어블릭
1) 빈손이동(TE) : 대상물로부터 접근하거나 멀어지는 빈손의 동작	1) 찾기(SH) : 눈이나 손으로 대상물을 찾는 동작
2) 운반(TL) : 손에 물건을 든채 이동하는 동작	2) 고르기(ST) : 여러 개중에서 원하는 대상물을 선택하는 동작
3) 쥐기(G) : 대상물을 손가락으로 잡는 동작	3) 바로 놓기(P) : 작업중에 대상물의 방향을 바꾸거나 위치를 바로 잡는 동작
4) 내려놓기(RL) : 대상물을 손에서 놓아주는 동작	4) 검사(I) : 대상물을 규격, 모양, 색상 등이 표준과 일치하는지를 확인하는 동작
5) 미리놓기(PP) : 다음 사용을 위하여 대상물을 미리 정하여진 위치에 놓는 동작	5) 계획(PN) : 다음 행동을 결정하기 위한 멈칫하는 정신과정
6) 사용(U) : 원래 사용목적대로 도구를 조작하는 동작	6) 불가피한 지연(UD) : 어쩔 수 없이 발생하는 지연
7) 조립(A) : 짝에 맞는 두 개의 부품을 하나로 만드는 동작	7) 피할 수 있는 지연(AD) : 마음만 먹으면 피할 수 있는 지연
8) 분해(DA) : 조립된 부품을 두 개로 분리하는 동작	8) 휴식(R) : 육체적, 정신적 피로를 회복하기 위한 시간
	9) 잡고 있기(H) : 한손으로 대상물을 지지하고 있는 동작

78 표준시간의 산정 방법과 구체적인 측정기법의 연결이 옳지 않은 것은?

① 시간연구법-스톱워치법
② PTS법-MTM법, Work factor법
③ 워크 샘플링법-직접 관찰법
④ 실적자료법-전자식 자료 집적기

해설 실적자료법 : 과거의 일정 기간 동안의 실적 자료를 근거로 표준시간을 계산하거나 추정하는 방법이다.

$$표준시간 = \frac{생산에 소요된 작업시간의 합}{일정기간 동안의 생산량}(시간/개)$$

79 상세한 작업 분석의 도구로 적합하지 않은 것은?

① 서어블릭(therblig)
② 파레토차트
③ 다중활동분석표
④ 작업자 공정도

해설 파레토 차트
1) 관심의 대상이 되는 항목을 동일 척도(scale)로 관찰하여 측정한 후 이를 내림차순으로 정리하고 누적분포를 구한다.
2) 문제의 인자를 파악하고 그것들이 차지하는 비율을 누적분포의 형태로 표현한다.
3) 파레토원칙(80-20규칙) : 상위 20% 항목이 전체 활동의 80%이상을 차지한다는 의미이다.

80 공정도에 관한 설명으로 옳지 않은 것은?

① 작업을 기본적인 동작요소로 나눈다.
② 부품의 이동을 확인할 수 있다.
③ 역류 현상을 점검할 수 있다.
④ 작업과 검사 과정을 표시할 수 있다.

해설 공정도
공정 내에서 발생하는 작업내용, 작업순서, 물자흐름 등의 여러 상황을 표준화한 기호를 사용하여 기록한 도표로 작업의 이해를 돕고 작업개선 활동에 사용된다.(Gillbreth가 창안)

정답 77.③ 78.④ 79.② 80.①

2020년 기출문제

2020 제1·2회 기출문제

제1과목 : 인간공학개론

01 회전운동을 하는 조종장치의 레버를 20° 움직였을 때 표시장치의 커서는 2cm 이동하였다. 레버의 길이가 15cm일 때 이 조종 장치의 C/R비는 약 얼마인가?

① 2.62
② 5.24
③ 8.33
④ 10.48

해설
$$C/R비 = \frac{(a/360) \times 2\pi L}{표시장치\ 이동거리}$$
$$= \frac{(20/360) \times 2 \times 3.14 \times 15}{2} = 2.62$$

여기서, C/R비 : 조종 반응 비율
a : 조종장치의 움직인 각도(°)
L : 레버의 길이(cm)

02 정보에 관한 설명으로 옳은 것은?

① 대안의 수가 늘어나면 정보량은 감소한다.
② 선택반응시간은 선택대안의 개수에 선형으로 반비례한다.
③ 정보이론에서 정보란 불확실성의 감소라 정의할 수 있다.
④ 실현 가능성이 동일한 대안이 2가지일 경우 정보량은 2bit이다.

해설 정보이론
1) 정보이론에서 정보란 불확실성의 감소라 정의한다.(예상하기 쉬운 사건이나 발생가능성이 매우 높은 사건의 출현에는 정보가 별로 담겨 있지 않고 예상하기 곤란한 사건이나 아주 드문 사건의 출현에는 많은 정보가 담겨있다.)
2) 선택반응시간은 선택 대안의 개수(자극정보의 양)에 비례한다. 반응시간(RT)은 자극, 반응 대안들의 수(N)가 증가함에 따라 대수적으로 증가한다.
$$RT = a + b\log_2 N$$
3) 총정보량(H) : 실현가능성이 같은 n개의 대안이 있을 때의 정보량을 말한다.
$$H = \log_2 n$$

① 대안의 수(n)가 늘어나면 정보량은 증가한다.
② 실현가능성이 동일한 대안이 2가지일 경우 정보량은 1bit이다.
$$H = \log_2 2 = 1.0 bit$$

03 인간-기계 시스템에서의 기본적인 기능으로 볼 수 없는 것은?

① 정보의 수용
② 정보의 생성
③ 정보의 저장
④ 정보처리 및 결정

해설 인간·기계 체계의 기능
1) 감지(정보수용)
2) 정보보관
3) 정보처리 및 의사결정
4) 행동기능

04 신호검출 이론(signal detection theory)에서 판정기준을 나타내는 우도비(likelihood ratio) β와 민감도(sensitivity) d에 대한 설명 중 옳은 것은?

① β가 클수록 보수적이고 d가 클수록 민감함을 나타낸다.
② β가 작을수록 보수적이고 d가 클수록 민감함을 나타낸다.
③ β가 클수록 보수적이고 d가 클수록 둔감함을 나타낸다.
④ β가 작을수록 보수적이고 d가 클수록 둔감함을 나타낸다.

해설 1) 신호검출이론 판정기준(β : 반응기준)
$$\beta = \frac{b(신호분포의\ 높이)}{a(잡음분포의\ 높이)}$$

판정기준점이 오른쪽으로 이동할 때 (β〉1 ; β증가)	판정기준점이 오른쪽으로 이동할 때 (β〈1 ; β감소)
1. 신호판정수 감소 2. 신호의 정확한 판정 (긍정)낮아짐 3. 허위경보 감소 4. 보수적(β〉1)	1. 신호판정수 증가 2. 신호의 정확한 판정 많아짐 3. 허위경보 증가 4. 진취적, 모험적 (β〉1)

2) 민감도(d) : 민감도가 클수록 민감함을 나타낸다.

정답 1.① 2.③ 3.② 4.①

05 다음 피부의 감각기 중 감수성이 제일 높은 것은?

① 온각 ② 통각
③ 압각 ④ 냉각

해설 감각기관의 자극에 대한 반응시간

감각기관	청각	촉각	시각	미각	통각
반응시간(초)	0.17초	0.18초	0.20초	0.29초	0.70초

06 인간공학의 개념과 가장 거리가 먼 것은?

① 효율성 제고 ② 심미성 제고
③ 안전성 제고 ④ 편리성 제고

해설 인간공학의 정의 및 목표

1) 인간공학의 정의
① 시스템의 목적을 수행하는데 있어서 인간의 편리성, 효율성을 제고할 수 있도록 시스템을 설계하는 과정을 연구하는 학문이다.
② 인간 활동의 최적화를 연구하는 학문이다.
③ 기계와 그 조작 및 환경조건 등을 인간의 특성 및 한계에 조화시키기 위한 학문이다.

2) 인간공학의 목표(chapanis A)
① 첫째목표 : 안전성향과 사고방지
② 둘째목표 : 기계조작의 능률성과 생산성 향상
③ 셋째목표 : 쾌적성

07 인체 측정자료의 응용 시 평균치 설계에 관한 내용으로 옳지 않은 것은?

① 최소, 최대 집단값이 사용 불가능한 경우에 사용된다.
② 인체측정학적인 면에서 보면 모든 부분에서 평균인 인간은 없다.
③ 은행 창구의 접수대는 평균값을 기준으로 한 설계의 좋은 예이다.
④ 일반적으로 평균치를 이용한 설계에는 보통 집단 특성치의 5%에서 95%까지의 범위가 사용된다.

해설 인체측정자료의 응용원칙

1) 인체측정자료의 응용원리

구분	내용
1. 조절식 설계 (가변적 설계)	① 신체지수가 다른 여러 사람에게 맞도록 조절식으로 설계하는 원칙이다 ② 모집만 특성치의 5%값에서 95%값(90%범위)을 조절범위로 사용한다 [예] 자동차 좌석의 전후조절, 사무실 의자의 상하조절 등
2. 극단치를 이용한 설계 (극단적 개인용 설계)	① 인체 측정 특성의 최대치수 또는 최소치수 기준으로 한 설계원칙이다 ② 최대집단값에 의한 설계: 인체측정변수의 상위 백분위수를 기준으로 하여 90%, 95% 또는 99%값이 사용된다 [예]출입문, 탈출구, 통로, 버스 승객 의자 앞뒤 간격 등 ③ 최소집단값에 의한 설계: 인체측정변수분포의 하위 1%, 5% 또는 10%값이 사용된다 [예]선반의 높이, 조정장치까지의 거리, 기구조작에 필요한 힘
3. 평균치를 이용한 설계 (평균설계)	① 조절식이나 극단치를 이용한 설계가 불가능할 경우 평균값을 기준으로 하여 설계한다 ② 평균치를 이용한 설계는 다른 기준이 적용되기 어려운 경우에 적용한다 [예]공공장소의 의자, 은행 접수대 높이 등

2) 인체측정자료 응용원리 적용순서 : 조절식설계-극단치를 이용한 설계-평균치를 이용한 설계

08 정량적인 표시장치에 대한 설명으로 옳은 것은?

① 표시장치 설계 시 끝이 둥근 지침이 권장된다.
② 계수형 표시장치의 기본형태는 지침이 고정되고 눈금이 움직이는 형이다.
③ 동침형 표시장치는 인식적 암시 신호를 나타내는데 적합하다.
④ 눈금이 고정되고 지침이 움직이는 표시장치를 동목형 표시장치라 한다.

해설 정량적 표시장치

1) 정목동침형(moving pointer)
① 눈금이 고정되고 지침이 움직이는 형이다.
② 동목형보다 눈금을 읽는데 우수하다.
③ 바늘이 움직이는 속도나 방향으로 진행방향과 증감속도에 대한 인신적 암시신호를 얻을 수 있다.

2) 정침동목형(moving scale)
① 지침이 고정되고 눈금이 움직이는 형이다.
② 표시장치 면적을 최소화할 수 있다.

3) 계수형(digital)
① 기계, 전자적으로 숫자가 표시되며 전력계나 택시요금기 등에 적합하다.
② 수치를 정확히 읽을 수 있으나 표기값이 계속 변화하는 경우에는 사용하기 어렵다.(수치를 읽을 시간이 모자라기 때문이다.)

09 음량수준(phon)이 80인 순음의 sone 치는 얼마인가?

① 4   ② 8
③ 16   ④ 32

해설 $sone$ 치 $= 2^{(phon-40)/10} = 2^{(80-40)/10} = 2^4 = 16$

10 다음 눈의 구조 중 빛이 도달하여 초점이 가장 선명하게 맺히는 부위는?

① 동공   ② 홍채
③ 황반   ④ 수정체

해설 망막 : 광수용 세포(간상체와 원추체)로 이루어진 얇고 매우 민감한 내부막으로 되어있으며 카메라의 필름처럼 상이 맺혀지는 곳이다.
① 원추체 : 낮처럼 조도수준이 높을 때 기능을 하며 색을 구별한다.
② 간상체 : 밤처럼 조도수준이 낮을 때 기능을 하며 흑백의 음영만을 구분한다.
③ 황반 : 망막의 중앙부위에 원추체가 집중되어 있는 부분으로 눈의 구조중에 빛이 도달하여 초점이 가장 선명하게 맺히는 부위이다.

11 시감각 체계에 관한 설명으로 옳지 않은 것은?

① 동공은 조도가 낮을 때는 많은 빛을 통과시키기 위해 확대된다.
② 1디옵터는 1m 거리에 있는 물체를 보기 위해 요구되는 조절능이다.
③ 망막의 표면에는 빛을 감지하는 광수용기인 원추체와 간상체가 분포되어 있다.
④ 안구의 수정체는 공막에 정확한 이미지가 맺히도록 형태를 스스로 조절하는 일을 담당한다.

해설 수정체 : 망막의 광수용체에 빛을 모으는 역할을 하는 투명한 볼록렌즈 형태의 조직을 말한다.
1) 카메라의 렌즈와 같이 빛을 굴절시켜 초점을 정확히 맞출 수 있도록 한다.
2) 멀리있는 물체에 초점을 맞추기 위해서는 수정체가 얇아지고 가까이 있는 물체에 초점을 맞출 때는 수정체가 두꺼워진다.

12 정적 인체 측정 자료를 동적 자료로 변환할 때 활용될 수 있는 크로머(Kroemer)의 경험 법칙을 설명한 것으로 옳지 않은 것은?

① 키, 눈, 어깨, 엉덩이 등의 높이는 3% 정도 줄어든다.
② 팔꿈치 높이는 대개 변화가 없지만, 작업 중 5%까지 증가하는 경우가 있다.
③ 앉은 무릎 높이 또는 오금 높이는 굽 높은 구두를 신지 않는 한 변화가 없다.
④ 전방 및 측방 팔길이는 편안한 자세에서 30% 정도 늘어나고, 어깨와 몸통을 섬하게 돌리면 20% 정도 감소한다.

해설 크로머(Kroemer)경험법칙 : 정적측정 자료를 동적측정 자료로 변환할 때 활용하는 법칙을 말한다.
1) 높이(키, 눈, 어깨, 엉덩이) : 3% 줄어든다.
2) 팔꿈치높이 : 변화가 없지만 작업 중에 들어올리면 5%까지 증가한다.
3) 앉은 무릎높이 또는 오금높이 : 굽높은 구두를 신지 않는 한 변화가 없다.
4) 전방 및 측방 팔길이 : 편안하게 하면 30% 줄고, 어깨와 몸통을 심하게 돌리면 20% 늘어난다.

13 청각을 이용한 경계 및 경보 신호의 설계에 관한 내용으로 옳지 않은 것은?

① 500~3,000 Hz의 진동수를 사용한다.
② 장거리용으로는 1,000 Hz 이하의 진동수를 사용한다.
③ 신호가 칸막이를 통과해야 할 때는 500 Hz 이상의 진동수를 사용한다.
④ 주의를 끌기 위해서 초당 1~3번 오르내리는 변조된 신호를 사용한다.

해설 청각적 경계 및 경보신호의 선택 및 설계시 지침
1) 귀는 중음역에 가장 민감하므로 50~3000Hz(또는 200~5000Hz)진동수를 사용한다.
2) 고음은 멀리 가지 못하므로(300m 이상)장거리용은 1000Hz 이하의 진동수를 사용한다.
3) 신호가 장애물 및 칸막이 통과시는 500Hz이하의 진동수를 사용한다.
4) 주의를 끌기 위해서는 변조된 신호(초당 1~8번 나는 소리, 초당 1~3번 오르내리는 소리 등)을 사용한다.
5) 배경소음의 진동수와 구별되는 신호를 사용한다.
6) 경보효과를 높이기 위해서 개시시간이 짧은 고강도 신호를 사용한다.

14 사람이 일정한 시간에 두 가지 이상의 작업을 처리할 수 있도록 하는 것을 무엇이라 하는가?

① 시배분(time sharing)
② 변화감지(variety sense)
③ 절대식별(absolute judgment)
④ 비교식별(comparative judgment)

해설 시배분(time sharing) : 두가지 이상의 작업을 일정한 시간에 처리할 수 있도록 시간을 나누는 것

15 사용성 평가에 주로 사용되는 평가척도로 적합하지 않은 것은?

① 과제물 내용
② 에러의 빈도
③ 과제의 수행시간
④ 사용자의 주관적 만족도

해설 사용성 평가척도 : 에러(error)의 빈도, 과제의 수행시간, 사용자의 주관적 만족도 등

16 키를 측정할 때 체중계가 아닌 줄자를 이용하는 것처럼 연구조사 시 측정하고자 하는 바를 얼마나 정확하게 측정하였는가를 평가하는 척도는?

① 타당성(validity)
② 신뢰성(reliability)
③ 상관성(correlation)
④ 민감성(sensitivity)

해설 **시스템의 성능 평가척도**
1) 적절성 : 평가척도가 시스템의 목표를 잘 반영해야 하는 것을 나타내며, 공통적으로 변수가 실제로 의도하는 바를 어느정도 평가하는 가를 결정한다.
2) 실제성 : 객관적이고 정량적이고 수집이 쉽고 강요적이 아니며 실험자의 수고가 적게 드는 것이어야 한다.
3) 무오염성 : 측정하고자 하는 변수외의 다른 변수들의 영향을 받아서는 안된다.
4) 신뢰성 : 변수 측정결과가 일관성 있고 안정적으로 나타나는 것을 말한다.(비슷한 환경에서 평가를 반복할 경우에 일정한 값을 나타낸다.)
5) 민감도 : 실험변수 수준변화에 따라 기준에서 나타나는 예상 차이점의 변별성으로 표시된다.

17 청각적 신호를 설계하는데 고려되어야 하는 원리 중 검출성(detectability)에 대한 설명으로 옳은 것은?

① 사용자에게 필요한 정보만을 제공한다.
② 동일한 신호는 항상 동일한 정보를 지정하도록 한다.
③ 사용자가 알고 있는 친숙한 신호의 차원과 코드를 선택한다.
④ 신호는 주어진 상황 하의 감지장치나 사람이 감지할 수 있어야 한다.

해설 **청각적 신호의 검출성** : 청각적 신호를 감지장치나 사람이 감지할 수 있는 능력을 말한다.

18 동전 던지기에서 앞면이 나올 확률은 0.4이고, 뒷면이 나올 확률은 0.6일 경우 이로부터 기대할 수 있는 평균정보량은 약 얼마인가?

① 0.65 bit   ② 0.88 bit
③ 0.97 bit   ④ 1.99 bit

해설 **정보량(H)**

$$H = \sum_{i=1}^{n} P_i \log_2\left(\frac{1}{P_i}\right) = 0.4 \times \log_2\left(\frac{1}{0.4}\right) + 0.6 \times \log_2\left(\frac{1}{0.6}\right) = 0.97 bit$$

19 손잡이의 설계에 있어 촉각정보를 통하여 분별, 확인할 수 있는 코딩(coding) 방법이 아닌 것은?

① 색에 의한 코딩
② 크기에 의한 코딩
③ 표면의 거칠기에 의한 코딩
④ 형상에 의한 코딩

해설 **촉각정보를 통해 분별, 확인할 수 있는 코딩 방법**
1) 크기에 의한 코딩
2) 표면거칠기에 의한 코딩
3) 형상에 의한 코딩

20 다음 양립성의 종류 중 특정 사물들, 특히 표시장치(display)나 조종장치(control)에서 물리적 형태나 공간적인 배치의 양립성을 나타내는 것은?

① 양식(modality) 양립성
② 공간적(spatial) 양립성
③ 운동(movement) 양립성
④ 개념적(conceptual) 양립성

해설 **양립성**
1) 양립성 : 인간의 기대와 모순되지 않는 자극들간의, 반응들 간의 또는 자극-반응 조합과의 관계를 말한다.
2) 양립성의 종류
① 개념 양립성 : 코드와 기호를 인간들의 사고에 일치시키는 것을 말한다.
[예] 더운물 : 빨간색 수도꼭지, 차가운물 : 청색 수도꼭지, 비행장 : 비행기 모형 등
② 운동 양립성 : 표시장치와 조종장치의 움직임과 사용시스템의 응답을 관련시키는 것이다.

정답 17. ④ 18. ③ 19. ① 20. ②

[예] 라디오 음량을 크게할 때 : 조절장치를 시계방향으로 회전, 전원스위치 : 올리면 켜지고 내리면 꺼짐
③ 공간 양립성 : 조종장치와 표시장치의 물리적 배열(공간적 배열)이 사용자 기대와 일치되도록하는 것을 말한다.
④ 양식 양립성 : 직무에 알맞은 자극과 응답방식(양식)에 대한 것을 말한다.

제2과목 : 작업생리학

21 영상표시 단말기(VDT)를 취급하는 작업장 주변 환경의 조도(lux)는 얼마인가? (단, 화면의 바탕색상은 검정색 계통이며 고용노동부 고시를 따른다.)

① 100~300 ② 300~500
③ 500~700 ④ 700~900

해설 VDT(영상표시단말기) 취급 작업장 주변환경의 조도
1) 화면의 바탕색상이 검정색 계통일 때 : 300~500Lux
2) 화면의 바탕색상이 흰색 계통일 때 : 500~700Lux

22 인체활동이나 작업종료 후에도 체내에 쌓인 젖산을 제거하기 위해 산소가 더 필요하게 되는 것을 무엇이라 하는가?

① 산소 빚(oxygen debt)
② 산소 값(oxygen value)
③ 산소 피로(oxygen fatigue)
④ 산소 대사(oxygen metabolism)

해설 산소부채(oxygen debt)현상
1) 격렬한 운동을 할 때에는 산소 섭취량이 산소 소모량보다 부족하게 되어 산소량이 산소부채(산소빚)를 일으킨다.
2) 작업이나 운동 시 빚진 산소 부족분을 작업이나 운동이 끝난 후에 갚기 위해 작업이나 운동 후 호흡이 즉시 정상으로 회복되지 않고 서서히 회복되는 산소부채의 보상현상이 발생한다.

23 다음 중 불수의근(involuntary muscle)과 관계가 없는 것은?

① 내장근 ② 평활근
③ 골격근 ④ 민무늬근

해설 신경지배에 따른 근육의 분류
1) 수의근
① 수의근 : 뇌와 척수신경의 지배를 받는 근육으로 의사에 따라 움직인다.
② 골격근이 수의근에 속한다.

2) 불수의근
① 불수의근 : 자율신경의 지배를 받으며 스스로 움직이는 근육이다.
② 내장근, 심근, 평활근(민무늬근) 등이 불수의근에 속한다.

24 시소 위에 올려놓은 물체 A와 B는 평형을 이루고 있다. 물체 A는 시소 중신에서 1.2m 떨어져 있고 무게는 35kg이며, 물체 B는 물체 A와 반대방향으로 중심에서 1.5m 떨어져 있다고 가정하였을 때 물체 B의 무게는 몇 kg인가?

① 19 ② 28
③ 35 ④ 42

해설 1) $\Sigma M = 0$
$W_A \times d_A = W_B \times d_B$
여기서, W_A, W_B : A, B의 무게(kg)
d_A, d_B : A, B의 거리

2) 물체 B의 무게(W_B)
$W_B = W_A \times \dfrac{d_A}{d_B} = 35 \times \dfrac{1.2}{1.5} = 28kg$

25 작업강도의 증가에 따른 순환기 반응의 변화로 옳지 않은 것은?

① 혈압의 상승
② 적혈구의 감소
③ 심박출량의 증가
④ 혈액의 수송량 증가

해설 작업강도 증가에 따른 순환기 반응의 변화
1) 혈압상승
2) 심박출량 증가
3) 혈액의 수송량 증가
4) 심박수의 증가

26 어떤 물체 또는 표면에 도달하는 빛의 밀도는?

① 조도   ② 광도
③ 반사율   ④ 점광원

해설 조도
1) 어떤물체의 표면에 도달하는 빛의 밀도
2) 단위 : fc(후크캔들), lux(럭스)

27 시각적 점멸융합주파수(VFF)에 영향을 주는 변수에 대한 내용으로 옳지 않은 것은?

① 암조응 시는 VFF가 증가한다.
② 연습의 효과는 아주 적다.
③ 휘도만 같으면 색은 VFF에 영향을 주지 않는다.
④ VFF는 조명 강도의 대수치에 선형적으로 비례한다.

해설 시각적 점멸융합주파수(VFF)
1) 점멸융합주파수 : 자극들이 작업자에게 일정한 속도로 제공될 때 깜빡거림 없이 연속적으로 제공되는 것처럼 느껴지는 주파수를 말한다.(정신적 피로의 평가척도)

2) VFF에 영향을 미치는 요소
① VFF는 연습의 효과가 매우 적기 때문에 연습에 의해서 달라지지 않는다.
② 암조응 시 VFF는 감소한다.
③ 휘도만 같으면 색은 VFF에 영향을 주지 않는다.
④ VFF는 사람들 간에는 차이가 있으나 개인의 경우 일관성을 유지한다.
⑤ VFF는 조명강도의 대수치에 선형적으로 비례한다.
⑥ 시표와 주위의 휘도가 같을 때 VFF는 최대로 영향을 받는다.)

28 인체의 척추 구조에서 경추는 몇 개로 구성되어 있는가?

① 5개   ② 7개
③ 9개   ④ 12개

해설 척추골 : 인체의 지주를 이루는 긴 골격으로 다섯가지 형태로 32~35개의 추골로 구성된다.
1) 척추골의 구성
① 경추: 7개
② 흉추: 12개
③ 요추: 5개
④ 천추: 5개
⑤ 미추: 3~5개

2) 성인의 척추 : 성인은 5개의 천추가 1개의 천골이 되고, 3~5개의 미추는 1개의 미골이 되어 성인의 척추는 26개의 뼈로 구성되어 있다.

29 근육 운동에 있어 장력이 활발하게 생기는 동안 근육이 가시적으로 단축되는 것을 무엇이라 하는가?

① 연축(twitch)
② 강축(tetanus)
③ 원심성 수축(eccentric contraction)
④ 구심성 수축(concentric contraction)

정답 25. ② 26. ① 27. ① 28. ② 29. ④

[해설] **동심성 · 구심성 수축**
근육이 수축할 때 길이가 짧아지며 내적근력을 발휘하는 것(근육운동에 있어 장력이 활발하게 생기는 동안 근육이 가시적으로 단축되는 수축)

30 나이에 따라 발생하는 청력손실은 다음 중 어떤 주파수의 음에서 가장 먼저 나타나는가?

① 500 Hz ② 1,000 Hz
③ 2,000 Hz ④ 4,000 Hz

[해설] **주파수**
1) 가청주파수 : 20~20,000Hz
① 저진동범위 : 20~500Hz
② 회화범위 : 500~2,000Hz
③ 가청범위 : 2,000~20,000Hz

2) 유해주파수 : 4000Hz(난청현상이 오는 주파수)

31 어떤 작업자의 8시간 작업 시 평균 흡기량은 40 L/min, 배기량은 30 L/min로 측정되었다. 만일 배기량에 대한 산소함량이 15%로 측정되었다고 가정하면 이때의 분당 산소소비량(L/min)은 얼마인가?

① 3.3 ② 3.5
③ 3.7 ④ 3.9

[해설] 산소소비량(L/min)
$= 흡기량 \times \frac{21}{100} - 배기량 \times \frac{O_2\%}{100}$
$= 40 \times \frac{21}{100} - 30 \times \frac{15}{100} = 3.9 L/min$

32 생리적 활동의 척도 중 Borg의 RPE(Ratings of Perceived Exertion) 척도에 대한 설명으로 옳지 않은 것은?

① 육체적 작업부하의 주관적 평가방법이다.
② NASA-TLX 와 동일한 평가척도를 사용한다.
③ 척도의 양끝은 최소 심장 박동률과 최대 심장 박동률을 나타낸다.
④ 작업자들이 주관적으로 지각한 신체적 노력의 정도를 6~20 사이의 척도로 평정한다.

[해설] **Borg의 RPE(운동자각도)**
1) RPE척도
① 육체적 작업부하의 주관적 평가방법이다.
② 작업자의 작업부하를 본인이 주관적으로 평가하여 언어적으로 표현하도록 하였고 심리적으로 느끼는 주관적 강도를 생리적 변인으로 정량화한 것이다.

2) 평가방법
① 작업자들이 주관적으로 지각한 신체적 노력의 정도를 6~20 사이의 척도로 평정한다.
② Borg 6~20 : 건강한 성인의 심박동수를 10으로 나눈 값이다.

3) 운동자각도 척도의 양끝 : 각각 최소심장박동률과 최대심장박동률을 나타낸다.

33 신경계 중 반사(reflex)와 통합(integration)의 기능적 특징을 갖는 것은?

① 중추신경계 ② 운동신경계
③ 교감신경계 ④ 감각신경계

[해설] 1) 중추신경계
① 말초로부터 전달된 신체 내 · 외부의 자극정보를 받고 다시 말초신경을 통하여 적절한 반응을 전달하는 중추적인 신경을 말한다.
② 신경계 가운데 반사와 통합의 기능적 특징을 갖는다.
2) 중추신경계의 구성 : 뇌(brain)와 척수(spinal cord)로 구성된다.

정답 30. ④ 31. ④ 32. ② 33. ①

34 근력의 상태 중 물체를 들고 있을 때처럼 신체 부위를 움직이지 않으면서 고정된 물체에 힘을 가하는 상태는?

① 정적 상태(static condition)
② 동적 상태(dynamic condition)
③ 등속 상태(isokinetic condition)
④ 가속 상태(acceleration condition)

해설 근력의 분류
1) 정적근력 : 등척성 수축이 일어날 때 발휘되는 힘으로 근육이 수축해도 길이는 변하지 않는다.(신체를 움직이지 않으면서 자발적으로 가할 수 있는 최대 힘)
2) 동적근력 : 물체를 실제로 들어올리는 것과 같이 실제로 움직일 때 낼 수 있는 힘이다. (등속성 수축과 등장성 수축으로 구분)

■ 길잡이
근육수축의 유형
1) 등척성 수축 : 근육의 길이가 변하지 않으면서 장력이 발생하는 근수축(정적근력)
2) 등장성 수축 : 근육의 길이가 변하면서 힘을 발휘하는 근수축
3) 등속성 수축 : 운동의 전반에 걸쳐 일정한 속도로 근수축을 유도하는 것
4) 동심성 · 구심성 수축 : 근육이 수축할 때 길이가 짧아지며 내적근력을 발휘하는 것(근육운동에 있어 장력이 활발하게 생기는 동안 근육이 가시적으로 단축되는 수축)
5) 이심성 · 원심성 수축 : 근육이 수축할 때 길이가 길어지며 내적근력보다 외부힘이 클 때 발생

35 다음 중 추천반사율(IES)이 가장 높은 것은?

① 벽 ② 천정
③ 바닥 ④ 책상

해설 옥내 최적 반사율
1) 천정 : 80~90%
2) 벽, 창문, 발(blind) : 40~60%
3) 가구, 사무기기, 책상 : 25~45%
4) 바닥 : 20~40%

36 사업장에서 발생하는 소음의 노출기준을 정할 때 고려해야 될 결정요인과 가장 거리가 먼 것은?

① 소음의 크기
② 소음의 높낮이
③ 소음의 지속시간
④ 소음 발생체의 물리적 특성

해설 소음의 노출기준 규정시 고려사항
1) 소음의 크기(dB)
2) 소음의 높낮이(Hz)
3) 소음의 지속시간
4) 소음작업의 근무년수
5) 개인의 감수성

37 특정과업에서 에너지 소비량에 영향을 미치는 인자로 가장 거리가 먼 것은?

① 작업 속도 ② 작업 자세
③ 작업 순서 ④ 작업 방법

해설 에너지소비량에 영향을 미치는 인자
1) 작업방법 : 특정작업에 필요한 에너지소비량은 작업 수행 방법에 따라서 차이가 있다.
2) 작업자세 : 작업수행시 작업자세는 에너지소비량에 영향을 주는 주요인이다.
3) 작업속도 : 작업속도가 빨라지면 생리적 부담이 커지고 심박수가 증가하게 되며 에너지 소비량도 증가한다.
4) 작업도구 : 작업도구는 작업의 효율성을 높이므로 에너지소비량을 감소시킬 수 있다.

정답 34. ① 35. ② 36. ④ 37. ③

38 진동이 인체에 미치는 영향으로 옳지 않은 것은?

① 심박수가 증가한다.
② 시성능은 10~25 Hz 대역의 경우 가장 심하게 영향을 받는다.
③ 진동수와 추적 작업과의 상호연관성이 적어 운동성능에 영향을 미치지 않는다.
④ 중앙 신경계의 처리 과정과 관련되는 과업의 성능은 진동의 영향을 비교적 덜 받는다.

해설 진동이 인간성능에 끼치는 영향
1) 진동은 진폭에 비례하여 시력을 손상하며 10~25Hz의 경우에 가장 심각하다.
2) 진동은 진폭에 비례하여 추적능력을 손상하며 5Hz 이하로 낮은 진동수에서 가장 심하다.
3) 반응시간, 감시, 형태식별 등 중앙신경 처리에 달린 임무는 진동의 영향을 덜 받는다.
4) 안정되고 정확한 근육조절을 요하는 작업은 진동에 의해서 저하된다.

39 다음 중 고온 작업장에서의 작업 시 신체 내부의 체온조절 계통의 기능이 상실되어 발생하며, 체온이 과도하게 오를 경우 사망에 이를 수 있는 고열장해는?

① 열소모   ② 열사병
③ 열발진   ④ 참호족

해설 열사병(heat stroke; 일사병)
1) 태양의 복사열에 직접 노출시 뇌의 온도 상승으로 체온조절 중추의 기능 장해를 일으켜서 체내에 열이 축적되어 발생한다.
2) 특징
① 중추신경계의 장해를 일으킨다.(온도의 상승으로 체온조절중추의 기능 장해)
② 전신적인 발한정지가 일어난다.(피부는 땀이 나지 않아 건조함)
③ 직장온도 상승 (40℃ 이상의 직장온도): 체열을 발산하지 못하여 체온이 급격하게 상승하여 사망하기도 한다.
④ 초기에 조치가 취해지지 못하면 사망에 이를 수도 있다.
3) 대책 : 체온을 급히 하강시킨 후 체열생산 억제를 위하여 항신진대사제를 투여한다.

40 작업생리학 분야에서 신체활동의 부하를 측정하는 생리적 반응치가 아닌 것은?

① 심박수(heart rate)
② 혈류량(blood flow)
③ 폐활량(lung capacity)
④ 산소 소비량(oxygen consumption)

해설 신체활동의 부하를 측정하는 생리적 반응치
1) 심박수
2) 혈류량
3) 산소소비량

제3과목 : 산업심리학 및 관계법규

41 산업재해의 발생형태 중 상호 자극에 의하여 순간적(일시적)으로 재해가 발생하는 유형은?

① 복합형   ② 단순 자극형
③ 단순 연쇄형   ④ 복합 연쇄형

해설 산업재해의 발생형태(재해발생의 메커니즘)
1) 단순자극형(집중형) : 상호자극에 의해 순간적으로 재해가 발생하는 유형
2) 연쇄형 : 하나의 사고요인이 또 다른 요인을 발생시키며 재해를 발생하는 유형
3) 복합형 : 연쇄형과 단순자극형의 복합적인 발생유형
[그림] 재해발생의 메커니즘

정답 38. ③ 39. ② 40. ③ 41. ②

42 단순반응시간을 a, 선택반응시간을 b, 움직인 거리를 A, 목표물의 넓이를 W라 할 때, 동작시간 예측에 관한 피츠법칙(Fitt's law)으로 옳은 것은?

해설 **동작시간(Fitts 법칙)** : 손과 발등의 동작시간 또는 이동시간(MT)은 목표지점까지의 손, 발의 이동거리(A)와 목표물의 크기(폭:W)에 영향을 받는다.

$$MT = a + b\log_2\left(\frac{2A}{W}\right)$$

여기서, MT : 동작시간(movement time)
A : 움직인 거리(목표물까지의 거리)
W : 목표물의 너비(폭)

43 보행 신호등이 바뀌었지만 자동차가 움직이기까지는 아직 시간이 있다고 주관적으로 판단하여 신호등을 건너는 경우는 어떤 상태인가?
① 억측판단　② 근도반응
③ 초조반응　④ 의식의 과잉

해설 **억측판단**
1) 억측판단 : 자기 주관적인 판단
2) 억측판단이 발생하는 배경
① 희망적인 관측 : 그때도 그랬으니까 괜찮겠지 하는 관측
② 정보나 지식의 불확실 : 위험에 대한 정보의 불확실 및 지식의 부족
③ 과거의 선입견 : 과거에 그 행위로 성공한 경험의 선입관
④ 초조한 심정 : 일을 빨리 끝내고 싶은 초조한 심정

44 갈등 해결방안 중 자신의 이익이나 상대방의 이익에 모두 무관심한 것은?
① 경쟁　② 순응
③ 타협　④ 회피

해설 **집단 구성원들 간의 갈등의 형태**
1) 회피 : 자신과 타인의 이익에 모두 관심이 없는 행동이다.
2) 순응 : 상태에 복종하며 상대의 이익을 위해 노력하는 것이다.
3) 경쟁 : 자신의 이익을 최대로 하고 이에 대해 타인의 이익은 희생의 목표로 하기에 갈등의 원인이 되기 쉽다.
4) 협동 : 자신이 이익과 타인의 이익을 모두 최대화하는 방안이다.
5) 타협 : 협동과 경쟁의 중간영역에서 이루어질 수 있다.

45 스트레스에 관한 설명으로 옳지 않은 것은?
① 스트레스 수준은 작업성과와 정비례의 관계에 있다.
② 위협적인 환경특성에 대한 개인의 반응이라고 볼 수 있다.
③ 적정수준의 스트레스는 작업성과에 긍정적으로 작용한다.
④ 지나친 스트레스를 지속적으로 받으면 인체는 자기조절능력을 상실할 수 있다.

해설 스트레스 수준은 작업성과와 반비례의 관계에 있다.
■ 길잡이
직무스트레스의 정의(NIOSH)
직무스트레스란 직무요구조건이 개인의 능력, 자원 또는 근로자의 욕구와 맞지 않을 때 발생하는 유해한 신체적, 정서적 반응이라고 할 수 있다.

46 재해예방의 4원칙에 해당하지 않는 것은?
① 손실 우연의 원칙
② 조직 구성의 원칙
③ 원인 계기의 원칙
④ 대책 선정의 원칙

정답 42.① 43.① 44.④ 45.① 46.②

[해설] **재해예방의 4원칙**
1) 손실우연의 원칙 : 사고에 의해 생기는 손실(상해)의 종류와 정도는 우연적이다.
2) 원인계기의 원칙 : 모든 재해는 필연적인 원인에 의해서 발생되며 재해발생은 직접원인만이 아니고 많은 간접원인의 연쇄로 발생되는 것이다.
3) 예방가능의 원칙 : 재해는 원칙적으로 모든 방지가 가능하다.
4) 대책선정의 원칙 : 가장 효과적인 재해방지대책의 선정은 이들 원인의 정확한 분석에 의해서 얻어진다.

47 제조물 책임법에서 손해배상 책임에 대한 설명으로 옳지 않은 것은?

① 해당 제조물 결함에 의해 발생한 손해가 그 제조물 자체만에 그치는 경우에는 제조물 책임 대상에서 제외한다.
② 피해자가 제조물의 제조업자를 알 수 없는 경우 그 제조물을 영리 목적으로 판매한 공급자가 손해를 배상하여야 한다.
③ 제조자가 결함 제조물로 인하여 생명, 신체 또는 재산상의 손해를 입은 자에게 손해를 배상할 책임을 의미한다.
④ 제조업자가 제조물의 결함을 알면서도 필요한 조치를 취하지 아니하면 손해를 입은 자에게 발생한 손해의 2배 범위 내에서 배상 책임을 진다.

[해설] 제조업자가 제조물의 결함을 알면서도 필요한 조치를 취하지 아니하면 손해를 입은 자에게 발생한 손해의 3배 범위내에서 배상책임을 진다.

48 리더십(leadership)과 비교한 헤드십(headship)의 특징으로 옳은 것은?

① 민주주의적 지휘형태
② 개인능력에 따른 권한 근거
③ 구성원과의 사회적 간격이 넓음
④ 집단의 구성원들에 의해 선출된 지도자

[해설] **헤드십과 리더십의 구분**

구분	헤드십	리더십
1. 권한부여 및 행사	위에서 위임하여 임명	아래로부터 동의에 의한 선출
2. 권한근거	법적 또는 공식적	개인능력
3. 지휘형태	권위주의적	민주주의적
4. 상사와 부하의 관계	지배적	개인적인 영향
5. 책임귀속	상사	상사와 부하
6. 부하와의 사회적 간격	넓다	좁다

49 하인리히는 재해연쇄론에서 재해가 발생하는 과정을 5단계 요인으로 나누어 설명하였다. 그 중 사고를 예방하기 위한 관리 활동들이 가장 효과적으로 적용될 수 있는 단계는 무엇이라고 주장하였는가?

① 개인적 결함
② 사고 그 자체
③ 사회적 환경(분위기)
④ 불안전행동 및 불안전상태

[해설] **하인리히(Heinrich)의 사고연쇄성이론[도미노(domino) 현상]**
① 1단계 : 사회적환경 및 유전적 요소(선천적 결함)
② 2단계 : 개인적 결함(성격결함 등)
③ 3단계 : 불안전한 행동 및 불안전한 상태(사고방지를 위해 중점적으로 배제해야 할 사항)
④ 4단계 : 사고
⑤ 5단계 : 재해

정답 47. ④ 48. ③ 49. ④

50 다음 소시오그램에서의 B의 선호신분지수로 옳은 것은? ③

① $\frac{1}{5}$ ② $\frac{2}{5}$ ③ $\frac{3}{5}$ ④ $\frac{4}{5}$

해설 1) 선호신분지수 = $\frac{\text{선호총계}}{\text{구성원수}-1}$

2) $B = \frac{3}{6-1} = \frac{3}{5}$

51 FTA(Fault Tree Analysis)에 대한 설명으로 옳지 않은 것은?

① 해설하고자 하는 정상사상(top event)과 기본사상(basic event)과의 인과관계를 도식화하여 나타낸다.
② 고장이나 재해요인의 정성적 분석뿐만 아니라 정량적 분석이 가능하다.
③ "사건이 발생하려면 어떤 조건이 만족되어야 하는가?"에 근거한 연역적 접근방법을 이용한다.
④ 정성적 결함나무(FT: Fault Tree)를 작성하기 전에 정상사상이 발생할 확률을 계산한다.

해설 1) ④항, 정성적 결함나무(FT)를 작성한 후에 정상사상이 발생할 확률을 계산한다.

2) FTA(결함수분석법)의 특징
① FT도의 작성에 의해 정성적 해석 가능
② 재해의 정량적 예측가능(정량적 해석에 의해 재해발생확률 계산)
③ 연역적 해석가능(Top down 형식)
④ 컴퓨터 처리가능

52 다음 중 민주적 리더십과 관련된 이론이나 조직 형태는?

① X이론
② Y이론
③ 라인형 조직
④ 관료주의 조직

해설 맥그리거(McGregor)의 X,Y이론

1) 맥그리거의 X,Y이론
① X이론 : 저차원 욕구이론
② Y이론 : 고차원 욕구이론

2) X이론과 Y이론의 비교

X이론	Y이론
1. 인간 불신감	상호신뢰감
2. 성악설	성선설
3. 인간은 본래 게으르고 태만하여 남의 지배받기를 즐긴다	인간은 부지런하고 근면, 적극적이며, 자주적이다
4. 물질욕구(저차적 욕구)	정신욕구(고차적 욕구)
5. 명령통제에 의한 관리	목표통합과 자기통제에 의한 자율관리
6. 저개발국형	선진국형

53 피로의 생리학적(physiological) 측정방법과 거리가 먼 것은?

① 뇌파 측정(EEG)
② 심전도 측정(ECG)
③ 근전도 측정(EMG)
④ 변별역치 측정(촉각계)

해설 피로의 생리학적 측정법
1) 근전도(EMG), 뇌전도(ENG), 심전도(ECG), 안전도(EOG), 뇌파도(EEG)
2) 산소소비량 및 에너지 대사율
3) 피부전기반사(GSR)
4) 프릿가 값(점멸융합주파수)

정답 50. ③ 51. ④ 52. ② 53. ④

Engineer Ergonomics

54 어느 작업자가 평균적으로 100개의 부품을 검사하여 불량품 5개를 검출해 내었으나 실제로는 15개의 불량품이 있었다. 이 작업자가 100개가 1로트로 구성된 로트 2개를 검사하면서 2개의 로트 모두에서 휴먼에러를 범하지 않을 확률은?

① 0.01　　② 0.1
③ 0.81　　④ 0.9

[해설] 1) 휴먼에러확률 (HEP)
$$HEP = \frac{실제인간실수횟수}{전체실수기회의수} = \frac{15-5}{100} = 0.1$$
2) 이산적 직무에서의 인간신뢰도 (R)
$$R(n_1, n_2) = (1-P)^{n_2 - n_1 + 1} = (1-0.1)^{2-1+1}$$
$$= 0.81$$
여기서, P : 휴먼에러확률 (HEP)
n_1, n_2 : n_1(1개)검사에서 n_2(2개)까지 검사

55 상시작업자가 1,000명이 근무하는 사업장의 강도율이 0.6이었다. 이 사업장에서 재해발생으로 인한 연간 총 근로 손실일수는 며칠인가? (단, 작업자 1인당 연간 2,400시간을 근무하였다.)

① 1,220일　　② 1,320일
③ 1,440일　　④ 1,630일

[해설] 1) 강도율 $= \frac{근로손실일수}{연근로시간수} \times 1000$

2) 근로손실일수
$= 강도율 \times 연근로시간수 \times \frac{1}{1000}$
$= 0.6 \times (1000 \times 2400) \times \frac{1}{1000} = 1440일$

56 라스무센(Rasmussen)은 인간 행동의 종류 또는 수준에 따라 휴먼 에러를 3가지로 분류하였는데 이에 속하지 않는 것은?

① 숙련기반 에러(skill-based error)
② 기억기반 에러(memory-based error)
③ 규칙기반 에러(rule-based error)
④ 지식기반 에러(knowledge-based error)

[해설] 인간의 행동 또는 수준에 따른 휴먼에러의 원인적 분류 (Rasmussen 모델)
1) 숙련기반 에러
2) 규칙기반 에러
3) 지식기반 에러

57 휴먼 에러 방지대책을 설비요인, 인적요인, 관리요인 대책으로 구분할 때 인적 요인에 관한 대책으로 볼 수 없는 것은?

① 소집단 활동
② 작업의 모의훈련
③ 인체측정치의 적합화
④ 작업에 관한 교육훈련과 작업 전 회의

[해설] 휴먼에러 방지대책

구분	내용
1. 설비대책	1) 페일세이프(fail safe) 및 플프루프 (fool proof)도입 2) 위험요인 제거 3) 인체측정치의 적합화 4) 인공지능활용 정보의 피드백
2. 인적요인 대책	1) 소집단 활동의 활성화 2) 작업의 모의훈련 3) 전문인력의 적재적소 배치 4) 작업에 대하 교육훈련, 작업원 회의
3. 관리요인 대책	1) 안전의 중요도 인식 2) 인간관계 및 의사소통

58 관리 그리드 모형(management grid model)에서 제시한 리더십의 유형에 대한 설명으로 옳지 않은 것은?

① (9,1)형은 인간에 대한 관심은 높으나 과업에 대한 관심은 낮은 인기형이다.

정답　54. ③　55. ③　56. ②　57. ③

② (1,1)형은 과업과 인간관계 유지 모두에 관심을 갖지 않는 무관심형이다.
③ (9,9)형은 과업과 인간관계 유지의 모두에 관심이 높은 이상형으로서 팀형이다.
④ (5,5)형은 과업과 인간관계 유지에 모두 적당한 정도의 관심을 갖는 중도형이다.

해설 관리격자(관리유형도)리더십 모델

리더십 모델	정의
1. (1,1형) 무기력형(무관심형)	인간과 업적에 모두 최소의 관심을 가지고 있는 형이다
2. (1,9형) 인기형(관계형)	인간중심적, 인간지향적으로 업적에 대한 관심이 낮다
3. (9,1형) 인기형(관계형)	업적에 대하여 최대의 관심을 갖고 인간에 대해서는 무관심한 형이다
4. (9,9형) 이상형	업적과 인간의 쌍방에 대하여 높은 관심을 갖는 형이다
5. (5,5형) 중도형	업적과 인간에 대한 관심도가 중간치를 나타내는 형이다

59 NIOSH의 직무 스트레스 모형에서 직무 스트레스 요인에 해당하지 않는 것은?
① 작업요인
② 개인적요인
③ 조직요인
④ 환경요인

해설 직무 스트레스 모형에서 직무 스트레스 요인(NIOSH 제시)

구분	스트레스 요인
1. 작업 요인	1) 작업부하 2) 작업속도 3) 교대근무
2. 환경 요인 (물리적 환경)	1) 소음, 진동 2) 고온, 한랭 3) 환기불량 4) 부적절한 조명
3. 조직 요인	1) 관리유형 2) 역할요구 3) 역할모호성 및 갈등 4) 경력 및 직무안전성

60 Herzberg의 동기위생 이론에서 위생요인에 대한 설명으로 옳지 않은 것은?
① 위생요인이 갖추어지지 않으면 구성원들은 불만족해 진다.
② 위생요인이 갖추어지지 않으면 조직을 떠날 수 있다.
③ 위생요인이 갖추어지지 않으면 성과에 좋지 않은 영향을 준다.
④ 위생요인이 잘 갖추어지게 되면 구성원들에게 열심히 일하도록 동기를 자극하게 된다.

해설 ④항은 Herzberg의 동기요인에 대한 설명이다.
■ 길잡이
Herzberg의 위생요인과 동기요인
1) 위생요인 : 인간의 동물적 욕구를 반영하는 것으로서 안전, 친교, 봉급, 감독형태, 기업의 정책, 작업조건 등이 해당되며 Maslow의 생리적, 안전, 사회적 욕구와 비슷하다.
2) 동기요인 : 자아실현을 하려는 인간의 독특한 경향(성취, 인정, 작업자체, 책임감 등)을 반영한 것으로 Maslow의 자아실현 욕구와 비슷한 개념이다.

제4과목 : 근골격계질환예방을위한작업관리

61 어떤 한 작업의 25회 시험관측치가 평균 0.35, 표준편차가 0.08 일 때, 오차확률 5%에서 필요한 최소 관측횟수는 얼마인가? (단, t(25,0.05)=2.069, t(24,0.05)=2.064, t(26,0.05)=2.056이다.)
① 89 ② 90 ③ 91 ④ 92

해설 최소 관측횟수(N))
$$N = \frac{t^2 S^2}{I^2} = \frac{2.069^2 \times 0.08^2}{(0.35 \times 0.05)^2} = 89.46 ≒ 90회$$
여기서, t : 실제 관측횟수(25회)와 오차확률(0.05)에 의해 결정(신뢰도 계수 : 2.069)
S : 표준편차(0.08)
I : 허용오차(평균관측치 × 허용오차 = 0.35×0.05)

62 동작 경제의 3원칙 중 신체 사용에 원칙에 해당하지 않는 것은?

① 가능하다면 중력을 이용한 운반 방법을 사용한다.
② 두 손의 동작은 같이 시작하고 같이 끝나도록 한다.
③ 휴식시간을 제외하고는 양손이 동시에 쉬지 않도록 한다.
④ 두 팔의 동작은 동시에 서로 반대방향으로 대칭적으로 움직이도록 한다.

해설 신체의 사용에 관한 원칙
1) 양손은 동시에 시작하고 동시에 끝나도록 한다.
2) 휴식시간 이외는 양손을 동시에 쉬지 않도록 한다.
3) 양팔은 동시에 서로 반대방향에서 대칭적으로 움직이도록 한다.
4) 손과 신체동작은 작업을 만족스럽게 처리할 수 있는 범위 내에서 최소 동작 등급을 사용하도록 한다.
5) 작업은 가능한 한 관성을 이용하도록 한다.(작업자가 관성 극복시는 관성을 최소화 할 것)
6) 탄도동작(ballistic movement)은 제한되거나 통제된 동작보다 신속, 정확, 용이하다.
7) 작업은 가능하면 쉽고 자연스러운 리듬을 이용할 수 있도록 배치한다.
8) 손동작은 스무드 하고 연속적이고 곡선동작이 되도록 하고 급격한 방향전환이나 직선동작은 피한다.
9) 눈의 초점을 보아야 하는 작업은 가능한 줄인다.

63 작업장 시설의 재배치, 기자재 소통상 혼잡지역 파악, 공정과정 중 역류현상 점검 등에 가장 유용하게 사용할 수 있는 공정도는?

① Gantt Chart
② Flow Diagram
③ Man-Machine Chart
④ Operation Process Chart

해설 유통선도(flow diagram)

1) 유통선도 : 유통공정도에 사용하는 기호를 발생위치에 따라 기존시설의 배치도 상에 표시한 후 이를 선으로 연결한 차트이다.

2) 특징
① 자재흐름의 혼합지역 파악(물자흐름의 복잡한 곳 파악)
② 시설물의 위치나 배치관계 파악(시설배치 문제에 적용되어 운반거리 감소)
③ 공정과정의 역류현상 발생유무 점검

64 산업안전보건법령상 근골격계부담작업 유해요인 조사에 관한 설명으로 옳지 않은 것은?

① 사업주는 유해요인 조사에 근로자 대표 또는 해당 작업 근로자를 참여시켜야 한다.
② 사업주는 근로자가 근골격계부담작업을 하는 경우 3년마다 유해요인 조사를 하여야 한다.
③ 신규 입사자가 근골격계부담작업에 배치되는 경우 즉시 유해요인 조사를 실시해야 한다.
④ 신설되는 사업장의 경우 신설일로부터 1년 이내에 최초의 유해요인 조사를 실시해야 한다.

해설 ③항, 신규입사자가 근골격계부담작업에 배치되는 경우에는 유해요인 조사를 실시하지 않아도 된다.
유해요인조사 시기
1) 정기적 유해요인조사 실시 : 유해요인조사가 완료된 날로부터 매 3년마다

2) 수시로 유해요인을 실시해야 하는 경우
① 법에 따른 임시건강진단 등에서 근골격계 질환자가 발생하였거나 산업재해 보상법에 따라 업무상 질병으로 인정받는 경우
② 근골격계부담작업에 해당하는 새로운 작업·설비를 도입한 경우
③ 근골격계부담작업에 해당하는 업무의 양과 작업공정 등 작업환경을 변경한 경우

정답 62.① 63.② 64.③

65 표본의 크기가 충분히 크다면 모집단의 분포와 일치한다는 통계적 이론에 근거하여 인간 활동이나 기계의 가동상황 등을 무작위로 관측하여 측정하는 표준시간 측정방법은?

① Work Sampling 법
② Work Factor 법
③ PTS(Predetermined Time Standards) 법
④ MTM(Methods Time Measurement) 법

해설 work sampling법

1) 표본의 크기가 충분히 크다면 모집단의 분포와 일치한다는 통계적 이론에 근거하여 인간 활동이나 기계의 가동상황 등을 무작위로 관측하여 측정하는 표준시간 측정방법이다.
2) 간헐적으로 랜덤한 시점에서 연구대상을 순간적으로 관측하여 대상이 처한 상황을 파악하고, 이를 토대로 관측시간 동안에 나타난 항목별로 차지하는 비율을 추정하는 방법이다.

66 문제분석 도구 중 빈도수가 큰 항목부터 차례대로 나열하는 방법으로 불량이나 사고의 원인이 되는 항목을 찾아내는 기법은?

① 간트 차트
② 특성요인도
③ PERT 차트
④ 파레토 차트

해설 파레토 차트(Pareto chart)

1) 파레토 차트 : 관심의 대상이 되는 항목을 동일 척도(scale)로 관찰하여 측정한 후 이를 내림차순으로 정리하고 누적분포를 구한다.
2) 파레토원칙(80-20규칙) : 상위 20% 항목이 전체활동의 80% 이상을 차지한다는 의미이다.
3) 파레토 차트 주목적 : 20% 정도에 해당하는 중요한 항목을 찾아내는 것이 주목적이다.
4) ABC곡선 : 재고관리 분야에서는 ABC곡선으로 부르기도 한다.
5) 파레토 차트의 작성방법 : 빈도수가 큰 항목부터 작은 항목 순서로 차례대로 나열하고 항목별 점유비율과 누적비율을 구한다.

67 근골격계질환 예방·관리 교육에서 사업주가 모든 작업자 및 관리감독자를 대상으로 실시하는 기본교육 내용에 해당되지 않는 것은?

① 근골격계 질환 발생 시 대처요령
② 근골격계 부담작업에서의 유해요인
③ 예방·관리 프로그램의 수립 및 운영 방법
④ 작업도구와 장비 등 작업시설의 올바른 사용 방법

해설 근골격계질환 예방관리교육에서 근로자 및 관리감독자에게 실시하는 기본교육 내용 : ①, ②, ④항

■ 길잡이
근골격계부담작업을 하는 경우 근로자에게 알려주어야 할 사항(안전보건규칙 제661조)
1) 근골격계부담작업의 유해요인
2) 근골격계질환의 징후와 증상
3) 근골격계질환 발생 시의 대처요령
4) 올바른 작업자세와 작업도구, 작업시설의 올바른 사용방법
5) 그 밖에 근골격계질환 예방에 필요한 사항

68 근골격계질환의 발생원인을 개인적 특성요인과 작업 특성요인으로 구분할 때, 개인적 특성요인에 해당하는 것은?

① 반복적인 동작
② 무리한 힘의 사용
③ 작업방법 및 기술수준
④ 동력을 이용한 공구 사용 시 진동

해설 근골격계질환의 발생원인

구분	내용
1. 작업관련 요인	1)부자연스런 자세 및 취하기 어려운 자세 2)과도한 힘 3)동작의 반복성 4)접촉 스트레스 5)진동, 온도 6)정적부하, 휴식시간 부족 등

정답 65.① 66.④ 67.③ 68.③

2. 개인적 요인	1)작업경력 2)성별, 연령 3)작업습관 4)신체조건 5)생활습관 및 취외 6)과거병력 등
3. 사회심리적 요인	1)작업만족도 2)업무 스트레스 3)근무조건 만족도 4)인간관계 5)정신·심리상태

69 근골격계질환의 예방원리에 관한 설명으로 옳은 것은?

① 예방보다는 신속한 사후조치가 더 효과적이다.
② 작업자의 신체적 특징 등을 고려하여 작업장을 설계한다.
③ 공학적 개선을 통해 해결하기 어려운 경우에는 그 공정을 중단해야 한다.
④ 사업장 근골격계 예방정책에 노사가 협의하면 작업자의 참여는 중요치 않다.

해설 1) 근골격계질환의 예방원리 : 작업자의 신체적 특징 등을 고려하여 작업장을 설계한다.

2) 근골격계질환의 예방대책
① 단순 반복작업의 기계화
② 작업방법과 작업공간 재설계
③ 작업순환 실시
④ 작업속도와 작업강도의 적정화

70 작업관리에 관한 내용으로 옳지 않은 것은?

① 작업연구에는 시간연구, 동작연구, 방법연구가 있다.
② 방법연구는 테일러에 의해 시작, 길브레스에 의해 더욱 발전되었다.
③ 작업관리는 생산과정에서 인간이 관여하는 작업을 주 연구대상으로 한다.
④ 작업관리는 생산 활동의 여러 과정 중 작업요소를 조사, 연구하여 합리적인 작업방법을 설정하는 것이다.

해설 작업관리의 구성 : 시간연구와 동작연구로 구성된다.
1) 시간연구(time study) : 테일러(Taylor)에 의해 시작되었으며, 시간연구는 숙련된 작업자가 특정작업을 정상속도로 수행할 때 소요되는 표준시간을 측정하는 방법에 관한 학문이다.
2) 동작연구(motion study) : 길브레스 부부(Gilbreth)에 의해 창시되었으며, 동작연구는 가장 작은 비용으로 작업을 수행할 수 있는 효율적 작업방법의 개발이나 기존 작업방법의 개선에 관한 학문이다.

71 입식 작업대에서 무거운 물건을 다루는 작업(중작업)을 할 때 다음 중 작업대의 높이로 가장 적절한 것은?

① 작업자의 팔꿈치 높이로 한다.
② 작업자의 팔꿈치 높이보다 10~20cm 정도 높게 한다.
③ 작업자의 팔꿈치 높이보다 5~10cm 정도 낮게 한다.
④ 작업자의 팔꿈치 높이보다 10~30cm 정도 낮게 한다.

해설 입식작업대 높이
1) 경작업(조립라인, 기계적 작업 등) : 팔꿈치 높이보다 5~10cm 정도 낮게 설계한다.
2) 중작업(중량물 취급작업) : 팔꿈치 높이보다 10~20cm 정도 낮게 설계한다.
3) 정밀작업 : 팔꿈치 높이보다 5~10cm 정도 높게 설계한다.

72 작업관리의 문제해결방법으로 전문가 집단의 의견과 판단을 추출하고 종합하여 집단적으로 판단하는 방법은?

① 브레인스토밍(Brainstorming)
② 마인드 맵핑(Mind mapping)
③ 마인드 멜딩(Mind melding)
④ 델파이 기법(Delphi technique)

해설 델파이 기법(Delphi technique)
1) 집단의 의견들을 조정하고 통합하거나 개선시키기 위한 방법이다.
2) 전문가 집단의 의견과 판단을 추출하고 종합하여 집단적으로 판단하는 방법이다.

73. Work Factor에서 고려하는 4가지 시간 변동요인이 아닌 것은?

① 동작 타임   ② 신체 부위
③ 인위적 조절   ④ 중량이나 저항

해설 Work Factor(WF)에서 고려하는 시간변동요인
1) 동작 신체부위
2) 동작 인위적 조절
3) 중량 또는 저항
4) 동작거리

74 영상표시 단말기(VDT) 취급작업자 작업관리지침상 취급작업자의 작업자세로 적절하지 않은 것은?

① 손목은 일직선이 되도록 한다.
② 화면과의 거리는 최소 40cm 이상이 확보되어야 한다.
③ 화면상의 시야범위는 수평선상에서 10~15° 위에 오도록 한다.
④ 윗팔(upper arm)은 자연스럽게 늘어뜨리고, 팔꿈치의 내각은 90° 이상이 되어야 한다.

해설 화면사이의 시야범위 : 수평선상으로부터 10~15° 밑에 오도록 한다.

75 각 한 명의 작업자가 배치되어 있는 3개의 라인으로 구성된 공정의 공정시간이 각각 3분, 5분, 4분일 때 공정효율은?

① 65%   ② 70%
③ 75%   ④ 80%

해설 공정효율(균형효율;E)
$$E = \frac{\Sigma t_i}{N \times T_C} \times 100 = \frac{(3+5+4)분}{3개라인 \times 5분} \times 100 = 80\%$$
여기서, Σt_i : 총작업시간
N : 작업장수
T_C : 주기시간 (가장 긴 작업시간)

76 어느 회사가 외경법을 기준으로 10%의 여유율을 제공한다. 8시간 동안 한 작업자를 워크샘플링한 결과가 다음 표와 같다. 이 작업자의 수행도 평가 결과 110%였다. 청소 작업의 표준 시간은 약 얼마인가?

① 7분   ② 58분
③ 74분   ④ 81분

해설 청소작업의 표준시간(ST)
$$ST = 정미시간(NT) \times (1 + 여유율)$$
$$= (관측평균시간 \times 레이팅계수) \times (1 + 여유율)$$
$$= (48 \times \frac{110}{100}) \times (1 + 0.1) = 58분$$
여기서, 관측평균시간 $= 480 \times \frac{5}{50} = 48$

77 NIOSH Lifting Equation의 변수와 결과에 대한 설명으로 옳지 않은 것은?

① 수평거리 요인이 변수로 작용한다.
② 권장무게한계(RWL)의 최대치는 23 kg이다.
③ LI(들기지수) 값이 1 이상이 나오면 안전하다.
④ 빈도 계수의 들기 빈도는 평균적으로 분당 들어올리는 횟수(회/분)를 나타낸다.

해설 들기지수(LI) : 실제 작업물의 무게(물체무게 ; L)와 권장중량한계(RWL)의 비이다.(들기지수는 요추의 디스크 압력에 대한 기준치이다.)

$$LI = \frac{L}{RWL}$$

1) LI가 1이하 : 들기 작업이 안전한 것으로 판정
2) LI가 1초과 : 요통발생의 위험수준이 증가함.(추천 무게를 넘는 것으로 간주)
3) LI가 3초과 : 요통발생의 위험수준이 매우 높음

78 비효율적인 서블릭(Therblig)에 해당하는 것은?

① 계획(Pn) ② 조립(A)
③ 사용(U) ④ 쥐기(G)

해설 **서블릭의 구분(기호)**

효율적인 서블릭 (작업진행에 필요한 서블릭)	
1) 빈손운동(TE) 2) 운반(TL) 3) 쥐기(G) 4) 내려놓기(RL) 5) 미리놓기(PP)	기본동작 부분
6) 사용(U) 7) 조립(A) 8) 분해(DA)	동작목적을 가진 부분
비효율적 서블릭 (작업수행에 도움이 되지 못하는 서블릭)	
1) 찾기(SH) 2) 고르기(ST) 3) 바로놓기(P) 4) 검사(I) 5) 계획(PN)	정신적·반정신적인 부분
6) 불가피한 지연(UD) 7) 피할 수 있는 지연(AD) 8) 휴식(R) 9) 잡고있기(H)	정체적인 부분

79 작업방법 설계 시 고려해야할 사항으로 옳지 않은 것은?

① 눈동자의 움직임을 최소화한다.
② 동작을 천천히 하여 최대 근력을 얻도록 한다.
③ 최대한 발휘할 수 있는 힘의 30% 이하로 유지한다.
④ 가능하다면 중력 방향으로 작업을 수행하도록 한다.

해설 ③항, 최대한 발휘할 수 있는 힘의 15% 이하로 유지한다.

80 근골격계부담작업에 해당하지 않는 작업은?

① 하루에 10회 이상 25kg 이상의 물체를 드는 작업
② 하루에 총 2시간 이상, 분당 2회 이상 4.5kg 이상의 물체를 드는 작업
③ 하루에 2시간 이상 집중적으로 자료입력 등을 위해 키보드 또는 마우스를 조작하는 작업
④ 하루에 총 2시간 이상 목, 어깨, 팔꿈치, 손목 또는 손을 사용하여 같은 동작을 반복하는 작업

해설 **근골격계 부담작업의 범위(단기간작업 또는 간헐적인 작업은 제외)**

1) 하루에 4시간 이상 집중적으로 자료입력 등을 위해 키보드 또는 마우스를 조작하는 작업
2) 하루에 총 2시간 이상, 목, 어깨, 팔꿈치, 손목 또는 손을 사용하여 같은 동작을 반복하는 작업
3) 하루에 총 2시간 이상 머리 위에 손이 있거나, 팔꿈치가 어깨 위에 있거나, 팔꿈치를 몸통으로 들거나, 팔꿈치를 몸통 뒤쪽에 위치하도록 하는 상태에서 이루어지는 작업
4) 지지되지 않은 상태이거나 임의로 자세를 바꿀 수 없는 조건에서, 하루에 총 2시간 이상 목이나 허리를 구부리거나 트는 상태에서 이루어지는 작업
5) 하루에 총 2시간 이상 쪼그리고 앉거나 무릎을 굽힌

자세에서 이루어지는 작업
6) 하루에 총 2시간 이상 지지되지 않은 상태에서 1kg 이상의 물건을 한 손의 손가락으로 집어 올리거나, 2kg 이상에 상응하는 힘을 가하여 한손의 손가락으로 물건을 쥐는 작업
7) 하루에 총 2시간 이상 지지되지 않은 상태에서 4.5kg 이상의 물체를 드는 작업
8) 하루에 10회 이상 25kg이상의 물체를 드는 작업
9) 하루에 25회 이상 10kg 이상의 물체를 무릎 아래에서 들거나, 어깨 위에서 들거나, 팔을 뻗은 상태에서 드는 작업
10) 하루에 총 2시간 이상, 분당 2회 이상 4.5kg 이상의 물체를 드는 작업
11) 하루에 총 2시간 이상 시간당 10회 이상 또는 무릎을 사용하여 반복적으로 충격을 가하는 작업

2020 >>> 제3회 기출문제

제1과목 : 인간공학개론

01 회전운동을 하는 조종장치의 레버를 40° 움직였을 때 표시장치의 커서는 3cm 이동하였다. 레버의 길이가 15cm일 때 이 조종장치의 C/R비는 약 얼마인가?

① 2.62
② 3.49
③ 8.33
④ 10.48

해설
$$C/R비 = \frac{a/360 \times 2\pi L}{표시장치 이동거리}$$
$$= \frac{(40/360) \times 2 \times 3.14 \times 15}{3} = 3.49$$

여기서, C/R비: 조종 반응 비율
a : 조종장치의 움직인 각도
L : 레버의 길이

02 사용자의 기억 단계에 대한 설명으로 옳은 것은?

① 잔상은 단기기억(Short-term memory)의 일종이다.
② 인간의 단기기억(Short-term memory) 용량은 유한하다.
③ 장기기억을 작업기억(Working memory)이라고도 한다.
④ 정보를 수초동안 기억하는 것을 장기기억(Long-term memory)이라 한다.

해설 **인간의 기억체계**

(1) 인간 기억체계 : 감각보관, 작업기억(단기기억), 장기기억의 3가지 형태로 되어있다.
감각보관 주의 단기기억 반복 장기기억

(2) 인간 기억체계의 형태
1) 감각보관
① 감각기관으로부터 받아들인 정보가 아주 짧은시간(약 0.5초)동안 머무르는 것을 말한다.

② 감각보관기구
㉠ 시각계통의 상(像)보관: 잔상을 잠시 유지하여 그 영상을 좀 더 처리할수 있게 한다.
㉡ 청각계통의 향(響)보관: 향보관은 수초정도 지속된 후 사라지며 상보관보다 오래지속된다.

2) 단기기억(작업기억)
① 단기기억은 소량의 정보를 일시적으로 저장하는 장소이다.
② 감각보관에서 정보를 암호화하여 단기기억으로 이전하는데는 주위(attention)를 집중해야한다.
③ 정보를 작업기억내에 유지하는 유일한 방법: 반복(rehearsal) (반복은 시간의 흐름에 따라 쇠퇴하고 항목이 많을수록 빨리 일어남)
④ 작업기억 중에 유지할 수 있는 최대항목 수(Miller): 7 ± 2 chunk(5~9)
⑤ chunk(청크): 정보를 단위화하여 단기기억의 효율을 증대시킬 수 있는 것을 chunking이라하고 그룹의 크기를 chunk단위라고 한다.
[예] 458321691→458,321,691(청크로 묶으면 상기하기 쉬워짐)

3) 장기기억
① 작업기억 중의 정보를 장기기억으로 전달할 때는 의미적으로 암호화하는데, 정보에 의미를 부여하고 이미 장기기억에 저장되어 있는 정보와 연관시킨다.
② 상기(recall): 많은 정보를 상기하려면 내용을 분석하고 비교해서 과거의 지식과 연관시켜야한다.
③ 장기기억 방식
㉠ 에피소딕 기억(episodic memory): 사건이나 경험등이 순서대로 기억
㉡ 의미적 기억(semantic memory): 사실이나 개념등의 기억
④ 회상(검색; retrieval): 장기기억 중의 정보가 조직적일수록 회상이 쉬워진다.
⑤ 기억술: 항목의 첫 문자를 사용해 단어나 문자를 만들고 특이한 이미지와 연결시켜 형상화하는 방법이다.

정답 1. ② 2. ②

03 정량적 표시장치(Quantitative display)에 대한 설명으로 옳지 않은 것은?

① 시력이 나쁜 사람이나 조명이 낮은 환경에서 계기를 사용할 때는 눈금단위(Scale unit) 길이를 크게 하는 편이 좋다.
② 기계식 표시장치에는 원형, 수평형, 수직형 등의 아날로그 표시장치와 디지털 표시장치로 구분된다.
③ 아날로그 표시장치의 눈금단위(Scale unit) 길이는 정상 가시거리를 기준으로 정상 조명 환경에서는 1.3mm 이상이 권장된다.
④ 아날로그 표시장치는 눈금이 고정되고 지침이 움직이는 동목(Moving scale)형과 지침이 고정되고 눈금이 움직이는 동침(Moving pointer)형으로 구분된다.

해설 아날로그 표시장치
1) 동침형 : 눈금이 고정되고 지침이 움직이는 형식
2) 동목형 : 지침이 고정되고 눈금이 움직이는 형식

04 작업장에서 인간공학을 적용함으로써 얻게 되는 효과로 볼 수 없는 것은?

① 회사의 생산성 증가
② 작업손실 시간의 감소
③ 노·사간의 신뢰성 저하
④ 건강하고 안전한 작업조건 마련

해설 인간공학의 효과(기여도)
1) 사고 및 오용으로부터의 손실감소(작업손실시간 감소)
2) 생산 및 정비유지의 경제성 증대(생산성 증가)
3) 노·사간의 신뢰성 증가
4) 건강하고 안전한 작업조건 마련
5) 훈련비용 절감 및 인력이용율 향상

05 다음 중 기능적 인체치수(Functional bodydimension) 측정에 대한 설명으로 가장 적합한 것은?

① 앉은 상태에서만 측정하여야 한다.
② 5~95%tile에 대해서만 정의된다.
③ 신체 부위의 동작범위를 측정하여야 한다.
④ 움직이지 않는 표준자세에서 측정하여야 한다.

해설 동적치수(기능적 인체치수)
1) 신체적 활동을 하는 상태에서 측정한 신체치수이다.(상지나 하지의 운동 범위 측정)
2) 동적치수 측정 : 마틴식 인체측정기로는 측정이 어려우며 사진이나 스캐너(scanner)를 사용하여 2차원 또는 3차원 재료를 측정한다.
3) 기능적 인체치수를 사용하는 이유 : 각 신체 부위는 조화를 이루면서 움직이기 때문이다.

06 음의 한 성분이 다른 성분의 청각감지를 방해하는 현상은?

① 은폐효과 ② 밀폐효과
③ 소멸효과 ④ 도플러효과

해설 차폐효과(은폐효과 ; masking)
1) 하나의 소리가 다른 소리의 판별에 방해를 주는 현상
2) 어떤 소리가 동시에 들리는 경우 다른 소리를 들을 수 있는 능력을 감소시키는 현상(음의 한 성분이 다른 성분에 대한 귀의 감수성을 감소시키는 상황)

07 조종장치에 대한 설명으로 옳은 것은?

① C/R비가 크면 민감한 장치이다.
② C/R비가 작은 경우에는 조종장치의 조종시간이 적게 필요하다.
③ C/R비가 감소함에 따라 이동시간은 감소하고, 조종시간은 증가한다.
④ C/R비는 반응장치의 움직인 거리를 조종장치의 움직인 거리로 나눈 값이다.

해설 조종·반응 비율(C/R; control response ratio)
1) C/R비 : 조종장치(C)의 움직인 거리(또는 회전수)를

반응장치(또는 표시장치)의 움직인 거리로 나눈 값이다.

$$C/R비 = \frac{조종장치\ 움직인\ 거리}{반응장치\ 움직인\ 거리}$$

2) C/R비가 작은 경우 : 조종장치의 움직임에 따라 반응거리가 커지게 되어 이동시간은 짧아지지만 민감하게 반응하므로 조종시간은 길어진다.
3) C/R비가 큰 경우 : 조종장치의 움직임에 따라 반응거리가 작게되어 조종시간은 짧아지나 이동시간은 길어진다.
4) 최적 C/R비
① C/R비가 감소함에 따라 이동시간은 급격히 감소하다가 안정되며, 조정시간은 이와 반대의 형태를 갖는다.
② 최적C/R비: 두 곡선의 교점 부근

그림

■ 길잡이
1) 회전운동을 하는 레버의 C/R비

$$C/R비 = \frac{(a/360) \times 2\pi L}{표시장치\ 이동거리}$$

여기서, a: 레버가 움직인 각도
L: 레버의 길이

2) 회전꼭지(knob)의 C/R비

$$= \frac{1}{꼭지1회전당\ 표시장치\ 이동거리}$$

08 연구 자료의 통계적 분석에 대한 설명으로 옳지 않은 것은?

① 최빈값은 자료의 중심 경향을 나타낸다.
② 분산은 자료의 퍼짐 정도를 나타내 주는 척도이다.
③ 상관계수 값 +1은 두 변수가 부의 상관관계임을 나타낸다.
④ 통계적 유의수준 5%는 100번 중 5번 정도는 판단을 잘못하는 확률을 뜻한다.

해설 상관계수
1) 상관계수 : 공분산을 표준편차로 나눈 값으로 표준화된 공분산이라고도 한다.
2) 상관계수값 : −1부터 1사이의 값을 가지며 +값은 정적상관, −값은 부적상관을 나타낸다.

09 시각적 표시장치와 청각적 표시장치 중 청각적 표시장치를 사용하는 것이 더 유리한 경우는?

① 수신장소가 너무 시끄러운 경우
② 직무상 수신자가 한곳에 머무르는 경우
③ 수신자의 청각 계통이 과부하 상태일 경우
④ 수신장소가 너무 밝거나 암조응이 요구될 경우

해설 표시장치의 선택(청각장치와 시각장치의 선택)

청각장치 사용	시각장치 사용
①전언이 간단하고 짧다	①전언이 복잡하고 길다
②전언이 후에 재참조되지 않는다	②전언이 후에 재참조된다
③전언이 즉각적인 사상(event)을 이룬다	③전언이 공간적인 위치를 다룬다
④전언이 즉각적인 행동을 요구한다	④전언이 즉각적인 행동을 요구하지 않는다
⑤수신자가 시각계통이 과부하 상태일 때	⑤수신자의 청각계통이 과부하 상태일 때
⑥수신장소가 너무 밝거나 암조응 유지가 필요할 때	⑥수신장소가 너무 시끄러울 때
⑦직무상 수신자가 자주 움직이는 경우	⑦직무상 수신자가 한곳에 머무르는 경우

10 신호검출이론(SDT)에서 신호의 유무를 판별함에 있어 4가지 반응 대안에 해당하지 않는 것은?

① 긍정(Hit)
② 누락(Miss)
③ 채택(Acceptation)
④ 허위(False alarm)

정답 8. ③ 9. ④ 10. ③

[해설] **신호검출의 신호에 대한 4가지 판정결과**
1) 긍정(hit; 옳은 결정) : 신호(S)를 신호(S)로 판정할 확률, P(S/S)
2) 누락(miss; 신호검출 실패) : 신호(S)를 소음(N)으로 판정할 확률, P(N/S)
3) 허위(false alarm) : 소음(N)을 신호(　)로 판정할 확률, P(S/N)
4) 부정(correct rejection; 옳은 결정) : 소음(N)을 소음(N)으로 판정할 확률, P(N/N)

11 암조응(Dark adaptation)에 대한 설명으로 옳은 것은?

① 적색 안경은 암조응을 촉진한다.
② 어두운 곳에서는 주로 원추세포에 의하여 보게 된다.
③ 완전한 암조응을 위해 보통 1~2분 정도의 시간이 요구된다.
④ 어두운 곳에 들어가면 눈으로 들어오는 빛을 조절하기 위하여 동공이 축소된다.

[해설] **암조응(암순응)**
1) 암순응(암조응) : 밝은 곳에서 어두운 곳으로 이동할 때의 순응을 말한다.
2) 암순응 단계
① 원추세포의 순응단계 : 약 5분 정도 소요
② 간상세포의 순응단계 : 약 30~40분 정도 소요(완전 암순응 소요시간)
3) 원추세포 : 암순응 때에 원추세포는 색에 대한 감수성을 잃게된다.
4) 간상세포 : 어두운 곳에서는 주로 간상세포에 의해 사물을 보게된다.

12 다음에서 설명하고 있는 것은?

> 모든 암호 표시는 다른 암호 표시와 구별될 수 있어야 한다. 인접한 자극들 간에 적당한 차이가 있어 전부 구별 가능하다 하더라도, 인접 자극의 상이도는 암호 체계의 효율에 영향을 끼친다.

① 암호의 검출성(Detectability)
② 암호의 양립성(Compatibility)
③ 암호의 표준화(Standardization)
④ 암호의 변별성(Discriminability)

[해설] **암호체계 사용상의 일반적인 지침**
1) 암호의 검출성 : 검출이 가능해야 한다.
2) 암호의 변별성 : 다른 암호표시와 구별되어야 한다.
3) 부호의 양립성 : 양립성이란 자극들 간의, 반응들 간의, 또는 자극-반응 조합의 관계를 말하는 것으로 인간의 기대와 모순되지 않는다.
4) 부호의 의미 : 사용자가 그 뜻을 분명히 알아야 한다.
5) 암호의 표준화 : 암호를 표준화하여야 한다.
6) 다차원 암호의 사용 : 2가지 이상의 암호차원을 조합해서 사용하면 정보전달이 촉진된다.

13 다음 그림은 Sanders와 McCormick이 제시한 인간-기계 통합 체계의 인간 또는 기계에 의해서 수행되는 기본 기능의 유형이다. 그림의 A부분에 가장 적합한 것은? ③

① 통신　　　② 정보수용
③ 정보보관　④ 신체제어

[해설] **인간 · 기계체계의 기능**
그림

1) 감지(정보수용)
① 인간의 감지기능 : 청각, 촉각, 시각, 미각, 후각 등 감각기관
② 기계적 감지장치 : 전자, 사진, 기계적인 감지장치

2) 정보저장(보관)

정답 11. ① 12. ④ 13. ③

① 인간 : 기억된 학습내용
② 기계적 정보저장 : 펀치카드(punch card), 자기테이프, 형판(template), 기록, 자료표 등 물리적 기구에 의해 보관

3) 정보처리 및 의사결정
① 정보처리 : 감지한 정보를 가지고 수행하는 여러 종류의 조작을 말한다.
② 의사결정 : 인간이 정보처리를 할 때는 어떻게 행동을 한다는 결심이 뒤따른다.

4) 행동기능 : 내려진 의사결정의 결과로 인해 발생하는 조작행위로 2가지로 구분한다.
① 물리적 조정행위나 과정 : 조종 장치의 작동, 물체나 물건의 취급·이동·변경 개조하는 것
② 통신행위 : 인간의 음성, 신호나 기록 등의 방법 사용

③ 공간 양립성 : 조종장치와 표시장치의 물리적 배열(공간적 배열)이 사용자 기대와 일치되도록 하는 것을 말한다.
④ 양식 양립성 : 직무에 알맞은 자극과 응답방식(양식)에 대한 것을 말한다.

15 지하철이나 버스의 손잡이 설치 높이를 결정하는 데 적용하는 인체치수 적용원리는?

① 평균치 원리   ② 최소치 원리
③ 최대치 원리   ④ 조절식 원리

해설 최소집단값에 의한 설계(최소치원리)
1) 전철이나 버스의 손잡이 높이, 선반의 높이
2) 조정장치까지의 거리
3) 기구조작에 필요한 힘

14 인간공학적 설계에서 사용하는 양립성(Compatibility)의 개념 중 인간이 사용한 코드와 기호가 얼마나 의미를 가진 것인가를 다루는 것은?

① 개념적 양립성   ② 공간적 양립성
③ 운동 양립성   ④ 양식 양립성

해설 양립성
1) 양립성 : 인간의 기대와 모순되지 않는 자극들간의, 반응들 간의 또는 자극-반응 조합과의 관계를 말한다.

2) 양립성의 종류
① 개념 양립성 : 코드와 기호를 인간들의 사고에 일치시키는 것을 말한다.
[예] 더운물 : 빨간색 수도꼭지, 차가운물 : 청색 수도꼭지, 비행장 : 비행기 모형 등
② 운동 양립성 : 표시장치와 조종장치의 움직임과 사용시스템의 응답을 관련시키는 것이다. [예] 라디오 음량을 크게 할 때 : 조절장치를 시계방향으로 회전, 전원스위치 : 올리면 켜지고 내리면 꺼짐

16 시스템의 평가척도 유형을 볼 수 없는 것은?

① 인간 기준(Human criteria)
② 관리 기준(Management criteria)
③ 시스템 기준(System-descriptive criteria)
④ 작업성능 기준(Task performance criteria)

해설 시스템의 평가척도 유형(평가기준의 유형)
1) 인간기준 : 인간성능척도, 생리학적 지표, 주관적 반응, 사고빈도 등에 의해 측정된다.
2) 시스템 기준 : 시스템이 원래 의도하는 것을 얼마나 달성하는가를 나타낸다.
3) 작업성능기능 : 작업의 결과에 대한 능률(효율)을 나타낸다.

17 실현 가능성이 같은 N개의 대안이 있을 때 총 정보량(H)을 구하는 식으로 옳은 것은?

① $H = \log N^2$ ② $H = \log N$
③ $H = 2\log N^2$ ④ $H = \log 2N$

해설 정보이론
1) 정보이론에서 정보란 불확실성의 감소라 정의한

정답 14. ① 15. ② 16. ② 17. ②

다.(예상하기 쉬운 사건이나 발생가능성이 매우 높은 사건의 출현에는 정보가 별로 담겨 있지 않고 예상하기 곤란한 사건이나 아주 드문 사건의 출현에는 많은 정보가 담겨있다.)

2) 선택반응시간은 선택대안의 개수(자극정보의 양)에 비례한다. 반응시간(RT)은 자극, 반응 대안들의 수(N)가 증가함에 따라 대수적으로 증가한다.
$RT = a + b\log_2 N$

3) 총정보량(H) : 실현가능성이 같은 n개의 대안이 있을 때의 정보량을 말한다.
$H = \log_2 n$

① 대안의 수(n)가 늘어나면 정보량은 증가한다.
② 실현가능성이 동일한 대안이 2가지일 경우 정보량은 1bit이다.
$H = \log_2 2 = 1.0 bit$

18 인간의 후각 특성에 대한 설명으로 옳지 않은 것은?

① 훈련을 통하면 식별 능력을 향상시킬 수 있다.
② 특정한 냄새에 대한 절대적 식별 능력은 떨어진다.
③ 후각은 특정 물질이나 개인에 따라 민감도의 차이가 있다.
④ 후각은 훈련을 통하여 구별할 수 있는 일상적인 냄새의 수는 최대 7가지 종류이다.

[해설] **후각**
1) 후각수용기 : 후상피라고 하며 콧구멍 위쪽의 점막에 위치하고 있는 상피세포이다.
2) 인간의 후각특성
① 후각은 특정물질이나 개인에 따라 민감도의 차이가 있다.
② 특정한 냄새에 대한 절대적 식별능력은 떨어지지만 상대적 기준에 의해 냄새를 비교할 때는 제법 우수한 편이다.
③ 인간의 후각은 훈련을 통해서 식별능력을 향상시킬 수 있다.

④ 후각은 특정 자극을 식별하는데 사용되기보다는 냄새의 존재 여부를 탐지하는데 효과적이다.

19 작업 중인 프레스기로부터 50m 떨어진 곳에서 음압을 측정한 결과 음압 수준이 100dB이었다면, 100m 떨어진 곳에서의 음압수준은 약 몇 dB인가?

① 90   ② 92
③ 94   ④ 96

[해설] $dB_2 = dB_1 - 20\log\left(\dfrac{d_2}{d_1}\right) = 100 - 20\log\left(\dfrac{100}{50}\right)$
$= 94 dB$

20 종이의 반사율이 70%이고, 인쇄된 글자의 반사율이 15%일 경우 대비(Contrast)는?

① 15%   ② 21%
③ 70%   ④ 79%

[해설] 대비 $= \dfrac{L_b - L_t}{L_b} \times 100 = \dfrac{70 - 15}{70} \times 100 = 78.57\%$
여기서, L_b : 배경의 광속발산도
L_t : 표적의 광속발산도

제2과목 : 작업생리학

21 물체가 정적 평형상태(Static equilibrium)를 유지하기 위한 조건으로 작용하는 모든 힘의 총합과 외부 모멘트의 총합이 옳은 것은?

① 힘의 총합: 0, 모멘트의 총합: 0
② 힘의 총합: 1, 모멘트의 총합: 0
③ 힘의 총합: 0, 모멘트의 총합: 1
④ 힘의 총합: 1, 모멘트의 총합: 1

해설 힘과 모멘트의 평형

1) 힘의 평형 : 주어진 힘들이 서로간에 영향을 미치지 않는 경우, 한번에 작용하는 모든 힘의 합력(힘의 총합)이 0에 되는 상태를 힘의 평형상태라 한다.
   $\Sigma F = 0$(즉, $\Sigma F_x = 0, \Sigma M_y = 0, \Sigma F_z = 0$)
2) 모멘트의 평형 : 주어진 모멘트(moment)들이 서로간에 영향을 미치지 않는 경우, 한 번에 작용하는 모든 모멘트의 평형상태라 한다.
   $\Sigma M = 0$(즉, $\Sigma M_x = 0, \Sigma M_y = 0, \Sigma M_z = 0$)

22. 전신의 생리적 부담을 측정하는 척도로 가장 적절한 것은?

① 뇌전도(EEG) ② 산소소비량
③ 근전도(EMG) ④ Flicker 테스트

해설 전신의 생리적 부담 측정척도
1) 산소소비량
2) 심박수
3) 혈류량

■ 길잡이
신체활동 부하측정법 [10/1회]
1) 부정맥지수 : 심장활동의 불규칙성을 나타냄
2) ECG(electrocardiogram) : 심전도
3) EMG(electromyogram) : 근전도
4) 산소섭취량 : 1L 산소 소비시 5kcal 에너지 방출
5) 심박수 : 작업부하 증가시 심박수 증가
6) 혈압 : 연령, 건강상태, 측정시간에 영향받음
7) 주관식 척도 : Borg 척도

23. 최대산소소비능력(Maximum Aerobic Power; MAP)에 대한 설명으로 옳은 것은?

① MAP는 실제 작업현장에서 작업 시 측정한다.
② 젊은 여성의 MAP는 남성의 40~50% 정도이다.
③ MAP란 산소 소비량이 최대가 되는 수준을 의미한다.
④ MAP는 개인의 운동역량을 평가하는데 널리 활용된다.

해설 최대산소소비능력(MAP; maximum aerobic power)
1) MAP : 신체활동에 따른 산소소비량의 증가가 일정한 수축에 이르면 신체활동이 증가해도 더 이상 산소소비량이 증가하지 않는데, 이와 같이 산소소비량이 일정하게 되는 수준을 말한다.(일의 속도가 증가해도 산소섭취량이 더 이상 증가하지 않고 일정하게 되는 수준)

2) MAP 특징
① MAP는 혈액의 박출량과 동맥혈의 산소함량에 영향을 받는다.
② MAP 수준에서는 혐기성 에너지 대사가 발생하고 근육과 혈액중에 축적되는 젖산의 양이 증가한다.
③ 개인의 MAP가 클수록 순환기 계통의 효능이 크다.

3) MAP의 직접측정법 : 트레드 밀(treadmill), 자전거 에르고미터(ergometer)

24. 교대작업 운영의 효율적인 방법으로 볼 수 없는 것은?

① 고정적이거나 연속적인 야간근무 작업은 줄인다.
② 교대일정은 정기적이고 작업자가 예측 가능하도록 해주어야 한다.
③ 교대작업은 주간근무 → 야간근무 → 저녁근무 → 주간근무 식으로 진행해야 피로를 빨리 회복할 수 있다.
④ 2교대 근무는 최소화하며, 1일 2교대 근무가 불가피한 경우에는 연속 근무일이 2~3일이 넘지 않도록 한다.

해설 교대근무 순환주기 : 주간근무조→저녁근무조→야간근무조로 순환근무 하는 것이 좋다.

25 생리적 측정을 주관적 평점등급으로 대체하기 위하여 개발된 평가척도는?

① Fitts Scale   ② Likert Scale
③ Garg Scale   ④ Borg-RPE Scale

해설 운동자각도(Borg's RPE)
신체의 작업부하에 대하여 작업자들이 주관적으로 자각한 신체적 노력의 정도를 RPE지수 6(전혀 힘들지 않다) ~ 20(최고로 힘들다)의 값으로 평가한 척도이다.

26 시각연구에 오랫동안 사용되어 왔으며 망막의 함수로 정신피로의 척도에 사용되는 것은?

① 부정맥
② 뇌파(EEG)
③ 전기피부반응(GSR)
④ 점멸융합주파수(VFF)

해설 점멸융합주파수(CFF)
1) 점멸융합주파수(CFF) : 자극들이 작업자에게 일정한 속도로 제공될 때 깜빡거림 없이 연속적으로 제공되는 것처럼 느껴지는 주파수를 말한다.
2) CFF는 중추신경계의 정신적 피로를 평가하는 척도로 사용된다.
① 작업시간이 경과할수록 CFF치는 낮아진다.
② 마음이 긴장되었을 때나 머리가 맑을 때의 CFF치는 높아진다.

27 광도와 거리를 이용하여 조도를 산출하는 공식으로 옳은 것은?

① 조도 = $\dfrac{광도}{거리}$ ② 조도 = $\dfrac{광도}{거리^2}$
③ 조도 = $\dfrac{거리}{광도}$ ④ 조도 = $\dfrac{거리}{광도^2}$

해설 1) 광도와 촉광
① 광도(candela, 칸델라) : 광원으로부터 나오는 빛의 세기를 말한다. (단위: cd)
② 촉광(candle) : 광도를 나타내는 단위이다.

2) 조도(E; 빛의 밝기) : 광도(I)에 비례하고 거리(r)의 제곱에 반비례한다.
$$E = \frac{I}{r^2}$$

28 육체적으로 격렬한 작업 시 충분한 양의 산소가 근육활동에 공급되지 못해 근육에 축적되는 것은?

① 젖산   ② 피부르산
③ 글리코겐   ④ 초성포도산

해설 혐기성 해당작용
1) 산소가 충분히 공급되지 않을 때 대사작용으로 글리코오즈는 피루브산(pyruvic acid)으로 분해되고 피루브산은 젖산으로 변화된다.
2) 근육중에 젖산이 쌓이면 근육 피로의 주원인이 된다.

29 K작업장에서 근무하는 작업자가 90 dB(A)에 6시간, 95 dB(A)에 2시간 동안 노출되었다. 음압 수준별 허용시간이 다음 표와 같을 때 소음 노출지수(%)는 얼마인가?

① 55%   ② 85%
③ 105%   ④ 125%

해설 소음노출지수 = $\left[\dfrac{C_1}{T_1} + \dfrac{C_2}{T_2}\right] \times 100$
$= \left[\dfrac{6}{8} + \dfrac{2}{4}\right] \times 100 = 125\%$

30 조명에 관한 용어의 설명으로 옳지 않은 것은?

① 조도는 광도에 비례하고, 광원으로부터의

거리의 제곱에 반비례한다.
② 휘도는 단위 면적당 표면에 반사 또는 방출되는 빛의 양을 의미한다.
③ 조도는 점광원에서 어떤 물체나 표면에 도달하는 빛의 양을 의미한다.
④ 광도(Luminous intensity)는 단위 입체각당 물체나 표면에 도달하는 광속으로 측정하며, 단위는 램버트(Lambert)이다.

해설 광도
1) 광도 : 광원으로부터 나오는 빛의 세기를 말한다.
2) 단위
① 칸델라(candela ; cd) : $101,325 N/m^2$ 압력 하에서 백금의 응고점 온도에 있는 흑체의 $1m^2$인 평평한 표면 수직방향의 광도
② 촉광(candle) : 지름이 1인치(2.54cm)되는 촛불이 수평방향으로 비칠 때 빛의 밝기

31 어떤 작업자에 대해서 미국 직업안전위생관리국(OSHA)에서 정한 허용소음노출의 소음수준이 130%로 계산되었다면 이 때 8시간 시간가중평균(TWA)값은 약 얼마인가?
① 89.3dB(A) ② 90.7dB(A)
③ 91.9dB(A) ④ 92.5dB(A)

해설 시간가중평균소음수준(TWA)

$$TWA = 16.61 \log\left[\frac{D(\%)}{100}\right] + 90$$

$$= 16.61 \times \log\left[\frac{130}{100}\right] + 90 = 91.9 dB(A)$$

여기서, TWA : 시간가중평균소음수준[dB(A)]
D : 누적소음폭로량(%)
100 : (12.5×T, T : 노출시간)

32 척추동물의 골격근에서 1개의 운동신경이 지배하는 근섬유군을 무엇이라 하는가?
① 신경섬유   ② 운동단위
③ 연결조직   ④ 근원섬유

해설 운동단위(motor unit) : 한가닥의 운동신경에 지배되는 신경과 근섬유와의 그룹을 말한다.

33 관절의 움직임 중 모음(내전, Adduction)을 설명한 것으로 옳은 것은?
① 정중면 가까이로 끌어 들이는 운동이다.
② 신체를 원형으로 또는 원추형으로 돌리는 운동이다.
③ 굽혀진 상태를 해부학적 자세로 되돌리는 운동이다.
④ 뼈의 긴축을 중심으로 제자리에서 돌아가는 운동이다.

해설 모음(내전 ; adduction) : 신체의 중심선에 가까워지도록 움직이는 동작

34 격심한 작업활동 중에 혈류분포가 가장 높은 신체 부위는?
① 뇌   ② 골격근
③ 피부   ④ 소화기관

해설 육체적 강도가 높은 격심한 작업활동 중에 혈액분포비율이 가장 높은 곳 : 근육

35 전신 진동에 있어 안구에 공명이 발생하는 진동수의 범위로 가장 적합한 것은?
① 8~12 Hz   ② 10~20 Hz
③ 20~30 Hz   ④ 60~90 Hz

해설 1) 전신진동 : 신체를 지지하는 구조물을 통하여 전신에 전파되는 진동으로 100Hz 미만의 저주파이다.(진동원 : 대형운송차량, 굴삭기, 선박, 항공기 등)

정답 30.④ 31.③ 32.② 33.① 34.② 35.④

2) 전신진동의 영향
① 5Hz이하 : 운동성능 급격히 저하, 맥박수 증가, 호흡곤란
② 3~6Hz : 신체에 심한 공명현상, 6Hz에서는 가슴, 등에 심한 통증
③ 4~14Hz : 복통, 압박삼 및 동통감
④ 10~25Hz : 시력장애 및 청력장애
⑤ 두부와 견부(머리와 어깨부위)는 20~30Hz 진동에 공명
⑥ 안구는 60~90Hz진동에 공명

36 근육의 수축원리에 관한 설명으로 옳지 않은 것은?

① 근섬유가 수축하면 I대와 H대가 짧아진다.
② 액틴과 미오신 필라멘트의 길이는 변하지 않는다.
③ 최대로 수축했을 때는 Z선이 A대에 맞닿는다.
④ 근육 전체가 내는 힘은 비활성화된 근섬유 수에 의해 결정된다.

해설 근육의 수축원리
1) 액틴과 미오신 필라멘트의 길이는 변하지 않는다.
2) 근섬유가 수축하면 I대와 H대가 짧아진다.
3) 최대로 수축했을 때는 I선이 A대에 맞닿는다.
4) 근육전체가 내는 힘은 활성화된 근섬유 수에 의해 결정된다.

37 해부학적 자세를 기준으로 신체를 좌우로 나누는 면(Plane)은?

① 횡단면　　② 시상면
③ 관상면　　④ 전두면

해설 신체의 단면
1) 관상면 : 전두면이라고도 하며 신체를 전·후로 나누는 면이다.
2) 시상면 : 신체를 좌·우로 양분하는 면이다.
3) 횡단면 : 수평면이라고 하며 신체를 상·하로 나누는 면이다.

38 정적 근육 수축이 무한하게 유지될 수 있는 최대자율수축(MVC)의 범위는?

① 10% 미만　　② 25% 미만
③ 40% 미만　　④ 50% 미만

해설
1) 정적근육수축(등척성수축) : 근육의 길이가 변하지 않으면서 장력이 발생하는 근수축을 말한다.
2) 최대자율수축(MVC) : 정적근육수축이 무한하게 유지될 수 있는 수축으로 그 범위는 10%미만이다.

39 인간과 주위와의 열교환 과정을 올바르게 나타낸 열균형 방정식은? (단, S는 열축적, M은 대사, E는 증발, R은 복사, C는 대류, W는 한 일이다.)

① $S = M - E \pm R - C + W$
② $S = M - E - R \pm C + W$
③ $S = M - E \pm R \pm C - W$
④ $S = M \pm E - R \pm C - W$

해설 열교환 과정에서 신체 열함량의 변화량(ΔS)
$\Delta S = (M-W) - E \pm R \pm C$
여기서, M : 대사열(대사에 의한 열 발생량)
W : 한일
E : 증발에 의한 열교환
R : 복사에 의한 열교환
C : 대류에 의한 열교환

40 생명을 유지하기 위하여 필요로 하는 단위시간당 에너지양을 무엇이라 하는가?

① 산소소비량　　② 에너지소비율
③ 기초대사율　　④ 활동에너지

해설 기초대사율(BMR)
1) 기초대사율 : 생명을 유지하는데 필요한 최소한의 에너지소비량을 말한다.
2) 기초대사율에 영향을 주는 요인 : 나이, 체중, 성별 등
① 일반적으로 체격이 크고 젊은 남자가 BMR이 크다.
② 성인의 1일 기초대사량 : 1500~1800kcal/day(1.0~1.25kcal/min)
③ 기초대사량+여가대사량 : 2,300kcal/day

제3과목 : 산업심리학 및 관계법규

41 Herzberg의 2요인론(동기-위생이론)을 Maslow의 욕구단계설과 비교하였을 때, 동기요인과 거리가 먼 것은?

① 존경 욕구 ② 안전 욕구
③ 사회적 욕구 ④ 자아실현 욕구

해설 허즈버그(Herzberg)의 2요인(위생요인 및 동기요인)
1) 위생요인 : 직무환경에 관계된 내용으로 기업정책, 개인 상호간의 관계(친교, 대인관계), 감독형태, 작업조건, 임금(급료), 보수지위, 안전 등이 있다.
2) 동기요인 : 직무내용(일의 내용)에 관한 것으로 목표달성에 대한 성취감, 안정감, 도전감, 책임감, 성장과 발전, 작업자체 등이 있다.(자아실현을 하려는 인간의 독특한 경향 반영)

42 직무 행동의 결정요인이 아닌 것은?

① 능력 ② 수행
③ 성격 ④ 상황적 제약

해설 직무행동의 결정요인
1) 능력
2) 성격
3) 상황적 제약

43 결함나무분석(Fault Tree Analysis; FTA)에 대한 설명으로 옳지 않은 것은?

① 고장이나 재해요인의 정성적 분석뿐만 아니라 정량적 분석이 가능하다.
② 정성적 결함나무를 작성하기 전에 정상사상(Top event)이 발생할 확률을 계산한다.
③ "사건이 발생하려면 어떤 조건이 만족되어야 하는가?"에 근거한 연역적 접근방법을 이용한다.
④ 해석하고자 하는 정상사상(Top event) 기본사상(Basic event)과의 인과관계를 도식화하여 나타낸다.

해설 1) ②항, 정성적 결함나무(FT)를 작성한 후에 정상사상이 발생할 확률을 계산한다.

2) FTA(결함수분석법)의 특징
① FT도 작성에 의해 정성적 해석 가능
② 재해의 정량적 예측가능(정량적 해석에 의해 재해발생확률 계산)
③ 연역적 해석가능(Top down 형식)
④ 컴퓨터 처리기능

44 버드의 신연쇄성이론에서 불안전한 상태와 불안전한 행동의 근원적 원인은?

① 작업(Media)
② 작업자(Man)
③ 기계(Machine)
④ 관리(Management)

해설 버드(Bird)의 최신사고연쇄성 이론(버드의 관리모델, 경영자의 책임이론)
1) 1단계 : 통제의 부족-관리소홀(재해발생의 근본적 원인)
2) 2단계 : 기본원인-기원(작업자-환경결함)
3) 3단계 : 직접원인-징후(불안전한 행동 및 상황)
4) 4단계 : 사고-접촉
5) 5단계 : 상해-손해-손실

정답 41. ② 42. ② 43. ② 44. ④

45. 부주의의 발생원인과 이를 없애기 위한 대책의 연결이 옳지 않은 것은?

① 내적원인 - 적성배치
② 정신적 원인 - 주의력 집중 훈련
③ 기능 및 작업적 원인 - 안전의식 제고
④ 설비 및 환경적 원인 - 표준작업 제도의 도입

해설 교육적 원인 - 안전의식 제고

46. 중복형태를 갖는 2인 1조 작업조의 신뢰도가 0.99 이상이어야 한다면 기계를 조종하는 임무를 수행하기 위해 한 사람이 갖는 신뢰도의 최댓값은 얼마인가?

① Fitts의 법칙
② Alderfer의 법칙
③ Rasmussen의 법칙
④ Hicks-Hymann의 법칙

해설 1) 2인1조로 편성된 작업자의 신뢰도 : A, 중복형태(병렬연결)을 갖는 작업조의 신뢰도: T(=0.99)

2) $T = 1 - (1-A)^2$
$(1-A)^2 = 1 - T$
$1 - A = \sqrt{1-T}$
$A = 1 - \sqrt{1-T} = 1 - \sqrt{1-0.99} = 0.9$

47. 직무 스트레스의 요인 중 자신의 직무에 대한 책임 영역과 직무 목표를 명확하게 인식하지 못할 때 발생하는 요인은?

① 역할 과소
② 역할 갈등
③ 역할 모호성
④ 역할 과부하

해설 집단 내 역할갈등의 원인
1) 역할 모호성 : 집단내에서 개인이 수행해야 할 임무와 책임등이 명확하지 않을 때 역할갈등이 발생한다.
2) 역할간 마찰 : 2개 이상의 역할을 동시에 수행해야 하는 경우에 동시에 잘해낼 수 없다고 생각할 때 역할갈등이 발생한다.
3) 역할 내 마찰 : 하나의 역할을 수행하더라도 외부의 요구 사항이 자신이 설정한 역할과 상충될 때 역할갈등이 발생한다.
4) 역할 부적합 : 집단내에서 개인에게 부여된 역할이 개인의 성격 등에 적합하지 않을 때 역할갈등이 발생한다.
5) 역할 무능력 : 집단내에서 개인의 능력이 부족할 때 역할갈등이 발생한다.

48. 최고 상위에서부터 최하위의 단계에 이르는 모든 직위가 단일 명령권한의 라인으로 연결된 조직형태는?

① 직능식 조직
② 프로젝트 조직
③ 직계식 조직
④ 직계·참모 조직

해설 직계식 조직(line형)
1) 직계식 조직 : 생산 또는 현장라인에서 생산 및 안전 업무를 동시에 실시하는 조직형태이다.(100여명 미만의 소규모 사업장에 적합)

2) 장점
① 안전지시나 개선조치 등 명령이 철저하고 신속하게 수행된다.
② 상하관계만 있기 때문에 명령과 보고가 간단명료하다.
③ 참모식 조직보다 경제적인 조직체계이다.

3) 단점
① 안전전담부서(staff)가 없기 때문에 안전에 대한 정보가 불충분하고 안전지식 및 기술축적이 어렵다.
② 라인(line)에 과중한 책임을 지우기 쉽다.

49. 재해의 발생형태에 해당하지 않는 것은?

① 화상
② 협착
③ 추락
④ 폭발

해설 상해종류와 재해형태

구분	종류
1. 상해종류(부상)	① 골절 ② 동상 ③ 부종 ④ 찔림(자상) ⑤ 절단 ⑥ 타박상(삐임) ⑦ 중독, 질식 ⑧ 찰과상 ⑨ 베임(창상) ⑩ 화상 ⑪ 뇌진탕 ⑫ 익사 ⑬ 피부염 ⑭ 청력장해 ⑮ 시력장해 ⑯ 진폐
2. 재해형태(사고유형)	① 추락 ② 전도상 ③ 충돌 ④ 낙하, 비래 ⑤ 협착 ⑥ 감전 ⑦ 폭발 ⑧ 붕괴, 도괴 ⑨ 파열 ⑩ 화재 ⑪ 무리한 동작 ⑫ 이상온도 접촉 ⑬ 유해물 접촉 ⑭ 전복

50 주의를 기울여 시선을 집중하는 곳의 정보는 잘 받아들여지지만 주변의 정보는 놓치기 쉽다. 이것은 주의의 어떠한 특성 때문인가?

① 주의의 선택성 ② 주의의 변동성
③ 주의의 연속성 ④ 주의의 방향성

해설 1) 주의의 특징
① 선택성 : 여러 종류의 자극을 자각할 때 소수의 특정한 것에 한하여 선택하는 기능
② 방향성 : 주시점만 인지하는 기능
③ 변동성 : 주위에는 주기적으로 부주의의 리듬이 존재

2) 주의력의 특성
① 주의력 중복집중의 곤란(선택성) : 주의는 동시에 2개 방향에 집중하지 못한다.(많은 것에 동시에 주의를 기울일 수 없다.)
② 주의력의 단속성(변동성) : 고도의 주의는 장시간 지속할 수 없다.(주의 집중은 리듬을 가지고 변한다.)
③ 주의력 방향성 : 한 지점에서 주의를 집중하면 다른 곳의 주의는 약해진다.(주의는 중심에서 좌우로 벗어나면 급격히 저하된다.)

51 인간행동에 대한 Rasmussen의 분류에 해당되지 않는 것은?

① 숙련기반 행동 (Skill-based behavior)
② 규칙기반 행동 (Rule-based behavior)
③ 능력기반 행동 (Ability-based behavior)
④ 지식기반 행동 (Knowledge-based behavior)

해설 인간의 행동 또는 수준에 따른 휴먼에러의 원인적 분류 (Rasmussen 모델)
1) 숙련기간 에러
2) 규칙기반 에러
3) 지식기반 에러

52 연평균 작업자수가 2,000명인 회사에서 1년에 중상해 1명과 경상해 1명이 발생하였다. 연천인율은 얼마인가?

① 0.5 ② 1
③ 2   ④ 4

해설 연천인율 = $\frac{사상자수}{연평균근로자수} \times 1000$
= $\frac{2}{2000} \times 1000 = 1$

53 NIOSH의 직무스트레스 관리모형 중 중재 요인(Moderating factors)에 해당하지 않는 것은?

① 개인적 요인   ② 조직 외 요인
③ 완충작용 요인 ④ 물리적 환경 요인

해설 직무스트레스요인과 급성반응 사이에 작용하는 중재요인
1) 개인적 요인 : 연령, 성별, 성격(A형), 건강, 자기존중감 등
2) 비직무적 요인(조직 외 요인) : 가족상황, 재정상태 등
3) 완충요인 : 사회적지지, 대처방식, 여가활동, 건강관리 등

정답 49. ① 50. ④ 51. ③ 52. ② 53. ④

54 리더십 이론 중 경로-목표이론에서 리더들이 보여주어야 하는 4가지 행동유형에 속하지 않는 것은?

① 권위적 ② 지시적
③ 참여적 ④ 성취지향적

해설 리더십의 경로-목표 이론에서 리더의 행동유형
1) 지시적 리더십
2) 후원적(지원적) 리더십
3) 참여적 리더십
4) 성취지향적 리더십

55 하인리히의 사고예방 대책의 5가지 기본원리를 순서대로 올바르게 나열한 것은?

① 사실의 발견 → 안전조직 → 분석평가 → 시정책 선정 → 시정책 적용
② 안전조직 → 사실의 발견 → 분석평가 → 시정책 선정 → 시정책 적용
③ 안전조직 → 분석평가 → 사실의 발견 → 시정책 선정 → 시정책 적용
④ 사실의 발견 → 분석평가 → 안전조직 → 시정책 선정 → 시정책 적용

해설 사고예방 대책의 기본원리 5단계
1) 1단계 : 조직(안전보건관리체제)
2) 2단계 : 사실의 발견(위험요인 색출)
3) 3단계 : 분석·평가(직접·간접원인 규명)
4) 4단계 : 시정책의 선정(개선책 설정)
5) 5단계 : 시정책의 적용(3E적용)

56 헤드십(Headship)과 리더십에 대한 설명으로 옳지 않은 것은?

① 헤드십은 부하와의 사회적 간격이 넓다.
② 리더십에서 책임은 리더와 구성원 모두에게 있다.
③ 리더십에서 구성원과의 관계는 개인적인 영향에 따른다.
④ 헤드십은 권한부여가 구성원으로부터 동의에 의한 것이다.

해설 헤드십과 리더십
1) 선출방식에 따른 리더십의 분류
① Head ship : 집단 구성원이 아닌 외부에 의해 선출(임명)된 지도자로 명목상의 리더십이라고도 한다.
② Leadership : 집단 구성원에 의해 내부적으로 선출된 지도자로 사실상의 리더십을 말한다.

2) 헤드십과 리더십의 구분

구분	헤드십	리더십
1. 권한부여 및 행사	위에서 위임하여 임명	아래로부터 동의에 의한 선출
2. 권한근거	법적 또는 공식적	개인능력
3. 지휘형태	권위주의적	민주주의적
4. 상사와 부하의 관계	지배적	개인적인 영향
5. 책임귀속	상사	상사와 부하
6. 부하와의 사회적 간격	넓다	좁다

57 제조물 책임법령상 제조업자가 제조물에 대해 충분한 설명, 지시, 경고 등 정보를 제공하지 않아 피해가 발생하였다면 이것은 어떤 결함 때문인가?

① 표시상의 결함 ② 제조상의 결함
③ 설계상의 결함 ④ 고지의무의 결함

해설 제조물(제품)결함의 유형
1) 제조상의 결함 : 제품의 제조과정에서 본래의 설계사양과 다르게 제작된 불량품을 발견하지 못한 결함을 말한다.(본문설명)
2) 설계상의 결함 : 제품 설계과정에서 발생한 결함으로 설계에 따라 제품이 제조될 경우 발생하는 결함을 말한다.
3) 표시상의 결함(지시·경고상의 결함) : 제품에 대한

정답 54.① 55.② 56.④ 57.①

적절한 지시나 경고를 하지 않아 제품의 설치 및 사용시 사고를 유발하는 결함을 말한다.

감각기관	청각	촉각	시각	미각	통각
반응시간	0.17초	0.18초	0.20초	0.29초	0.70초

58 인간의 정보처리 과정 측면에서 분류한 휴먼 에러(Human error)에 해당하는 것은?

① 생략 오류 (Omission error)
② 순서 오류 (Sequential error)
③ 작위 오류 (Commission error)
④ 의사결정 오류 (Decision making error)

해설 1) 휴먼에러의 심리적 분류
① Omission error : 필요한 task 또는 절차를 수행하지 않는데 기인한 error
② Time error : 필요한 task 또는 절차를 수행지연으로 인한 error
③ Commission error : 필요한 task 또는 절차의 불확실한 수행으로 인한 error
④ Sequential error : 필요한 task 또는 절차의 순서 착오로 인한 error
⑤ Extraneous error : 불필요한 task 또는 절차를 수행함으로써 기인한 error

2) 인간의 행동 과정을 통한 분류
① In put error : 감지 결함
② Information processing error : 정보처리 절차과오(착각)
③ Decision making error : 의사 결정 과오
④ Out put error : 출력 과오
⑤ Feed back error : 제어 과오

59 다음 인간의 감각기관 중 신체 반응시간이 빠른 것부터 느린 순서대로 나열된 것은?

① 청각 → 시각 → 미각 → 통각
② 청각 → 미각 → 시각 → 통각
③ 시각 → 청각 → 미각 → 통각
④ 시각 → 미각 → 청각 → 통각

해설 감각기관의 자극에 대한 반응시간

60 집단간 갈등의 원인과 가장 거리가 먼 것은?

① 제한된 자원
② 조직구조의 개편
③ 집단간 목표 차이
④ 견해와 행동 경향 차이

해설 1) 집단간 갈등의 원인
① 제한된 자원(자원부족)
② 집단간 목표의 차이
③ 집단간 인식(의견)차이(영역모호성)

2) 집단간 갈등 해소 방법
① 상위의 목표제시 : 갈등을 협동관계로 전환시킨다.
② 직무순환 : 상대집단에 문제를 바라보게 함으로써 집단간 견해차이를 줄인다.
③ 자원확충 : 한정(제한)된 자원문제를 해소한다.
④ 조직구조의 변경 : 조직구조를 개편한다.
⑤ 집단의 타협 : 갈등관계를 타협에 의해 해소한다.

제4과목 : 근골격계질환예방을위한작업관리

61 적절한 입식작업대 높이에 대한 설명으로 옳은 것은?

① 일반적으로 어깨 높이를 기준으로 한다.
② 작업자의 체격에 따라 작업대의 높이가 조정 가능하도록 하는 것이 좋다.
③ 미세부품 조립과 같은 섬세한 작업일수록 작업대의 높이는 낮아야 한다.
④ 일반적인 조립라인이나 기계 작업 시에는 팔꿈치 높이보다 5~10cm 높아야 한다.

정답 58. ④ 59. ① 60. ② 61. ②

해설 작업대 높이

1) 입식작업대 높이
  ① 경작업(조립라인, 기계적 작업 등) : 팔꿈치 높이보다 5~10cm 정도 낮게 설계한다.
  ② 중작업(중량물 취급작업) : 팔꿈치 높이보다 10~20cm 정도 낮게 설계한다.
  ③ 정밀작업 : 팔꿈치 높이보다 5~10cm 정도 높게 설계한다.

2) 좌식작업대 높이
  ① 의자높이, 작업대 두께 대퇴여유 등과 관계가 있다.
  ② 작업대 높이는 섬세한 작업일수록 높아야 하고 거친 작업에서는 약간 낮은 편이 유리하다.

62 NIOSH의 들기 작업 지침에서 들기 지수(LI)를 산정하는 식에서 반영되는 변수가 아닌 것은?

① 표면계수 ② 수평계수
③ 빈도계수 ④ 비대칭계수

해설 $RWL(kg) = LC \times HM \times VM \times DM \times AM \times FM \times CM$

여기서, LC : 중량상수
HM : 수평계수
VM : 수직계수
DM : 거리계수
AM : 비대칭계수
FM : 빈도계수
CM : 커플링계수

63 사람이 행하는 작업을 기본 동작으로 분류하고, 각 기본 동작들은 동작의 성질과 조건에 따라 이미 정해진 기준 시간을 적용하여 전체 작업의 정미시간을 구하는 방법은?

① PTS 법
② Rating 법
③ Therblig 분석
④ Work Sampling 법

해설 1) PTS법
  ① 하나의 작업이 실제로 시작되기 전에 미리 작업에 필요한 소요시간을 작업방법에 따라 이론적으로 정해 나가는 방법이다.
  ② 작업을 구성하고 있는 동작을 몇 개인가를 기본동작으로 분해하고 각 기본동작의 실적값을 상세히 관할하여 기본동작에 필요한 표준시간을 동작시간 표준표에 기록해두고 이 표준 시간을 합산하여 작업의 표준시간을 결정한다.

2) PTS의 기본과정
  ① 사람의 작업은 한정된 수의 기본동작으로 구성된다.
  ② 기본 동작의 소요시간은 몇 가지 변동요인에 의해 결정된다.
  ③ 작업의 소요시간은 각 기본동작 기준시간의 합이다.

3) PTS의 장점 · 단점

구분	내용
1. 장점	①작업자에 대한 직접 시간측정이 없으므로 노사문제가 발생하지 않는다 ②레이팅(rating)을 할 필요가 없어서 표준시간의 일관성과 정확성을 높일 수 있다 ③비효율적인 동작개선이 가능하다 ④표준시간 확보로 레이아웃, LOB 개선이 가능하다
2. 단점	①회사 실정에 맞는 PTS 시스템의 설정이 용이하지 않다(기계중심의 작업에 대한 측정 곤란) ②PTS 시스템활용을 위한 교육 및 훈련이 필요하다(교육비 많이듦)

64 공정도(Process chart)에 사용되는 기호와 명칭이 잘못 연결된 것은?

① ⇨ : 운반   ② □ : 검사
③ ○ : 가공   ④ D : 저장

해설 공정도 기호

기호	명칭	의미(해설)
○	작업, 가공	작업목적에 따라 대상물의 물리적 또는 화학적 특성을 변화시키는 작업 (예) 부품 분해·조립, 혼합작업, 계획수립, 계산하기, 정보교환, 구멍뚫기, 못박기 등
⇨	운반, 이동	작업대상물을 한 장소에서 다른장소로 이동시키는 작업 (예) 인력물자운반, 컨베이어·대차로 물자운반 등
□	검사	작업대상물을 확인 및 품질이나 수량의 확인작업 (예) 보일러 게이지 확인, 인쇄물 정보확인, 제품수량확인 등
D	정체 (delay)	다음작업을 즉시 수행할 수 없는 경우 (예) 다음 가공을 위해 대차나 바닥에 놓여 있는 물품, 엘리베이터 기다리기, 철하기 직전서류 등
▽	저장	물품이 가공 또는 검사되는 일이 없이 저장되고 있는 상태 (예) 철되어 있는 서류, 저장되어 있거나 팔레트에 쌓여 있는 원재료 또는 완성품

65 다음 근골격계질환의 발생원인 중 작업요인이 아닌 것은?

① 작업강도 ② 작업자세
③ 직무만족도 ④ 작업의 반복도

해설 근골격계질환의 직접적 위험요인(작업요인)
1) 작업강도(과도한 힘)
2) 작업자세(부자연스럽고 취하기 어려운 자세)
3) 작업반복도
4) 물건들기
5) 진동, 온도, 조명 등

66 산업안전보건법령상 근골격계부담작업의 유해요인조사를 해야 하는 상황이 아닌 것은?

① 법에 따른 건강진단 등에서 근골격계질환자가 발생한 경우

② 근골격계부담작업에 해당하는 기존의 동일한 설비가 도입된 경우
③ 근골격계부담작업에 해당하는 업무의 양과 작업공정 등 작업환경이 바뀐 경우
④ 작업자가 근골격계질환으로 관련 법령에 따라 업무상 질환으로 인정받는 경우

해설 유해요인조사 시기
1) 정기적 유해요인조사 실시 : 유해요인조사가 완료된 날로부터 매 3년마다 실시
2) 수시로 유해요인을 실시해야 하는 경우
① 법에 따른 임시건강진단 등에서 근골격계 질환자가 발생하였거나 산업재해 보상법에 따라 업무상 질병으로 인정받는 경우
② 근골격계부담작업에 해당하는 새로운 작업·설비를 도입한 경우
③ 근골격계부담작업에 해당하는 업무의 양과 작업공정 작업환경을 변경한 경우

67 근골격계질환 예방·관리프로그램 실행을 위한 보건관리자의 역할로 볼 수 없는 것은?

① 사업장 특성에 맞게 근골격계질환의 예방·관리 추진팀을 구성한다.
② 주기적으로 작업장을 순회하여 근골격계질환 유발공정 및 작업유해요인을 파악한다.
③ 주기적인 작업자 면담을 통하여 근골격계질환 증상 호소자를 조기에 발견할 수 있도록 노력한다.
④ 7일 이상 지속되는 증상을 가진 작업자가 있을 경우 지속적인 관찰, 전문의 진단의뢰 등의 필요한 조치를 한다.

해설 1) ①항 : 사업주의 역할
2) 보건관리자의 역할
① 주기적으로 작업장을 순회하여 근골격계질환을 유발하는 작업공정 및 작업유해 요인을 파악한다.
② 주기적인 작업자 면담 등을 통하여 근골격계질환 증상호소자를 조기에 발견하는 일을 한다.

정답 65. ③ 66. ② 67. ①

③ 7일 이상 지속되는 증상을 가진 작업자가 있을 경우 지속적인 관찰, 전문의 진단의뢰 등의 필요한 조치를 한다.
④ 근골격계질환자를 주기적으로 면담하여 가능한 한 조기에 작업장에 복귀할 수 있도록 도움을 준다.
⑤ 예방·관리프로그램 운영을 위한 정책결정에 참여한다.

68 작업자-기계 작업 분석 시 작업자와 기계의 동시작업 시간이 1.8분, 기계와 독립적인 작업자의 활동시간이 2.5분, 기계만의 가동시간이 4.0분일 때, 동시성을 달성하기 위한 이론적 기계 대수는 약 얼마인가?

① 0.28
② 0.74
③ 1.35
④ 3.61

해설 이론적 기계대수 산정식

$$N = \frac{A+t}{A+B} = \frac{1.8+4}{1.8+2.5} = 1.35$$

여기서, N: 이론적인 기계대수
A: 작업자와 기계의 동시 작업시간, 적재(load 및 unloading)시간
B: 독립적인 작업자 활동시간
t: 기계 가동시간

69 문제해결 절차에 관한 설명으로 옳지 않은 것은?

① 작업방법의 분석 시에는 공정도나 시간차트, 흐름도 등을 사용한다.
② 선정된 개선안은 작업자나 관련 부서의 이해와 협조 과정을 거쳐 시행하도록 한다.
③ 개선절차는 "연구대상선정 → 현 작업방법 분석 → 분석 자료의 검토 → 개선안 선정 → 개선안 도입" 순으로 이루어진다.
④ 개선 분석 시 5W1H의 What은 작업 순서의 변경, Where, When, Who는 작업의 자체의 제거, How는 작업의 결합 분석을 의미

한다.

해설 5W1H : 5W1H 관점에서 질문을 하고 답을 만들어 분석 자료를 검토하고 재선안을 도출한다.
1) What(작업목적) : 무엇을 하는가?
2) Why(작업 필요성) : 왜 이 작업을 하는가?
3) Where(작업장소) : 어디에서 작업을 하는가?
4) When(작업순서) : 언제, 어떤 순서로 작업이 이루어지는가?
5) Who(작업자) : 누가 작업을 하는가?
6) How(작업방법) : 어떤 작업방법, 어떤 장비로 작업을 하는가?

70 동작경제(Motion economy)의 원칙에 해당하지 않는 것은?

① 가능한 기본동작의 수를 많이 늘린다.
② 공구의 기능을 결합하여 사용하도록 한다.
③ 두 손의 동작은 같이 시작하고 같이 끝나도록 한다.
④ 공구, 재료 및 제어 장치는 사용 위치에 가까이 두도록 한다.

해설 동작경제의 원칙
1) 신체의 사용에 관한 원칙
2) 작업장 배치에 관한 원칙
3) 공구 및 설비의 설계에 관한 원칙

71 산업안전보건법령상 사업주가 근골격계부담작업 종사자에게 반드시 주지시켜야 하는 내용에 해당되지 않는 것은?

① 근골격계부담작업의 유해요인
② 근골격계질환의 요양 및 보상
③ 근골격계질환의 징후 및 증상
④ 근골격계질환 발생 시의 대처 요령

해설 근골격계부담작업을 하는 경우 근로자에게 알려주어야 할 사항(안전보건규칙 제661조)

정답 68.③ 69.④ 70.① 71.②

1) 근골격계부담작업의 유해요인
2) 근골격계질환의 징후와 증상
3) 근골격계질환 발생 시의 대처요령
4) 올바른 작업자세와 작업도구, 작업시설의 올바른 사용방법
5) 그 밖에 근골격계질환 예방에 필요한 사항

신체부위	근골격계질환의 종류
1. 손·손목부위	1) 수근관증후군(CTS) 2) 드퀘벵 건초염 3) 무지수근·중수관절의 퇴행성 관절염 4) 결정종 5) 수완·완관절부의 건염·건활막염 6) 화이트 핑거 7) 방외쇠 수지 및 무지 8) 수부의 퇴행성 관절염 9) 백색수지증
2. 팔·팔목부위	1) 외상과염·내상과염 2) 주두 점액낭염 3) 전완부 근육의 근막통증 증후군 4) 전완부에서의 요골신경 또는 정중신경 포착신경병증 5) 주관절부위에서의 척골신경 포착 신경병증 6) 기타 주관절·전완부위의 건염·건활막염

72 평균 관측시간이 0.9분, 레이팅 계수가 120%, 여유시간이 하루 8시간 근무시간 중에 28분으로 설정되었다면 표준 시간은 약 몇 분인가?

① 0.926
② 1.080
③ 1.147
④ 1.151

해설
1) 정미시간 = 관측시간의 대표값 $\times \left(\dfrac{\text{레이팅 계수}}{100}\right)$

$= 0.9 \times \dfrac{120}{100} = 1.08$

2) 여유율(%) $= \dfrac{\text{여유시간}}{\text{근무시간(실동시간)}} \times 100$

$= \dfrac{28분}{8시간 \times \dfrac{60분}{1hr}} \times 100 = 5.83\%$

3) 표준시간 = 정미시간 $\times \left(\dfrac{100}{100 - \text{여유율}}\right)$

$= 1.08 \times \left(\dfrac{100}{100 - 5.83}\right) = 1.147$

73 손과 손목 부위에 발생하는 작업관련성 근골격계질환이 아닌 것은?

① 방아쇠 손가락(Trigger finger)
② 외상과염(Lateral epicondylitis)
③ 가이언 증후군(Canal of guyon)
④ 수근관 증후군(Carpal tunnel syndrome)

해설 신체부위별 근골격계질환의 종류

74 근골격계질환 예방을 위한 바람직한 관리적 개선 방안으로 볼 수 없는 것은?

① 규칙적이고 적절한 휴식을 통하여 피로의 누적을 예방한다.
② 작업 확대를 통하여 한 작업자가 할 수 있는 일의 다양성을 넓힌다.
③ 전문적인 스트레칭과 체조 등을 교육하고 작업 중 수시로 실시하도록 유도한다.
④ 중량물 운반 등 특정 작업에 적합한 작업자를 선별하여 상대적 위험도를 경감시킨다.

해설 근골격계질환 예방을 위한 관리적 개선방안
① 작업휴식 반복주기 : 육체적 작업자를 위해 규칙적이고 적절한 휴식을 통하여 피로의 누적을 예방한다.
② 작업자 교육 : 교육에 의해 근골격계질환의 위험을 식별하고 개선에 필요한 지식과 기술을 제공한다.
③ 작업확대 : 작업확대를 통하여 한 작업자가 할 수 있는 일의 다양성을 넓힌다.
④ 스트레칭 : 전문적인 스트레칭과 체조 등을 교육하고 작업 중 수시로 실시하도록 유도한다.
⑤ 작업자교대 : 작업위험에 대한 지나친 노출로부터 작업자를 보호하기 위해서 사용된다.

75 상완, 전완, 손목을 그룹 A로 목, 상체, 다리를 그룹 B로 나누어 측정, 평가하는 유해요인의 평가기법은?

① RULA(Rapid Upper Limb Assessment)
② REBA(Rapid Entire Body Assessment)
③ OWAS(Ovako Working Posture Analysis System)
④ NIOSH 들기작업지침(Revised NIOSH Lifting Equation)

해설 근골격계질환의 유해요인 평가방법

평가도구명 (Analysis Tools)	평가되는 위해요인	관련된 신체 부위	적용대상 작업 종류	한계점
1) REBA (Rapid Enitre Body Assessment)	• 반복성 힘 • 불편한 자세	손목, 팔, 어깨, 목, 상체, 허리, 다리	간호사, 청소부, 주부 등의 직업이 비고정적인 형태의 서비스업 계통	반복성 미고려
2) OWAW (Ovaco Working Posture Analysing System)	• 자세 • 힘 • 노출시간	상체, 허리, 다리	중량물 취급	중량물 작업한정 반복성 미고려
3) JSI(작업긴장도지수) (Job Strain Index)	• 반복성 힘 • 불편한 자세	손, 손목	경조립작업, 검사, 육류가공, 포장, 자료입력, 세탁	손, 손목부위 작업한정, 평가의 객관성
4) RULA (Rapid Upper Limb Assessment)	• 반복성 힘 • 불편한 자세	A그룹 (상완, 전완, 손목) B그룹 (목, 몸통, 다리)	조립작업, 목공작업, 정비작업, 육류가공, 교환대, 치과	반복성과 정적자세의 고려가 미흡, 전문성 요구
5) Revised NIOSH Lifting Equantion (NIOSH 들기작업지침)	• 반복성 힘 • 불편한 자세	허리	물자취급 (운반, 정리) 4kg 이상의 중량물 취급과 도한 힘을 요하는 작업, 고정된 들기작업	전문성 요구제

76 서블릭(Therblig) 기호의 심볼과 영문이 잘못된 것은?

① → : TL
② : DA
③ : Sh
④ : H

해설 서블릭 기호(therbling symbols)

서블릭	심볼
1. 빈손운동 (transport empty)	TE
2. 운반 (transport loaded)	TL
3. 쥐기 (grasp)	G
4. 내려놓기 (release load)	RL
5. 미리놓기 (pre-position)	PP
6. 사용 (use)	U
7. 조립 (assemble)	A
8. 분해 (disasssemble)	DA
9. 찾아냄 (find)	F
10. 찾기 (search)	SH
11. 선택 (select)	St
12. 바로놓기 (position)	P
13. 검사 (inspect)	I
14. 계획 (plan)	Pn
15. 불가피한 지연 (unavoidable delay)	UD
16. 피할 수 있는 지연 (avoidable delay)	AD
17. 휴식 (rest)	R
18. 잡고 있기 (hold)	H

정답 75. ① 76. ①

77 다음 중 수행도 평가기법이 아닌 것은?

① 속도 평가법
② 합성 평가법
③ 평준화 평가법
④ 사이클 그래프 평가법

해설 수행도 평가

1) 속도평가법 : 단위 시간당 산출물의 양을 나타내는 작업속도를 평가하는 것으로 작업자가 얼마나 빠르게 작업을 수행하는가를 고려하여 평가하는 주관적 평가법이다.

2) 객관적평가법
① 1차 평가 : 작업의 난이도, 특성 등을 고려하지 않고 동작속도만을 고려하여 표준속도를 정한 다음 실제 작업속도와 비교하여 평가하는 것을 말한다.
② 2차 평가 : 작업의 난이도나 특성을 평가하며 6가지 요소(1. 사용신체부위, 2. 페달사용여부, 3. 양손사용 정도, 4. 눈과 손의 조화정도, 5. 물자취급시 요구사항, 6. 중량 또는 저장크기)에 대한 평가를 수행한다.

3) 합성평가법 : 관측자(시간연구자)의 주관적 판단에 의존하지 않고 일관성있는 결과를 낼 수 있는 수행도 평가법이다.
① 레이팅 계수 : 해당 요소작업의 PTS 시간차와 실제 작업시간을 비교하여 레이팅계수를 산출한다.

$$레이팅계수 = \frac{PTS시간치}{실제관측시간평균치}$$

② 합성평가법은 시간이 많이 소요된다.(단점)
4) 웨스팅하우스법(Westinghouse system) : 작업자의 숙련도(skill), 노력(effort), 작업환경(condition), 일관성(consistency)의 4가지 요소를 평가한다.

78 파레토 원칙(Pareto principle: 80-20원칙)에 대한 설명으로 옳은 것은?

① 20%의 항목이 전체의 80%를 차지한다.
② 40%의 항목이 전체의 60%를 차지한다.
③ 60%의 항목이 전체의 40%를 차지한다.
④ 80%의 항목이 전체의 20%를 차지한다.

해설
1) 파레토 원칙(80-20규칙) : 상위 20%의 항목이 전체 활동의 80% 이상을 차지한다는 의미이다.
2) 파레토 차트 주목적 : 20% 정도에 해당하는 중요한 항목을 찾아내는 것이 주목적이다.

79 다음 중 간헐적으로 랜덤한 시점에 연구대상을 순간적으로 관측하여 관측기간 동안 나타난 항목별로 차지하는 비율을 추정하는 방법은?

① Work Factor 법
② Work Sampling 법
③ PTS(Predetermined Time Standards) 법
④ MTM(Methods Time Measurement) 법

해설 work sampling법

1) 표본의 크기가 충분히 크다면 모집단의 분포와 일치한다는 통계적 이론에 근거하여 인간 활동이나 기계의 가동상황 등을 무작위로 관측하여 측정하는 표준시간 측정방법이다.
2) 간헐적으로 랜덤한 시점에서 연구대상을 순간적으로 관측하여 대상이 처한 상황을 파악하고, 이를 토대로 관측시간 동안에 나타난 항목별로 차지하는 비율을 추정하는 방법이다.

80 ECRS의 4원칙에 해당되지 않는 것은?

① Eliminate: 꼭 필요한가?
② Simplify: 단순화할 수 있는가?
③ Control: 작업을 통제할 수 있는가?
④ Rearrange: 작업순서를 바꾸면 효율적인가?

해설 작업개선의 원칙(ECRS원칙)

1) E(eliminate) : 불필요한 작업을 찾아 제거
2) C(combine) : 다른 작업과 결합
3) R(rearrange) : 작업 순서를 변경
4) S(simplify) : 작업을 단순화련

2021년 기출문제

2021 >>> 제1회 기출문제

제1과목 : 인간공학개론

01 시각 및 시각과정에 대한 설명으로 옳지 않은 것은?

① 원추체(cone)는 황반(fovea)에 집중되어 있다.
② ③④⑤① 멀리 있는 물체를 볼 때는 수정체가 두꺼워진다.
③ 동공(pupil)의 크기는 어두우면 커진다.
④ 근시는 수정체가 두꺼워져 원점이 너무 가까워진다.8

해설 ② 항, 멀리 있는 물체에 초점을 맞추기 위해서는 수정체가 얇아진다.

02 시식별에 영향을 주는 인자로 적합하지 않은 것은?

① 조도　　② 휘도비
③ 대비　　④ 온·습도

해설 시식별에 영향을 주는 요소
1) 조도 : 물체의 표면에 도달하는 빛의 밀도(단위 ; 후크캐들 fc, 럭스 lux)
2) 광도 : 빛의 세기(단위 : 칸델라 cd)
3) 대비 : 표적의 광도와 배경의 광도의 차를 나타내는 척도
4) 광속발산도 : 단위 면적당 표면에서 반사 또는 방출되는 빛의 양(단위 ; 램버트 L, 후트 램버트 fL)
5) 휘도 : 빛이 어떤 물체에서 반사되어 나오는 양
6) 노출시간 : 노출시간이 클수록 식별력이 증대
7) 과녁의 이동 : 과녁이나 관측자가 움직이면 시력 감소
8) 연령 : 나이가 들수록 시력 감소

03 실제 사용자들의 행동 분석을 위해 사용자가 생활하는 자연스러운 생활환경에서 조사하는 사용성 평가기법으로 옳은 것은?

① Heuristic Evaluation
② Usability Lab Testing
③ Focus Group Interview
④ Observation Ethnography

해설 관찰 에쓰노 그리피(observation ethnography)
1) 실제 사용자들의 행동을 분석하기 위한 사용성 평가 기법이다.
2) 사용자가 생활하는 자연스러운 생활환경에서 비디오, 오디오에 녹화하여 시행(시험)한다.

04 인체의 감각기능 중 후각에 대한 설명으로 옳은 것은?

① 후각에 대한 순응은 느린 편이다.
② 후각은 훈련을 통해 식별능력을 기르지 못한다.
③ 후각은 냄새 존재 여부보다 특정 자극을 식별하는데 효과적이다.
④ 특정 냄새의 절대 식별 능력은 떨어지나 상대적 비교능력은 우수한 편이다.

해설 후각
1) 후각수용기 : 후상피라고 하여 콧구멍 위쪽의 점막에 위치하고 있는 상피세포이다.

2) 인간의 후각 특성
① 후각은 특정물질이나 개인에 따라 민감도의 차이가 있다.
② 특정한 냄새에 대한 절대적 식별능력은 떨어지지만 상대적 기준에 의해 냄새를 비교할 때는 제법 우수한 편이다.
③ 인간의 후각은 훈련을 통해서 식별능력을 향상시킬 수 있다.
④ 후각은 특정 자극을 식별하는데 사용되기보다는 냄새의 존재 여부를 탐지하는데 효과적이다.

정답 1. ② 2. ④ 3. ④ 4. ④

05 제어장치가 가지는 저항의 종류에 포함되지 않는 것은?

① 탄성 저항(elastic resistance)
② 관성 저항(inertia resistance)
③ 점성 저항(viscous resistance)
④ 시스템 저항(system resistance)

해설 제어장치의 저항의 종류
1) 탄성저항 : 조종장치의 변위에 따라 변한다.
2) 점성저항 : 출력과 반대 방향으로 그 속도에 비례해서 작용하는 힘 때문에 생기는 저항력이다.
3) 관성(inertia)저항 : 기계장치의 질량(중량)으로 인한 운동에 대한 저항으로 가속도에 따라 변한다.
4) 정지 및 미끄럼마찰 : 처음의 움직임에 대한 저항력인 정지마찰은 급속히 감소하나, 미끄럼마찰은 계속하여 운동에 저항하여 변위나 속도와는 무관하다.

06 음 세기(sound intensity)에 관한 설명으로 옳은 것은?

① 음 세기의 단위는 Hz 이다.
② 음 세기는 소리의 고저와 관련이 있다.
③ 음 세기는 단위시간에 단위면적을 통과하는 음의 에너지를 말한다.
④ 음압수준(sound pressure level) 측정 시 주로 1000Hz순음을 기준 음압으로 사용한다.

해설 음의세기(sound intensity)
1) 음의세기 : 단위시간에 음의 진행방향에 수직하는 단위면적을 통과하는 음에너지를 말한다.(단위: Watt/m²)
2) 음의 세기레벨(SIL)관계식

$$SIL = 10\log\left(\frac{I}{I_0}\right)(dB)$$

여기서, I : 대상음의 세기(W/m²)
I_0 : 최소가청음 세기(10^{-12} W/m)

07 시스템의 사용성 검증 시 고려되어야할 변인이 아닌 것은?

① 경제성   ② 낮은 에러율
③ 효율성   ④ 기억용이성

해설 시스템 사용성 검증시 고려되어야 할 변인
1) 에러빈도(낮은 에러율)
2) 효율성
3) 기억용이성

08 암호체계의 사용에 관한 일반적 지침에서 암호의 변별성에 대한 설명으로 옳은 것은?

① 정보를 암호화한 자극은 검출이 간으하여야 한다.
② 자극과 반응 간의 관계가 인간의 기대와 모순되지 않아야 한다.
③ 두 가지 이상의 암호 차원을 조합하여 사용하면 정보전달이 촉진된다.
④ 모든 암호표시는 감지장치에 의하여 다른 암호 표시와 구별될 수 있어야 한다.

해설 암호체계(coding system) 사용상의 일반지침
1) 암호의 검출성 : 검출이 가능해야 한다.
2) 암호의 변별성 : 다른 암호표시와 구별되어야 한다.
3) 부호의 양립성 : 양립성이란 자극들 간의, 반응들 간의, 또는 자극-반응 조합의 관계를 말하는 것으로 인간의 기대와 모순되지 않는다.
4) 부호의 의미 : 사용자가 그 뜻을 분명히 알아야 한다.
5) 암호의 표준화 : 암호를 표준화하여야 한다.(암호를 표준화하여 사람들이 쉽게 이용할 수 있어야 한다.)
6) 다차원 암호의 사용 : 2가지 이상의 암호차원을 조합해서 사용하면 정보전달이 촉진된다.

09 주의(attention)의 종류에 포함되지 않는 것은?

① 병렬주의(parallel attention)
② 분할주의(divided attention)
③ 초점주의(focused attention)
④ 선택적 주의(selective attention)

해설 주의의 종류
1) 분할주의
2) 초점주의
3) 선택적주의

10 인간공학에 관한 내용으로 옳지 않은 것은?

① 인간의 특성 및 한계를 고려한다.
② 인간을 기계와 작업에 맞추는 학문이다.
③ 인간 활동의 최적화를 연구하는 학문이다.
④ 편리성, 안정성, 효율성을 제고하는 학문이다.

해설 인간공학은 기계와 작업을 인간에게 맞추는 학문이다.

11 움직이는 몸의 동작을 측정한 인체치수를 무엇이라고 하는가?

① 조절 치수
② 파악한계 치수
③ 구조적 인체치수
④ 기능적 인체치수

해설 인체측정의 방법
1) 정적치수(구조적 인체치수)
  ① 신체의 정적자세(고정자세)에서 측정한 신체지수이다.(형태학적 측정이라고도 함.)
  ② 정적치수 인체측정기 : 마틴식(Martin) 인체측정기
  ③ 나체측정을 원칙으로 하며 제품 및 작업장 설계의 기초 자료를 활용된다.
  ④ 신체측정치는 나이, 성, 종족(인종)에 따라 다르다.

12 인간의 기억 체계에 대한 설명으로 옳지 않은 것은?

① 단위시간당 영구 보관할 수 있는 정보량은 7bit/sec이다.
② 감각 저장(sensory storage)에서는 정보의 코드화가 이루어지지 않는다.
③ 장기 기억(long-term memory)내의 정보는 의미적으로 코드화된 정보이다.
④ 작업 기억(working memory)은 현재 또는 최근의 정보를 잠시 동안 기억하기 위한 저장소의 역할을 한다.

해설 단위시간당 영구 보관할 수 있는 정보량 : 0.7bit/sec

13 인체측정 자료의 최대 집단 값에 의한 설계 원칙에 관한 내용으로 옳은 것은?

① 통상 1, 5, 10%의 하위 백분위수를 기준으로 정한다.
② 통상 70, 75, 80%의 상위 배분위수를 기준으로 정한다.
③ 문, 탈출구, 통로 등과 같은 공간의 여유를 정할 때 사용한다.
④ 선반의 높이, 조정 장치까지의 거리 등을 정할 때 사용한다.

해설 인체측정자료의 응용원칙

구분	내용
1.조절식 설계 (가변적 설계)	①신체지수가 다른 여러 사람에게 맞도록 조절식으로 설계하는 원칙이다 ②모집만 특성치의 5%값에서 95%값(90%범위)을 조절범위로 사용한다 [예] 자동차 좌석의 전후조절, 사무실 의자의 상하조절 등

구분	내용
2. 극단치를 이용한 설계 (극단적 개인용 설계)	①인체 측정 특성의 최대치수 또는 최소치수 기준으로 한 설계 원칙이다 ②최대집단값에 의한 설계: 인체 측정변수의 상위 백분위수를 기준으로 하여 90%, 95% 또는 99%값이 사용된다 [예]출입문, 탈출구, 통로, 버스 승객 의자 앞뒤 간격 등 ③최소집단값에 의한 설계: 인체 측정변수분포의 하위 1%, 5% 또는 10%값이 사용된다 [예]선반의 높이, 조정장치까지의 거리, 기구조작에 필요한 힘
3. 평균치를 이용한 설계 (평균설계)	①조절식이나 극단치를 이용한 설계가 불가능할 경우 평균값을 기준으로 하여 설계한다 ②평균치를 이용한 설계는 다른 기준이 적용되기 어려운 경우에 적용한다 [예]공공장소의 의자, 은행 접수대 높이 등

14 다음과 같은 확률로 발생하는 4가지 대안에 대한 중복률(%)은 얼마인가?

결과	확률(p)	$-\log_2 p$
A	0.1	3.32
B	0.3	1.74
C	0.4	1.32
D	0.2	2.32

① 1.8　② 2.0　③ 7.7　④ 8.7

해설 1) 평균정보량 $(H_{av}) = \Sigma P_i \log(1/P_i)$
$= \Sigma P_i(-\log P_i) = (0.1 \times 3.32) + (0.3 \times 1.74)$
$+ (0.4 \times 1.32) + (0.2 \times 2.32) = 1.846$

2) 최대정보량 $(H_{max}) = \log n = \log 4 = 2$

3) 중복률 $= \left(1 - \dfrac{H_{av}}{H_{max}}\right) \times 100 = \left(1 - \dfrac{1.846}{2}\right)$
$\times 100 = 7.7\%$

15 인간-기계 체계(Man-Mchine System)의 신뢰도(RS)가 0.9라면 기계의 신뢰도(RE)는 얼마 이상이어야 하는가? (단, 인간-기계 체계는 직렬체계이다.)

① RE ≥ 0.831　② RE ≥ 0.877
③ RE ≥ 0.915　④ RE ≥ 0.944

해설 1) 직렬체계의 시스템신뢰도 (R_s)
$R_s = R_H \times R_E$

2) 기계신뢰도 (R_E)
$R_E = \dfrac{R_S}{R_H} = \dfrac{0.85}{0.9} = 0.944$
$R_E \geq 0.944$

16 선형 표시장치를 움직이는 조종구(레버)에서의 C/R 비를 나타내는 다음 식에서 변수 a의 의미로 옳은 것은? (단, L은 컨트롤러의 길이를 의미한다.)

$$C/R비 = \dfrac{(a/360) \times 2\pi L}{표시장치의\ 이동거리}$$

① 조종장치의 여유율
② 조종장치의 최대 각도
③ 조종장치가 움직인 각도
④ 조종장치가 움직인 거리

해설 $C/R비 = \dfrac{a/360 \times 2\pi L}{표시장치\ 이동거리}$

여기서, C/R비: 조종 반응 비율
a : 조종장치의 움직인 각도
L : 레버의 길이

17 신호 검출 이론(signal detection theory)에서 판정기준을 나타내는 우도비(likelihood ratio) β와 민감도(sensitivity) d에 대한 설명으로 옳은 것은?

① β가 클수록 보수적이고, d가 클수록 민감함을 나타낸다.
② β가 클수록 보수적이고, d가 클수록 둔감함을 나타낸다.
③ β가 작을수록 보수적이고, d가 클수록 민감함을 나타낸다.
④ β가 작을수록 보수적이고, d가 클수록 둔감함을 나타낸다.

해설 신호검출이론
1) 잡음에 실린 신호의 분포는 잡음의 분포와 구분되어야 한다.
2) 신호의 유무를 판정함에 있어 반응대안의 4가지(긍정, 누락, 허위경보, 부정)가 있다.
3) 판정기준(β) : β > 1이면 보수적, β < 1이면 자유적(진취적, 모험적)이다.
4) 신호 검출의 민감도에서 신호와 잡음 간의 두 분포가 떨어져 있을수록 민감도는 커지며, 판정자는 신호와 잡음을 정확하게 판별하기 쉽다.

18 정량적 표시장치의 지침(pointer) 설계에 있어 일반적인 요령으로 적합하지 않은 것은?

① 뾰족한 지침을 사용한다.
② 지침을 눈금면과 최대한 밀착시킨다.
③ 지침의 끝은 최소 눈금선과 맞닿고 겹치게 한다.
④ 원형눈금의 경우 지침의 색은 지침 끝에서 중앙까지 칠한다.

해설 ③항, 지침의 끝은 최소눈금선과 맞닿고 겹치지 않게 한다.

19 표시장치와 제어장치를 포함하는 작업장을 설계할 때 고려해야할 사항과 가장 거리가 먼 것은?

① 작업시간
② 제어장치와 표시장치와의 관계
③ 주 시각 임무와 상호작용하는 주제어장치
④ 자주 사용되는 부품을 편리한 위치에 배치

해설 표시장치·제어장치 포함하는 작업장 설계시 고려사항
1) 제어장치와 표시장치화의 관계
2) 주 시각 임무와 상호작용하는 주제어장치
3) 자주 사용되는 부품을 편리한 위치에 배치

20 통화 이해도 측정을 위한 척도로 적합하지 않은 것은?

① 명료도 지수   ② 인식 소음 수준
③ 이해도 점수   ④ 통화 간섭 수준

해설 통화이해도
1) 통화이해도 시험 : 통화이해도 측정법은 단어나 문장을 전송하고 들은 것을 답하도록 하여 평가한다.

2) 통화이해도 평가척도
① 이해도 접수 : 음성 메시지를 정확하게 알아들을 수 있는 비율이다.
② 명료도 지수
㉠ 송화음의 통화 이해도를 추정할 수 있는 지수이다.
㉡ 각 옥타브대의 음성과 잡음의 dB값에 가중치를 곱하여 합계를 구한다.
③ 통화간섭수준 : 통화이해도에 영향을 주는 잡음의 영향을 추정하는 지수이다.

제2과목 : 작업생리학

21. 산업안전보건법령상 "소음작업"이란 1일 8시간 작업을 기준으로 얼마 이상의 소음이 발생하는 작업을 뜻하는가?
① 80데시벨 ② 85데시벨
③ 90데시벨 ④ 95데시벨

해설 소음작업
1일 8시간 작업을 기준으로 85dB 이상의 소음이 발생하는 작업을 말한다.

22. 중량물을 운반하는 작업에서 발생하는 생리적 반응으로 옳은 것은?
① 혈압이 감소한다.
② 심박수가 감소한다.
③ 혈류량이 재분배된다.
④ 산소소비량이 감소한다.

해설 중량물 운반작업시 발생하는 생리적 반응
1) 혈압상승   2) 심박수 증가
3) 산소소비량 증가   4) 혈류량 재분배

23. 수의근(voluntary muscle)에 대한 설명으로 옳은 것은?
① 민무늬근과 줄무늬근을 통칭한다.
② 내장근 또는 평활근으로 구분한다.
③ 대표적으로 심장근이 있으며 원통형 근섬유 구조를 이룬다.
④ 중추신경계의 지배를 받아 내 의지대로 움직일 수 있는 근육이다.

해설 수의근과 불수의근

1) 수의근	① 뇌와 척수신경의 지배를 받는 근육이다. ② 의사에 따라 움직이며 골격근이 이에 속한다.
2) 불수의근	① 자율신경의 지배를 받는 근육이다. ② 스스로 움직이며 내장근과 심근이 이에 속한다.

24. 신체에 전달되는 진동은 전신진동과 국소진동으로 구분되는데 진동원의 성격이 다른 것은?
① 크레인   ② 지게차
③ 대형 운송차량   ④ 휴대용 연삭기

해설 진동의 구분 및 진동원

구분	진동원
1. 전신진동	크레인, 지게차, 대형운송차량, 선박, 항공기 등
2. 국소진동	전동그라인더, 임펙트렌치, 전동렌치, 전동톱, 착암기등

25. 다음 중 중추신경계의 피로, 즉 정신피로의 측정척도로 사용할 때 가장 적합한 것은?
① 혈압(blood pressure)
② 근전도(electromyogram)
③ 산소소비량(oxygen consumption)
④ 점멸융합주파수(flicker fusion frequency)

해설 점멸융합주파수(CFF)
1) 점멸융합주파수(CFF) : 자극들이 작업자에게 일정한 속도로 제공될 때 깜빡거림 없이 연속적으로 제공되는 것처럼 느껴지는 주파수를 말한다.
2) CFF는 중추신경계의 정신적 피로를 평가하는 척도로 사용된다.
3) 작업시간이 경과할수록 CFF치는 낮아진다.
4) 마음이 긴장되었을 때나 머리가 맑을 때의 CFF치는 높아진다.

26. 힘에 대한 설명으로 옳지 않은 것은?
① 능동적 힘은 근수축에 의하여 생성된다.
② 힘은 근골격계를 움직이거나 안정시키는데 작용한다.
③ 수동적 힘은 관절 주변의 결합조직에 의하여 생성된다.
④ 능동적 힘과 수동적 힘의 합은 근절의 안정

길이의 50%에서 발생한다.

해설 힘(force)
① 정지하고 있는 물체를 움직이거나, 움직이고 있는 물체의 속도나 운동방향을 바꾸거나 물체를 변형시키는 작용을 하는 물리량이다.
② 힘은 크기와 방향을 갖는 벡터량(vector quantity)이다.

■ 길잡이
(1) 힘의작용 : 힘은 근골격계를 움직이거나 안정시키는데 작용한다.

(2) 힘의 분류
  1) 내적인 힘 : 근육이 일으키는 힘으로 능동적 힘과 수동적 힘이 있다.
    ① 능동적 힘 : 근수축에 의하여 생성된다.(길항근 : 서로 상반되는 작용을 동시에 하는 근육)
    ② 수동적 힘 : 관절 주변의 결합조직에 의하여 생성된다.
  2) 외적인 힘 : 외부에서 가해지는 충격, 중력 등을 말한다.

27 휴식 중의 에너지소비량이 1.5kcal/min인 작업자가 분당 평균 8kcal의 에너지를 소비한 작업을 60분 동안 했을 경우 총 작업시간 60분에 포함되어야 하는 휴식 시간은 약 몇 분인가? (단, Murrell의 식을 적용하며, 작업시 권장 평균 에너지소비량은 5kcal/min으로 가정한다.)

① 22분　② 28분
③ 34분　④ 40분

해설 휴식시간(R)
$$R = \frac{T(E-S)}{E-1.5} = \frac{60 \times (8-5)}{8-1.5} = 27.69$$
≒ 28분

28 근력과 지구력에 관한 설명으로 옳지 않은 것은?

① 근력에 영향을 미치는 대표적 개인적 인자로는 성(姓)과 연령이 있다.
② 정적(static) 조건에서의 근력이란 자의적 노력에 의해 등척적으로(isometrically) 낼 수 있는 최대 힘이다.
③ 근육이 발휘할 수 있는 최대 근력의 50% 정도의 힘으로는 상당히 오래 유지할 수 있다.
④ 동적(dynamic) 근력은 측정이 어려우며, 이는 가속과 관절 각도의 변화가 힘의 발휘와 측정에 영향을 주기 때문이다.

해설 지구력
1) 지구력 : 근력을 사용하여 일정한 힘을 계속 유지할 수 있는 능력을 말한다.
2) 지구력 유지 : 힘의 크기에 따라 지속시간이 달라진다.
3) 최대근력의 지속시간
  ① 최대근력의 50% 힘 : 약 1분간 유지
  ② 최대근력의 15% 이하의 힘 : 상당히 오랜 시간 유지

29 열교환에 영향을 미치는 요소와 가장 거리가 먼 것은?

① 기압　② 기온
③ 습도　④ 공기의 유동

해설 열교환에 영향을 주는 요소
① 기온
② 습도
③ 공기유동
④ 복사온도

30 전체 환기가 필요한 경우로 볼 수 없는 것은?

① 유해물질의 독성이 적을 때
② 실내에 오염물 발생이 많지 않을 때
③ 실내 오염 배출원이 분산되어 있을 때
④ 실내에 확산된 오염물의 농도가 전체적으로 일정하지 않을 때

해설 전체환기가 필요한 경우
1) 유해물질의 독성이 낮을 때
2) 유해물질의 발생량이 적을 때
3) 유해물질이 시간에 따라 균일하게 발생할 때
4) 동일한 작업장에 오염원이 분산되어 있을 때
5) 배출원이 이동성일 때
6) 배출원이 근로자 작업위치와 떨어져 있을 때
7) 국소배기장치 불가능할 때

31 다음 중 일정(constant) 부하를 가진 작업 수행 시 인체의 산소소비량 변화를 나타낸 그래프로 옳은 것은?

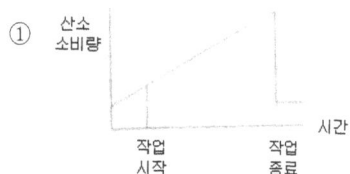

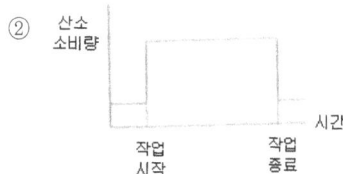

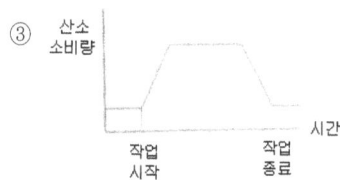

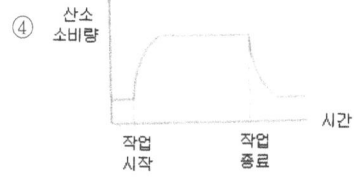

해설 [문39]참고

32 다음 생체신호를 측정할 때 이용되는 측정방법이 잘못 연결된 것은?

① 뇌의 활동 측정 – EOG
② 심장근의 활동 측정 – EKG
③ 피부의 전기 전도 측정 – GSR
④ 국부 골격근의 활동 측정 – EMG

해설 뇌의 활동 측정 : EEG(뇌전도)

33 어떤 작업에 대해서 10분간 산소소비량을 측정한 결과 100L배기량에 산소가 15%, 이산화탄소가 6%로 분석되었다. 에너지소비량은 몇 kcal/min 인가? (단, 산소 1L가 몸에서 소비되면 5kcal의 에너지가 소비되며, 공기 중에서 산소는 21%, 질소는 79%를 차지하는 것으로 가정한다.)

① 2   ② 3
③ 4   ④ 6

해설
1) 배기량 $= \dfrac{배기량(L)}{시간(\min)} = \dfrac{100L}{10\min} = 10L/\min$

2) 흡기량 $\times \dfrac{79\%}{100} = $ 배기량 $\times \dfrac{N_2\%}{100}$

   흡기량 $= \dfrac{배기량 \times N_2\%}{79} =$

   $\dfrac{배기량 \times (100 - O_2\% - CO_2\%)}{79} =$

   $\dfrac{10 \times (100 - 15 - 6)}{79} = 10L/\min$

3) 산소소비량 $=$
   $\left(흡기량 \times \dfrac{21}{100}\right) - \left(배기량 \times \dfrac{O_2\%}{100}\right)$
   $= (10 \times 0.21) - (10 \times 0.15) = 0.6 L/\min$

4) 에너지소비량 $=$
   $0.6 L/\min \times 5 kcal/L = 3 kcal/\min$

34. 중추신경계(central nervous system)에 해당하는 것은?

① 신경절(ganglia)
② 척수(spinal cord)
③ 뇌신경(cranial nerve)
④ 척수신경(spinal nerve)

해설 중추신경계
(1) 중추신경계 : 말초로부터 전달된 신체 내·외부의 자극정보를 받고 다시 말초신경을 통하여 적절한 반응을 전달하는 중추적인 신경을 말한다.
(2) 중추신경계의 구성 : 뇌(brain)와 척수(spinal cord)로 구성된다.
(3) 뇌 : 대뇌반구, 뇌간, 소뇌로 구성된다.
  1) 대뇌반구 : 좌우 두 개의 반구가 있으며 표면에 주름이 많아 표면적이 가장 크다.
    ① 대뇌 : 대뇌피질, 대뇌수질, 대뇌핵이 있다.
    ② 대뇌피질 : 위치에 따라 전두엽, 후두엽, 두정엽, 측두엽으로 세분되며, 기능에 따라 감각령, 운동령, 연합령으로 구분한다.
  2) 뇌간
    ① 간뇌 : 자극에 대한 자율적인 반응 및 체온조절
    ② 중뇌 : 시간반사와 안구운동에 관한 반사중추
    ③ 숨뇌(연수) : 호흡과 심장박동, 소화운동 등을 조절하는 생명유지 기능
  3) 소뇌 : 몸의 균형유지와 운동기능 조절
(4) 척수
  1) 척수 : 척추 속에 있으며 치질이 백질이고 수질이 회백질로 되어있다.
  2) 척수의 기능 : 뇌에서 일어난 흥분과 자극을 말초에 전달하고 말초에서의 자극을 뇌에 전달하는 전도로의 역할을 한다.
    ① 척수는 자체에서 정보를 통합하고 처리하는 기능을 가지고 있다.
    ② 대부분의 반사작용들은 척수에 의해 조절된다.

35. 다음 중 안정 시 신체 부위에 공급하는 혈액 분배 비율이 가장 높은 곳은?

① 뇌
② 근육
③ 소화기계
④ 심장

해설 혈액의 분포비율

기관	근육	소화관	심장	콩팥	뇌	피부와 뼈
비율	15%	35%	5%	20%	15%	10%

36. 다음 중 작업장 실내에서 일반적으로 추천 반사율이 가장 높은 곳은? (단, IES기준이다.)

① 천정   ② 바닥   ③ 벽   ④ 책상면

해설 옥내 최적 반사율
1) 천정 : 80~90%
2) 벽, 창문, 발(blind) : 40~60%
3) 가구, 사무기기, 책상 : 25~45%
4) 바닥 : 20~40%

37. 신체부위의 동작 유형 중 관절에서의 각도가 증가하는 동작을 무엇이라고 하는가?

① 굴곡(flexion)
② 신전(extension)
③ 내전(adduction)
④ 외전(abduction)

해설 신체부위의 동작유형
1) 굴곡(屈曲, flexion) : 관절의 각도를 감소시키는 동작
2) 신전(伸, extension) : 굴곡과 반대방향으로 움직이는 동작으로 관절의 각도를 증가시키는 동작
3) 내전(內轉, adduction) : 신체의 중심선에 가까워지도록 움직이는 동작
4) 외전(外轉, abduction) : 신체의 중심선으로부터 멀어지도록 움직이는 동작
5) 내선(內旋, medial rotation) : 신체의 중심선을 향하여 안쪽으로 회전하는 동작
6) 외선(外旋, lateral rotation) : 신체의 중심선 바깥으로 회전하는 동작

정답 34. ② 35. ③ 36. ① 37. ②

38. 소음에 의한 회화 방해현상과 같이 한음의 가청역치가 다른 음 때문에 높아지는 현상을 무엇이라 하는가?
① 사정효과 ② 차폐효과
③ 은폐효과 ④ 흡음효과

해설 은폐효과(masking)
1) 하나의 소리가 다른 소리의 판별에 방해를 주는 현상
2) 어떤 소리가 동시에 들리는 경우 다른 소리를 들을 수 있는 능력을 감소시키는 현상(음의 한 성분이 다른 성분에 대한 귀의 감수성을 감소시키는 현상)
3) 은폐의 원리
  ① 소리가 들리는 최소한의 음강도는 은폐음보다 15dB 이상이어야 한다.
  ② 은폐효과가 가장 큰 것은 은폐음과 배음(harmonic overtone)의 주파수가 가까울 때이다.
  ③ 은폐되는 소리의 임계주파수대 주변에 있는 소리들에 의해 가장 많이 은폐된다.
  ④ 은폐음의 세기가 작을 때(20~40dB)는 은폐효과가 그 은폐음 부근의 주파수에 한정되며 은폐음의 세기가 클 때(60~100dB)는 은폐효과가 보다 높은 주파수로 확대된다.

39. 강도 높은 작업을 마친 후 휴식 중에도 근육에 추가적으로 소비되는 산소량을 무엇이라 하는가?
① 산소부채 ② 산소결핍
③ 산소결손 ④ 산소요구량

해설 산소부채(oxygen debt)현상
1) 격렬한 운동을 할 때에는 산소 섭취량이 산소 소모량보다 부족하게 되어 산소량이 산소부채(산소빚)를 일으킨다.
2) 작업이나 운동 시 빚진 산소 부족분을 작업이나 운동이 끝난 후에 갖기 위해 작업이나 운동 후 호흡이 즉시 정상으로 회복되지 않고 서서히 회복되는 산소부채의 보상현상이 발생한다.
3) 작업 시 산소소비량은 작업부하가 계속되면 초기에 서서히 증가하다가 일정한 양에 도달하고 작업이 끝난 후 서서히 감소된다.

[그림] 산소부채의 형성과 보상

40. 광도비(luminance ratio)란 주된 장소와 주변 광도의 비이다. 사무실 및 산업 상황에서의 일반적인 추천 광도비는 얼마인가?
① 1:1 ② 2:1 ③ 3:1 ④ 4:1

해설 광도비(광속발산비)
1) 주어진 장소와 주위의 광속발산도의 비이다.
2) 사무실 및 산업상황에서의 추천광속발산비(추천광도비)는 보통 3:1이다.

제3과목 : 산업심리학 및 관계법규

41. 인간의 불안전행동을 예방하기 위해 Harvey에 의해 제안된 안전대책의 3E에 해당하지 않는 것은?
① Education ② Enforcement
③ Engineering ④ Environment

해설 Harvey 안전대책 3E
① Engineering : 기술
② Education : 교육
③ Enforcement : 독려

42 휴먼 에러의 배후요인 4가지(4M)에 속하지 않는 것은?

① Man   ② Machine
③ Motive   ④ Management

해설 인간과오의 배후요인 4요소(4M)
1) 맨(man) : 본인 이외의 사람(팀워크, 커뮤니케이션)
2) 머신(machine) : 장치나 기계 등의 물적요인(본질안전화, 표준화, 점검, 정비)
3) 미디어(media) : 인간과 기계를 잇는 매체란 뜻으로 작업의 방법이나 순서, 작업 정보의 실태나 환경과의 관계, 정리정돈 등이 포함된다.(환경개선, 작업방법개선 등)
4) 매니지먼트(management) : 안전법규의 준수방법, 단속, 점검 관리 외에 지휘감독, 교육훈련 등이 여기에 속한다.(적성배치, 교육훈련)

43 작업자 한 사람의 성능 신뢰도가 0.95일 때, 요원을 중복하여 2인 1조로 작업을 할 경우 이 조의 인간 신뢰도는 얼마인가? (단, 작업 중에는 항상 요원지원이 되며, 두 작업자의 신뢰도는 동일하다고 가정한다.)

① 0.9025   ② 0.9500
③ 0.9975   ④ 1.0000

해설 요원이 중복 배치되었으므로 병렬구조 신뢰도(R)
R=1-(1-0.95)(1-0.95)=0.9975

44 NIOSH의 직무 스트레스 모형에서 같은 직무 스트레스 요인에서도 개인들이 지각하고 상황에 반응하는 방식에 차이가 있는데 이를 무엇이라 하는가?

① 환경 요인   ② 작업 요인
③ 조직 요인   ④ 중재 요인

해설 중재요인 : 본문설명

구분	스트레스 요인
1. 작업 요인	1) 작업부하 2) 작업속도 3) 교대근무
2. 환경 요인 (물리적 환경)	1) 소음, 진동 2) 고온, 한랭 3) 환기불량 4) 부적절한 조명
3. 조직 요인	1) 관리유형 2) 역할요구 3) 역할모호성 및 갈등 4) 경력 및 직무안전성
4. 조직외 요인	1) 가족상황 2) 재정상태 등

45 선택반응시간(Hick의 법칙)과 동작시간(Fitts의 법칙)의 공식에 대한 설명으로 옳은 것은?

- 선택반응시간 = $a + b\log_2 N$
- 동작시간 = $a + b\log_2 (\quad)$

① N은 자극과 반응의 수, A는 목표물의 너비, W는 움직인 거리를 나타낸다.
② N은 감각기관의 수, A는 목표물의 너비, W는 움직인 거리를 나타낸다.
③ N은 자극과 반응의 수, A는 움직인 거리, W는 목표물의 너비를 나타낸다.
④ N은 감각기관의 수, A는 움직인 거리, W는 목표물의 너비를 나타낸다.

해설 1) 선택반응시간(RT)
① 인간의 반응시간(RT)은 자극과 반응의 수가 증가할수록 길어진다.(반응시간은 자극과 정보의 양에 비례한다.)
② Hick법칙 : 자극반응의 수(N)가 증가함에 따라 반응시간(RT)은 대수적으로 증가한다.(RT는 밑을 2로 하는 N의 log값에 비례해 증가한다.)
RT = $a + b\log_2 N$

여기서, RT: 반응시간(reaction time)
N: 자극과 반응의 수
2) 동작시간(Fitts 법칙) : 손과 발등의 동작시간 또는 이동시간(MT)은 목표지점까지의 손, 발의 이동거리(A)와 목표물의 크기(폭;W)에 영향을 받는다.

② FMEA : 고장의 형태와 영향분석
2) 정량적 방법
 ① ETA : 사상수분석법
 ② THERP : 인간과오율 예측기법
 ③ FTA : 결함수 분석법

46 재해 원인을 불안전한 행동과 불안전한 상태로 구분할 때 불안전한 상태에 해당하는 것은?

① 규칙의 무시　　② 안전장치 결함
③ 보호구 미착용　④ 불안전한 조작

해설 재해의 직접원인

1) 불안전한 행동 : 인적원인
2) 불안전한 상태 : 물적원인

1. 불안전한 행동	2. 불안전한 상태
① 위험장소 접근 ② 안전장치의 기능 제거 ③ 복장 보호구의 잘못 사용 ④ 기계 기구 잘못 사용 ⑤ 운전 중인 기계장치의 손실 ⑥ 불안전한 속도 조작 ⑦ 위험물 취급 부주의 ⑧ 불안전한 상태 방치 ⑨ 불안전한 자세동작 ⑩ 감독 및 연락 불충분	① 물 자체 결함 ② 안전 방호장치 결함 ③ 복장 보호구의 결함 ④ 물의 배치 및 작업장소 결함 ⑤ 작업환경의 결함 ⑥ 생산 공정의 결함 ⑦ 경계표시, 설비의 결함

48 조직의 리더(leader)에게 부여하는 권한 중 구성원을 징계 또는 처벌할 수 있는 권한은?

① 보상적 권한　② 강압적 권한
③ 합법적 권한　④ 전문성의 권한

해설 리더십의 권한

1) 조직이 지도자에게 부여한 권한
 ① 보상적 권한 : 지도자가 부하들에게 보상할 수 있는 능력으로 인해 부하직원들을 통제할 수 있으며 부하들의 행동에 대해 영향을 끼칠 수 있는 권한이다.
 ② 강압적 권한 : 부하직원들을 처벌할 수 있는 권한이다.
 ③ 합법적 권한 : 조직의 규정에 의해 지도자의 권한이 공식화 된 것을 말한다.
2) 지도자 자신이 자신에게 부여한 권리 : 부하직원들이 지도자으 성격이나 그 능력을 인정하고 지도자를 존경하며 자진해서 따르는 것이다.
 ① 전문성의 권한 : 지도자가 목표수행에 필요한 전문인 지식을 갖고 업무수행을 하므로 부하직원들이 자발적으로 지도자를 따르게 된다.
 ② 위임된 권한 : 집단의 목표를 성취하기 위해 부하직원들이 지도자가 정한 목표를 자진해서 자신의 것으로 받아들여 지도자와 함께 일하는 것이다.

47 시스템 안전 분석기법 중 정량적 분석 방법이 아닌 것은?

① 결함나무 분석(FTA)
② 사상나무 분석(ETA)
③ 고장모드 및 영향분석(FMEA)
④ 휴먼 에러율 예측기법(THERP)

해설 수리적 방법에 의한 안전분석기법의 분류

1) 정성적 방법
 ① PHA : 예비사고(위험)분석

49 허즈버그(Herzberg)의 동기요인에 해당되지 않는 것은?

① 성장　　② 성취감
③ 책임감　④ 작업조건

정답 46. ② 47. ③ 48. ② 49. ④

해설 허즈버그(Herzberg의 2요인(위생요인 및 동기요인)
1) 위생요인 : 직무환경에 관계된 내용으로 기업정책, 개인 상호간의 관계(친교, 대인관계), 감독형태, 작업조건, 임금(급료), 보수지위, 안전 등이 있다.
2) 동기요인 : 직무내용(일의 내용)에 관한 것으로 목표 달성에 대한 성취감, 안정감, 도전감, 책임감, 성장과 발전, 작업자체 등이 있다.(자아실현을 하려는 인간의 독특한 경향 반영)

50 다음 중 에러 발생 가능성이 가장 낮은 의식수준은?
① 의식수준 0
② 의식수준 Ⅰ
③ 의식수준 Ⅱ
④ 의식수준 Ⅲ

해설 의식수준의 단계

단계	의식의 상태	주의 작용	생리적 상태	신뢰성	뇌파 형태
phase 0	무의식, 실신	없음 (zero)	수면, 뇌발작	0	δ파
phase Ⅰ	정상이하 (subnormal) 의식 몽롱함	부주의 (inactive)	피로, 단조, 졸음, 술취함	0.9 이하	θ파
phase Ⅱ	정상, 이완상태 (normal, relaxed)	수동적 (passice) 마음이 안쪽으로 향함	안정기거, 휴식시, 장례작업 시	0.99~ 0.9999	α파
phase Ⅲ	정상, 상쾌한 상태 (normal, clear)	능동적 (active) 앞으로 향하는 주의 시야도 넓다	적극 활동 시	0.999999 이상	-β파
phase Ⅳ	초정상, 과긴장 상태 (hypernormal, excited)	일점으로 응집, 판단지	긴급 방위 반응 당황해서 panic	0.9 이하	β파 전자파

51 개인의 기술과 능력에 맞게 직무를 할당하고 작업환경 개선을 통하여 안심하고 작업할 수 있도록 하는 스트레스 관리 대책은?
① 직무 재설계
② 긴장 이완법
③ 협력관계 유지
④ 경력계획과 개발

해설 스트레스 관리대책 중 직무재설계
1) 개인의 적성과 능력에 맞게 설계하고 직무를 할당한다.
2) 작업환경 개선을 통하여 안전하게 작업할 수 있도록 한다.

52 Rasmussen의 인간행동 분류에 기초한 인간 오류에 해당하지 않는 것은?
① 규칙에 기초한 행동(rule-based behavior) 오류
② 실행에 기초한 행동(commission-based behavior) 오류
③ 기능에 기초한 행동(skill-based behavior) 오류
④ 지식에 기초한 행동(knowledge-based behavior) 오류

해설 인간의 행동 또는 수준에 따른 휴먼에러의 분류 (Rasmussen 모델)
1) 숙련기간 에러(skill-based error) : 기능에 기초한 행동오류
2) 규칙기반 에러(Rule-based error) : 규칙에 기초한 행동오류
3) 지식기반 에러(Know-based error) : 지식에 기초한 행동오류

53 사고발생에 있어 부주의 현상의 원인에 해당되지 않는 것은?
① 의식의 우회
② 의식의 혼란
③ 의식의 중단
④ 의식수준의 향상

정답 50.④ 51.① 52.② 53.④

[해설] **부주의 현상**

1) 의식의 단절 : 지속적인 의식의 흐름에 단절이 생기고 공백의 상태가 나타나는 것으로 특수한 질병이 있는 경우에 나타난다.(의식수준: phase 0)
2) 의식의 우회 : 의식의 흐름이 옆으로 빗나가 발생하는 경우로서 작업도중 걱정, 고뇌, 욕구 불만 등에 의해 다른 것에 정신을 빼앗기는 경우이다.(의식수준: phase 0)
3) 의식수준의 저하 : 혼미한 정신 상태에서 심신이 피로한 경우나 단조로운 반복작업시 일어나기 쉽다.(의식수준: phase I 이하)
4) 의식의 과잉 : 지나친 의욕에 의해서 생기는 부주의 현상으로 긴급사태시 순간적으로 긴장이 한 방향으로만 쏠리게 되는 경우이다.(의식수준: phase IV)

54 제조물책임법상 결함의 종류에 해당되지 않는 것은?

① 재료상의 결함 ② 제조상의 결함
③ 설계상의 결함 ④ 표시상의 결함

[해설] **제조물(제품) 결함의 유형**

1) 제조상의 결함 : 제품의 제조과정에서 보낼의 설계 사양과 다르게 제작된 불량품을 발견하지 못한 결함을 말한다.(본문설명)
2) 설계상의 결함 : 제품 설계과정에서 발생한 결함으로 설계에 따라 제품이 제조될 경우 발생하는 결함을 말한다.
3) 표시상의 결함(지시·경고상의 결함) : 제품에 대한 적절한 지시나 경고를 하지 않아 제품의 설치 및 사용시 사고를 유발하는 결함을 말한다.

55 레빈(Lewin, K)이 주장한 인간의 행동에 대한 함수식(B=f(P·E)에서 개체(Person)에 포함되지 않는 변수는?

① 연령 ② 성격
③ 심신 상태 ④ 인간관계

[해설] **레빈(K. Lewin)의 법칙**

Lewin은 인간의 행동(B)은 그 사람이 가진 자질 즉, 개체(P)와 심리학적 환경(E)과의 상호 함수관계에 있다고 하였다.

∴ B = f(P · E)

1) B(Behavior) : 인간의 행동
2) f(function, 함수 관계) : 적성, 기타 P와 E에 영향을 미칠 수 있는 조건
3) P(Person, 개체) : 연령, 경험, 심신상태, 성격, 지능 등 인간의 조건
4) E(environment, 심리적 환경) : 인간관계, 작업환경 등 환경조건

56 재해율과 관련된 설명으로 옳은 것은?

① 재해율은 근로자 100명당 1년간에 발생하는 재해자 수를 나타낸다.
② 도수율은 연간 총 근로시간 합계에 10만 시간당 재해발생 건수이다.
③ 강도율은 근로자 1000명당 1년 동안에 발생하는 재해자 수(사상자 수)를 나타낸다.
④ 연천인율은 연간 총 근로시간에 1000시간당 재해 발생에 의해 잃어버린 근로손실일수를 말한다.

[해설] **재해율**

1) 도수율 : 연근로시간 100만 (106)시간당 발생하는 재해건수(재해의 양을 나타냄)

$$도수율 = \frac{재해건수}{연근로시간수} \times 10^6$$

2) 강도율 : 연근로시간 1000시간당 근로손실일수(재해의 질을 나타냄)

$$강도율 = \frac{근로손실일수}{연근로시간수} \times 1000$$

3) 연천인율 : 연평균 근로자수 1000명당 발생하는 사상자 수

$$연천인율 = \frac{사상자수}{연평균근로자수} \times 1000$$

57 막스 웨버(Max Weber)가 주장한 관료주의에 관한 설명으로 옳지 않은 것은?

① 노동의 분업화를 전제로 조직을 구성한다.
② 부서장들의 권한 일부를 수직적으로 위임하도록 했다.
③ 단순한 계층구조로 상위리더의 의사결정이 독단화되기 쉽다.
④ 산업화 초기의 비규범적 조직운영을 체계화시키는 역할을 했다.

해설 관료주의의 특징(Max Weber)
1) 관료주의는 합리적이고 공식적 조직으로 관리자와 근로자의 역할을 엄격히 규정한다.
2) 비개인적이며 법과 규정에 의한 합리적 관리로 예측 가능한 조직체제를 유지한다.
3) 수직적으로 하부조직에 적절한 권한을 위임하고 하부조직과 인원을 적절한 규모가 되도록 한다.
4) 조직구조는 노동의 분업화를 전제로 한다.

58 집단 응집력(group cohesiveness)을 결정하는 요소에 대한 내용으로 옳지 않은 것은?

① 집단의 구성원이 적을수록 응집력이 낮다.
② 외부의 위협이 있을 때에 응집력이 높다.
③ 가입의 난이도가 쉬울수록 응집력이 낮다.
④ 함께 보내는 시간이 많을수록 응집력이 높다.

해설 집단의 응집성
1) 집단 구성원들이 그 집단에 남아 있기를 원하는 정도를 말한다.
2) 집단 구성원들이 서로에게 매력적으로 끌리어 그 집단목표를 효율적으로 궁유하고 달성하는 정도를 말한다.
3) 집단 응집성은 상대적인 것으로 응집성이 높은 집단일수록 결근율과 이직율이 낮다.
4) 집단의 구성원이 많을수록 응집력은 낮아진다.
5) 집단응집성지수 관계식

$$집단응집성지수 = \frac{실제상호선호관계의수}{가능한선호관계의총수(_nC_2)}$$

여기서, 실제상호 선호관계의 수 : 실제상호작용의 수
가능한 선호관계의 총수 : $_nC_2$ (n: 집단구성원 수)

59 재해 발생에 관한 하인리히(H.W. Heinrich)의 도미노 이론에서 제시된 5가지 요인에 해당하지 않는 것은?

① 제어의 부족
② 개인적 결함
③ 불안전한 행동 및 상태
④ 유전 및 사회 환경적 요인

해설
1) 하인리히(Heinrich)의 사고연쇄성이론[도미노(domino)현상]
   ① 1단계 : 사회적환경 및 유전적 요소(선천적 결함)
   ② 2단계 : 개인적 결함(성격결함 등)
   ③ 3단계 : 불안전한 행동 및 불안전한 상태(사고방지를 위해 중점적으로 배제해야 할 사항)
   ④ 4단계 : 사고
   ⑤ 5단계 : 재해

2) 버드(Bird)의 최고사고연쇄성 이론(버드의 관리모델, 경영자의 책임이론)
   ① 1단계 : 통제의 부족-관리소홀(재해발생의 근본적 원인)
   ② 2단계 : 기본원인-기원(작업자-환경결함)
   ③ 3단계 : 직접원인-징후(불안전한 행동 및 상황)
   ④ 4단계 : 사고-접촉
   ⑤ 5단계 : 상해-손해-손실

60 리더십 이론 중 관리격자이론에서 인간관계에 대한 관심이 낮은 유형은?

① 타협형
② 인기형
③ 이상형
④ 무관심형

해설 관리그리드의 리더십 이론

리더십 모델	정의
1. (1,1형) 무기력형(무관심형)	인간과 업적에 모두 최소의 관심을 가지고 있는 형이다
2. (1,9형) 인기형 (관계형)	인간중심적, 인간지향적으로 업적에 대한 관심이 낮다
3. (9,1형) 인기형 (관계형)	업적에 대하여 최대의 관심을 갖고 인간에 대해서는 무관심한 형이다
4. (9,9형) 이상형	업적과 인간의 쌍방에 대하여 높은 관심을 갖는 형이다
5. (5,5형) 중도형	업적과 인간에 대한 관심도가 중간치를 나타내는 형이다

제4과목 : 근골격계질환예방을위한작업관리

61 작업측정에 관한 설명으로 옳지 않은 것은?

① 정미시간을 반복생산에 요구되는 여유시간을 포함한다.
② 인적여유는 생리적 욕구에 의해 작업이 지연되는 시간을 포함한다.
③ 레이팅은 측정작업 시간을 정상작업 시간으로 보정하는 과정이다.
④ TV조립공정과 같이 짧은 주기의 작업은 비디오 촬영에 의한 시간연구법이 좋다.

해설 1) 표준시간 = 정미시간+여유시간
① 정미시간 : 매회 또는 주기적으로 발생하는 작업수행시간(정상 시간이라고도 함)

$$정미시간 = 관측시간의 대표값 \times \left(\frac{레이팅계수}{100}\right)$$

여기서, 관측시간의 대푯값 : 관측평균시간,
레이팅계수 : 평정계수 또는 정상화계수

② 여유시간 : 작업자가 작업중에 발생하는 생리적 현상이나 피로로 인한 작업의 중단, 지연, 지체 등을 보상해주는 시간을 의미한다.

62 다음 중 작업개선에 있어서 개선의 ECRS에 해당하지 않는 것은?

① 보수(Repair)
② 제거(Eliminate)
③ 단순화(Simplify)
④ 재배치(Rearrange)

해설 작업개선의 ECRS원칙
1) E(eliminate) : 불필요한 작업을 찾아 제거
2) C(combine) : 다른 작업과 결합
3) R(rearrange) : 작업 순서를 변경
4) S(simplify) : 작업을 단순화다

63 Work Factor에서 동작시간 결정 시 고려하는 4가지 요인에 해당하지 않는 것은?

① 수행도   ② 동작 거리
③ 중량이나 저항   ④ 인위적 조절정도

해설 Work Factor(WF)에서 동작시간 결정시 고려하는 4가지 요인
1) 동작신체부위
2) 동작거리
3) 중량 또는 저항
4) 동작의 인위적 조절

64 산업안전보건법령상 근골격계 부담작업에 해당하는 기준은?

① 하루에 5회 이상 20kg 이상의 물체를 드는 작업
② 하루에 총 1시간 키보드 또는 마우스를 조작하는 작업
③ 하루에 총 2시간 이상 목, 허리, 팔꿈치, 손목 또는 손을 사용하여 다양한 동작을 반복하는 작업
④ 하루에 총 2시간 이상 지지되지 않은 상태에서 4.5kg이상의 물건을 한 손으로 들거나 동일한 힘으로 쥐는 작업

정답 61. ① 62. ① 63. ① 64. ④

해설 근골격계 부담작업의 범위(단기간작업 또는 간헐적인 작업은 제외)
1) 하루에 4시간 이상 집중적으로 자료입력 등을 위해 키보드 또는 마우스를 조작하는 작업
2) 하루에 총 2시간 이상, 목, 어깨, 팔꿈치, 손목 또는 손을 사용하여 같은 동작을 반복하는 작업
3) 하루에 총 2시간 이상 머리 위에 손이 있거나, 팔꿈치가 어깨 위에 있거나, 팔꿈치를 몸통으로 들거나, 팔꿈치를 몸통 뒤쪽에 위치하도록 하는 상태에서 이루어지는 작업
4) 지지되지 않은 상태이거나 임의로 자세를 바꿀 수 없는 조건에서, 하루에 총 2시간 이상 목이나 허리를 구부리거나 트는 상태에서 이루어지는 작업
5) 하루에 총 2시간 이상 쪼그리고 앉거나 무릎을 굽힌 자세에서 이루어지는 작업
6) 하루에 총 2시간 이상 지지되지 않은 상태에서 1kg 이상의 물건을 한 손의 손가락으로 집어 올리거나, 2kg 이상에 상응하는 힘을 가하여 한손의 손가락으로 물건을 쥐는 작업
7) 하루에 총 2시간 이상 지지되지 않은 상태에서 4.5kg 이상의 물체를 드는 작업
8) 하루에 10회 이상 25kg이상의 물체를 드는 작업
9) 하루에 25회 이상 10kg 이상의 물체를 무릎 아래에서 들거나, 어깨 위에서 들거나, 팔을 뻗은 상태에서 드는 작업
10) 하루에 총 2시간 이상, 분당 2회 이상 4.5kg 이상의 물체를 드는 작업
11) 하루에 총 2시간 이상 시간당 10회 이상 또는 무릎을 사용하여 반복적으로 충격을 가하는 작업

65 워크 샘플링(work sampling)의 특징으로 옳지 않은 것은?

① 짧은 주기나 반복 작업에 효과적이다.
② 관측이 순간적으로 이루어져 작업에 방해가 적다.
③ 작업 방법이 변화되는 경우에는 전체적인 연구를 새로 해야 한다.
④ 관측자가 여러 명의 작업자나 기계를 동시에 관측할 수 있다.

해설 1) 하루에 4시간 이상 집중적으로 자료입력 등을 위해 키보드 또는 마우스를 조작하는 작업
2) 하루에 총 2시간 이상, 목, 어깨, 팔꿈치, 손목 또는 손을 사용하여 같은 동작을 반복하는 작업
3) 하루에 총 2시간 이상 머리 위에 손이 있거나, 팔꿈치가 어깨 위에 있거나, 팔꿈치를 몸통으로 들거나, 팔꿈치를 몸통 뒤쪽에 위치하도록 하는 상태에서 이루어지는 작업
4) 지지되지 않은 상태이거나 임의로 자세를 바꿀 수 없는 조건에서, 하루에 총 2시간 이상 목이나 허리를 구부리거나 트는 상태에서 이루어지는 작업
5) 하루에 총 2시간 이상 쪼그리고 앉거나 무릎을 굽힌 자세에서 이루어지는 작업
6) 하루에 총 2시간 이상 지지되지 않은 상태에서 1kg 이상의 물건을 한 손의 손가락으로 집어 올리거나, 2kg 이상에 상응하는 힘을 가하여 한손의 손가락으로 물건을 쥐는 작업
7) 하루에 총 2시간 이상 지지되지 않은 상태에서 4.5kg 이상의 물체를 드는 작업
8) 하루에 10회 이상 25kg이상의 물체를 드는 작업
9) 하루에 25회 이상 10kg 이상의 물체를 무릎 아래에서 들거나, 어깨 위에서 들거나, 팔을 뻗은 상태에서 드는 작업
10) 하루에 총 2시간 이상, 분당 2회 이상 4.5kg 이상의 물체를 드는 작업
11) 하루에 총 2시간 이상 시간당 10회 이상 또는 무릎을 사용하여 반복적으로 충격을 가하는 작업

1. 장점	1)자료수집 및 분석 시간이 적다(작은 시간으로 연구수행 가능) 2)관측이 순간적으로 이루어져 작업에 방해가 된다 3)한명의 연구자가 여러명의 작업자나 기계를 동시에 관측할 수 있다 4)조사기간을 길게 하여 평상시의 작업상황을 그대로 반영시킬 수 있다 5)특별한 시간 측정 장비가 필요없다
2. 단점	1)짧은 주기나 반복작업인 경우 적당치 않다 2)한명의 작업자나 한 대의 소수 작업자나 기계만을 대상으로 연구하는 경우 비용이 커진다 3)Time study보다 자세하지 않다

정답 65. ①

66. NIOSH 들기 공식에서 고려되는 평가요소가 아닌 것은?

① 수평거리
② 목 자세
③ 수직거리
④ 비대칭 각도

해설 들기 작업 공식(NLE; NIOSH Lifting Equation)
1) 들기작업공식 : 들기작업의 위험성을 정량적으로 평가할 수 있는 평가기법으로 들기작업에 대한 권장무게한계(RWL)를 산출하여 작업의 위험성을 예측한다.

2) 권장중량한계(RWL; Recommended weight Limit)
  ① RWL의 정의 : 건강한 작업자가 요통의 위험없이 최대 8시간 작업시간동안 들기작업을 할 수 있는 취급을 중량의 한계값을 말한다.
  ② RWL의 공식
  $$RWL(kg) = LC \times HM \times VM \times DM \times AM \times FM \times CM$$

[표] 공식의 계수

계수 기호	계수내용	계수 구하는 법
LC	중량상수(부하상수)	23kg : 최적작업상태 권장최대무게
HM	수평계수	25/H, H<63cm
VM	수직계수	1-(0.003×1V-751)
DM	(물체이동)거리계수	0.82+(4.5/D)
AM	비대칭 각도계수	1-(0.0032A)
FM	(작업)빈도계수	표 이용
CM	커플링계수(결합계수)	표 이용

67. 관측평균시간이 0.8분, 레이팅계수 120%, 정미시간에 대한 작업 여유율이 15%일때 표준시간은 약 얼마인가?

① 0.78분
② 0.88분
③ 1.104분
④ 1.264분

1) 정미시간 = 관측시간의대표값 × $\left(\dfrac{\text{레이팅계수}}{100}\right)$ = $0.8 \times \dfrac{120}{100}$ = 0.96

2) (외경법)표준시간 = 정미시간×(1+여유율) = 0.96×(1+0.15) = 1.104분

68. 동작경계의 원칙에서 작업장 배치에 관한 원칙에 해당하는 것은?

① 각 손가락이 서로 다른 작업을 할 때 작업량을 각 손가락의 능력에 맞게 분배한다.
② 중력이송원리를 이용한 부품상자나 용기를 이용하여 부품을 사용 장소에 가까이 보낼 수 있도록 한다.
③ 손과 신체의 동작은 작업을 원만하게 처리할 수 있는 범위 내에서 가장 낮은 동작등급을 사용한다.
④ 눈의 초점을 모아야 할 수 있는 작업은 가능한 적게 하고, 이것이 불가피한 경우 두 작업간의 거리를 짧게 한다.

해설 작업장 배치에 관한 사항
1) 모든 공구와 재료는 정하여진 장소에 두어야 한다.
2) 공구와 재료, 조종장치는 사용위치에 가까이 둔다.
3) 중력을 이용한 상자나 용기를 이용하여 부품이나 재료를 사용 장소에 가까이 보낼 수 있도록 한다.
4) 가능하면 낙하식 운반방법을 사용한다.
5) 재료와 공구는 최적의 동작순서로 작업할 수 있도록 배치해 둔다.
6) 최적의 채광 및 조명을 제공한다.
7) 작업대와 의자는 각 작업자에게 알맞도록 설계되어야 한다.
8) 의자는 인간공학적으로 잘 설계된 높이가 조절되는 의자를 제공한다.

69 작업 개선방법을 관리적 개선방법과 공학적 개선방법으로 구분할 때 공학적 개선방법에 속하는 것은?

① 적절한 작업자의 선발
② 작업자의 교육 및 훈련
③ 작업자의 작업속도 조절
④ 작업자의 신체에 맞는 작업장 개선

해설 작업자의 신체에 맞는 작업장 개선 : 공학적 개선

70 근골격계질환 예방을 위한 방안과 거리가 먼 것은?

① 손목을 곧게 유지한다.
② 춥고 습기 많은 작업환경을 피한다.
③ 손목이나 손의 반복동작을 활용한다.
④ 손잡이는 손에 접촉하는 면적을 넓게 한다.

해설 근골격계질환 예방을 위한 수공구의 인간공학적 설계원칙
1) 손목을 곧게 유지할 것(손목을 똑바로 펴서 사용)
2) 손바닥에 과도한 압박을 피할 것(조직에 가해지는 접촉 스트레스를 피할 것)
3) 사용자의 손크기에 적합하게 설계(design)할 것
4) 반복적 손가락 동작을 피할 것
5) 가장 큰 힘을 낼 수 있는 가운데 손가락이나 엄지손가락을 사용할 것
6) 정적 근육부하가 오래 지속되지 않도록 할 것
7) 팔을 회전하는 동작은 팔꿈치를 구부린 자세에서 행할 것
8) 힘을 발휘하는 작업에는 파워쥐기(power grip), 정밀을 요하는 작업에는 핀치쥐기(pinch grip)를 사용할 것
9) 수공구 대신 동력공구를 사용하도록 할 것

71 수공구를 이용한 작업 개선원리에 대한 내용으로 옳지 않은 것은?

① 진동 패드, 진동 장갑 등으로 손에 전달되는 진동 효과를 줄인다.
② 동력 공구는 그 무게를 지탱할 수 있도록 매달거나 지지한다.
③ 힘이 요구되는 작업에 대해서는 감싸쥐기(power grip)를 이용한다.
④ 적합한 모양의 손잡이를 사용하되, 가능하면 손바닥과 접촉면을 좁게 한다.

해설 손잡이는 가능한 접촉면적을 넓게 한다.

72 어느 회사의 컨베이어 라인에서 작업순서가 다음 표의 번호와 같이 구성되어 있을 때, 다음 설명 중 옳은 것은?

작업	1.조립	2.납땜	3.검사	4.포장
시간(초)	10초	9초	8초	7초

① 공정 손실은 15%이다.
② 애로작업은 검사작업이다.
③ 라인의 주기시간은 7초이다.
④ 라인의 시간당 생산량은 6개이다.

해설 1) 애로작업 : 조립작업(작업중에서 작업시간이 가장 긴 공정)
2) 주기시간(사이클 시간) : 10초(가장 긴 작업시간)
3) 시간당 생산량 =
$$\frac{3600초}{주기시간/개} = \frac{3600초}{10초/개} = 360개$$
4) 공정손실
① 제 1방법
· 공정효율$(E) = \frac{\Sigma t_i}{N \times T_c} \times 100 =$
$$\frac{10+9+8+7}{4 \times 10} \times 100 = 85\%$$
· 공정손실 $= 100 - E = 100 - 85 = 15\%$
② 제 2방법
· 공정손실 $= \frac{총유휴시간}{작업장수(N) \times 주기시간(T_c)}$
$\times 100 = \frac{6}{4 \times 10} \times 100 = 15\%$
· 총 유휴시간 = 납땜작업 유휴시간 + 검사작업 유휴시간 + 포장작업 유휴시간
$= (10-9)+(10-8)+(10-7) = 6$

정답 69.④ 70.③ 71.④ 72.①

73. 동작분석(motion study)에 관한 설명으로 옳지 않은 것은?

① 동작분석 기법에는 서블릭법과 작업측정기법을 이용하는 PTS법이 있다.
② 작업과정에서 무리·낭비·불합리한 동작을 제거, 최선의 작업방법으로 개선하는 것이 목표이다.
③ 미세 동작분석은 작업주기가 짧은 작업, 규칙적인 작업주기시간, 단기적 연구대상 작업 분석에는 사용할 수 없다.
④ 작업을 분해 가능한 세밀한 단위로 분석하고 각 단위의 변이를 측정하여 표준작업방법을 알아내기 위한 연구이다.

[해설] 미세동작 분석
1) 동작을 세분하여 분석하기 때문에 필름, 테이프에 작업장면을 촬영한 후 필름을 분석한다.
2) 비디오 분석은 즉시성과 재현성을 모두 구비한 방법이다.
3) 미세동작분석은 작업주기가 긴 작업이나 불규칙한 작업의 동작분석에 부적합하다.
4) SIMO chart는 미세동작 연구인 동시에 동작 사이클 차트이다.

74. 사업장 근골격계질환 예방관리 프로그램에 있어 예방·관리추진팀의 역할이 아닌 것은?

① 교육 및 훈련에 관한 사항을 결정하고 실행한다.
② 예방·관리 프로그램의 수립 및 수정에 관한 사항을 결정한다.
③ 근골격계 질환의 증상·유해요인 보고 및 대응체계를 구축한다.
④ 유해요인 평가 및 개선계획의 수립과 시행에 관한 사항을 결정하고 실행한다.

[해설] 근골격계질환 예방·관리 추진팀의 역할
1) 교육 및 훈련에 관한 사항을 결정하고 실행
2) 유해요인 평가, 개선계획의 수립 및 시행에 관한 사항을 결정하고 실행
3) 예방관리 프로그램의 수집 및 수정에 관한 사항 결정
4) 예방관리 프로그램의 실행 및 운행에 관한 사항 결정
5) 근골격계 질환자에 대한 사후조치 및 근로자 건강보호에 관한 사항 등을 결정하고 실행

75. 산업안전보건법령상 근골격계부담작업의 유해요인조사에 대한 내용으로 옳지 않은 것은? (단, 해당 사업장은 근로자가 근골격계 부담작업을 하는 경우이다.)

① 정기 유해요인 조사는 2년마다 유해요인조사를 하여야 한다.
② 신설되는 사업장의 경우에는 신설일로부터 1년 이내 최초의 유해요인 조사를 하여야 한다.
③ 조사항목으로는 작업량, 작업속도 등의 작업장의 상황과 작업자세, 작업방법 등의 작업조건이 있다.
④ 근골격계부담작업에 해당하는 새로운 작업·설비를 도입한 경우 지체없이 유해요인 조사를 해야 한다.

[해설] 유해요인조사 시기
1) 정기유해요인 조사시기 : 최초 유해요인 조사를 완료한 날(또는 수시유해요인 조사를 완료한 날)로부터 매3년마다 주기적으로 실시하여야 한다.
2) 수시 유해요인 조사시기
① 임시건강진단 등에서 근골격계질환자로 진단 받았거나 산업재해보상법에 의해 근골격계질환으로 요양결정을 받은 경우
② 근골격계부담작업에 해당하는 새로운 작업설비를 특정작업(공정)에 도입한 경우
③ 근골격계부담작업에 해당하는 업무의 양과 작업공정 등 특정작업의 환경이 변경된 경우

76 유통선로(flow diagram)의 기능으로 옳지 않은 것은?

① 자재흐름의 혼잡지역 파악
② 시설물의 위치나 배치관계 파악
③ 공정과정의 역류현상 발생유무 점검
④ 운반과정에서 물품의 보관 내용 파악

해설 유통선도(flow diagram)
1) 유통선도 : 유통공정도에 사용하는 기호를 발생위치에 따라 기존시설의 배치도 상에 표시한 후 이를 선으로 연결한 차트이다.
2) 특징
  ① 자재흐름의 혼잡지역 파악(물자흐름의 복잡한 곳 파악)
  ② 시설물의 위치나 배치관계 파악(시설배치 문제에 적용되어 운반거리 감소)
  ③ 공정과정의 역류현상 발생유무 점검

77 팔꿈치 부위에 발생하는 근골격계 질환 유형은?

① 결정종(ganglion)
② 방아쇠 손가락(trigger finger)
③ 외상 과염(lateral epicondylitis)
④ 수근관 증후군(carpal tunnel syndrome)

해설 외상과염(테니스엘보)
팔꿈치 부위(손목을 굽히거나 펴는 근육이 시작되는 부위)의 인대에 염증이 생김으로서 발생하는 증상이다.

78 작업관리의 주목적과 가장 거리가 먼 것은?

① 생산성 향상
② 무결점 달성
③ 최선의 작업방법 개발
④ 재료, 설비, 공구 등의 표준화

해설 작업관리의 주 목적
1) 생산성향상
2) 최선의 작업방법 개발
3) 재료, 설비, 공구등의 표준화

79 다음 서블릭(therblig)기호 중 효율적 서블릭에 해당하는 것은?

① Sh ② G ③ P ④ H

해설 서블릭의 구분(기호)

효율적인 서블릭 (작업진행에 필요한 서블릭)	
1) 빈손운동(TE) 2) 운반(TL) 3) 쥐기(G) 4) 내려놓기(RL) 5) 미리놓기(PP)	기본동작 부분
6) 사용(U) 7) 조립(A) 8) 분해(DA)	동작목적을 가진 부분

비효율적 서블릭 (작업수행에 도움이 되지 못하는 서블릭)	
1) 찾기(SH) 2) 고르기(ST) 3) 바로놓기(P) 4) 검사(I) 5) 계획(PN)	정신적 · 반정신적인 부분
6) 불가피한 지연(UD) 7) 피할 수 있는 지연(AD) 8) 휴식(R) 9) 잡고있기(H)	정체적인 부분

80 영상표시단말기(VDT) 취급근로자 작업관리지침상 작업기기의 조건으로 옳지 않은 것은?

① 키보드와 키 윗부분의 표면은 무광택으로 할 것
② 영상표시단말기 화면은 회전 및 경사조절이 가능할 것
③ 키보드의 경사는 3°이상 20°이하, 두께는 4cm 이하로 할 것
④ 단색화면일 경우 색상은 일반적으로 어두운 배경에 밝은 황 · 녹색 또는 백색문자를 사용하고 적색 또는 청색의 문자는 가급적 사용하지 않을 것

정답 76. ④ 77. ③ 78. ② 79. ②

[해설] **키보드**

1) 키보드의 경사 : 5~15°, 두께 : 3cm 이하
2) 작업대 끝면과 키보드 사이 : 15cm 이상 확보할 것
3) 키보드와 키 윗부분의 표면은 무광택으로 할 것
4) 키보드는 취급근로자가 조작위치를 조작할 수 있도록 이동 가능한 것으로 할 것

2021 >>> 제3회 기출문제

제1과목 : 인간공학개론

01 신호검출이론에서 판정기준(criterion)이 오른쪽으로 이동할 때 나타나는 현상으로 옳은 것은?

① 허위경보(false alarm)가 줄어든다.
② 신호(signal)의 수가 증가한다.
③ 소음(noise)의 분포가 커진다.
④ 적중 확률(실제 신호를 신호로 판단)이 높아진다.

해설 신호검출이론의 판정기준(criterion)
판정기준()은 반응 기준점에서의 두분포의 높이의 비 (신호/소음)로 나타낸다.

$$\beta = \frac{b}{a}$$

여기서, a : 소음분포의 높이
b : 신호분포의 높이

1) 판정기준점이 오른쪽으로 이동할 경우(β〉1; β증가)
 ① 신호로 판정하는 수가 감소한다.
 ② 신호가 나타났을 때 신호의 정확한 판정(긍정)은 낮아진다.(실제 신호를 신호로 판단하는 적중확률이 낮아진다)
 ③ 허위경보(false alarm)는 줄어든다.

2) 판정기준점이 왼쪽으로 이동할 경우(β〈1; β감소)
 ① 신호로 판정하는 수가 많아진다.
 ② 신호의 정확한 판정(긍정)이 많아지는 동시에 허위경보도 증가한다.

02 인간공학의 연구 목적과 가장 거리가 먼 것은?

① 인간오류의 특성을 연구하여 사고를 예방
② 인간의 특성에 적합한 기계나 도구의 설계
③ 병리학을 연구하여 인간의 질병퇴치에 기여
④ 인간의 특성에 맞는 작업환경 및 작업방법의 설계

해설 인간공학의 목표
인간의 신체적·정신적 특성을 연구하여 도구, 기구, 시스템, 직무 및 환경의 설계과정에 반영함으로써 시스템에 대한 인간의 수용도를 높여 효율향상과 인간의 가치를 높이는 데 있다.

03 조종-반응 비율(C/R ratio)에 관한 설명으로 옳지 않은 것은?

① C/R비가 증가하면 이동시간도 증가한다.
② C/R비가 작으면(낮으면) 민감한 장치이다.
③ C/R비는 조종장치의 이동거리를 표시장치의 반응거리로 나눈 값이다.
④ C/R비가 감소함에 따라 조종시간은 상대적으로 작아진다.

해설 최적 C/R비
1) C/R비가 작은 경우 : 조종장치의 움직임에 따라 반응 거리가 커지게 되어 이동시간은 짧아지지만 민감하게 반응하므로 조종시간은 길어진다.
2) C/R비가 큰 경우 : 조종장치의 움직임에 따라 반응 거리가 작게 되어 조종시간은 짧아지나 이동시간은 길어진다.

04 인간 기억의 여러 가지 형태에 대한 설명으로 옳지 않은 것은?

① 단기기억의 용량은 보통 7청크(chunk)이며 학습에 의해 무한히 커질 수 있다.
② 단기기억에 있는 내용을 반복하여 학습(research)하면 장기기억으로 저장된다.
③ 일반적으로 작업기억의 정보는 시각(visual), 음성(phonetic), 의미(semantic) 코드의 3가지로 코드화 된다.
④ 자극을 받은 후 단기기억에 저장되기 전에 시각적인 정보는 아이코닉 기억(iconic memory)에 잠시 저장된다.

정답 1.① 2.③ 3.④ 4.①

해설 **단기기억(작업기억)**
1) 현재 또는 최근의 정보를 장기간 기억하기 위한 저장소 역할을 한다.
2) 단기기억 중에 유지할 수 있는 최대 항목수는 7±2(5~9)청크이며 학습에 의해 무한히 커지지는 않는다.

05 시각적 표시장치에 관한 설명으로 옳은 것은?

① 정확한 수치를 필요로 하는 경우에는 디지털 표시장치보다 아날로그 표시장치가 우수하다.
② 온도, 압력과 같이 연속적으로 변하는 변수의 변화경향, 변화율 등을 알고자 할 때는 정량적 표시장치를 사용하는 것이 좋다.
③ 정성적 표시장치는 동침형(moving pointer), 동목형(moving scale) 등의 형태로 구분할 수 있다.
④ 정량적 눈금을 식별하는 데에 영향을 미치는 요소는 눈금 단위의 길이, 눈금의 수열 등이 있다.

해설 **시각적 표시장치**
1) 정확한 수치를 필요로 하는 경우에는 아날로그 표시장치보다 디지털 표시장치가 우수하다.
2) 온도, 압력과 같이 연속적으로 변하는 변수의 변화경향, 변화율 등을 알고자 할 때는 정성적 표시장치를 사용하는 것이 좋다.
3) 정량적표시장치의 기본형 : 정목동침형, 정침동목형, 계수형(digital)이 있다.

06 소리의 차폐효과(masking)란?

① 주파수별로 같은 소리의 크기를 표시한 개념
② 하나의 소리가 다른 소리의 판별에 방해를 주는 현상
③ 내이(inner ear)의 달팽이관(Cochlea) 안에 있는 섬모(fiber)가 소리의 주파수에 따라 민감하게 반응하는 현상
④ 하나의 소리의 크기가 다른 소리에 비해 몇 배나 크게(또는 작게) 느껴지는 지를 기준으로 소리의 크기를 표시하는 개념

해설 **차폐효과(은폐효과 : masking)**
1) 하나의 소리가 다른 소리의 판별에 방해를 주는 현상
2) 어떤 소리가 동시에 들리는 경우 다른 소리를 들을 수 있는 능력을 감소시키는 현상(음의 한 성분이 다른 성분에 대한 위의 감수성을 감소시키는 상황)

07 멀리 있는 물체를 선명하게 보기 위해 눈에서 일어나는 현상으로 옳은 것은?

① 홍채가 이완한다.
② 수정체가 얇아진다.
③ 동공이 커진다.
④ 모양체근이 수축한다.

해설 멀리있는 물체를 선명하게 보기 위해서는 수정체가 얇아진다.

08 인체측정을 구조적 치수와 기능적 치수로 구분할 때 기능적 치수 측정에 대한 설명으로 옳은 것은?

① 형태학적 측정을 의미한다.
② 나체 측정을 원칙으로 한다.
③ 마틴식 인체측정 장치를 사용한다.
④ 상지나 하지의 운동범위를 측정한다.

해설 **인체측정의 방법**
1) 정적치수(구조적 인체치수)
① 신체의 정적자세(고정자세)에서 측정한 신체지수이다.(형태학적 측정이라고도 함)
② 정적치수 인체측정기 : 마틴식(Martin) 인체측정기
③ 나체측정을 원칙으로 하며 제품 및 작업장 설계의 기초 자료로 활용된다.
④ 신체측정치는 나이, 성, 종족(인종)에 따라 다르다.

정답 5.④ 6.② 7.② 8.④

2) 동적치수(기능적 인체치수)
① 신체적 활동을 하는 상태에서 측정한 신체치수이다.(상지나 하지의 운동범위 측정)
② 동적치수 측정 : 마틴식 인체측정기로는 측정이 어려우며 사진이나 스캐너(scanner)를 사용하여 2차원 또는 3차원 자료를 측정한다.

09 손의 위치에서 조종장치 중심까지의 거리가 30cm, 조종장치의 폭이 5cm 일 때 Fitts의 난이도 지수(index of difficulty) 값은 약 얼마인가?

① 2.6
② 3.2
③ 3.6
④ 4.1

해설 Fitts의 난이도 지수(ID)

$$ID = \log_2\left(\frac{2A}{W}\right) = \frac{\log\left(\frac{2A}{W}\right)}{\log 2} = \frac{\log\left(\frac{2 \times 30}{5}\right)}{\log 2}$$

$$= 3.58 bits$$

10 인간의 신뢰도가 70%, 기계의 신뢰도가 90%이면 인간과 기계가 직렬체계로 작업할 때의 신뢰도는 몇 %인가?

① 30%
② 54%
③ 63%
④ 98%

해설 신뢰도(R) = 인간의 신뢰도(R_1)
$\times$ 기계의 신뢰도(R_2)
$= 0.7 \times 0.9 = 0.63 = 63\%$

11 1000Hz, 40dB을 기준으로 음의 상대적인 주관적 크기를 나타내는 단위는?

① sone
② siemens
③ bell
④ phon

해설 sone과 phon
1) sone(음량)
① 감각적인 음의 크기를 나타내는 양이다.
② 1000Hz 순음의 음의 세기레벨 40dB의 음의 크기(40phon)를 1sone이라 한다.

2) phon(음량수준) : 1000Hz 순음의 음압수준(dB)을 phon이라 한다.
① 1000Hz의 주파수를 기준으로 각 주파수별 동일한 음량을 주는 음압을 평가하는 척도의 단위이다.
② 상이한 음의 상대적 크기에 대한 정보는 나타내지 못한다.

3) sone과 phon의 관계식
① $S = 2^{(P-40)/10}$
여기서, S : 음량(sone, 음의 크기)
P : 음량수준(phon, 음의크기레벨)
② $P = 33.3 \log S = 40$

12 직렬시스템과 병렬시스템의 특성에 대한 설명으로 옳은 것은?

① 직렬시스템에서 요소의 개수가 증가하면 시스템의 신뢰도도 증가한다.
② 병렬시스템에서 요소의 개수가 증가하면 시스템의 신뢰도는 감소한다.
③ 시스템의 높은 신뢰도를 안정적으로 유지하기 위해서는 병렬시스템으로 설계하여야 한다.
④ 일반적으로 병렬시스템으로 구성된 시스템은 직렬시스템으로 구성된 시스템보다 비용이 감소한다.

해설 직렬 · 병렬 시스템의 특성
1) 직렬시스템에서 요소의 개수가 증가하면 시스템의 신뢰도는 감소한다.
2) 병렬시스템에서 요소의 개수가 증가하면 시스템의 신뢰도는 증가한다.
3) 병렬시스템으로 설계하면 시스템의 높은 신뢰도를 안정적으로 유지할 수 있다.
4) 병렬시스템은 직렬시스템보다 비용이 증가한다.

정답 9. ③ 10. ③ 11. ① 12. ③

13 시(視)감각 체계에 관한 설명으로 옳지 않은 것은?

① 동공은 조도가 낮을 때는 많은 빛을 통과시키기 위해 확대된다.
② 안구의 수정체는 모양체근으로 긴장을 하면 얇아져 가까운 물체만 볼 수 있다.
③ 망막의 표면에는 빛을 감지하는 광수용기인 원추체와 간상체가 분포되어 있다.
④ 1디옵터는 1m 거리에 있는 물체를 보기 위해 요구되는 수정체의 초점 조절능력을 나타낸 값이다.

해설 **수정체** : 망막의 광수용체에 빛을 모으는 역할을 하는 투명한 볼록렌즈 형태의 조직을 말한다.
1) 카메라의 렌즈와 같이 빛을 굴절시켜 초점을 정확히 맞출 수 있도록 한다.
2) 멀리있는 물체에 초점을 맞추기 위해서는 수정체가 얇아지고 가까이 있는 물체에 초점을 맞출 때는 수정체가 두꺼워진다.

14 은행이나 관공서의 접수창구의 높이를 설계하는 기준으로 옳은 것은?

① 조절식 설계
② 최소집단치 설계
③ 최대집단치 설계
④ 평균치 설계

해설 1) 인체측정자료의 응용원리

구분	내용
1.조절식 설계 (가변적 설계)	①신체지수가 다른 여러 사람에게 맞도록 조절식으로 설계하는 원칙이다 ②모집단 특성치의 5%값에서 95%값(90%범위)을 조절범위로 사용한다 [예] 자동차 좌석의 전후조절, 사무실 의자의 상하조절 등
2.극단치를 이용한 설계 (극단적 개인용 설계)	①인체 측정 특성의 최대치수 또는 최소치수 기준으로 한 설계원칙이다 ②최대집단값에 의한 설계: 인체 측정변수의 상위 백분위수를 기준으로 하여 90%, 95% 또는 99%값이 사용된다 [예]출입문, 탈출구, 통로, 버스 승객 의자 앞뒤 간격 등 ③최소집단값에 의한 설계: 인체 측정변수분포의 하위 1%, 5% 또는 10%값이 사용된다 [예]선반의 높이, 조정장치까지의 거리, 기구조작에 필요한 힘
3.평균치를 이용한 설계 (평균설계)	①조절식이나 극단치를 이용한 설계가 불가능할 경우 평균값을 기준으로 하여 설계한다 ②평균치를 이용한 설계는 다른 기준이 적용되기 어려운 경우에 적용한다 [예]공공장소의 의자, 은행 접수대 높이 등

2) 인체측정자료 응용원리 적용순서 : 조절식설계 → 극단치를 이용한 설계(하위 5%, 상위 95%) → 평균치를 이용한 설계

15 정보 이론(information theory)에 대한 내용으로 옳은 것은?

① 정보를 정량적으로 측정할 수 있다.
② 정보의 기본 단위는 바이트(byte)이다.
③ 확실한 사건의 출현에는 많은 정보가 담겨있다.
④ 정보란 불확실성의 증가(addition of uncertainty)로 정의한다.

해설 **정보이론의 개요**

1) 정보 : 정보란 불확실성의 감소라 정의할 수 있다. 예상하기 쉬운 사건이나 발생 가능성이 매우 높은 사건의 출현에는 정보가 별로 담겨있지 않고 예상하기 곤란한 사건이나 아주 드문 사건의 출현에는 많은 정보가 담겨 있다.

정답 13. ② 14. ④ 15. ①

2) 정보의 기본단위 : 비트(bit ; binary digit)이며 정보를 정량적으로 측정할 수 있다.
3) 정보 이론 : 여러 가지 상황하에서의 정보전달을 다루는 과학적 연구분야로 공학, 심리학, 생체과학 등 여러분야에 널리 응용되고 있다.

[주] $1 byte = 8 bit = 2^8 = 256$

16 시각 표시장치보다 청각 표시장치를 사용하는 것이 유리한 경우는?

① 소음이 많은 경우
② 전하려는 정보가 복잡할 경우
③ 즉각적인 행동이 요구되는 경우
④ 전하려는 정보를 다시 확인해야 하는 경우

해설 표시장치의 선택(청각장치와 시각장치의 선택)

청각장치 사용	시각장치 사용
① 전언이 간단하고 짧다.	① 전언이 복잡하고 길다.
② 전언이 후에 재참조 되지 않는다.	② 전언이 후에 재참조 된다.
③ 전언이 즉각적인 사상(event)을 이룬다.	③ 전언이 공간적인 위치를 다룬다.
④ 전언이 즉각적인 행동을 요구한다.	④ 전언이 즉각적인 행동을 요구하지 않는다.
⑤ 수신자가 시각계통이 과부하 상태일 때	⑤ 수신자의 청각계통이 과부하 상태일 때
⑥ 수신장소가 너무 밝거나 암조응 유지가 필요할 때	⑥ 수신장소가 너무 시끄러울 때
⑦ 직무상 수신자가 자주 움직이는 경우	⑦ 직무상 수신자가 한 곳에 머무르는 경우

17 다음 중 반응시간이 가장 빠른 감각은?

① 청각
② 미각
③ 시각
④ 후각

해설 감각기관의 자극에 대한 반응시간

감각기관	청각	촉각	시각	미각	통각
반응시간(초)	0.17	0.18	0.20	0.29	0.70

18 인간-기계 시스템에서 인간의 과오나 동작상의 실패가 있어도 안전사고를 발생시키지 않도록 하는 설계 시스템을 무엇이라고 하는가?

① lock system
② fail-safe system
③ fool-proof system
④ accident-check system

해설 휴먼에러의 예방대책

1) 폴프루트(fool proof) : 인간이 기계 등의 취급을 잘못해도 사고로 연결되는 없도록 하는 안전기구(인간이 실수해도 기계가 안전을 확보하는 연동기구, inter lock)를 말한다.
2) 페일세이프티(fail safety) : 인간 또는 기계의 과오나 동작상의 실수가 있어도 사고를 발생시키지 않도록 2중-3중으로 통제를 가하도록 한 체계를 말한다.
3) 템퍼프루프(temper proof) : 설비에 부착된 안전장치를 제거하면 설비가 작동되지 않도록 하는 안전설계를 말한다.

19 발생 확률이 0.1과 0.9로 다른 2개의 이벤트의 정보량은 발생 확률이 0.5로 같은 2개의 이벤트의 정보량에 비해 어느 정도 감소되는가?

① 42%
② 45%
③ 50%
④ 53%

해설 1) 정보량 $(H) = \sum_{i=1}^{n} P_i \log_2 \left(\frac{1}{P_i}\right)$

① $H_1 = \left[0.1 \times \log_2\left(\frac{1}{0.1}\right)\right] + \left[0.9 \times \log_2\left(\frac{1}{0.9}\right)\right] = 0.47$

② $H_2 = \left[0.5 \times \log_2\left(\frac{1}{0.5}\right)\right] \times 2 = 1.0$

2) 정보량의 감소량 $= H_2 - H_1$
$= 1.0 \times 0.47 = 0.53 = 53\%$

정답 16. ③ 17. ① 18. ③ 19. ④

20 일반적으로 연구 조사에 사용되는 기준(criterion)의 요건으로 볼 수 없는 것은?

① 적절성   ② 사용성
③ 신뢰성   ④ 무오염성

해설 기준의 요건
1) 적절성(relevance) : 기준이 의도된 목적에 적당하다고 판단되는 정도를 말한다.
2) 무오염성 : 기준 척도는 측정하고자 하는 변수 외의 다른 변수들이 영향을 받아서는 안된다는 것을 무오염성이라고 한다.
3) 기준척도의 신뢰성 : 척도의 신뢰성은 반복성(repeatability)을 의미한다.

제2과목 : 작업생리학

21 다음 중 유산소 대사의 하나인 크렙스 사이클(Kreb's cycle)에서 일어나는 반응이 아닌 것은?

① 산화가 발생한다.
② 젖산이 생성된다.
③ 이산화탄소가 생성된다.
④ 구아노신 3인산(GTP)의 전환을 통하여 ATP가 생성된다.

해설

젖산의 생성 : 유산소대사(크렙스 사이클)가 아닌 무산소대사에서 일어나는 반응이다.

22 다음 그림과 같이 작업할 때 팔꿈치의 반작용력과 모멘트 값은 얼마인가? (단, CG1은 물체의 무게중심, CG2는 하박의 무게중심, W1은 물체의 하중, W2는 하박의 하중이다.)

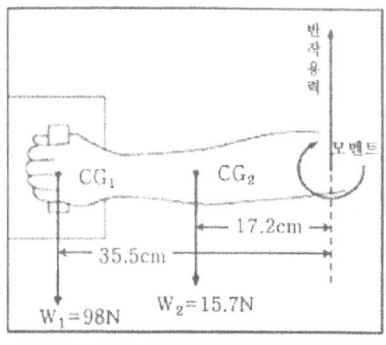

① 반작용력 : 79.3N, 모멘트 : 22.42N · m
② 반작용력 : 79.3N, 모멘트 : 37.5N · m
③ 반작용력 : 113.7N, 모멘트 : 22.42N · m
④ 반작용력 : 113.7N, 모멘트 : 37.5N · m

해설 1) 팔꿈치에 걸리는 반작용의 힘(F_x)
$F_X = F_1 + F_2 = 87N + 15.7N = 113.7N$

2) 팔꿈치 모멘트(M_X)
$= (W_1 \cdot d_1 \cdot \cos\theta) + (W_2 \cdot d_2 \cdot \cos\theta)$
$= (98 \times 0.355 \times \cos 0) + (15.7 \times 0.172 \times \cos 0)$
$= 37.5N \cdot m$

23 다음 중 실내의 면에서 추천 반사율(IES)이 가장 낮은 곳은?

① 벽   ② 천장
③ 가구   ④ 바닥

해설 옥내 최적반사율
1) 천정 : 80~90%
2) 벽, 창문, 발(blind) : 40~60%
3) 가구, 사무기기, 책상 : 25~45%
4) 바닥 : 20~40%

24 교대작업의 주의사항에 관한 설명으로 옳지 않은 것은?

① 12시간 교대제가 적정하다.
② 야간근무는 2~3일 이상 연속하지 않는다.
③ 야간근무의 교대는 심야에 하지 않도록 한다.

④ 야간근무 종료 후에는 48시간 이상의 휴식을 갖도록 한다.

해설 12시간 교대제는 채용하지 않는 것이 좋다.

25 한랭대책으로서 개인위생에 해당되지 않는 사항은?
① 과음을 피할 것
② 식염을 많이 섭취할 것
③ 따뜻한 물과 음식을 섭취할 것
④ 얼음 위에서 오랫동안 작업하지 말 것

해설 한랭대책에서 개인위생상 준수사항
1) 과도한 음주, 흡연 삼갈 것
2) 과도한 피로를 피하고 식사를 충분히 할 것
3) 더운물과 더운 음식을 자주 섭취할 것
4) 찬물, 눈, 얼음 위에서 오랫동안 작업하지 않을 것
5) 건조한 양말, 약간 큰 장갑과 방한화를 착용할 것
6) 외피는 통기성이 적고 함기성이 큰 것을 착용할 것
7) 팔다리 운동으로 혈액순환을 촉진할 것

26 동일한 관절운동을 일으키는 주동근(agonists)과 반대되는 작용을 하는 근육은?
① 박근(gracilis)
② 장요근(iliopsoas)
③ 길항근(antagonists)
④ 대퇴직근(rectus femoris)

해설 1) 주동근 : 근육의 운동을 주도하는 근육이다.
2) 길항근 : 주동근과 반대되는 운동을 하는 근육이다.

27 윤활관절(synovial joint)인 팔굽관절(elbow joint)은 연결 형태를 기준으로 어느 관절에 해당되는가?
① 관절구(condyloid)
② 경첩관절(hinge joint)
③ 안장관절(saddle joint)
④ 구상관절(ball and socket joint)

해설 관절의 유형
1) 차축관절(중쇠관절, 굴대관절) : 1축성 관절로 회전운동을 한다.
[예] 상요척관절, 경추관절, 정축환축관절 등
2) 경첩관절(접번관절) : 1축성 관절로 운동이 한쪽 방향으로만 일어난다.
[예] 주관절인 팔꿈치 관절, 슬관절인 무릎관절, 지관절, 발목관절 등
3) 안장관절 : 양쪽의 관절면이 모두 말의 안장모양처럼 전후, 좌우로 파여있다.
[예] 제1중수근 관절, 엄지손가락 손목바닥뼈 관절
4) 구상관절(절구관절) : 관절두가 구의 형태를 하고 있으며 3축성관절로 자유롭게 운동할 수 있다.
[예] 견관절인 어깨관절, 고관절인 엉덩이 관절·대퇴관절 등
5) 타원관절 : 관절두와 관절와가 모두 타원형을 이루고 2축성 관절로 굴곡되지만 회전은 하지 못한다.
6) 평면관절 : 관절면이 평평한 관절로 미끄러지는 활주운동만 일어난다.
[예] 수근간관절, 족근간관절 등
7) 활액관절 : 자유로이 움직일 수 있으며 대부분의 관절이 이에 해당된다.

28 사람의 근골격계와 신경계에 대한 설명으로 옳지 않은 것은?
① 신체골격구조는 206개의 뼈로 구성되어 있다.
② 관절은 섬유질 관절, 연골관절, 활액관절로 구분된다.
③ 심장근은 수의근으로 민무늬의 원통형 근섬유구조를 가지고 있다.
④ 신경계는 구조적인 측면으로 중추신경계와 말초신경계로 나누어진다..

해설 심장근 : 불수의근으로 가로무늬근(횡문근)의 근섬유구조를 가지고 있다.
1) 불수의근 : 자율신경의 지배를 받는 근육이다.
2) 가로무늬근(횡문근) : 근섬유에 가로무늬가 있는 근육이다.

정답 24. ① 25. ② 26. ③ 27. ② 28. ③

29 다음 중 근육이 움직일 때 나오는 미세한 전기신호를 측정하여 근육의 활동 정도를 나타낼 수 있는 것을 무엇이라고 하는가?

① ECG(electrocardiogram)
② EMG(electromyograph)
③ GSR(galvanic skin response)
④ EEG(electroencephalogram)

[해설] 근전도(EMG, electromyogram)
1) 근전도 : 근세포가 움직일 때 발생하는 미세한 활동 전위차를 말한다.
2) 국보적인 근육활동의 전위차를 측정하여 작업자의 신체부담 정도를 평가한다.
3) 육체적 활동의 정적부하에 대한 스트레인(strain)을 측정하는데 적합하다.

30 남성 작업자의 육체작업에 대한 대사량을 측정한 결과, 분당 산소 소모량이 1.5L/min으로 나왔다. 작업자의 4시간에 대한 휴식시간은 약 몇 분 정도인가? (단, Murrell 의 공식을 이용한다.)

① 75분   ② 100분
③ 125분 ④ 150분

[해설] 1) 휴식시간 산정식(Murrell 공식)

$$R = \frac{T(E-S)}{E-1.5}$$

여기서, R : 휴식시간(min)
T : 총작업시간(min)
E : 작업중 에너지 소비량(kal/min) [E=산소소모량(L/min)×5kcal/L]
S : 권장 평균에너지 소모량(5kcal/min)
1.5 : 휴식중 에너지소비량

2) $R = \frac{T(E-S)}{E-1.5} = \frac{240 \times (7.5-5)}{7.5-1.5} = 100\min$

여기서, T : 4hr×60min/hr=240min
E : 1.5L/min×5kcal/L=7.5kcal/min
S : 5kcal/min

31 근력(strength)과 지구력(endurance)에 대한 설명으로 옳지 않은 것은?

① 동적근력(dynamic strength)을 등속력(isokinetic strength)이라 한다.
② 지구력(endurance)이란 등척적으로 근육이 낼 수 있는 최대 힘을 말한다.
③ 정적근력(static strength)을 등척력(isometric strength)이라 한다.
④ 근육이 발휘하는 힘은 근육의 최대자율수축(MVC, maximum voluntary contraction)에 대한 백분율로 나타낸다.

[해설] 지구력
1) 지구력 : 근력을 사용하여 일정한 힘을 계속 유지할 수 있는 능력을 말한다.
2) 지구력 유지 : 힘의 크기에 따라 지속시간이 달라진다.
3) 최대근력의 지속시간
① 최대근력의 50% 힘 : 약 1분간 유지
② 최대근력의 15% 이하의 힘 : 상당히 오랜시간 유지

32 정신피로의 척도로 사용되는 시각적 점멸융합주파수(VFF)에 영향을 주는 변수에 관한 내용으로 옳지 않은 것은?

① 암조응 시 VFF는 증가한다.
② 휘도만 같으면 색은 VFF에 영향을 주지 않는다.
③ 조명 강도의 대수치(불꽃돌)에 선형적으로 비례한다.
④ 사람들 간에는 큰 차이가 있으나, 개인의 경우 일관성이 있다.

[해설] 시각적 점멸융합주파수(VFF)
1) 점멸융합주파수 : 자극들이 작업자에게 일정한 속도로 제공될 때 깜빡거림 없이 연속적으로 제공되는 것처럼 느껴지는 주파수를 말한다.(정신적 피로의 평가척도)

2) VFF에 영향을 미치는 요소
① VFF는 연습의 효과가 매우 적기 때문에 연습에 의해서 달라지지 않는다.
② 암조응 시 VFF는 감소한다.
③ 휘도만 같으면 색은 VFF에 영향을 주지 않는다.
④ VFF는 사람들 간에는 차이가 있으나 개인의 경우 일관성을 유지한다.
⑤ VFF는 조명강도의 대수치에 선형적으로 비례한다.
⑥ 시표와 주위의 휘도가 같을 때 VFF는 최대로 영향을 받는다.

33 에너지 소비량에 영향을 미치는 인자 중 중량물 취급 시 쪼그려 앉아(squat) 들기와 등을 굽혀(stoop) 들기와 가장 관련이 깊은 것은?

① 작업 자세
② 작업 방법
③ 작업 속도
④ 도구 설계

해설 에너지소비량에 영향을 미치는 인자
1) 작업방법 : 특정작업에 필요한 에너지소비량은 작업수행 방법에 따라서 차이가 있다.
2) 작업자세 : 작업수행시 작업자세는 에너지소비량에 영향을 주는 주요인이다.
3) 작업속도 : 작업속도가 빨라지면 생리적 부담이 커지고 심박수가 증가하게 되며 에너지소비량도 증가한다.
4) 작업도구 : 작업도구는 작업의 효율성은 높이므로 에너지소비량을 감소시킬 수 있다.

34 산업안전보건법령상 소음작업이란 1일 8시간 작업을 기준으로 얼마 이상의 소음(dB)이 발생하는 작업을 말하는가?

① 80
② 85
③ 90
④ 100

해설 1) 소음작업 : 1일 8시간 작업을 기준으로 85dB 이상의 소음이 발생하는 작업을 말한다.
2) 강렬한 소음작업
① 90dB 이상의 소음이 1일 8시간 이상 발생하는 작업
② 95dB 이상의 소음이 1일 4시간 이상 발생하는 작업
③ 100dB 이상의 소음이 1일 2시간 이상 발생하는 작업
④ 105dB 이상의 소음이 1일 1시간 이상 발생하는 작업
⑤ 110dB 이상의 소음이 1일 30분 이상 발생하는 작업
⑥ 115dB 이상의 소음이 1일 15분 이상 발생하는 작업

35 다음 중 조도가 균일하고, 눈부심이 적지만 기구 효율이 나쁘며 설치비용이 많이 소요되는 조명방식은?

① 직접조명
② 국소조명
③ 반직접조명
④ 간접조명

해설 조명방식
(1) 직접조명
1) 직접조명 : 광원으로부터의 빛이 대부분 작업면에 직접 조사되는 조명방식이다.
2) 장점
① 효율이 좋다.
② 설치비용이 적게들고 보수가 용이하다.
3) 단점
① 눈부심이 일어나기 쉽다.
② 균등한 조도 분포를 얻기 힘들며 짙은 그림자가 생긴다.

(2) 간접조명
1) 간접조명 : 광속의 90!100%를 위로향해 발산하여 천장, 벽에서 확산시켜 균일한 조명을 얻을 수 있는 방식이다.(권장과 벽에 반사하여 작업면을 조명하는 방식)
2) 장점
① 균일한 조도를 얻을 수 있다.
② 눈부심이 없고 그림자도 없다.
3) 단점
① 효율이 나쁘다.
② 실내의 입체감이 작아지고 설치비용이 많이 들고 보수도 어렵다.

정답 33. ① 34. ② 35. ④

36 산소소비량에 관한 설명으로 옳지 않은 것은?

① 산소소비량과 심박수 사이에는 밀접한 관련이 있다.
② 산소소비량은 에너지 소비와 직접적인 관련이 있다.
③ 산소소비량은 단위 시간당 흡기량만 측정한 것이다.
④ 심박수와 산소소비량 사이의 관계는 개인에 따라 차이가 있다.

해설 산소소비량
1) 산소소비량 측정 : 호흡시 소비되는 산소량은 더글라스(Douglas)낭이나 대사측정기 등을 이용하여 측정한다.
2) 에너지소비량 측정 : 분당 1L의 산소가 소비될 때 약 5Kcal의 에너지가 방출된다.
3) 에너지소비량과 작업부하 : 작업부하가 증가하면 산소소비량은 선형적으로 증가한다.
4) 산소소비량과 심박수
① 심박수 : 분당 심장이 뛰는 횟수로 보통 요골동맥에서 느끼는 맥박수와 일치한다.
② 심박수와 산소소비량 사이에는 선형적인 관계가 성립한다.
③ 최대심박수나 최대산소소비량에 영향을 주는 요인: 성별, 연령 등

37 다음 중 엉덩이 관절 (hip joint)에서 일어날 수 있는 움직임이 아닌 것은?

① 굴곡(flexion)과 신전(extension)
② 외전(abduction) 과 내전(adduction)
③ 내선(internal rotation)과 외선(external rotation)
④ 내번(inversion) 과 외번(eversion)

해설 1) 굴곡과 신전, 내전과 외전, 내선과 외선
① 굴곡(屈曲, flexion) : 관절의 각도를 감소시키는 동작 [11/1회, 15/3회]
② 신전(伸, extension) : 굴곡과 반대방향으로 움직이는 동작으로 관절의 각도를 증가시키는 동작
③ 내전(內轉, adduction) : 신체의 중심선에 가까워지도록 움직이는 동작(정중면 가까이로 끌어들이는 운동) [20/3회]
④ 외전(外轉, abduction) : 신체의 중심선으로부터 멀어지도록 움직이는 동작 [11/3회]
⑤ 내선(內旋, medial rotation) : 신체의 중심선을 향하여 안쪽으로 회전하는 동작 [12/3회]
⑥ 외선(外旋, lateral rotation) : 신체의 중심선 바깥으로 회전하는 동작
2) 내번과 외번
① 내번(內飜, inversion) : 손목 관절이나 발목 관절이 안쪽으로 움직이는 운동
② 외번(外飜, eversion) : 손목 관절이나 발목 관절이 바깥쪽으로 움직이는 운동

38 육체적 작업강도가 증가함에 따른 순환계(circulatory system)의 반응이 옳지 않은 것은?

① 혈압상승   ② 백혈구 감소
③ 근혈류의 증가   ④ 심박출량 증가

해설 작업강도 증가에 따른 순환기 반응의 변화
1) 혈압상승
2) 심박출량 증가
3) 혈액의 수송향 증가(혈류의 재분배)
4) 심박수의 증가

39 진동에 의한 인체의 영향으로 옳지 않은 것은?

① 심박수가 감소한다.
② 약간의 과도(過度) 호흡이 일어난다.
③ 장시간 노출 시 근육 긴장을 증가시킨다.
④ 혈액이나 내분비의 화학적 성질이 변하지 않는다.

해설 진동이 인체에 미치는 영향
1) 심박수 증가

2) 산소소비량 증가
3) 근장력 증가
4) 말초혈관의 수축
5) 혈압상승
6) 발한 등

40 손-팔 진동 증후군의 피해를 줄이기 위한 방법으로 적절하지 않은 것은?

① 진동수준이 최저인 연장을 선택한다.
② 진동 연장의 하루 사용시간을 줄인다.
③ 연장을 잡거나 조절하는 악력을 늘린다.
④ 진동 연장을 사용할 때는 중간 휴식시간을 길게 한다.

해설 ③항, 연장을 잡거나 조절하는 악력(손아귀로 쥐는 힘)을 줄인다.

제3과목 : 산업심리학 및 관계법규

41 사고의 유형, 기인물 등 분류항목을 큰 순서대로 분류하여 사고방지를 위해 사용하는 통계적 원인분석 도구는?

① 관리도(Control Chart)
② 크로스도(Cross Diagram)
③ 파레토도(Pareto Diagram)
④ 특성요인도(Cause and Effect Diagram)

해설 재해의 통계적 원인분석 방법
1) 파레이토도 : 사고의 유형, 기인물 등 분류항목을 큰 순서대로 도표화하여 분석하는 방법이다.
2) 특성요인도 : 특성과 요인을 도표로 하여 어골상(漁骨狀)으로 세분화한다.
3) 크로스 분석 : 데이터를 집계하고 표로 표시하여 요인별 결과내역을 교차한 크로스 그림을 작성하여 분석한다.(2개 이상의 문제 관계를 분석하는데 이용)

4) 관리도 : 재해발생건수 등의 추이를 파악하고 목표관리를 행하는데 필요한 월별 재해발생수를 그래프화하여 관리선을 설정·관리하는 방법이다.

42 다음 ( )안에 들어갈 알맞은 것은?

산업안전보건법령상 사업주는 근로자가 근골격계 부담작업을 하는 경우에 ( ) 마다 유해요인조사를 하여야 한다. 다만, 신설되는 사업장의 경우에는 1년 이내에 최초의 유해요인 조사를 하여야 한다.

① 1년   ② 2년
③ 3년   ④ 4년

해설 유해요인조사 시기
1) 정기유해요인 조사시기 : 최초 유해요인 조사를 완료한 날(또는 수시유해요인 조사를 완료한 날)로부터 매3년마다 주기적으로 실시하여야 한다.
2) 수시 유해요인 조사시기
① 임시건강진단 등에서 근골격계질환자로 진단 받았거나 산업재해보상법에 의해 근골격계질환으로 요양결정을 받은 경우
② 근골격계부담작업에 해당하는 새로운 작업설비를 특정작업(공정)에 도입한 경우
③ 근골격계부담작업에 해당하는 업무의 양과 작업공정 등 특정작업의 환경이 변경된 경우

43 심리적 측면에서 분류한 휴먼에러의 분류에 속하는 것은?

① 입력오류   ② 정보처리오류
③ 의사결정오류   ④ 생략오류

해설 휴먼 에러의 심리적인 분류(Swain)
1) Omission error(부작위 실수, 생략과오) : 필요한 task 또는 절차를 수행하지 않는데 기인한 error
2) Time error(시간적 과오, 지연오류) : 필요한 task 또는 절차를 수행지연으로 인한 error

정답 40. ③ 41. ③ 42. ③ 43. ④

3) Commission error(작위실수, 수행적 과오) : 필요한 task 또는 절차의 불확실한 수행으로 인한 error
4) Sequential error(순서적 과오) : 필요한 task 또는 절차의 순서착오로 인한 error
5) Extraneous error(불필요한 과오) : 불필요한 task 또는 절차를 수행함으로써 기인한 error

44 스트레스 상황에서 일어나는 현상으로 옳지 않은 것은?

① 동공이 수축된다.
② 혈당, 호흡이 증가하고 감각기관과 신경이 예민해진다.
③ 스트레스 상황에서 심장 박동수는 증가하나, 혈압은 내려간다.
④ 스트레스를 지속적으로 받게 되면 자기조절 능력을 상실하게 되고 체내항상성이 깨진다.

해설 스트레스 상황하에서 일어나는 현상
동일한 손해에 대하여 배상할 책임이 있는자가 2인 이상인 경우엔느 연대하여 그 손해를 배상할 책임이 있다

45 Hick-Hyman의 법칙에 의하면 인간의 반응시간(RT)은 자극 정보의 양에 비례한다고 한다. 자극정보의 개수가 2개에서 8개로 증가한다면 반응시간은 몇 배 증가하겠는가?

① 3배 ② 4배
③ 16배 ④ 32배

해설 1) 인간의 반응시간(RT ; 힉 하이만 법칙)
$RT = a + b\log_2 N$
2) a : b는 상수이므로 자극정보의 수를 가지고 계산한다.
$\dfrac{\log_2 8}{\log_2 2} = \dfrac{3}{1} = 3배 증가$

46 어느 사업장의 도수율은 40이고 강도율은 4일 때 이 사업장의 재해 1 건당 근로손실일수는?

① 1 ② 10
③ 50 ④ 100

해설 1) 도수율 $= \dfrac{재해건수}{연근로시간수} \times 10^6$

연근로시간수 $= \dfrac{재해건수}{도수율} \times 10^6$

$= \dfrac{1}{40} \times 10^6 = 25,000시간$

2) 강도율 $= \dfrac{근로손실일수}{연근로시간수} \times 1000$

근로손실일수 $=$ 강도율 $\times$ 연근로시간수 $\times \dfrac{1}{1000}$
$= 4 \times 25,000 \times \dfrac{1}{1000} = 100$

47 인간오류확률 추정 기법 중 초기 사건을 이원적(binary) 의사결정(성공 또는 실패) 가지들로 모형화하고, 이 이후의 사건들의 확률은 모두 선행 사건에 대한 조건부 확률을 부여하여 이원적 의사결정 가지들로 분지해 나가는 방법은?

① 결함 나무 분석(Fault Tree Analysis)
② 조작자 행동 나무(Operator Action Tree)
③ 인간오류 시뮬레이터(Human Error Simulator)
④ 인간실수율 예측기법 (Technique for Human Error Rate Prediction)

해설 THERP(technique for human error rate prediction) : 인간과오율 예측기법
1) THERP(인간과오율 예측기법) : 인간이 수행하는 작업을 상호해안적(exclusive)사건으로 나누어 사건나무를 작성하고 각 작업의 성공 또는 실패확률을 부여하여 각 경로의 확률을 계산한다.

2) THERP : 인간의 과오를 정량적으로 해석하기 위한 안전해석기법이다.(개발자 : Swain)

48 NIOSH 직무 스트레스 모형에서 직무 스트레스 요인과 성격이 다른 한 가지는?

① 작업 요인　　② 조직 요인
③ 환경 요인　　④ 상황 요인

해설 직무 스트레스 모형에서 직무 스트레스 요인(NIOSH 제시)

구분	스트레스 요인
1. 작업 요인	1) 작업부하　2) 작업속도 3) 교대근무
2. 환경 요인 (물리적 환경)	1) 소음, 진동　2) 고온, 한랭 3) 환기불량　4) 부적절한 조명
3. 조직요인	1) 관리유형 2) 역할요구 3) 역할모호성 및 갈등 4) 경력 및 직무안전성
4. 조직외요인	1) 가족상황 2) 재정상태 등

49 보행 신호등이 막 바뀌어도 자동차가 움직이기까지는 아직 시간이 있다고 스스로 판단하여 건널목을 건너는 것과 같은 부주의 행위와 가장 관계가 깊은 것은?

① 억측판단　　② 근도반응
③ 생략행위　　④ 초조반응

해설 억측판단
1) 억측판단 : 자기 주관적인 판단
2) 억측판단이 발생하는 배경
  ① 희망적인 관측 : 그때도 그랬으니까 괜찮겠지 하는 관측
  ② 정보나 지식의 불확실 : 위험에 대한 정보의 불확실 및 지식의 부족
  ③ 과거의 선입견 : 과거에 그 행위로 성공한 경험의 선입관
  ④ 초조한 심정 : 일을 빨리 끝내고 싶은 초조한 심정

50 다음 중 통제적 집단행동이 아닌 것은?

① 모브(mob)
② 관습(custom)
③ 유행(fashion)
④ 제도적 행동(institutional behavior)

해설 집단행동
1) 통제있는 집단행동 : 관습, 제도적 행동, 유행(fashion)
2) 비통제의 집단행동 : 군중, 모브(mob), 패닉(panic), 심리적 전염

51 막스 웨버(Max Weber)의 관료주의에서 주장하는 4가지 원칙이 아닌 것은?

① 노동의 분업　　② 창의력 중시
③ 통제의 범위　　④ 권한의 위임

해설 관료주의 조직을 움직이는 기본원칙(Max Weber)
1) 노동의 분업화 : 직무의 단순화, 전문화, 분업화
2) 권한의 위임 : 조직체계를 수직적 명령체계에 의한 계층적 구조로 편성하고 상급자 권한의 일부를 하부에 위임
3) (적절한)통제의 범위 : 각 관리자가 통제할 수 있는 작업자의 수 5~8명으로 제한
4) 조직구조 : 적절한 조직의 높이와 폭(피라미드 형태)

52 조직을 유지하고 성장시키기 위한 평가를 실행함에 있어서 평가자가 저지르기 쉬운 과오 중 어떤 사람에 관한 평가자의 개인적 인상이 피평가자 개개인의 특징에 관한 평가에 영향을 미치는 것을 설명하는 이론은?

① 할로 효과(halo effect)
② 대비오차(contrast error)
③ 근접오차(proximity error)
④ 관대화 경향(centralization tendency)

정답 48.④　49.①　50.①　51.②　52.①

해설 할로효과(halo effect)
평가자가 특정인물이나 제품을 평가할 때 첫인상이 평가에 이어져 판단의 객관성을 잃어버리는 현상을 말한다.

53 인간 신뢰도에 대한 설명으로 옳은 것은?

① 반복되는 이산적 직무에서 인간실수확률은 단위시간당 실패수로 표현된다.
② 인간 신뢰도는 인간의 성능이 특정한 기간동안 실수를 범하지 않을 확률로 정의된다.
③ THERP는 완전 독립에서 완전 정(正)종속까지의 비연속을 종속정도에 따라 3수준으로 분류하여 직무의 종속성을 고려한다.
④ 연속적 직무에서 인간의 실수율이 불변(stationary)이고, 실수과정이 과거와 무관(independent)하다면 실수과정은 베르누이과정으로 묘사된다.

해설 1) 인간의 신뢰도
① 인간의 성능이 특정한 기간동안 실수를 범하지 않을 확률을 말한다.
② 인간이 어떠한 작업을 수행하는 동안 에러(error)를 범하지 않고 작업을 수행할 확률을 의미한다.

2) 이산적 직무에서 인간신뢰도
① 반복되는 이산적 직무에서의 인간신뢰도 : 작업당 인간실수확률(HEP) P일 때 n_1시작부터 n_2번째 작업까지를 실수 없이 성공시키는 것을 말한다.
② 기계식 $R(n_1, n_2) = (1-p)^{n_2 - n_1 + 1}$
여기서, R : 인간신뢰도(수행확률)
P : 실수확률(HEP)
n_1, n_2 : n_1번째 작업에서 n_2번째 까지의 작업

3) 연속적 직무에서 인간신뢰도
① 연속적 직무: 시간에 따라 직무의 내용 및 전개가 변화하는 것을 말한다.
② 연속적 직무에서 인간실수
㉠ 우발적으로 실수가 발생하기 때무에 수학적으로 모형화하는 것이 매우 어렵다.
㉡ 실수과정이 과거의 작업들과 무관하다면 실수과정은 포아송(Poisson)분포로 묘사된다.
[주] 포아송분포 : 주어진 시간 또는 영역에서 어떤 사건의 발생횟수에 대한 확률모형

4) THERP(인간과오율예측기법)
① 인간과오를 정량적으로 분석하는 안전해석기법이다.
② THERP는 완전 독립에서부터 완전 정(正)종속까지의 5단계 이상 수준으로 분류하여 직무의 종속성을 고려한다.

54 작업에 수반되는 피로를 줄이기 위한 대책으로 적절하지 않은 것은?

① 작업부하의 경감
② 작업속도의 조절
③ 동적 동작의 제거
④ 작업 및 휴식시간의 조절

해설 피로의 예방과 대책
1) 작업부하를 작게할 것(작업부하 경감)
2) 정적동작을 줄이고 동적동작을 늘릴 것(정적동작 제거)
3) 개인의 숙련도에 따라 작업량과 작업속도를 조절할 것(작업속도 조절)
4) 작업과정에 적절한 간격으로 휴식시간을 가질 것(근로시간 및 휴식시간 조정)
5) 불필요한 동작을 피하고 에너지 소모를 적게할 것(불필요한 동작 배제)
6) 과중한 육체적 노동을 기계화 할 것(육체적 부담 줄일 것)
7) 충분한 수면을 취하고 충분한 영양을 섭취할 것(건강식품, 비타민 B,C등 보급)

55 10명으로 구성된 집단에서 소시오메트리(sociometry) 연구를 사용하여 조사한 결과 실제 긍정적인 상호작용을 맺고 있는 관계의 수

가 16일 때 이 집단의 응집성지수는 약 얼마인가?

① 0.222 ② 0.356
③ 0.401 ④ 0.504

해설 집단응집성지수

$$= \frac{실제상호선호관계의수}{가능한선호관계의총수(_nC_2)} = \frac{16}{45} = 0.356$$

여기서, 실제상호 관계의 수(실제상호작용의 수) : 16쌍
가능한 선호관계의 총수 : (n: 집단구성원 수)

56. 다음 중 휴먼에러 (human error)를 예방하기 위한 시스템 분석 기법의 설명으로 옳지 않은 것은?

① 예비위험분석(PHA) – 모든 시스템 안전프로그램의 최초 단계의 분석으로서 시스템 내의 위험요소가 얼마나 위험상태에 있는가를 정성적으로 평가하는 것이다.
② 고장형태와 영향분석(FMEA) – 시스템에 영향을 미치는 모든 요소의 고장을 형태별로 분석하여 그 영향을 검토하는 것이다.
③ 작업자공정도 – 위급직무의 순서에 초점을 맞추어 조작자 행동나무를 구성하고, 이를 사용하여 사건의 위급경로에서의 조작자의 역할을 분석하는 기법이다.
④ 결함나무분석(FTA) – 기계 설비 또는 인간-기계시스템의 고장이나 재해발생요인을 Fault Tree 도표에 의하여 분석하는 방법이다.

해설 OAT(operator action tree ; 조작자 행동나무)
1) OAT : 위급직무의 순서에 초점을 맞추어 조작자 행동나무를 구성하고, 이를 사용하여 사건의 위급경로에서의 조작자의 역할을 분석하는 기법이다.
2) OAT는 조작자에게 주어진 직무의 성공과 실패확률을 추정하는 기법이다.

57. 헤드십(headship)과 리더십(leadership)을 상대적으로 비교, 설명한 것으로 헤드십의 특징에 해당되는 것은?

① 민주주의적 지휘형태이다.
② 구성원과의 사회적 간격이 넓다.
③ 권한의 근거는 개인의 능력에 따른다.
④ 집단의 구성원들에 의해 선출된 지도자이다.

해설 헤드십과 리더십의 구분

구분	헤드십	리더십
1. 권한부여 및 행사	위에서 위임하여 임명	아래로부터 동의에 의한 선출
2. 권한근거	법적 또는 공식적	개인능력
3. 지휘형태	권위주의적	민주주의적
4. 상사와 부하의 관계	지배적	개인적인 영향
5. 책임귀속	상사	상사와 부하
6. 부하와의 사회적 간격	넓다	좁다

58. 산업안전보건법령에서 정의한 중대재해의 범위 기준에 해당하지 않는 것은?

① 사망자가 1인 이상 발생한 재해
② 부상자가 동시에 10인 이상 발생한 재해
③ 직업성질병자가 동시에 5인 이상 발생한 재해
④ 3개월 이상 요양이 필요한 부상자가 동시에 2인 이상 발생한 재해

해설 중대재해의 정의(시행규칙 제2조제1항)
① 사망자가 1명 이상 발생한 재해
② 3개월 이상의 요양이 필요한 부상자가 동시에 2명 이상 발생한 재해
③ 부상자 또는 직업성 질병자가 동시에 10명 이상 발생한 재해

59 인간의 본질에 대한 기본 가정을 부정적인 시각과 긍정적인 시각으로 구분하여 주장한 동기이론은?

① XY이론
② 역할이론
③ 기대이론
④ ERG이론

해설 맥그리거(McGregor)의 X,Y이론

1) 맥그리거의 X,Y이론
① X이론 : 저차원 욕구이론
② Y이론 : 고차원 욕구이론

2) X이론과 Y이론의 비교

X이론	Y이론
1. 인간 불신감	상호신뢰감
2. 성악설	성선설
3. 인간은 본래 게으르고 태만하여 남의 지배받기를 즐긴다	인간은 부지런하고 근면, 적극적이며, 자주적이다
4. 물질욕구(저차적 욕구)	정신욕구(고차적 욕구)
5. 명령통제에 의한 관리	목표통합과 자기통제에 의한 자율관리
6. 저개발국형	선진국형

60 재해예방의 4원칙에 해당되지 않는 것은?

① 예방 가능의 원칙
② 보상 분배의 원칙
③ 손실 우연의 원칙
④ 대책 선정의 원칙

해설 재해예방의 4원칙

1) 손실우연의 원칙 : 사고에 의해 생기는 손실(상해)의 종류와 정도는 우연적이다.
2) 원인계기의 원칙 : 모든 재해는 필연적인 원인에 의해서 발생되며 재해발생은 직접원인만이 아니고 많은 간접원인의 연쇄로 발생되는 것이다.
3) 예방가능의 원칙 : 재해는 원칙적으로 모든 방지가 가능하다.
4) 대책선정의 원칙 : 가장 효과적인 재해방지대책의 선정은 이들 원인의 정확한 분석에 의해서 얻어진다.

제4과목 : 근골격계질환예방을위한작업관리

61 작업 개선의 일반적 원리에 대한 내용으로 옳지 않은 것은?

① 충분한 여유 공간
② 단순 동작의 반복화
③ 자연스러운 작업 자세
④ 과도한 힘의 사용 감소

해설 작업개선의 원리

1) 중립자세(자연스런 자세)를 취하고 작업한다.
2) 신체부위의 압박을 피한다.
3) 과도한 반복동작을 줄이거나 제거한다.
4) 표시장치와 조종장치를 이해하기 쉽게 설계한다.
5) 과도한 힘을 준다.
6) 모든 것을 손이 닿기 쉬운 곳에 둔다.
7) 적절한 높이에서 작업한다.
8) 피로와 정적부하를 최소화한다.
9) 충분한 여유공간을 확보한다.
10) 운동과 스트레칭을 자주한다.
11) 쾌적한 작업환경(조명, 소음, 환기 등)을 유지한다.
12) 작업자의 스트레스를 줄여준다.(작업조직 개선)

62 유해요인조사도구 중 JSI(Job Strain Index)의 평가 항목에 해당하지 않는 것은?

① 손/손목의 자세
② 1일 작업의 생산량
③ 힘을 발휘하는 강도
④ 힘을 발휘하는 지속시간

해설 유해요인조사도구 중 JSI의 평가항목

1) 힘을 발휘하는 강도(힘의 강도)
2) 힘을 발휘하는 지속시간(힘의 지속정도)
3) 분당 힘의 밀도
4) 손/손목의 자세
5) 작업속도
6) 1일 작업시간

63. 산업안전보건법령상 근골격계부담작업 범위 기준에 해당하지 않는 것은? (단, 단기간작업 또는 간헐적인 작업은 제외한다.)

① 하루에 5회 이상 25kg 이상의 물체를 드는 작업
② 하루에 4시간 이상 집중적으로 자료입력 등을 위해 키보드를 조작하는 작업
③ 하루에 총 2시간 이상 쪼그리고 앉거나 무릎을 굽힌 자세에서 이루어지는 작업
④ 하루에 총 2시간 이상, 분당 2회 이상 4.5kg 이상의 물체를 드는 작업

해설 ①항, 하루에 10회이상 25kg 이상의 물체를 드는 작업

64. 어깨(견관절) 부위에서 발생할 수 있는 근골격계질환은?

① 외상 과염
② 회내근 증후군
③ 극상근 건염
④ 수완진동 증후군

해설 신체부위별 근골격계질환의 종류

신체부위	근골격계질환의 종류
1.손·손목부위	1)수근관증후군(CTS), 2)드퀘벵 건초염 3)무지수근·중수관절의 퇴행성 관절염 4)결정종 5)수완·완관절부의 건염·건활막염 6)화이트 핑거 7)방외쇠 수지 및 무지 8)수부의 퇴행성 관절염 9)백색수지증
2.팔·팔목부위	1)외상과염·내상과염 2)주두 점액낭염 3)전완부 근육의 근막통증 증후근 4)주두점액 낭염 5)전완부에서의 요골신경 또는 정중신경 포착신경병증 6)주관절부위에서의 척골신경 포착 신경병증 7)기타 주관절·전완부위의 건염·건활막염
3.어깨부위	1)상완부근육의 근막통증 증후근 2)상완이두 건막염(상완이두근 파열포함) 3)극상근 건염 4)회전근개 건염(충돌증후군, 극상근 파열 등 포함) 5)견관절부위의 점액낭염(견봉하 점액낭염, 견갑하 점액낭염, 삼각근하 점액낭염, 오구돌기하 점액낭염 6)견구측증(오십견, 유착성 관절낭염) 7)흉곽출구 증후근(늑쇄증후근, 경늑골증후근) 8)견쇄관절 또는 상완와 관절의 퇴행성 관절염 9)기타 견관절 부위의 건염·건활막염
4.목·견갑골부위	1)경부·견갑부 근육(경추 주위근, 승모근, 극상근, 극하근, 소원근, 광배근, 능형근 등)의 극막통증 증후근 2)경추 신경병증 3)경부의 퇴행성 관절염
5.요추부위	1)추간판탈출증 2)퇴행성 추간판증 3)척추관 협착증 4)척추분리증 및 전방전위증

65. 근골격계질환 예방관리 프로그램상 예방·관리 추진팀의 구성원이 아닌 것은?

① 관리자
② 근로자대표
③ 사용자대표
④ 보건담당자

해설 근골격계질환 예방·관리 추진팀

1) 근골격계질환 예방·관리 추진팀 : 사업주는 효율적이고 성공적인 근골격계질환의 예방·관리를 추진하기 위하여 사업장 특성에 맞게 근골격계질환 예상·관리 추진팀을 구성하되 예방·관리 추진팀에는 예산 등에 대한 결정권한이 있는 자가 반드시 참여하도록 한다.

2) 사업장의 특성에 맞는 예방·관리의 추진팀

정답 63.① 64.③ 65.③

중·소규모 사업장	대규모사업장
1. 근로자대표 또는 명예 안전감독관을 포함하여 그가 위임하는 자 2. 관리자(예산결정권자) 3. 정비·보수 담당자 4. 보건·안전 담당자 5. 구매 담당자 등	중·소규모 사업장 추진팀 이외 다음의 인력을 추가함 1. 기술자(생산, 설계, 보수기술자) 2. 노무담당자 등

66 동작경제원칙 중 신체 사용에 관한 원칙으로 옳지 않은 것은?

① 두 손의 동작은 같이 시작하고 같이 끝나도록 한다.
② 휴식시간을 제외하고는 양손이 같이 쉬지 않도록 한다.
③ 손의 동작은 완만하게 연속적인 동작이 되도록 한다.
④ 두 팔의 동작은 같은 방향으로 비대칭적으로 움직이도록 한다.

[해설] 신체의 사용에 관한 원칙
1) 양손은 동시에 시작하고 동시에 끝나도록 한다.
2) 휴식시간 이외는 양손을 동시에 쉬지 않도록 한다.
3) 양팔은 동시에 서로 반대방향에서 대칭적으로 움직이도록 한다.
4) 손과 신체동작은 작업을 만족스럽게 처리할 수 있는 범위 내에서 최소 동작 등급을 사용하도록 한다.
5) 작업은 가능한 한 관성을 이용하도록 한다.(작업자가 관성 극복시는 관성을 최소화 할 것)
6) 탄도동작(ballistic movement)은 제한되거나 통제된 동작보다 신속, 정확, 용이하다.
7) 작업은 가능하면 쉽고 자연스러운 리듬을 이용할 수 있도록 배치한다.
8) 손동작은 스무드 하고 연속적이고 곡선동작이 되도록 하고 급격한 방향전환이나 직선동작은 피한다.
9) 눈의 초점을 보아야 하는 작업은 가능한 줄인다.

67 4개의 작업으로 구성된 조립공정의 주기시간(cycle Time)이 40초일 때 공정효율은 얼마인가?

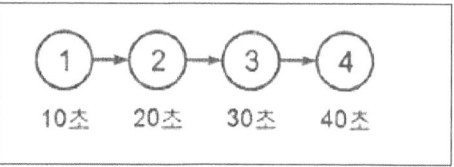

① 40.0% ② 57.5%
③ 62.5% ④ 72.5%

[해설] 공정효율(E)

$$E(\%) = \frac{\Sigma t_i}{N \times T_C} \times 100 = \frac{(10+20+30+40)초}{4 \times 40초} \times 100 = 62.5\%$$

여기서, Σt_i : 총 작업시간
N : 작업장 수
T_C : 주기시간 (사이클 시간, 가장 긴 작업시간)

68 근골격계질환의 사전예방을 위한 적합한 관리대책이 아닌 것은?

① 적합한 노동강도에 대한 평가
② 작업장 구조의 인간공학적 개선
③ 산업재해보상 보험의 가입
④ 올바른 작업방법에 대한 작업자 교육

[해설] 근골격계질환의 예방대책
1) 충분한 휴식시간 제공과 스트레칭 프로그램 도입
2) 적절한 공구의 사용 및 올바른 작업방법에 대한 작업자 교육
3) 작업자의 신체적 특성과 작업내용을 고려한 작업장 구조의 인간공학적 개선
4) 단순반복작업의 기계화 및 작업속도와 작업강도의 적정화

69 간트차트(Gantt chart)에 관한 설명으로 옳지 않은 것은?

① 각 과제 간의 상호 연관사항을 파악하기에 용이하다.
② 계획 활동의 예측완료시간은 막대모양으로 표시된다.
③ 기계의 사용에 대한 필요시간과 일정을 표시할 때 이용되기도 한다.
④ 예정사항과 실제 성과를 기록 비교하여 작업을 관리하는 계획도표이다.

[해설] 간트 차트(gant chart)
1) 각 프로젝트 활동의 예측 완성시간을 수평선 상의 시간축에 막대(bar)의 크기로 나타낸다.
2) 간트 차트는 전체공정시간, 작업완료시간, 다음 작업 시간 등을 파악할 수 있다.
3) 기계의 사용에 대한 필요시간과 일정을 표시할 때 이용된다.
4) 각 과제간의 상호 연관사항을 파악하기가 어렵다.

70 작업개선을 위한 개선의 ECRS에 해당하지 않는 것은?

① Eliminate   ② Combine
③ Redesign   ④ Simplify

[해설] 작업개선의 원칙(ECRS 원칙)
1) E(eliminate) : 불필요한 작업을 찾아 제거
2) C(combine) : 다른 작업과 결합
3) R(rearrange) : 작업 순서를 변경
4) S(simplify) : 작업을 단순화

71 다음 표준시간 산정 방법 중 간접측정 방법에 해당하는 것은?

① PTS법   ② 스톱워치법
③ VTR 촬영법   ④ 워크 샘플링법

[해설] 1) PTS법(간접측정법)

① MTM : Method Time Measurement
② MODAPTS : Modular Arrangement of predetermined Time standards
③ WF : Work Factor
④ DMT : Dimensional Motion Times

2) Standard Time Study : 직접측정법

72 NIOSH 들기 작업 지침상 권장 무게한계(RWL)를 구할 때 사용되는 계수의 기호와 정의가 올바르게 짝지어지지 않은 것은?

① HM – 수평 계수
② DM – 비대칭 계수
③ FM – 빈도 계수
④ VM – 수직 계수

[해설] 들기작업공식(NLE)에 사용되는 계수
1) LC(중량상수)
2) HM(수평계수)
3) VM(수직계수)
4) DM(물체이동거리계수)
5) AM(비대칭각도계수)
6) FM(작업빈도계수)
7) CM(커플링계수)

73 공정 중 발생하는 모든 작업, 검사, 운반, 저장, 정체 등을 자재나 작업자의 관점에서 흘러가는 순서에 따라 표현한 분석방법은?

① Man-Machine Chart
② Operation Process Chart
③ Assembly Chart
④ Flow Process Chart

[해설] 유통공정도(flow process chart)
1) 유통공정도 : 작업중에 발생하는 작업, 운반, 검사, 저장, 지체 등을 도표로 나타낸 차트이다.

2) 특징

정답 69.① 70.③ 71.① 72.② 73.④

① 소요시간과 운반거리가 함께 표현된다.
② 생산 공정에서 발생하는 잠복비용을 감소시킨다.
③ 사고의 원인을 파악하는데 사용된다.

74 어느 조립작업의 부품 1개 조립당 관측평균시간이 1.5분, rating 계수가 110%, 외경법에 의한 일반 여유율이 20% 라고 할 때, 외경법에 의한 개당 표준시간(A)과 8시간 작업에 따른 총 일반여유시간(B)은 얼마인가?

① A : 1.98분, B : 80분
② A : 1.65분, B : 400분
③ A : 1.65분, B : 80분
④ A : 1.98분, B : 400분

해설 1) 정미시간(NT)

$$NT = 관측평균시간 \times \frac{레이팅계수}{100}$$

$$= 1.5 \times \frac{110}{100} = 1.65$$

2) 외경법에 의한 표준시간(ST)

$$ST = 정미시간(NT) \times (1+여유율)$$

$$= 1.65 \times (1+0.2) = 1.98분$$

3) 8시간 작업에 따른 총정미시간과 총일반여유시간

· 8시간 중 정미시간 $= 480 \times \frac{1.65}{1.98} = 400분$

· 8시간 중 총일반여유시간 $= 480 - 400 = 80분$

75 근골격계질환의 위험을 평가하기 위하여 유해요인 평가도구 중 하나인 RULA(Rapid Upper Limb Assessment)를 적용하여 작업을 평가한 결과, 최종 점수가 4점으로 평가되었다면 결과에 대한 해석으로 옳은 것은?

① 수용가능한 안전한 작업으로 평가됨
② 계속적 추적관찰을 요하는 작업으로 평가됨
③ 빠른 작업개선과 작업위험요인의 분석이 요구됨
④ 즉각적인 개선과 작업위험요인의 정밀조사가 요구됨

해설 RULA에 의한 작업평가

조치단계	최종점수	결과에 대한 해설
조치수준1	1~2점	수용가능한 안전한 작업으로 평가된다.
조치수준2	3~4점	계속적 추적관찰을 요하는 작업으로 평가된다.
조치수준3	5~6점	빠른 작업개선과 작업위험요인의 분석이 요구된다.
조치수준4	7점이상	즉각적인 개선과 작업위험요인의 정밀조사가 요구된다.

76 일반적인 시간연구방법과 비교한 워크샘플링 방법의 장점이 아닌 것은?

① 분석자에 의해 소비되는 총 작업시간이 훨씬 적은 편이다.
② 특별한 시간 측정 장비가 별도로 필요하지 않는 간단한 방법이다.
③ 관측항목의 분류가 자유로워 작업현황을 세밀히 관찰할 수 있다.
④ 한 사람의 평가자가 동시에 여러 작업을 측정할 수 있다.

해설 work sampling의 장점·단점

1.장점	1)자료수집 및 분석 시간이 적다(작은 시간으로 연구수행 가능) 2)관측이 순간적으로 이루어져 작업에 방해 3)한명의 연구자가 여러명의 작업자나 기계를 동시에 관측할 수 있다 4)조사기간을 길게 하여 평상시의 작업상황을 그대로 반영시킬 수 있다 5)특별한 시간 측정 장비가 필요없다
2.단점	1)짧은 주기나 반복작업인 경우 적당하지 않다 2)한명의 작업자나 한 대의 소수 작업자나 기계만을 대상으로 연구하는 경우 비용이 커진다 3)Time study보다 자세하지 않다

정답 74. ① 75. ② 76. ③

77 작업연구에 대한 설명으로 옳지 않은 것은?

① 작업연구는 보통 동작연구와 시간연구로 구성된다.
② 시간연구는 표준화된 작업방법에 의하여 작업을 수행할 경우에 소요되는 표준시간을 측정하는 분야이다.
③ 동작연구는 경제적인 작업방법을 검토하여 표준화된 작업방법을 개발하는 분야이다.
④ 동작연구는 작업측정으로, 시간연구는 방법연구라고도 한다.

해설 작업연구 : 동작연구 + 시간연구
1) 동작연구 : 방법연구(method engineering)
2) 시간연구 : 작업측정(work measurement)

■ 길잡이
작업연구의 목적
1) 최적의 작업방법에 의한 작업자 훈련
2) 최선의 작업방법 개발 및 표준화
3) 표준시간의 산정
4) 생산성 향상

78 동작분석의 종류 중 미세 동작분석에 관한 설명으로 옳지 않은 것은?

① 복잡하고 세밀한 작업 분석이 가능하다.
② 직접 관측자가 옆에 없어도 측정이 가능하다.
③ 작업 내용과 작업 시간을 동시에 측정할 수 있다.
④ 타 분석법에 비하여 적은 시간과 비용으로 연구가 가능하다.

해설 미세동작 분석
1) 동작을 세분하여 분석하기 때문에 필름, 테이프에 작업장면을 촬영한 후 필름을 분석한다.(타분석법에 비해 많은 시간과 비용이 소요됨)
2) 비디오 분석은 즉시성과 재현성을 모두 구비한 방법이다.

3) 미세동작분석은 작업주기가 긴 작업이나 불규칙한 작업의 동작분석에 적합하다.
4) SIMO chart는 미세동작 연구인 동시에 동작 사이클 차트이다.

79 PTS법의 특징이 아닌 것은?

① 직접 작업자를 대상으로 작업시간을 측정하지 않아도 된다.
② 표준시간의 설정에 논란이 되는 rating의 필요가 없어 표준시간의 일관성이 증대된다.
③ 실제 생산현장을 보지 않고도 작업대의 배치와 작업방법을 알면 표준시간의 산출이 가능하다.
④ 표준자료 작성의 초기비용이 적기 때문에 생산량이 적거나 제품이 큰 경우에 적합하다.

해설 PTS의 특징(장점·단점)

구분	내용
1. 장점	①작업자에 대한 직접 시간측정이 없으므로 노사문제가 발생하지 않는다 ②레이팅(rating)을 할 필요가 없어서 표준시간의 일관성과 정확성을 높일 수 있다 ③비효율적인 동작개선이 가능하다 ④표준시간 확보로 레이아웃, LOB 개선이 가능하다
2. 단점	①회사 실정에 맞는 PTS 시스템의 설정이 용이하지 않다(기계중심의 작업에 대한 측정 곤란) ②PTS 시스템활용을 위한 교육 및 훈련이 필요하다(교육비 많이듦)

[주] LOB(line of balance) : 공정간 작업간의 밸런스를 맞추어 전체작업이 향상되도록 개선한 것.

80 자세에 관한 수공구의 개선 사항으로 옳지 않은 것은?

① 손목을 곧게 펴서 사용하도록 한다.
② 반복적인 손가락 동작을 방지하도록 한다.
③ 지속적인 정적근육 부하를 방지하도록 한다.
④ 정확성이 요구되는 작업은 파워그립을 사용하도록 한다.

해설 근골격계질환 예방을 위한 수공구의 인간공학적 설계원칙[10/3회, 11/3회, 12/3회]
1) 손목을 곧게 유지할 것(손목을 똑바로 펴서 사용)
2) 손바닥에 과도한 압박을 피할 것(조직에 가해지는 접촉 스트레스를 피할 것)
3) 사용자의 손크기에 적합하게 설계(design)할 것
4) 반복적 손가락 동작을 피할 것
5) 가장 큰 힘을 낼 수 있는 가운데 손가락이나 엄지손가락을 사용할 것
6) 정적 근육부하가 오래 지속되지 않도록 할 것
7) 팔을 회전하는 동작은 팔꿈치를 구부린 자세에서 행할 것
8) 힘을 발휘하는 작업에는 파워쥐기(power grip), 정밀을 요하는 작업에는 핀치쥐기(pinch grip)를 사용할 것
9) 수공구 대신 동력공구를 사용하도록 할 것

2022년 기출문제

2022 제1회 기출문제

제1과목 : 인간공학개론

01 새로운 자동차의 결함원인이 엔진일 확률이 0.8, 프레임일 확률이 0.2라고 할 때 이로부터 기대할 수 있는 평균 정보량은 얼마인가?

① 0.26 bit ② 0.32 bit
③ 0.72 bit ④ 2.64 bit

해설 $0.8 * \log_2(1/0.8) + 0.2 * \log(1/02) = 0.72$

02 다음 중 시식별에 영향을 주는 정도가 가장 작은 것은?

① 시력 ② 물체 크기
③ 밝기 ④ 표적의 형태

해설 시식별에 영향을 주는 요소에는 시력 물체 크기 밝기가 있다.

03 정보이론과 관련된 내용 중 옳지 않은 것은?

① 정보의 측정 단위는 bit를 사용한다.
② 두 대안의 실현 확률이 동일할 때 총 정보량이 가장 작다.
③ 실현 가능성이 같은 N개의 대안이 있을 때, 총 정보량 H는 log2N 이다.
④ 1 bit란 실현 가능성이 같은 2개의 대안 중 결정에 필요한 정보량이다.

해설 정보이론과 관련된 내용
1) 정보의 측정 단위는 bit를 사용한다.
2) 실현 가능성이 같은 N개의 대안이 있을 때, 총 정보량 H는 log2N 이다.
3) 1 bit란 실현 가능성이 같은 2개의 대안 중 결정에 필요한 정보량이다.

04 시력에 관한 내용으로 옳지 않은 것은?

① 눈의 조절능력이 불충분한 경우, 근시 또는 원시가 된다.
② 시력은 세부적인 내용을 시각적으로 식별할 수 있는 능력을 말한다.
③ 눈이 초점을 맞출 수 없는 가장 먼 거리를 원점이라 하는데 정상 시각에서 원점은 거의 무한하다.
④ 여러 유형의 시력은 주로 망막 위에 초점이 맞추어지도록 홍체의 근육에 의한 눈의 조절능력에 달려있다.

해설 여러 유형의 시력은 주로 망막 위에 초점이 맞추어지도록 모양근의 근육에 의한 눈의 조절 능력에 달려있다.

05 인체 각 부위에 대한 정적인 치수를 측정하기 위한 계측장비는?

① 근전도(EMG)
② 마틴(Martin)식 측정기
③ 심전도(ECG)
④ 플리커(Flicker) 측정기

해설
1) 형태학적 측정을 의미한다.
2) 마틴식 인체측정 장치를 사용한다.
3) 나체 측정을 원칙으로 한다.

06 인간-기계 시스템의 분류에서 인간에 의한 제어정도에 따른 분류가 아닌 것은?

① 수동 시스템 ② 기계화 시스템
③ 자동화 시스템 ④ 감시제어 시스템

해설 인간-기계 시스템의 분류에서 인간에 의한 제어정도에 따른 분류로는 수동 시스템, 기계화 시스템, 자동화 시스템이 있다.

정답 1.③ 2.④ 3.② 4.④ 5.② 6.④

07 인간의 기억체계에 대한 설명으로 옳지 않은 것은?
① 감각저장은 빠르게 사라지고 새로운 자극으로 대체 된다.
② 단기기억을 장기기억으로 이전시키려면 리허설이 필요하다.
③ 인간의 기억은 감각저장, 단기기억, 장기기억으로 구분된다.
④ 단기기억의 정보는 일반적으로 시각, 음성, 촉각, 감각코드의 4가지로 코드화된다.

해설 단기기억의 정보는 일반적으로 시각,음성,촉각 감각코드의 4가지로 코드화 되는 것은 감각저장에 대한 설명이다.

08 피부 감각의 종류에 해당되지 않는 것은?
① 압력 감각
② 진동 감각
③ 온도 감각
④ 고통 감각

해설 피부감각의 종류에는 압력 감각 온도 감각 고통 감각이 있다.

09 조작자와 제어버튼 사이의 거리 또는 조작에 필요한 힘 등을 정할 때 사용되는 인체측정 자료의 응용원칙은?
① 최소치 설계
② 평균치 설계
③ 조절식 설계
④ 최대치 설계

해설 최소치 설계는 힘이 약한 사람 팔이 짧은 사람도 사용할 수 있도록 했다.

10 최적의 C/R비 설계 시 고려해야할 사항으로 옳지 않은 것은?
① 조종장치의 조작시간 지연은 직접적응로 C/R비와 관계없다.
② 계기의 조절시간이 가장 짧게 소요되는 크기를 선택한다.
③ 작업자의 눈과 표시장치의 거리는 주행과 조절에 크게 관계된다.
④ 짧은 주행시간 내에서 공차의 인정범위를 초과하지 않는 계기를 마련한다.

해설 조종장치의 조작시간 지연은 직접적으로 C/R비와 관계가 있다.

11 동작 거리가 멀고 과녁이 작을수록 동작에 걸리는 시간이 길어짐을 나타내는 법칙은?
① Fitts 법칙
② Hick-Hyman 법칙
③ Murphy 법칙
④ Schmidt 법칙

해설 Fitts 법칙 시작점에서 목표점까지 얼마나 빠르게 닿을 수 있는지를 예측한다.

12 비행기에서 20m 떨어진 거리에서 측정한 엔진의 소음수준이 130dB(A)이었다면, 100m 떨어진 위치에서의 소음수준은 약 얼마인가?
① 113.5 dB(A)
② 116.0 dB(A)
③ 121.8 dB(A)
④ 130.0 dB(A)

해설 $130 - 20\log(100/20) = 116.0$

13 외이와 중이의 경계가 되는 것은?
① 기저막
② 고막
③ 정원창
④ 난원창

해설 외이와 중이 사이에 고막이 있다.

14 양립성에 적합하게 조종장치와 표시장치를 설계할 때 얻을 수 있는 결과로 옳지 않은 것은?

① 인간실수 증가
② 반응시간의 감소
③ 학습시간의 단축
④ 사용자 만족도 향상

[해설] 좋은 설계는 인간의 실수를 감소시킨다.

15 시각적 부호의 3가지 유형과 거리가 먼 것은?

① 임의적 부호   ② 묘사적 부호
③ 사실적 부호   ④ 추상적 부호

[해설] 시각적 부호의 3가지 유형 임의적 부호, 묘사적 부호, 추상적 부호가 있다.

16 인간-기계 시스템에서의 기본적인 기능이 아닌 것은?

① 행동   ② 정보의 수용
③ 정보의 제어   ④ 정보처리 및 결정

[해설] 인간·기계 체계의 기능
1) 감지(정보수용)
2) 정보보관
3) 정보처리 및 의사결정
4) 행동기능

17 인간공학(ergonomics)의 정의와 가장 거리가 먼 것은?

① 인간이 포함된 환경에서 그 주변의 환경조건이 인간에게 맞도록 설계·재설계되는 것이다.
② 인간의 작업과 작업환경을 인간의 정신적, 신체적 능력에 적용시키는 것을 목적으로 하는 과학이다.
③ 건강, 안전, 복지, 작업성과 등의 개선을 요구하는 작업, 시스템, 제품, 환경을 인간의 신체·정신적 능력과 한계에 부합시키기 위해 인간 과학으로부터 지식을 생성·통합한다.
④ 인간에게 질병, 건강장해, 심각한 불쾌감 및 능률저하 등을 초래하는 작업환경 요인과 스트레스를 예측, 인식(측정), 평가, 관리(대책)하는 과학인 동시에 기술이다.

[해설] 인간에게 질병, 건강장해, 심각한 불쾌감 및 능률저하 등을 초래하는 작업환경 요인과 스트레스를 예측, 인식(측정), 평가, 관리(대책)하는 과학인 동시에 기술이다는 산업위생에 대한 설명이다.

18 정량적 표시장치의 지침을 설계할 경우 고려하여야 할 사항으로 옳지 않은 것은?

① 끝이 뾰족한 지침을 사용할 것
② 지침의 끝이 작은 눈금과 겹치게 할 것
③ 지침의 색은 선단에서 눈금의 중심까지 칠할 것
④ 지침을 눈금 면과 밀착시킬 것

[해설]
1) 끝이 뾰족한 지침을 사용할 것
2) 지침의 끝이 작은 눈금과 겹치게 않게 해야 할것
3) 지침의 색은 선단에서 눈금의 중심까지 칠할 것
4) 지침을 눈금 면과 밀착시킬 것

19 신호검출이론에 대한 설명으로 옳은 것은?

① 잡음에 실린 신호의 분포는 잡음만의 분포와 구분되지 않아야 한다.
② 신호의 유무를 판정함에 있어 반응대안은 2가지뿐이다.
③ 신호에 의한 반응이 선형인 경우 판별력은 좋아진다.

정답   14. ①   15. ③   16. ③   17. ④   18. ②   19. ③

④ 신호검출의 민감도에서 신호와 잡음간의 두 분포가 가까울수록 판정자는 신호와 잡음을 정확하게 판별하기 쉽다.

해설 1) 잡음에 실린 신호의 분포는 잡음만의 분포와 구분되어야 한다.
2) 신호의 유무를 판정함에 있어 반응대안은 4가지 뿐이다.
3) 신호검출의 민감도에서 신호와 잡음간의 두 분포가 가까울수록 판정자는 신호와 잡음을 정확하게 판별하기 어렵다

20 통계적 분석에서 사용되는 제1종 오류(α)를 설명한 것으로 옳지 않은 것은?

① $1-\alpha$를 검출력(power)이라고 한다.
② 제1종 오류를 통계적 기각역이라고도 한다.
③ 발견한 결과가 우연에 의한 것일 확률을 의미한다.
④ 동일한 데이터의 분석에서 제1종 오류를 작게 설정할수록 제2종 오류가 증가할 수 있다.

해설 $1-\beta$ 를 검출력(power)이라고 한다.

제2과목 : 작업생리학

21 소리 크기의 지표로서 사용하는 단위 중 8sone은 몇 phon인가?

① 60   ② 70
③ 80   ④ 90

해설 sone 값 = $2^{(phon값-40)/10}$
sone 값이 = 8 이라 했으므로 $8 = 2^3$ 이 된다
따라서 $2^3 = 2^{(x-40)/10}$
$3 = (x-40)/10$
$x = 70$

22 육체적 작업에서 생기는 우리 몸의 순환기 반응에 해당하지 않는 것은?

① 혈압상승
② 심박출량의 증가
③ 산소소비량의 증가
④ 신체에 흐르는 혈류의 재분배

해설 산소소비량의 증가는 해당되지 않는다.

23 어떤 작업의 평균 에너지값이 6kcal/min 이라고 할 때 60분간 총 작업시간 내에 포함되어야 하는 휴식시간은 약 몇 분인가? (단, Murrell의 방법을 적용하여, 기초대사를 포함한 작업에 대한 권장 평균 에너지값의 상한은 4kcal/min 이다.)

① 6.7   ② 13.3
③ 26.7   ④ 53.3

해설 60×(6-4)/(6-1.5)=26.7

24 신체부위를 움직이지 않으면서 고정된 물체에 힘을 가하는 상태의 근력을 의미하는 것은?

① 등장성 근력(isotonic strength)
② 등척성 근력(isometric strength)
③ 등속성 근력(isokinetic strength)
④ 등관성 근력(isoinerial strength)

해설 등척성 근력(isometric strength)
고정된 물체에 힘을 가할 때 처럼 신체부위의 이동 없이 정적인 상태에서의 근육의 힘 고정된 물체에 힘을 가하는 상태의 근력

정답 20. ① 21. ② 22. ③ 23. ③ 24. ②

25 남성근로자의 육체작업에 대한 에너지대사량을 측정한 결과 분당 작업 시 산소 소비량이 1.2 L/min, 안정 시 산소 소비량이 0.5 L/min, 기초대사량이 1.5 kcal/min 이었다면 이 작업에 대한 에너지대사율(RMR)은 약 얼마인가? (단, 권장평균에너지소비량은 5 kcal/min 이다.)

① 0.47 ② 0.80
③ 1.25 ④ 2.33

해설 R=((작업시소비에너지−안정시소비에너지)/기초대사량)*
권장평균에너지소비량=((1.2−0.5)/1.5)*5=2.33

26 사무실 공기관리 지침 상 공기정화시설을 갖춘 사무실의 시간당 환기횟수 기준은?

① 1회 이상 ② 2회 이상
③ 3회 이상 ④ 4회 이상

해설 공기정화시설을 갖춘 사무실의 환기기준(고용노동부고시)
1) 근로자 1인당 필요한 최소의기량 : 0.75m³/min
2) 환기횟수 : 시간당 4회 이상

27 어떤 작업자가 팔꿈치 관절에서부터 30cm 거리에 있는 10kg 중량의 물체를 한 손으로 잡고 있으며 팔꿈치 관절의 회전중심에서의 손까지의 중력중심 거리는 14cm 이며 이 부분의 중량은 1.3kg이다. 이때 팔꿈치에 걸리는 반작용(Re)의 힘은?

① 98.2 N ② 105.5 N
③ 110.7 N ④ 114.9 N

해설 팔꿈치에 걸리는 반작용의 힘
10kg × 9.8 + 1.3kg × 9.8 = 110.7N

28 작업면에 균등한 조도를 얻기 위한 조명방식으로 공장 등에서 많이 사용되는 조명방식은?

① 국소조명 ② 전반조명
③ 직접조명 ④ 간접조명

해설 전반조명
작업면에 균등한 조도를 얻기 위한 조명방식으로 공장 등에서 많이 사용되는 조명방식

29 일반적으로 소음계는 주파수에 따른 사람의 느낌을 감안하여 A, B, C 세 가지 특성에서 음압을 측정할 수 있도록 보정되어 있는데, A 특성치란 몇 phon의 등음량 곡선과 비슷하게 주파수에 따른 반응을 보정하여 측정한 음압수준을 말하는가?

① 20 ② 40
③ 70 ④ 100

해설 주파수에 따른 반응을 보정하여 측정한 음압
1) A 특성치 : 40 phon
2) B 특성치 : 70phon
3) C 특성치 : 100phon

30 뇌간(brain stem)에 해당되지 않는 것은?

① 간뇌 ② 중뇌
③ 뇌교 ④ 연수

해설 뇌간(brain stem)에 해당되는 것에는 중뇌 뇌교 연수가 있다.

31 음식물을 섭취하여 기계적인 일과 열로 전환하는 화학적인 과정을 무엇이라 하는가?

① 신진대사 ② 에너지가
③ 산소 부채 ④ 에너지 소비량

해설 신진대사(에너지대사)
1)구성물질, 축적 단백질, 지방 등을 분해시킨다

정답 25. ④ 26. ④ 27. ③ 28. ② 29. ② 30. ① 31. ①

2) 음식을 섭취하여 기계적인 일(내부적인 호흡과 소화, 외부적인 육체적 활동)과 열로 전환하는 화학적 과정이다
3) 산소를 소비하여 에너지를 발생시키는 과정이다

32 정신적 작업부하를 측정하는 생리적 측정치에 해당하지 않는 것은?

① 부정맥 지수 ② 산소 소비량
③ 점멸융합 주파수 ④ 뇌파도 측정치

해설 산소소비량은 육체적 작업부하에 해당되며 정신적 작업부하를 측정하는 생리적 측정치로는 부정맥 지수 점멸융합 주파수 뇌파도 측정치가 해당된다.

33 최대산소소비능력(MAP)에 관한 설명으로 옳지 않은 것은?

① 산소섭취량이 일정하게 되는 수준을 말한다.
② 최대산소소비능력은 개인의 운동역량을 평가하는데 활용된다.
③ 젊은 여성의 평균 MAP는 젊은 남성의 평균 MAP 의 20~30% 정도이다.
④ MAP를 측정하기 위해서 주로 트레드밀(treadmill)이나 자전거 에르고미터(ergometer)를 활용한다.

해설 최대 산소소비능력(MAP ; maximum aerobic power)
1) MAP : 신체활동에 따른 산소소비량의 증가가 일정한 수축에 이르면 신체활동이 증가해도 더 이상 산소소비량이 증가하지 않는데, 이와 같이 산소소비량이 일정하게 되는 수준을 말한다(일의 속도가 증가해도 산소섭취량이 더 이상 증가하지 않고 일정하게 되는 수준)
2) MAP특징
① MAP는 혈액의 박출량과 동맥혈의 산소함량에 영향을 받는다
② MAP수준에서는 혐기성 에너지 대사가 발생하고 근육과 혈액중에 축적되는 젖산의 양이 증가한다

③ 개인의 MAP가 클수록 순환기 계통의 효능이 크다
3) MAP의 직접측정법 : 트레드 밀(treadmill), 자전거에 르고미터(ergometer)

34 골격의 구조와 기능에 대한 설명으로 옳지 않은 것은?

① 신체에 중요한 부분을 보호하는 역할을 한다.
② 소화, 순환, 분비, 배설 등 신체 내부 환경의 조절에 중요한 역할을 한다.
③ 골격은 뼈, 연골, 관절로 이루어지며 사지 및 몸통을 움직이는 피동적 운동기관으로 작용한다.
④ 혈구세포를 만드는 조혈기능과 칼슘과 인 등의 무기질을 저장하여 몸이 필요할 때 공급해 주는 역할을 한다.

해설 골격의 구조와 기능
1) 신체에 중요한 부분을 보호하는 역할을 한다.
2) 골격은 뼈, 연골, 관절로 이루어지며 사지 및 몸통을 움직이는 피동적 운동기관으로 작용한다.
3) 혈구세포를 만드는 조혈기능과 칼슘과 인 등의 무기질을 저장하여 몸이 필요할 때 공급해 주는 역할을 한다

35 척추와 근육에 대한 설명으로 옳은 것은?

① 허리부위의 미골은 체중의 60% 정도를 지탱하는 역할을 담당한다.
② 인대는 근육과 뼈에 연결되어 있는 것으로 보통 힘줄이라고 한다.
③ 건은 뼈와 뼈를 연결하여 관절의 운동을 제한한다.
④ 척추는 26개의 뼈로 구성되어 경추, 흉추, 요추, 천골, 미골로 구성되어 있다.

해설 인간의 경우 26개의 척추뼈들로 이루어져 있다.
목뼈 7개, 등뼈 12개, 허리뼈 5개, 엉치뼈 1개 꼬리뼈 1개

36 저온환경이 작업수행에 미치는 영향으로 옳지 않은 것은?

① 근육강도와 내성이 감소하여 육체적 기능도가 줄어든다.
② 손 피부온도(HST)의 감소로 수작업 과업수행능력이 저하된다.
③ 저온 환경에서는 체내 온도를 유지하기 위해 근육의 대사율이 증가된다.
④ 저온은 말초운동신경의 신경전도 속도를 감소시킨다.

해설 저온 환경에서는 체내 온도를 유지하기 위해 근육의 대사율이 감소 된다.

37 다음 중 근육피로의 1차적 원인으로 옳은 것은?

① 젖산 축적 ② 글리코겐 축적
③ 미오신 축적 ④ 피루브산 축적

해설 격렬한 운동을 하게 되면 근육에 산소공급이 원활하게 공급되지 않으므로 젖산(Lactic acid)이 축적되면서 쉽게 피곤함을 느낀다.

38 산소 소비량과 에너지 대사를 설명한 것으로 옳지 않은 것은?

① 산소 소비량은 에너지 소비량과 선형적인 관계를 가진다.
② 산소 소비량이 증가한다는 것은 육체적 부하가 증가한다는 것이다.
③ 에너지가의 계산에는 2kcal의 에너지 생성에 1리터의 산소가 소모되는 관계를 이용한다.
④ 산소 소비량은 육체활동에 요구되는 에너지 대사량을 활동 시 소비된 산소량으로 간접적으로 측정하는 것이다

해설 산소소비량은 단위시간당 배기량을 측정하고 성분(CO_2, O_2)을 분석하여 구한다.

39 점광원으로부터 어떤 물체나 표면에 도달하는 빛의 밀도를 나타내는 단위로 옳은 것은?

① nit ② Lambert
③ candela ④ $lumen/m^2$

해설 조도 : 물체의 표면에 도달하는 빛의 밀도
1) foot-candle(fc): 1촉광원 점광원으로부터 1foot 떨어진 곡면에 비추는 광의 밀도(1 $lumen/ft^2$)
2) lux(meter-candle): 1촉광원 점광원으로부터 1m 떨어진 곡면에 비추는 광의 밀도(1 $lumen/m^2$)
3) 조도 : 조도는 광도에 비례하고 거리의 자승에 반비례한다 ∴ 조도 = $\frac{광도}{(거리)^2}$

40 진동이 인체에 미치는 영향으로 옳지 않은 것은?

① 심박수 감소 ② 산소소비량 증가
③ 근장력 증가 ④ 말초혈관의 수축

해설 1) 심박수 증가
2) 산소소비량 증가
3) 근장력 증가
4) 말초혈관의 수축

제3과목 : 산업심리학 및 관계법규

41 리더십은 교육 훈련에 의해서 향상되므로, 좋은 리더는 육성될 수 있다는 가정을 하는 리더십 이론은?

① 특성접근법 ② 상황접근법
③ 행동접근법 ④ 제한적 특질접근법

해설 행동접근법
리더십은 교육 훈련에 의해서 향상되므로, 좋은 리더는 육성될 수 있다는 가정을 하는 리더십

42 R. House의 경로-목표이론(path-goal theory) 중 리더 행동에 따른 4가지 범주에 해당하지 않는 것은?

① 방임적 리더 ② 지시적 리더
③ 후원적 리더 ④ 참여적 리더

해설 R. House의 경로-목표이론(path-goal theory) 중 리더 행동에 따른 4가지 범주
1) 지시적 리더 2) 후원적 리더 3) 참여적 리더

43 부주의에 대한 사고방지대책 중 정신적 측면의 대책으로 볼 수 없는 것은?

① 안전의식의 제고 ② 작업의욕의 고취
③ 작업조건의 개선 ④ 주의력 집중 훈련

해설 정신적 측면의 대책으로는 주의력 집중 훈련, 안전의식의 제고, 작업의욕의 고취가 있다.

44 집단행동에 있어 이성적 판단보다는 감정에 의해 좌우되며 공격적이라는 특징을 갖는 행동은?

① crowd ② mob
③ panic ④ fashion

해설 모브(Mob)
집단행동에 있어 이성적 판단보다는 감정에 의해 좌우되며 공격적이라는 특징을 갖는 행동

45 제조물 책임법에서 정의한 결함의 종류에 해당하지 않는 것은?

① 제조상의 결함 ② 기능상의 결함
③ 설계상의 결함 ④ 표시상의 결함

해설 제조물 책임법에서 정의한 결함의 종류로는 제조상의 결함, 설계상의 결함, 표시상의 결함이 있다.

46 인간 오류에 관한 일반 설계기법 중 오류를 범할 수 없도록 사물을 설계하는 기법은?

① Fail-Safe 설계 ② Interlock 설계
③ Exclusion 설계 ④ Prevention 설계

해설 Exclusion 설계는 오류 제거 설계를 근원적으로 제거해 준다.

47 집단을 공식집단과 비공식집단으로 구분할 때 비공식집단의 특성이 아닌 것은?

① 규모가 크다.
② 동료애의 욕구가 강하다.
③ 개인적 접촉의 기회가 많다.
④ 감정의 논리에 따라 운영된다.

해설 비공식집단으로 구분할 때 규모가 작다.

48 작업자가 제어반의 압력계를 계속적으로 모니터링 하는 작업에서 압력계를 잘못 읽어 에러를 범할 확률이 100시간에 1회로 일정한 것으로 조사되었다. 작업을 시작한 후 200시간 시점에서의 인간 신뢰도는 약 얼마로 추정되는가?

① 0.02 ② 0.98
③ 0.135 ④ 0.865

해설 연속직무에서의 신뢰도는 고장률=1/100=0.01
신뢰도=$e^{(-0.01 \times 200)}$=0.135

정답 42.① 43.③ 44.② 45.② 46.③ 47.① 48.③

49 미국 국립산업안전보건연구원(NIOSH)에서 제안한 직무 스트레스 요인에 해당하지 않는 것은?

① 성능 요인   ② 환경 요인
③ 작업 요인   ④ 조직 요인

해설 직무스트레스의 요인으로는 작업요인, 작업요인, 환경요인이 있다.

50 다음 조직에 의한 스트레스 요인은?

> 급속한 기술의 변화에 대한 적응이 요구되는 직무나 직무의 난이도나 속도를 요구하는 특성을 가진 업무와 관련하여 역할이 과부하 되어 받게 되는 스트레스

① 역할 갈등   ② 과업 요구
③ 집단 압력   ④ 역할 모호성

해설 직무스트레스는 직무와 관련된 스트레스 요인에 의해 경험하게 되는 스트레스로 직무와 관련하여 조직내에서 상호작용하는 과정에서 조직의 목표와 개인의 욕구사이에 불균형이 생길 때 일어난다.

51 반응시간(reaction time)에 관한 설명으로 옳은 것은?

① 자극이 요구하는 반응을 행하는 데 걸리는 시간을 의미한다.
② 반응해야 할 신호가 발생한 때부터 반응이 종료될 때까지의 시간을 의미한다.
③ 단순반응시간에 영향을 미치는 변수로는 자극 양식, 자극의 특성, 자극 위치, 연령 등이 있다.
④ 여러 개의 자극을 제시하고, 각각에 대한 서로 다른 반응을 할 과제를 준 후에 자극이 제시되어 반응할 때까지의 시간을 단순반응시간이라 한다.

해설 반응시간(reaction time)
단순반응시간에 영향을 미치는 변수로는 자극 양식, 자극의 특성, 자극 위치, 연령 등이 있다.

52 재해의 발생원인 중 직접원인(1차원인)에 해당하는 것은?

① 기술적 원인   ② 교육적 원인
③ 관리적 원인   ④ 물적 원인

해설 물적원인과 인적원인 그리고 불가항력으로 나눈다.

53 다음에서 설명하는 것은?

> 집단을 이루는 구성원들이 서로에게 매력적으로 끌리어 그 집단 목표를 달성하는 정도를 나타내며, 소시오메트리 연구에서는 실제 상호선호관계의 수를 가능한 상호선호관계의 총 수로 나누어 지수(index)로 표현한다.

① 집단 협력성   ② 집단 단결성
③ 집단 응집성   ④ 집단 목표성

해설 집단 응집성은 구성원들이 서로에게 매력적으로 끌리어 그 집단 목표를 공유하는 정도로 할 수 있음. 응집성이 높은 집단일수록 결근율과 이직율이 낮아진다.

54 A사업장의 도수율이 2로 산출되었을 때, 그 결과에 대한 해석으로 옳은 것은?

① 근로자 1000명당 1년 동안 발생한 재해자 수가 2명이다.
② 연근로시간 1000시간당 발생한 근로손실 일수가 2일이다.
③ 근로자 10000명당 1년간 발생한 사망자수가 2명이다.

정답 49. ① 50. ② 51. ③ 52. ④ 53. ③ 54. ④

④ 연근로자가 1000000시간당 발생한 재해건수가 2건이다.

해설 도수율 : 연 근로시간 1,000,000시간당 재해 발생건수 수

55 원자력발전소 주제어실의 직무는 4명의 운전원으로 구성된 근무조에 의해 수행되고, 이들의 직무간에는 서로 영향을 끼치게 된다. 근무조원 중 1차 계통의 운전원 A와 2차 계통의 운전원 B간의 직무는 중간 정도의 의존성(15%)이 있다. 그리고 운전원 A의 기초 인간실수확률 HEP ProbA = 0.001 일 때, 운전원 B의 직무실패를 조건으로 한 운전원 A의 직무실패확률은 약 얼마인가? (단, THERP 분석법을 사용한다.)

① 0.151   ② 0.161
③ 0.171   ④ 0.181

해설 ProbA/B =(0.15)×1.0+(1-0.15)×(0.001) = 0.15075
= 0.151

56 다음 중 상해의 종류에 해당하지 않는 것은?

① 협착   ② 골절
③ 부종   ④ 중독·질식

해설 상해의 종류에는 골절 동상 자상 부종 중독 질식 절단 타박상 화상 베임 찰과상 전격 뇌진탕 피부염 청력장해 시력장해 등이 있다.

57 인간의 의식수준과 주의력에 대한 다음의 관계가 옳지 않은 것은?

	의식수준	의식모드	행동수준	신뢰성
A	Ⅳ	흥분	감정흥분	낮다.
B	Ⅲ	정상(분명한의식)	적극적 행동	매우 높다.
C	Ⅱ	정상(느긋한기분)	안정된 행동	다소 높다.
D	Ⅰ	무의식	수면	높다.

① A   ② B
③ C   ④ D

해설 0단계 : 의식이 없는 상태 수면상태

58 하인리히의 도미노 이론을 순서대로 나열한 것은?

A. 유전적 요인과 사회적 환경
B. 개인의 결함
C. 불안전한 행동과 불안전한 상태
D. 사고
E. 재해

① A→B→D→C→E   ② A→B→C→D→E
③ B→A→C→D→E   ④ B→A→D→C→E

해설 하인리히의 도미노 이론

1) 인간의 실수는 작업환경이나 선천적인 기질에 의해서 일어난다.
2) 불안전한 행동 또는 상태는 인간의 개인적 잘못에 의해서 일어난다.
3) 재해는 인간의 불안전한 행동 또는 불안전한 기계의 상태에 노출되므로 일어난다.
4) 산업재해는 사고나 우연성으로부터 발생한다.
5) 사고나 우연성은 상해나 손상으로 이어진다. 이러한 도미노 이론은 도미노 하나가 연쇄적으로 넘어지려고 할 때, 어느 한 도미노를 없애면 연쇄성이 중단된다는 것이다. 따라서 재해나 상해가 발생하기 이전에 작업주위의 불안전한 상태나 인간의 불안전한 행동요소를 제거하면 예방할 수 있다는 것이다.

정답 55. ① 56. ① 57. ④ 58. ②

59. 다음은 인적 오류가 발생한 사례이다. Swain과 Guttman이 사용한 개별적 독립행동에 의한 오류 중 어느 것에 해당하는가?

> 컨베이어 벨트 수리공이 작업을 시작하면서 동료에게 컨베이어 벨트의 시작하면서 동료에게 컨베이어 벨트의 작동버튼을 살짝 눌러서 벨트를 조금만 움직이라고 이른 뒤 수리작업을 시작하였다. 그러나 작동버튼 옆에서 서성이던 동료가 순간적으로 중심을 잃으면서 작동버튼을 힘껏 눌러 컨베이어 벨트가 전속력으로 움직이며 수리공의 신체일부가 끼이는 사고가 발생하였다.

① 시간 오류(timing error)
② 순서 오류(sequence error)
③ 부작위 오류(omission error)
④ 작위 오류(commission error)

해설
1) Commission Error : 작업 및 단계를 수행했지만 실수
2) Omission Error : 필요한 작업 내지 단계를 수행하지 못했던 에러

60. Maslow의 욕구단계 이론을 하위단계부터 상위단계로 올바르게 나열한 것은?

> A : 사회적 욕구, B : 안전에 대한 욕구
> C : 생리적 욕구, D : 존경에 대한 욕구
> E : 자아실현의 욕구

① C→A→B→E→D
② C→A→B→D→E
③ C→B→A→E→D
④ C→B→A→D→E

해설 매슬로우의 욕구단계 이론
1) 매슬로우 욕구 5단계에서 자아존중의 욕구는 나 자신을 중요하게 생각하고 존중하는 것이 가장 핵심적인 요소입니다.
2) 자아존중의 욕구를 충족시키기 위해서는 나 자신에 대한 긍정적인 인식이 필요합니다.
3) 또한 타인으로부터 인정을 받는 것도 중요한 부분입니다.
4) 나 자신에 대한 긍정적인 인식과 타인으로부터의 인정이 모두 필요합니다.

제4과목 : 근골격계질환 예방을 위한 작업관리

61. 작업관리의 문제해결 방법으로 전문가 집단의 의견과 판단을 추출하고 종합하여 집단적으로 판단하는 방법은?

① SEARCH의 원칙
② 브레인스토밍(Brainstorming)
③ 마인드 맵핑(Mind Mapping)
④ 델파이 기법(Delphi Technique)

해설 델파이 기법
1) 조정자는 전문가가 모여 비용 산정을 하는 회의에서 간사 역할을 한다.
2) 전문가는 비용을 산정할 수 있는 자료를 충분히 검토하고, 필요하다면 의견을 나눌 수 있다.
3) 전문가 각자가 비용을 산정한다. 이때 계산된 결과를 조정자에게 익명으로 제출한다.
4) 조정자는 각 전문가가 제출한 자료를 요약 형태로 정리한다.
5) 조정자는 각 전문가가 제출한 자료에서 산정 내용에 차이가 크면 이 문제를 해결하기 위해 회의를 소집한다.
6) 전문가는 다시 익명으로 산정 작업을 실시한다.

62. 시설배치방법 중 공정별 배치방법의 장점에 해당하는 것은?

① 운반 길이가 짧아진다.
② 작업진도의 파악이 용이하다.
③ 전문적인 작업지도가 용이하다.

정답 59. ④ 60. ④ 61. ④ 62. ③

④ 재공품이 적고, 생산길이가 짧아진다.

[해설] 시설배치방법 중 공정별 배치방법의 장점은 전문적인 작업지도가 용이하다.

63 동작경제의 원칙 중 작업장 배치에 관한 원칙으로 볼 수 없는 것은?

① 모든 공구나 재료는 지정된 위치에 있도록 한다.
② 공구의 기능을 결합하여 사용하도록 한다.
③ 가능하다면 낙하식 운반 방법을 이용한다.
④ 작업이 용이하도록 적절한 조명을 비추어 준다.

[해설] 공구의 기능을 결합하여 사용하도록 한다.
작업장배치가 아닌 공구 및 설비설계에 관한 원칙

64 다음 중 허리부위나 중량물취급 작업에 대한 유해요인의 주요 평가기법은?

① REBA   ② JSI
③ RULA   ④ NLE

[해설] NLE(NIOSH LIFTING EQUATION) : 들기 작업에 대한 안전 지침

65 NIOSH Lifting Equation 평가에서 권장무게한계가 20kg이고, 현재 작업물의 무게가 23kg일 때, 들기 지수(Lifting Index)의 값과 이에 대한 평가가 옳은 것은?

① 0.87, 요통의 발생위험이 높다.
② 0.87, 작업을 재설계할 필요가 있다.
③ 1.15, 요통의 발생위험이 높다.
④ 1.15, 작업을 재설계할 필요가 없다.

[해설] 현재작업물의 무게/권장무게한계 = 23/20 = 1.15
들기지수가 1보다 크게 되면 요통의 발생위험이 높다.

66 다중활동분석표의 사용 목적과 가장 거리가 먼 것은?

① 작업자의 작업시간 단축
② 기계 혹은 작업자의 유휴시간 단축
③ 조 작업을 재편성 또는 개선하여 조 작업 효율 향상
④ 한 명의 작업자가 담당할 수 있는 기계 대수의 산정

[해설] 다중활동분석표의 사용 목적
1) 기계 혹은 작업자의 유휴시간 단축
2) 조 작업을 재편성 또는 개선하여 조 작업 효율 향상
3) 한 명의 작업자가 담당할 수 있는 기계 대수의 산정

67 작업관리에서 사용되는 한국산업표준 공정도시 기호와 명칭이 잘못 연결된 것은?

① ▽ – 이동   ② ○ – 가공
③ □ – 수량 검사 ④ ◇ – 품질 검사

[해설] ▽ – 저장

68 작업관리에서 사용되는 기본 문제해결 절차로 가장 적합한 것은?

① 연구대상선정 → 분석과 기록 → 분석 자료의 검토 → 개선안의 수립 → 개선안의 도입
② 연구대상선정 → 분석 자료의 검토 → 분석과 기록 → 개선안의 수립 → 개선안의 도입
③ 분석 자료의 검토 → 분석과 기록 → 개선안의 수립 → 연구대상선정 → 개선안의 도입
④ 분석 자료의 검토 → 개선안의 수립 → 분석과 기록 → 연구대상선정 → 개선안의 도입

정답 63. ② 64. ④ 65. ③ 66. ① 67. ① 68. ①

해설 문제해결 기본 5단계 절차

연구대상선정 → 분석과 기록 → 분석 자료의 검토 → 개선안의 수립 → 개선안의 도입

69 다음의 특징을 가지는 표준시간 측정법은?

> 연속적인 측정방법으로 스톱워치, 전자식 타이머, 비디오카메라 등이 사용되며 작업을 실제로 관측하여 표준시간을 산정한다.

① PTS법　　　② 시간연구법
③ 표준자료법　　④ 워크 샘플링

해설 시간연구법 : 연속적인 측정방법으로 스톱워치 전자식 타이머 비디오 카메라 등이 사용되며 작업을 실제로 관측하여 표준시간을 산정한다.

70 문제분석을 위한 기법 중 원과 직선을 이용하여 아이디어 문제, 개념 등을 개괄적으로 빠르게 설정할 수 있도록 도와주는 연역적 추론 기법에 해당하는 것은?

① 공정도(proces chart)
② 마인드 맵핑(mind mapping)
③ 파레토 차트(Pareto chart)
④ 특성요인도(cause and effet diagram)

해설 마인드 맵핑

문제분석을 위한 기법 중 원과 직선을 이용하여 아이디어 문제, 개념 등을 개괄적으로 빠르게 설정할 수 있도록 도와주는 연역적 추론 기법에 해당한다

71 작업연구의 내용과 가장 관계가 먼 것은?

① 표준 시간을 산정, 결정한다.
② 최선의 작업방법을 개발하고 표준화한다.
③ 최적 작업방법에 의한 작업자 훈련을 한다.
④ 작업에 필요한 경제적 로트(lot) 크기를 결정한다.

해설 작업분석의 목적

1) 표준 시간을 산정, 결정한다.
2) 최선의 작업방법을 개발하고 표준화한다.
3) 최적 작업방법에 의한 작업자 훈련을 한다.

72 워크샘플링 조사에서 주요작업의 추정비율(p)이 0.06이라면, 99% 신뢰도를 위한 워크샘플링 횟수는 몇 회인가? (단, $\mu_{0.005}$는 2.58, 허용오차는 0.01 이다.)

① 3744　　② 3745
③ 3755　　④ 3764

해설 $N = (2.58)^2 \times 0.06(1-0.06) / (0.01)^2 = 3755$회

73 근골격계질환의 유형에 대한 설명으로 옳지 않은 것은?

① 외상 과염은 팔꿈치 부위의 인대에 염증이 생김으로써 발생하는 증상이다.
② 수근관 증후군은 손목이 꺾인 상태나 과도한 힘을 준 상태에서 반복적 손 운동을 할 때 발생한다.
③ 회내근 증후군은 과도한 망치질, 노젓기 동작 등으로 손가락이 저리고 손가락 굴곡이 약화되는 증상이다.
④ 결절종은 반복, 구부림, 진동 등에 의하여 건의 섬유질이 손상되거나 찢어지는 등의 건에 염증이 생기는 질환이다.

해설 결절종 – 손목 및 손의 자주 쓰는 관절부위에 발생하는 종양으로 통증이 동반되며 발생 원인으로는 과도한 관절 사용으로 볼 수 있다.

정답 69. ②　70. ②　71. ④　72. ③　73. ④

74 3시간 동안 작업 수행과정을 촬영하여 워크샘플링 방법으로 200회를 샘플링한 결과 30번의 손목꺾임이 확인되었다. 이 작업의 시간당 손목 꺾임 시간은?

① 6분 ② 9분
③ 18분 ④ 30분

해설 손목꺾임 발생률 = 관측된 횟수 / 총 관측 횟수
= 30 / 200 = 0.15
시간당 손목 꺾임 시간 = 발생확률 × 60분
= 0.15 × 60분 = 9분

75 동작분석을 할 때 스패너에 손을 뻗치는 동작의 적합한 서블릭(Therblig) 문자기호는?

① H ② P
③ TE ④ SH

해설
1) H (Hold) – 잡고있기
2) P (Positio) – 위치결정
3) TE (Transport Empty)

76 작업수행도 평가 시 사용되는 레이팅 계수(rating scale)에 대한 설명으로 옳지 않은 것은?

① 관측시간치의 평균값을 레이팅 계수로 보정하여 보통속도로 변환시켜준 개념을 표준시간이라 한다.
② 정상기준 작업속도를 100%로 보고 100%보다 큰 경우 표준보다 빠르고, 100%보다 작은 경우 느린 것을 의미한다.
③ 레이팅 계수(%)가 125일 경우 동작이 매우 숙달된 속도, 장시간 계속 작업 시 피로할 것 같은 작업속도로 판정할 수 있다.
④ 속도 평가법에서의 레이팅 계수는 기준속도를 실제속도로 나누어 계산하고 레이팅 시 작업속도만을 고려하므로 적용하기가 쉬워 보편적으로 사용한다.

해설 관측시간치의 평균값을 레이팅 계수로 보정하여 보통속도로 변환시켜준 개념을 "정미시간"이라 한다.

77 근골격계질환·관리추진팀 내 보건관리자의 역할로 옳지 않은 것은?

① 근골격계질환 예방·관리프로그램의 기본정책을 수립하여 근로자에게 알린다.
② 주기적으로 작업장을 순회하여 근골격계질환을 유발하는 작업공정 및 작업 유해요인을 파악한다.
③ 7일 이상 지속되는 증상을 가진 근로자가 있을 경우 지속적인 관찰, 전문의 진단의뢰 등의 필요한 조치를 한다.
④ 주기적인 근로자 면담 등을 통하여 근골격계질환 증상 호소자를 조기에 발견하는 일을 한다.

해설 근골격계질환 예방·관리프로그램의 기본정책을 수립하여 근로자에게 알리는 역할은 사업주다.

78 표준자료법의 특징으로 옳은 것은?

① 레이팅이 필요하다.
② 표준시간의 정도가 뛰어나다.
③ 직접적인 표준자료 구축 비용이 크다.
④ 작업방법의 변경 시 표준시간을 설정할 수 있다.

해설
1) 레이팅이 필요없다.
2) 표준시간의 정도가 뛰어나지 않다.
3) 작업방법의 변경 시 표준시간을 설정하지 못할 수도 있다.

79 산업안전보건법령상 근골격계부담작업에 해당하지 않는 것은? (단, 단기간작업 또는 간헐적인 작업은 제외한다.)

① 하루에 10회 이상 25kg 이상의 물체를 드는 작업
② 하루에 총 2시간 이상, 분당 2회 이상 4.5kg 이상의 물체를 드는 작업
③ 하루에 총 1시간 이상 쪼그리고 앉거나 무릎을 굽힌 자세에서 이루어지는 작업
④ 하루에 4시간 이상 집중적으로 자료입력 등을 위해 키보드 또는 마우스를 조작하는 작업

[해설] 하루에 총 2시간 이상 쪼그리고 앉거나 무릎을 굽힌 자세에서 이루어지는 작업

80 근골격계질환 예방대책으로 옳지 않은 것은?
① 단순 반복 작업은 기계를 사용한다.
② 작업순환(Job Rotation)을 실시한다.
③ 작업방법과 작업공간을 인간공학적으로 설계한다.
④ 작업속도와 작업강도를 점진적으로 강화한다.

[해설] 작업속도와 작업강도를 점진적으로 강화하면 근골격계 질환이 발생한다.

2022 제3회 CBT복원 기출문제

제1과목 : 인간공학개론

01 음의 한 성분이 다른 성분에 대한 귀의 감수성을 감소시키는 상황을 무슨 효과라 하는가?
① 은폐(masking)   ② 밀폐(sealing)
③ 기피(avoid)   ④ 방해(interrupt)

해설 **차폐효과(은폐효과: masking)**
1) 하나의 소리가 다른 소리의 판별에 방해를 주는 현상
2) 어떤 소리가 동시에 들리는 경우 다른 소리를 들을 수 있는 능력을 감소시키는 현상(음의 한 성분이 다른 성분에 대한 귀의 감수성을 감소시키는 상황)

02 인간-기계 인터페이스를 설계할 때 편리성, 신뢰성 그리고 기능 등을 고려하는 설계 요소 중 가장 우선하여 설계되어야 하는 특성 항목은?
① 기계 특성   ② 사용자 특성
③ 작업장 환경 특성   ④ 운용 환경 특성

해설 1) 인간-기계 인터페이스(man machine interface) : 인간-기계 시스템에서 정보전달과 조정이 실질적으로 행하여 지는 인간과 기계의 접합면을 말한다
2) 인간-기계 인터페이스 설계시 고려할 설계요소
 ① 사용자 특성(가장 우선적 고려할 특성항목)
 ② 기계적 특성
 ③ 사용환경 특성
3) 인간-기계 인터페이스 설계시 3가지 관점
 ① 신체적 인터페이스 : 제품의 외관 및 형상을 설계할 때 사용자의 신체적 특성을 고려한다
 ② 지적 인터페이스 : 사용방법에 관한 설계에서 사용자의 행동에 관한 특성 정보를 이용하는 것으로 사용자 인터페이스라고도 한다
 ③ 감성적 인터페이스 : 즐거움, 기쁨 등 감성 특성에 관한 정보를 고려하는 것이다

03 다음 중 작업장에서 인간공학을 적용함으로써 얻게 되는 효과로 볼 수 없는 것은?
① 작업손실시간의 감소
② 회사의 생산성 증가
③ 노·사간의 신뢰성 저하
④ 건강하고 안전한 작업조건 마련

해설 **인간공학의 효과(기여도)**
1) 사고 및 오용 으로부터의 손실감소(작업손실시간 감소)
2) 생산 및 정비유지의 경제성 증대(생산성 증가)
3) 노·사간의 신뢰성 증가
4) 건강하고 안전한 작업조건 마련
5) 훈련비용 절감 및 인력이용율 향상

04 다음 중 사용성에 관한 설명으로 틀린 것은?
① 편리하게 제품을 사용하도록 하는 원칙이다.
② 실험 평가로 사용성을 검증할 수 있다.
③ 사용성은 반드시 전문가가 평가하여야 한다.
④ 학습성, 에러 방지, 효율성, 만족도 등의 원칙이 있다.

해설 **사용성(usability)**
1) 사용성 : 제품이 사용자가 목적 달성 하는데 있어서 효과적이고 효율적이며 사용자의 만족도가 높도록 만들어진 정도를 말한다
2) 사용성의 원칙
 ① 편의성 : 사용자가 편리하게 제품을 사용하도록 하는 원칙이다
 ② 학습성, 에러방지, 효율성, 만족도 등의 원칙이 있다
3) 사용성 평가방법
 ① 사용자 기반 평가방법 : 설문지법, 사용자 관측법, 경험적 사용성 평가법 등이 있다
 ② 검사 기반 평가방법: 전문가의 판단에 의존하는 방법이다
 ③ 모델 기반 평가방법: 인간이 시스템을 어떻게 사용하는지를 모델로 구성하여 평가하는 방법이다

정답 1. ① 2. ② 3. ③ 4. ③

05 다음 중 시스템의 고장률이 지수함수를 따를 때 이 시스템의 신뢰도를 올바르게 표시한 것은?(단, 고장률은 λ, 가동시간은 t, 신뢰도는 R(t)로 표시한다.)

① $R(t) = e^{-\lambda t}$ ② $R(t) = e^{-\lambda t^2}$
③ $R(t) = e^{\frac{\lambda}{t}}$ ④ $R(t) = e^{-\frac{\lambda}{t}}$

해설 $R_{(t)} = e^{-\lambda t} = e^{-(t/t_0)}$

여기서, R(t) : 신뢰도(고장없이 작동할 확률)
λ : 고장률
t : 가동시간
t_0 : 평균수명

06 다음 중 반응시간이 가장 빠른 감각은?
① 청각 ② 촉각
③ 시각 ④ 후각

해설 감각기관의 자극에 대한 반응시간

감각기관	청각	촉각	시각	미각	통각
반응시간(초)	0.17	0.18	0.20	0.29	0.70

07 다음 중 시력의 척도와 그에 대한 설명으로 틀린 것은?

① Vernier 시력 - 한 선과 다른 선의 측방향 변위(미세한 치우침)를 식별하는 능력
② 최소 가분 시력 - 대비가 다른 두 배경의 접점을 식별하는 능력
③ 최소 인식 시력 - 배경으로부터 한 점을 식별하는 능력
④ 입체 시력 - 깊이가 있는 하나의 물체에 대해 두 눈의 망막에서 수용할 때 상이나 그림의 차이를 분간하는 능력

해설 최소분간시력 : 사람의 눈이 검출(식별)할 수 있는 최소모양이나 표적부분들 간의 최소공간을 말한다.

08 인체의 감각기능 중 후각에 대한 설명으로 옳은 것은?

① 후각에 대한 순응은 느린 편이다.
② 후각은 훈련을 통해 식별능력을 기르지 못한다.
③ 후각은 냄새 존재 여부보다 특정 자극을 식별하는데 효과적이다.
④ 특정 냄새의 절대 식별 능력은 떨어지나 상대적 비교 능력은 우수한 편이다.

해설 후각

1) 후각수용기 : 후상피라고 하여 콧구멍 위쪽의 점막에 위치하고 있는 상피세포이다
2) 인간의 후각 특성
   ① 후각은 특정물질이나 개인에 따라 민감도의 차이가 있다
   ② 특정한 냄새에 대한 절대적 식별능력은 떨어지지만 상대적 기준에 의해 냄새를 비교할 때는 제법 우수한 편이다
   ③ 인간의 후각은 훈련을 통해서 식별능력을 향상시킬 수 있다
   ④ 후각은 특정자극을 식별하는데 사용되기보다는 냄새의 존재여부를 탐지하는데 효과적이다

09 자동차 운전같이 어떤 과정이나 가동 상태를 연속적으로 제어하는 시스템은 제어 계수(control order)에 의하여 연속 제어 조작 형태가 결정되는데 다음 중 이 시스템의 제어 계수에 관한 설명으로 옳은 것은?

① 0계(위치 제어)가 가장 긴 인간의 처리시간을 요한다.
② 1계(몸 또는 속도제어)가 가장 긴 인간의 처리시간을 요한다.
③ 2계(가속도 제어)가 가장 긴 인간의 처리시간을 요한다.
④ 모든 계에 있어 인간의 처리시간은 동일하다.

해설 **시스템의 제어계수(control order) [12/3회]**
1) 0계 : 위치제어
2) 1계 : 율 또는 속도제어
3) 2계 : 가속도 제어(가장 긴 인간의 처리시간을 요함)

10 인간공학 연구에 사용되는 기준에서 다음 중 성격이 다른 하나는?
① 생리학적 지표 ② 기계 신뢰도
③ 민간성능 척도 ④ 주관적 반응

해설 **인간기준의 유형**
1) 인간성능척도 : 여러 가지 감각활동, 정신활동, 근육활동 등에 의해서 판단된다
2) 생리학적 지표 : 혈압 맥박수, 분당 호흡수, 뇌파, 혈당량, 혈액의 성분, 피부온도, 전기피부반응(galvanic skin response) 등의 척도가 있다
3) 주관적인 반응 : 개인성능의 평점(rating), 체계 설계면에 대한 대안들의 평점, 체계에 사용되는 여러 가지 다른 유형에 정보의 판단된 중요도 평점, 의자의 안락도 평점 등이 있다
4) 사고빈도 : 어떤 목적을 위해서는 사고나 상해 발생빈도가 적절한 기준이 될 수가 있다

11 다음 중 귀의 청각 과정이 순서대로 올바르게 나열된 것은?
① 공기전도 → 액체전도 → 신경전도
② 신경전도 → 액체전도 → 공기전도
③ 액체전도 → 공기전도 → 신경전도
④ 신경전도 → 공기전도 → 액체전도

해설 **귀의 청각과정 순서**
1) 공기전도 → 2) 액체전도 → 3) 신경전도

[길잡이] **귀의 청각과정**
1) 공기전도 : 공기가 고막에서 진동한다
2) 액체전도 : 고막의 진동을 중이소골에서 내이의 난원창으로 전달한 후 음압의 변화에 반응하여 달팽이관의 림프액이 진동한다
3) 신경전도 : 림프액의 진동은 유모세포다 말초신경이 있는 코르티(corti) 기관에 전달하고 말초신경에서 조작된 신경충동은 뇌에 전달된다

12 다음 중 작업공간에 관한 설명으로 가장 적절하지 않은 것은?
① 한 장소에 앉아서 수행하는 작업 활동에서, 사람이 작업하는데 사용하는 공간을 "작업공간 포락면"(work-space envelope) 이라 부른다.
② "정상 작업역"은 윗 팔을 자연스럽게 수직으로 늘어뜨린 채, 아래팔만으로 편하게 뻗어 파악할 수 있는 구역이다.
③ "최대 작업역"은 아래팔과 윗 팔을 곧게 펴서 파악할 수 있는 구역이다.
④ 접근 가능 거리는 필요한 인체치수의 95%tile 치수를 이용한다.

해설 **작업공간**
1) 작업공간 포락면 : 한 장소에 앉아서 수행하는 작업활동에서 작업자가 작업하는데 사용하는 공간
2) 작업영역
  ① 정상작업역 : 상완(윗 팔)을 자연스럽게 몸에 붙인 채로 전완(아래팔)을 움직여서 도달하는 영역
  ② 최대작업역 : 어깨점을 기준으로 팔을 쭉 뻗어 파악하는 최대영역

13 다음 중 청각적 표시장치에 관한 설명으로 옳은 것은?
① 청각 신호의 지속시간은 최대 0.3초 이내로 한다.
② 소음이 심한 경우 귀 위치에서 신호강도는 110dB과 은폐가청역치의 중간정도가 적당하다.

정답 10. ② 11. ① 12. ④ 13. ②

③ 즉각적인 행동이 요구될 때에는 청각적 표시장치보다 시각적 표시장치를 사용하는 것이 좋다.
④ 신호의 검출도를 높이기 위해서는 소음 세기가 높은 영역의 주파수로 신호의 주파수를 바꾼다.

해설 청각적 표시장치의 신호의 검출
1) 청각신호의 지속시간 : 최소 0.3초 지속해야 한다
2) 소음이 심한 경우 신호의 수준 : 110dB과 은폐가청역치의 중간정도가 적당하다
3) 주변소음 ; 은폐효과를 방지하기 위해 500~1000Hz의 신호를 사용하고 30dB이상 차이가 나야한다
4) 두 음 사이의 진동수 차이가 33Hz이상이 될 경우 : 울림이 들리지 않고 각각 2개의 음으로 들린다

14 피아노 건반 중 한 음의 주파수가 256Hz이다. 이 음이 1옥타브가 올라가면 주파수는 얼마가 되는가?
① 64Hz
② 128Hz
③ 512Hz
④ 1024Hz

해설 음이 1옥타브(octave)올라갈 때마다 진동수(주파수)는 2배씩 높아진다.
$256Hz \times 2 = 512Hz$

15 동일한 조건에서 선택가능한 대안의 수가 2에서 8로 증가하였다. 선택반응 시간은 몇 배 늘었는가?(단, 대안의 수가 없을 때 반응시간은 0이라고 가정한다.)
① 1
② 2
③ 3
④ 4

해설 1) 정보량 $(H) = \log_2 n$
2) $\dfrac{H2}{H1} = \dfrac{\log_2 8}{\log_2 2} = 3$배 증가

16 다음 중 인간의 작업기억(working memory)에 관한 설명으로 틀린 것은?
① 정보를 감지하여 작업 기억으로 이전하기 위해서 주의(attention) 자원이 필요하다.
② 청각정보보다 시각정보를 작업기억 내에 더 오래 기억 할 수 있다.
③ 작업 기억의 정보는 감각, 신체, 작업코드의 세 가지로 코드화된다.
④ 작업기억 내에 정보의 의미 있는 단위(chunk)로 저장이 가능하다.

해설 작업기억의 정보 : 시각(visual), 표음(phonetic), 의미(semantic)의 3가지 코드로 코드화된다.
1) 시각 및 표음코드 : 자극의 시각적 또는 청각적 표현이다.
2) 의미코드 : 자극에 의해서 발생되는 상이나 음이 아니라, 자극 의미의 추상적 표현이다.

17 다음 중 인간공학의 정보이론에 있어 1bit에 관한 설명으로 바른 것은?
① 초당 최대 정보 기억 용량이다.
② 정보 저장 및 회송(recall)에 필요한 시간이다.
③ 2개의 대안 중 하나가 명시되었을 때 얻어지는 정보량이다.
④ 일시에 보낼 수 있는 정보전달 용량의 크기로서 통신 채널의 Capacity를 말한다.

해설 정보의 측정단위 및 관계식
1) bIT의 정의 : 실현 가능성이 같은 2개의 대안 중 하나가 명시되었을 때 얻는 정보량을 나타낸다
2) 대안의 수가 n일 때 총 정보량(H) $H=\log_2 n$
3) 대안의 실현확률(n의 역수)이 P일 경우(대안의 출현 가능성이 동일하지 않을 때) 정보량(H) $H=\log_2 \left(\dfrac{1}{P}\right)$
4) 확률이 다른 일련의 사건이 가지는 평균 정보량
$(H_{av}) H_{av} = \sum_{p=1}^{n} \Pi \log_2 \left(\dfrac{1}{\Pi}\right)$
여기서, Pi : 각 대안의 실현 확률

18 다음 중 인간의 정보처리 과정에서 중요한 역할을 하는 양립성(compatibility)에 관한 설명으로 올바른 것은?
① 인간이 사용할 코드와 기호가 얼마나 의미를 가진 것인가를 다루는 것을 공간적 양립성이라 한다.
② 표시장치와 제어장치의 움직임, 사용 시스템의 반응 등과 관련된 것을 개념적 양립성이라 한다.
③ 제어장치와 표시장치의 공간적 배열에 관한 것을 운동 양립성이라 한다.
④ 직무에 알맞은 자극과 응답 양식의 존재에 대한 것을 양식 양립성이라 한다.

[해설] 1) 양립성 : 인간의 기대와 모순되지 않는 자극들 간의, 반응들 간의 또는 자극반응 조합과의 관계를 말한다
2) 양립성의 종류
① 개념 양립성 : 코드와 기호를 인간들의 사고에 일치시키는 것을 말한다
  [예] 더운물 : 빨간색 수도꼭지, 차가운 물 : 청색 수도꼭지, 비행장 : 비행기 모형 등
② 운동 양립성 : 표시장치와 조종장치의 움직임과 사용시스템의 응답을 관련시키는 것이다
  [예] 라디오 음량을 크게할 때 : 조정창치를 시계방향으로 회전
③ 공간양립성 : 조종장치와 표시장치의 물리적 배열(공간적 배열)이 사용자 기대와 일치되도록 하는 것을 말한다
④ 양식양립성 : 직무에 알맞은 자극과 응답방식(양식)에 대한 것을 말한다

19 인간의 나이가 많아짐에 따라 시각 능력이 쇠퇴하여 근시력이 나빠지는 이유로 가장 적절한 것은?
① 시신경의 둔화로 동공의 반응이 느려지기 때문
② 세포의 팽창으로 망막에 이상이 발생하기 때문
③ 수정체의 투명도가 떨어지고 유연성이 감소하기 때문
④ 안구 내의 공막이 얇아져 영양 공급이 잘 되지 않기 때문

[해설] 1) 정상적인 조절능력을 가지고 있는 경우 : 멀리 있는 물체를 볼때는 수정체가 얇아지고, 가까이 있는 물체를 볼때는 수정체가 두꺼워진다
2) 노화에 의해 근시력 나빠지는 이유 : 수정체의 유연성이 감소되어 조절능력이 떨어지기 때문이다

20 인간공학을 지칭하는 용어로 적절하지 않은 것은?
① Biology
② Ergonomics
③ Human factors
④ Human factors engineering

[해설] 인간공학 관련 용어
1) Ergonomics : 작업경제학[Ergo(work)+nom os(law ; 관리·원리)+ics(학문)]
2) Human engineering : 인간공학
3) Human factors engineering : 인간요소공학
4) Man machine system engineering : 인간·기계 공학
5) Design for human : 인간을 위한 공학
6) User interface design(UID) : 사용자 접촉면 디자인(설계)

제2과목 : 작업생리학

21 뇌파(EEG)의 종류 중 안정시에 나타나는 뇌파의 형은?
① α파
② β파
③ δ파
④ γ파

[해설] 뇌파

1) 뇌파(두피뇌파): 뇌의 전기적 활동에 의하여 일어나는 두피상의 두점 사이의 전위변동을 연속적으로 기록한 것을 말한다
2) 뇌파의 종류

종류	진동수	상태
1. 델타파(δ)	0~3.5Hz	깊은 수면 (무의식 상태, 혼수상태)
2. 세타파(θ)	4~7Hz	얕은 수면
3. 알파파(α)	8~12Hz	안정, 휴식 (의식이 높은 상태)
4. 베타파(β)	13~40Hz	작업중, 스트레스 (흥분, 긴장상태)
5. 감마파(γ)	41~50Hz	스트레스(불안, 초조)

22 다음 중 산소소비량에 관한 설명으로 틀린 것은?

① 산소소비량은 단위 시간당 호흡량을 측정한 것이다.
② 산소소비량과 심박수 사이에는 밀접한 관련이 있다.
③ 심박수와 산소소비량 사이는 선형관계이나 개인에 따른 차이가 있다.
④ 산소소비량은 에너지 소비와 직접적인 관련이 있다.

[해설] 산소소비량

1) 산소소비량 측정 : 호흡시 소비되는 산소량은 더글라스(Douglas)낭이나 대사측정기 등을 이용하여 측정한다
2) 에너지소비량 측정 : 분당 1L의 산소가 소비될 때 약 5Kcal의 에너지가 방출된다
3) 산소소비량과 작업부하 : 작업부하가 증가하면 산소소비량은 선형적으로 증가한다
4) 산소소비량과 심박수
  ① 심박수 : 분당 심장이 뛰는 횟수로 보통 요골동맥에서 느끼는 맥박수와 일치한다
  ② 심박수와 산소소비량 사이에는 선형적인 관계가 성립한다

③ 최대심박수나 최대산소비량에 영향을 주는 요인: 성별, 연령 등

23 다음 중 정신적 작업부하에 관한 측정치가 아닌 것은?

① 부정맥지수
② 점멸융합주파수
③ 뇌전도(EEG)
④ 심전도(ECG)

[해설] 정신적 작업부하 척도

1) 부정맥 지수: 심장활동의 불규칙성을 평가하는 척도로 맥박간의 표준편차나 변동계수등과 같은 부정맥 지수를 사용한다
2) 점멸융합주파수: 정신적 피로를 평가하는 척도로 사용된다
3) 뇌전도(EEG): 뇌의 활동에 따른 전위차를 기록한이다
4) 주관적 척도: 정신작업 부하를 평가척도를 이용하여 주관적으로 평가하는 곳이다

[길잡이] 육체적 작업부하 척도

1) 심장활동의 측정
2) 산소소비량 측정
3) 근전도(EMG), 심전도(ECG), 안전도(EOG)

24 다음 중 소음에 의한 영향으로 틀린 것은?

① 맥박수가 증가한다.
② 12Hz에서는 발성에 영향을 준다.
③ 1~3Hz에서 호흡이 힘들고 O2의 소비가 증가한다.
④ 신체의 공진현상은 서 있을 때가 앉아 있을 때보다 심하게 나타난다.

[해설] 소음의 영향

1) 맥박수 증가, 혈압상승, 호흡수 억제, 근육긴장도의 증가, 말초혈관의 수축 등을 일으킨다
2) 12Hz에서 발성에 영향을 준다
3) 1~3Hz에서 호흡곤란, O_2소비증가, 졸림, 신경피로 등을 일으킨다

정답 22. ① 23. ② 24. ④ 25. ④

25 다음 중 진동 공구(power hand tool)의 사용으로 인한 부하를 줄이기 위한 방법으로 적절하지 않은 것은?

① 진동 공구를 정기적으로 보수한다.
② 진동을 흡수할 수 있는 재질의 손잡이를 사용한다.
③ 진동에 접촉되는 신체 부위의 면적을 감소시킨다.
④ 신체에 전달되는 진동의 크기를 줄이도록 큰 힘을 사용한다.

해설 진동공구 사용시 부하 감소방법
1) 진동 공구를 정기적으로 보수한다
2) 진동을 흡수할 수 있는 재질의 손잡이를 사용한다(진동이 손잡이로 전파되지 않는 공구를 사용한다)
3) 진동에 접촉되는 신체 부위의 면적을 감소시킨다
4) 신체에 전달되는 진동의 크기를 줄이도록 작은 힘을 사용한다
5) 진동공구의 손잡이는 너무 세게 잡지 않도록 한다
6) 진동방지장갑을 착용하여 진동폭로를 감소시킨다

26 A 작업자가 한 손을 사용하여 무게가 49N인 물체를 90°의 팔꿈치 각도로 들고 있다. 물체를 쥔 손에서 팔꿈치 관절까지의 거리는 0.35m이고, 손과 아래팔의 무게는 16N이며, 손과 아래팔의 무게중심은 팔꿈치 관절로부터 0.17m 거리에 위치해 있다. 이두박근(biceps)이 팔꿈치 관절로부터 0.05m 거리에서 아래팔과 90°의 각도를 이루고 있을 때, 이두박근이 내는 힘은 약 얼마인가?

① 298.5N   ② 348.4N
③ 397.4N   ④ 448.5N

해설 1) 팔꿈치 모멘트 M_x

$\Sigma/m=0 \quad (F_1d_1)+(F_2+d_2)+M_x=0$

$M_x=(F_1d_1)+(F_2+d_2)$

$=(49\times 0.35)+(16\times 0.17)=19.87N$

2) 이두박근 모멘트 $M_y(F_y\times d)$

팔꿈치 모멘트$((M_x))$－이두박근 모멘트 $(F_y\times d)=0$

3) F_Y(이두박근이 내는 힘)$=\dfrac{M_x}{d}=\dfrac{19.87}{0.05}=397.4N$

27 다음 중 작업부하량에 따른 휴식시간 설정과 가장 관련이 있는 것은?

① 에너지소비량   ② 부정맥지수
③ 점멸융합주파수 ④ 뇌전도

해설 휴식시간 산정식(Murrel 공식)

$R=\dfrac{T(E-S)}{E-1.5}$

여기서, R : 휴식시간(min)
T : 총작업시간(min)
E : 작업중 에너지 소비량(kcal/min)
　　[E=산소소모량(L/min)×5kcal/L]
S : 권장 평균에너지 소모량(5kcal/min)
1.5 : 휴식중 에너지소비량

28 다음 중 연속적 소음으로 인한 청력 손실에 해당하는 것은?

① 방직 공정 작업자의 청력 손실
② 밴드부 지휘자의 청력 손실
③ 사격 교관의 청력 손실
④ 낙하 단조(drop-forge) 장치 조작자의 청력 손실

해설 1) 연속적 소음으로 인한 영구 청력손실
① 연속적 소음은 충분한 세기의 소음에 지속적으로 반복 노출되는 소음을 말한다
② 연속적 소음에 노출되면 영구성 난청(PTS)현상이 나타난다(4000Hz에서 처음 PTS발생)
2) 단속적 소음으로 인한 청력손실
① 단속적 소음의 유형
㉠ 간헐소음 : 단속적으로 짧은 기간동안 조작되는 기계소음
㉡ 충돌소음 : 낙하 단조장치(drop forge)의 소음
㉢ 충격소음 : 발파소음

정답 26. ③ 27. ① 28. ①

② 단속적 소음도 아주 심할 때는 청력손실을 일으킬 수 있다

29 다음 중 최대산소소비능력(MAP)에 관한 설명으로 틀린 것은?

① 산소섭취량이 지속적으로 증가하는 수준을 말한다.
② 사춘기 이후 여성의 MAP는 남성의 65~75% 정도이다.
③ 최대산소소비능력은 개인의 운동역량을 평가하는데 활용된다.
④ MAP를 측정하기 위해서 주로 트레드밀(treadmill)이나 자전거 에르고미터(ergometer)를 활용한다.

해설 1) MAP(최대산소소비능력) : 일의 속도가 증가해도 산소섭취량이 더 이상 증가하지 않고 일정하게 되는 수준을 말한다
2) MAP의 특징 :
  ① MAP는 혈액의 방출량과 동맥혈의 산소함량에 영향을 받는다
  ② MAP 수준에서는 혐기성 에너지 대사가 발생하고 근육과 혈액중에 축적되는 젖산의 양이 증가한다
  ③ 개인의 MAP가 클수록 순환기 계통의 효능이 크다
  ④ MAP는 개인의 운동역량을 평가하는데 이용된다
  ⑤ 사춘기 이후 여성의 MAP는 남성의 65~75%정도이다
3) MAP의 직접측정법 : 트레드밀(treadmill), 자전거 에르고미터(ergometer)

30 다음 중 조도(illuminance)의 단위는?

① lumen(lm)   ② candeta(cd)
③ lux(lx)   ④ foot-lambert(fL)

해설 1) lumen(광속) : 광원으로부터 나오는 빛의 양을 의미하고 단위는 1m(루멘)이다
2) candela(광도) : 광원으로부터 나오는 빛의 세기를 말하며 단위는 cd(칸델라)를 사용한다
3) lux(조도) : 1lumen의 빛이 $1m^2$의 평면상에 수직으로 비칠때의 밝기이다
4) foor-Lambert(fL ; 휘도) : 휘도의 비 미터계의 단위이다($1fL=3.426cd/m^2$)

31 다음 중 정신부하의 측정에 사용되는 것은?

① 부정맥   ② 산소소비량
③ 혈압   ④ 에너지소비량

해설 1) 정신작업 부하척도
  ① 주임무 · 부주임무 척도
  ② 점멸융합주파수
  ③ 정신적 부하 측정을 위한 생리적 척도 : 부정맥 지수, 눈꺼풀의 깜빡임, 동공지름, 뇌전도 등
  ④ 주관적 척도
2) 생리적 부하 척도
  ① 산소소비량
  ② 에너지소비량
  ③ 근전도
  ④ 심장활동 측정, 혈압 등

32 다음 중 팔을 수평으로 편 위치에서 수직위치로 내릴 때처럼 신체 중심선을 향한 신체부위의 동작은?

① flexion   ② adduction
③ extension   ④ abduction

해설 1) adduction(내전) : 신체의 중심선에 가까워지도록 움직이는 동작
2) abduction(외전) : 신체의 중심선으로부터 멀어지도록 움직이는 동작

33 다음 중 휴식을 취하고 있을 때 혈액이 가장 적게 분포하는 신체부위는?

① 근육   ② 소화기관
③ 뇌   ④ 심장

해설 1) 혈액의 분포비율

기관	근육	소화관	심장	콩팥	뇌	피부와 뼈
비율	15%	35%	5%	20%	15%	10%

2) 육체적 강도가 높은 작업을 할 때 혈액 분포비율이 가장 높은 곳 : 근육

34 다음 중 조도가 균일하고, 눈이 부시지 않지만 설치비용이 많이 소요되는 조명방식은?

① 직접조명
② 간접조명
③ 반사조명
④ 국소조명

해설 조명방식

(1) 직접조명
  1) 직접조명 : 광원으로부터의 빛이 대부 작업면에 직접 조사되는 조명방식이다.
  2) 장점 : ①효율이 좋다 ②설치비용이 적게 들고 보수가 용이하다
  3) 단점 : ①눈부심이 일어나기 쉽다 ②균등한 조도 분포를 얻기 힘들며 짙은 그림자가 생긴다

(2) 간접조명
  1) 간접조명 : 광속의 90~100%를 위로 향해 발산하여 천장, 벽에서 확산시켜 균일한 조명을 얻을 수 있는 방식이다(천장과 벽에 반사하여 작업면을 조명하는 방식)
  2) 장점 : ①균일한 조도를 얻을 수 있다 ②눈부심이 없고 그림자도 없다
  3) 단점 : ①효율이 나쁘다 ②실내의 입체감이 작아지고 설치비용이 많이 들고 보수도 어렵다

35 다음 중 은폐(masking) 현상에 관한 설명으로 옳은 것은?

① 일정한 강도 및 진동수 이상의 소음에 노출되었을 때 점차 청각기능을 잃게 되는 현상이다.
② 음의 한 성분이 다른 성분에 대한 귀의 감수성을 감소시키는 상황이다.
③ 동일한 소음을 내는 설비 2대가 동시에 가동될 때 소음수준이 3dB 정도 증가하는 현상이다.
④ 소음 수준(dB)이 같은 3가지 음이 합쳐졌을 때 음의 강도가 일정하게 증가되는 현상이다.

해설 차폐효과(은폐효과 : masking)
1) 하나의 소리가 다른 소리의 판별에 방해를 주는 현상
2) 어떤 소리가 동시에 들리는 경우 다른 소리를 들을 수 있는 능력을 감소시키는 현상(음의 한 성분이 다른 성분에 대한 귀의 감수성을 감소시키는 상황)

36 다음 중 조명 또는 진동에 관한 설명으로 틀린 것은?

① 산업안전보건법령상 상시 작업하는 장소와 초정밀작업 시 작업면의 조도는 750럭스 이상으로 한다.
② 전신진동은 진폭에 반비례하여 추적작업에 대한 효율을 떨어뜨리며, 20-25Hz 범위에서 심해진다.
③ 진동을 측정하는 방법은 주파수분석계, 가속도계 등이 있다.
④ 반사휘광의 처리 방법으로는 간접조명 수준을 높이고 발광체의 강도를 줄인다.

해설 진동이 인간성능에 끼치는 영향
1) 진동은 진폭에 비례하여 시력을 손상하여 10~25Hz의 경우 가장 심각하다
2) 진동은 진폭에 비례하며 추적능력을 손상하여 5Hz 이하로 낮은 진동수에 가장 심하다
3) 반응시간, 감시, 형태식별 등 중앙신경 처리에 달린 임무는 진동의 영향을 덜 받는다
4) 안정되고 정확한 근육조절을 요하는 작업은 진동에 의해서 저하된다

정답 34. ② 35. ② 36. ②

37 다음 중 가시도(visibility)에 영향을 미치는 요소로 적합하지 않은 것은?

① 조명기구
② 대비(contrast)
③ 과녁의 종류
④ 과녁에 대한 노출시간

해설 1) 가시도(visibility) : 어떤 것을 육안으로 볼 수 있는 정도를 말한다
2) 가시도에 영향을 주는 요인 : ①대비 ②조명기구 ③과녁의 크기 ④과녁에 대한 노출시간

38 다음 중 광도와 거리에 관한 조도의 공식으로 올바르지 않은 것은?

① 조도 = $\dfrac{광도}{거리}$ ② 조도 = $\dfrac{거리}{광도}$

③ 조도 = $\dfrac{광도}{거리^2}$ ④ 조도 = $\dfrac{거리}{광도^2}$

해설 조도 : 조도(E)는 광도(I)에 비례하고 거리(r)의 자승에 반비례한다

조도(E) = $\dfrac{I}{r^2}$ = $\dfrac{광도}{(거리)^2}$

39. 최대산소소비능력(MAP)에 관한 설명으로 틀린 것은?

① 산소섭취량이 일정하게 되는 수준을 말한다.
② 최대산소소비능력은 개인의 운동역량을 평가하는데 활용된다.
③ 젊은 여성의 평균 MAP는 젊은 남성의 평균 MAP의 20~30% 정도이다.
④ MAP를 측정하기 위해서 주로 트레드밀(treadmill)이나 자전거 에르고미터(ergometer)를 활용한다.

해설 최대 산소소비능력(MAP; maximum aerobic power)
1) MAP : 신체활동에 따른 산소소비량의 증가가 일정한 수축에 이르면 신체활동이 증가해도 더 이상 산소소비량이 증가하지 않는데, 이와 같이 산소소비량이 일정하게 되는 수준을 말한다(일의 속도가 증가해도 산소섭취량이 더 이상 증가하지 않고 일정하게 되는 수준)

2) MAP특징
① MAP는 혈액의 박출량과 동맥혈의 산소함량에 영향을 받는다
② MAP수준에서는 혐기성 에너지 대사가 발생하고 근육과 혈액중에 축적되는 젖산의 양이 증가한다
③ 개인의 MAP가 클수록 순환기 계통의 효능이 크다

3) MAP의 직접측정법 : 트레드 밀(treadmill), 자전거 에르고미터(ergometer)

40 정신활동의 부담척도로 사용되는 시각적 점멸융합주파수(VFF)에 대한 설명으로 틀린 것은?

① 연습의 효과는 적다.
② 암조응시는 VFF가 증가한다.
③ 휘도만 같으면 색은 VFF에 영향을 주지 않는다.
④ VFF는 조명 강도의 대수치에 선형적으로 비례한다.

해설 시각적 점멸융합주파수(VFF)
1) 점멸주파수 : 자극들이 작업자에게 일정한 속도로 제공될 때 깜빡거림 없이 연속적으로 제공되는 것처럼 느껴지는 주파수를 말한다(정신적 피로의 평가척도)
2) VFF에 영향을 미치는 요소
① VFF는 연습의 효과가 매우 적기 때문에 연습에 의해서 달라지지 않는다
② 암조음 시 VFF는 감소한다
③ 휘도만 같으면 색은 VFF에 영향을 주지 않는다
④ VFF는 사람들 간에는 차이가 있으나 개인의 경우 일관성을 유지한다
⑤ VFF는 조명강도의 대수치에 선형적으로 비례한다
⑥ 시표와 주위의 휘도가 같을 때 VFF는 최대로 영향을 받는다

제3과목 : 산업심리학 및 관계법규

41 A사업장의 도수율이 2로 계산되었을 때 이를 가장 올바르게 해석한 것은?

① 근로자 1000명당 1년 동안 발생한 재해자 수가 2명이다.
② 연근로시간 1000시간당 발생한 근로손실 일수가 2일이다.
③ 근로자 10000명당 1년간 발생한 사망자 수가 2명이다.
④ 연근로시간 합계 100만인시(man-hour)당 2건의 재해가 발생하였다.

해설 1) 도수율 : 연근로시간 합계 100만 시간당 발생하는 재해 건수

2) 공식 도수율 = $\dfrac{재해건수}{연근로시간수} \times 10^6$

42 다음 중 집단 간의 갈등 해결기법으로 가장 적절하지 않은 것은?

① 자원의 지원을 제한한다.
② 집단들의 구성원들 간의 직무를 순환한다.
③ 갈등 집단의 통합이나 조직 구조를 개편한다.
④ 갈등관계에 있는 당사자들이 함께 추구하여야 할 새로운 상위의 목표를 제시한다.

해설 집단간의 갈등해결 기법
1) 상위목표의 제시 : 갈등관계에 있는 집단 들이 함께 추구하여야 할 새로운 상위의 목표를 제시(도입)한다
2) 자원의 확충: 자원의 지원을 확충한다
3) 직무순환: 집단들의 구성원들 간의 직무를 순환한다
4) 조직구조의 변경: 갈등 잡단의 통합이나 조직구조를 개편(변경)한다
5) 집단의 타협: 갈등 관계에 있는 두 집단이 타협한다

43 개인의 성격을 건강과 관련하여 연구하는 성격유형 중 사람의 특성이 공격성, 지나친 경쟁, 시간에 대한 압박감, 쉽게 분출하는 적개심, 안절부절 못함 등의 성격을 가지는 행동양식은?

① A형 행동양식 ② B형 행동양식
③ C형 행동양식 ④ D형 행동양식

해설 1) A형 행동양식
① 스트레스를 받기 쉬운 성격유형이다
② 극단적으로 경쟁적이며 적대감, 공격성, 높은 성취동기, 인내심 부족, 안전부절 등의 행동 특성을 보인다
③ 관상성 심장질환과 관련이 있고 혈압상승 및 직무 스트레스를 나타낸다

2) B형 행동양식 : A형의 반대로 시간관념이 없고 승부보다 재미를 추구한다

3) C형 행동양식
① 억압을 비롯한 비주장성, 무기력증, 대인관계 갈등 회피 등의 특성을 나타낸다
② 면역기능이 감소되고 암에 취약한 성격특성이다

44 연간 1000명의 근로자가 근무하는 사업장에서 연간 24건의 재해가 발생하고, 의사진단에 한 총휴업일수는 8760일 이었다. 이 사업장의 도수율과 강도율은 각각 얼마인가?

① 도수율 : 10,   강도율 : 6
② 도수율 : 15,   강도율 : 3
③ 도수율 : 15,   강도율 : 6
④ 도수율 : 10,   강도율 : 3

해설 1) 도수율 =
$\dfrac{재해건수}{연근로시간수} \times 10^6 = \dfrac{24}{1000 \times 2400} \times 10^6 = 10$

2) 강도율 =
$\dfrac{근로손실일수}{연근로시간수} \times 1000 = \dfrac{8760 \times \frac{300}{365}}{1000 \times 2400} \times 1000 = 3$

정답 41. ④ 42. ① 43. ① 44. ④

45 다음 중 Lewin의 인간행동에 대한 설명으로 옳은 것은?

① 인간의 행동은 개인적 특성(P)과 환경(E)의 상호 함수관계이다.
② 인간의 욕구(needs)는 1차적 욕구와 2차적 욕구로 구분된다.
③ 동작시간은 동작의 거리와 종류에 따라 다르게 나타난다.
④ 집단행동은 통제적 집단행동과 비통제적 집단행동으로 구분할 수 있다.

해설 레빈(K. Lewin)의 법칙 : Lewin은 인간의 행동(B)은 그 사람이 가진 자질 즉, 개체(P)와 심리학적 환경(E)과의 상호 함수관계에 있다고 하였다.
∴B=f(P · E)
1) B(Behavior) : 인간의 행동
2) f(function, 함수 관계) : 적성, 기타 P와 E에 영향을 미칠 수 있는 조건
3) P(Person, 개체) : 연령, 경험, 심신상태, 성격, 지능 등 인간의 조건
4) E(environment, 심리적 환경) : 인간관계, 작업환경 등 환경조건

46 다음 중 휴먼에러의 배후요인 4가지(4M)에 속하지 않는 것은?

① Man   ② Machine
③ Motive ④ Management

해설 인간과오의 배후요인 4요소
1) 맨(man) : 본인 이외의 사람(팀워크, 커뮤니케이션)
2) 머신(machine) : 장치나 기계 등의 물적요인(본질안전화, 표준화, 점검, 정비)
3) 미디어(media) : 인간과 기계를 잇는 매체란 뜻으로 작업의 방법이나 순서, 작업 정보의 실태나 환경과의 관계, 정리정돈 등이 포함된다(환경개선, 작업방법개선 등)
4) 매니지먼트(management) : 안전법규의 준수방법, 단속, 점검 관리 외에 지휘감독, 교육훈련 등이 여기에 속한다(적성배치, 교육 · 훈련)

47 NOISH에서 설정한 직무 스트레스 모형에서 스트레스의 요인으로 포함되어 있지 않은 것은?

① 작업환경 요인 : 소음, 조명 등
② 조직 요인 : 관리유형, 의사결정참여 등
③ 조직 외 요인 : 가족상황, 재정상태 등
④ 심리행동적 요인 : 직무불만족, 수면장애 등

해설 직무 스트레스 모형에서 직무 스트레스 요인(NIOSH 제시)

48 다음 중 McGregor의 Y이론에 따른 인간의 동기부여인자에 해당하는 것은?

① 수직적 리더십   ② 수평적 리더십
③ 금전적 보상   ④ 직무의 단순화

해설 맥그리거(McGregor)의 X,Y이론

1) 맥그리거의 X, Y이론
   ① X이론 : 저차원 욕구이론
   ② Y이론: 고차원 욕구이론
2) X이론과 Y이론의 비교

X이론	Y이론
1. 인간 불신감	상호신뢰감
2. 성악설	성선설
3. 인간은 본래 게으르고 태만하여 남의 지배받기를 즐긴다	인간은 부지런하고 근면, 적극적이며, 자주적이다
4. 물질욕구(저차적 욕구)	정신욕구(고차적 욕구)
5. 명령통제에 의한 관리	목표통합과 자기통제에 의한 자율관리
6. 저개발국형	선진국형

구분	스트레스 요인
1.작업요인	1)작업부하 2)작업속도 3)교대근무
2.환경요인 (물리적 환경)	1)소음, 진동 2)고온, 한랭 3)환기불량 4)부적절한 조명
3. 조직요인	1)관리유형 2)역할요구 3)역할보호성 및 갈등 4)경력 및 직무안전성
4. 조직외 요인	1)가족상황 2)재정상태 등

정답 45. ① 46. ③ 47. ④ 48. ②

49 피들러(F. E. Fiedler)의 상황적합적 리더십 특성이론에서 리더에게 호의성 여부를 결정하는 리더십 상황이 아닌 것은?

① 리더-구성원 관계
② 과업구조
③ 리더의 직위권한
④ 부하의 수

해설 피들러(Fiedler)의 상황적합적 리더십 특성이론(리더에게 호의성 여부를 결정하는 리더십 상황)
1) 리더-구성원 관계 : 좋은관계 또는 나쁜관계의 상황이 호의적인 관계형성을 결정하는 중요한 요소가 된다
2) 리더의 직위권한 : 공식적 직위가 상황에 가장 호의적이다
3) 과업구조 : 과업이 구조화 되어 있을수록 상황은 리더에게 호의적이다

[길잡이] 피들러의 상황적합적 이론에서 리더십의 유형
1) 관계지향적 리더 : 리더와 구성원들간의 원만한 관계형성을 통해 과업의 성취를 이끌어 내려는 배려형 리더십이다
2) 과업지향적 리더 : 리더십의 초점을 과업자체의 진척과 성취에 맞추는 것으로 통제형 리더십 스타일이다

50 스트레스의 관리 방안 중 조직 수준의 관리 방안과 가장 거리가 먼 것은?

① 조직 구성원에게 이미 할당된 과업을 변경시킨다.
② 권한을 분권화시키고 의사결정에의 참여기회를 확대한다.
③ 융통성있는 작업계획을 통하여 개인의 재량권과 통제권을 확대시킨다.
④ 보살핌, 금전적 지원의 필요성이 있는 사람에게 도움을 준다.

해설 스트레스의 조직수준의 관리방안
1) 참여관리 : 권한의 분권화 및 의사결정 참여를 확대하여 과업수업의 재량권과 자율성을 증가시킨다

2) 경력개발 : 관리자들은 조직원들의 경력개발을 위해 노력하여야 한다
3) 직무재설계 : 조직원들에게 이미 주어진 과업을 변경시키는 것이다
4) 역할분석 : 개인의 역할을 명확히 주지시킨다
5) 팀형성 : 작업집단 내에 협동성, 지원적 관계를 형성시킨다
6) 목표설정 : 조직원들의 직무에 대한 구체적 목표를 설정해준다
7) 융통성있는 작업계획 : 작업환경에서의 개인의 통제력과 재량권을 확대하여준다.

51 다음 중 산업안전보건법령에서 정의한 중대재해에 해당하지 않는 것은?

① 사망자가 1인 이상 발생한 재해
② 부상자가 동시에 10인 이상 발생한 재해
③ 직업성질병자가 동시에 5인 이상 발생한 재해
④ 3개월 이상 요양을 요하는 부상자가 동시에 2인 이상 발생한 재해

해설 중대재해의 정의(시행규칙 제22조 제1항)
1) 사망자가 1인 이상 발생한 재해
2) 3개월 이상의 요양을 요하는 부상자가 동시에 2인 이상 발생한 재해
3) 부상자 또는 직업성질병자가 동시에 10인 이상 발생한 재해

52 다음 중 직무만족과 직무불만족은 서로 다른 독립된 차원이며, 직무만족을 높이기 위해서는 동기 요인을 강화해야 한다고 설명하는 이론은?

① Alderfer 의 ERG이론
② McGregor의 X, Y 이론
③ Herzberg의 2요인 이론
④ Maslow 의 욕구위계 이론

정답 49. ④ 50. ④ 51. ③ 52. ③

해설 허즈버그(Herzberg)의 위생요인 및 동기요인
1) 위생요인 : 직무환경에 관계된 내용으로 기업정책, 개인 상호간의 관계(친교, 대인관계), 감독형태, 작업조건, 임금(급료), 보수지위, 안전 등이 있다
2) 동기요인 : 직무내용(일의 내용)에 관한 것으로 목표달성에 대한 성취감, 안정감, 도전, 책임감, 성장과 발전, 작업자체 등이 있다(자아실현을 하려는 인간의 독특한 경향 반영)

53 휴먼에러확률에 대한 추정기법 중 Tree 구조와 비슷한 그림을 이용하며, 사건들을 일련의 2지(binary) 의사결정 분지(分枝)들로 모형화 하여 직무의 올바른 수행여부를 확률적으로 부여함으로 에러율을 추정하는 기법은?

① FMEA
② fool froof method
③ THERP
④ Monte Carlo method

해설 THERP(인간과오율 예측기법)
1) 인간의 과오를 정량적으로 평가하기 위한 안전해석기법이다
2) 사건들을 일련의 2지(binary) 의사결정 분지(分枝)들로 모형화한다
3) 직무의 올바른 수행여부를 확률적으로 부여하여 에러율을 추정한다

54 다음 중 재해율에 관한 설명으로 틀린 것은?

① 연천인율은 근로자 1000명당 1년 동안 발생하는 재해자수의 비율을 의미한다.
② 도수율은 연간총근로시간 합계 100만시간 당 재해발생 건수이다.
③ 재해의 경중, 특 강도를 나타내는 척도로서 연간총근로시간 1000시간당 재해 발생에 의해서 손실된 근로일수를 말한다.
④ 환산강도율은 근로자가 평생 근무시 부상당하는 횟수를 표현한다.

해설 환산강도율 : 근로자가 평생(40년 = 10만시간) 근무 시 부상으로 인해 잃어버릴 근로손실일수를 말한다.

55 다음 중 민주형 리더십의 특징에 관한 설명으로 틀린 것은?

① 자발적 행동이 나타났다.
② 구성원 간의 상호관계가 원만하다.
③ 맥그리거의 x 이론에 근거를 둔다.
④ 모든 정책이 집단토의나 결정에 의해서 이루어진다.

해설 민주형 리더십은 맥그레거의 Y이론에 근거를 둔다.

56 다음 중 인간의 행동이 어떻게 동기유발이 되는가에 중점을 둔 과정이론(process theory)이 아닌 것은?

① 공정성 이론(equity theory)
② 기대 이론(expectancy theory)
③ X=Y 이론(theory X and theory Y)
④ 목표설정 이론(goal-setting theory)

해설 1) 동기부여 과정이론
① 아담스(Adams)의 공정성 이론
② 브룸(Vroom)의 기대이론
③ 록크(Locke)의 목표설정이론
④ 해크만(Hackman)과 올드햄(Oldham)의 직무특성모델

2) 동기부여 내용이론
① 맥그리거의 X · Y 이론
② 매슬로우의 욕구위기설
③ 알더퍼의 ERG 이론
④ 허즈버그의 2요인
⑤ 맥클랜드의 욕구성취설

정답 53. ③ 54. ④ 55. ③ 56. ③

57 힉-하이만(Hick-Hyman)의 법칙에 의하면 인간의 반응시간(RT)는 자극 정보의 양에 비례한다고 한다. 인간의 반응시간이 다음 식과 같이 예견된다고 하면, 자극 정보의 개수가 2개에서 8개로 증가한다면 반응시간은 몇 배로 증가하는가? (단, a는 상수, N은 자극정보의 수를 의미한다.)

$$RT = a \times \log_2 N$$

① 3배
② 4배
③ 16배
④ 32배

[해설] 1) 자극정보의 수가 2일 경우 선택반응시간(RT_1)

$RT_1 = a \times \log_2 N = 1 \times \log_2 2 = 1$

2) 자극정보의 수가 8일 경우 선택반응시간(RT_2)

$RT_2 = a \times \log_2 N = 1 \times \log_2 8 = 3$

3) $\dfrac{RT_2}{RT_1} = \dfrac{3}{1} = 3$배 증가

58 인간이 과도로 긴장하거나 감정 흥분시의 의식수준 단계로서 대뇌의 활동력은 높지만 냉정함이 결여되어 판단이 둔화되는 의식수준 단계는 무엇인가?

① Ⅰ단계
② Ⅱ단계
③ Ⅲ단계
④ Ⅳ단계

[해설] Phase Ⅳ
1) 의식의 상태 : 초정상, 과긴장상태, 감정흥분상태
2) 주의작용 : 일점으로 응집, 대외활동력 높음, 냉정함 결여, 판단둔화
3) 생리적 상태 : 긴급 방위 반응, 당황해서 Panic

59 검사작업자가 한 로트에 100개인 부품을 조사하여 6개의 부적합품을 발견했으나 로트에는 실제로 10개의 부적합품이 있었다면 이 검사작업자의 휴먼에러 확률은 얼마인가?

① 0.04
② 0.06
③ 0.1
④ 0.6

[해설] 1) 휴먼에러확률(HEP)

$HEP = \dfrac{\text{실제인간실수 횟수}}{\text{전체 실수 기회의 수}}$

$= \dfrac{10-6}{100} = 0.04$

여기서, 실제인간실수 횟수
= 실제불량품의수-발견불량품의 수
= 10-6
전체실수기회의 수=한로프 부품 전체의 수

2) 휴먼에러를 범하지 않을 확률(신뢰도 : R)
R = 1-HEP = 1-0.04 = 0.96

60 제조업자가 합리적인 대체설계를 채용하였더라면 피해나 위험을 줄이거나 피할 수 있었음에도 대체설계를 채용하지 아니하여 해당 제조물이 안전하지 못하게 된 경우를 지칭하는 결함의 유형은?

① 제조상의 결함
② 지시상의 결함
③ 경고상의 결함
④ 설계상의 결함

[해설] 제조물(제품) 결함의 유형
1) **제조상의 결함** : 제품의 제조과정에서 본래의 설계사양과 다르게 제작된 불량품을 발견하지 못한 결함을 말한다(본문설명)
2) **설계상의 결함** : 제품 설계과정에서 발생한 결함으로 설계에 따라 제품이 제조될 경우 발생하는 결함을 말한다
3) **표시상의 결함**(지시·경고상의 결함) : 제품에 대한 적절한 지시나 경고를 하지 않아 제품의 설치 및 사용시 사고를 유발하는 결함을 말한다

제4과목 : 근골격계질환 예방을 위한 작업관리

61 다음 중 VDT(Visual Display Terminal)작업 설계 지침으로 적절하지 않은 것은?

① 화면상의 문자와 배경과의 휘도비(CONTRAST)를 낮춘다.

[정답] 57. ① 58. ④ 59. ① 60. ④ 61. ②

② 화면과 인접 주변의 광도비는 1:10, 화면과 먼 주위 간의 광도비는 1:3으로 한다.
③ 좌판의 높이는 대퇴부를 압박하지 않도록 의자 앞부분은 오금보다 높지 않도록 한다.
④ 작업장 주변 환경의 조도는 화면의 바탕 색상이 검정색 계통일 때에는 300~500Lux 정도를 유지 하도록 한다.

해설 VDT(영상표시단말기)를 위한 조명
1) 조명수준
  ① 화면의 바탕색상이 검정색 계통일 때 : 300~500Lux유지
  ② 화면의 바탕색상이 흰색 계통일 때: 500~700Lux
2) 광도비
  ① 화면과 인접주변의 광도비: 1:3
  ② 화면과 먼 주위간의 광도비: 1:0

62
근골격계질환 예방을 위한 수공구(hand tool)의 인간공학적 설계 원칙으로 적합하지 않은 것은?

① 손목을 곧게 유지한다.
② 손바닥에 과도한 압박은 피한다.
③ 사용자의 손 크기에 적합하게 디자인한다.
④ 반복적인 손가락 운동을 활용한다.

해설 근골격계질환 예방을 위한 수공구의 인간공학적 설계원칙
1) 손목을 곧게 유지할 것(손목을 똑바로 펴서 사용)
2) 손바닥에 과도한 압박을 피할 것(조직에 가해지는 접촉 스트레스를 피할 것
3) 사용자의 손크기에 적합하게 설계(design)할 것
4) 반복적 손가락 동작을 피할 것
5) 가장 큰 힘을 낼 수 있는 가운데 손가락이나 엄지손가락을 사용할 것
6) 정적 근육부하가 오래 지속되지 않도록 할 것
7) 팔을 회전하는 동작은 팔꿈치를 구부린 자세에서 행할 것
8) 힘을 발휘하는 작업에는 파워지기(power grip), 정밀을 요하는 작업에는 핀치쥐기(pinch grip)을 사용할 것

9) 수공구 대신 동력공구를 사용하도록 할 것

63
인간의 본질에 대한 기본 가정을 부정적인 시각과 긍정적인 시각으로 구분하여 주장한 동기이론은?

① ERG이론
② 역할이론
③ XY이론
④ 기대이론

해설 맥그리거(McGregor)의 X,Y이론
1) 맥그리거의 X,Y이론
  ① X이론 : 저차원 욕구이론
  ② Y이론 : 고차원 욕구이론 2)X이론과 Y이론의 비교

X이론	Y이론
1. 인간 불신감	상호신뢰감
2. 성악설	성선설
3. 인간은 본래 게으르고 태만하여 남의 지배받기를 즐긴다	인간은 부지런하고 근면, 적극적이며, 자주적이다
4. 물질욕구(저차적 욕구)	정신욕구(고차적 욕구)
5. 명령통제에 의한 관리	목표통합과 자기통제에 의한 자율관리
6. 저개발국형	선진국형

64
다음 중 근골격계질환 예방·관리프로그램 실행을 위한 보건관리자의 역할로 볼 수 없는 것은?

① 예방·관리프로그램을 지속적으로 관리·운영을 지원한다.
② 주기적으로 작업장을 순회하여 근골격계질환 유발 공정 및 작업유해요인을 파악한다.
③ 주기적인 근로자 면담을 통하여 근골격계질환 증상 호소자를 조기에 발견할 수 있도록 노력한다.
④ 근골격계질환 예방·관리 프로그램의 운영을 위한 정책 결정에 참여한다.

정답 62. ④ 63. ③ 64. ①

해설 1) ① 항 : 사업주의 역할
2) 보건관리자의 역할
① 주기적으로 작업장을 순회하여 근골격계질환을 유발하는 작업공정 및 작업유해 요인을 파악한다
② 주기적인 작업자 면담 등을 통하여 근골격계질환 중 상호소자를 조기에 발견하는 일을 한다
③ 7일 이상 지속되는 증상을 가진 작업자가 있을 경우 지속적인 관찰, 전문의 진단의뢰 등의 필요한 조치를 한다
④ 근골격계질환자를 주기적으로 면담하여 가능한 한 조기에 작업장에 복귀할 수 있도록 도움을 준다
⑤ 예방 · 관리프로그램 운영을 위한 정책결정에 참여한다

65 다음 중 [보기]와 같은 작업표준의 작업 절차를 올바르게 나열한 것은?

[보기]
a. 작업분해
b. 작업의 분류 및 정리
c. 작업표준안 작성
d. 작업표준의 제정과 교육실시
e. 동작순서 설정

① a→b→c→e→d
② a→e→b→c→d
③ b→a→e→c→d
④ b→a→c→e→d

해설 작업표준의 작성절차
1)작업의 분류 및 정리 → 2)작업분해 → 3)동작순서 설정 → 4)작업표준안 작성 → 5)작업표준의 제정과 교육실시

66 다음 중 스패너를 사용하여 볼트를 조이는 내용의 서블릭(Therblig)기호로 가장 적절한 것은?

① TE
② U
③ SH
④ G

해설 1) 스패너 사용기호 : u
2) 서블릭의 구분(기호)

효율적 서블릭 (작업진행에 필요한 서블릭)		비효율적 서블릭(작업수행에 도움이 되지 못하는 서블릭)	
1)빈손이동(TE) 2)운반(TL) 3)쥐기(G) 4)내려놓기(RL) 5)미리놓기(PP)	기본동작 부분	1)찾기(SH) 2)고르기(ST) 3)바로놓기(P) 4)검사(I) 5)계획(PN)	정신적 · 반정신적인 부분
6)사용(U) 7)조립(A) 8)분해(DA)	동작목적을 가진 부분	6)불가피한 지연(UD) 7)피할수 있는 지연(AD) 8)휴식(R) 9)잡고있기(H)	정체적인 부분

67 다음 중 작업관리의 문제해결 절차를 올바르게 나열한 것은?

① 연구대상의 선정 → 작업방법의 분석 → 분석자료의 검토 → 개선안의 수립 및 도입 → 확인 및 재발방지
② 연구대상의 선정 → 개선안의 수립 및 도입 → 분석자료의 검토 → 작업방법 분석 → 확인 및 재발방지
③ 개선안의 수립 및 도입 → 연구대상의 선정 → 작업방법의 분석 → 분석자료의 검토 → 확인 및 재발방지
④ 분석자료의 검토 → 연구대상의 선정 → 개선안의 수립 및 도입 → 작업 방법의 분석 → 확인 및 재발방지

해설 작업관리의 문제해결 절차
1) 1단계 : 연구 대상 선정
2) 2단계 : 작업 방법의 분석
3) 3단계 : 분석자료의 검토
4) 4단계 : 개선안의 수립 및 도입
5) 5단계 : 확인 및 재발방지

정답 65. ③ 66. ② 67. ①

68. 정미시간이 개당 3분이고, 준비시간이 60분이며 로트크기가 100개일 때 개당 표준시간은 얼마인가?

① 2.5분　② 2.6분
③ 3.5분　④ 3.6분

해설
1) T = (3분/개 × 100개) + 60분 = 360분
2) 개당 표준시간 = $\frac{360분}{100개}$ = 3.6분/개

69. 다음 중 근골격계질환 예방을 위한 개선 방안으로 적절하지 않은 것은?

① 높이와 각도가 조절 가능한 작업대를 제공한다.
② 직무확대를 통하여 한 작업자가 할 수 있는 일의 다양성을 넓힌다.
③ 전문적인 스트레칭과 체조 등을 교육하고 작업 중 수시로 실시하게 유도한다.
④ 중량물 운반 등 특정작업에 적합한 작업자를 선별하여 상대적 위험도를 경감시킨다.

해설 근골격계 질환예방을 위한 관리적 개선방안
1) 작업휴식 반복주기 : 육체적 작업자를 위해 규칙적이고 적절한 휴식을 통하여 피로의 누적을 예방한다
2) 작업자 교육 : 교육에 의해 근골격계질환의 위험을 식별하고 개선에 필요한 지식과 기술을 제공한다
3) 작업확대 : 작업확대를 통하여 한 작업자가 할 수 있는 일의 다양성을 넓힌다
4) 스트레칭 : 전문적인 스트레칭과 체조등을 교육하고 작업 중 수시로 실시하도록 유도한다
5) 작업자교대 : 작업위험에 대한 지나친 노출로부터 작업자를 보호하기 위해서 사용된다
6) 작업대 조절 : 높이와 각도가 조절가능한 작업대를 제공한다

70. 다음 중 수공구의 개선방법과 가장 관계가 먼 것은?

① 손목을 똑바로 펴서 사용한다.
② 수공구 대신 동력공구를 사용한다.
③ 지속적인 정적 근육부하를 방지한다.
④ 가능하면 손잡이의 접촉면을 적게 한다.

해설 수공구의 개선방법(수공구의 인간공학적 설계원칙)
1) 손목을 곧게 유지할 것(손목을 똑바로 펴서 사용)
2) 손바닥에 과도한 압박을 피할 것(조직에 가해지는 접촉 스트레스를 피할 것)
3) 사용자의 손크기에 적합하게 설계(design)할 것
4) 반복적 손가락 동작을 피할 것
5) 가장 큰 힘을 낼 수 있는 가운데 손가락이나 엄지손가락을 사용할 것
6) 정적 근육부하가 오래 지속되지 않도록 할 것
7) 팔을 회전하는 동작은 팔꿈치를 구부린 자세에서 행할 것
8) 힘을 발휘하는 작업에는 파워지기(powergrip), 정밀을 요하는 작업에는 핀치쥐기(pinch grip)을 사용할 것
9) 수공구 대신 동력공구를 사용하도록 할 것

71. 워크샘플링 조사에서 초기 idle rate 가 0.06 이라면, 95% 신뢰도를 위한 워크샘플링 회수는 약 몇 회인가? (단, $Z_{0.005}$는 2.58 이다.)

① 150　② 936
③ 3162　④ 3754

해설 워크샘플링 필요관측 횟수(N)

$$N = \frac{Z_{1-\alpha/2}^2 \times \overline{P}(1-\overline{P})}{e^2} = \frac{2.58^2 \times 0.06(1-0.06)}{0.05^2}$$

= 150.17회

여기서, $Z_{1-\alpha/2}$: 정규분포값에서 P(Z)₂) = α/2를 만족하는 값(2.58)
α : 1−C(신뢰수준)
$\overline{P}$: idle rate(활동관측비율 : 0.06)
e : 허용오차(1−0.95 = 0.05)

정답 68. ④　69. ④　70. ④　71. ①

72 다음 중 산업안전보건법령에 따라 사업주가 근골격계 부담작업 종사자에게 반드시 주지시켜야 하는 내용과 가장 거리가 먼 것은?

① 근골격계부담작업의 유해요인
② 근골격계질환의 징후 및 증상
③ 근골격계질환의 요양 및 보상
④ 근골격계질환 발생시 대처 요령

해설 근골격계부담작업을 하는 경우 근로자에게 알려주어야 할 사항(안전보건규칙 제 661조)
1) 근골격계 부담작업의 유해요인
2) 근골격계질환의 징후와 증상
3) 근골격계질환 발생 시의 대처요령
4) 올바른 작업자세와 작업도구, 작업시설의 올바른 사용방법
5) 그 밖에 근골격계질환 예방에 필요한 사항

73 다음 중 문제해결을 위해 이해해야 하는 문제 자체가 가지는 일반적인 다섯 가지 특성을 잘 나타낸 것은?

① 선행조건, 제약조건, 대안, 인력, 연구시한
② 선행조건, 제약조건, 대안, 작업환경, 개선방향
③ 두 가지 상태, 제약조건, 대안, 판단기준, 연구시한
④ 두 가지 상태, 제약조건, 대안, 판단기준, 작업환경

해설 문제해결을 위해 알아야 하는 문제의 5가지 특성
1) 두가지 상태(A and B)
2) 제약조건
3) 대안
4) 판단기준(평가기준)
5) 연구시한(연구기간)

74 다음 중 사업장 근골격계질환 예방관리 프로그램에 있어 예방·관리추진팀의 역할이 아닌 것은?

① 교육 및 훈련에 관한 사항을 결정하고 실행한다.
② 유해요인 평가 및 개선계획의 수립과 시행에 관한 사항을 결정하고 실행한다.
③ 예방·관리 프로그램의 수립 및 수정에 관한 사항을 결정한다.
④ 근골격계질환의 증상·유해요인 보고 및 대응체계를 구축한다.

해설 근골격계질환 예방·관리추진팀의 역할
1) 교육 및 훈련에 관한 사항을 결정하고 실행
2) 유해요인 평가, 개선계획의 수립 및 시행에 관한 사항을 결정하고 실행
3) 예방관리 프로그램의 수집 및 수정에 관한 사항 결정
4) 예방관리 프로그램의 실행 및 운행에 관한 사항 결정
5) 근골격계질환자에 대한 사후조치 및 근로자 건강보호에 관한 사항등을 결정하고 실행

75 각각 한 명의 작업자가 배치되어 있는 세 개의 라인으로 구성된 공정에서 각 공정시간이 2분, 3분, 4분일 때, 공정효율은 얼마인가?

① 85%   ② 70%
③ 75%   ④ 80%

해설 공정효율(E) $E(\%) = \dfrac{\sum t_i}{N \times T_c} \times 100$

$= \dfrac{(2+3+4)}{3 \times 4} \times 100 = 75\%$

여기서, $\sum t_i$: 총 작업시간
N : 작업장 수
T_c : 사이클 시간(주기시간, 가장 긴 작업시간)

76 다음 중 파레토차트에 관한 설명으로 틀린 것은?

① 재고관리에서는 ABC 곡선으로 부르기도 한다.
② 20% 정도에 해당하는 중요한 항목을 찾아내는 것이 목적이다.
③ 불량이나 사고의 원인이 되는 중요한 항목을 찾아 관리하기 위함이다.
④ 작성방법은 빈도수가 낮은 항목부터 큰 항목의 순으로 차례대로 나열하고, 항목별 점유비율과 누적비율을 구한다.

해설 파레토 차트(Pareto chart)

1) 파레토 차트 : 관심의 대상이 되는 항목을 동일 척도(scale)로 관찰하여 측정한 후 이를 내림차순으로 정리하고 누적분포를 구한다
2) 파렛토 원칙(80-20규칙) : 상위 20%의 항목이 전체활용의 80%이상을 차지한다는 의미이다
3) 파렛토 차트 주 목적 : 20%정도에 해당하는 중요한 항목을 찾아내는 것이 주 목적이다
4) ABC곡선 : 재고관리 분야에서는 ABC곡선으로 부르기도 한다
5) 파레토 차트의 작성방법 : 빈도수가 큰 항목부터 작은 항목 순서로 차례대로 나열하고 항목별 점유비율과 누적비율을 구한다

77 다음 중 작업대 및 작업공간에 관한 설명으로 바르지 않은 것은?

① 가능하면 작업자가 작업 중 자세를 필요에 따라 변경할 수 있도록 작업대와 의자 높이를 조절할 수 있는 방식을 사용한다.
② 가능한 낙하식 운반방법을 사용한다.
③ 작업점의 높이는 팔꿈치 높이를 기준으로 설계한다.
④ 정상 작업역이란 작업자가 윗팔과 아래팔을 곧게 펴서 파악할 수 있는 구역으로 조립작업에 적절한 영역이다.

해설 정상작업역과 최대작업역

1) 정상작업역 : 상완(위팔)을 자연스럽게 수직으로 늘어뜨린 채 전완(아래팔)만으로 편하게 뻗어 파악할 수 있는 구역(34~45cm)
2) 최대작업역 : 전완과 상완을 곧게 펴서 파악할 수 있는 구역(55~65cm)

78 다음 중 근골격계질환의 발생에 기여하는 작업적 유해요인과 가장 거리가 먼 것은 무엇인가?

① 과도한 힘의 사용
② 개인보호구의 미착용
③ 불편한 작업자세의 반복
④ 부적절한 작업/휴식 비율

해설 근골격계질환의 발생원인(7/3)

구분	내용
1. 작업관련 요인	1)부자연스러운 자세 및 취하기 어려운 자세 2)과도한 힘 3)동작의 반복성 4)접촉 스트레스 5)진동, 온도 6)정적부하, 휴식시간 부족 등
2. 개인적 요인	1)작업경력 2)성별, 연령 3)작업습관 4)신체조건 5)생활습관 및 취미 6)과거 병력 등
3. 사회심리적 요인	1)작업만족도 2)업무 스트레스 3)근무조건 만족도 4)인간관계 5)정신 · 심리 상태

79 근골격계 질환을 예방하기 위한 대책으로 적절하지 않은 것은?

① 단순 반복작업은 기계를 사용한다.
② 작업방법과 작업공간을 재설계한다.
③ 작업순환(Job Rotation)을 실시한다.
④ 작업속도와 작업강도를 점진적으로 강화한다.

해설 근골격계질환의 예방 대책
1) 단순 반복작업의 기계화
2) 작업방법과 작업공간 재설계
3) 작업순환 실시
4) 작업속도와 작업강도의 적정화

80. A작업의 관측평균시간이 25DM이고, 제 1평가에 의한 속도평가계수는 120%이며, 제 2평가에 의한 2차 조정계수가 10%일 때 객관적 평가법에 의한 정미시간은 몇 초인가?(단, 1DM=0.6 이다.)

① 19.8
② 23.8
③ 26.1
④ 28.8

해설 객관적 평가방법에 의한 정미시간(NT)
NT = 관측시간의 평균값 × 1차 평가계수 × (1+2차 조정계수) = 25초 × 1.2 × (1+0.1) × 0.6 = 19.8초

정답 80. ①

2023년 기출문제

2023 제1회 CBT복원 기출문제

제1과목 : 인간공학개론

01 시스템의 성능 평가척도의 설명으로 맞는 것은?

① 적절성 - 평가척도가 시스템의 목표를 잘 반영해야 한다.
② 실제성 - 기대되는 차이에 적합한 단위로 측정할 수 있어야 한다.
③ 무오염성 - 비슷한 환경에서 평가를 반복할 경우에 일정한 결과를 나타낸다.
④ 신뢰성 - 측정하려는 변수 이외의 다른 변수들의 영향을 받지 않아야 한다.

해설 시스템의 성능 평가척도
1) 적절성 : 평가척도가 시스템의 목표를 잘 반영해야 하는 것을 나타내며, 공통적으로 변수가 실제로 의도하는 바를 어느정도 평가하는 가를 결정한다
2) 실제성 : 객관적이고 정량적이고 수집이 쉽고 강요적이 아니며 실험자의 수고가 적게 드는 것이어야 한다
3) 무오염성 : 측정하고자 하는 변수외의 다른 변수들의 영향을 받아서는 안된다
4) 신뢰성 : 변수 측정결과가 일관성 있고 안정적으로 나타나는 것을 말한다(비슷한 환경에서 평가를 반복할 경우에 일정한 값을 나타낸다)
5) 민감도 : 실험변수 수준변화에 따라 기준에서 나타나는 예상 차이점의 변별성으로 표시된다

02 표시장치를 사용할 때 자극 전체를 직접 나타내거나 재생 시키는 대신, 정보나 자극을 암호화하는 데 있어서 지켜야 할 일반적 지침으로 볼 수 없는 것은?

① 암호의 민감성 ② 암호의 양립성
③ 암호의 변별성 ④ 암호의 검출성

해설 표시장치의 암호체계 사용상의 일반지침
1) 암호의 검출성 : 검출이 가능해야 한다
2) 암호의 변별성: 다른 암호표시와 구별되어야 한다
3) 부호의 양립성: 양립성이란 자극들 간의, 반응들 간의, 또는 자극-반응 조합의 관계를 말하는 것으로 인간의 기대와 모순되지 않는다
4) 부호의 의미 : 사용자가 그 뜻을 분명히 알아야 한다
5) 암호의 표준화: 암호를 표준화하여야 한다(암호를 표준화하여 사람들이 쉽게 이용할수 있어야 한다)
6) 다차원 암호의 사용: 2가지 이상의 암호차원을 조합해서 사용하면 정보전달이 촉진된다

03 신호 및 3보등의 경우 빛의 검출성에 따라서 신호, 3보 효과가 달라지는데, 빛의 검출 성에 영향을 주는 인자에 해당되지 않는 것은?

① 색광
② 배경광
③ 점멸속도
④ 신호등 유리의 재질

해설 신호 및 경보 등의 빛의 검출성에 영향을 끼치는 인자
1) 광원의 크기, 광속발산도 및 노출시간 : 광속발산도의 역치(theshold)가 안정되는 노출시간은 표적의 크기나 면적에 따라 감소한다
2) 색광(효과척도가 빠른 순서) : 적색-녹색-황색-백색
3) 점멸속도 ; 점멸속도는 점멸-융합주파수보다 훨씬 적어야 한다(초당 3~10회의 점멸속도, 지속시간 0.05초 이상이 적당)
4) 배경광 : 배경의 불꽃이 신호등과 비슷한 때는 신호광의 식별이 곤란해진다

04 촉각적 표시장치에 대한 설명으로 맞는 것은?

① 시각 및 청각 표시장치를 대체하는 장치로 사용할 수 없다.
② 3점 문턱값(Three-Point Threshold)척도로 사용한다.
③ 세밀한 식별이 필요한 경우 손가락보다 손바닥 사용을 유도해야 한다.

정답 1.① 2.① 3.④ 4.④

④ 촉감은 피부온도가 낮아지면 나빠지므로, 저온환경에서 촉감 표시장치를 사용할 때는 아주 주의하여야 한다.

해설 촉각적 표시장치
1) 시각 및 청각의 대체장치로 사용할 수 있다
2) 촉감의 일반적 척도 : 2점 문턱 값(두 점을 눌렀을 때 따로 따로 지각할 수 있는 두 점 사이의 최소거리)을 사용한다
3) 손바닥에서 손가락 끝으로 갈수록 강도가 증가(2점문턱 값 감소)하므로 세밀한 식별이 필요한 경우 손바닥보다 손가락 사용을 유도해야 한다
4) 촉감은 피부온도가 낮아지면 나빠지므로 저온환경에서 촉감표시장치를 사용할 때는 주의하여야 한다

05 고령자를 위한 정보 설계 원칙으로 볼 수 없는 것은?

① 불필요한 이중 과업을 줄인다.
② 학습 및 적응 시간을 늘려 준다.
③ 신호의 강도와 크기를 보다 강하게 한다.
④ 가능한 세밀한 묘사와 상세 정보를 제공한다.

해설 고령자를 위한 정보설계 원칙
1) 불필요한 이중 과업을 줄일 것
2) 학습 및 적응시간을 늘려 줄 것
3) 신호의 강도와 크기를 강하게 할 것

06 코드화(coding) 시스템 사용 상의 일반적 지침으로 적합하지 않은 것은?

① 양립성이 준수되어야 한다.
② 차원의 수를 최소화해야 한다.
③ 자극은 검출이 가능하여야 한다.
④ 다른 코드표시와 구별되어야 한다.

해설 표시장치의 암호체계 사용상의 일반지침
1) 암호의 검출성 : 검출이 가능해야 한다
2) 암호의 변별성 : 다른 암호표시와 구별되어야 한다
3) 부호의 양립성 : 양립성이란 자극들 간의, 반응들 간의, 또는 자극-반응 조합의 관계를 말하는 것으로 인간의 기대와 모순되지 않는다
4) 부호의 의미 : 사용자가 그 뜻을 분명히 알아야 한다
5) 암호의 표준화 : 암호를 표준화하여야 한다(암호를 표준화하여 사람들이 쉽게 이용할수 있어야 한다)
6) 다차원 암호의 사용 : 2가지 이상의 암호차원을 조합해서 사용하면 정보전달이 촉진된다

07 인간의 오류모형에 있어 상황이나 목표해석은 제대로 하였으나 의도와는 다른 행동을 하는 경우에 발생하는 오류는?

① 실수(slip)
② 착오(mistake)
③ 위반(violation)
④ 건망증(forgetfulness)

해설 인간의 오류모형
1) 착오(mistake) : 착각을 하여 잘못하는 것으로 사람의 인식(주관적 인식)과 객관적 사실이 일치하지 않고 어긋나는 일을 말한다
2) 건망증(lapse) : 단기기억의 한계로 인해 기억을 잊어서 해야 할 일을 못해 발생하는 에러이다
3) 실수(slip) : 주의력이 부족한 상태에서 발생하는 에러이다
4) 위반(고의사고 ; violation) : 작업수행 과정 중에 일부러 나쁜 의도를 가지고 발생시키는 에러를 말한다

08 신호검출이론(SDT)에서 신호의 유무를 판별함에 있어 4가지 반응 대안에 해당하지 않는 것은?

① 긍정(Hit) ② 채택(Acceptation)
③ 누락(Miss) ④ 허위(False alarm)

해설 SDT에서 신호에 대한 4가지 판정결과

1) 긍정(hit ; 옳은 결정) : 신호(S)를 신호(S)로 판정할 확률, P(S/S)
2) 누락(miss ; 신호검출 실패) : 신호(S)를 소음(N)으로 판정할 확률, P(N/S)
3) 허위(false alarm) : 소음(N)을 신호(S)로 판정할 확률, P(S/N)
4) 부정(correct rejection ; 옳은결정) : 소음(N)을 소음(N)으로 판정할 확률, P(N/N)

09 회전운동을 하는 조정장치의 레버를 20도 움직였을 때 표시장치의 커서는 2cm 이동하였다. 레버의 길이가 15cm일 때 이 조종장치의 C/R비는 약 얼마인가?

① 2.62   ② 5.24
③ 8.33   ④ 10.48

해설 C/R비 = $\dfrac{a/360 \times 2\Pi L}{\text{표시장치 이동거리}}$

$\dfrac{20/360 \times 2 \times 3.14 \times 15}{2} = 2.62$

여기서, a : 레버가 움직인 각도
L : 레버의 길이

10 종이의 반사율이 70%이고, 인쇄된 글자의 반사율이 15%일 경우 대비(contrast)는?

① 15%   ② 21%
③ 70%   ④ 79%

해설 대비 = $\dfrac{L_b - L_t}{L_b} \times 100 = \dfrac{70-15}{70} \times 100 = 78.57\%$

여기서, L_b : 배경의 광속발산도
L_t : 표적의 광속발산도

11 Fitts의 법칙에 관한 설명으로 맞는 것은?

① 표적과 이동거리는 작업의 난이도와 소요이동시간과 무관하다.
② 표적이 클수록, 이동거리가 짧을수록 작업의 난이도와 소요이동시간이 감소한다.
③ 표적이 클수록, 이동거리가 길수록 작업의 난이도와 소요이동시간이 증가한다.
④ 표적이 작을수록, 이동거리가 짧을수록 작업의 난이도와 소요이동시간이 증가한다.

해설 Fitts 법칙(동작시간, MT)

1) 손과 발등의 동작시간 또는 이동시간(MT)은 목표지점까지의 손, 발의 이동거리(A)와 목표물의 크기(폭 ; W)에 영향을 받는다 MT = $MT = a + b\log_2\left(\dfrac{2A}{W}\right)$

여기서, MT : 동작시간(movement time)
A : 움직인 거리(목표물까지의 거리)
W : 목표물의 너비(폭)

2) Fitts법칙 : 작업의 난이도와 이동시간(MT)은 표적(W)이 작을수록, 이동거리(A)가 길수록 증가한다

12 시(視)감각 체계에 관한 설명으로 틀린 것은?

① 동공은 조도가 낮을 때는 많은 빛을 통과시키기 위해 확대된다.
② 1디옵터는 1미터 거리에 있는 물체를 보기 위해 요구되는 조절능(調節能)이다.
③ 망막의 표면에는 빛을 감지하는 광수용기인 원추체와 간상체가 분포되어 있다.
④ 안구의 수정체는 공막에 정확한 이미지가 맺히도록 형태를 스스로 조절하는 일을 담당한다.

해설 수정체 : 망막의 광수용체에 빛을 모으는 역할을 하는 투명한 볼록렌즈 형태의 조직을 말한다

1) 카메라의 렌즈와 같이 빛을 굴절시켜 초점을 정확히 맞출 수 있도록 한다
2) 멀리있는 물체에 초점을 맞추기 위해서는 수정체가 얇아지고 가까이 있는 물체에 초점을 맞출때는 수정체가 두꺼워진다

정답 9 ①   10. ④   11. ②   12. ④

13 다음 중 인간이 기계를 능가하는 기능에 해당하는 것은?

① 암호화된 정보를 신속하게 대량으로 보관한다.
② 완전히 새로운 해결책을 찾아낸다.
③ 입력신호에 대해 신속하고 일관성 있게 반응한다.
④ 주위가 소란하여도 효율적으로 작동한다.

해설 인간과 기계의 상대적 재능

인간이 우수한 기능	기계가 우수한 기능
① 저 에너지 자극 (시각, 청각, 후각 등)감지	① 인간 감지범위 밖의 자극 (X선, 초음파 등)감지
② 복잡 다양한 자극 형태식별	② 인간 및 기계에 대한 모니터 기능
③ 예기치 못한 사건 감지 (예감, 느낌)	③ 드물게 발생하는 사상 감지
④ 다량정보를 오래 보관	④ 암호화된 정보를 신속하게 대량보관
⑤ 귀납적 추리	⑤ 연역적 추리
⑥ 과부하 상황에서는 중요한 일에만 전념	⑥ 과부하시 주의가 소란하여도 효율적으로 작동
⑦ 임기응변, 융통성, 원칙적용, 주관적 추산, 독창력 발휘 등의 기능	⑦ 정량적 정보처리, 장시간 중량작업, 반복작업, 동시에 여러 가지 작업수행
⑧ 완전히 새로운 해결책을 찾아 냄	⑧ 입력신호에 대해 신속하고 일관성 있게 반응

14 앉아서 작업하는 사람의 작업공간 설계 시 고려하여야 할 사항과 가장 거리가 먼 것은?

① 작업공간 포락면은 팔을 뻗는 방향에 영향을 받는다.
② 실행하는 수작업의 성질에 따라 작업공간 포락면의 경계가 달라진다.
③ 작업복장은 작업공간 포락면에 영향을 미친다.
④ 신체 평형에 영향을 미치는 인자가 작업공간 포락면에 영향을 미친다.

해설
1) 작업공간 포락면 : 한 장소에 앉아서 수행하는 작업활동에서 사람이 작업하는데 사용하는 공간을 말한다
2) 작업공간 포락면의 설계시 고려하여야 할 사항
   ① 수행해야 하는 특정 활동과 공간을 사용할 작업자의 유형을 고려해야 한다
   ② 작업공간 포락면은 팔을 뻗는 방향에 영향을 받는다
   ③ 실행하는 수작업의 성질에 따라 작업공간 포락면의 경계가 달라진다
   ④ 작업복장은 작업공간 포락면에 영향을 미친다

15 인간-기계 시스템에서 정보전달과 조종이 이루어지는 접합면인 인간-기계 인터페이스(man-machine interface)의 종류에 해당하지 않는 것은?

① 지적 인터페이스   ② 역학적 인터페이스
③ 감성적 인터페이스 ④ 신체적 인터페이스

해설 인간·기계 인터페이스의 종류
1) 신체적 인터페이스 : 제품의 외관 및 형상을 설계할 때 사용자의 신체적 특성을 고려한다
2) 지적 인터페이스 : 사용방법에 관한 설계에서 사용자의 행동에 관한 특성 정보를 이용하는 것으로 사용자 인터페이스라고도 한다
3) 감성적 인터페이스 : 즐거움, 기쁨 등 감성 특성에 관한 정보를 고려하는 것이다

16 다음 중 작업공간에 각종 장비 및 장치들의 배치하기 위해 사용하는 원칙이 아닌 것은?

① 비용절감의 원리   ② 중요도의 원리
③ 사용순서의 원리   ④ 사용빈도의 원리

해설 작업대 공간 배치의 4원칙(부품배치의 4원칙)
1) 중요성의 원칙 : 부품을 작동하는 성능이 체계의 목표 달성에 긴요한 정도에 따라 우선순위를 설정한다
2) 사용빈도의 원칙 : 부품을 사용하는 빈도에 따라, 우선순위를 설정한다

3) 기능별 배치의 원칙 : 기능적으로 관련된 부품들(표시장치, 조정장치 등)을 모아서 배치한다

4) 사용순서의 원칙 : 사용되는 순서에 따라 장치들을 가까이에 배치한다

17 다음 중 시스템의 평가 척도의 요건에 대한 설명으로 적절하지 않은 것은 무엇인가?

① 실제성 : 현실성을 가지며, 실질적으로 이용하기 쉽다.
② 무오염성 : 측정하고자 하는 변수 이외의 외적 변수에 영향을 받는다.
③ 신뢰성 : 평가를 반복할 경우 일정한 결과를 얻을 수 있다.
④ 타당성 : 측정하고자 하는 평가 척도가 시스템의 목표를 반영한다.

해설 시스템의 성능 평가 척도

1) 적절성 : 평가척도가 시스템의 목표를 잘 반영해야 하는 것을 나타내며, 공동적으로 변수가 실제로 의도하는 바를 어느 정도 평가하는 바를 결정한다.
2) 실제성 : 객관적이고 정량적이고 수집이 쉽고 강요적이 아니며 실험자의 수고가 적게 드는 것이어야 한다
3) 무오염성 : 측정하고자 하는 변수 외의 다른 변수들의 영향을 받아서는 안 된다
4) 신뢰성 : 변수 측정결과가 일관성 있고 안정적으로 나타나는 것을 말한다(비슷한 환경에서 평가를 반복할 경우에 일정한 값을 나타낸다)
5) 민감도 : 실천변수 수준변화에 따라 기준에서 나타나는 예상 차이점의 변별성으로 표시된다

18 다음 중 인간의 정보처리 과정에서 중요한 역할을 하는 양립성(compatibility)에 관한 설명으로 올바른 것은?

① 인간이 사용할 코드와 기호가 얼마나 의미를 가진 것인가를 다루는 것을 공간적 양립성이라 한다.
② 표시장치와 제어장치의 움직임, 사용 시스템의 반응 등과 관련된 것을 개념적 양립성이라 한다.
③ 제어장치와 표시장치의 공간적 배열에 관한 것을 운동 양립성이라 한다.
④ 직무에 알맞은 자극과 응답 양식의 존재에 대한 것을 양식 양립성이라 한다.

해설 1) **양립성** : 인간의 기대와 모순되지 않는 자극들 간의, 반응들 간의 또는 자극반응 조합과의 관계를 말한다

2) 양립성의 종류
① 개념 양립성 : 코드와 기호를 인간들의 사고에 일치시키는 것을 말한다
  [예] 더운물 : 빨간색 수도꼭지, 차가운 물 : 청색 수도꼭지, 비행장 : 비행기 모형 등
② 운동 양립성 : 표시장치와 조종장치의 움직임과 사용시스템의 응답을 관련시키는 것이다
  [예] 라디오 음량을 크게 할 때 : 조정창치를 시계방향으로 회전
③ 공간양립성 : 조종장치와 표시장치의 물리적 배열(공간적 배열)이 사용자 기대와 일치되도록 하는 것을 말한다
④ 양식양립성 : 직무에 알맞은 자극과 응답방식(양식)에 대한 것을 말한다

19 정상조명 하에서 100m거리에서 볼 수 있는 원형시계탑을 설계하고자 한다. 시계의 눈금 단위를 1분 간격으로 표시하고자 할 때 원형 문자판의 직경은 어느 정도가 가장 적합한가?

① 250cm   ② 300cm
③ 350cm   ④ 400cm

해설 1) 71cm 거리에서 문자판 직경원주길이(L)
L = 1.3mm × 60 = 78mm

2) L = πD D(지름) = $\frac{L}{\pi}$ = $\frac{78mm}{3.14}$ = 25mm = 2.5cm

3) 100m 거리에서 문자판의 직경(D_1) 0.71m : 2.5cm
= 100 : D_1 D_1 = $\frac{100 \times 2.5}{0.71}$ = 352cm

정답 17. ② 18. ④ 19. ③

20 인체 측정자료를 이용한 설계원칙 중 극단치 설계에 관한 설명으로 틀린 것은?

① 극단치 설계는 집단내의 사용자 대부분을 수용하고자할 때 사용한다.
② 대상 집단 관련 인체 측정 변수의 상위 혹은 하위 백분위수를 기준으로 한다.
③ 극단치 설계에 있어 대상 집단의 비율은 비용적인 면 등을 고려하여 결정한다.
④ 집단치를 사용하여 설계한다.

해설 극단치를 이용한 설계 예
1) 최대 집단값에 의한 설계 : 출입문 높이, 탈출구 크기, 통로 크기, 안전대의 하중강도 등
2) 최소 집단값에 의한 설계 : 기구 조작에 필요한 힘, 조종장치까지의 거리, 선반의 높이 등

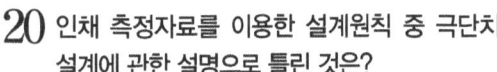

21 근육이 수축할 때 생성 및 소모되는 물질(에너지원)이 아닌 것은?

① 글리코겐(glycogen)
② CP(creatine phosphate)
③ 글리콜리시스(glycolysis)
④ ATP(adenosine trophosphate)

해설 1) 혐기성 대사(근육운동)
① 혐기성 대사 : 근육운동에 필요한 에너지를 생산한다
② 혐기성 대사 순서 : ATP(아데노신삼인산)→CP(크레아틴인산)→glycogen(글리코겐) 또는 glucose(포도당)
2) 글리콜리시스(glycolysis): 글리코겐이 젖산으로 분해되는 것을 말하며 해당과정이라고도 한다

22 빛의 측정치를 나타내는 단위의 관계가 틀린 것은?

① 1fc = 10lx
② 반사율 = 휘도/조도
③ 1 candela = 10lumen
④ 조도 = 광도/단위면적(m2)

해설 candela(칸델라 ; 광도)
1) 광도 : 광원으로부터 나오는 빛의 세기를 말하며 단위는 cd(칸델라)를 사용한다
2) 1cd : 101.325N/m²(pa)압력하에서 백금의 응고점 온도에 있는 흑체의 1m²인 평평한 표면 수직방향의 광도를 말한다

23 실내표면의 추천 반사율이 높은 곳에서 낮은 순으로 맞게 나열된 것은?

① 창문 발(blind) – 사무실 천정 – 사무용 기기 – 사무실 바닥
② 사무실 바닥 – 사무실 천정 – 창문 발(blind) – 사무용 기기
③ 사무실 천정 – 창문 발(blind) – 사무용 기기 – 사무실 바닥
④ 사무용 기기 – 사무실 바닥 – 사무실 천정 – 창문 발(blind)

해설 옥내 최적 반사율
1) 천정 : 80~90%
2) 벽, 창문 발(blind) : 40~60%
3) 가구, 사무기기, 책상 : 25~45%
4) 바닥 : 20~40%

24 기초대사량(BMR)에 관한 설명으로 틀린 것은?

① 기초대사량은 개인차가 심하며 나이에 따라 달라진다.
② 일상생활을 하는 데 필요한 단위 시간당 에너지양이다.
③ 일반적으로 체격이 크고 젊은 남성의 기초대사량이 크다.

④ 공복상태로 쾌적한 온도에서 신체적 휴식을 취하는 엄격한 조건에서 측정한다.

해설 기초대사율(BMR)
1) 기초대사율 : 생명을 유지하는데 필요한 최소한의 에너지소비량을 말한다
2) 기초대사율에 영향을 주는 요인 : 나이, 체중, 성별 등
   ① 일반적으로 체격이 크고 젊은 남자가 BMR이 크다
   ② 성인의 1일 기초대사량 :
      1500~1800kca/day(1.0~1.25kcal/min)
   ③ 기초대사량+여가대사량 : 2,300kca/day

25 작업강도의 증가에 따른 순환기 반응의 변화에 대한 설명으로 틀린 것은?
① 혈압의 상승
② 적혈구의 감소
③ 심박출량의 증가
④ 혈액의 수송량 증가

해설 작업강도 증가에 따른 순환기 반응의 변화
1) 혈압상승
2) 심박출량 증가
3) 혈액의 수송량 증가
4) 심박수의 증가

26 근육에 관한 설명으로 틀린 것은?
① 근섬유의 수축단위는 근원섬유이다.
② 근섬유가 수축하면 A대가 짧아진다.
③ 하나의 근육은 수많은 근섬유로 이루어져 있다.
④ 근육의 수축은 근육의 길이가 단축되는 것이다.

해설 근육의 수축원리
1) 액틴과 미오신 필라멘트의 길이는 변하지 않는다
2) 근섬유가 수축하면 I대와 H대가 짧아진다

3) 최대로 수축했을 때는 Z선이 A대에 맞닿는다
4) 근육전체가 내는 힘은 활성화된 근섬유 수에 의해 결정된다
5) 근육원섬유마디(sarcomere)에서 근섬유가 수축하면 Z선과 Z선 사이의 거리가 짧아진다

27 생리적 활동의 척도 중 Borg의 RPE(Ratings of Perceived Exertion)척도에 대한 설명으로 틀린 것은?
① 육체적 작업부하의 주관적 평가방법이다.
② NASA-TLX와 동일한 평가척도를 사용한다.
③ 척도의 양끝은 최소 심장 박동수와 최대 심장 박동수를 나타낸다.
④ 작업자들이 주관적으로 지각한 신체적 노력의 정도를 6~20사이의 척도로 평정한다.

해설 Borg의 RPE(운동자각도)
1) RPE척도
   ① 육체적 작업부하의 주관적 평가방법이다
   ② 작업자의 작업부하를 본인이 주관적으로 평가하여 언어적으로 표현하도록 하였고 심리적으로 느끼는 주관적 강도를 생리적 변인으로 정량화한 것이다
2) 평가방법
   ① 작업자들이 주관적으로 지각한 신체적 노력의 정도를 6~20사이의 척도로 평정한다
   ② Borg6~20: 건강한 성인의 심박동수를 10으로 나눈 값이다
3) 운동자각도 척도의 양끝 : 각각 최소심장박동률과 최대심장박동률을 나타낸다

28 호흡계의 기본적인 기능과 가장 거리가 먼 것은?
① 가스교환 기능
② 산-염기조절 기능
③ 영양물질 운반 기능
④ 흡입된 이물질 제거 기능

정답 25. ② 26. ② 27. ② 28. ③

해설 **호흡계의 기능**
1) 가스교환 기능
2) 산·염기 조절 기능
3) 흡입된 이물질 제거 기능(흡입공기 정화작용)
4) 공기를 따뜻하고 부드럽게 하는 기능
5) 흡입공기를 진동시켜 목소리를 내는 발성기관의 역할

29 신체부위의 동작 중 전환의 회전운동에 쓰이며, 손바닥을 위로 향하도록 하는 회전을 무성이라 하는가?

① 굴곡(flexion)　② 회내(pronation)
③ 외전(abduction)　④ 회외(supination)

해설 1) **굴곡(flexion)** : 관절의 각도를 감소시키는 동작
2) **회내(pronation)** : 손과 전완 사이, 발과 정강이 사이에 일어나는 동작으로 손바닥이나 발바닥이 아래를 향하도록 안쪽으로 회전하는 동작
3) **외전(abduction)** : 신체의 중심선으로부터 멀어지도록 움직이는 동작
4) **회외(supination)** : 회내와 반대방향으로 움직이는 동작으로 위로 향하도록 바깥으로 회전하는 동작으로 손바닥이나 발바닥이 위로 향하도록 바깥쪽으로 회전하는 동작

30 동일한 관절운동을 일으키는 주동근(agonist)과 반대되는 작용을 하는 근육은?

① 고정근(stabilizer)
② 중화근(neutralizer)
③ 길항근(antagonists)
④ 보조 주동근(assistant mover)

해설 1) **주동근** : 근육의 운동을 주도하는 근육이다
2) **길항근** : 주동근과 반대되는 운동을 하는 근육이다

31 일반적으로 소음계는 3가지 특성에서 음압을 측정할 수 있도록 보정되어 있는데 A특성치란 40phon의 등음량 곡선과 비슷하게 보정하여 측정한 음압수준을 말한다. B특성치와 C특성치는 각각 몇 phon의 등음량곡선과 비슷하게 보정하여 측정한 값을 말하는가?

① B 특성치 : 50phon, C 특성치 : 80phon
② B 특성치 : 60phon, C 특성치 : 100phon
③ B 특성치 : 70phon, C 특성치 : 100phon
④ B 특성치 : 80phon, C 특성치 : 150phon

해설 **소음계의 A,B,C 특성**

특성	내용
A특성	1. 40phon의 등청감곡선과 비슷하게 주파수에 따른 반응을 보정하여 측정한 음압수준, dB(A)로 표시 2. 저주파대역을 보정한 청감보정회로(인간의 청력특성과 유사)
2. B특성	70phon의 등청감곡선과 비슷하게 주파수에 따른 반응을 보정하여 측정한 음압수준, dB(B)로 표시
3. C특성	1. 100phon의 등청감곡선과 비슷하게 주파수에 따른 반응을 보정하여 측정한 음압수준, dB(C)로 표시 2. 평탄 특성을 나타냄

32 소음에 관한 정의에 있어 "강렬한 소음작업"이라 함은 얼마 이상의 소음이 1일 8시간 이상 발생하는 작업을 의미하는가?

① 85데시벨 이상　② 90데시벨 이상
③ 95데시벨 이상　④ 100데시벨 이상

해설 **강렬한 소음작업**
1) 90dB 이상의 소음이 1일 8시간 이상 발생하는 작업
2) 95dB 이상의 소음이 1일 4시간 이상 발생하는 작업
3) 100dB 이상의 소음이 1일 2시간 이상 발생하는 작업
4) 105dB 이상의 소음이 1일 1시간 이상 발생하는 작업
5) 110dB 이상의 소음이 1일 30분 이상 발생하는 작업
6) 115dB 이상의 소음이 1일 15분 이상 발생하는 작업

정답　29. ④　30. ③　31. ③　32. ②

33 다음 중 소음관리 대책의 단계로 가장 적절한 것은?

① 소음원의 제거 → 개인보호구 착용 → 소음수준의 저감 → 소음의 차단
② 개인보호구 착용 → 소음원의 제거 → 소음수준의 저감 → 소음의 차단
③ 소음원의 제거 → 소음의 차단 → 소음수준의 저감 → 개인보호구 착용
④ 소음의 차단 → 소음원의 제거 → 소음수준의 저감 → 개인보호구 착용

[해설] 소음관리 대책의 단계 : 1)소음원의 제거 → 2)소음의 차단 → 3)소음수준의 저감 → 4)개인보호구 착용

34 다음 중 근력에 대한 설명으로 틀린 것은?

① 훈련(운동)을 통해 근력을 증가시킬 수 있다.
② 동적근력은 동척력이라 하며, 정적근력보다 측정하기 어렵다.
③ 근력은 보통 25~35세에 최고에 도달하고, 40세 이후 서서히 감소한다.
④ 정적근력은 신체부위를 움직이지 않으면서 물체에 힘을 가할 때 발생한다.

[해설] 근력의 분류

1) 정적근력
  ① 정적근력 : 신체를 움직이지 않으면서 자발적으로 가할 수 있는 최대힘 이다 (정적 상태에서 발휘되는 힘으로 근육이 낼 수 있는 최대힘)
  ② 정적근력의 측정 : 피실험자가 고정물체에 대하여 최대힘을 내도록 4~6초 동안 신체를 움직이지 않고 유지시키도록 측정하고, 1회 측정 후 30초 내에서 그분 정도의 휴식을 취한후 반복측정하여 평균값을 구한다

2) 동적근력
  ① 동적근력 : 물체를 실제로 들어 올릴때와 같이 실제로 움직일 때 낼 수 있는 힘으로 등속성 수축(일정한 속도에서 관절 각도에 따라 발휘되는 힘)으로 구분한다
  ② 동적근력의 측정: 운동속도를 이용하여 측정한다

35 생리적 활동의 척도 중 Borg의 RPE척도에 대한 설명으로 적절하지 않은 것은?

① 육체적 작업부하의 주관적 평가기법이다.
② NASA-TLX와 동일한 평가척도를 사용한다.
③ 척도의 양끝은 최소심장박동률과 최대심장박동률을 나타낸다.
④ 작업자들이 주관적으로 지각한 신체적 노력의 정도를 6~20 사이의 척도로 평정한다.

[해설] Borg Scale의 RPE(rating of perceived exertion : 운동자각도)

1) RPE 척도 : 육체적 작업부하의 주관적 평가방법이다
2) 평가방법
  ① 작업자들이 주관적으로 지각한 신체적 노력의 정도를 6~20사이의 척도로 평정한다
  ② Borg 6~20 : 건강한 성인의 심박동수를 10으로 나눈 값이다
3) 운동자각도 척도의 양 끝은 최소심장 박동률과 최대심장 박동률을 나타낸다

36 다음 중 점멸융합주파수에 관한 설명으로 옳은 것은?

① 중추신경계의 정신피로의 척도로 사용된다.
② 마음이 긴장되었을 때나 머리가 맑을 때의 점멸융합주파수는 낮아진다.
③ 쉬고 있을 때 점멸융합주파수는 대략 10~20 Hz이다.
④ 작업시간이 경과할수록 점멸융합주파수는 높아진다.

정답 33. ③ 34. ② 35. ② 36. ①

해설 점멸융합주파수

1) **점멸주파수** : 자극들이 작업자에게 일정한 속도로 제공될 때 깜빡거림 값이 연속적으로 제공되는 것처럼 느껴지는 주파수이다
2) **점멸융합주파수** : 정신적으로 피로할 경우에 주파수 값이 내려가므로 정신적 피로를 평가하는 척도로 사용된다

37 다음 중 시각적 점멸융합주파수(VFF)에 영향을 주는 변수에 대한 설명으로 바르지 않은 것은 무엇인가?

① 암조응시는 VFF가 증가한다.
② 연습의 효과는 아주 적다.
③ 휘도만 같으면 색은 VFF에 영향을 주지 않는다.
④ VFF는 조명강도의 대수치에 선형적으로 비례한다.

해설 시각적 점멸융합지수(VFF)

1) 점멸주파수 : 자극들이 작업자에게 일정한 속도로 제공될 때 깜빡거림 없이 연속적으로 제공되는 것처럼 느껴지는 주파수를 말한다(정신적 피로의 평가척도)
2) VFF에 영향을 미치는 요소
    ① VFF는 연습의 효과가 매우 적기 때문에 연습에 의해서 말라지지 않는다
    ② 암조응시 VFF는 감소한다 휘도만 같으면 색은 VFF에 영향을 주지 않는다
    ③ 휘도만 같으면 색은 VFF에 영향을 주지 않는다
    ④ VFF는 사람들 간에는 차이가 있으나 개인의 경우 일관성을 유지한다
    ⑤ VFF는 조명강도의 대수치에 선형적으로 비례한다
    ⑥ 시표와 주위의 휘도가 같을 때 VFF는 최대로 영향을 받는다

38 다음 중 고열발생원에 대한 대책으로 볼 수 없는 것은 무엇인가?

① 고온 순화 ② 전체환기
③ 복사열 차단 ④ 방열재 사용

해설 고열 발생원에 대한 대책
1) 전체환기 및 국소환기
2) 복사열 차단
3) 방열재 사용
4) 냉방 등

39 Douglas bag을 사용하여 5분간 용접 작업을 수행하는 작업자의 배기 표본을 채집하고 배기량을 측정하였다. 흡기가스의 O_2, CO_2, N_2의 비율은 21%, 0%, 79%인데 반해 배기가스는 15%, 5%, 80%인 것으로 분석되었으며 배기량은 100L인 것으로 측정되었다. 이 용접 작업자의 분당산소소비량(L/min)은 얼마인가?

① 1.15 ② 1.20
③ 1.25 ④ 1.30

해설 1) 분당 배기량 = $\frac{배기량(L)}{시간(min)} = \frac{100L}{5min} = 20L/min$

2) 흡기량 × $\frac{79\%}{100}$
= 배기량 × $\frac{N_2\%}{100}$ ($N_2\%$ = 100−$O_2\%$−$CO_2\%$)

흡기량 = $\frac{배기량 \times (100 - O_2\% - CO_2\%)}{79}$

= $\frac{20 \times (100 - 15 - 5)}{79}$ = 20.25L/min

3) 산소소비량 = (흡기량 × $\frac{21}{100}$) − (배기량 × $\frac{O_2\%}{100}$)
= (20.25 × 0.21) − (20 × 0.15) = 1.25L/min

40 다음 중 조도가 균일하고, 눈이 부시지 않지만 설치비용이 많이 소요되는 조명방식은?

① 직접조명 ② 간접조명
③ 반사조명 ④ 국소조명

정답 37.① 38.① 39.③ 40.②

해설 **조명방식**

(1) 직접조명
  1) 직접조명 : 광원으로부터의 빛이 대부 작업면에 직접 조사되는 조명방식이다.
  2) 장점
    ① 효율이 좋다
    ② 설치비용이 적게 들고 보수가 용이하다
  3) 단점
    ① 눈부심이 일어나기 쉽다
    ② 균등한 조도 분포를 얻기 힘들며 짙은 그림자가 생긴다

(2) 간접조명
  1) 간접조명 : 광속의 90~100%를 위로 향해 발산하여 천장, 벽에서 확산시켜 균일한 조명을 얻을 수 있는 방식이다(천장과 벽에 반사하여 작업면을 조명하는 방식).
  2) 장점
    ① 균일한 조도를 얻을 수 있다
    ② 눈부심이 없고 그림자도 없다
  3) 단점
    ① 효율이 나쁘다
    ② 실내의 입체감이 작아지고 설치비용이 많이 들고 보수도 어렵다

제3과목 : 산업심리학 및 관계법규

41 휴먼에러로 이어지는 배경원인이 아닌 것은?
  ① 인간(Man)   ② 매체(Media)
  ③ 관리(Management)   ④ 재료(Material)

해설 **인간과오의 배후요인 4요소(4M)**

1) 맨(man) : 본인 이외의 사람(팀워크, 커뮤니케이션)
2) 머신(machine) : 장치나 기계 등의 물적요인(본질안전화, 표준화, 점검, 정비)
3) 미디어(media) : 인간과 기계를 잇는 매체란 뜻으로 작업의 방법이나 순서, 작업정보의 실태나 환경과의 관계 정리정돈 등이 포함된다(환경개선 작업방법개선 등)

4) 매니지먼트(management) : 안전법규의 준수방법, 단속, 점검 관리 외에 지휘감독, 교육훈련 등이 여기에 속한다(적성배치, 교육·훈련)

42 인간 신뢰도에 대한 설명으로 맞는 것은?
  ① 반복되는 이산적 직무에서 인간실수확률은 단위시간당 실패수로 표현된다.
  ② 인간 신뢰도는 인간의 성능이 특정한 기간 동안 실수를 범하지 않을 확률로 정의된다.
  ③ THERP는 완전 독립에서 완전 정(正)종속까지의 비연속을 종속정도에 따라 3수준으로 분류하여 직무의 종속성을 고려한다.
  ④ 연속적 직무에서 인간의 실수율이 불변(stationary)이고, 실수과정이 과거와 무관(independent)하다면 실수과정은 베르누이과정으로 묘사된다.

해설 **인간의 신뢰도**

1) 인간의 신뢰도 : 인간의 성능이 특성한 기간동안 실수를 범하지 않을 확률을 말한다
2) 인간의 신뢰성 요인
  ① 주의력
  ② 긴장수준
  ③ 의식수준(경험연수, 지식수준, 기술수준)

43 호손(Hawttiome) 연구의 내용으로 맞는 것은?
  ① 종업원의 이직률을 결정하는 중요한 요인은 임금 수준이다.
  ② 호손 연구의 결과는 맥그리거(McGreger)의 XY 이론 중 X 이론을 지지한다.
  ③ 작업자의 작업능률은 물리적인 작업조건보다는 인간관계의 영향을 더 많이 받는다.
  ④ 종업원의 높은 임금 수준이나 좋은 작업조건 등은 개인의 직무에 대한 불만족을 방지하고 직무동기 수준을 높인다.

정답 41. ④ 42. ② 43. ③

해설 호오손(Hawthorne) 실험
1) 실험연구자 : 메이오(Mayo)
2) 실험연구결과 : 작업능률(생산성향상)은 물리적인 작업조건보다는 인간의 심리적인 태도 감정을 규제하고 있는 인간관계에 의해서 결정됨을 밝혔다
3) 인간관계
   ① 인간관계는 상담, 조언에 의해서 이루어진다
   ② 종업원의 인간성을 경영자와 대등하게 본 인간관계의 기초 위에서 관리를 추진한다

44 많은 동작들이 바뀌는 신호등이나 청각적 경계 신호와 같은 외부자극을 계기로 하여 시작된다. 자극이 있은 후 동작을 개시할 때까지 걸리는 시간을 무엇이라 하는가?
① 동작시간 ② 반응시간
③ 감지시간 ④ 정보처리시간

해설 **반응시간** : 자극을 제시하고 자극에 대한 반응이 발생하기까지 걸리는 시간을 반응시간이라 한다(자극이 있은 후 동작을 제시하기까지 걸리는 시간)
1) **단순반응** : 주어지는 자극의 종류가 1개이며 이에 대해 반응하는 것이다
2) **변별반응** : 자극의 종류가 2개 이상인데 오직 1개의 정해진 자극에 대해서만 반응을 하는 것이다
3) **선택반응** : 자극의 종류가 2개 이상이고 이에 대해 반응도 2개 이상인 경우를 말한다

45 휴먼 에러의 배후요인 4가지(4M)에 속하지 않는 것은?
① Man ② Machine
③ Motive ④ Management

해설 **인간과오의 배후요인 4요소(4M)**
1) 맨(man) : 본인 이외의 사람(팀워크, 커뮤니케이션)
2) 머신(machine) : 장치나 기계 등의 물적요인(본질안전화, 표준화, 점검, 정비)
3) 미디어(media) : 인간과 기계를 잇는 매체란 뜻으로 작업의 방법이나 순서, 작업 정보의 실태나 환경과의 관계, 정리정돈 등이 포함된다(환경개선, 작업방법개선 등)
4) 매니지먼트(management) : 안전법규의 준수방법, 단속, 점검 관리 외에 지휘감독, 교육훈련 등이 여기에 속한다(적성배치, 교육·훈련)

46 다음과 같은 재해발생 시 재해조사분석 및 사후처리에 대한 내용으로 틀린 것은?

[다음]
크레인으로 강재를 운반하던 도중 약해져 있던 와이어 로프가 끊어지며 강재가 떨어졌다. 이 때 작업구역 밑을 통행하던 작업자의 머리위로 강재가 떨어졌으며, 안전모를 착용하지 않은 상태에서 발생한 사고라서 작업자는 큰 부상을 입었고, 이로 인하여 부상 치료를 위해 4일간의 요양을 실시하였다.

① 재해 발생형태는 추락이다.
② 재해의 기인물은 크레인이고, 가해물은 강재이다.
③ 산업재해조사표를 작성하여 관할 지방고용노동청장에게 제출하여야 한다.
④ 불안전한 상태는 약해진 와이어 로프이고, 불안전한 행동은 안전모 미착용과 위험구역 접근이다.

해설 **재해조사분석**
1) 기인물: 크레인(불안전한 상태에 있는 물체 또는 환경)
2) 가해물: 강재(직접 사람에게 접촉되어 위해를 가한 물체)
3) 재해형태: 낙하
4) 불안전한 상태: 약해져 있던 와이어로프
5) 불안전한 행동: 안전모 미착용 및 위험작업구역 접근

정답 44. ② 45. ③ 46. ①

47 갈등 해결방안 중 자신의 이익이나 상대방의 이익에 모두 무관심한 것은?

① 경쟁 ② 순응
③ 타협 ④ 회피

해설 집단 구성원들 간의 갈등의 형태
1) 회피 : 자신과 타인의 이익에 모두 관심이 없는 행동이다
2) 순응 : 상대에 복종하여 상태의 이익을 위해 노력하는 것이다
3) 경쟁 : 자신의 이익을 최대로 하고 이에 대해 타인의 이익은 희생의 목표로 하기에 갈등의 원인이 되기쉽다
4) 협동 : 자신의 이익과 타인의 이익을 모두 최대화하는 방안이다
5) 타협 : 협동과 경쟁의 중간영역에서 이루어질 수 있다

48 하인리히(Heinrich)의 재해발생이론에 관한 설명으로 틀린 것은?

① 사고를 발생시키는 요인에는 유전적 요인도 포함된다.
② 일련의 재해요인들이 연쇄적으로 발생한다는 도미노이론이다.
③ 일련의 재해요인들 중 하나만 제거하여도 재해예방이 가능하다.
④ 불안전한 행동 및 상태는 사고 및 재해의 간접원인으로 작용한다.

해설 ④항, 불안전한 행동(인적원인) 및 불안전한 상태(물적원인)은 사고 및 재해의 직접원인으로 분류된다

49 재해율에 관한 설명으로 맞는 것은?

① 도수율은 연간 총 근로시간 합계에 10만 시간당 재해발생 건수이다.
② 강도율은 근로자 1000명당 1년 동안에 발생하는 재해자 수(사상자 수)를 나타낸다.
③ 우리나라 산업재해율은 1년 동안에 4일 이상 요양을 당한 근로자 수를 백분율로 나타낸 것이다.
④ 연천인율은 연간 총 근로시간에 1000시간당 재해 발생에 의해 잃어버린 근로손실일 수를 의미한다.

해설 재해율
1) 도수율 : 연근로시간 100만 (10^6)시간당 발생하는 재해건수(재해의 양을 나타냄).

$$도수율 = \frac{재해건수}{연근로시간수} \times 10^6$$

2) 강도율 : 연근로시간 1000시간당 근로손실일수(재해의 질을 나타냄)

$$강도율 = \frac{근로손실일수}{연근로시간수} \times 1000$$

3) 연천인율 : 연평균 근로자수 1000명당 발생하는 사상자 수.

$$연천인율 = \frac{사상자수}{연평균근로자수} \times 1000$$

50 조직의 지도자들이 부하직원들을 승진시킬 수 있고 봉급을 인상해 주는 등의 능력이 있으므로 통제가 가능한 권한은?

① 합법적 권한 ② 위임적 권한
③ 강압적 권한 ④ 보상적 권한

해설 리더십의 권한
1) 조직이 지도자에게 부여한 권한
   ① 보상적 권한 : 지도자가 부하들에게 보상할 수 있는 능력으로 인해 부하직원들을 통제할 수 있으며 부하들의 행동에 대해 영향을 끼칠 수 있는 권한이다
   ② 강압적 권한: 부하직원들을 처벌할 수 있는 권한이다
   ③ 합법적 권한: 조직의 규정에 의해 지도자의 권한이 공식화 된 것을 말한다
2) 지도자 자신이 자신에게 부여한 권한 : 부하직원들이 지도자의 성격이나 그 능력을 인정하고 지도자를 존경하며 자진해서 따르는 것이다

정답 47. ④ 48. ④ 49. ③ 50. ④

① 전문성의 권한 : 지도자가 목표수행에 필요한 전문적인 지식을 갖고 업무수행을 하므로 부하직원들이 자발적으로 지도자를 따르게 된다

② 위임된 권한 : 집단의 목표를 성취하기 위해 부하직원들이 지도자가 정한 목표를 자진해서 자신의 것으로 받아들여 지도자와 함께 일하는 것이다

5) 집단응집성지수 관계식

$$집단응집성지수 = \frac{실제상호선호관계의 수}{가능한 선호관계의 총수(_nC_2)}$$

여기서, ┌ 실제상호 선호관계의 수 : 실제상호작용의 수
└ 가능한 선호관계의 총수 : $_nC_2$ (n : 집단구성원 수)

51 NIOSH의 직무 스트레스 관리모형 중 중재요인(moderating factors)에 해당하지 않는 것은?

① 개인적 요인
② 조직 외 요인
③ 완충작용 요인
④ 물리적 환경 요인

해설 직무스트레스요인과 급성반응 사이에 작용하는 중재요인

1) 개인적 요인 : 연령, 성별, 성격(A형), 건강, 자기존중감 등
2) 비직무적 요인(조직 외 요인): 가족상황, 재정상태 등
3) 완충요인 : 사회적지지, 대처방식, 여가활동, 건강관리 등

52. 집단 응집성에 관한 설명으로 틀린 것은?

① 집단 응집성은 절대적인 것이다.
② 응집성이 높은 집단일수록 결근율과 이직율이 낮다.
③ 일반적으로 집단의 구성원이 많을수록 응집력은 낮아진다.
④ 집단 응집성이란 구성원들이 서로에게 끌리어 그 집단목표를 공유하는 정도이다.

해설 집단의 응집성

1) 집단 구성원들이 그 집단에 남아 있기를 원하는 정도를 말한다
2) 집단 구성원들이 서로에게 매력적으로 끌리어 그 집단 목표를 효율적으로 공유하고 달성하는 정도를 말한다
3) 집단 응집성은 상대적인 것으로 응집성이 높은 집단일수록 결근율과 이직율이 낮다
4) 집단의 구성원이 많을수록 응집력은 낮아진다

53 다음 중 막스 웨버(Max Weber)에 의해 제시된 관료 주의의 특징과 가장 거리가 먼 것은?

① 수직적으로 하부조직에 적절한 권한 위임을 가정한다.
② 조직 구조에 있어 노동의 통합화를 가정한다.
③ 법과 규정에 의한 운영으로 예측 가능한 조직운영을 가정한다.
④ 하부조직과 인원을 적절한 크기가 되도록 가정한다.

해설 관료주의의 특징(막스웨버; Max Weber)

1) 노동의 분업화를 가정으로 조직을 구성한다
2) 보서장들의 권한 일부를 수직적으로 하부조직에 위임하도록 했다
3) 법과 규정에 의한 운영으로 계측 가능한 조직을 운영하도록 했다
4) 하부조직과 원인을 적절한 크기가 되도록 하였다
5) 산업화 초기의 비규범적 조직운영을 체계화시키는 역할을 했다

54 다음 중 과도로 긴장하거나 감정 흥분시의 의식수준 단계로 대뇌의 활동력은 높지만 냉정함이 결여되어 판단이 둔화되는 의식수준 단계는?

① phase Ⅰ
② phase Ⅱ
③ phase Ⅲ
④ phase Ⅳ

해설 의식수준의 단계

1) phase 0
   ① 실신, 수면, 뇌발작의 상태이다.
   ② 무의식 상태로 작업이 불가능한 의식수준의 단계이다

2) phase I
   ① 정상이하로 의식이 몽롱한 상태이다.
   ② 과로나 야간작업을 했을 때의 의식수준으로 부주의 상태가 커서 에러가 쉽게 발생한다.

3) phase II
   ① 휴식시, 정례작업(정상작업)시 나타나는 의식수준이다.
   ② 주의작용은 수동적이다.

4) phase III
   ① 의식이 명료하고 가장 적극적인 활동이 이루어지며 실수의 확률이 가장 낮은 의식수준의 단계이다.
   ② 주의작용은 능동적이다.

5) phase IV
   ① 과도로 긴장하거나 감정흥분시의 의식수준의 단계이다.
   ② 대뇌의 활동력은 높지만 냉정함이 결여되어 판단이 둔화되는 의식의 단계이다.

55 다음 중 직무스트레스에 관한 설명으로 틀린 것은?

① 성격이 A형인 사람들은 B형에 비해 스트레스에 노출될 가능성이 훨씬 높다.
② 스트레스가 아주 없는 상황에서는 순기능 스트레스로 작용한다.
③ 내적 통제자들은 외적 통제자들보다 스트레스를 적게 받는다.
④ 스트레스 수준의 측정방법으로 생리적 변환 측정, 설문조사법 등이 있다.

해설 ②항, 스트레스가 아주 없는 상황에서는 역기능 스트레스로 작용한다.

56 제조, 유통, 판매된 제조물의 결함으로 인해 발생한 사고에 의해 소비자나 사용자 또는 제3자의 생명, 신체, 재산 등에 손해가 발생한 경우에 그 제조물을 제조, 판매한 공급업자가 법률상의 손해배상 책임을 지도록 하는 것은?

① 제조물기술   ② 제조물결함
③ 제조물배상   ④ 제조물책임

해설 제조물 책임법

1) 물품을 제조하거나 가공한 자에게 그 물품의 결함으로 인해 발생한 생명·신체의 손상 또는 재산상의 손해에 대하여 부과산책임의 손해배상 의무를 지우고 있는 법률이다.
2) 피해자를 보호하고 국민생활의 안정과 제품의 안전에 대한 의식을 높여 기업의 경쟁력 향상을 도모하기 위한 것이다.

57 다음 중 20세기 초 수행된 호손(Haw-thorne)의 연구에 관한 설명으로 가장 적절한 것은 무엇인가?

① 조명 조건 등 물리적 작업 환경의 개선으로 생산성 향상이 가능하다는 것을 밝혔다.
② 연구가 수행된 포드(Fod) 자동차 사에 컨베이어 벨트가 도입되어 노동의 분업화가 가속화되었다.
③ 산업심리학의 관심이 물리적 작업조건에서 인간관계 등으로 바뀌게 되었다.
④ 연구결과 조직 내에서의 리더십의 중요성을 인식하는 계기가 되었다.

해설 호손(Hawthorne)실험

1) **실험연구자** : 메이오(Mayo)
2) **실험연구결과** : 작업능률(생산성 향상)은 물리적인 작업조건보다는 인간의 심리적인 태도, 감정을 규제하고 있는 인간관계에 의해서 결정됨을 밝혔다

정답 55. ② 56. ④ 57. ③

58 힉-하이만(Hick-Hyman)의 법칙에 의하면 인간의 반응시간(RT)는 자극 정보의 양에 비례한다고 한다. 인간의 반응시간이 다음 식과 같이 예견된다고 하면, 자극 정보의 개수가 2개에서 8개로 증가한다면 반응시간은 몇 배로 증가하는가? (단, a는 상수, N은 자극정보의 수를 의미한다.)

$RT = a \times \log^2 N$

① 3배 ② 4배
③ 16배 ④ 32배

해설 1) 자극정보의 수가 2일 경우 선택반응시간(RT_1)

$RT_1 = a \times \log_2 N = 1 \times \log_2 2 = 1 \times$

2) 자극정보의 수가 8일 경우 선택반응시간(RT_2)

$RT_2 = a \times \log_2 N = 1 \times \log_2 8 = 3$

3) $\dfrac{RT_2}{RT_1} = \dfrac{3}{1} = 3$배 증가

59 직무 스트레스에 관한 이론 중 ( ) 안에 가장 적절한 단어는?

> Karasek 등의 직무 스트레스에 관한 이론에 의하면 직무 스트레스의 발생은 직무 요구도와 ( )의 불일치에 의해 나타난다고 보았다.

① 조직구조도 ② 직무분석도
③ 인간관계도 ④ 직무재량도

해설 Karasek의 직무스트레스 이론 : 직무스트레스의 발생은 직무요구도와 직무재량도의 불일치에 의해 나타난다고 보았다

60 다음 중 레빈(K. Lewin)의 인간행동 법칙 B = f(P · E)에 관한 설명으로 틀린 것은?

① B는 행동을 나타낸다.
② P는 개체를 나타낸다.
③ E는 자극을 나타낸다.
④ f는 P와 E의 함수관계를 나타낸다.

해설 레빈(K. Lewin)의 법칙 : Lewin은 인간의 행동(B)은 그 사람이 가진 자질 즉, 개체(P)와 심리학적 환경(E)과의 상호함수관계에 있다고 하였다 B = f(P · E)

1) B(Behavior) : 인간의 행동
2) f(function, 함수 관계) : 적성, 기타 P와 E에 영향을 미칠 수 있는 조건
3) P(Person, 개체) : 연령, 경험, 심신상태, 성격, 지능 등 인간의 조건
4) E(Environment, 심리적 환경) : 인간관계, 작업환경 등 환경조건

제4과목 : 근골격계질환 예방을 위한 작업관리

61 NIOSH Lifting Equation(NLE)평가에서 권장무게한계(Recommended Weight Limit)가 20kg이고 현재 작업물의 무게가 23kg일 때, 들기지수(Lifting Index)의 값과 이에 대한 평가가 맞는 것은?

① 0.87, 요통의 발생위험이 낮다.
② 0.87, 작업을 재설계할 필요가 있다.
③ 1.15, 요통의 발생위험이 높다.
④ 1.15, 작업을 재설계할 필요가 없다.

해설 1) 들기지수(LI)

$LI = \dfrac{\text{물체무게}(kg)}{RWL} = \dfrac{23kg}{20kg} = 1.15$

여기서, RWL : 권장무게한계(kg)

2) 들기지수 1.15 : 들기지수(LI)가 1보다 크므로 요통의 발생위험이 크다

62 근골격계 질환 예방을 위한 바람직한 관리적 개선 방안으로 볼 수 없는 것은?

① 규칙적이고 적절한 휴식을 통하여 피로의 누적을 예방한다.
② 작업 확대를 통하여 한 작업자가 할 수 있는 일의 다양성을 넓힌다.
③ 전문적인 스트레칭과 체조 등을 교육하고 작업 중 수시로 실시하도록 유도한다.
④ 중량물 운반 등 특정 작업에 적합한 작업자를 선별하여 상대적 위험도를 경감시킨다.

해설 근골격계 질환 예방을 위한 관리적 개선방안
1) 작업휴식 반복주기 : 육체적 작업자를 위해 규칙적이고 적절한 휴식을 통하여 피로의 누적을 예방한다
2) 작업자 교육 : 교육에 의해 근골격계질환의 위험을 식별하고 개선에 필요한 지식과 기술을 제공한다
3) 작업확대 : 작업확대를 통하여 한 작업자가 할 수 있는 일의 다양성을 넓힌다
4) 스트레칭 : 전문적인 스트레칭과 체조등을 교육하고 작업 중 수시로 실시하도록 유도한다
5) 작업자교대 : 작업위험에 대한 지나친 노출로부터 작업자를 보호하기 위해서 사용된다

63 정미시간이 0.177분인 작업을 여유율 10%에서 외경법으로 계산하면 표준시간이 0.195 분이 된다. 이를 8시간 기준으로 계산하면 여유시간은 총 44분이 된다. 같은 작업으로 내경법으로 계산할 경우 8시간 기준으로 총 여유시간은 약 몇 분이 되겠는가? (단, 여유율은 외경법과 동일하다.)

① 12분 ② 24분
③ 48분 ④ 60분

해설 1) 내경법 여유율(B) = $\frac{일반여유시간}{근무시간} \times 100$

2) 일반여유시간 = $B \times 근무시간 \times \frac{1}{100}$ = 48min

64 유해요인의 공학적 개선사례로 볼 수 없는 것은?

① 로봇을 도입하여 수작업을 자동화하였다.
② 중량물 작업 개선을 위하여 호이스트를 도입하였다.
③ 작업량 조정을 위하여 컨베이어의 속도를 재설정 하였다.
④ 작업피로감소를 위하여 바닥을 부드러운 재질 로 교체하였다.

해설 유해요인의 공학적·관리적 개선사례
1) 유해요인의 공학적 개선사례
① 중량물 작업개선을 위하여 호이스트 도입
② 작업 피로감소를 위하여 바닥을 부드러운 재질로 교체
③ 로봇을 도입하여 수작업의 자동화
④ 작업자의 신체에 맞는 작업장 개선
2) 유해요인 관리적 개선 사례
① 작업량 조정을 위하여 컨베이어의 속도 재설정
② 적절한 작업자의 선발과 교육 및 훈련

65 작업분석에서의 문제분석 도구 중에서 80~20의 원칙에 기초하여 빈도수별로 나열한 항목별 점유와 누적비율에 따라 불량이나 사고의 원인이 되는 중요 항목을 찾아가는 기법은?

① 특성요인도 ② 파레토 차트
③ PERT 차트 ④ 산포도 기법

해설 1) 파레토 차트 :
① 관심의 대상이 되는 항목을 동일 척도(scale)로 관찰하여 측정한 후 이를 내림차순으로 정리하고 누적분포를 구한다
② 문제의 인자를 파악하고 그것들이 차지하는 비율을 누적분포의 형태로 표현한다
2) 파렛토 원칙(80-20규칙) : 상위 20%의 항목이 전체활동의 80% 이상을 차지한다는 의미이다
3) 파렛토 차트 주목적 : 20%정도에 해당하는 중요한 항목을 찾아내는 것이 주목적이다

정답 62. ④ 63. ③ 64. ③ 65. ②

66 동작경제의 원칙이 아닌 것은?

① 공정 개선의 원칙
② 신체의 사용에 관한 원칙
③ 작업장의 배치에 관한 원칙
④ 공구 및 설비의 설계에 관한 원칙

해설 동작경제의 원칙
1) 신체의 사용에 관한 원칙
2) 작업장 배치에 관한 원칙
3) 공구 및 설비의 설계에 관한 원칙

67 근골격계 질환의 예방 대책으로 적절한 내용이 아닌 것은?

① 질환자에 대한 재활프로그램 및 산업재해 보험의 가입
② 충분한 휴식시간의 제공과 스트레칭 프로그램의 도입
③ 적절한 공구의 사용 및 올바른 작업방법에 대한 작업자 교육
④ 작업자의 신체적 특성과 작업내용을 고려한 작업장 구조의 인간공학적 개선

해설 근골격계질환의 예방대책
1) 충분한 휴식시간 제공과 스트레칭 프로그램 도입
2) 적절한 공구의 사용 및 올바른 작업방법에 대한 작업자 교육
3) 작업자의 신체적 특성과 작업내용을 고려한 작업장 구조의 인간공학적 개선
4) 단순반복작업의 기계화 및 작업속도와 작업강도의 적정화

68 사업장 근골격계 질환 예방관리 프로그램에 있어 예방·관리추진팀의 역할이 아닌 것은?

① 교육 및 훈련에 관한 사항을 결정하고 실행한다.
② 예방·관리 프로그램의 수립 및 수정에 관한 사항을 결정한다.
③ 근골격계 질환의 증상·유해요인 보고 및 대응체계를 구축한다.
④ 유해요인 평가 및 개선계획의 수립과 시행에 관한 사항을 결정하고 실행한다.

해설 근골격계질환 예방·관리추진팀의 역할
1) 예방·관리프로그램의 수립 및 수정에 관한 사항을 결정한다
2) 예방·관리프로그램의 실행 및 수정에 관한 사항을 결정한다
3) 교육 및 훈련에 관한 사항을 결정하고 실행한다
4) 유해요인 평가 및 개선계획의 수립과 시행에 관한 사항을 결정하고 실행한다
5) 근골격계질환자에 대한 사후조치 및 작업자 건강보호에 관한 사항 등을 결정하고 실행한다

69 유해요인 조사 방법 중 OWAS(Ovako Working Posture Analysis System)에 관한 설명으로 틀린 것은?

① OWAS 활동점수표는 4단계의 조치단계로 분류된다.
② OWAS는 작업자세로 인한 작업부하를 평가하는데 초점이 맞추어져 있다.
③ OWAS는 신체 부위의 자세뿐만 아니라 중량물의 사용도 고려하여 평가한다.
④ OWAS는 작업자세를 허리, 팔, 손목으로 구분하여 각 부위의 자세를 코드로 표현한다.

해설 OWAS
1) 육체작업을 할 경우에 부적절한 작업자세를 구별해낼 목적으로 개발한 평가기법이다
2) 현장에서 기록 및 해석의 용이함 때문에 많은 작업장에서 작업자세를 평가한다
3) 관찰에 의해서 작업자세를 평가한다
4) 작업대상물의 무게를 분석요인에 포함하며 상지와 하지의 작업분석을 할 수 있다

정답 66. ① 67. ① 68. ③ 69. ④

5) 작업자세를 허리, 팔, 다리, 외부부하(하중)로 나누어 구분하여 각부위의 자세를 코드로 표현한다

70 다중 활동분석표의 사용 목적으로 적절하지 않은 것은?

① 조작업의 작업 현황 파악
② 수작업을 기본적인 동작요소로 분류
③ 기계 혹은 작업자의 유휴 시간 단축
④ 한 명의 작업자가 담당할 수 있는 기계대수의 산정

해설 다중 활동분석표의 사용목적(용도)
1) 그룹 작업의 작업 현황을 파악하여 작업그룹 재편성(가장 경제적인 작업조 편성)
2) 기계 혹은 작업자의 유휴시간 파악 및 단축(작업효율 극대화)
3) 한명의 작업자가 담당할 수 있는 기계대수의 산정

71 17가지 서어블릭을 이용하여 좀 더 상세하게 작업내용을 분석하고 시간까지 도시한 것은?

① 스트로보(strobo)
② 시모차트(SIMO chart)
③ 사이클 그래프(cycle graph)
④ 크로노 사이클 그래프(chrono cycle graph)

해설 시모차트(SIMO chart)
1) SIMO(simultaneous motion cycle)chart : 동시 동작 차트 또는 서블릭,시간 차트라고도 하며 17가지 서블릭을 이용하여 좀 더 상세하게 작업내용을 분석하고 시간까지 도시한 차트이다(16/3회)
2) 작업동작을 서블릭 단위로 나누어 분석하고 각 서블릭에 소요된 시간을 함께 표시하는 SIMO chart에 분석 결과를 기록한다

72 근골격계 질환을 예방하기 위한 대책으로 적절하지 않은 것은?

① 단순 반복 작업은 기계를 사용한다.
② 작업방법과 작업공간을 재설계한다.
③ 작업순환(Job Rotation)을 실시한다.
④ 작업속도와 작업강도를 점진적으로 강화한다.

해설 1) 근골격계질환의 예방원리 : 작업자의 신체적 특징 등을 고려하여 작업장을 설계한다
2) 근골격계질환의 예방대책
①단순 반복작업의 기계화
②작업방법과 작업공간 재설계
③작업순환 실시
④작업속도와 작업강도의 적정화

73 요소작업을 20번 측정한 결과 관측평균시간은 0.20분, 표준편차는 0.08분이었다. 신뢰도 95%, 허용오차 ±5%를 만족시키는 관측횟수는 얼마인가? (단, t(0.025,19)는 2.09 이다.)

① 260회   ② 270회
③ 280회   ④ 290회

해설 관측횟수(N)

$$= \frac{t^2 S^2}{I^2} = \frac{2.09^2 \times 0.08^2}{0.01^2} = 279.55 ≒ 280회$$

여기서, $t(=t_{\alpha/2,n-1})$: t분포표에 찾음,
신뢰수준(c)과 실제관측횟수(n)에 의해 결정
(신뢰도 계수) $\alpha = 1 - C$, 유의수준
S : 샘플표준편차
I : 허용오차(관측시간×허용오차)

74 작업자-기계 작업 분석시 작업자와 기계의 동시작업 시간이 1.8분, 기계와 독립적인 작업자의 활동시간이 2.5분, 기계만의 가동시간이 4.0분일 때, 동시성을 달성하기 위한 이론적 기계대수는 얼마인가?

정답 70. ② 71. ② 72. ④ 73. ③

① 0.28　　② 0.74
③ 1.35　　④ 3.61

[해설] 이론적인 기계대수(N)

$$N = \frac{A+t}{A+B} = \frac{1.8분 + 4.0분}{1.8분 + 2.5분} = 1.35대$$

여기서, A : 작업자와 기계의 동시 작업시간(1.8분)
B : 독립적인 작업자 활동시간(2.5분)
t : 기계 가동시간(4.0분)

75 평균관측시간이 1분, 레이팅계수가 110%, 여유 시간이 하루 8시간 근무 중에서 24분일 때 외경법을 적용하면 표준시간은 약 얼마인가?

① 1.235분　　② 1.135분
③ 1.255분　　④ 1.155분

[해설]
1) 여유율(A, 외경법) = $\frac{일반여유시간}{480 - 일반여유시간}$

$$= \frac{24}{480 - 24} = 0.05$$

2) 정미시간 = 관측시간 대표값 × $\frac{레이팅계수}{100}$

$$= 1 \times \frac{110}{100} = 1.1분$$

3) 표준시간 = 정미시간 × (1+여유율 A) = 1.1 × (1+0.05)
= 1.155

76 각각 한 명의 작업자가 배치되어 있는 세 개의 라인으로 구성된 공정에서 각 공정시간이 2분, 3분, 4분일 때, 공정효율은 얼마인가?

① 85%　　② 70%
③ 75%　　④ 80%

[해설] 공정효율(E)

$$E(\%) = \frac{\sum ti}{N \times T_c} \times 100 = \frac{(2+3+4)}{3 \times 4} \times 100 = 75\%$$

여기서, $\sum ti$: 총 작업시간
N : 작업장 수
T_c : 사이클 시간(주기시간, 가장 긴 작업시간)

77 다음 중 작업측정에 대한 설명으로 적절한 것은 무엇인가?

① 반드시 비디오 촬영을 병행하여야 한다.
② 측정시 작업자가 모르게 비밀 촬영을 하여야 한다.
③ 작업측정은 자격을 가진 전문가만이 수행하여야 한다.
④ 측정 후 자료는 그대로 사용하지 않고, 작업능률에 따라 자료를 조정할 수 있다.

[해설] 작업측정
1) 작업측정은 비디오 촬영을 병행할 때도 있고 병행하지 않을 때도 있다
2) 촬영은 비밀촬영을 할 때도 있고 하지 않을 때도 있다
3) 작업측정은 비 전문가도 수행할 수 있다
4) 측정자료 : 작업능률에 따라 자료를 포장할 수 있다

78 다음 중 근골격계질환의 예방에서 단기적 관리 방안이 아닌 것은 무엇인가?

① 교대근무에 대한 고려
② 안전한 작업방법 교육
③ 근골격계질환 예방관리 프로그램의 도입
④ 관리자, 작업자, 보건관리자 등에 인간공학 교육

[해설] 근골격계질환 예방을 위한 관리방법

79 어느 작업시간의 관측평균이 1.2분, 레이팅 계수가 110%, 여유율이 25%일 때, 외경법에 의한 개당 표준 시간은?

① 1.32분　　② 1.50분
③ 1.53분　　④ 1.65분

[해설] 표준시간(ST) = 정미시간(NT) × (1+여유율) = (관측평균시간 × 레이팅계수) × (1+여유율) = (1.2 × 1.1) × (1+0.25) = 1.65분

정답 74. ③　75. ④　76. ③　77. ④　78. ③　79. ④

80 다음 중 사업장 근골격계질환 예방관리 프로그램에 있어 예방·관리추진팀의 역할이 아닌 것은?

① 교육 및 훈련에 관한 사항을 결정하고 실행한다.
② 유해요인 평가 및 개선계획의 수립과 시행에 관한 사항을 결정하고 실행한다.
③ 예방·관리 프로그램의 수립 및 수정에 관한 사항을 결정한다.
④ 근골격계질환의 증상·유해요인 보고 및 대응체계를 구축한다.

해설 근골격계질환 예방·관리추진팀의 역할
1) 교육 및 훈련에 관한 사항을 결정하고 실행
2) 유해요인 평가, 개선계획의 수립 및 시행에 관한 사항을 결정하고 실행
3) 예방관리 프로그램의 수집 및 수정에 관한 사항 결정
4) 예방관리 프로그램의 실행 및 운행에 관한 사항 결정
5) 근골격계질환자에 대한 사후조치 및 근로자 건강보호에 관한 사항등을 결정하고 실행

구분	예방을 위한 관리방안
1. 단기적 관리방안	1) 안전한 작업방법 교육 2) 작업자에 대한 휴식시간의 배려 3) 휴게시설, 운동시설 등 기타 관리시설 확충 4) 작업자, 관리자 등 인간공학 교육 5) 작업장 개선을 위한 위험요인의 인간공학적 분석 6) 교대근무에 대한 고려 7) 재활부위 질환자를 위한 재활시설을 도입, 의료시설 및 인력확보 8) 안전계양을 위한 체조도입
2. 중장기적 관리방안	1) 근골격계질환 예방관리 프로그램의 도입 2) 근골격계질환 원인의 다각적 분석 3) 작업공구의 교체 등 인간공학적 고려 4) 정기적·체계적·계속적인 인간공학적 의식, 안전의식 교육 5) 인체공학(작업자 신체특성 고려)개념을 도입한 작업장 설계 6) 보건관리 체제도입 및 건강관리실 활성화(의학적 관리) 7) 작업자순환 등 관리적 방법의 고려 8) 노동강도 고려 및 관리적 방법 고려 9) 위험요인 제기, 안전의식 개선 등 작업자의 자발적 참여 유도 10) 개선효과 확인, 미비점 보완, 주기적 국적조사 등 개선 후 주기적으로 사후관리

정답 80. ④

2023 제3회 CBT복원 기출문제

제1과목 : 인간공학개론

01 다음 중 양립성에 적합하게 조종장치와 표시장치를 설계할 때 얻는 효과로 볼 수 없는 것은?

① 반응시간의 감소   ② 학습시간의 단축
③ 사용자 만족도 향상   ④ 인간실수 증가

해설 양립성
1) 양립성: 인간의 기대와 모순되지 않는 자극들간의, 반응들 간의 또는 자극-반응 조합과의 관계를 말한다
2) 양립성의 종류
   ① 개념양립성: 코드와 기호를 인간들의 사고에 일치시키는 것을 말한다
      [예]더운물 : 빨간색 수도꼭지, 차가운물: 청색 수도꼭지, 비행장: 비행기 모형 등
   ② 운동 양립성: 표시장치와 조종장치의 움직임과 사용 시스템의 응답을 관련시키는 것이다
      [예] 라디오 음량을 크게할 때: 조절장치를 시계방향으로 회전, 전원스위치: 올리면 커지고 내리면 꺼짐
   ③ 공간 양립성: 조종장치와 표시장치의 물리적 배열(공간적 배열)이 사용자 기대와 일치되도록 하는 것을 말한다
   ④ 양식 양립성: 직무에 알맞은 자극과 응답방식(양식)에 대한 것을 말한다
3) 양립성에 적합한 조종장치·표시장치 설계시 얻는 효과
   ①반응시간의 감소
   ②학습시간의 단축
   ③사용자만족도 향상
   ④인간실수 감소

02 다음 중 정량적 시각 표시장치의 기본 눈금선 수열로 가장 적당한 것은?

① 0, 10, 20 …   ② 2, 4, 6 …
③ 3, 6, 9 …   ④ 8, 16, 24 …

해설 눈금의 수열
1) 경량적 눈금은 대개 고유의 수열로 되어 있어서 각각 눈금간격과 기본 눈금선의 수치표시가 다르다
2) 1단위의 수열은 0,1,2,3…처럼 1씩 증가하는 수열이 사용하기가 가장 쉽다
3) 기본눈금선을 0,10,20…등으로 나타내고 중간눈금선을 5,15,25…, 미세눈금선을 1,2,3…으로 나타낸다

[길잡이] 정량적 표시장치의 용어의 정의
1) **눈금범위** : 눈금의 최고치와 최저치의 차이다(수치 표시여부와 관계없음)
2) **수치간격** : 눈금에 나타낸 인접 수치 사이의 차이다
3) **눈금간격** : 최소눈금선(scale marker)사이의 값 차이다
4) **눈금단위** : 눈금을 읽는 최소단위이다

03 다음 중 인간 기억의 여러 가지 형태에 대한 설명으로 틀린 것은?

① 단기기억의 용량은 보통 7청크(chunk)이며 학습에 의해 무한히 커질 수 있다.
② 자극을 받은 후 단기기억에 저장되기 전에 시각적인 정보는 아이코닉 기억 (Iconic memory) 에 잠시 저장 된다.
③ 계속해서 갱신해야 하는 단기기억의 용량은 보통의 단기기억 용량보다 작다.
④ 단기기억에 있는 내용을 반복하여 학습(research)하면 장기기억으로 저장된다.

해설 단기기억(작업기억)의 용량(Miller) : 7±2 chunk(5~9)

04 표시장치를 사용할 때 자극 전체를 직접 나타내거나 재생시키는 대신, 정보나 자극을 암호화하는 데 있어서 지켜야 할 일반적 지침으로 볼 수 없는 것은?

① 암호의 민감성   ② 암호의 양립성
③ 암호의 변별성   ④ 암호의 검출성

정답 1. ④ 2. ① 3. ① 4. ①

해설 표시장치의 암호체계 사용상의 일반지침
1) 암호의 검출성 : 검출이 가능해야 한다
2) 암호의 변별성 : 다른 암호표시와 구별되어야 한다
3) 부호의 양립성 : 양립성이란 자극들 간의, 반응들 간의, 자극-반응 조합의 관계가 인간의 기대와 모순되지 않는다(종류 : 공간적, 운동, 개념적)
4) 부호의 의미 : 사용자가 그 뜻을 분명히 알아야 한다
5) 암호의 표준화 : 암호를 표준화 하여야 한다
6) 다차원 암호의 사용 : 2가지 이상의 암호차원을 조합해서 사용하면 정보전달이 촉진된다

05 다음 중 청각적 표시장치에 관한 설명으로 옳은 것은?

① 청각 신호의 지속시간은 최대 0.3초 이내로 한다.
② 소음이 심한 경우 귀 위치에서 신호강도는 110dB과 은폐가청역치의 중간정도가 적당하다.
③ 즉각적인 행동이 요구될 때에는 청각적 표시장치보다 시각적 표시장치를 사용하는 것이 좋다.
④ 신호의 검출도를 높이기 위해서는 소음 세기가 높은 영역의 주파수로 신호의 주파수를 바꾼다.

해설 청각적 표시장치의 신호의 검출
1) 청각신호의 지속시간 : 최소 0.3초 지속해야 한다
2) 소음이 심한 경우 신호의 수준 : 110dB과 은폐가청역치의 중간정도가 적당하다
3) 주변소음 : 은폐효과를 방지하기 위해 500~1000Hz의 신호를 사용하고 30dB이상 차이가 나야한다
4) 두 음 사이의 진동수 차이가 33Hz이상이 될 경우 : 울림이 들리지 않고 각각 2개의 음으로 들린다

06 다음 중 정보이론에 관한 설명으로 틀린 것은?

① 인간에게 입력되는 것은 감각기관을 통해서 받은 정보이다.
② 간접적 원자극의 경우 암호화된 자극과 재생된 자극의 2가지 유형이 있다.
③ 자극은 크게 원자극(distal stimuli)과 근자극(proximal stimuli)으로 나눌 수 있다.
④ 암호화(coded)된 자극이란 현미경, 보청기 같은 것에 의하여 감지되는 자극을 말한다.

해설 정보이론
1) 감각기관 : 인간에게 입력되는 것은 감각기관을 통해서 받는 정보이며 감각기관은 어떤 특정한 자극(빛, 열, 소리, 기계적 압력 등 에너지 형태)에 민감하다
2) 자극 : 원자극 과 근자극으로 구분할 수 있다
3) 간접적 원자극 : 암호화된 자극과 재생된 자극의 2가지 유형이 있다
    ① 암호화(coded)된 자극 : 시각적·청각적 표시장치 등
    ② 재생된 자극 : 현미경, 보청기, TV, 라디오 등

07 다음 중 일반적으로 부품의 위치를 정하고자 할 때 활용되는 부품배치의 원칙을 올바르게 나열한 것은 무엇인가?

① 중요성의 원칙과 사용 빈도의 원칙
② 중요성의 원칙과 니으별 배치의 원칙
③ 사용 빈도의 원칙과 사용 순서의 원칙
④ 기능별 배치의 원칙과 사용 빈도의 원칙

해설 1) 부품배치의 4원칙
① 중요성의 원칙 : 부품을 작동하는 성능이 체계의 목표달성에 긴요한 정도에 따라 우선 순위를 설정한다
② 사용빈도의 원칙 : 부품을 사용하는 빈도에 따라 우선순위를 설정한다
③ 기능별 배치의 원칙 : 기능적으로 관련된 부품들(표시장치, 조정장치 등)을 모아서 배치한다
④ 사용 순서의 원칙 : 사용되는 순서에 따라 장치들을 가까이에 배치한다

정답 5. ② 6. ④ 7. ①

2) **부품재치의 결정** : 일반적으로 부품의 중요성과 사용빈도에 따라 부품의 일반적인 위치를 정하고 기능 및 사용 순서에 따라서 부품의 배치(일반적인 위치 내에서의)를 정한다

08 다음 중 인간의 정보처리 과정에서 중요한 역할을 하는 양립성(compatibili-ty)에 관한 설명으로 올바른 것은?

① 인간이 사용할 코드와 기호가 얼마나 의미를 가진 것인가를 다루는 것을 공간적 양립성이라 한다.
② 표시장치와 제어장치의 움직임, 사용 시스템의 반응 등과 관련된 것을 개념적 양립성이라 한다.
③ 제어장치와 표시장치의 공간적 배열에 관한 것을 운동 양립성이라 한다.
④ 직무에 알맞은 자극과 응답 양식의 존재에 대한 것을 양식 양립성이라 한다.

해설 1) **양립성** : 인간의 기대와 모순되지 않는 자극들 간의, 반응들 간의 또는 자극반응 조합과의 관계를 말한다
2) **양립성의 종류**
① **개념 양립성** : 코드와 기호를 인간들의 사고에 일치시키는 것을 말한다
  [예] 더운물 : 빨간색 수도꼭지, 차가운 물 : 청색 수도꼭지, 비행장 : 비행기 모형 등
② **운동 양립성** : 표시장치와 조종장치의 움직임과 사용시스템의 응답을 관련시키는 것이다
  [예] 라디오 음량을 크게 할 때 : 조정창치를 시계방향으로 회전
③ **공간양립성** : 조종장치와 표시장치의 물리적 배열(공간적 배열)이 사용자 기대와 일치되도록 하는 것을 말한다
④ **양식양립성** : 직무에 알맞은 자극과 응답방식(양식)에 대한 것을 말한다

09 다음 중 음량의 측정과 관련된 사항을 바르지 않은 것은?

① 소리의 세기에 대한 물리적 측정 단위는 데시벨(dB)이다.
② 물리적 소리강도의 일정 양 증가는 지각되는 음의 강도에 동일한 양의 증가를 유발한다.
③ 손(sone)의 값 1은 주파수가 1000Hz이고, 강도가 40dB인 음이 지각되는 소리의 크기이다.
④ 손(sone)과 폰(phone)은 지각된 음의 강약을 측정하는 단위다.

해설 1) **물리적 소리 강도의 일정 양 증가** : 지각되는 음의 강도와 동일한 양의 증가를 유발하지 않는다
2) 음의 강도는 음의 에너지 크기로 물리적 계측이 가능하고 감지되는 음의 크기는 감각적 크기로 계측이 불가능하다

10 다음 중 직렬시스템과 병렬시스템의 특성에 대한 설명으로 바른 것은?

① 직렬시스템에서 요소의 개수가 증가하면 시스템의 신뢰도 증가한다.
② 병렬시스템에서 요소의 개수가 증가하면 시스템의 신뢰도는 감소한다.
③ 시스템의 높은 신뢰도를 안정적으로 유지하기 위해서는 병렬시스템으로 설계하여야 한다.
④ 일반적으로 병렬시스템으로 구성된 시스템은 직렬 시스템으로 구성된 시스템보다 비용이 감소한다.

해설 **직렬계 및 병렬계의 특성**
1) **직렬계의 특성**
① 요소(尿素)중 어느 하나가 고장이면 계(界)의 수명의 길어진다
② 요소의 수가 많을수록 신뢰도는 높아진다.

정답 8. ④ 9. ② 10. ③

③ 요소의 수가 많을수록 수명이 짧아진다
④ 계의 수명은 요소 중에서 수명이 가장 짧은 것으로 정하여 진다

2) **병렬계의 특성**
① 요소(尿素)의 중복도가 늘수록 계(界)의 수명은 길어진다
② 요소의 수가 많을수록 고장의 기회는 줄어든다
③ 요소의 어느 하나가 정상이면 계는 정상이다
④ 계의 수명은 요소 중에서 수명이 가장 긴 것으로 정해진다

11 다음 중 정량적인 동적 표시 장치에 대한 설명으로 옳은 것은?

① 표시장치 설계시 끝이 둥근 지침이 권장된다.
② 계수형 표시장치는 자동차 속도계에 적합하다.
③ 동침(動針)형 표시장치는 인식적 암시 신호를 나타내는데 적합하다.
④ 눈금이 고정되고 지침이 움직이는 표시장치를 동목형 표시장치라 한다.

해설 1) 표시장치 설치 시 끝에 뾰족한 지침이 권장된다
2) 계수형(digital) 표시장치는 기계, 전자적으로 숫자가 표시되며 전력계나 택시요금기 등에 적합하다
3) 동침형 표시장치는 지침이 고정되고 눈금이 움직이는 형으로 인식적 암시신호를 나타내는데 적합하다
4) 눈금이 고정되고 지침이 움직이는 표시장치를 동침형 표시장치라 한다

12 인체의 감각기능 중 후각에 대한 설명으로 옳은 것은?

① 후각에 대한 순응은 느린 편이다.
② 후각은 훈련을 통해 식별능력을 기르지 못한다.
③ 후각은 냄새 존재 여부보다 특정 자극을 식별하는데 효과적이다.
④ 특정 냄새의 절대 식별 능력은 떨어지나 상대적 비교 능력은 우수한 편이다.

해설 1) 후각 수용기 : 후상피라고 하여 콧구멍 위쪽의 점막에 위치하고 있는 상피세포이다
2) 인간의 후각 특성
① 후각은 특정물질이나 개인에 따라 민감도의 차이가 있다
② 특정한 냄새에 대한 절대적 식별능력은 떨어지지만 상대적 기준에 의해 냄새를 비교할 때는 제법 우수한 편이다
③ 인간의 후각은 훈련을 통해서 식별능력을 향상시킬 수 있다
④ 후각은 특정자극을 식별하는데 사용되기보다는 냄새의 존재여부를 탐지하는데 효과적이다

13 10m 떨어진 곳에서 높이 2cm의 물체(Snellen letter)를 겨우 볼 수 있을 때, 이 사람의 시력은 얼마 정도인가?

① 0.15 ② 0.3
③ 0.5 ④ 0.75

해설 1) 시각 = $57.3 \times 60 \times \frac{H}{D}$ = $57.3 \times 60 \times \frac{2cm}{1,000cm}$
= 6.876

여기서, H : 물체의 크기(높이 ; 2cm)
D : 눈과 물체 사이의 거리(10m = 1,000cm)

2) 시력 = $\frac{1}{시각}$ = $\frac{1}{6.876}$ = 0.15

14 다음 중 인간공학 연구에 사용되는 기준에서 성격이 다른 하나는?

① 생리학적 지표 ② 기계 신뢰도
③ 인간성능 척도 ④ 주관적 반응

해설 인간기준의 유형
1) 인간성능척도 : 여러 가지 감각활동, 정신활동, 근육활동 등에 의해서 판단된다

정답 11. ③ 12. ④ 13. ① 14. ②

2) 생리학적 지표 : 혈압 맥박수, 분당 호흡수, 뇌파, 혈당량, 혈액의 성분, 피부온도, 전기피부반응(galvanic skin response) 등의 척도가 있다
3) 주관적인 반응 : 개인성능의 평점(rating), 체계 설계면에 대한 대안들의 평점, 체계에 사용되는 여러 가지 다른 유형에 정보의 판단된 중요도 평점, 의자의 안락도 평점 등이 있다
4) 사고빈도 : 어떤 목적을 위해서는 사고나 상해 발생빈도가 적절한 기준이 될 수가 있다

15 병열 시스템의 특성에 관한 설명으로 틀린 것은?

① 요소의 중목도가 늘수록 시스템의 수명은 짧아진다.
② 요소는 개수가 증가될수록 시스템 고장의 기회는 감소된다.
③ 요소 중 어느 하나가 정상이면 시스템은 정상으로 작동된다.
④ 시스템의 수명은 요소 중 수명이 가장 긴 것에 의하여 결정된다.

해설 직렬계 및 병렬계의 특성

1) 직렬계의 특성
  ① 요소(要素)중 어느 하나가 고장이면 계(係)는 고장이다
  ② 요소의 수가 적을수록 신뢰도는 높아진다
  ③ 요소의 수가 많을수록 수명이 짧아진다
  ④ 계의 수명은 요소 중에서 수명이 가장 짧은 것으로 정하여진다
2) 병렬계의 특성
  ① 요소(要素)의 중복도가 늘수록 계(係)의 수명은 길어진다
  ② 요소의 수가 많을수록 고장의 기회는 줄어든다
  ③ 요소의 어느 하나가 정상이면 계는 정상이다
  ④ 계의 수명은 요소 중에서 수명이 가장 긴 것으로 정해진다

16 전력계와 같이 수치를 정확히 읽고자 할 때 가장 적합한 표시장치는?

① 동침형 표시장치   ② 계수형 표시장치
③ 동목형 표시장치   ④ 수직형 표시장치

해설 정량적 동적표시장치의 기본형

1) 정목동침형(moving pointer)
  ① 눈금이 고정되고 지침이 움직이는 형이다
  ② 동목형보다 눈금을 읽는데 우수하다
  ③ 바늘이 움직이는 속도나 방향으로 진행방향과 증감 속도에 대한 인식적 암시신호를 얻을 수 있다
2) 정침동목형(moving scale)
  ① 지침이 고정되고 눈금이 움직이는 형이다
  ② 수치를 정확히 읽을 수 있으나 표시값이 계속변화하는 경우에는 사용하기 어렵다(수치를 읽을 시간이 모자라기 때문이다)

17 Fitts의 법칙에 관한 설명으로 맞는 것은?

① 표적과 이동거리는 작업의 난이도와 소요이동시간과 무관하다.
② 표적이 클수록, 이동거리가 짧을수록 작업의 난이도와 소요이동시간이 감소한다.
③ 표적이 클수록, 이동거리가 길수록 작업의 난이도와 소요이동시간이 증가한다.
④ 표적이 작을수록, 이동거리가 짧을수록 작업의 난이도와 소요이동시간이 증가한다.

해설 Fitts 법칙(동작시간, MT)

1) 손과 발등의 동작시간 또는 이동시간(MT)은 목지지점까지의 손, 발의 이동거리(A)와 목표물의 크기(폭 ; W)에 영향을 받는다

$$MT = a + b\log_2\left(\frac{2A}{W}\right)$$

여기서, MT : 동작시간(movement time)
A : 움직인 거리(목표물까지의 거리)
W : 목표물의 너비(폭)

2) Fitts법칙 : 작업의 난이도와 이동시간(MT)은 표적(W)이 작을수록, 이동거리(A)가 길수록 증가한다

정답 15. ① 16. ② 17. ②

18 시(視)감각 체계에 관한 설명으로 틀린 것은?

① 동공은 조도가 낮을 때는 많은 빛을 통과시키기 위해 확대된다.
② 1디옵터는 1미터 거리에 있는 물체를 보기 위해 요구되는 조절능(調節能)이다.
③ 망막의 표면에는 빛을 감지하는 광수용기인 원추체와 간상체가 분포되어 있다.
④ 안구의 수정체는 공막에 정확한 이미지가 맺히도록 형태를 스스로 조절하는 일을 담당한다.

해설 수정체 : 망막의 광수용체에 빛을 모으는 역할을 하는 투명한 볼록렌즈 형태의 조직을 말한다
1) 카메라의 렌즈와 같이 빛을 굴절시켜 초점을 정확히 맞출 수 있도록 한다
2) 멀리있는 물체에 초점을 맞추기 위해서는 수정체가 얇아지고 가까이 있는 물체에 초점을 맞출때는 수정체가 두꺼워진다

19 구성요소 배치의 원칙에 관한 기술 중 틀린 것은?

① 사용빈도를 고려하여 배치한다.
② 작업공간의 활용을 고려하여 배치한다.
③ 기능적으로 관련된 구성요소들을 한데 모아서 배치한다.
④ 시스템의 목적을 달성하는 데 중요한 정도를 고려하여 배치한다.

해설 작업공간 배치 시 구성요소(부품)배치의 4원칙
1) **중요성의 원칙** : 부품을 작동하는 성능이 체계의 목표달성에 긴요한 정도에 따라 우선순위를 설정한다
2) **사용빈도의 원칙** : 부품을 사용하는 빈도에 따라 우선순위를 설정한다
3) **기능별 배치의 원칙** : 기능적으로 관련된 부품들(표시장치, 조정장치 등)을 모아서 배치한다
4) **사용순서의 원칙** : 사용되는 순서에 따라 장치들을 가까이에 배치한다

20 촉각적 표시장치에 대한 설명으로 맞는 것은?

① 시각 및 청각 표시장치를 대체하는 장치로 사용할 수 없다.
② 3점 문턱값(Three-Point Threshold)척도로 사용한다.
③ 세밀한 식별이 필요한 경우 손가락보다 손바닥 사용을 유도해야 한다.
④ 촉감은 피부온도가 낮아지면 나빠지므로, 저온환경에서 촉감 표시장치를 사용할 때는 아주 주의하여야 한다.

해설 촉각적 표시장치
1) 시각 및 청각의 대체장치로 사용할 수 있다
2) 촉감의 일반적 척도 : 2점 문턱 값(두 점을 눌렀을 때 따로 따로 지각할 수 있는 두 점 사이의 최소거리)을 사용한다
3) 손바닥에서 손가락 끝으로 갈수록 강도가 증가(2점문턱 값 감소)하므로 세밀한 식별이 필요한 경우 손바닥보다 손가락 사용을 유도해야 한다
4) 촉감은 피부온도가 낮아지면 나빠지므로 저온환경에서 촉감표시장치를 사용할 때는 주의하여야 한다

제2과목 : 작업생리학

21 다음 중 소음에 관한 정의에 있어 "강렬한 소음작업"이라 함은 얼마 이상의 소음이 1일 8시간 이상 발생하는 작업을 의미하는가?

① 85데시벨 이상   ② 90데시벨 이상
③ 95데시벨 이상   ④ 100데시벨 이상

해설 1) **소음작업** : 1일 8시간 작업을 기준으로 85dB(A)이상의 소음이 발생하는 작업을 말한다
2) **강렬한 소음작업**
① 90dB 이상의 소음이 1일 8시간 이상 발생하는 작업
② 95dB 이상의 소음이 1일 4시간 이상 발생하는 작업
③ 100dB 이상의 소음이 1일 2시간 이상 발생하는 작업

정답 18. ④ 19. ② 20. ④ 21. ②

④ 105dB 이상의 소음이 1일 1시간 이상 발생하는 작업
⑤ 110dB 이상의 소음이 1일 30분 이상 발생하는 작업
⑥ 115dB 이상의 소음이 1일 15분 이상 발생하는 작업

22 다음 중 근력 및 지구력에 대한 설명으로 틀린 것은?

① 근력 측정치는 작업 조건뿐만 아니라 검사자의 지시 내용, 측정 방법 등에 의해서도 달라진다.
② 등척력(isometric strength)은 신체를 움직이지 않으면서 자발적으로 가할 수 있는 힘의 최대값이다.
③ 정적인 근력 측정치로부터 동적 작업에서 발휘할 수 있는 최대 힘을 정확히 추정할 수 있다.
④ 근육이 발휘할 수 있는 힘은 근육의 최대 자율수축(MVC)에 대한 백분율로 나타내어진다.

[해설] 동적 작업에서 발휘할 수 있는 최대 힘을 정확히 추정할 수 있는 것은 동적근력 측정치이다

23 작업장의 소음 노출정도를 측정한 결과 다음 [표]와 같은 결과를 얻었다. 이 작업장에서 근무하는 근로자의 소음노출지수는 약 얼마인가?

소음수준 [dB(A)]	노출시간 (h)	허용기준 (h)
80	3	64
90	4	8
100	1	2

① 1.01 ② 1.05
③ 1.10 ④ 1.15

[해설] 1) 소음노출지수 = $\frac{C_1}{T_1} + \frac{C_2}{T_2} + ... + \frac{C_n}{T_n}$ ...

$= \frac{3}{64} + \frac{4}{8} + \frac{1}{2} = 1.05$

여기서, C : 노출시간
T : 허용노출시간

2) 판정 : 노출지수 값이 1 이상인 경우 허용기준 초과 판정

24 다음 중 점광원으로부터 어떤 물체나 표면에 도달하는 빛의 밀도를 나타내는 단위로 옳은 것은?

① Lambert   ② candela
③ nit   ④ lumen/m²

[해설] 조도 : 물체의 표면에 도달하는 빛의 밀도
1) foot-candle(fc) : 1촉광의 점광원으로부터 1 foot 떨어진 곡면에 비추는 광의 밀도(1lumen/ft²)
2) lux(meter-candle) : 1촉광의 점광원으로부터 1m 떨어진 곡면에 비추는 광의 밀도(1lumen/m²)
3) 조도 : 조도는 광도에 비례하고 거리의 자승에 반비례한다

∴조도 = $\frac{광도}{(거리)^2}$

25 Douglas bag을 사용하여 5분간 용접 작업을 수행하는 작업자의 배기 표본을 채집하고 배기량을 측정하였다. 흡기가스의 O_2, CO_2, N_2의 비율은 21%, 0%, 79%인데 반해 배기가스는 15%, 5%, 80%인 것으로 분석되었으며 배기량은 100L인 것으로 측정되었다. 이 용접 작업자의 분당산소소비량(L/min)은 얼마인가?

① 1.15   ② 1.20
③ 1.25   ④ 1.30

[해설] 1) 분당 배기량 = $\frac{배기량(L)}{시간(\min)} = \frac{100L}{5\min} = 20L/\min$

2) 흡기량 × $\frac{79\%}{100}$ = 배기량 × $\frac{N_2\%}{100}$ (N% = 100−O_2% −CO_2%)

정답 22. ③ 23. ② 24. ④ 25. ③

$$흡기량 = \frac{배기량 \times (100 - O_{2\%} - CO_2\%)}{79}$$

$$= \frac{20 \times (100 - 15 - 5)}{79} = 20.25 \text{L/min}$$

3) 산소소비량 = $(흡기량 \times \frac{21}{100}) - (배기량 \times \frac{O_2\%}{100})$

$= (20.25 \times 0.21) - (20 \times 0.15) = 1.25\text{L/min}$

26. 다음 중 산업안전보건법령상 "소음작업"이란 1일 8시간 작업을 기준으로 몇 dB(A) 이상의 소음이 발생하는 작업을 말하는가?

① 80 ② 85
③ 90 ④ 95

해설
1) 소음작업 : 1일 8시간 작업을 기준으로 85dB(A) 이상의 소음이 발생하는 작업을 말한다
2) 강력한 소음작업
　① 90dB 이상의 소음이 1일 8시간 이상 발생하는 작업
　② 95dB 이상의 소음이 1일 4시간 이상 발생하는 작업
　③ 100dB 이상의 소음이 1일 2시간 이상 발생하는 작업
　④ 105dB 이상의 소음이 1일 1시간 이상 발생하는 작업
　⑤ 110dB 이상의 소음이 1일 30분 이상 발생하는 작업
　⑥ 115dB 이상의 소음이 1일 15분 이상 발생하는 작업

27. 다음 중 신체의 관상면을 따라 팔이나 다리를 옆으로 들어 올리는 동작유형을 무엇이라 하는가?

① 외전 (abduction)   ② 회전 (rotation)
③ 굴곡 (flexion)   ④ 내전 (adduction)

해설 신체동작의 유형
1) 굴곡(屈曲, flexion) : 관절의 각도를 감소시키는 동작
2) 신전(神殿, extension) : 굴곡과 반대방향으로 움직이는 동작으로 관절의 각도를 증가시키는 동작
3) 내전(內傳, adduction) : 신체의 중심선에 가까워지도록 움직이는 동작
4) 외전(外傳, abduction) : 신체의 중심선으로부터 멀어지도록 움직이는 동작
5) 회전(回傳, rotation) : 신체부위 자체의 길이방향 축 둘레에서의 동작(내선과 외선, 회내와 회외)

28. 다음 중 음(音)에 관한 설명으로 옳은 것은?

① sone과 phon의 환산식 sone=$2^{[phon-20/10]}$ 이다.
② 1,000Hz 순음의 60dB 음의 세기 레벨의 음의 크기를 1sone이라고 한다.
③ sone의 값이 2배로 증가하면 감각의 양은 4배로 증가한다.
④ 어떤 음의 음량수준을 나타내는 phon값은 이 음과 같은 크기로 들리는 1,000Hz 순음의 음압수준(dB)을 의미한다.

해설 음의 크기의 수준
1) phon에 의한 음량수준 : 1000Hz 순음의 음압수준(dB)을 phon이라 한다
2) sone에 의한 음량 : 40phon(1000Hz, 40dB의 음압수준을 가진 순음의 크기)을 1sone이라 한다
3) sone과 phon의 관계 : 음량수준이 10phon이 증가하면 sone치는 2배로 증가한다
　sone치 = $2^{(phon-40)/10}$

29. 공기정화시설을 갖춘 사무실에서의 환기기준으로 올바른 것은 무엇인가?

① 환기횟수는 시간당 2회 이상으로 한다.
② 환기횟수는 시간당 3회 이상으로 한다.
③ 환기횟수는 시간당 4회 이상으로 한다.
④ 환기횟수는 시간당 6회 이상으로 한다.

해설 사무실의 환기기준
1) 공기정화시설을 갖춘 사무실에서 근로자 1인당 필요한 최소의 기량 : 0.57m³/min
2) 환기횟수 : 시간당 4회 이상

정답 26. ② 27. ① 28. ④ 29. ③

30 다음 중 윤활관절(synovial joint)인 팔굽관절(elbow joint)은 연결 형태로 구분하여 어느 관절에 해당되는가?

① 구상관절(Ball and socket joint)
② 경첩관절(Hinge joint)
③ 안장관절(Saddle joint)
④ 관절구(Condyloid)

해설 관절의 유형
1) **차축관절(중쇠관절, 굴대관절)** : 1축성 관절로 회전운동을 한다(예 : 상요척관절, 경추관절, 정축환축관절 등)
2) **경첩관절(접법관절)** : 1축성 관절로 운동이 한쪽방향으로만 일어난다(예 : 주관절인 팔꿈치관절, 슬관절인 무릎관절, 지관절, 발목관절 등)
3) **안장관절** : 양쪽의 관절면이 모두 말의 안장모양처럼 전후, 좌우로 파여있다(예 : 제1 중수근 관절, 엄지손가락 손목손바닥 뼈 관절)
4) **구상관절(절구관절)** : 관절두가 구의 형태를 하고 있으며 3축성 관절로 자유롭게 운동할 수 있다(예 : 견관절인 어깨관절, 고관절인 엉덩이 관절·대퇴관절 등)
5) **타원관절** : 관절두와 관절와가 모두 타원형을 이루고 2축성 관절로 굴욕되지만 회전은 하지 못한다(예 : 손목뼈 관절)
6) **평면관절** : 관절면이 평평한 관절로 미끄러지는 활주운동만 일어난다(예 : 수도간관절, 족근간 관절등)

31 다음 중 근력에 대한 설명으로 틀린 것은?

① 훈련(운동)을 통해 근력을 증가시킬 수 있다.
② 동적근력은 동척력이라 하며, 정적근력보다 측정하기 어렵다.
③ 근력은 보통 25~35세에 최고에 도달하고, 40세 이후 서서히 감소한다.
④ 정적근력은 신체부위를 움직이지 않으면서 물체에 힘을 가할 때 발생한다.

해설 근력의 분류
1) 정적근력
① 정적근력: 신체를 움직이지 않으면서 자발적으로 가할 수 있는 최대힘 이다 (정적 상태에서 발휘되는 힘으로 근육이 낼 수 있는 최대힘)
② 정적근력의 측정: 피실험자가 고정물체에 대하여 최대힘을 내도록 4~6초 동안 신체를 움직이지 않고 유지시키도록 측정하고, 1회 측정 후 30초 내에서 그분 정도의 휴식을 취한후 반복측정하여 평균값을 구한다
2) 동적근력
① 동적근력: 물체를 실제로 들어 올릴때와 같이 실제로 움직일 때 낼 수 있는 힘으로 등속성 수축(일정한 속도에서 관절 각도에 따라 발휘되는 힘)으로 구분한다
② 동적근력의 측정: 운동속도를 이용하여 측정한다

32 고열 작업장에서 발열복의 착용은 신체와 환경 사이의 열교환 경로 중 어떠한 경로를 차단하기 위한 것인가?

① 전도(conduction)　② 대류(convection)
③ 복사(radiation)　④ 증발(evaporation)

해설 1) **방열복 착용** : 신체와 환경 사이의 열 교환 경로중 복사에 의해 열이 전달되는 경로를 차단하기 위한 것이다
2) **복사** : 전자파의 복사에 의하여 열이 전달되는 것이다

33 다음 중 반사 눈부심의 처리로 가장 적절하지 않은 것은?

① 창문을 높이 설치한다.
② 간접조명 수준을 좋게 한다.
③ 휘도 수준을 낮게 유지 한다.
④ 조절판, 차양 등을 사용 한다.

정답 30. ② 31. ② 32. ③ 33. ①

[해설] 휘광(glare)의 처리방법

1) 광원으로부터의 직사휘광 처리
   ① 광원의 휘도를 줄이고 수를 증가시킨다
   ② 광원을 시선에서 멀리 위치시킨다
   ③ 휘광원 주위를 밝게 하여 광속발산비(휘도)를 줄인다
   ④ 가리개(shield), 갓(hood), 혹은 차양(visor)을 사용한다

2) 창문으로부터의 직사휘광 처리
   ① 창문을 높이 단다
   ② 창 위(실외)에 드리우개(overhang)를 설치한다
   ③ 창문(안쪽)에 수직날개(fin)들을 달아서 직시선을 제한한다
   ④ 차양(shade)혹은 발(blind)을 사용한다

3) 반사휘광의 처리
   ① 발광체의 휘도를 줄인다
   ② 일반(간접)조명의 수준을 높인다
   ③ 산란광, 간접광, 조절판(baffle), 창문에 차양(shade) 등을 사용한다
   ④ 무광택도료, 빛을 산란시키는 표면색을 한 사무용 기기, 윤기를 없앤 종이 등을 사용한다

34 휴식 중의 에너지소비량이 1.5kcal/min인 작업자가 분당 평균 8kcal의 에너지를 소비한 작업을 60분 동안 했을 경우 총 작업시간 60분에 포함되어야 하는 휴식 시간은 몇 분인가? (단, Murrell의 식을 적용하며, 작업시 권장 평균에너지 소비량은 5kcal/min으로 가정한다.)

① 22분 ② 28분
③ 34분 ④ 40분

[해설] 휴식시간 산정식

$$R = \frac{T(E-S)}{E-1.5} = \frac{60 \times (8-5)}{8-1.5} = 28분$$

여기서, T : 총작업시간(60분)
E : 작업중 평균에너지 소비량(8kcal/min)
S : 권장 평균에너지 소모량(5kcal/min)

35 교대작업에 관한 설명으로 맞는 것은?
① 교대작업은 야간→저녁→주간 순으로 하는 것이 좋다.
② 교대일정은 정기적이고, 근로자가 예측 가능하도록 해야 한다.
③ 신체의 적응을 위하여 야간근무는 7일 정도로 지속되어야 한다.
④ 야간 교대시간은 가급적 자정 이후로 하고, 아침 교대시간은 오전 5~6시 이전에 하는 것이 좋다.

[해설] 1) 교대작업 순환주기 : 주간→저녁→야간
2) 교대일정 : 정기적이고 예측 가능하도록 해야 함
3) 야간근무 : 2~3일 이상 연속하지 않아야 함
4) 야간 교대시간 : 자정(0시) 이전
5) 오전 근무 개시시간 : 오전 9시

36 최대산소소비능력(MAP)에 관한 설명으로 틀린 것은?
① 산소섭취량이 지속적으로 증가하는 수준을 말한다.
② 사춘기 이후 여성의 MAP는 남성의 65-75% 정도이다.
③ 최대산소소비능력은 개인의 운동역량을 평가하는데 활용된다.
④ MAP을 측정하기 위해서 주로 트레드밀(treadmill)이나 자전거 에르고미터(ergometer)를 활용한다.

[해설] 최대산소소비능력(MAP) : 일의 속도가 증가해도 산소섭취량이 더 이상 증가하지 않고 일정하게 되는 수준을 의미한다

37 근육유형 중에서 의식적으로 통제가 가능한 근육은?

① 평활근
② 골격근
③ 심장근
④ 모든 근육은 의식적으로 통제가능하다.

해설 골격근
1) 뼈에 부착되어 근육을 수축시켜 관절운동을 한다
2) 가로무늬근(횡문근: 근섬유에 가로무늬가 있는 근육)이며 수의근(의지의 힘으로 수축시킬 수 있는 근)이다
3) 의식적으로 통제가 가능한 근육이다

38 소음에 관한 정의에 있어 "강렬한 소음작업"이라 함은 얼마 이상의 소음이 1일 8시간 이상 발생하는 작업을 의미하는가?

① 85데시벨 이상 ② 90데시벨 이상
③ 95데시벨 이상 ④ 100데시벨 이상

해설 강렬한 소음작업
1) 90dB 이상의 소음이 1일 8시간 이상 발생하는 작업
2) 95dB 이상의 소음이 1일 4시간 이상 발생하는 작업
3) 100dB 이상의 소음이 1일 2시간 이상 발생하는 작업
4) 105dB 이상의 소음이 1일 1시간 이상 발생하는 작업
5) 110dB 이상의 소음이 1일 30분 이상 발생하는 작업
6) 115dB 이상의 소음이 1일 15분 이상 발생하는 작업

39 신체부위를 움직이지 않으면서 고정된 물체에 힘을 가하는 상태의 근력을 의미하는 용어는?

① 등장성 근력 (isotonic strength)
② 등척성 근력 (isometric strength)
③ 등속성 근력 (isokinetic strength)
④ 등관성 근력 (isoinertial strength)

해설 근육수축의 유형
1) 등척성 수축 : 근육의 길이가 변하지 않으면서 장력이 발생하는 근수축(정적 근력)
2) 등장성 수축 : 근육의 길이가 변하면서 힘을 발휘하는 근수축

3) 등속성 수축 : 운동의 전반에 걸쳐 일정한 속도로 근수축을 유도하는 것
4) 동심성 · 구심성 수축 : 근육이 수축할 때 길이가 짧아지며 내적근력을 발휘하는 것(근육운동에 있어 장력이 활발하게 생기는동안 근육이 가시적으로 단축되는 수축)
5) 이심성 · 원심성 수축 : 근육이 수축할 때 길이가 길어지며 내적근력보다 외부힘이 클 때 발생

40 근육이 피로해질수록 근전도(EMG)신호의 변화로 맞는 것은?

① 저주파 영역이 증가하고 진폭도 커진다.
② 저주파 영역이 감소하나 진폭은 커진다.
③ 저주파 영역이 증가하나 진폭은 작아진다.
④ 저주파 영역이 감소하고 진폭도 작아진다.

해설 근전도(EMG) : 근육이 피로하기 시작하면 저주파수 범위의 활성이 증가하고 고주파수 범위의 활성이 감소하여 진폭은 커진다

제3과목 : 산업심리학 및 관계법규

41 다음 중 하인리히(Heinrich)의 재해발생이론에 관한 설명으로 틀린 것은?

① 일련의 재해요인들이 연쇄적으로 발생한다는 도미노이론이다.
② 일련의 재해요인들 중 어느 하나라도 제거하면 재해예방이 가능하다.
③ 불안전한 행동 및 상태는 사고 및 재해의 간접원인으로 작용한다.
④ 개인적 결함은 후천적 결함으로 불안전한 행동을 유발시키고, 기계적, 물리적 위험 존재의 원인이 되기도 한다.

해설 하인리히(Heinrich)의 사고연쇄성 이론
[도미노(domino)현상]
1) 1단계 : 사회적 환경 및 유전적 요소(선척적 결함)
2) 2단계 : 개인적 결함(성격결함 등)
3) 3단계 : 불안전한 행동 및 불안전한 상태(사고 및 재해의 직접원인)
4) 4단계 : 사고
5) 5단계 : 재해

42 다음 중 레윈(Lewin)의 인간 행동에 관한 설명으로 옳은 것은?

① 인간의 행동은 개인적 특성과 환경의 상호 함수관계이다.
② 인간의 욕구(needs)는 1차적 욕구와 2차적 욕구로 구분된다.
③ 동작시간은 동작의 거리와 종류에 따라 다르게 나타난다.
④ 집단행동은 통제적 집단행동과 비통제적 집단행동으로 구분할 수 있다.

해설 레빈(K. Lewin)의 법칙 : Lewin은 인간의 행동(B)은 그 사람이 가진 자질 즉, 개체(P)와 심리학적 환경(E)과의 상호 함수관계에 있다고 하였다.
∴B=f(P · E)
1) B(Behavior) : 인간의 행동
2) f(function, 함수 관계) : 적성, 기타 P와 E에 영향을 미칠 수 있는 조건
3) P(Person, 개체) : 연령, 경험, 심신상태, 성격, 지능 등 인간의 조건
4) E(environment, 심리적 환경) : 인간관계, 작업환경 등 환경조건

43 다음 중 인간의 경우에 어떠한 자극을 제시하고 이에 대한 동작을 시작하기까지의 소요시간을 무엇이라 하는가?

① 반응시간
② 자극시간
③ 단순시간
④ 선택시간

해설 반응시간
1) 반응시간 : 자극을 제시하고 자극에 대한 반응이 발생하기까지 걸리는 시간을 반응시간이라 한다
① 단순반응 : 주어지는 자극의 종류가 1개이며 이에 대해 반응하는 것이다
② 변별반응 : 자극의 종류가 2개 이상인데 오직 1개의 정해진 자극에 대해서만 반응을 한다
③ 선택반응 : 자극의 종류가 2개 이상이고 이에 대해 반응도 2개 이상인 경우를 말한다
2) 단순반응시간
① 하나의 특정자극에 대하여 반응을 시작하는 시간이다
② 단순반응시간에 영향을 미치는 변수 : 자극양식, 자극의 특성, 자극 위치, 연령 등이 있다
3) 선택반응시간 : 여러개의 자극을 제시하고 각각에 대한 서로 다른 반응을 할 과제를 준 후에 자극이 제시되어 반응을 할 때 까지의 시간을 말한다

44 다음 중 오하이오 주립대학의 리더십 연구에서 주장하는 구조 주도적(initiating structure)리더와 배려적(consideration) 리더에 관한 설명으로 틀린 것은?

① 배려적 리더는 관계 지향적, 인간중심적으로 인간에 관심을 가지고 있다.
② 구조 주도적 리더십은 구성원들의 성과환경을 구조화하는 리더십 행동이다.
③ 구조적 리더십은 성과를 구체적으로 정확하게 평가하는 행동 유형을 말한다.
④ 배려적 리더는 구성원의 과업을 설정, 배정하고 구성원과의 의사소통 네트워크를 명백히 한다.

해설 리더의 기능(미국 오하이오 주립대의 리더십 연구)
1) 배려적 리더십
① 관계지향적, 인간중심적으로 인간에 관심을 가지고 있다
② 부하와의 친밀한 분위기를 중시한다

2) 구조 주도적 리더십
  ① 구성원들의 성과환경을 구조화하는 리더십 행동이다(성과를 구체적으로 평가하는 행동유형이다)
  ② 구성원의 과업을 설정, 배정하고 구성원과의 의사소통 네트워크를 명백히 한다

45 인간오류의 분류에 있어 원인에 의한 분류 방법으로 작업자가 기능을 움직이려 해도 필요한 물건, 정보, 에너지 등의 공급이 없는 것처럼 작업자가 움직이려 하여도 움직일 수 없으므로 발생하는 오류를 무엇이라 하는가?

① primary error ② omission error
③ command error ④ commission error

해설 휴먼에러 원인의 level적 분류
1) Primary error(주과오) : 작업자 자신으로부터 error(안전교육을 통하여 제거)
2) Secondary error(2차 과오) : 작업형태나 작업조건 중에서 다른 문제가 생겨 그 때문에 필요한 사항을 실행할 수 없는 error, 어떤 결함으로부터 파생되어 발생하는 error
3) Command error(지시과오) : 요구된 것을 실행하고자 하여도 필요한 물건, 정보, 에너지 등의 공급이 없는 것처럼 작업자가 움직이려 하여도 움직일 수 없으므로 발생하는 error

46 다음 중 조직의 리더(leader)에게 부여하는 권한으로 구성원을 징계 또는 처벌할 수 있는 권한은?

① 강압적 권한 ② 보상적 권한
③ 위임된 권한 ④ 전문성의 권한

해설 리더십의 권한
1) 조직이 지도자에게 부여한 권한
  ① 보상적 권한 : 지도자가 부하들에게 보상할 수 있는 능력으로 인해 부하직원들을 통제할 수 있으며 부하들의 행동에 대해 영향을 끼칠 수 있는 권한이다

  ② 강압적 권한 : 부하직원들을 처벌할 수 있는 권한이다
  ③ 합법적 권한 : 조직의 규정에 의해 지도자의 권한이 공식화 된 것을 말한다
2) 지도자 자신이 자신에게 부여한 권한 : 부하직원들이 지도자의 성격이나 그 능력을 인정하고 지도자를 존경하며 자진해서 따르는 것이다
  ① 전문성의 권한 : 지도자가 목표수행에 필요한 전문적인 지식을 갖고 업무수행을 하므로 부하직원들이 자발적으로 지도자를 따르게 된다
  ② 위임된 권한 : 집단의 목표를 성취하기 위해 부하직원들이 지도자가 정한 목표를 자진해서 자신의 것으로 받아들여 지도자와 함께 일하는 것이다

47 리더십은 교육훈련에 의해서 향상되므로, 좋은 리더는 육성할 수 있다는 가정을 하는 리더십 이론은?

① 특성접근법 ② 상황접근법
③ 행동접근법 ④ 제한적 특질접근법

해설 리더십 이론
1) 특성이론
  ① 리더의 기능수행은 리더 개인의 특별한 성격과 자질에 좌우된다는 이론이다
  ② 특성이론은 리더십에서 개인적 특성만 강조할 뿐 상황이나 환경은 고려하지 않는다
2) 상황이론
  ① 리더의 특성보다는 리더십이 발휘되는 상황에 초점을 맞추는 이론이다
  ② 상황이론에서는 상황에 따른 리더와 구성원과의 역동적인 상호작용을 중요시한다
3) 행동이론
  ① 리더가 취하는 행동에 초점을 맞추는 이론이다
  ② 리더십은 교육훈련에 의해서 향상되므로 좋은 리더는 육성될 수 있다는 리더십 이론이다
4) 제한적 특성이론
  ① 부분적으로 리더의 특성, 구성원의 특성 등이 상호작용 과정에서 리더십 형성에 영향을 준다는 이론이다

정답 45. ③ 46. ② 47. ③

② 구성원들이 수동적이고 교육수준이 낮으면 권위주의적 리더십을 선호하고, 구성원들이 자율적·능동적이면 민주주의적 리더십을 선호한다

도수율 = $\dfrac{\text{재해건수}}{\text{연 근로시간 수}} \times 10^6$

48 보행 신호등이 막 바뀌어도 자동차가 움직이기까지는 아직 시간이 있다고 스스로 판단하여 건널목을 건너는 것과 같은 부주의 행위와 가장 관계가 깊은 것은?

① 근도반응 ② 생력행위
③ 억측판단 ④ 초조반응

해설 억측판단
1) 억측판단 : 자기 주관적인 판단
2) 억측판단이 발생하는 배경
   ① 희망적인 관측 : 그때도 그랬으니까 괜찮겠지 하는 관측
   ② 정보나 지식의 불확실 : 위험에 대한 정보의 불확실 및 지식의 부족
   ③ 과거의 선입견 : 과거에 그 행위로 성공한 경험의 선입관
   ④ 초조한 심정 : 일을 빨리 끝내고 싶은 초조한 심정

50 힉-하이만(Hick-Hyman)의 법칙에 의하면 인간의 반응시간(RT)는 자극 정보의 양에 비례한다고 한다. 인간의 반응시간이 다음 식과 같이 예견된다고 하면, 자극 정보의 개수가 2개에서 8개로 증가한다면 반응시간은 몇 배로 증가하는가? (단, a는 상수, N은 자극정보의 수를 의미한다.)

$RT = a \times \log_2 N$

① 3배 ② 4배
③ 16배 ④ 32배

해설 1) 자극정보의 수가 2일 경우 선택반응시간(RT_1)
   $RT_1 = a \times \log_2 N = 1 \times \log_2 2 = 1$
2) 자극정보의 수가 8일 경우 선택반응시간(RT_2)
   $RT_2 = a \times \log_2 N = 1 \times \log_2 8 = 3$
3) $\dfrac{RT_2}{RT_1} = \dfrac{3}{1} = 3$배 증가

49 A 사업장의 도수율이 2로 계산되었다면 다음 중 이에 대한 해석으로 가장 적절한 것은 무엇인가?

① 근로자 1000명당 1년 동안 발생한 재해자 수가 2명이다.
② 연근로시간 1000시간당 발생한 근로손실 일수가 2일이다.
③ 근로자 10000명당 1년간 발생한 사망자 수가 2명이다.
④ 연근로시간 합계 100만인시(man-hour)당 2건의 재해가 발생하였다.

해설 도수율 : 연 근로시간 합계 100만시간당 발생하는 재해건수를 말한다

51 하인리히는 재해연쇄론에서 재해가 발생하는 과정을 5단계 요인으로 나누어 설명하였다. 그 중 사고를 예방하기 위한 관리 활동들이 가장 효과적으로 적용될 수 있는 단계는 무엇이라고 주장하였는가?

① 개인적 결함
② 사고 그 자체
③ 사회적 환경(분위기)
④ 불안전 행동 및 불안전 상태

해설 하인리히(Heinrich)의 사고연쇄성 이론
[도미노(domino)현상]
① 1단계 : 사회적 환경 및 유전적 요소(선척적 결함)
② 2단계 : 개인적 결함(성격결함 등)
③ 3단계 : 불안전한 행동 및 불안전한 상태(사고방지를 위해 중점적으로 배제해야 할 사항)
④ 4단계 : 사고
⑤ 5단계 : 재해

52 다음 중 과도로 긴장하거나 감정 흥분시의 의식수준 단계로 대뇌의 활동력은 높지만 냉정함이 결여되어 판단이 둔화되는 의식수준 단계는?

① phase Ⅰ   ② phase Ⅱ
③ phase Ⅲ   ④ phase Ⅳ

해설 **의식수준의 단계**

1) phase 0
 ① 실신, 수면, 뇌발작의 상태이다
 ② 무의식 상태로 작업이 불가능한 의식수준의 단계이다

2) phase Ⅰ
 ① 정상이하로 의식이 몽롱한 상태이다
 ② 과로나 야간작업을 했을 때의 의식수준으로 부주의 상태가 커서 에러가 쉽게 발생한다

3) phase Ⅱ
 ① 휴식시, 정례작업(정상작업)시 나타나는 의식수준이다
 ② 주의작용은 수동적이다

4) phase Ⅲ
 ① 의식이 명료하고 가장 적극적인 활동이 이루어지며 실수의 확률이 가장 낮은 의식수준의 단계이다
 ② 주의작용은 능동적이다

5) phase Ⅳ
 ① 과도로 긴장하거나 감정흥분시의 의식수준의 단계이다
 ② 대뇌의 활동력은 높지만 냉정함이 결여되어 판단이 둔화되는 의식의 단계이다

53 Y이론에 대한 설명으로 옳은 것은?

① 사람은 무엇보다도 안정을 원한다.
② 인간의 본성은 나태하다.
③ 사람은 작업 수행에 자율성을 발휘한다.
④ 대다수의 사람들은 명령받는 것을 선호한다.

해설 **맥그리거의 X, Y이론**

1) X이론 : 저차원 욕구이론(안정, 나태, 명령통제, 물질욕구 등)
2) Y이론 : 고차원 욕구이론(근면, 신뢰, 자율관리, 정신욕구 등)

54 재해예방을 위하여 안전기준을 정비하는 것은 안전의 4M 중 어디에 해당되는가?

① Man   ② Machine
③ Media ④ Management

해설 **인간과오의 배후요인 4요소(4M)**

1) 맨(man) : 본인 이외의 사람(팀워크, 커뮤니케이션)
2) 머신(machine) : 장치나 기계 등의 물적요인(본질안전화, 표준화, 점검, 정비)
3) 미디어(media) : 인간과 기계를 잇는 매체란 뜻으로 작업의 방법이나 순서, 작업 정보의 실태나 환경과의 관계, 정리정돈 등이 포함된다(환경개선, 작업방법개선 등)
4) 매니지먼트(management) : 안전법규의 준수방법, 단속, 점검 관리 외에 지휘감독, 교육훈련 등이 여기에 속한다(적성배치, 교육·훈련)

55 하인리히(H.W. Heinrich)의 재해예방의 원리 5단계를 올바르게 나열한 것은?

① 조직→평가분석→사실의 발견→시정책의 선정→시정책의 적용
② 조직→사실의 발견→평가분석→시정책의 선정→시정책의 적용
③ 평가분석→사실의 발견→조직→시정책의 선정→시정책의 적용
④ 평가분석→조직→사실의 발견→시정책의 선정→시정책의 적용

해설 **사고예방 대책의 기본원리 5단계**

1) 1단계 : 조직(안전보건관리체제)
2) 2단계 : 사실의 발견(위험요인 색출)

정답 52. ④   53. ③   54. ④   55. ②

3) 3단계 : 분석·평가(직접·간접원인 규명)
4) 4단계 : 시정책의 선정(개선책 설정)
5) 5단계 : 시정책의 적용(3E적용)

56 어느 검사자가 한 로트에 1000개의 부품을 검사하면서 100개의 불량품을 발견하였다. 하지만 이 로트에는 실제 200개의 불량품이 있었다면, 동일한 로트 2개에서 휴먼 에러를 범하지 않을 확률은 얼마인가?

① 0.01
② 0.1
③ 0.5
④ 0.81

해설 반복되는 이산적 직무에서의 인간신뢰도(R)

$R_{(n_1, n_2)} = (1-P)^{n_2 - n_1 + 1} = (1-0.1)^{2-1+1} = 0.81$

여기서, P : 실수확률(100/1000=0.1)
$n_1 n_2$: n_1번째에서 번째 n_2까지의 작업

57 재해의 발생 원인을 분석하는 방법에 관한 설명으로 틀린 것은?

① 특성요인도 : 재해와 원인의 관계를 도표화하여 재해 발생 원인을 분석한다.
② 파레토도 : flow-chart에 의한 분석방법으로, 원인 분석 중 원점으로 돌아가 재검토하면서 원인을 찾는다.
③ 관리도 : 재해 발생건수 등의 추이를 파악하고 목표관리를 행하는데 필요한 발생건수를 그래프화하여 관리한계를 설정한다.
④ 크로스도 : 2개 이상의 문제관계를 분석하는데 사용하는 것으로, 데이터를 집계하고 표로 표시하여 요인별 결과 내역을 교차시켜 분석한다.

해설 재해의 통계적 원인분석 방법
1) **파레이토도** : 사고의 유형, 기인물 등 분류항목을 큰 순서대로 도표화하여 분석하는 방법이다
2) **특성요인도** : 특성과 요인을 도표로 하여 어골상(漁骨狀)으로 세분화한다

3) **크로스 분석** : 데이터를 집계하고 표로 표시하여 요인별 결과내역을 교차한 크로스 그림을 작성하여 분석한다(2개 이상의 문제 관계를 분석하는데 이용)
4) **관리도** : 재해발생건수 등의 추이를 파악하고 목표관리를 행하는데 필요한 월별 재해발생수를 그래프화하여 관리선을 설정·관리하는 방법이다

58 집단 내에서 역할갈등이 나타나는 원인과 가장 거리가 먼 것은?

① 역할모호성
② 상호의존성
③ 역할무능력
④ 역할부적합

해설 역할갈등의 원인
1) 역할 모호성 : 집단내에서 개인이 수행해야 할 임무와 책임등이 명확하지 않을 때 역할갈등이 발생한다
2) 역할 간 마찰 : 2개 이상의 역할을 동시에 수행해야 하는 경우에 2개를 동시에 잘해낼수 없다고 생각할 때 역할갈등이 발생한다
3) 역할 내 마찰 : 하나의 역할을 수행하더라도 외부의 요구 사항이 자신이 설정한 역할과 상충될 때 역할갈등이 발생한다
4) 역할 부적합 : 집단내에서 개인에게 부여된 역할이 개인의 성격등에 적합하지 않을 때 역할갈등이 발생한다
5) 역할 무능력 : 집단내에서 개인의 능력이 부족할 때 역할갈등이 발생한다

59 피로의 생리학적(physiological) 측정방법과 거리가 먼 것은?

① 뇌파 측정(EEG)
② 심전도 측정(ECG)
③ 근전도 측정(EMG)
④ 변별역치 측정(촉각계)

해설 피로의 측정법
1) **생리학적 방법** : 근전도(EMG), 뇌전도(ENG), 심전도(ECG), 안전도(EOG), 뇌파측정(EEG), 피부전기반사(GSR), 프릿가 값(점멸융합주파수 등)

정답 56. ④ 57. ② 58. ② 59. ④

2) **화학적 방법** : 혈색농도, 혈액수준, 혈단백, 융혈시간, 혈액, 요전해질, 요단백, 요효소 배설량 등
3) **심리학적 방법** : 피부(전위)저장, 동작분석, 연속반응시간, 행동기록, 정신작업, 전신자 각증상, 집중유지기능 등

60 많은 동작들이 바뀌는 신호등이나 청각적 경계신호와 같은 외부자극을 계기로 하여 시작된다. 자극이 있은 후 동작을 개시할 때까지 걸리는 시간을 무엇이라 하는가?

① 동작시간 ② 반응시간
③ 감지시간 ④ 정보처리시간

해설 **반응시간** : 자극을 제시하고 자극에 대한 반응이 발생하기까지 걸리는 시간을 반응시간이라 한다(자극이 있은 후 동작을 제시하기까지 걸리는 시간)

1) 단순반응 ; 주어지는 자극의 종류가 1개이며 이에 대해 반응하는 것이다
2) 변별반응 : 자극의 종류가 2개 이상인데 요직 1개의 정해진 자극에 대해서만 반응을 하는 것이다
3) 선택반응 : 자극의 종류가 2개 이상이고 이에 대해 반응도 2개 이상인 경우를 말한다

제4과목 : 근골격계질환

61 다음 중 작업관리의 문제해결 절차를 올바르게 나열한 것은?

① 연구대상의 선정 → 작업방법의 분석 → 분석자료의 검토 → 개선안의 수립 및 도입 → 확인 및 재발방지
② 연구대상의 선정 → 개선안의 수립 및 도입 → 분석자료의 검토 → 작업방법 분석 → 확인 및 재발방지
③ 개선안의 수립 및 도입 → 연구대상의 선정 → 작업방법의 분석 → 분석자료의 검토 → 확인 및 재발방지
④ 분석자료의 검토 → 연구대상의 선정 → 개선안의 수립 및 도입 → 작업 방법의 분석 → 확인 및 재발방지

해설 **작업관리의 문제해결 절차**
1) 1단계 : 연구 대상 선정
2) 2단계 : 작업 방법의 분석
3) 3단계 : 분석자료의 검토
4) 4단계 : 개선안의 수립 및 도입
5) 5단계 : 확인 및 재발방지

62 다음 중 동작경제의 원칙에 있어 신체 사용에 관한 원칙에 해당하지 않는 것은?

① 두 손의 동작은 같이 시작하고 같이 끝나도록 한다.
② 휴식시간을 제외하고는 양손이 같이 쉬지 않도록 한다.
③ 공구나 재료는 작업동작이 원활하게 수행되도록 위치를 정해주지 않는다.
④ 가능하다면 쉽고도 자연스러운 리듬이 생기도록 동작을 배치한다.

해설 **신체의 사용에 관한 원칙**
1) 양손은 동시에 시작하고 동시에 끝나도록 한다
2) 휴식시간 이외는 양손을 동시에 쉬지 않도록 한다
3) 양팔은 동시에 서로 반대방향에서 대칭적으로 움직이도록 한다
4) 손과 신체동작은 작업을 만족스럽게 처리할 수 있는 범위 내에서 최소 동작 등급을 사용하도록 한다
5) 작업은 가능한 한 관성을 이용하도록 한다(작업자가 관성 극복시는 관성을 최소화할 것)
6) 탄도동작(ballistic movement)은 제한되거나 통제된 동작보다 신속, 정확, 용이하다
7) 작업은 가능하면 쉽고 자연스러운 리듬을 이용할 수 있도록 배치한다
8) 손동작은 스무드 하고 연속적인 곡선동작이 되도록 하고 급격한 방향 전환이나 직선동작은 피한다
9) 눈의 초점을 보아야 하는 작업은 가능한 줄인다

63 워크샘플링 조사에서 초기 idle rate 가 0.06 이라면, 95% 신뢰도를 위한 워크샘플링 회수는 약 몇 회인가? (단, $Z_{0.005}$는 2.58 이다.)

① 150   ② 936
③ 3162 ④ 3754

해설 워크샘플링 필요관측 횟수(N)

$$N = \frac{Z_{1-\alpha/2}^2 \times \overline{P}(1-\overline{P})}{e^2} = \frac{2.58^2 \times 0.06(1-0.06)}{0.05^2}$$

= 150.17회

여기서, $Z_{1-\alpha/2}$: 정규분포값에서 $P(Z)_2) = \alpha/2$를 만족하는 값(2.58) α : 1−C(신뢰수준)

$\overline{P}$: idle rate(활동관측비율 : 0.06)

e : 허용오차(1−0.95 = 0.05)

64 다음 중 근골격계질환의 원인과 가장 거리가 먼 것은?

① 반복적인 동작   ② 과도한 힘의 사용
③ 고온의 작업환경 ④ 부적절한 작업자세

해설 근골격계질환 : 반복적인 동작, 부적절한 작업자세, 무리한 힘의 사용, 날카로운 면과의 신체접촉, 진동 및 온도 등의 요인에 의하여 발생하는 건강장해로서 목, 어깨, 허리, 팔·다리의 신경·근육 및 그 주변 신체조직 등에 나타나는 질환을 말한다

구분	내용
1. 작업관련 요인	1)부자연스런 자세 및 취하기 어려운 자세 2)과도한 힘 3)동작의 반복성 4)접촉 스트레스 5)진동, 온도 6)정적부하, 휴식시간 부족 등
2. 개인적 요인	1)작업경력 2)성별, 연령 3)작업습관 4)신체조건 5)생활습관 및 취미 6)과거병력 등
3. 사회심리적 요인	1)작업만족도 2)업무 스트레스 3)근무조건 만족도 4)인간관계 5)정신·심리상태

65 다음 중 사업장 근골격계질환 예방관리 프로그램에 있어 예방·관리추진팀의 역할이 아닌 것은?

① 교육 및 훈련에 관한 사항을 결정하고 실행한다.
② 유해요인 평가 및 개선계획의 수립과 시행에 관한 사항을 결정하고 실행한다.
③ 예방·관리 프로그램의 수립 및 수정에 관한 사항을 결정한다.
④ 근골격계질환의 증상·유해요인 보고 및 대응체계를 구축한다.

해설 근골격계질환 예방·관리추진팀의 역할

1) 교육 및 훈련에 관한 사항을 결정하고 실행
2) 유해요인 평가, 개선계획의 수립 및 시행에 관한 사항을 결정하고 실행
3) 예방관리 프로그램의 수집 및 수정에 관한 사항 결정
4) 예방관리 프로그램의 실행 및 운행에 관한 사항 결정
5) 근골격계질환자에 대한 사후조치 및 근로자 건강보호에 관한 사항등을 결정하고 실행

66 다음 중 방법 연구(method engineering)와 관련이 가장 적은 것은?

① 신체 활동 분석
② 작업 및 공정 연구
③ 작업시간의 측정 및 응용
④ 재료, 공구설비 및 작업조건 분석

해설 방법연구(method engineering)

1) 방법연구 : 작업에 필요한 동작에 의한 작업방법을 설계하는 기법
2) 기법
   ① 신체활동 분석
   ② 작업 및 공정연구
   ③ 재료, 공구설비 및 작업조건 분석

67 평균관측시간이 1분, 레이팅계수가 110%, 여유시간이 하루 8시간 근무 중에서 24분일 때 외경법을 적용하면 표준시간은 약 얼마인가?

① 1.235분
② 1.135분
③ 1.255분
④ 1.155분

해설
1) 여유율(A, 외경법) = $\dfrac{\text{일반여유시간}}{480 - \text{일반여유시간}}$

   = $\dfrac{24}{480 - 24}$ = 0.05

2) 정미시간 = 관측시간 대표값 × $\dfrac{\text{레이팅계수}}{100}$

   = 1 × $\dfrac{110}{100}$ = 1.1분

3) 표준시간 = 정미시간 × (1+여유율 A) = 1.1 × (1+0.05)

   = 1.155

68 다음 중 수공구의 설계관리로 적절하지 않은 것은?

① 손목 대신 손잡이를 굽히도록 한다.
② 지속적인 정적 근육부하를 피하도록 한다.
③ 특정 손가락의 반복동작을 피하도록 한다.
④ 손끝이 표면의 홈은 되도록 깊게 하고, 그 수는 가능한 많이 제작한다.

해설 수공구의 개선방법(수공구의 인간공학적 설계원칙)
1) 손목을 곧게 유지할 것(손목을 똑바로 펴서 사용, 손목 대신 손잡이를 굽힘)
2) 손바닥에 과도한 압박을 피할 것(조직에 가해지는 접촉 스트레스를 피할 것)
3) 사용자의 손크기에 적합하게 설계(design)할 것
4) 반복적 손가락 동작을 피할 것
5) 가장 큰 힘을 낼 수 있는 가운데 손가락이나 엄지손가락을 사용할 것
6) 정적 근육부하가 오래 지속되지 않도록 할 것
7) 팔을 회전하는 동작은 팔꿈치를 구부린 자세에서 행할 것
8) 힘을 발휘하는 작업에는 파워쥐기(power grip), 정밀을 요하는 작업에는 핀치쥐기(pinch grip)을 사용할 것
9) 수공구 대신 동력공구를 사용하도록 할 것

69 조립작업 등과 같이 엄지와 검지로 집는 작업자세가 많은 경우로 손목의 정중신경압박으로 증상이 유발하는 질환은 무엇인가?

① 근막통 증후군
② 외상 과염
③ 수완진동 증후군
④ 수근관 증후군

해설 수근관 증후군
1) 원인 : 손목의 수근터널을 통과하는 신경을 압박하는 경우, 손목의 굽힘이나 비틀림 또는 특별하게 힘을 아래로 가하는 경우
2) 증상 : 손과 손가락의 통증, 마비 등 발생

70 다음 중 작업관리(work study)에 관한 설명으로 올바른 것은?

① 가치공학이라고도 한다.
② 방법연구와 작업측정을 주대상으로 하는 명칭이다.
③ 작업관리의 주목적은 작업시간 단축과 노동 강도 증가에 있다.
④ 제조공장을 주요 대상으로 개발되어 사무작업에는 적용이 불가능하다.

해설
1) **작업관리의 목적** : 작업을 체계적으로 하여 생산성향상을 목적으로 한다
2) **작업관리의 구분** : 작업관리는 생산성 향상을 목적으로 경제적인 작업방법을 연구하는 작업연구와 표준작업시간을 결정하기 위한 작업 측정으로 구분할 수 있다

정답 67. ④ 68. ④ 69. ④ 70. ②

71 요소작업을 20번 측정한 결과 관측평균시간은 0.20분, 표준편차는 0.08분이었다. 신뢰도 95%, 허용오차 ±5%를 만족시키는 관측횟수는 얼마인가? (단, t(0.025,19)는 2.09 이다.)

① 260회 ② 270회
③ 280회 ④ 290회

해설 관측횟수(N) = $\dfrac{t^2 S^2}{I^2} = \dfrac{2.09^2 \times 0.08^2}{0.01^2} = 279.55$

= 280회

여기서, $t(=t_{\alpha/2, n-1})$: t분포표에 찾음,
신뢰수준(c)과 실제관측횟수(n)에 의해 결정
(신뢰도 계수) α=1−C, 유의수준
S : 샘플표준편차
I : 허용오차(관측시간×허용오차)

72 작업자-기계 작업 분석시 작업자와 기계의 동시작업 시간이 1.8분, 기계와 독립적인 작업자의 활동시간이 2.5분, 기계만의 가동시간이 4.0분일 때, 동시성을 달성하기 위한 이론적 기계 대수는 얼마인가?

① 0.28 ② 0.74
③ 1.35 ④ 3.61

해설 이론적인 기계대수(N)

$N = \dfrac{A+t}{A+B} = \dfrac{1.8분 + 4.0분}{1.8분 + 2.5분} = 1.35$대

여기서, A : 작업자와 기계의 동시 작업시간(1.8분)
B : 독립적인 작업자 활동시간(2.5분)
t : 기계 가동시간(4.0분)

73 사업장 근골격계질환 예방·관리 프로그램에 있어 근로자 교육에 관한 설명으로 옳은 것은?

① 최초교육은 예방, 관리 프로그램이 도입된 후 6개월 이내에 실시한다.
② 근로자를 채용한 때에는 작업배치 후 1개월 이내에 교육을 실시한다.
③ 교육시간은 1시간 이상 실시하되, 새로운 설비가 도입되었을 때에는 1시간 이상의 추가교육을 실시한다.
④ 교육은 반드시 관련 분야의 전문가에 의뢰하여 실시한다.

해설 근골격계질환 예방관리 근로자 교육

1) 최초교육 및 정기교육 : 예방관리 프로그램이 도입된 후 6개월 이내에 실시하고 이후 매 3년마다 주기적으로 실시한다
2) 작업자 채용시 및 부서이동 배치 시 : 작업배치 전에 교육을 실시한다
3) 교육시간 : 2시간 이상 실시하되 새로운 설비도입 시 및 작업방법의 변화시는 1시간 이상의 추가교육을 실시한다
4) 교육실시 : 근골격계질환 전문교육을 이수한 관리추진팀이 실시하며 필요시 전문가에게 의뢰할 수 있다

74 다음 중 유해요인의 공학적 개선사례로 볼 수 없는 것은?

① 중량물 작업 개선을 위하여 호이스트를 도입하였다.
② 작업피로감소를 위하여 바닥을 부드러운 재질로 교체하였다.
③ 작업량 조정을 위하여 컨베이어의 속도를 재설정하였다.
④ 로봇을 도입하여 수작업을 자동화하였다.

해설 1) 유해요인의 공학적 개선사례

① 중량물 작업개선을 위하여 호이스트 도입
② 작업 피로감소를 위하여 바닥을 부드러운 재질로 교체
③ 로봇을 도입하여 수작업의 자동화
④ 작업자의 신체에 맞는 작업장 개선

2) 유해요인의 관리적 개선사례

① 작업량 조정을 위하여 컨베이어의 속도 재설정
② 적절한 작업자의 선발과 교육 및 훈련

75 유해요인 조사 방법 중 OWAS(Ovako Working Posture Analysis System)에 관한 설명으로 틀린 것은?

① OWAS 활동점수표는 4단계의 조치단계로 분류된다.
② OWAS는 작업자세로 인한 작업부하를 평가하는데 초점이 맞추어져 있다.
③ OWAS는 신체 부위의 자세뿐만 아니라 중량물의 사용도 고려하여 평가한다.
④ OWAS는 작업자세를 허리, 팔, 손목으로 구분하여 각 부위의 자세를 코드로 표현한다.

해설 OWAS
1) 육체작업을 할 경우에 부적절한 작업자세를 구별해낼 목적으로 개발한 평가기법이다.
2) 현장에서 기록 및 해석의 용이함 때문에 많은 작업장에서 작업자세를 평가한다
3) 관찰에 의해서 작업자세를 평가한다
4) 작업대상물의 무게를 분석요인에 포함하며 상지와 하지의 작업분석을 할 수 있다
5) 작업자세를 허리, 팔, 다리, 외부부하(하중)로 나누어 구분하여 각부위의 자세를 코드로 표현한다

76 산업안전보건법령에 따라 사업주가 근골격계부담작업 종사자에게 반드시 주지시켜야 하는 내용과 거리가 먼 것은?

① 근골격계부담작업의 유해요인
② 근골격계질환의 요양 및 보상
③ 근골격계질환의 징후 및 증상
④ 근골격계질환 발생 시 대처 요령

해설 근골격계부담작업을 하는 경우 근로자에게 알려주어야 할 사항(안전보건규칙 제 661조)
1) 근골격계 부담작업의 유해요인
2) 근골격계질환의 징후와 증상
3) 근골격계질환 발생 시의 대처요령
4) 올바른 작업자세와 작업도구, 작업시설의 올바른 사용방법
5) 그 밖에 근골격계질환 예방에 필요한 사항

77 요소작업의 분할원칙에 관한 설명으로 적합하지 않은 것은?

① 불변 요소작업과 가변 요소작업으로 구분한다.
② 외적 요소작업과 내적 요소작업으로 구분한다.
③ 규칙적 요소작업과 불규칙적 요소작업으로 구분한다.
④ 숙련공 요소작업과 비숙련공 요소작업으로 구분한다.

해설 요소작업의 분할원칙
1) 불변요소작업과 가변요소작업으로 구분할 것
2) 외적요소작업과 내적요소작업으로 구분할 것
3) 규칙적 요소작업과 불규칙적 요소작업으로 구분할 것
4) 상수 요소작업과 변수 요소작업으로 구분할 것

78 인간공학에 있어 작업관리의 주요 목적으로 거리가 먼 것은?

① 공정관리를 통한 품질 향상
② 정확한 작업측정을 통한 작업개선
③ 공정개선을 통한 작업 편리성 향상
④ 표준시간 설정을 통한 작업효율 관리

해설 작업관리의 주요목적
1) 정확한 작업측정을 통한 작업개선
2) 공정개선을 통한 작업 편리성 향상
3) 표준시간 설정을 통한 작업효율 관리

정답 75. ④ 76. ② 77. ④ 78. ①

79 정미시간이 0.177분인 작업을 여유율 10%에서 외경법으로 계산하면 표준시간이 0.195 분이 된다. 이를 8시간 기준으로 계산하면 여유시간은 총 44분이 된다. 같은 작업으로 내경법으로 계산할 경우 8시간 기준으로 총 여유시간은 약 몇 분이 되겠는가? (단, 여유율은 외경법과 동일하다.)

① 12분 ② 24분
③ 48분 ④ 60분

해설 1) 내경법 여유율(B) = $\dfrac{\text{일반여유시간}}{\text{근무시간}} \times 100$

2) 일반여유시간 = $B \times \text{근무시간} \times \dfrac{1}{100}$ = 48min

80 설비배치를 분석하는 데 있어 가장 필요한 것은?

① 서블릭 ② 유통선도
③ 관리도 ④ 간트차트

해설 유통선도(flow diagram)
1) **유통선도** : 유통공정도에 사용하는 기호를 발생위치에 따라 기준시설의 배치도 상에 표시한 후 이를 선으로 연결한 차트이다
2) **특징**
① 자재흐름의 혼합지역 파악(물자흐름의 복잡한 곳 파악)
② 시설물의 위치나 배치관계 파악(시설배치 문제에 적용되어 운반거리 감소)
③ 공정과정의 역류현상 발생유무 점검

인간공학기사 필기
4주완성(2024)

초판 1쇄 인쇄 2024년 02월 10일
초판 1쇄 발행 2024년 02월 20일

지은이 | 경국현
펴낸이 | 이주연
펴낸곳 | **명인북스**
등 록 | 제 409-2021-000031호

주 소 | 인천시 서구 완정로65번안길 10, 114동 605호
전 화 | 032-565-7338
팩 스 | 032-565-7348
E-mail | phy4029@naver.com
정 가 | 40,000원

ISBN 979-11-89757-23-6(13530)

이 책에서 내용의 일부 또는 도해를 다음과 같은 행위자들이 사전 승인없이 인용할 경우에는
저작권법 제93조 「손해배상청구권」에 적용 받습니다.
① 단순히 공부할 목적으로 부분 또는 전체를 복제하여 사용하는 학생 또는 복사업자
② 공공기관 및 사설교육기관(학원, 인정직업학교), 단체 등에서 영리를 목적으로
   복제·배포하는 대표, 또는 당해 교육자
③ 디스크 복사 및 기타 정보 재생 시스템을 이용하여 사용하는 자

※ 파본은 구입하신 서점에서 교환해 드립니다.